多普勒天气雷达
原理与业务应用

俞小鼎　姚秀萍　熊廷南
周小刚　　　　　　编著
吴　洪　邓北胜　宋　燕

气象出版社
China Meteorological Press

内容提要

本书深入浅出地介绍了多普勒天气雷达的基本原理，详细阐述了多普勒天气雷达在探测和预警冰雹、龙卷、灾害性大风、短时暴雨、暴洪等强对流天气和雨量估计方面的业务应用。全书共分8章。第一到第四章是多普勒天气雷达的基本知识部分，第五和第六章详细介绍了强对流天气系统的雷达探测和强对流天气的预警。第七章介绍了各种雷达产品和相应的算法。第八章描述了多普勒天气雷达在一些实际的强对流或强降水个例中的应用。书中使用了300多幅业务多普勒天气雷达的彩色回波图，使叙述更加生动翔实。

本书可作为气象部门短期和短时预报员的培训教材，也可作为大气科学方向本科生和研究生的教学参考书，也可供从事气象和水文的科技人员参考。

图书在版编目(CIP)数据

多普勒天气雷达原理与业务应用/俞小鼎编著. --北京：气象出版社，2006.1(2023.4重印)

ISBN 978-7-5029-4111-6

Ⅰ.多… Ⅱ.俞… Ⅲ.多普勒雷达：气象雷达-研究 Ⅳ.TN959.4

中国版本图书馆CIP数据核字(2006)第004532号

出版发行：气象出版社

地　　址：北京市海淀区中关村南大街46号　　**邮政编码**：100081

电　　话：010-68407112(总编室)　010-68408042(发行部)

网　　址：http://www.qxcbs.com　　**E-mail**：qxcbs@cma.gov.cn

责任编辑：张锐锐　俞卫平　　**终　　审**：陆同文

封面设计：王　伟　　**责任技编**：吴庭芳

印　　刷：北京中科印刷有限公司

开　　本：880×1230　1/16　　**印　　张**：20.25

字　　数：630千字

版　　次：2006年2月第1版　　**印　　次**：2023年4月第9次印刷

定　　价：158.00元

前　言

为了配合新一代天气雷达业务应用的培训工作，中国气象局培训中心在翻译美国新一代天气雷达WSR-88D培训教材的基础上，于2000年编写了“新一代天气雷达原理与应用讲义”。该讲义在培训中心举办的20多期天气雷达应用培训班中使用获得了很好的效果。自2003年开始，我们对该讲义进行了重大的修改，尤其是增添了许多中国新一代天气雷达的回波个例，形成目前的版本。本书的读者对象主要是使用多普勒天气雷达资料进行强对流天气分析和预报预警的天气预报业务人员，也可作为大气科学领域的本科生、研究生和相关科研业务人员的参考书。

本书第一章介绍多普勒天气雷达的基本构成和主要应用领域。第二章简要介绍多普勒天气雷达的原理。第三章是雷达回波图识别的基本知识，包括反射率因子回波和平均径向速度回波。第四章为雷达数据质量控制，主要涉及地物杂波、距离折叠和速度模糊的辨认和处理。第五章详细介绍对流风暴及其雷达回波特征，包括对流风暴生成的环境条件、分析手段和各类对流风暴的回波特征。第六章详细讨论了龙卷、大冰雹、地面灾害性大风和暴洪等强对流天气的多普勒天气雷达的探测和预警技术。第七章介绍了新一代天气雷达的各种产品及其算法，包括基本反射率因子、平均径向速度、相对风暴平均径向速度、组合反射率因子、垂直累积液态水含量、风暴顶、风暴路径信息、冰雹指数、中气旋、速度方位显示风廓线、1小时和3小时累积雨量等。雷达降水估计的内容也包括在第七章中。第八章给出了一些强对流天气过程多普勒天气雷达分析的具体和详细的实例，大部分为中国的个例，小部分为美国的个例。

本书的策划为俞小鼎、高学浩和于玉斌，主编为俞小鼎。第一章由俞小鼎编写，其中部分内容由葛润生研究员提供。第二章由熊廷南和俞小鼎编写。第三章由吴洪和俞小鼎编写。第四章由周小刚和俞小鼎编写。第五章由姚秀萍和俞小鼎编写。第六章由俞小鼎和姚秀萍编写。第七章由俞小鼎、周小刚和邓北胜编写。第八章由俞小鼎和宋燕编写。

美国新一代天气雷达WSR-88D培训教材是本书的主要参考资料，它的主要策划者是Leslie Lemon先生，在此我们对他表示衷心的感谢。Lemon先生曾于2002、2003、2004和2005年连续四年在中国气象局培训中心举办的“新一代天气雷达原理与应用高级讲习班”上担任主讲。

编　者

2005年12月　北京

目 录

第一章　引论

天气雷达是探测降水系统的主要手段，是对强对流天气（冰雹、大风、龙卷和暴洪）进行监测和预警的主要工具之一。天气雷达发射脉冲形式的电磁波，当电磁波脉冲遇到降水物质（雨滴、雪花和冰雹等）时，大部分能量会继续前进，而一小部分能量被降水物质向四面八方散射，其中向后散射的能量回到雷达天线，被雷达所接收。根据雷达接收的降水系统回波的特征可以判别降水系统的特性（降水强弱、有无冰雹、龙卷和大风等）。传统的天气雷达只能测量回波的强度，即所谓的反射率因子。新一代天气雷达是多普勒天气雷达。它除了测量雷达的回波强度外，还可以测量降水目标物沿雷达波段径向的运动速度（称为径向速度）和速度谱宽（速度脉动程度的度量）。

新一代天气雷达系统建设是我国 20 世纪末、21 世纪初的一项跨世纪的气象现代化工程。我国新一代天气雷达业务组网的建设目标是：在我国东部和中部地区，装备先进的新一代 S 频段（10 cm）和 C 频段（5 cm）多普勒天气雷达系统，对强对流、热带气旋和暴雨等重要天气系统进行有效的监测和预警，并对降水量进行估测。本书的目的是介绍新一代天气雷达的原理和业务应用。

1.1　我国新一代天气雷达网

我国正在建设的新一代天气雷达的布局原则是：(1)在我国沿海和多强降水的地区，即我国第三地形阶梯地域（黑龙江、吉林省除外）和四川盆地的大部地区布设 S 频段新一代天气雷达。该地域包括京、津、冀、鲁、苏、沪、浙、皖、赣、闽、粤、琼和辽、豫、鄂、湘、桂、川、渝的多强降水地区；(2)在我国强对流天气发生和活动较频繁、经济比较发达的中部地区，即我国第二地形阶梯地域和黑龙江、吉林省布设 C 频段新一代天气雷达。该地域包括黑、吉、蒙、晋、陕、黔、滇、宁和辽、豫、鄂、湘、桂、川、甘的部分地区；(3)其他地区，即我国第一地形阶梯地域的青、新、藏等地域暂不布设全国组网的站点，但省（区）会所在地和重要地区根据气象服务工作的需要和可能，应按统一业务布点要求设置新一代 C 频段天气雷达，作为局地监测和服务使用；(4)在天气、气候相近的地区，组网的新一代天气雷达在频段和规格上要尽可能统一，不同频段和规格的雷达原则上不相互穿插布设；(5)组网雷达站距密度应保证雷达探测能有效覆盖布网区域，以满足对灾害性天气进行有效监测、预警和中尺度数值天气预报对风场值的要求。计划在全国共布置 158 部新一代天气雷达，图 1.1 为其中的 126 部的站点分布图。到 2005 年 5 月份为止，已布设 80 余部新一代天气雷达。

1.2　天气雷达发展简史

从第二次世界大战后雷达技术引用到气象部门至今已有 50 多年历史。用于探测云雨降水、监测强对流天气的天气雷达已成为雷达技术中的一个分支。目前约有 1000 部以上的天气雷达布设在世界各地，用于监测强对流天气、定量估计降水，是气象部门的重要探测和监测手段之一。天气雷达的发展大致经历了四个阶段：(1)20 世纪 50 年代以前，用于气象部门的天气雷达主要是由军用的警戒雷达进行适当的改装而成，如美国国家天气局用的 WSR-1、WSR-3，英国生产的 Decca41、Decca43 等。国内也曾在 1950 年引进 Decca41 雷达用于监测天气。当时选用的波长主要采用 X 波段（3 cm），少量 S 波段，性能与军用的警戒雷达无多大差异；(2)20 世纪 50 年代中期根据气象探测的需求，开始设计专门用于监测强天气和估测降水的雷达，命名为天气雷达。1953 年美国空军设计研制了 CPS-9 X 波段天气雷达，用于监

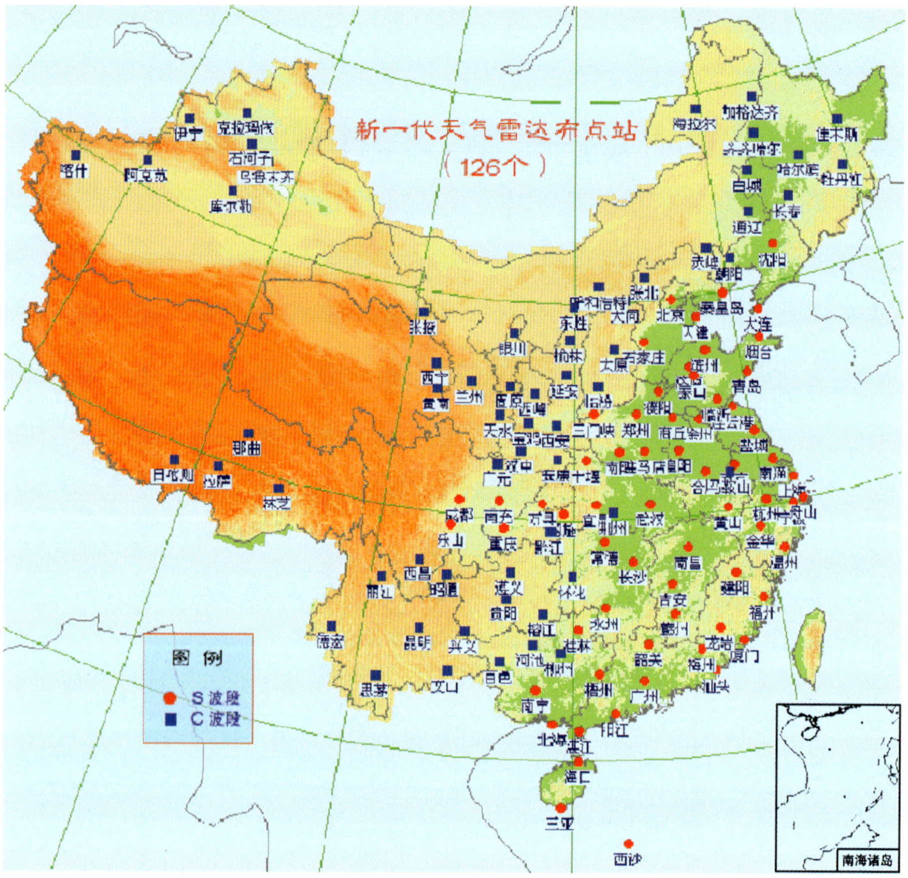

图 1.1　我国新一代天气雷达网站分布

测强对流天气和机场的飞行保障。1957 年美国天气局设计生产了 WSR-57 S 波段天气雷达，主要用于监测强对流天气、大范围降水和定量估测降水。20 世纪 60 年代日本开发了 C 波段的天气雷达如 JMA-1-9 等。这阶段为气象观测使用的天气雷达，主要是在波长上做了较多的考虑，以适应气象探测要求。对回波信号强度测量和图像显示方面做了不同于军用的要求。天气雷达主要还是模拟信号接收和模拟显示的雷达图像，观测资料的存储采用照相方法。对资料的处理仍是事后的人工整理和分析。国内生产的 713 天气雷达、714 天气雷达基本属于此类产品；(3)20 世纪 70 年代中期以后，数字技术和计算机开始广泛使用。为适应气象部门对天气雷达定量估测降水和对观测资料做进一步处理的需求，天气雷达开始采用数字技术和计算机处理。天气雷达与计算机连接，形成数字化天气雷达系统。典型产品有美国 WSR-81S 天气雷达系统。同时也将数字技术与计算机处理用于对原有的常规天气雷达进行改造，使其具有数字化处理功能。国内相当一部分天气雷达采用了改造的方法使其具有数字化处理功能。数字化天气雷达系统不仅在技术上采用了数字技术，提供了数字化的观测数据，更重要的是应用计算机对探测数据进行再处理，形成多种可供观测员和用户直接使用的图像产品数据；(4)早在 20 世纪 50 年代末，研究人员就开始了多普勒雷达技术在大气探测中的试验。由于受到当时的技术条件限制，未能推广到气象业务使用。直到 20 世纪 70 年代末，数字技术、信号处理技术和计算机技术的发展，为多普勒天气雷达在大气探测中使用创造了条件。美国在 20 世纪 80 年代初开始设计为气象业务使用的多普勒天气雷达，称为新一代天气雷达(NEXRAD)。这些雷达于 1988 年开始批量生产布站，型号定为 WSR-88D，1996 年完成布点。在美国本土共布设了 155 部 WSR-88D 雷达。WSR-88D 不仅有强的探测能力，较好的定量估测降水的性能，还具有获取风场信息的功能，并有丰富的应用处理软件支持，可为用户提供多种监测和预警产品。

美国 NEXRAD 从 20 世纪 80 年代末开始布站至今已有 10 多年。随着探测技术和网络技术的发展，NEXRAD 也正在进一步的开发和发展。预计到 2007 年左右计划实现 NEXRAD 产品改进(NPI)计划。其主要内容是增加双偏振探测功能，改变WSR-88D系统原封闭式的数据采集、处理、产品分发结构，使其与天气预报人机交互系统AWIPS有机地连接。届时，改进后的系统仍称为新一代天气雷达，但事实上其性能已有了相当大的提高。

1.3 我国新一代天气雷达系统的性能要求

为中国新一代天气雷达站网的建设，中国气象局组织编制了《新一代天气雷达系统功能规格需求书》。编制工作是在对国外多普勒天气雷达系统特别是美国WSR-88D的性能调研的基础上，参照近年来雷达技术、信号处理技术和计算机技术的进展，针对国内情况进行编制的。国内新一代天气雷达系统正参照《新一代天气雷达需求书》的要求研制生产。

概括起来，《新一代天气雷达系统功能规格需求书》对新一代天气雷达系统的性能有以下几方面要求：(1)新一代雷达系统对灾害性天气有强的监测和预警能力。对台风、暴雨等大范围降水天气的监测距离应不小于400 km。对雹云、中气旋等小尺度强对流天气现象的有效监测和识别距离应大于150 km。雷达探测能力在50 km处可探测到的最小回波强度应不大于－7 dBZ(S波段)或－3 dBZ(C波段)；(2)新一代天气雷达系统具有良好的定量测量回波强度的性能，定量估计大范围降水。要求雷达接收机具有宽的动态范围，在100 dB左右。为了对降水回波功率较准确的测量，要求雷达系统具有对重要性能参数进行监测和自动标校的能力，以实现对降水强度进行较准确的估算；(3)新一代天气雷达具有良好的多普勒测速能力。它能获取降水和降水云体中的风场信息，得到较准确的径向风场分布的数据，从而尽早识别弓形回波后侧入流、龙卷和下击暴流等造成风害的灾害性天气并预测其演变。此外，新一代天气雷达应有一定的晴空探测能力。获取风暴前环境场的风场信息，有助于对强对流天气发生和发展的预测。在湿润季节应能观测到100 km左右距离范围内的晴空大气中的径向风场分布；(4)新一代天气雷达系统应是智能型的探测系统，它有丰富的软件支持，对获取的探测信息进行综合处理。除了实时提供降水回波图像分析的信息外，还具有准实时的对多种灾害性天气的自动识别和追踪等产品；(5)新一代天气雷达系统是气象业务运行的重要设备之一，在设计中需充分注意与其他天气预报支持系统如MICAPS在数据格式、图形图像产品规格等方面相互衔接，从而具有开放式的良好界面。

1.4 新一代天气雷达的应用领域

新一代天气雷达系统的应用主要在于对灾害性天气，特别是与风害和冰雹相伴随的灾害性天气的监测和预警。它还可以进行较大范围降水的定量估测，获取降水和降水云体的风场结构。

1.4.1 对灾害性天气的监测和预警

新一代天气雷达观测的实时回波强度(即反射率因子Z)、径向速度(V)、速度谱宽(W)的图像中，提供了丰富的有关强对流天气的信息。综合使用Z,V,W的图像，可以较准确和及时地监测灾害性天气。回波强度图的分析和应用与常规天气雷达相似，而径向风场的分析可以根据典型风场的径向分量表现出的特殊结构形态，对强对流天气伴随的典性风场进行识别。

回波强度一直是判断强对流天气的重要回波参数。径向速度分布图也是判断强天气的一种有效工具，在识别风害时特别有效。强对流天气的出现和发展往往和气流的辐合、辐散以及气流的旋转有关。径向速度分布图像中可以看出气流中的辐合、辐散和旋转的特征，并可给出定性和半定量的估算。辐合(或辐散)在径向风场图像中表现为一个最大和最小的径向速度对，两个极值中心的连线和雷达的射线相一致。气流中的小尺度气旋(或反气旋)在径向风场图像中也表现为一个最大和最小的径向速度对，但中心连线走向则与雷达射线相垂直。具有辐合(或辐散)的气旋(或反气旋)则表现出最大、最小值的连线与雷达射线走向呈一定的夹角。根据中心连线的长度、径向速度最大值、最小值及连线与射线的夹角，可以半定量地估算气旋(或反气旋)的散度和涡度。这使得多普勒天气雷达在监测龙卷、气旋和下击暴流等以风害为主的强对流天气中有独到之处。对于线性风中出现的强风切变的风害天气，它们的径向风场图像也有很好的标志，雷达可以估算最大风速和切变量。

1.4.2　定量估测大范围降水

新一代雷达的雷达参数在建站时都经过仔细的校准和标定。在日常的运行中定时的或每经过一个体扫之后，对影响雷达定量测量的参数进行一次自动校准和检测，以确保雷达对回波强度的准确测量。雷达测量的回波强度按照适当的 *Z-R* 关系，对降水强度随时间进行累积转换成降水量。新一代天气雷达可以提供雷达估算的 1 小时和 3 小时的累积雨量分布，还可提供更长时间累积降水量及过程总降水的分布。新一代雷达用作估测累积降水量分布时，雷达采样的时间间隔应不超过 10 分钟。对于降水强度变化较大的对流性降水，采样时间间隔还应更小一些。新一代天气雷达还可以根据水文部门的需求，根据汇水区的划分进行区域降水总量的估算。

雷达估测降水除了雷达本身的精度限制外，还受到降水类型(影响 *Z-R* 关系)、雷达探测高度、地面降水的差异和风等多种因素的影响，使得雷达估测值与地面雨量计测量值有差异。新一代天气雷达系统在建设过程中已考虑到在新一代天气雷达的周围设置一定数量的自动雨量计，并能及时地将实测雨量资料传送给雷达站进行检验。新一代天气雷达系统将开发应用雨量计数据校准雷达估算雨量的软件，提高新一代天气雷达系统定量估测大范围降水的精度。

1.4.3　风场信息

新一代天气雷达获取的风场信息除了在实时显示的径向速度分布图像上直接用来识别、监测强对流天气外，通过对一次完整的体扫测得的径向速度分布进行一定的反演处理可以得到以雷达为中心几十千米范围的平均垂直风廓线。在线性风的假定条件下，雷达获取的径向风速数据通过 VAD 处理，可得到不同高度上的水平风向和风速，因而可以得到垂直风廓线随时间的演变图。VAD 处理技术在新一代天气雷达系统中已作为基本应用产品。

1.4.4　改善高分辨率数值天气预报模式的初值场

通过对新一代天气雷达的反射率因子和径向速度数据进行同化，可以大大提高高分辨率数值天气预报模式初值场的精度，进而改善数值天气预报。

1.5　我国新一代天气雷达 CINRAD 概述

国内新一代天气雷达正在生产、安装和逐步投入使用中。新一代天气雷达采用全相干体制，共有 7 种型号，其中 S 波段有 3 种型号，称为 SA、SB 和 SC。SA 和 SB 是中美合资企业敏视达公司按照美国 WSR-88D 的规格生产，其正式名称为 CINRAD-SA 和 CINRAD-SB(在国际上称为 WSR-98D)。所不同的是，WSR-88D 的计算机系统是基于 UNIX 操作系统的工作站，而 WSR-98D 的计算机系统是廉价的高档 PC 机，使用 WINDOWS-NT 作为操作系统。这主要是由于近 10 年来微机性能的迅速增强。C 波段有 4 种型号，分别为 CINRAD-CB、CC、CCJ 和 CD。上述 7 种型号雷达中，SA、SB 和 CB 由敏视达公司生产，结构与 WSR-88D 类似。SC 和 CD 型雷达由国营七八四厂研制生产。CC 和 CCJ 型雷达由电子工业部合肥 38 所研制生产。

我们注意到，我国正在研制、生产和逐步投入使用的新一代天气雷达有 7 种型号，相互之间各有差异，这给本书中涉及雷达软、硬件系统的章节的编写带来困难。为简化起见，雷达软、硬件构成的介绍主要基于美国的 WSR-88D 和敏视达公司生产的我国新一代天气雷达 CINRAD-SA、SB 和 CB。

新一代天气雷达由若干个子系统构成，每个子系统都由计算机控制。这与过去的天气雷达有很大不同。这些子系统是：雷达数据采集子系统(RDA)，雷达产品生成子系统(RPG)和主用户终端子系统(PUP)以及连接它们的通讯线路，如图 1.2 所示。当雷达连续地工作时，大量的数据需要迅速地处理，因此要求使用高性能的计算机。计算机使用各种气象算法来处理数据流。图 1.3 描绘了来自 RDA 的基数据，如何经过 RPG 中各种算法的处理，成为各种气象和水文产品被最终显示在用户终端上。

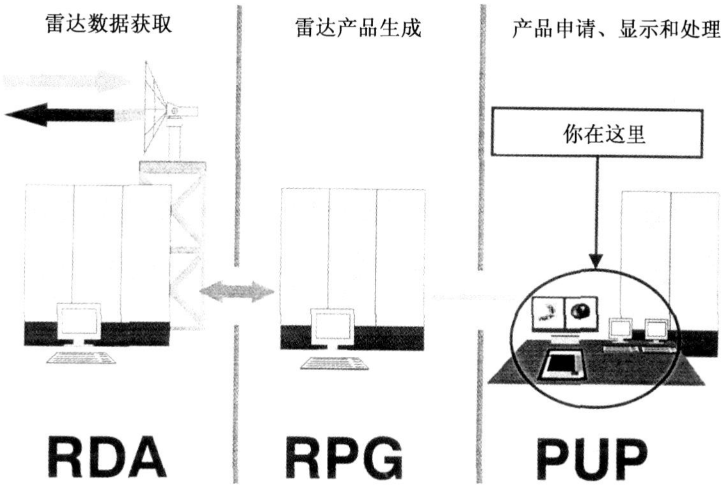

图 1.2　CINRAD-SA 型雷达的三个主要部分：雷达数据采集子系统（RDA），雷达产品生成子系统（RPG）和主用户终端子系统（PUP）以及连接它们的通讯线路。RDA 和 RPG 间由一条宽带通讯线路连接，RPG 和 PUP 间由一条窄带通讯线路连接（摘自 Crum 等，1993，1998）

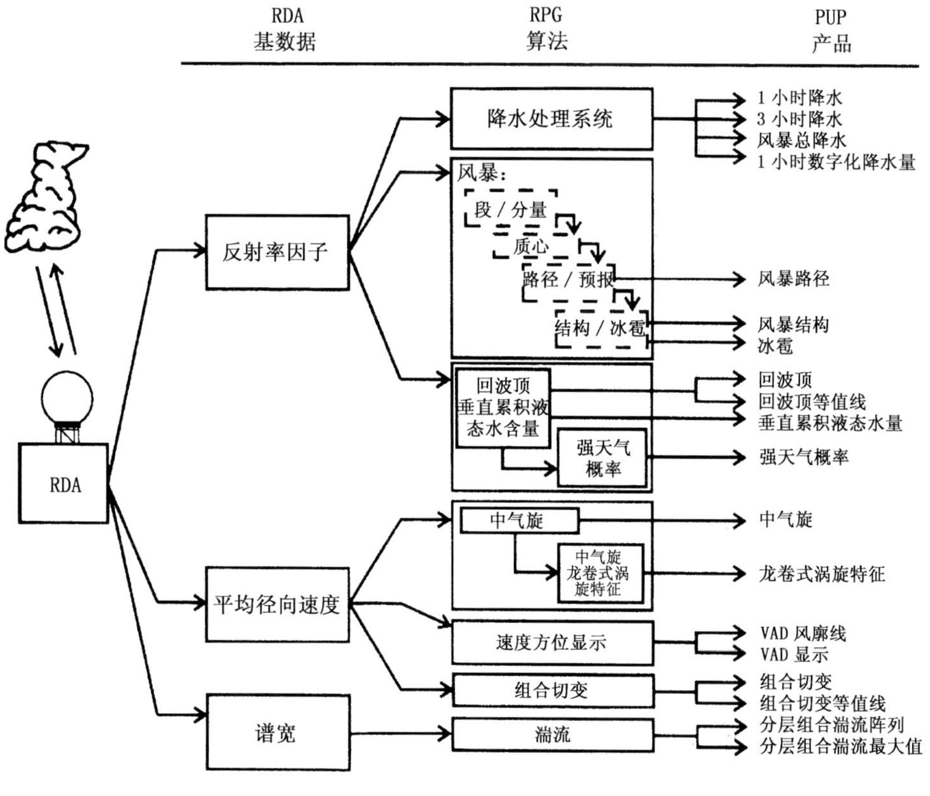

图 1.3　CINRAD-SA 型雷达数据流。由 RDA 的数字化基本数据经过 RPG 中的各种算法生成一系列的产品，通过 PUP 终端显示产品（摘自 Crum 等，1993，1998）

1.5.1　雷达数据采集子系统（RDA）

RDA 是用户所使用的雷达数据的采集单元。RDA 由四个部分构成：发射机、天线、接收机和信号处理器。它的主要功能是产生和发射射频脉冲，接收目标物对这些脉冲的散射能量，并通过数字化形成基本数据。CINRAD-SA 型雷达共产生四个级别的数据，RDA 产生其中的两个级别：一级存档数据和二级存档数据。

1.5.1.1　发射机

取得雷达数据的第一步是发射一个射频信号。这主要由速调管放大器（相当于上一代或常规雷达中的磁控管）来完成。该放大器产生一个高功率（峰值功率 750 kW）非常稳定的 10 cm 的射频脉冲。

在这里稳定是非常重要的，产生的每个脉冲必须具有相同的初位相以保证回波信号中的多普勒信息能够被提取。一旦射频脉冲产生，就被送到天线。

1.5.1.2　天线

天线是 RDA 的一个部件，它将发射机产生的射频信号以波束的形式发射到大气并接收返回的能量。天线仰角的变化范围对于 CINRAD-SA 是从－1 到 90°天线仰角的设置取决于天线的扫描方式、体扫模式（VCP）和天气模式。雷达操作员不能手动调节天线仰角，天线仰角只能通过上述三要素预设。

（1）扫描方式

扫描方式告诉雷达在一次体积扫描中使用多少仰角和时间。CINRAD-SA 使用三种扫描方式：

扫描方式＃1：5 分钟完成 14 个不同仰角上的扫描（14/5）

扫描方式＃2：6 分钟完成 9 个不同仰角上的扫描（9/6）

扫描方式＃3：10 分钟完成 5 个不同仰角上的扫描（5/10）

（2）体扫模式（VCP）

扫描方式确定一次体积扫中使用多少个仰角，而具体是哪些仰角则由体扫模式（VCP）来规定。CINRAD-SA 可有 20 个不同的 VCP，目前只定义了其中的 4 个：

VCP11（scan strategy ＃1，version 1）：规定 5 分钟内对 14 个具体仰角的扫描；

VCP21（scan strategy ＃2，version 1）：规定 6 分钟内对 9 个具体仰角的扫描；

VCP31（scan strategy ＃3，version 1）：规定 10 分钟内对 5 个具体仰角的扫描；

VCP32（scan strategy ＃3，version 2）：确定的 10 分钟完成的 5 个具体仰角与 VCP31 相同。不同之处在于 VCP31 使用长脉冲而 VCP32 使用短脉冲。CINRAD-SA 只定义了 VCP11、VCP21 和 VCP31 三种体扫模式。VCP11 和 VCP21 所用的仰角如图 1.4 所示。

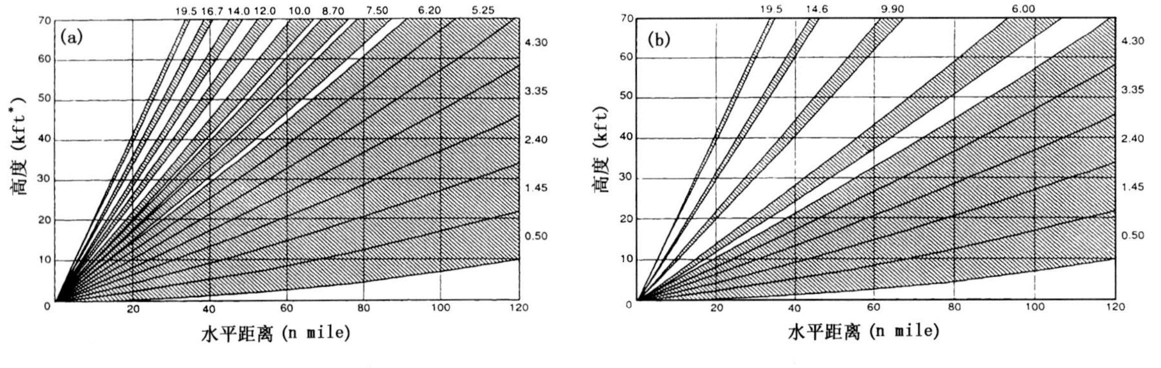

图 1.4　VCP11（a）和 VCP21（b）所用的仰角

（3）天气模式

CINRAD-SA 使用两种天气模式，即降水模式和晴空模式。雷达的天气模式决定了使用哪种 VCP，而 VCP 又确定了具体的扫描方式。

天气模式 A：降水模式，使用 VCP11 或 VCP21，相应的扫描方式分别为 14/5 和 9/6。

天气模式 B：晴空模式，使用 VCP31 或 VCP32，两者都使用扫描方式 5/10。

* 1 kft＝304.8m

1.5.1.3 接收机

当天线接收返回(后向散射)能量时,它把信号传送给接收机。由于接收到的回波能量很小,所以在以模拟信号的形式传送给信号处理器之前必须由接收机进行放大。

1.5.1.4 信号处理器

当接收到接收机传来的模拟信号后,信号处理器完成三个重要的功能:地物杂波消除,模拟信号向数字化的基本数据的转换,以及退多普勒数据的距离折叠。

地面杂波消除:气象目标回波和地物回波的主要区别是地物目标不运动。信号处理器利用目标物运动与否作为主要判据消除地物的回波。

A/D 变换:信号处理器的主要任务之一是将由接收机获取的模拟信号转换成三种数字化的基本数据。它们是基反射率因子、基速度和基谱宽。

退距离折叠:为了精确地测量径向速度,WSR-88D 和 CINRAD-SA 雷达有时采用较高的 PRF(脉冲重复频率)。此时,其最大探测距离较短。雷达可收到位于其最大探测距离之外的目标物的较强回波,并将目标物误认为是位于其最大探测距离之内,从而产生距离折叠。信号处理器的一个重要任务是消除这些折叠,这个处理过程称为退距离折叠。

1.5.1.5 RDA 监控计算机

RDA 系统的实时监控任务由 RDA 监控计算机运行 RDASC 程序来完成。该程序的运行既可以从位于 RDA 的操作维护控制台进行控制(称为本控),也可以从位于 RPG 的雷达控制台 UCP 进行控制(称为遥控)。本控可完成全部的 RDA 监控任务,遥控可完成绝大部分的 RDA 监控任务。

RDA 监控的主要功能包括监测和标定 RDA 硬件、形成 RDA 基数据和信息头数据(时间、仰角和标定参数等)、管理宽带通讯、控制 RDA 和控制信号处理。

1.5.1.6 RDA 内的数据记录

第一级数据:这是指原始的由接收机输出的模拟数据,对这类数据不进行保存。

第二级数据(基数据):CINRAD-SA 雷达二级数据是由信号处理器产生的最高时空精度的高分辨率基数据(反射率因子、平均径向速度和速度谱宽)。这些数据在由各种气象算法进行处理前存储下来。

在有重要天气的情况下,要求将基数据转存到光盘上作为历史数据保存下来。

1.5.1.7 宽带通讯

宽带通讯装置提供 RDA 和 RPG 间的高速双向数据传输。RDA 和 RPG 可同在一处,也可相距几十千米。

1.5.2 雷达产品生成子系统(RPG)

雷达产品生成子系统(RPG)是一个多功能的单元。它由宽带通讯线路从 RDA 接收数字化的基本数据,对其进行处理和生成各种产品,并将产品通过窄带通讯线路传给用户。RPG 是控制整个雷达系统的指令中心。在 RPG 产生第三级数据。

1.5.2.1 产品生成

根据雷达操作员的输入指令,RPG 在体积扫描的基础上产生需要的产品。产品分为基本产品和导出产品。

基本产品:根据从 RDA 接收到的数字化基数据,RPG 可以生成操作员指定仰角上的基本反射率因子、基本径向速度和基本谱宽产品。

导出产品:RPG 也生成导出产品。一个导出产品是由数字化的基数据经过使用特定的算法而得到的。原则上说,除了上述三个基本产品以外的产品都是导出产品。一个导出产品的例子是合成反射率因子。它使用的算法是在所有仰角上挑选每个体积扫描中每一地点上最大反射率因子,并把它们组合成一个联合产品。其他类型的导出产品包括三种基数据的垂直剖面、风暴路径信息(STI)、垂直累积液态含水量(VIL)、回波顶(ET)、冰雹指数(HI)、VAD 风廓线(VWP)、中气旋(M)以及龙卷特征(TVS)等共 33 种。

1.5.2.2　产品分发

产品由 RPG 生成后，它们通过窄带通讯线路传送给各个用户。

1.5.2.3　雷达控制台(UCP)

雷达控制台(UCP)属于 RPG(见图 1.2 和图 1.7)，它通过 RPG 计算机实施对整个雷达系统的控制。它具有应用终端和系统控制台的双重功能。应用终端用来发布命令和修正参数。系统控制台允许雷达操作员通过与 RPG 的操作系统的交互来达到文件维护、文件和数据的备份以及软件安装等。CINRAD-SA 的 RPG 计算机的界面如图 1.5 所示。

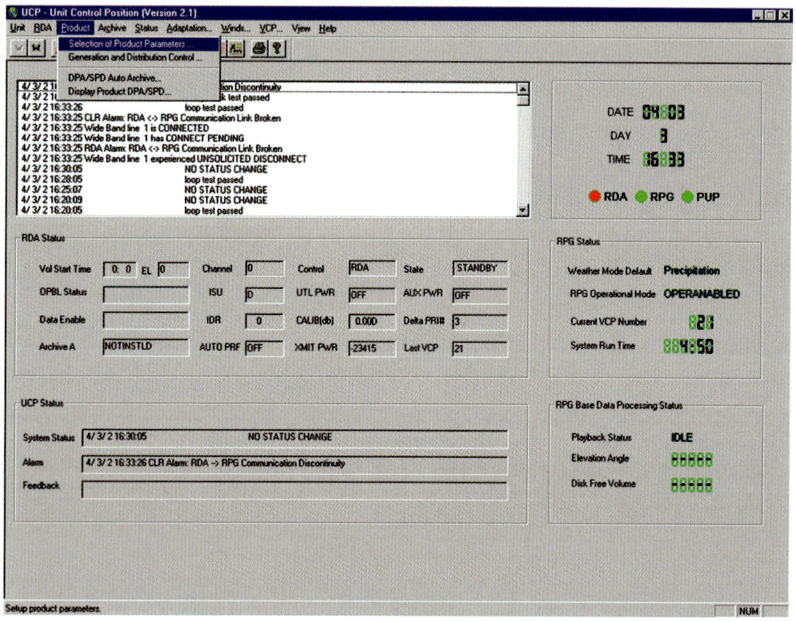

图 1.5　RPG 计算机界面 (UCP)

UCP 可对 RDA(须经 RDA 计算机授权)、宽带通讯和 RPG 进行直接控制，并通过直接控制窄带通讯来间接控制用户。

UCP 对 RDA 的控制包括：

(1) 电源的选择：可选择商业电网或雷达站的发电机作为电源。通常情况下选择商业电网为电源，在电网断电时可转换到发电机作为电源。

(2) 改变体扫模式：UCP 可发布改变 VCP(体扫模式)的指令。省缺的 VCP 有四种：即 VCP11、VCP21、VCP31 和 VCP32。改变 VCP 的指令可使上述四种 VCP 之一成为 RDA 现行的 VCP。这是改变 VCP 和天气模式的通常方法。这一指令发布后，RDA 将把原有的 VCP 完成，然后再执行新的 VCP。

(3) 重新启动体扫：当这一命令发布后，天线停止转动和停止发射，天线回到最低仰角状态。然后，根据最近一次设定的 VCP，体积扫描重新启动。这一指令往往在需要迅速地从 VCP21 转到 VCP11 时或需要立即改变脉冲重复频率时才使用。

(4) RDA 重新启动：这一指令迫使 RDA 处于备用(standby)状态，清洗内存中 RDA 软件，然后再使 RDA 回到运行状态。这一指令在清除软件障碍方面很有用。

(5) 数据传输选择：使用这一指令雷达操作员可以选择 RDA 的三种基本数据传输给 RPG。操作员可以选择全部三种数据(这是通常的情况)，也可以一个都不选(维护状态)或三种基本数据的任何组合。

UCP 对 RPG 的控制包括：

(1) 控制通信：连接或断开宽带或窄带通讯线路。在某一用户的线路与 RPG 接通之前，必须在 UCP 对其激活。利用 UCP 将某一通讯线路断开然后再连接的操作可用来清除通讯障碍(如噪声干扰)。

(2) 关闭 RPG：这一指令清除内存中的 RPG 软件，在重新启动时这些软件会重新装入。这一指令可用来消除软件障碍。

(3) 自由文本信息(FTM):用来给关联用户传送系统信息。UCP 所在的办公室可通过这种迅速有效的方式向用户传送适当的系统信息。

(4) 雷达状态监测:雷达的状态信息很多。对这些信息必须进行连续的监测以保证用户接收到的产品具有良好的质量。其中用户可接收到的最重要的一种状态信息称为雷达系统状态(NEXRAD Unit Status)。虽然主用户终端(PUP)的操作员没有对 RPG,宽带通讯和 RDA 的控制权,但这一信息可以提示影响产品和接收质量的原因。一旦发现问题,可通知 UCP 操作员进行处理。

1.5.2.4　第三级数据存档

由 RPG 生成的第三级数据可以储存在光盘上。一个容量 700 MB 左右的光盘一般可储存 168 小时的产品和状态信息。只储存按有关规定事先选好的产品。在美国,第三级数据的记录和储存对于美国的 WSR-88D 是必需的,储存后的数据要送一份到美国国家气候数据中心(NCDC)保存。对于我国的新一代天气雷达,这方面尚无具体规定。

1.5.3　主用户处理器(PUP)

主用户处理器 PUP 的主要功能是获取、存储和显示产品。预报员主要通过这一界面获取所需要的雷达产品,并将它们以适当的形式显示在监视器上。因此,预报员应当熟练掌握 PUP 的基本操作。这里我们介绍 CINRAD-SA 的 PUP。

CINRAD-SA 的 PUP 由一台微机带两个 21 英寸彩色监视器构成(图 1.6)。其操作界面主要分为 4 个区域:视窗、菜单、工具栏和状态栏。视窗进一步分为 3 个子区域:图像区、标注区和属性表区。在产品有显示状态下菜单的种类有 12 个。工具栏有 4 种:常规工具栏、动画工具栏、警报信息栏和编辑工具栏。状态栏的状态信息有三种。

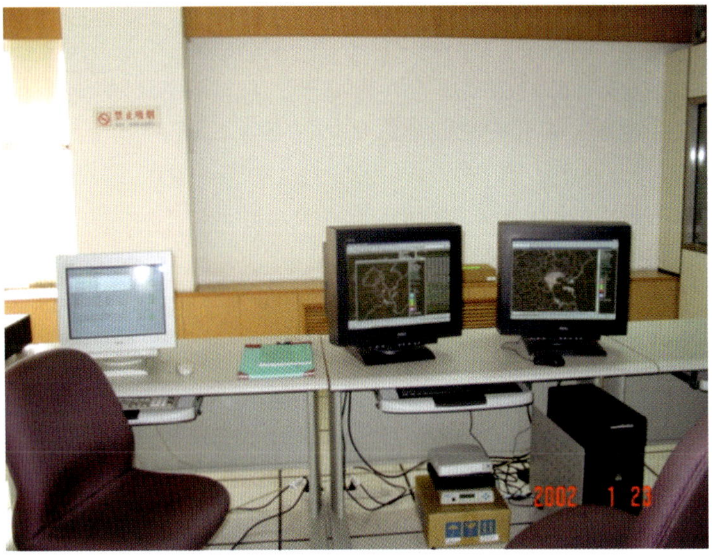

图 1.6　CINRAD-SA 的 RPG 和 PUP

PUP 的主要功能包括:(1)产品请求(获取);(2)产品数据存储和管理;(3)产品显示;(4)状态监视;(5)产品编辑注释。

1.5.3.1　产品请求

产品的获取是通过 PUP 向相应的 RPG 发出请求的方式完成的。PUP 可通过以下三种方式获取产品:(1)常规产品列表(RPS);(2)一次性请求(OTR);(3)产品-预警配对(PAP)。

(1)常规产品列表(RPS)

某一个 PUP 的 RPS 列表上列有其日常所需产品。与其相关联的 RPG 按照这份列表日常地生成并向其传送这些产品。

(2)一次性请求(OTR)

对于某个 PUP 来说,通过一次性请求方式获取那些不在 RPS 列表上的产品。这些产品之所以不在 RPS 列表上,或者是由于它们不是经常需要的产品,或者由于它们是需要附加输入的定做产品。垂直剖面产品就属于这样的定做产品。

对于某个 PUP 来说,一次性请求是用户可以使用的获取产品的最有效的手段。与其相关联的 RPG 必须生成任何被请求的产品。

(3)产品-预警配对

产品-预警配对是一个 PUP 获取产品的第三种方式。可以定义预警区域和区域内的需要预警的天气事件诸如强风、冰雹和龙卷等。当雷达探测到预警区内被预警的事件出现的条件时,RPG 将发送一条警告信息给 PUP,同时该 PUP 收到与被预警的事件直接有关的产品,即预警-配对产品(Alert-Paired Product)。一旦预警条件满足,RPG 将生成这个产品并把它传送给相应的 APUP。

预警-配对产品的生成过程如下:1)由 PUP 选取预警区域、预警类型和预警阈值并传送给 RPG;2)当被预警的现象发生时,在 RPG 生成警告;3)一个预警信息和一个警告-配对产品被传送到 PUP;4)与某一特殊预警事件配对的产品列在 RPG 中的一个列表上。对一特定的预警类型,所有 APUP 接收同样的配对产品。

1.5.3.2　产品数据存储、管理和分发

在 PUP 上的产品数据储存和管理是比较简单的。对于 CINRAD-SA,产品数据默认的目录是 C:\Product。用户可以根据需要将产品保存在相应的目录下,PUP 程序将在该目录下生成本站的产品的子目录。产品被保存在本站子目录(例如 C:\Product\TianJin),保存时间默认为 7 天。

产品数据可以转换成标准的图像格式(如 gif)通过通讯线路传给其他相邻台站和省级或国家级预报中心。

1.5.3.3　产品显示

图形产品显示的方式包括自动显示和通过检索显示。自动显示指的是请求的产品数据一旦传到 PUP 就自动显示出来。通过检索显示指的是请求的产品数据传到 PUP 后储存在相应的目录下,PUP 操作员通过点击该产品数据文件显示该产品。

图形产品显示的形式包括极坐标形式(可加背景地图)、格点形式(垂直剖面和风廓线等)、表格形式(字符形式的属性表叠加在地理形式的产品上)。

通过 PUP 系统可对图形做如下处理:放大、预置中心、重置中心、窗区中心、过滤功能(单色过滤、向上过滤和向下过滤)、合并功能(向上合并和向下合并)、闪烁功能、图像灰化功能、颜色恢复功能、动画显示、图像叠加、光标连接、叠加地图和隐藏产品等。

1.5.3.4　产品显示的范围

图 1.7 给出了基本产品展示的最大范围和算法应用到的范围。所有的数据、算法和产品的范围可达 230 km。超过 230 km,将没有速度数据。风暴识别和跟踪算法的有效区间一直扩展到 345 km。在 345 km 到 460 km 之间,没有算法被应用,但仍有基本反射率因子产品。CINRAD-SA 雷达 0.95°的波束在 0.5°仰角在各个距离圈的波束中心高度和波束宽度(假定标准大气条件)也在图中注明。从图中看到,最低仰角(0.5°)波束中心的高度随着距离的增加而增加,在 230 km 处其高度为 5 km,高于很多层状云雨区的高度。在 460 km 处,其高度为 16.5 km,高于大多数对流单体的高度。我们从图中还注意到,波束宽度随着离开雷达距离的增加而展宽,在 230 km 处的波束宽度约为 4 km,此时很难分辨尺度在 2 km 以下的小尺度涡旋。在 460 km 处,波束宽度为 8 km,对于明显的风暴顶辐散特征的识别也会变得困难。因此,波束中心高度和波束宽度随距离的增加使得雷达在较远距离处的探测能力下降。

1.5.3.5　产品编辑注释

产品注释编辑包括产品注释的编辑(雷达所处位置的经纬度和海拔高度、观测时间、天气模式、产品名称、仰角、色标分级和图像中心相对于雷达的位置)、剖面位置的编辑、警报区的确定和地图的编辑。其中特别需要注意的是图像中心相对于雷达的位置。一般情况下,雷达的位置就是图像的中心。但有

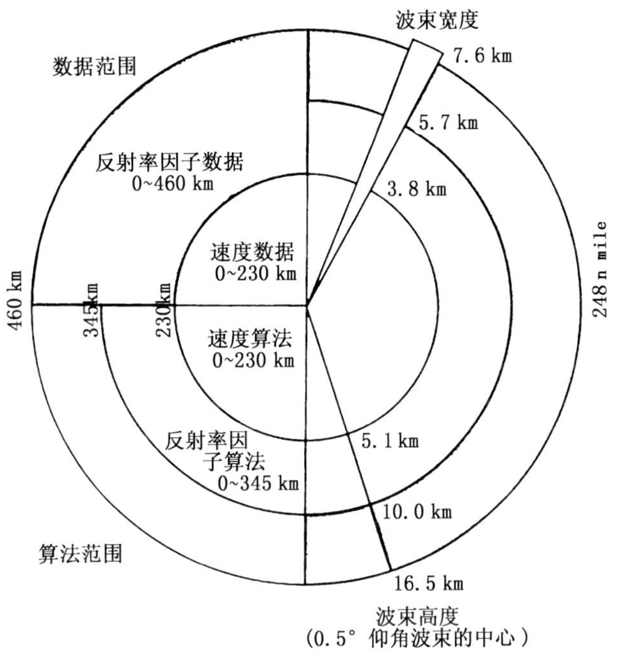

图 1.7 产品显示的范围

时为了突出感兴趣的天气系统，图像的中心偏离雷达位置。图像中心位置通过相对于雷达位置的方位角和距离这两个参数来表示。例如，图像中心位置参数为(56°，67 km)，则从雷达正北方 67 km 处顺时针旋转到 56°的地方即为图像中心的位置。

1.5.3.6 状态监视

状态监视包括通讯状态监视和雷达系统状态监视。通讯状态监视窗口显示 PUP 接收到从 RPG 发送来的产品名单和到达时间。雷达系统状态监视包括显示天气模式、RDA 可操作性状态、VCP(体扫模式)、仰角数、RDA 状态、RDA 报警、允许传输的数据、RPG 可操作性状态、RPG 报警、RPG 状态、RPG 窄带、反射率因子标定校准等。

1.5.4 新一代天气雷达的进一步改善

新一代天气雷达系统需要不断改进以适应不断增加的业务需求。其中重要的一点是采用统一和通用的基数据格式，并实现基数据向外部系统的实时传送。这些外部系统可以是预报台的人机交互预报平台，如美国天气局的 AWIPS 和中国气象局的 MICAPS。RPG 中的所有产品的算法可以全部移植到 AWIPS 和 MICAPS 系统中。另一个重要改进是采用双偏振技术，可以改善降水估测精度并区分降水云中的各个相态。

1.6 新一代和传统天气雷达在探测强对流天气方面的评分对比

我们在上面的节中提到了很多新一代天气雷达相对于传统雷达的优势。如果我们有实际例子做说明就会有说服力。目前我国尚没有足够的数据做这种对比。因此我们介绍以下美国的对比情况。美国新一代雷达 WSR-88D 于 1991 年开始布点，于 1996 年布点完毕。总共布置了 167 部 WSR-88D 雷达。其中 12 部雷达在海外，其余 155 部在美国本土。有 8 部雷达用于培训和后勤及业务支持。WSR-88D 雷达在短期天气预报、强对流风暴和龙卷的预警的改善上发挥了重要作用。为了把这种改善定量化，我们引入命中率(*POD*)、误警率(*FAR*)和临界成功指数(*CSI*)。

首先我们来看下面的列联系数(contingency)表，从中可导出命中率(*POD*)、误警率(*FAR*)和临界成功指数(*CSI*)：

表 1.1 列联系数表

		警报	
		Yes	No
事件	Yes	X	Y
	No	Z	W

表中 X 代表事件发生，并对其预先发出了警告的次数。Y 代表事件发生，但没有预先发出警告的次数。Z 代表事件没有发生，但误发出了预先警告的次数。W 代表没有发出预先警告，同时事件也没有发生的次数。

命中率 POD 代表事件发生的总次数中，发出警告的次数所占的比率：

$$POD=\frac{X}{X+Y} \tag{1.1}$$

警告的次数越多，POD 的值越高。最好的 POD 可能值为 1，最坏的可能值为 0。

误警率 FAR 代表发出警告的总次数中事件没有发生的次数所占的比率：

$$FAR=\frac{Z}{X+Z} \tag{1.2}$$

误发警报的次数越多，FAR 越大，结果越差，其最坏的可能值是 1；误发警报的次数越少，FAR 越小，结果越好，其最好的可能值是 0。

过多的报警会使得 POD 值较高，但同时 FAR 值会较高。过少的报警会使得 FAR 值较小，但又会导致较小的 POD 值。我们用一个称做成功指数的参数 CSI（也就是通常的 TS 评分）来代表 POD 和 FAR 的综合效应：

$$CSI=\frac{X}{X+Y+Z} \tag{1.3}$$

CSI 的最好可能值是 1，最坏可能值是 0。CSI 可用 POD 和 FAR 表示如下：

$$CSI=[(POD)^{-1}+(1-FAR)^{-1}-1]^{-1} \tag{1.4}$$

首先，我们介绍 Polger 等(1994)给出的六个雷达站新一代和传统天气雷达的对比情况。这六个站是 Oklahoma 州的 Norman(1991 年 3 月布设 WSR-88D)、Florida 州的 Melbourne(1992 年 1 月布设)、Virginia 州的 Sterling(1992 年 1 月布设)、Missouri 州的 St. Louis(1992 年 3 月布设)、Kansas 州的 Dodge City(1992 年 3 月布设)和 Texas 州的 Houston(1992 年 4 月布设)。自 WSR-88D 安装运行至 1992 年年底期间，上述地点的预报台分别发出了 2228、76、193、193、196 和 106 个局地强风暴和暴洪警报。而被报告的局地强风暴和暴洪事件数分别是 1902、62、191、159、190 和 82。我们将强天气分为局地强风暴(包括非龙卷强风暴和龙卷)、龙卷和暴洪三类事件进行讨论。

1.6.1 局地强风暴

与传统天气雷达不同，新一代天气雷达的平均径向速度产品可以用来探测切变区、辐合、辐散以及与局地强风暴相关的中气旋。

图 1.8a 给出了自 1980 年以来 Oklahoma 州 Norman 预报台发布的局地强风暴警报的命中率 POD 和误警率 FAR 的变化情况。注意每年只有一个数据点。1983 年有一个明显的改善。这主要是由于多普勒等新技术的采用和预报员的创新努力，这些新技术的采用最终导致新一代天气雷达 WSR-88D 的出现。预报员个人能力和先进技术的采用和改进使得警报的评分稳定改善。WSR-88D 开始运行以后，1992 年的误警率 FAR 有一个显著的降低。

对于其他预报台(图 1.8)，WSR-88D 开始运行的时间从 1992 年 1 月至 4 月。对于 Sterling、Melbourne 和 Houston 预报台，1992 年的 POD 和 FAR 相对于 1991、1990 和 1989 年有非常大的改进。这显然归功于 WSR-88D 的使用。对于 Kansas 州的 Dodge City 预报台，1992 年的误警率 FAR 相对于前三年有明显的改进，可归功于 1992 年 3 月起 WSR-88D 的使用；然而，其命中率从 1990 年开始持续改

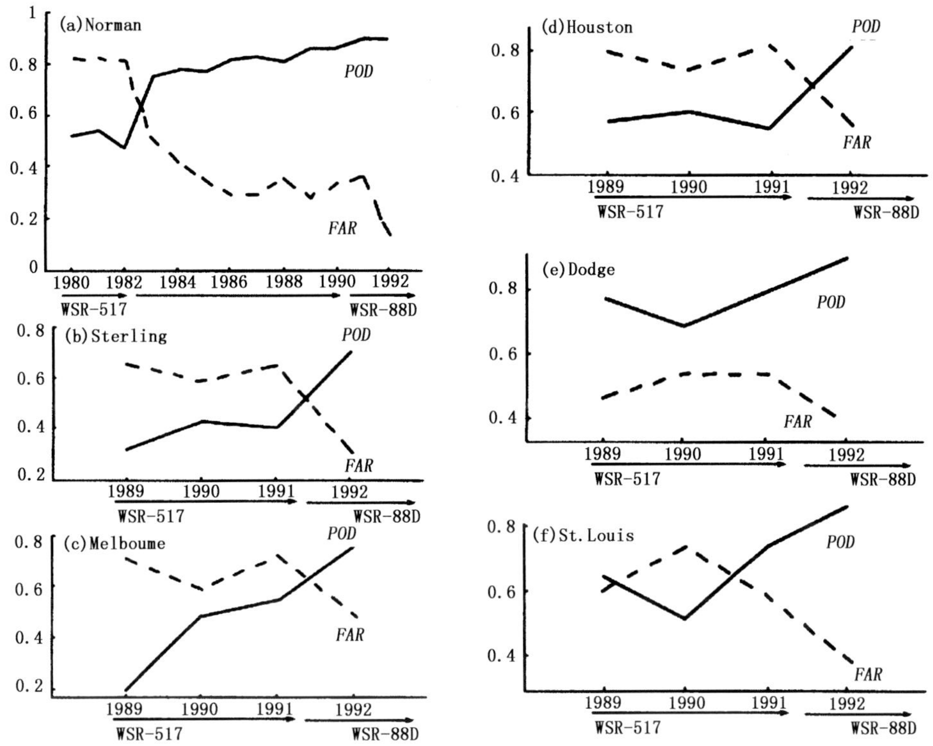

图 1.8 (a)1980 年以来 Norman 预报台发布的局地强风暴(包括非龙卷强风暴和龙卷)警报的命中率 *POD* 和误警率 *FAR*(每年一个数据点);图(b)到(f)与图(a)类似,但对应于不同的预报台,时间从 1989 年到 1992 年;(b)Virginia 州的 Sterling 预报台;(c)Florida 州的 Melbourne 预报台;(d)Texas 州的 Houston 预报台;(e)Kansas 州的 Dodge City 预报台;(f)Missouri 州的 St. Louis 预报台

善,因此不能完全归功于 WSR-88D 的使用。对于 Missouri 州的 St. Louis 预报台,其命中率 *POD* 和误警率 *FAR* 自 1990 年到 1992 年间持续改善,显然也不能完全归功于 WSR-88D 的使用,因为该 WSR-88D 是 1992 年 3 月开始运行的。该预报台自 1990 年起强风暴警报评分持续改善的部分原因可能是预报员个人能力的提高和采用新的预警技术。

关于 WSR-88D 探测强风暴的能力,一种相当流行的观点是:WSR-88D 对强风暴发展的充分描述的距离上限是 150 km。Norman 气象台最早安装和运行 WSR-88D(1991 年 3 月),并且强风暴发生的频率高,该气象台自 WSR-88D 安装运行以来所发局地强风暴警报的命中率 *POD* 和误警率 *FAR* 随距离(直到 240 km)变化的情况表明 *POD* 和 *FAR* 值随着距离的变化几乎保持定常。

人们关心的另一个问题是警报的提前时间。在 WSR-88D 安装运行之前,10 分钟左右的局地强风暴警报提前时间就被认为是相当不错的。自引入 WSR-88D 之后,Norman 预报台的警报提前时间在距雷达 240 km 范围之内平均在 14.9 至 17.3 分钟之间。也就是说,自 WSR-88D 安装运行之后,Norman 预报台发布的局地强风暴警报的提前时间大大增加了。

1.6.2 龙卷

上面讨论的数据没有区分龙卷和非龙卷强风暴,主要反映了非龙卷强风暴的情况,因为非龙卷强风暴和龙卷发生的频率之比为 14∶1。因此,将龙卷事件从上述六个气象台的强风暴数据中分离出来单独讨论。将 1989、1990 和 1991 年的数据作为 WSR-88D 运行前传统天气雷达的代表数据,这里称为基线雷达。只有 Norman 气象台例外,它的基线数据只到 1991 年 3 月 WSR-88D 开始在那里运行。

表 1.2 给出基线雷达和 WSR-88D 在发生的龙卷总次数中,发布了龙卷警报的次数和百分比,发布了强风暴警报的次数和百分比,和未发警报的次数和百分比。从表中可以看出,对于基线雷达,如果一个龙卷发生,发布龙卷警报的概率是 46%,发布强风暴警报的概率是 21%,不发布警报的概率是 33%;

而对于 WSR-88D,上述概率分别是 72%、15%和 13%,明显优于基线雷达。

表 1.2　在发生的龙卷总数中,发布了龙卷警报、强风暴警报和未发警报的次数(百分比)

	龙卷发生次数	发布龙卷警报	发布强风暴警报	未发警报
基线雷达	153	70(46%)	32(21%)	51(33%)
WSR-88D	163	117(72%)	24(15%)	22(13%)

表 1.3 给出基线雷达和 WSR-88D 在发布龙卷警报的总次数中,已核实发生龙卷、非龙卷强风暴和未发生强风暴的次数和百分比。对于基线雷达,若发布一个龙卷警报,则实际发生龙卷、非龙卷强风暴和未发生强风暴的概率分别是 30%、23%和 47%;而对于 WSR-88D,上述概率分别是 46%、32%和 22%,明显优于基线雷达。很明显,随着 WSR-88D 的安装运行,预报台对局地强风暴的预警能力大大提高。通过不断积累的经验和对强天气产品算法的精细调整将进一步改善预报员区别产生龙卷的强风暴和不产生龙卷的强风暴的能力。

上述六个雷达站的统计还表明,基线雷达期间发布龙卷警报的平均提前时间是 4.8 分钟。WSR-88D 运行以后,发布龙卷警报的平均提前时间为 8.8 分钟,几乎增加了 1 倍。

表 1.3　在发布龙卷警报的总次数中,已核实发生龙卷、非龙卷强风暴和未发生强风暴的次数(百分比)

	总的龙卷警报次数	观测到龙卷	观测到非龙卷强风暴	未观测到强风暴
基线雷达	223	67(30%)	51(23%)	105(47%)
WSR-88D	202	92(46%)	65(32%)	45(22%)

1.6.3　暴洪

WSR-88D 增加的测量速度能力改善了其探测局地强风暴的效果。此外,相对于传统天气雷达,WSR-88D 大大增强的对反射率因子估计的精度不仅有助于更有效地探测局地强风暴,而且有助于更精确地估测降水。算法给出 1 小时和 3 小时累积降水以及风暴总降水。这些量对于发生暴洪潜势的早期探测是非常关键的。

1.6.4　综合

在完成 WSR-88D 在全美国的布网之后,Crum 等(1998)给出了美国天气局在局地强风暴预警方面整体改善的情况。图 1.9 和图 1.10 描述了美国天气局自 1991 年布置 WSR-88D 以来发布局地强风暴和龙卷方面的进步情况。图 1.9 描绘了对所有局地强风暴命中率 *POD* 和误警率 *FAR* 改善的情况。*POD* 的值从 1990 年的 0.65 增加到 0.83, *FAR* 的值由 1990 年的 0.56 减少到 0.49。相应的 *CSI* 值由 0.36 增加到 0.46。图 1.10 中,上一条曲线表示所有局地强风暴警报的提前时间,而下面的一条曲线表示龙卷警报的提前时间。我们注意到,对局地风暴,警告提前时间由 1990 年的 14.1 分钟增加到 1996 年的 18.3 分钟;对龙卷,警告提前时间由 1990 年的 5.7 分钟增加到 1996 年的 9.9 分钟。美国天气局对岗位培训的重视、新的 GOES 卫星数据、风廓线仪数据都对上述改善有贡献。但 WSR-88D 的布设无疑起了最重要的作用。

WSR-88D 的布设除了在强对流和龙卷的警报方面比过去有了明显的改善外,由于灵敏度和分辨率比上一代雷达有较大的提高,即使在晴空情况下,该系统也可帮助预报员预报大气边界层辐合线(如干线、雷暴的出流边界和海陆风锋)的过境时间。上一代天气雷达一般很难探测到这些辐合线。这就使得对风切变、对流风暴和暴雨、暴洪的发生和持续的定时、定点预报有所改善。

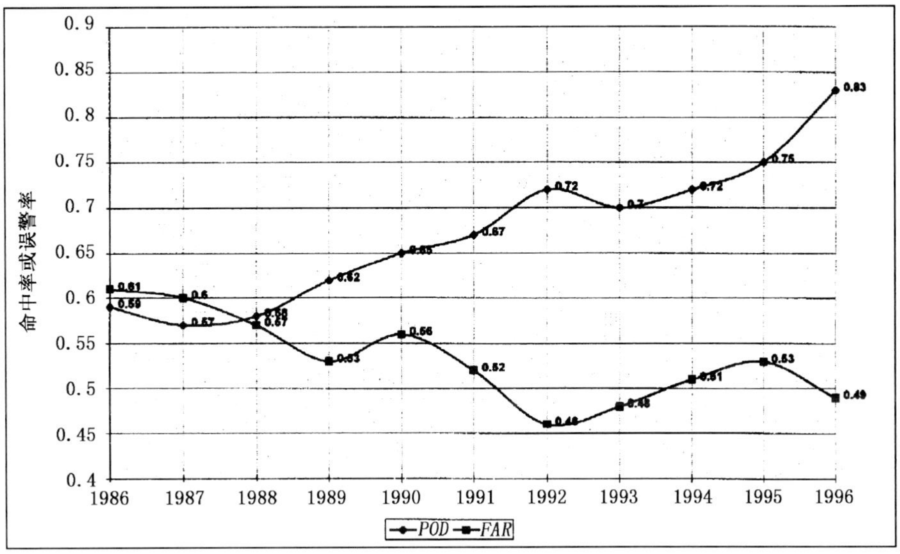

图 1.9 美国天气局统计的从 1986 至 1996 期间对所有的局地强风暴的 *POD* 和 *FAR*

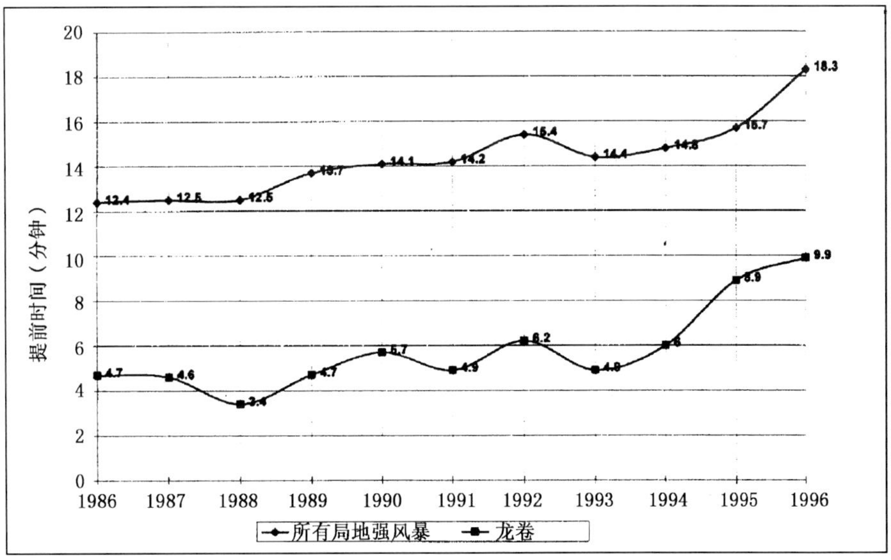

图 1.10 美国天气局统计的 1986—1996 年对所有局地强风暴的警报提前时间（上）和单独对龙卷警报的提前时间（下）

1.7 本章小结

多普勒天气雷达发射脉冲形式的电磁波，电磁波在向前传播过程中遇到降水天气系统或其他目标物会将电磁波向四面八方散射，其中向后散射的部分电磁波可以回到雷达，被雷达接收和处理。根据雷达回波的特征可以判断降水天气系统降水的强弱和有无产生冰雹、龙卷和地面直线型风害的可能。多普勒天气雷达的主要应用领域包括强对流天气的探测和预警、大范围降水的监视和雨量的定量估计、风场特征的判断以及高分辨率数值天气预报模式初值场的形成。我国的新一代天气雷达计划布设 158 部，其中东部沿海地区和沿长江、黄河、淮河和珠江流域布设 S 波段（10 cm）雷达，而内陆地区布设 5 cm 雷达。

多普勒天气雷达主要由雷达数据采集系统 RDA、雷达产品生成器 RPG 和主要用户终端 PUP 构成。

RDA 由天线、发射机、接收机、信号处理器和监控计算机构成。它的主要功能是发射脉冲电磁波、接收回波，并对回波信号进行处理，最终形成反射率因子、平均径向速度和径向速度谱宽。RPG 的主要功能有两个，一个是作为整个雷达的控制中心，另一个是具有一系列的算法，当接到来自 PUP 的请求后，生成相应的产品，然后传给 PUP。PUP 是预报员工作的平台，主要功能是申请适当的产品，当 RPG 根据 PUP 的申请产生并传给 PUP 相应的产品后，PUP 可以以图形、图像方式显示这些产品，对图像进行各种处理，为天气预报特别是强对流天气预报提供指导和参考。PUP 可以通过常规产品清单、一次性请求和警报配对产品三种方式向 RPG 申请产品。业务运行的多普勒天气雷达通常采用体积扫描的方式观测。常用的体扫模式有 VCP11、VCP21 和 VCP31。其中 VCP11 通常在强对流风暴出现的情况下使用，而 VCP21 在没有强对流单有显著降水的情况下使用，其他情况下使用 VCP31。

天气雷达的主要局限性有三个：一是波束中心的高度随距离的增加而增加，二是波束宽度随距离的增加而展宽，三是静锥区的存在。前两点使得雷达对于远距离的目标的探测能力降低，而第三点使得雷达对于非常近的目标物的探测能力受限。

第二章　多普勒天气雷达原理

2.1　气象目标对雷达电磁波的散射

粒子对电磁波作用的两种基本形式是散射和吸收。气象目标对雷达电磁波的散射是雷达探测大气的基础。当电磁波束在大气中传播，遇到空气分子、大气气溶胶、云滴和雨滴等悬浮粒子时，入射电磁波会从这些粒子上向四面八方传播开来，这种现象称为散射。粒子产生散射的原因是：粒子在入射电磁波作用下被极化，感应出复杂的电荷分布和电流分布，它们也要以同样的频率发生变化，这种高频率变化的电荷分布和电流分布向外辐射的电磁波，就是散射波。雷达波束通过云和降水粒子时被散射，其中一部分向后的散射波要返回雷达方向，被雷达天线接收。雷达接收的后向散射电磁波可用振幅和位相来表示，从一系列回波振幅和位相中可以提取目标物的反射率因子、沿雷达波束径向的平均速度和速度谱宽三个基本量，根据这三个基本量，可推断出相应天气系统，尤其是降水天气系统的某些内部结构和特征。

粒子散射电磁波的能力和粒子的大小、形状以及其电磁特性等有关。

2.1.1　后向散射截面

云和降水粒子散射的能量，在不同方向上的分布是不均匀的，在雷达观测中最关心的是向后方（即向雷达方向）散射的能量，也叫回波功率。为此，经常引用“后向散射截面”这个物理量。后向散射截面的定义是：设有一个理想的散射体，其截面面积为 σ，它能全部接收射到其上的电磁波能量，并全部均匀地向四周散射，若该理想散射体返回雷达天线处的电磁波能流密度，恰好等于同距离上实际散射体返回雷达天线的电磁波能流密度，则该理想散射体的截面面积 σ 就称为实际散射体的后向散射截面。

后向散射截面是一个虚拟的面积，它可用来定量地表示粒子后向散射能力的强弱。后向散射截面越大，粒子的后向散射能力越强，在同样条件下，它所产生的回波信号也越强。利用后向场散射截面的概念，可以对后向散射能流密度和回波功率进行定量的计算。如以 S_i 表示到达降水粒子的入射波能流密度，$S_s(\pi)$ 表示粒子后向散射到雷达天线的能流密度，r 表示粒子离雷达的距离，则有：

$$S_s(\pi)=\frac{S_i\sigma_b}{4\pi r^2} \tag{2.1}$$

由于实际粒子不是理想散射体，所以粒子的后向散射截面不等于它的几何截面。后向散射截面与几何截面的比值，称为标准化的后向散射截面，用 σ_b 表示。

2.1.2　圆球形粒子的散射

由于数学处理上的困难，目前只能对圆球形、圆柱形和椭球形等少数几种几何形状比较简单的粒子的散射得出精确的解析解。气象上云滴、雨滴和冰雹等粒子一般可近似地看作是圆球形。当雷达波长确定后，球形粒子的散射情况在很大程度上依赖于粒子直径 D 和入射波长 λ 之比。对于 D 远小于 λ 情况下的球形粒子散射称为瑞利散射；而 D 与 λ 尺度相当情况下的球形粒子散射称为米(Mie)散射。

2.1.2.1　瑞利散射

在粒子的尺度远小于电磁波波长的情况下，即 $\alpha\ll1$ 时（$\alpha=\pi D/\lambda$），有

$$\sigma=\frac{\pi^5}{\lambda^4}|K|^2D^6 \tag{2.2}$$

其中 λ 为投射在粒子表面的电磁波波长，D 为圆球形粒子的直径；

$$K=\frac{m^2-1}{m^2+2}$$

其中 m 为构成粒子介质的复折射指数。

云滴的直径通常小于 0.1 mm，几乎对于所有的雷达波长都满足瑞利近似条件。雨滴的直径一般在 0.5～3.0 mm 的范围内，强对流性降水的雨滴直径可以超过 4 mm，但最大不超过 6 mm，否则会自行破裂。对 10 cm 波长，6 mm 雨滴直径情况下采用瑞利近似得到的后向散射截面的误差不超过 20%。所有的雨滴在 10 cm 波长(S 波段)情况下都符合瑞利散射条件。对于 5.5 cm 波长的 C 波段雷达，大多数情况下雨滴满足瑞利近似条件，只是在强对流降水情况下，对于可能出现的直径在 3～6 mm 的大雨滴，瑞利近似不能适用。

由(2.2)式可知，在瑞利散射情况下球形粒子的后向散射截面与粒子直径的 6 次方成正比，与波长的 4 次方成反比。由于云滴的直径很小，后向散射能力很弱，所以传统天气雷达通常观测不到纯粹由云滴组成的云，而新一代天气雷达由于其较高的灵敏度可以探测到云。对同一降水粒子，天气雷达的波长越短，它所产生的后向散射越强。所以，波长较短的 C 波段雷达更容易发现弱的气象目标。波长较长的 S 波段雷达，如果要具有同样的探测能力，则在其他参数相同时，就要采用较大的发射功率。

后向散射截面还与 $|K|^2$ 有关，水球的 $|K|^2$ 值对于 S、C 和 X 波段雷达均为 0.93 左右，冰球的 $|K|^2$ 值为 0.197，所以瑞利散射情况下冰球的后向散射截面大约只有同样大小水球的 1/5。

2.1.2.2　米散射

根据米散射公式，可以计算出不同尺度的球形粒子在不同波长时的后向散射截面 σ_b。图 2.1 所示为不同波长下水球和冰球的后向散射截面随球体直径的变化曲线。

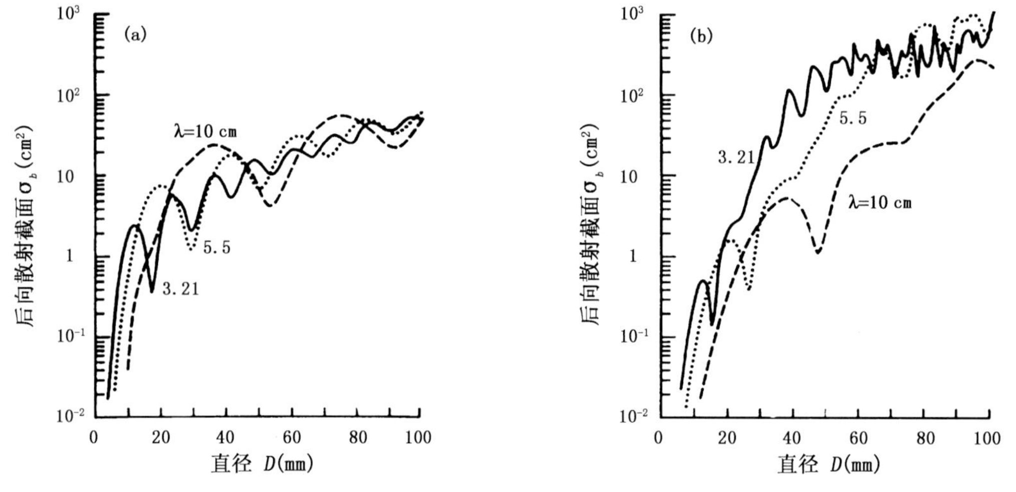

图 2.1　不同波长下水球 (a) 和冰球 (b) 的后向散射截面随球体直径的变化曲线(引自 Doviak 和 Zrnic，1993)

由图可见，无论是水球还是冰球，各种波长下的后向散射截面 σ_b 都随着球形粒子直径 D 的增加而迅速的呈波动性地增大，当 D 较大时，冰球后向散射截面随 D 的增加而增大的速度超过水球。表 2.1 给出了不同波长情况下，水球的后向散射截面 σ_w 与冰球的后向散射截面 σ_i 之比随 D 值的变化。

表 2.1　水球的后向散射截面 σ_w 与冰球的后向散射截面 σ_i 之比随 D 值的变化

D / λ	10 mm	20 mm	30 mm	40 mm	50 mm	60 mm	70 mm	80 mm	90 mm	100 mm
10 cm	8.0	9.8	7.5	4.0	6.0	0.8	2.0	1.0	0.1	0.2
5.5 cm	6.2	5.0	0.5	1.5	0.14	0.20	0.1	0.062	0.040	0.085

根据表 2.1，对于 λ=10 cm(S 波段)，当 D 小于 50 mm 时，水球的 σ_w 比冰球的 σ_i 大得多(4～10

倍)；当 D 超过 60 mm 但小于 80 mm 时，水球与冰球的后向散射截面大致相当；当 D 增加到 80 mm 以上时，水球的 σ_w 开始小于冰球的 σ_i；当 D 在 90～100 mm 时，水球的后向散射截面比冰球的小很多(0.1～0.2 倍)。对于 $\lambda=5.5$ cm(C 波段)，当 D 在 10～20 mm 左右时，水球的 σ_w 比冰球的 σ_i 大得多(5～6 倍)；当 D 在 25 mm 到 45 mm 之间时，水球与冰球的后向散射截面大致相当；当 D 超过 50 mm 时，水球的后向散射截面比冰球的小很多(0.04～0.20 倍)。

2.1.2.3　冰水混合球的散射

云中的冰晶、雪花和冰雹等，由于与过冷水滴碰并或通过 0℃层下降而融化时，便成为冰水混合球。冰水混合球可以分为两种：一种是水包冰球；另一种是冰水均匀混合球。当冰粒下降表面开始融化时，或者当冰雹与大量的过冷水滴相碰而来不及立即冻结时，便成为水包冰球；对多孔海绵状冰雹，以及当雪花、雪团下降融化时以及在冰球融化的后期，可以把它们看作是冰水均匀混合球。

(1)外包水膜的"小"冰球的散射(瑞利散射区)

在瑞利散射适用的范围内，无论是波长 3.2 cm、5.5 cm 还是 10 cm，随着水膜相对厚度的增大，水包冰球的后向散射截面 σ 迅速趋近于同质量水球的后向散射截面 σ_w。例如，当一个直径为 0.4 cm 的冰球半径的 1/10 融化时，对于 10 cm 波长的入射波，其后向散射截面已接近于同体积水球的 90%。

(2) 外包水膜的"大"冰球的散射(米散射区)

对于 10 cm 波长，由于一般大小的固态降水粒子属于瑞利散射区，故在融化过程中雷达后向散射截面总是增加的。只有当冰球直径超过 8 cm 时，其后向散射截面才随着冰面融化而突然减小(表 2.1)，但直径超过 8 cm 的冰雹是很罕见的。对于 5.5 cm 波长，直到 $D=4$ cm，除了 $D=3$ cm 附近一个很小的区间，融化过程中雷达后向散射截面是增加的；D 超过 5 cm 以后，冰球的后向散射截面随着冰球表面开始融化而突然减小(表 2.1)。

2.1.3　粒子群的散射

上面讨论了单个粒子的散射，而雷达探测实际大气中的云雨时，接收到的散射是由一群粒子共同构成的。一群云雨粒子的瞬时回波是涨落的，其原因是同时散射的能量到天线处的许多云雨粒子之间相对位置不断发生变化，从而使各云雨粒子产生的回波到达天线的行程差也发生不规则的变化。粒子群造成的瞬时回波，不能简单地看作各个粒子单独产生的瞬时回波的叠加。一般雷达都对云雨粒子群瞬时回波取一定时段的平均。可以证明，粒子群时间平均回波功率等于构成粒子群的各个单个粒子产生的回波功率的总和。

2.2　电磁波在大气中的衰减和折射

2.2.1　电磁波在大气中的衰减

电磁波能量沿传播路径减弱的现象，称为衰减。造成衰减的物理原因，是因为当电磁波投射到气体分子或云雨粒子上时，一部分能量被散射，另一部分能量被吸收而转变为热能或其他形式的能量，从而使电磁波减弱。

由于衰减，使回波功率减小，会造成回波的失真。了解衰减对雷达探测的影响，对于正确使用回波资料是十分重要的。

2.2.1.1　衰减系数

介质对电磁波能量衰减的强弱，由衰减系数 k 来表示，它等于通过单位距离后电磁波能流密度减少的分贝数，即

$$k=-10\lg\frac{P}{P_0} \tag{2.3}$$

式中 P_0 为没有衰减时的能流密度，P 为通过单位距离后的能流密度。

在雷达探测的情况下，雷达发出的探测脉冲要遭受介质的衰减，从目标返回的回波信号又要在途中遭受同样的衰减。因此，距离 r 处的目标，由于介质衰减所引起的回波功率减少的分贝数，等于：

$$10\lg\frac{\overline{P}_r}{\overline{P}_{r0}}=-2\int_0^r k\mathrm{d}r \tag{2.4}$$

式中 $\overline{P}_{r0}$ 和 $\overline{P}_r$ 分别表示途中没有介质衰减和有介质衰减时的回波功率。上式也可以写成：

$$\overline{P}_r=\overline{P}_{r0}\cdot 10^{-0.2\int_0^r k\mathrm{d}r} \tag{2.5}$$

可见，考虑途中介质衰减后，回波功率应乘以衰减因子 $10^{-0.2\int_0^r k\mathrm{d}r}$ 。

2.2.1.2　云的衰减

云滴是半径小于 100 μm 的水滴或冰晶。对天气雷达波段来说，它们满足 $\alpha=\pi D/\lambda\ll 1$ 的条件，因此可以采用瑞利近似。理论计算表明，云造成的衰减主要是由于吸收作用引起的。云的衰减系数 k_c (dB/km) 与云区的含水量 M (g/m^3) 成正比，如下式所示：

$$k_c=k_1M \tag{2.6}$$

式中 k_1 为单位含水量 (M=1 g/m^3) 时的衰减系数，见表 2.2。

由表 2.2 可见，波长增加，云的衰减系数迅速减小。当波长由 3 cm 增大到 10 cm，衰减系数几乎减小一个量级；在含水量相同时，冰云的衰减系数要比水云小两个量级。由于不含降水粒子的云的含水量很小(不超过 1 g/m^3)，而且雷达波在云中穿过的距离也不会很长，所以云对雷达波的总的衰减量很小，在天气雷达探测实践中通常可以忽略。

表 2.2　不同波长和温度时云的衰减系数 k_1 (dB/km)

温度(℃)	波　长 (cm)			
	0.9	3.2	5.0	10.0
水 20	0.647	0.0483	0.0215	0.0054
云 10	0.681	0.063	0.022	0.0056
0	0.99	0.086	0.035	0.009
冰 0	8.74×10^{-3}	2.46×10^{-3}		
云 −10	2.94×10^{-3}	8.19×10^{-3}		
−20	2.0×10^{-3}	5.63×10^{-3}		

2.2.1.3　雨的衰减

当雨滴较小，波长相对较长时，雨对雷达波的衰减还可以用瑞利近似来计算。但对大的雨滴，雷达波长又小于 10 cm 时，雨的衰减系数必须用普遍的米散射公式来计算。实际上常把雨的衰减系数 k_p (dB/km) 表示成降水率 R(mm/h) 的函数。根据理论计算及雨滴谱的资料得到，雨对雷达波的衰减系数与降水率有下述统计关系：

$$k_p=k_2R^\gamma \tag{2.7}$$

式中 k_2 和 γ 都是与波长和温度有关的系数，并且随地域而异。即使在同一地区的不同类型的降水中，因滴谱不同，k_2 和 γ 也可能有不同的值。

表 2.3　不同波长下 k_2 和 γ 的值

	波　长 (cm)			
	0.9	3.2	5.6	10.0
k_2	0.22	0.0074	0.0022	0.0003
γ	1.0	1.31	1.17	1.00

表 2.4 所示的是常用的几种波长在不同雨强时的衰减系数 k_p 值(温度 18℃)。从表 2.3 和表 2.4 可以看出，随着波长的增加，雨对雷达波的衰减迅速减小。当波长等于 10 cm 时，雨强达到 100 mm/h，所产生的衰减系数也小于 0.03 dB/km。但是在 3 cm 波长时，衰减相当严重，穿过径向尺度为 100 km、

雨强为 10 mm/h 的降水区，回波信号的衰减可达 30 dB。5.6 cm 波长的电磁波，在穿过径向尺度为 100 km、雨强为 20 mm/h 的降水区，回波信号的总衰减量也可达 15 dB。

表 2.4　雨的衰减系数 k_p (dB/km)

雨强	波　长 (cm)			
(mm/h)	0.9	3.2	5.6	10.0
0.5	0.11	0.003	0.001	0.00015
1	0.22	0.007	0.002	0.0003
5	1.1	0.061	0.014	0.0015
10	2.2	0.151	0.033	0.003
20	4.4	0.375	0.0732	0.006
50	11	1.25	0.214	0.015
100	22	3.08	0.481	0.030
200	44	7.65	1.083	0.060

2.2.1.4　冰雹的衰减

降雹可以造成对雷达波严重的衰减。对 3 cm 波长，在某些场合衰减系数可以超过 4 dB/km；对 5.5 cm 的波长，也可以有很大的衰减。

表 2.5　冰雹的衰减系数 k_h (dB/km)

		冰雹直径(cm)		
波长(cm)	水层厚度(cm)	0.97	1.93	2.89
3.21	0	0.12	1.21	1.66
	0.01	0.91	3.01	3.46
	0.05	1.68	3.72	4.03
	0.1	1.5	3.49	3.79
5.5	0	0.015	0.18	0.33
	0.01	0.19	0.79	1.12
	0.05	0.56	2.48	2.82
	0.1	0.94	2.30	2.60
10.0	0	0.002	0.017	0.034
	0.01	0.051	0.15	0.19
	0.05	0.058	0.34	0.60
	0.1	0.08	0.89	1.18

2.2.1.5　衰减引起的回波失真

由于衰减，雷达所显示的降水回波将小于实际的降水区，尤其是在降水区远离雷达的一侧。为了形象地看出衰减所造成的回波失真，有人对一个假设的雨区做了理论计算，如图 2.2 所示，图 2.2a 为虚拟的雨区，呈圆形，直径 8 km，中心的降水强度是 100 mm/h，向边缘均匀递减；图中 2.2b 和 2.2c 分别是 3.2 cm 和 10 cm 雷达显示的回波强度分布。可以看出，10 cm 雷达由于衰减小，等回波强度线与等降水强度线接近一致；而 3 cm 雷达，由于衰减严重，远离雷达一侧的雨区有的显示不出来，使回波的范围缩小，形状也发生失真，回波中心强度减弱，强回波中心的位置偏于整个降水回波的近雷达站一侧，即更靠近雷达站。

图 2.3 对比接近同一时间的两部雷达的回波可知，5 cm 雷达所显示的远处的 B 风暴(强度为 50 dBZ)的回波，由于受到近处的 A 风暴(强度超过 55 dBZ)的强烈衰减，在 17:30 的回波图上明显地小于 10 cm 雷达的回波。到 17:42 已经几乎探测不到。同时近处的 A 风暴的回波的远侧，由于受其自身的衰减影响，也有严重的失真。

我国新一代天气雷达有 S 波段(10 cm)和 C 波段 (5 cm) 两种。一般在沿海和长江流域多暴雨地区安装 S 波段雷达，在内陆较少暴雨地区安装 C 波段雷达。

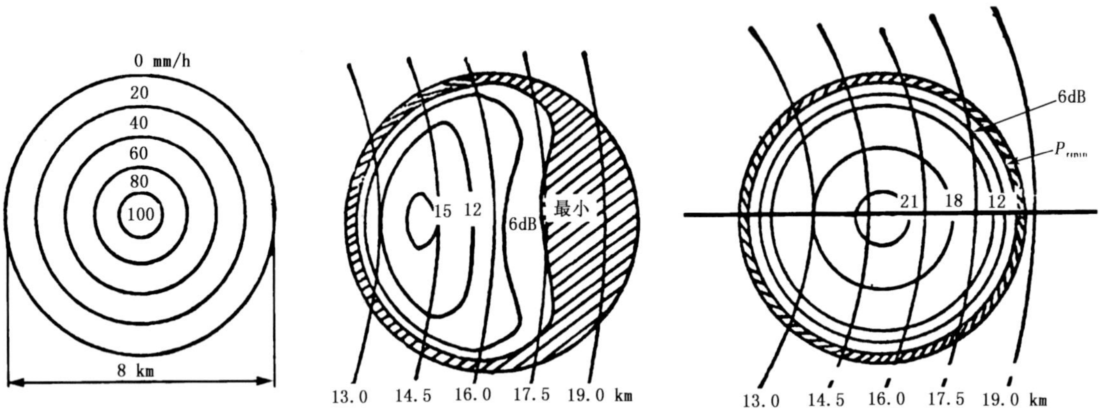

(a) 假设的雨强分布　(b) 3 cm 雷达回波　(c) 10 cm 雷达回波

图 2.2　虚拟的雨区（a）以及在 3.2 cm（b）和 10 cm（c）雷达上显示的回波强度分布

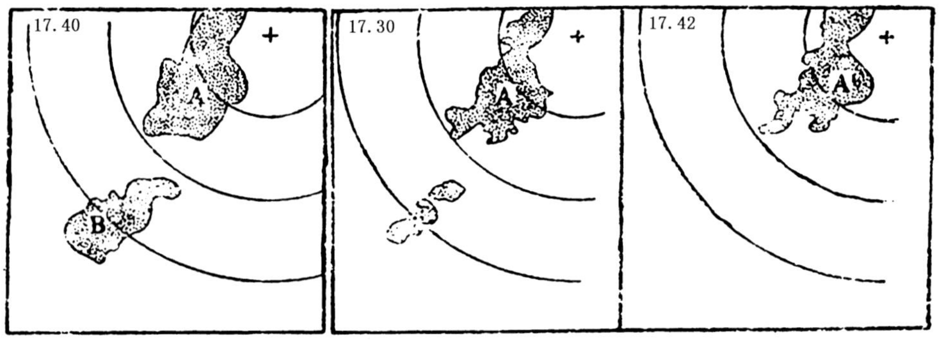

(a) 10 cm 雷达　(b) 5 cm 雷达

图 2.3　接近同一地点和时间的 10 cm 和 5 cm 雷达探测沿径向排列的两个强风暴 A 和 B 的回波素描图

2.2.2　电磁波在大气中的折射

电磁波在真空中是沿直线传播的，而在大气中由于折射指数分布的不均匀性，就会产生折射，使电磁波的传播路径发生弯曲。电磁波的折射对天气雷达的探测有重要的影响。

2.2.2.1　折射指数

在普通物理学中已讨论过，当电磁波斜向入射到折射指数不同的介质的交界面上时，就会发生折射

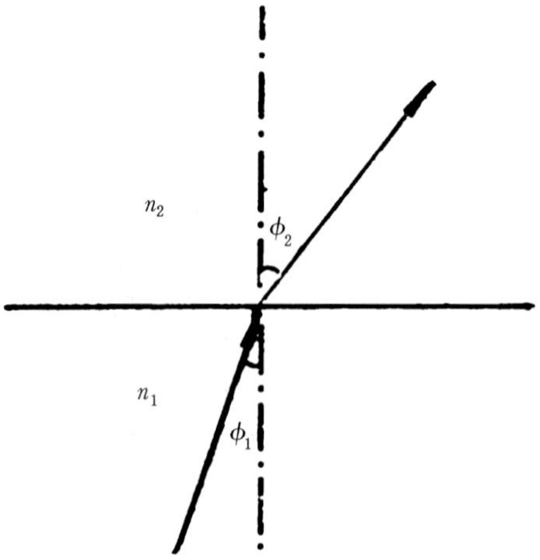

图 2.4　电磁波的折射

现象，如图 2.4 所示。并且有

$$\frac{\sin\phi_1}{\sin\phi_2}=\frac{n_2}{n_1} \tag{2.8}$$

或

$$n_1\sin\phi_1 = n_2\sin\phi_2 \tag{2.9}$$

式中 ϕ_1 为入射角，ϕ_2 为折射角，n_1 和 n_2 为不同介质的折射指数，它等于电磁波在真空中的传播速度 c 与电磁波在介质中的传播速度 v 的比值，即

$$n=\frac{c}{v} \tag{2.10}$$

2.2.2.2　大气折射和等效地球半径

由于大气中的温、压、湿随高度而变化。同时地球本身又是一个近似的球体，就是当雷达天线处于 0°仰角发射电磁波时，电磁波在前进过程中距地面的高度也在改变。不同高度上的温、压、湿不同，其折射指数就要发生变化。它们之间的关系如下：

$$n(h)=\frac{77.6}{T(h)}\left[P(h)+4810\frac{P_w(h)}{T(h)}\right]\cdot 10^{-6}+1 \tag{2.11}$$

式中 $n(h)$为高度 h 上的大气折射指数；$T(h)$，$P(h)$，$P_w(h)$分别为这一高度上的气温、气压和水汽压。

由于不同高度 $n(h)$不同，雷达波束在大气中发生折射是必然的。为了研究雷达波束的弯曲情况，根据曲率的定义和折射定律可得到曲率(K)与折射指数随高度的变化率之间的关系，即

$$K=-\frac{\sin\alpha}{n(h)}\cdot\frac{\mathrm{d}n(h)}{\mathrm{d}h} \tag{2.12}$$

$n(h)$ 一般为 1.0003，可近似为 1，当天线仰角为 0° 时，$\alpha = 90°$，$\sin\alpha = 1$。因此，上式可近似为：

$$K=-\frac{\mathrm{d}n(h)}{\mathrm{d}h} \tag{2.13}$$

由此可知，当$\frac{\mathrm{d}n}{\mathrm{d}h}<0$ 时，波束向下弯曲；当$\frac{\mathrm{d}n}{\mathrm{d}h}>0$ 时，波束向上弯曲；当$\frac{\mathrm{d}n}{\mathrm{d}h}=0$ 时，波束直线传播。

由于地球本身近似球体，设地球半径为 R，则地球本身的曲率为：$K_e=\frac{1}{R_e}$。当考虑折射时雷达波束的传播路径是弯曲的，而地球表面也是弯曲的。这样给定量计算和分析带来麻烦。为了使问题简化，我们把雷达波束的传播路径作为直线处理，应如何处理地球曲率，才能使波束的传播路径与地面的相对位置不变呢？

由(2.12)式和 K_e 知，雷达波束传播路径相对于地球表面的曲率(K_m)为：

$$K_m = K_e - K = \frac{1}{R_e}+\frac{\mathrm{d}n(h)}{\mathrm{d}h} \tag{2.14}$$

如果我们把 K_m 看作地球表面的曲率，这时，雷达波束的传播就可看成是直线传播。由 K_m 导出的曲率半径，称为等效地球半径(R_m)。则：

$$R_m = \frac{R_e}{1+R_e\frac{\mathrm{d}n}{\mathrm{d}h}} \tag{2.15}$$

(1)标准大气折射

在标准大气情况下，$R_m=8500$ km，为实际地球半径的$\frac{4}{3}$倍。此时，$K=-\frac{\mathrm{d}n}{\mathrm{d}h}=4\times10^{-5}\cdot\mathrm{km}^{-1}$，波束路径向下弯曲，这种折射称为标准大气折射。标准大气折射可以代表中纬度地区对流层中大气折射的一般情况，亦称为正常折射。在标准大气折射时，电磁波的路径微微向下弯曲，其曲率半径为 25000 km，约 4 倍于地球的半径。其曲率比地球曲率小，标准大气折射时可能最大探测距离增大了 16%。

(2)临界折射

当波束路径的曲率与地球表面的曲率相同时，即波束传播路径与地表面平行，则称为临界折射。此时，$K=15.7\times10^{-5}\cdot\mathrm{km}^{-1}$，等效地球半径→∞。

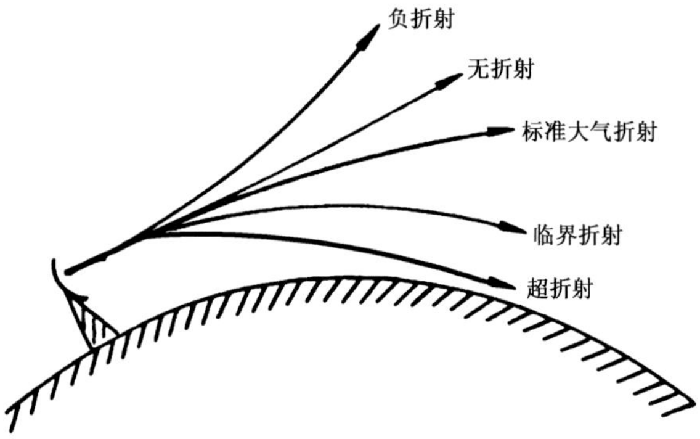

图 2.5a　各种折射情况下电磁波的传播路径

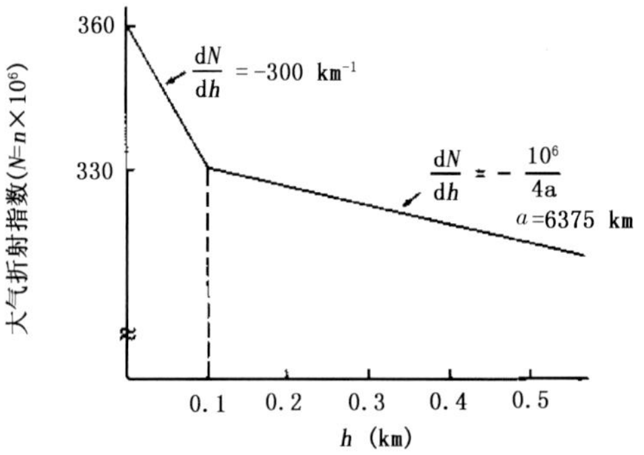

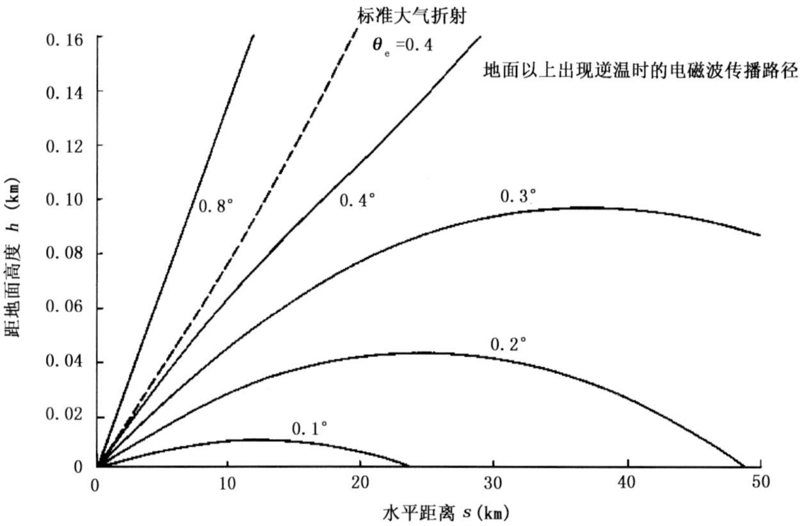

图 2.5b　在距地面最低 100 m 出现大气折射指数随高度迅速降低的情况下，不同雷达波原仰角情况下发生的超折射（$N=n\times10^6$）

(3)超折射

当波束路径的曲率大于地球表面的曲率时，即雷达波束在传播过程中将碰到地面，经地面反射后继续向前传播，然后，再弯曲到地面，再经地面反射，重复多次，雷达波束在地面和某层大气之间，依靠地面的反射向前传播，与波导管中的微波传播相似，故称大气波导传播，又称超折射。这时 $K>15.7\times10^{-5}\text{km}^{-1}$，等效地球半径 $R_m<0$。

形成超折射时，雷达波遇到地物所产生的向后的反射波也沿同样的路径返回到天线。所以，雷达荧光屏上的地物回波显著增多、增强，通常称为超折射回波。这种超折射回波妨碍对于气象目标的观测。在平显上，超折射回波常常是一些呈辐辏状排列的短线。当超折射回波强度较大时，这些短线状的回波互相弥合成片状(见图 4.1)。

有时,回波的分布与地形地物十分一致,显示出平时看不到的山脉、河流。超折射回波常出现在某些方位和距离上,这是由于在同样的天气背景下,那里的局地条件更有利于形成超折射的缘故。在高显上,超折射回波与通常的地物回波相似,呈短而窄的柱状,两头变尖,高度较低,只是数量更多些,排列更紧密些。根据这些特点,就可以在显示器上区别降水回波和超折射回波。此外,由于在大气中形成超折射的气层,通常只是近地面很薄的一层(100～1000 m),所以,适当抬高天线仰角,雷达波就能穿透超折射层,使超折射回波大大减少,从而显示出降水回波。

有时,超折射层不是从地面开始,而是位于空中。在这种情况下,超折射回波不是从测站附近开始,而是出现在离测站有一定距离的区域。

超折射形成的气象条件:超折射是因为大气中折射指数 n 随高度迅速减小而造成的。折射指数随高度迅速减小,按照(2.11)式,必须是气温向上递增,同时水汽压向上迅速递减,也就是常说暖干盖的大气层结。图 2.5b 给出了对应于大气低层折射指数随高度迅速递减时发生超折射的示意图。

(4)无折射

如果雷达波束沿直线传播,无折射现象,又可称为零折射。这时,$K=0$,$R_m=R_e$,大气是均质的。在一般情况下,大气不会出现这种情况。

(5)负折射

如果雷达波束不是向下弯曲,而是向上弯曲,出现这种折射时,称为负折射。这时的 $K<0$,等效地球半径<实际的地球半径。这种折射现象在大气中有时可能出现,如图 2.5a 所示。当暖湿气流沿冷锋面上爬时,可能造成 $K<0$,即$\frac{\partial T}{\partial h}>0$,$\frac{\partial T}{\partial h}>\gamma_d$(干绝热递减率)时,可使 $K<0$。

这时,正常折射时能观测到的目标观测不到了。这种情况,不利于微波通信和雷达探测。实际探测中,可以由在同样的天线仰角时荧光屏上经常出现的地物回波消失不见而得知负折射的存在。

产生负折射的气象条件是,湿度随高度增加,温度向上迅速递减。在盛夏大陆的中午,大气底层温度递减率有可能大于干绝热递减率,从而出现负折射。冷空气移到暖水域上空时,也有可能产生负折射现象。

2.2.2.3　波束中心高度与距离和仰角的关系

在标准大气情况下,可计算不同波束仰角情况下,波束中心高度随距离的变化,如图 2.6 所示。

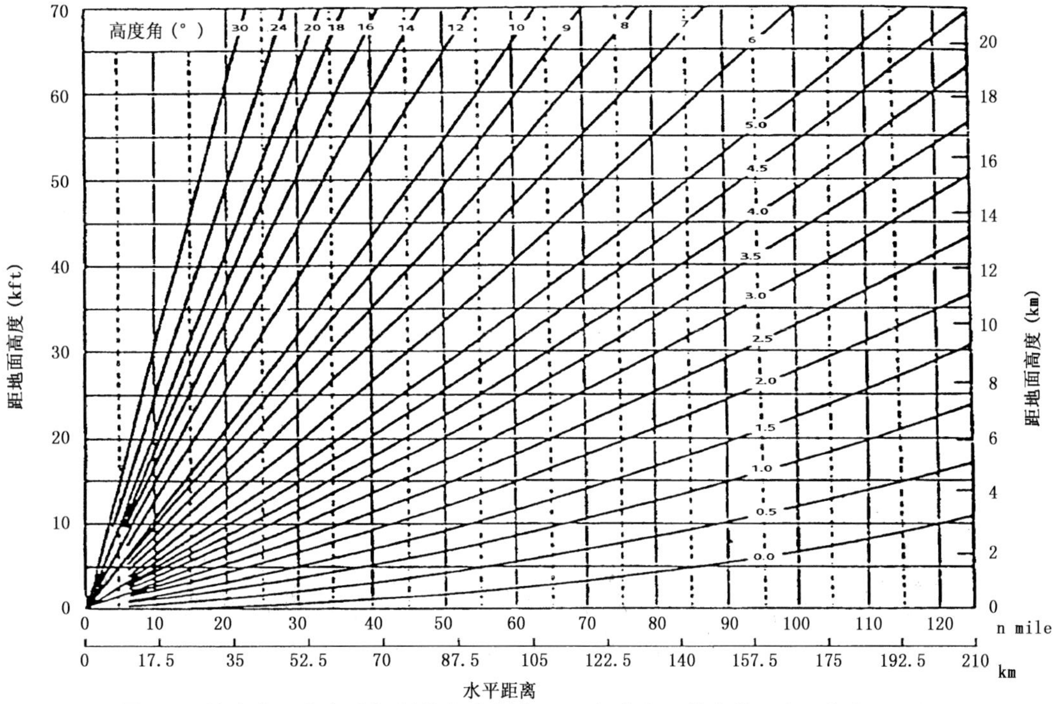

图 2.6　波束中心高度(kft)随仰角和距离(n mile 和 km)的变化(1 km 约为 0.3 kft)

2.3 雷达气象方程

2.3.1 一些重要的雷达参数

2.3.1.1 与发射机有关的参数

触发信号产生器周期性地产生一个触发脉冲，输送到发射机。在触发脉冲的作用下，发射机产生短促而强大的高频振荡，经过天线发射出去，这就是探测脉冲。发射机的主要技术参数有波长 λ（或振荡频率 f）、脉冲宽度 τ、发射功率 P_t 和脉冲重复频率 PRF。

（1）波长 λ

它是决定气象雷达性能的一个最重要的参数。因为同一目标对不同波长的电磁波的散射和衰减特性有很大的差别。所以，不同用途的气象雷达往往具有不同的波长。天气雷达通常使用的是厘米波，习惯上划分为不同的波段。如表 2.6 所示。K 波段的雷达用来探测非降水的云，X、C 和 S 波段的雷达用来探测降水。我国新一代天气雷达使用 C 和 S 波段。

表 2.6　天气雷达的工作频率和波长

频率(MHz)	波长(cm)	波段
30000	1	K
10000	3	X
6000	5	C
3000	10	S
1500	20	L

（2）脉冲宽度 τ

探测脉冲的振荡持续时间，称为脉冲宽度 τ。由于探测脉冲具有一定的持续时间，因而它在空间也有一定的长度 h：

$$h=\tau c \tag{2.16}$$

式中 c 为光速。若脉冲宽度以 μs 为单位，则上式可以写成

$$h=300\tau(\mathrm{m}) \tag{2.17}$$

我国新一代天气雷达中的 CINRAD-SA 和 SB 使用两种脉冲宽度：短脉冲（1.57 μs）和长脉冲（4.71 μs）。对应的空间长度分别约为 500 m 和 1500 m。

（3）脉冲功率 P_t

发射机发出的脉冲，其峰值功率称为脉冲发射功率。为了增强天气雷达的探测能力，其脉冲发射功率常常很大。例如 WSR-88D 的脉冲峰值功率为 475 kW，我国新一代天气雷达 CINRAD-SA 的脉冲峰值功率在 650～800 kW 之间。

（4）脉冲重复频率 PRF

每秒产生的触发脉冲的数目，称为脉冲重复频率，用 PRF 表示。两个相邻脉冲之间的间隔时间，称为脉冲重复周期，用 PRT 表示，它等于脉冲重复频率的倒数。WSR-88D 和我国新一代天气雷达的脉冲重复频率 PRF 在 300～1300 Hz 范围内，实际脉冲重复频率的选择取决于具体的情况。

2.3.1.2 与天线有关的参数

天气雷达的天线，由辐射体和反射体两部分组成（图 2.7）。反射体通常采用抛物面型，辐射体是用波导管扩展而成的喇叭口，位于抛物面反射体的焦点上。从发射机来的电磁波能量，由喇叭口辐射出来，经过抛物面反射体的反射，聚集成一束狭窄的强电磁波向空间定向地辐射出去，类似于探照灯的光束。

下面是与天线有关的几个主要参数。

（1）天线方向图及波束宽度

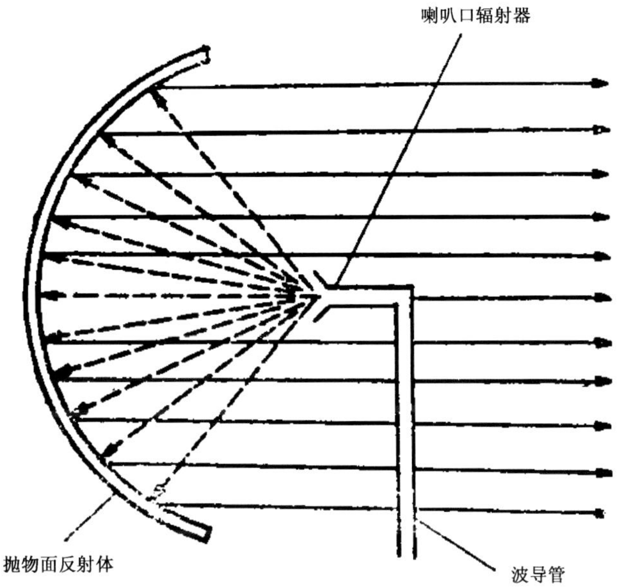

图 2.7　天线辐射示意图

雷达波束虽然肉眼看不见，但可用仪器测出其电磁场强度及能流密度的空间分布。通常，绘出通过天线的水平和垂直面上的辐射能流密度的相对分布曲线图，称为天线方向图，如图 2.8 所示。曲线上各点与坐标原点的连线长度，代表该方向相对辐射能流密度的大小。图中在最大发射方向上的称为主波瓣，侧面的称为旁瓣，相反方向的称为尾瓣。

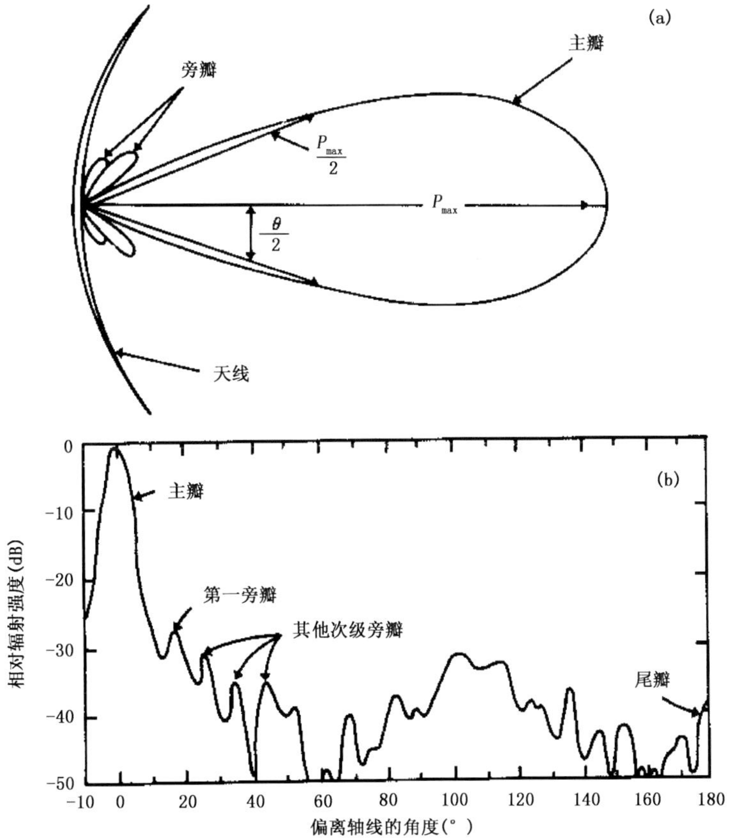

图 2.8　天线方向图。(a)雷达波束纵向截面示意图(主波瓣张开的角度比实际角度要大得多)；(b)旋转剖物面雷达天线的发射能流密度随偏离轴线角度的变化，旁瓣和尾瓣之间的辐射为发射机泄漏的辐射(引自 Sauvageot，1992)

在天线方向图上，两个半功率点方向的夹角，称为波束宽度。通常所说的波束宽度，指的是天线主瓣的宽度，它是天线的一个重要技术参数。在垂直面上的波束宽度，用 θ 表示；在水平面上的波束宽度，用 ϕ 表示。波束宽度越小，角度的分辨率越高，探测精度也越高。我国 S 波段新一代天气雷达的天线直径 9 m，波束宽度约为 1°。

(2)天线增益

辐射总功率相同时，定向天线在最大辐射方向的能流密度与各向均匀辐射的天线的能流密度之比，称为天线增益，用 G 表示。

$$G=S_{max}/S_{av} \tag{2.18}$$

这里 S_{max} 是最大能流密度，S_{av} 是各向平均能流密度。在超高频技术中，很多天线的增益达几千到几万。我国新一代天气雷达(S 波段)的天线增益≥44 dB(约 2.5 万)。

由于主波束是一个圆锥形，垂直于中心轴线的截面是个圆。"能流密度"是指这个圆形横截面单位面积上的能量。横截面积为 $A=\pi r^2$，r 为半径。随着离开雷达的距离增大，圆截面的面积和半径也增大。然而雷达发射的能量是不变的。因此，随着距离的增大，能流密度迅速减小。

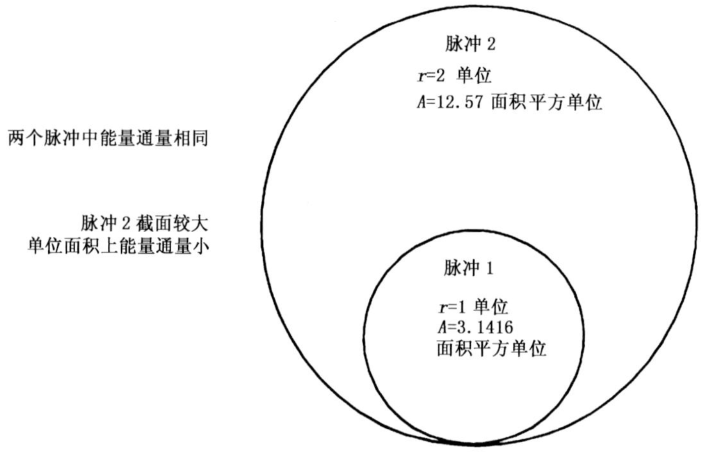

图 2.9 能流密度随离开雷达距离的变化

2.3.1.3 与接收机有关的参数

接收机的灵敏度：雷达接收机的主要任务是放大来自目标的回波信号。雷达天线所收到的回波信号是非常微弱的。所以，雷达接收机必须具有接收微弱信号的能力。这种能力常称为灵敏度，它用接收机的最小可辨功率 P_{min} 来表示。所谓最小可辨功率，就是回波信号刚刚能从噪声信号中分辨出来时的回波功率。我国新一代天气雷达(S 波段)接收机的最小可测灵敏度对于短脉冲(1.57μs)是 −107 dBm，对于长脉冲 (4.71μs) 是 −113 dBm。

2.3.2 雷达气象方程

当雷达发出的电磁波投射到云雨粒子上时，它们就散射电磁波，其中向后的散射波被雷达天线所接收，这就是雷达回波。雷达回波的强度，除了取决于雷达的参数之外，还取决于云雨的物理特性，以及它们离开雷达的距离。雷达气象方程用来表示回波强度与哪些因子有关，以及呈什么样的关系。利用雷达气象方程，可以根据回波的强度判断云雨的物理状况，并正确地选择雷达的参数。

2.3.2.1 单个目标的雷达方程

若雷达天线是各向同性地辐射，那么在距离 r 处目标所得到的入射波能流密度为$\frac{P_t}{4\pi r^2}$。采用增益为 G 的定向天线后，距离 r 处的入射能流密度 S_i 为：

$$S_i=\frac{P_t}{4\pi r^2}G \tag{2.19}$$

式中 P_t 为雷达发射的脉冲功率。

设目标的后向散射截面为 σ，则从目标返回雷达天线的散射波能流密度为：

$$S_s(\pi)=\frac{P_tG\sigma}{(4\pi r^2)^2} \tag{2.20}$$

设天线的有效截面为 A_e，则天线所接收到的功率为：

$$P_r=S_s(\pi)A_e=\frac{P_tG\sigma}{(4\pi r^2)^2}A_e$$

由天线理论可得 $A_e=\frac{\lambda^2}{4\pi}G$（对这一表达式我们不加证明地引用）并把它代入上式，则得：

$$P_r=\frac{P_tG^2\lambda^2}{(4\pi)^3r^4}\sigma \tag{2.21}$$

上式是单个目标的雷达方程，对月球、飞机、云雨滴等都适用。根据目标的后向散射截面 σ 和离开雷达的距离 r 以及雷达的参数 P，G，λ，即可计算出其回波功率。(2.21)式还表明，单个目标的雷达回波功率与 r^4 成反比，随着距离的增大，回波功率迅速减小。

2.3.2.2　雷达气象方程

(1)粒子群的散射

如前所述，来自粒子群的回波信号，虽然瞬时值随时间迅速脉动，但是对时间的平均值却是比较平稳的。可以证明，在大量粒子彼此独立，并且在空间作无规则分布的情况下，只要测定的时间足够长，总的回波功率的时间平均值等于各个粒子的回波功率之和，即

$$\overline{P}_r=\sum_{i=1}^{N}P_i \tag{2.22}$$

式中 N 为合成总的回波功率的粒子数目。

(2)波束的有效照射深度和有效照射体积

雷达发出的探测脉冲具有一定的持续时间 τ，在空间的电磁波列就有一定的长度 $h=\tau c$。位于雷达波束宽度和探测脉冲长度范围内的所有粒子，都可以同时被雷达波束所照射。但是，并不是其中所有粒子所产生的回波都能同时回到雷达天线。在雷达波束中，与天线等距离的粒子同时被探测脉冲所照射，同时开始产生回波，并同时回到雷达天线。与天线距离不相等的回波信号，也有可能同时回到雷达天线。这是因为探测脉冲具有一定的宽度 τ，因而在它通过粒子时产生的回波信号也有宽度 τ。这样，距离较近的两个粒子虽然它们开始产生回波的时间并不相同，但是，它们的回波信号仍然有一部分能够同时回到雷达天线。可以证明，在雷达波束径向方向上，粒子的回波信号能同时返回雷达天线的空间长度为 $h/2$，称为雷达的有效照射深度。

在波束宽度 θ 和 ϕ 范围内，粒子所产生的回波能同时到达天线的空间体积，称为雷达有效照射体积。由于 θ 和 ϕ 通常很小，雷达有效照射体积可以近似地看作椭圆锥体，因此

$$V=\pi\left(r\frac{\theta}{2}\right)\left(r\frac{\phi}{2}\right)\frac{h}{2} \tag{2.23}$$

式中 θ 和 ϕ 分别为用弧度表示的波束的水平和垂直宽度。对于圆抛物面天线，则上式简化为：

$$V=\pi\left(\frac{r\theta}{2}\right)^2\frac{h}{2} \tag{2.24}$$

(3)雷达气象方程

若只考虑来自波束宽度 θ 和 ϕ 范围内粒子的散射，并假定在此范围内雷达的辐射强度是均匀的，等于波束轴线方向的辐射强度。再假设在波束有效照射体积内降水粒子大小的分布是均匀的。则由(2.22)式计算出的来自降水区的回波功率的时间平均值 $\overline{P}_r$ 等于

$$\begin{aligned}\overline{P}_r&=\frac{P_tG^2\lambda^2}{(4\pi)^3r^4}\sum_{i=1}^{N}\sigma_i\\&=\frac{P_tG^2\lambda^2}{(4\pi)^3r^4}V\sum_{\text{单位体积}}\sigma_i\end{aligned}$$

$$= \frac{P_t G^2 \lambda^2 h\theta\phi}{512\pi^2 r^2} \sum_{单位体积} \sigma_i \qquad (2.25)$$

式中$\sum_{i=1}^{N}$中的 N 是对波束有效照射体积中所有降水粒子而言的，$\sum_{单位体积}$是对有效照射体积中单位体积内的粒子求和。

实际试验时发现，利用(2.25)式计算出的平均回波功率 $\overline{P}_r$ 系统性偏高。这主要是由于在推导时假定在波束中天线的增益都等于沿波束轴方向的最大增益 G 而引起的。为了求得正确的雷达气象方程，应该用实际的辐射代替均匀分布的假定。计算表明，考虑天线辐射功率密度不均匀等之后，应在(2.25)式中乘以订正因子$\frac{1}{2\ln 2}=0.72$，即：

$$\overline{P}_r = \frac{P_t G^2 \lambda^2 h\theta\phi}{1024(\ln 2)\pi^2 r^2} \sum_{单位体积} \sigma_i \qquad (2.26)$$

(2.26)式最初是由 Probert-Jones 1962 年推导出来的，被认为是和实验值符合得较好的一个方程，现已被不少文献所引用。由雷达气象方程可知，气象目标的回波功率 $\overline{P}_r$ 取决于雷达参数 P_t，G，λ，h，θ 和 ϕ，取决于气象目标本身的散射截面 $\sum_{单位体积} \sigma_i$ 以及它离雷达的距离 r (Battan，1973)。

2.3.3　气象目标强度的雷达度量

在雷达气象中，气象目标对雷达波后向散射能力的强弱通常称为气象目标的强度，常用的表示气象目标强度的参量有反射率和反射率因子。

2.3.3.1　反射率

单位体积中云雨粒子后向散射截面的总和，称为气象目标的反射率，用 η 表示，常用单位是cm^2/m^3，即

$$\eta = \sum_{单位体积} \sigma_i \qquad (2.27)$$

由于云雨粒子的后向散射截面通常是随着粒子尺度的增长而增大，因此反射率 η 大，说明单位体积中降水粒子的尺度大或数量多，亦即可以反映气象目标强度大。但是，降水粒子的后向散射截面不仅取决于降水粒子本身，还取决于雷达的波长，不过与其他的雷达参数无关，所以相同波长的雷达所测得的反射率 η 值可以相互比较，以确定气象目标的强弱。

2.3.3.2　反射率因子

在满足瑞利散射的条件下，单位体积中降水粒子后向散射截面的总和如下式：

$$\sum_{单位体积} \sigma_i = \frac{\pi^5}{\lambda^4} |K|^2 \sum_{单位体积} D_i^6 \qquad (2.28)$$

定义：单位体积中降水粒子直径 6 次方的总和称为反射率因子，用 Z 表示，其常用单位为 mm^6/m^3，即

$$Z = \sum_{单位体积} D_i^6 \qquad (2.29)$$

反射率因子 Z 值的大小，反映了气象目标内部降水粒子的尺度和数密度，常用来表示气象目标的强度。由于反射率因子 Z 只取决于气象目标本身而与雷达参数和距离无关，所以不同参数的雷达所测得的 Z 值可以相互比较。

将(2.28)和(2.29)式代入(2.26)式，即可得出在瑞利散射条件下的雷达气象方程：

$$\overline{P}_r = \frac{\pi^3}{1024(\ln 2)} \frac{P_t G^2 \theta\phi h}{\lambda^2} \frac{|K|^2}{r^2} Z \qquad (2.30)$$

令

$$C = \frac{\pi^3 P_t G^2 \theta\phi h}{1024(\ln 2)\lambda^2} |K|^2 \qquad (2.31)$$

则得：

$$\overline{P}_r = \frac{C}{r^2} Z \tag{2.32}$$

式中 C 只决定于雷达参数和降水相态。

如果瑞利散射的条件不能满足，例如用 10 cm 雷达探测大冰雹时，就不能用瑞利散射公式来计算降水粒子的后向散射截面。在瑞利散射成立时有：

$$\sum_{\text{单位体积}} \sigma_i = \frac{\pi^5}{\lambda^4} |K|^2 Z \tag{2.33}$$

在瑞利散射条件不满足时，可以把上式写成

$$\sum_{\text{单位体积}} \sigma_i = \frac{\pi^5}{\lambda^4} |K|^2 Z_e \tag{2.34}$$

其中 Z_e 称为等效反射率因子，此时 Z_e 不能用(2.29)式表达，其数值可通过(2.32)式获得，只需将式中的 Z 换成 Z_e。

2.3.3.3　回波功率、反射率因子与距离订正

由 (2.32) 式可知：回波功率 P_r 是雷达接收到的功率值。它并不完全反映降水粒子的特征，真正反映降水粒子特性的是反射率因子 Z。这一点由 (2.29) 式可明确看出。

在有些雷达中，由于回波功率不是直接测量出来的，而是通过与雷达最小可测功率相比的方法间接求出来的。使人们习惯用 dB 的概念来表示回波功率的大小。它的含义是：

$$N(dB) = 10 \cdot \lg \frac{P_r}{P_{\min}} \tag{2.35}$$

式中 $P_{\min}$ 为雷达的最小可测功率；$N(dB)$ 仅是一个分贝值，而不是回波功率值。dB 值需通过(2.36)式计算后才能得到回波功率值：

$$P_r = P_{\min} \cdot 10^{\frac{N(dB)}{10}} \tag{2.36}$$

由于反射率因子 Z 的变化区间很大，甚至可跨越几个数量级(表 2.7)，为方便起见，人们常用 dBZ 来表示反射率因子的大小，即：

$$dBZ = 10 \cdot \lg \frac{Z}{Z_0} \qquad (Z_0 = 1\ \mathrm{mm^6/m^3}) \tag{2.37}$$

由此可知，dB 和 dBZ 完全是两个不同的概念，在使用过程中不可混淆。前者只是回波功率的一种相对表示。后者是反射率因子的对数表示。

表 2.7　*dBZ* 和 *Z* 值

dBZ	$Z(\mathrm{mm^6/m^3})$
−32	0.000631
−10	0.1
0	1
10	10
30	1000
53	199,526
95	3,162,277,660

由 (2.32) 式可知，当回波功率 P_r 和距离 r 已知时，可计算出反射率因子，即：

$$Z = \frac{r^2 P_r}{C} \tag{2.38}$$

这一计算过程，称为距离订正。

由 (2.38) 式可以导出 dB 和 dBZ 之间的关系，即：

$$10\lg Z = 20\lg r + 10\lg P_r - 10\lg C \tag{2.39}$$

$$dBZ = 20\lg r + 10\lg \frac{P_r}{P_{\min}} - 10\lg \frac{C}{P_{\min}} \tag{2.40}$$

$$dBZ = 20\lg r + dB - 10\lg \frac{C}{P_{\min}} \tag{2.41}$$

$$dBZ = 20\lg r + dB - A \tag{2.42}$$

(2.42)式中，右端第一项称为距离订正项；第二项是接收功率(也可称为回波功率)与雷达最小可测功率之比的分贝数，即 dB 值。第三项 $A\left(A = 10\lg \frac{C}{P_{\min}}\right)$ 是只与雷达性能有关的常数；左端是反射率因子的 dB 表示值。它给出了 dBZ 和 dB 之间的定量关系。

2.4　距离折叠

2.4.1　最大不模糊距离

首先讲一下最大不模糊距离 $r_{\max}$ 的概念。最大不模糊距离 $r_{\max}$ 是这样一个距离，当雷达发出的一个脉冲遇到该距离处的目标物产生的后向散射波返回到雷达时，下一个雷达脉冲刚好发出。也就是说，雷达波传播到位于最大不模糊距离处的目标物，然后其回波再返回雷达所用的时间刚好是两个脉冲之间的时间间隔。显然，最大探测距离 $r_{\max}$ 与两个脉冲间的时间间隔也就是脉冲重复周期(即脉冲重复频率 PRF 的倒数 $1/PRF$)成正比，从而与脉冲重复频率 PRF 成反比：

$$r_{\max} = \frac{1}{2}CT = \frac{C}{2 \times PRF} \tag{2.43}$$

2.4.2　距离折叠

距离折叠是指雷达对产生雷达回波的目标物位置的一种辨认错误。当距离折叠发生时，雷达所显示的回波位置的方位角是正确的，但距离是错误的(但是可预计它的正确位置)。当目标位于最大不模糊距离 $r_{\max}$ 以外时，雷达却把目标物显示在 $r_{\max}$ 以内的某个位置，我们形象地称之为“距离折叠”。

下面我们解释一下距离折叠是如何发生的。

图 2.10 描述了一个雷达，它的最大不模糊距离 $r_{\max}$ 是 250 n mile(n mile 表示海里)。这就意味着一个脉冲在下一个脉冲发射之前，可以走 500 n mile 的距离(如果途中没有目标，就一直向前走 500 n mile，或在 250 n mile 处碰到目标后刚好能返回雷达)。有一个目标物位于 200 n mile 处。当一个脉冲在 200 n mile 处碰到目标物时，脉冲的大部分能量继续向前走，同时有一些能量被目标物后向散射回雷达。当目标物的后向散射波到达雷达时，脉冲的大部分剩余能量走到离开雷达 400 n mile 处。这时，

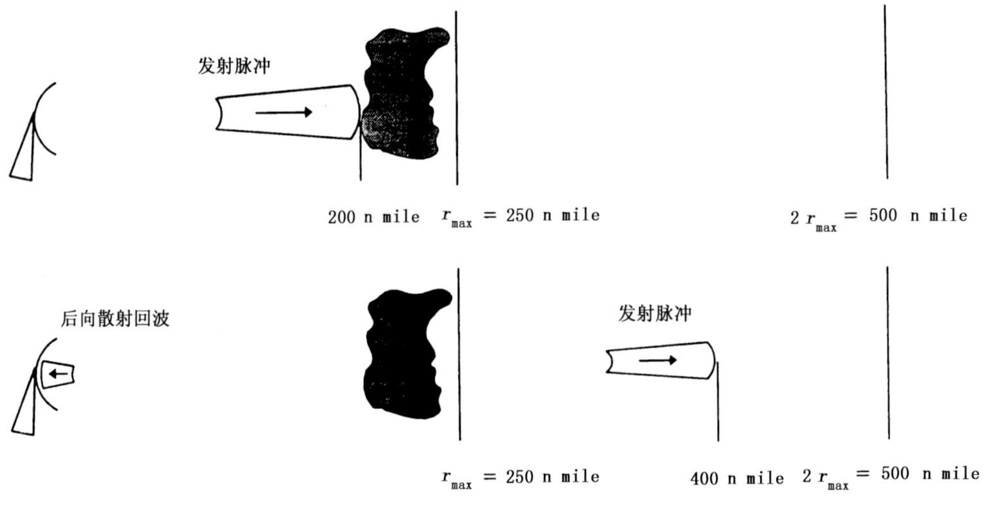

图 2.10　目标物位于 $r_{\max}$ 内时的回波

由于第二个脉冲还没有发射，雷达准确地把目标定位于 200 n mile 处。目标物的定位不存在模糊问题。

在图 2.11 中，r_{max}=250 n mile，目标物位于 300 n mile，比 r_{max}远 50 n mile。脉冲 1 在 300 n mile 处碰到目标物，一些能量被返回雷达；同时，脉冲能量的大部分继续向前传播。在下一个脉冲发射之前，碰到目标后返回雷达的能量和一直向前传播的能量都行进了 500 n mile（即 $2\times r_{max}$）。当向前传播的雷达波走到 500 n mile 的时候，碰到 300 n mile 处目标物后，其后向散射回雷达的能量已向着雷达方向返回了 200 n mile，也就是说距雷达还有 100 n mile 了。可是，这时脉冲 2 已经准备离开雷达了。在脉冲 2 前进到 100 n mile 的同时，脉冲 1 的后向散射到达了雷达。由于脉冲 2 已经发射，现在雷达认为所有返回的能量都来自脉冲 2。由于雷达现在不能辨认来自脉冲 2 以外其他所有以前发出脉冲的回波能量，它认为现在接收到的能量是脉冲 2 的后向散射。此时，由于脉冲 2 已经走了 100 n mile，因而雷达收到脉冲 1 的回波后认为是脉冲 2 在 50 n mile 处遇到目标，其后向散射波返回雷达，这一去一回正好是 100 n mile。所以，雷达认为它所接收到的后向散射能量来自脉冲 2 在 50n mile 处所遇到的目标物，而不是脉冲 1 在 300 n mile 处所遇到的目标物。

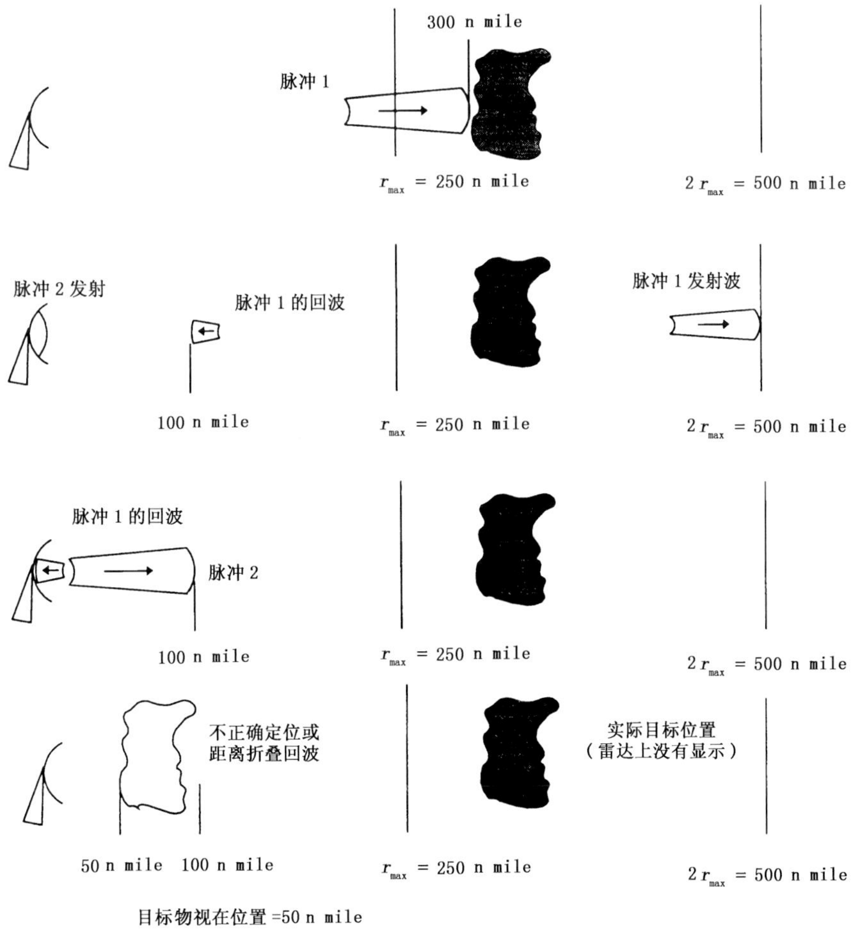

图 2.11　目标物位于 r_{max}之外时的回波

换句话说，一个目标物位于 nr_{max}之后若干海里的话（这里 n 是任意一个正整数），在雷达显示屏上它将错误地出现在距雷达同一海里远的位置上。如果雷达的 r_{max}=250 n mile，那么我们称位于 0～250 n mile的目标物处于第一程；251～500 n mile 的目标物处于第二程，501～750 n mile 的目标处于第三程……，以此类推。相应地，我们称来自第一、第二、第三 ，……，程的目标物回波为第一程、第二程、第三程、……、回波。第二程以上的回波也叫多程回波。一个实际位于 550 n mile（超过 $2r_{max}$）处的目标物，如果被 r_{max}=250 n mile 的雷达探测到，它在雷达上的显示位置是 50 n mile；一个实际位于 300 n mile（超过 $1r_{max}$）处的目标物，如果被 r_{max}=250 n mile 的雷达探测到，它在雷达上的显示位置也是 50 n mile。

2.5　回波信号中信息的提取

对于常规雷达而言，回波功率是唯一被使用的回波信号的特征，因为它直接与反射率因子有关。对于多普勒天气雷达而言，反射率因子仅仅是三种基数据类型之一。本节将以 WSR-88D 和 CINRAD-SA 为例，介绍如何用回波信号产生反射率因子、径向速度和速度谱宽三种基数据。

2.5.1　多普勒效应

多普勒效应定义为“当接收者或接收器与能量源处于相对运动状态时，能量到达接收者（器）时频率的变化”。当能量传递源是静止的并且采样的目标物是运动的（或静止的）时，确定多普勒效应或频移是简单的和直接的。

根据物理学，传播的电磁波能量的速度、频率和波长之间有关系。关系式表达为

$$c=f\lambda \tag{2.44}$$

其中 c 为光速（假定为常数），f 是频率，λ 是波长。根据（2.44）式，如果波长 λ 增加，频率 f 必须减小，因为光速 c 是常数，反之亦然。

对于一个静止的目标，显然没有波长或频率的变化（见图 2.12），因为目标的距离没有变化。然而对于一个运动的目标，向着雷达运动或远离雷达运动所产生的频移量是相同的，但符号不同。通常约定：如果目标移向雷达，则其速度为负（图 2.13）；如果目标远离雷达，则其速度为正（图 2.12）。对于多普勒天气雷达，可以证明如下关系成立：

$$f_{\mathrm{dop}}=\frac{-2V_r}{\lambda} \tag{2.45}$$

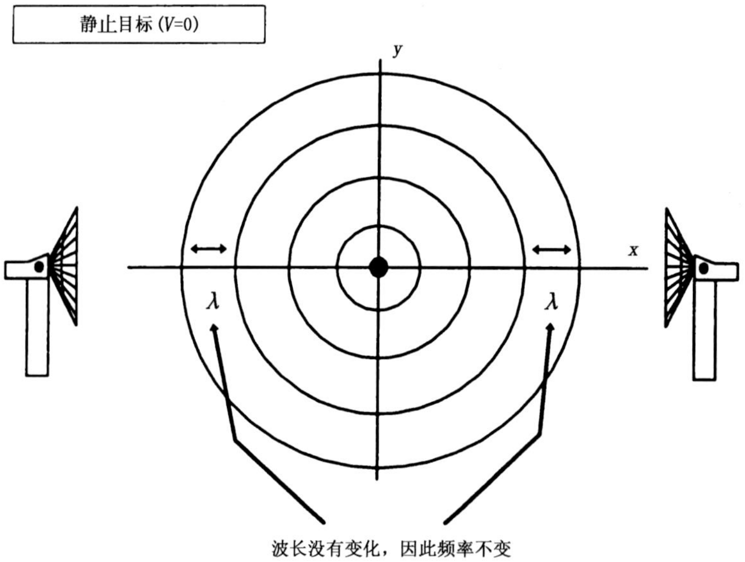

图 2.12　一个静止目标没有频移

这里 V_r 是目标沿雷达波束径向的速度，f_{dop} 是由于目标做向着雷达或是离开雷达的运动而产生的多普勒频移，λ 是传输的电磁波的波长。

对于速度为什么要乘一个因子 2 的物理解释如下：在脉冲多普勒天气雷达系统中，以随风移动的云雨粒子为运动目标，这些目标物的多普勒频移表现为相继脉冲回波信号之间有位相变化。假设多普勒雷达发射脉冲的工作频率为 f_0，目标与雷达的距离为 r，则雷达波从发往目标到返回天线所经过的距离为 $2r$。这个距离用波长来度量，相当 $2r/\lambda$ 个波长；用弧度来衡量相当于 $4\pi r/\lambda$ 个弧度。若所发射的电磁波在天线处的位相为 φ_0，那么电磁波被散射回到天线时的相位应是：

$$\varphi=\varphi_0+\frac{4\pi r}{\lambda}$$

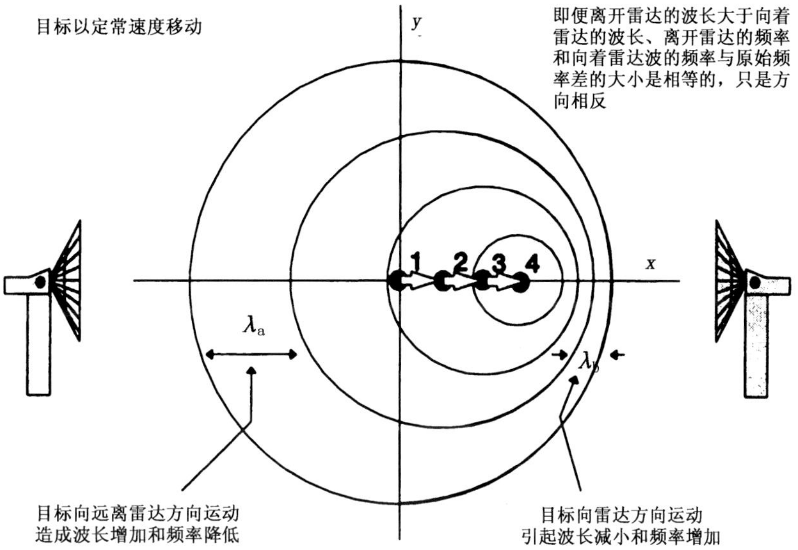

图 2.13　一个运动目标产生频移

假如气象目标物没有径向运动，或者固定不动，则雷达与目标物之间径向距离 r 是固定的，相继脉冲的回波信号的位相不变。若在相继脉冲的时间间隔 T 内，目标物沿径向（朝向雷达或远离雷达方向）变化了 Δr 距离，则相应的位相变化应为：

$$\Delta\varphi=\frac{4\pi\Delta r}{\lambda}$$

所以位相的时间变化率，即角频率为：

$$\omega=\frac{4\pi V_r}{\lambda}$$

式中 $\omega=\Delta\varphi/T$，$V_r=\Delta r/T$。ω 和频率 $f_{\rm dop}$ 之间的关系为 $\omega=2\pi f_{\rm dop}$，此关系式代入上式可以得到

$$f_{\rm dop}=\frac{2V_r}{\lambda}$$

这里 $f_{\rm dop}$ 是由于目标物的径向运动引起的雷达回波信号的频率变化，它就是多普勒频移或多普勒频率。公式 (2.45) 中的负号是由于规定了离开雷达的径向速度为正，向着雷达的径向速度为负的缘故。

多普勒效应通常用声波来说明。一个例子是：当一辆火车（汽车）鸣着喇叭以相当高的速度向着你驶来时，声音的音调（频率）由于波的压缩（较短波长）而增加。当火车（汽车）远离你而去时，声音的音调（频率）由于波的膨胀（较长波长）而减低。典型的声波频率是 1×10^4 Hz(10 000 Hz)。一个声源以 50 kn (25 m/s)的速度移近或远离听者，会产生 800 Hz 的多普勒频移。频移量是初始传输频率的 8%，并可以准确地测量，例如通过人的耳朵。

多普勒天气雷达发射的电磁波比声波的频率高得多，并以光速传播。对于一个采用 10.5 cm 波长的多普勒天气雷达，传播频率是 2.85×10^9 Hz(2.85 GHz)。一个同样以 50 kn 速度运动的目标，将产生一个仅为 487 Hz 的多普勒频移，它是原始传播频率的 2×10^{-5}% 。多普勒天气雷达通常不是直接测量多普勒频移，而是通过测量相继返回的脉冲对之间的位相差来确定目标物的径向速度的。

2.5.2　WSR-88D 和 CINRAD 的速度探测方法

WSR-88D 和 CINRAD 不直接测量多普勒频移以确定目标的径向速度，而是利用相继返回的两个脉冲对之间的位相变化，这种脉冲对位相变化可以比较容易并且比较准确地测量。这种测速技术叫做

"脉冲对处理"。

要使多普勒雷达能够提取目标的多普勒运动信息，必须知道每个发射波的初位相，这样就可以比较相继返回信号的位相。如果每个发射波的初位相不知道，那么将无法知道相继返回的两个脉冲间的相移，也就无法对目标物沿雷达径向速度做出估计。WSR-88D 和 CINRAD 是一种全相干雷达，这是指每个脉冲在发射时的位相都是已知的。每个发射脉冲的频率是常数，其位相对于一个内部参考信号而言是相同的。当脉冲返回时，与参考信号做比较以确定位相。任何脉冲到另一脉冲的位相变化都可以计算。位相变化直接与目标的运动相联系。为简单起见我们假定每个脉冲在发射时的初位相都相同，为 φ_0。

假定当第一个脉冲遇到目标物时，该目标物距雷达的距离为 r，则该目标物产生的回波到达雷达时的位相为：

$$\varphi_1=\varphi_0+2\pi\frac{2r}{\lambda}$$

一个脉冲重复周期 PRT 之后，第二个脉冲发出，当第二个脉冲遇到上述目标物时，该目标物距雷达的距离为 $r+\Delta r$，则该目标物对于第二个脉冲的回波到达雷达时的位相为：

$$\varphi_2=\varphi_0+2\pi\frac{2(r+\Delta r)}{\lambda}$$

于是，相继返回的两个脉冲之间的位相差为：

$$\Delta\varphi=\varphi_2-\varphi_1=2\pi\frac{2\Delta r}{\lambda}=\frac{4\pi\Delta r}{\lambda}$$

最终得到目标物沿雷达波束径向速度的表达式：

$$V_r=\frac{\Delta r}{PRT}=\frac{\lambda\Delta\varphi}{4\pi PRT}=\frac{\lambda\Delta\varphi\times PRF}{4\pi} \tag{2.46}$$

事实上，雷达最终给出的径向速度是从多个脉冲对得到的径向速度的平均值，称为平均径向速度，而相应的标准差称为谱宽。通常采用几十对脉冲的平均得到平均径向速度。

2.5.3　最大不模糊速度与速度模糊

多普勒天气雷达能够测量的一个脉冲到下一个脉冲的最大相移的上限是 180°(π)。与 180°脉冲对相移所对应的目标物径向速度值称为最大不模糊速度 $V_{\max}$。它与脉冲重复频率 PRF 和波长 λ 的关系可以通过将 π 带入(2.46)式中的 $\Delta\varphi$ 而得到：

$$V_{\max}=\frac{\lambda\times PRF}{4} \tag{2.47}$$

如果目标运动的真实脉冲对相移小于 180°，那么雷达对速度的第一猜值是正确的，或者叫做不模糊的。如果一个目标在两个脉冲的时间间隔期间移动得太远了，它的真实相移超过 180°，则将赋给它一个小于 180°的相移值。那么速度的第一猜值是不正确的，或者说速度是模糊的。

下面我们说明一下为什么多谱勒雷达能够测量的最大脉冲对相移是 π 弧度，也就是 180°。我们知道相继返回的两个脉冲间的位相差为：

$$\Delta\varphi=\frac{4\pi\Delta r}{\lambda}$$

当目标物向着雷达运动时，Δr 为负数，对应的位相差 $\Delta\varphi$ 也为负数；当目标物向着离开雷达方向运动时，Δr 为正数，对应的位相差 $\Delta\varphi$ 也为正数；如果相继返回的两个脉冲的位相差超过 π 弧度，则对于向着雷达运动的目标物来说，$\Delta\varphi=-(\pi+\delta)$，其中 δ 是一个小于 π 的正数。而 $\Delta\varphi=-(\pi+\delta)=-2\pi+(\pi-\delta)$，我们知道雷达探测位相的元件不能分辨相差 2π 整倍数的位相之间的差别(由于三角函数是以 2π 为周期的)。也就是说对于雷达的位相检测元件来说，$-(\pi+\delta)$ 和 $(\pi-\delta)$ 是一回事，无法分辨两者的不同。但事实上，前者代表目标物在一个脉冲重复周期内向雷达方向移动了超过 $\lambda/4$ 的距离，后者代表目标物在一个脉冲重复周期内向离开雷达方向移动了不到 $\lambda/4$ 的距离(λ 为发射波的波长)。因此发生了混淆。

同样对于离开雷达的速度，如果相移超过 π（即在脉冲重复周期 PRT 内向离开雷达的方向移动了超过 $\lambda/4$ 的距离），则 $\Delta\varphi=\pi+\delta=2\pi-(\pi-\delta)$，此时位相检测元件将把它与向着雷达方向移动不到 $\lambda/4$ 的距离的速度混淆。为了避免上述的不确定性，只有规定位相差的变化范围为从 $-\pi$ 到 π，对应的测速范围为从 $-V_{max}$ 到 V_{max}。

2.5.4　获取 *I* 和 *Q* 值

如上所述，多普勒天气雷达如 WSR-88D 和 CINRAD-SA 对平均径向速度的测量是由一系列脉冲对位相变化率的平均得来的。脉冲对相移量的变化是由目标物距雷达的距离在雷达采样期间的变化引起的。

2.5.4.1　*I* 和 *Q* 分量

一个目标的位相角和脉冲对的相移能够很好地用位相矢进行图解说明（图 2.14）。在某一距离上探测到的目标会返回一个信号，在图 2.14 中用位相矢表示。然而，由于位相矢是一个矢量，它既有大小又有方向（位相角），并有 *X* 和 *Y* 方向的分量。在 WSR-88D 和 CINRAD-SA 的信号处理过程中，将位相矢在 *X* 方向的分量叫做 *I* 分量，在 *Y* 方向分量叫做 *Q* 分量。

I 和 *Q* 分量包括了产生反射率因子、径向速度和速度谱宽数据的全部必需的信息。信号的振幅（最终的反射率因子产品）和位相是直接根据 *I* 和 *Q* 值计算的。从而脉冲对相移也可直接由 *I* 和 *Q* 值计算得到，然后再产生径向速度和速度谱宽数据。

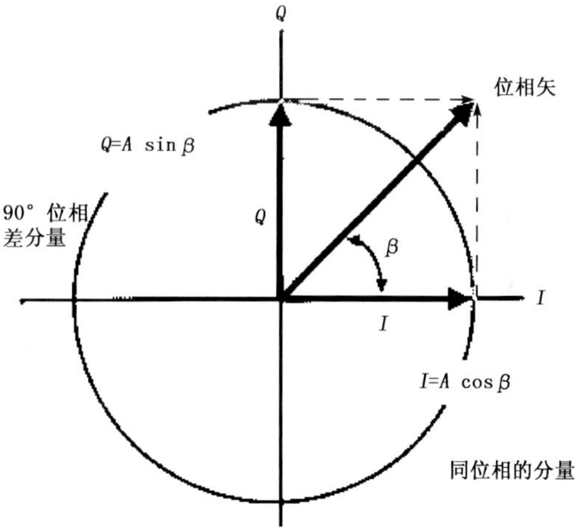

图 2.14　一个位相矢和它的分量

单独的 *I* 值对于确定目标的方向（向着雷达或离开雷达）是不充分的。*I* 和 *Q* 值一起提供目标的速度和方向。这一点在图 2.15 中予以说明，图中只给出了 *I* 分量。位置 A 处的目标返回的信号，连同稍后时间来自不同的位置（B 和 C）的返回信号的电压值，标在同一初始时间。注意到目标运动到位置 B 与运动到位置 C 的回波信号具有相同的电压值。比较 A－B 和 A－C 的电压值相同的位相差，尽管回波是来自两个不同位置。到底目标移到 B 还是移到 C？因为无论目标移到 B 还是移到 C，其位相差是一样的。根据计算的相移量，能够确定目标的速率，但不知道它的方向（向着或离开雷达）。附加上 *Q* 分量（图中未给出）将提供足够的信息以确定目标的运动方向。

忽略信号过滤和其他的电子处理过程，*I* 分量大体上是原始的回波信号。*Q* 分量是经过相移 90°后的原始回波信号。*I* 和 *Q* 值的产生是由多普勒天气雷达的内部电子系统完成的（图 2.16）。

2.5.4.2　确定目标运动方向

一旦两个相继返回脉冲的 *I* 和 *Q* 值被确定，它们的位相矢就可以分别画在笛卡儿坐标系上。由位相矢 1 顺着小于 180°角的方向转到位相矢 2 的旋转方向来确定目标的径向速度方向（向着或离开雷达）。这类似于确定两个矢量的矢积矢量的“右手螺旋法则”。用你的右手，从位相矢 1 沿小于 180°的角

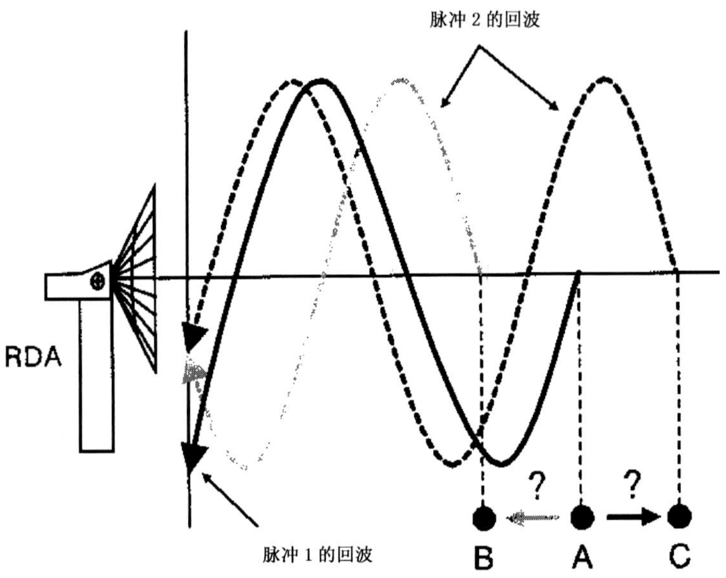

图 2.15　目标以哪种方式运动？我们需要更多的信息。根据接收到的第二个脉冲信号，目标可能从 A 移到 B 或从 A 移到 C

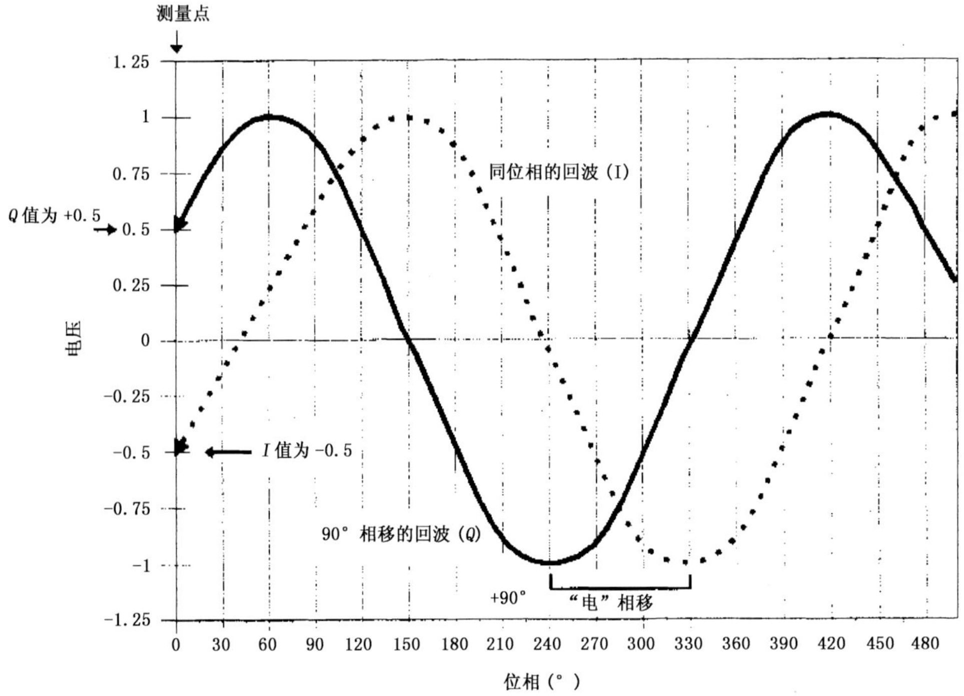

图 2.16　获取 I 和 Q 值

度转到位相矢 2 的方向弯曲你的手指。如果你的大拇指的指向远离你，那么目标运动是远离雷达的。如果你的大拇指的指向趋近你，那么目标运动是向着雷达的。

判断位相矢旋转和目标运动之间关系的另一个方法是：从位相矢 1 沿小于 180°的角度转到位相矢 2 的方向，1）如果是逆时针旋转意味着目标向着雷达运动，定为负速度（按照惯例）；2）如果顺时针旋转意味着目标离开雷达运动，定为正速度（按照惯例）。目标运动速率正比于位相矢 1 与位相矢 2 之间的夹角（相移）的大小。

需要指出的是，用上述方法确定的径向速度的方向和大小是第一猜测值，在脉冲对位相差小于 180°情况下该第一猜值是目标物的真实径向速度，而在相继脉冲对位相差超过 180°的情况下该第一猜值不能反映目标物真实的径向速度，速度是“模糊的”，需要经过速度退模糊算法的订正才能得到真实的速度。

2.5.4.3　用位相矢计算径向速度的例子

（1）不出现速度模糊的情况

例 1：已知：V_{max}＝60 kn＝180°相移

位相矢＃1：I_1＝＋4 和 Q_1＝＋4

位相矢＃2：I_2＝－4 和 Q_2＝0

从＃1 到＃2 的脉冲对相移是135°，位相矢的旋转是逆时针的，表示目标物是以45 kn 的速度移向雷达。第一猜速度是－ 45 kn。

例 2：已知：V_{max}＝60 kn＝180°相移

位相矢＃1：I_1＝＋4 和 Q_1＝－4

位相矢＃2：I_2＝－4 和 Q_2＝0

从＃1 到＃2 的脉冲对相移是45°，位相矢的旋转是顺时针的，表示目标物是以15 kn 的速度远离雷达。第一猜速度是15 kn。

（2）实际相移超过 180°的情形应记住的要点是：多普勒天气雷达总是假定与目标运动有关的相移是脉冲＃1 和＃2 之间的最小夹角。当实际的相移超过 180°时会出现什么情形呢？回顾多普勒雷达使用的电压值是从离散的时间间隔（即 *PRF*）上获得的。结果是，实际 270°的相移会与 90°的相移产生同样的电压差（图 2.17）。无论什么时候只要实际相移超过 180°，雷达就使用一个对应同样的电压差小于 180°的角（相移），从而导致目标运动速度的模糊。换言之，此时雷达对目标径向速度的“第一猜值”比实况要小，并且方向与目标的实际运动方向相反。

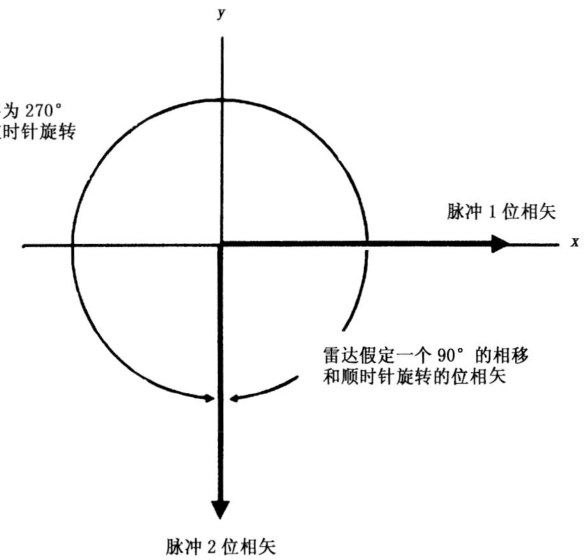

图 2.17　只要相移超过 180°，WSR-88D 将使用相应同样电压差的小于 180°的角（相移）来表示

例 3：用位相矢计算模糊速度

已知：V_{max}＝60 kn＝180°相移

位相矢＃1：I_1＝＋4 和 Q_1＝0

位相矢＃2：I_2＝0 和 Q_2＝－4

实际“脉冲对”相移是 270°，并且位相矢旋转是逆时针的（CCW）。实际目标运动是移向雷达，速度是－ 90 kn。

然而，雷达对目标运动速度的“第一猜值”假设相移是 90°，并且位相矢旋转是顺时针的，表示目标物是远离雷达，速度是 30 kn。此时发生了速度模糊。

2.5.4.4　关于获取 I 和 Q 值的进一步阐述

上面我们通过引入位相矢的概念简要说明了多普勒天气雷达的径向速度是如何确定的。并指出一个位相矢是由 I 和 Q 两个参数确定的。下面我们要更详细地阐述雷达如何确定这两个参数。读者若觉得本小节中公式太多，可以跳过去。

新一代天气雷达是一种全相干体制的脉冲多普勒天气雷达。它是由晶体震荡器发出单频连续波，然后用方波脉冲进行调制。所用的方波脉冲也是由该晶体震荡信号通过各种转换（例如分频、整形和编程等）后得到的，各脉冲间具有确定的位相关系。

气象目标的回波信号相当于在接收的有限时段内，对发射的载波脉冲既调幅又调频。粒子散射过程相当于对发射信号进行幅度调制，粒子沿雷达波束径向运动相当于对发射信号进行频率调制。设调制函数为 $u(t)$，它可以表示成

$$u(t)=a(t)e^{-i\varphi(t)} \tag{2.48}$$

其中 $a(t)$ 是实振幅函数，$\varphi(t)$ 是实位相函数。

回波信号可表示为

$$S(t)=u(t)e^{i\omega_0 t} \tag{2.49}$$

式中 ω_0 为载波频率，调制函数 $u(t)$ 内包含了散射体中全部粒子对回波振幅和相位的贡献。

由(2.49)和(2.50)式可得到

$$S(t)=a(t)e^{i[\omega_0 t-\varphi(t)]}=a(t)\{\cos[\omega_0 t-\varphi(t)]+i\sin[\omega_0 t-\varphi(t)]\} \tag{2.50}$$

对 $S(t)$ 取实部就可以写成

$$S(t)=a(t)\cos[\omega_0 t-\varphi(t)]=a(t)\cos\varphi(t)\cos\omega_0 t+a(t)\sin\varphi(t)\sin\omega_0 t \tag{2.51}$$

令　$I(t)=a(t)\cos\varphi(t)$　　$Q(t)=a(t)\sin a\varphi(t)$

则 $S(t)$ 可表示为

$$S(t)=I(t)\cos\omega_0 t+Q(t)\sin\omega_0 t \tag{2.52}$$

$I(t)$ 和 $Q(t)$ 分别称为余弦分量包络函数和正弦分量包络函数。

将回波信号 $S(t)$ 与相干信号 $S_I=\cos\omega_0 t$ 混频后可得

$$2S(t)S_I(t)=a(t)\{\cos\varphi(t)+\cos[2\omega_0 t-\varphi(t)]\} \tag{2.53}$$

再滤掉高频分量后剩下的就是 $a(t)\cos\varphi(t)$，即余弦分量包络函数 $I(t)$。

将回波信号 $S(t)$ 与移相 $\pi/2$ 后的相干信号 $S_Q(t)=\sin\omega_0 t$ 混频后可得

$$2S(t)S_Q(t)=a(t)\{\sin\varphi(t)+\sin[2\omega_0 t-\varphi(t)] \tag{2.54}$$

滤掉高频分量后剩下的就是 $a(t)\sin\varphi(t)$，即正弦分量包络函数 $Q(t)$。

上述低通滤波过程也称为“相位检波”。

获得 $I(t)$ 和 $Q(t)$ 后，就可以确定实振幅函数 $a(t)$ 和实相位函数 $\varphi(t)$，它们分别是

$$a(t)=I^2(t)+Q^2(t) \tag{2.55}$$

$$\varphi(t)=\mathrm{tg}^{-1}[Q(t)/I(t)] \tag{2.56}$$

利用前面讲到的脉冲处理技术对 $\varphi(t)$ 进行处理，就可以得到径向速度和速度谱宽。振幅 $a(t)$ 则反映了回波强度信息。但在有些天气雷达中，回波强度信号一般都是直接取自接收机中频对数放大器的输出，其优点是处理过程简单。

在 CINRAD-SC，CC，CCJ 和 CD 型的雷达接收机中，中频通道有两路，一路为对数通道，另一路为线性通道。中频回波信号在对数通道经对数放大后输出回波强度信号，在线性通道则经线性放大和相位检波后输出正交信号 I 和 Q。经对数放大后的输出、I 和 Q 信号均送入信号处理系统，最后得到回波功率 P、径向速度 V 和速度谱宽 W，如图 2.18 所示。而 WSR-88D 和 CINRAD-SA 与 SB 型未设对数通道，回波功率、径向速度和谱宽全由 I 和 Q 信号导出。

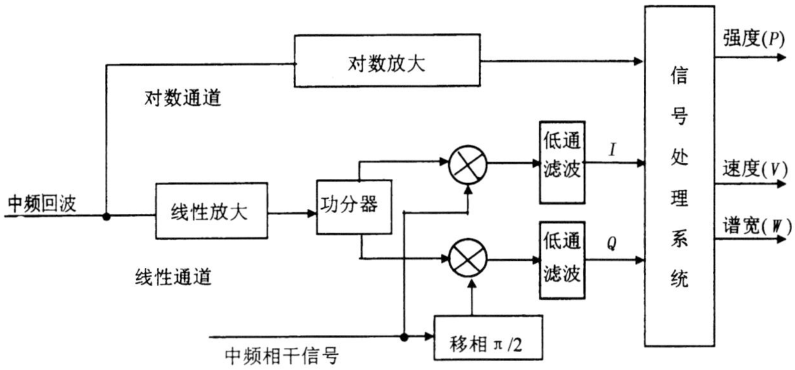

图 2.18　CINRAD-CC 雷达回波信息处理示意图(摘自安徽四创电子股份有限公司,2001)

2.5.5　基数据的产生

用单个脉冲和脉冲对进行回波功率、径向速度和谱宽估计的统计不确定性太大,以至于不能产生精确的数据。因此,必须对大量的脉冲回波进行统计处理,以满足所要求的精度,所需的脉冲回波的个数依赖于雷达系统的特点和所要求的数据的种类(反射率因子或速度)。下面我们描述 WSR-88D 和 CINRAD-SA 雷达的基数据的形成。首先介绍一下距离库和距离门的概念。

2.5.5.1　距离库和距离门

(1) 最高距离分辨率

当雷达波束扫过 1°方位角,取决于具体的 VCP,沿雷达径向的散射体集合将会受到 40 至 100 个脉冲的取样。每个脉冲确定了一个脉冲体积,对于短脉冲(长脉冲)它大约 500 m(1500 m)长,角宽度是 1°。这意味着沿雷达波束径向的两个目标物必须分开至少 250 m(750 m),雷达才能区分和显示它们是两个分离的目标。

图 2.19 用来说明为什么两个目标物之间的距离必须超过脉冲长度 h 的一半才能被雷达区分开。图中目标 A 和 B 间的距离为脉冲长度的一半 $h/2$。步骤 1 表明雷达脉冲刚刚到达目标 A 。在步骤 2 中,该脉冲深入目标 A 并且一部分能量“a”被向着雷达方向的目标 A 后向散射。在步骤 3,脉冲到达目标 B 并且更多的能量“a”从目标 A 向着雷达方向后向散射。在步骤 4,脉冲深入目标 B 并且部分能量“b”被目标 B 后向散射。在步骤 5,当脉冲向前传播过程中目标 A 继续向雷达方向散射能量“a”。此时,从目标 B 后向散射的能量“b”的长度是脉冲长度 h 的一半,“b”的前沿(向雷达方向)几乎与“a”的后端相接。如果 A 和 B 的距离小于 $h/2$,它们的后向散射的能量将相互叠加,雷达将不能区分目标 A 和 B,而把它们合为一个长回波。因此 $h/2$ 是雷达的最高分辨率。WSR-88D 和 CINRAD-SA 短脉冲的宽度是 1.57μs ,对应的脉冲空间长度为 471 m,而最高距离分辨率为 471/2 即 235 m。为了凑整,WSR-88D 和 CINRAD-SA 将数据的最高距离分辨率定为 250 m(对长脉冲是 750 m)。

(2) 距离库

对于数字化雷达,使用开关电路收集数据。对应于雷达波束径向的各个距离增量和具体的取样间隔,该开关电路相应地开和关。当来自于一个特定距离的目标回波被接收时,开关打开。在每个取样间隔期间,样本的后向散射信息按照样本的具体位置储存在一个暂存中,对应于每个位置的存储单元称为距离库。每个距离增量对应于不同的距离库,对于 WSR-88D 和 CINRAD-SA 等新一代天气雷达,距离库对应收集数据的最高距离分辨率即 $h/2$。

(3) 距离门

当涉及新一代天气雷达的基本产品时,图像显示中的像素称为距离门。取决于显示产品的具体分辨率,距离门可由一个或数个距离库形成。需要注意的是,当涉及对产品显示数据的解释时,距离库和距离门常常相互替代使用。

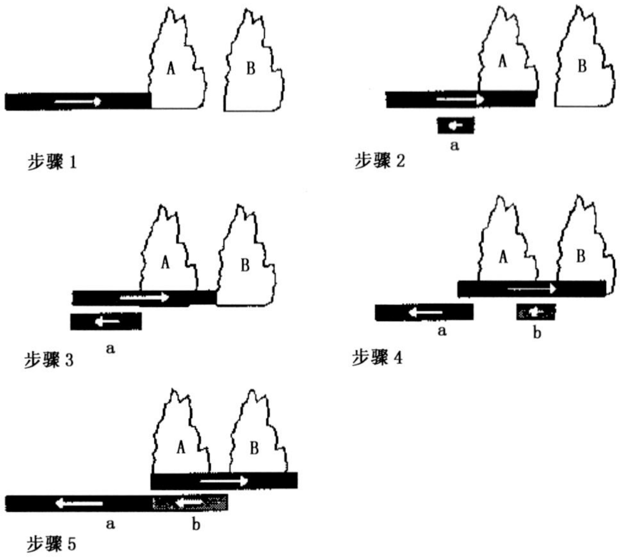

图 2.19　关于雷达最高距离分辨率等于脉冲长度一半的说明

2.5.5.2　反射率因子数据

多普勒天气雷达不能测量一个距离库中的实际滴谱分布，因此也就不能直接计算反射率因子或等效反射率因子。然而，从一个距离库中返回的功率(P_r)可以测量，并且通过使用气象雷达方程，反射率因子 Z 可以间接地确定。对于 WSR-88D 和 CINRAD-SA，平均回波功率信息对于每个 0.25 km 的距离库($1°\times 1/4$ km)都能得到。用于计算的脉冲数(6 到 64 个)是根据 VCP 和具体的仰角扫描变化的，一般产生小于 1 dB 的误差。

通过下列四个步骤对 dBZ 进行估计：

(1) 取得每个 0.25 km 距离库的平均功率；

(2) 根据 4 个连续的 0.25 km 距离库获取平均回波功率($\overline{P}_r$)。由于用了 4 距离库，所以反射率因子的最高分辨率是 1 km。用来进行功率平均的方程是：

$$\overline{P}_r=\frac{\overline{P}_{r1}+\overline{P}_{r2}+\overline{P}_{r3}+\overline{P}_{r4}}{4}$$

(3) 根据气象雷达方程 $Z=P_r r^2/C$，求出反射率因子 Z；

(4) 利用 $dBZ=10\log Z$，把 Z 转换成 dBZ。

为了获得高质量的反射率因子数据，要使用低的脉冲重复频率(PRF)，这样可以增加两个脉冲之间的间隔，增加 r_{max}，以减小第二程回波的可能。

2.5.5.3　平均径向速度数据

多普勒速度信息是用脉冲对处理方法得到的。用这种方法确定从一个给定的距离库相继反射回来的两个脉冲之间的相移。速度信息用 3 个步骤得到：

(1) 为了使对每个 0.25 km 的距离库的速度估计误差不大于 1 m/s，需要 40～50 个脉冲对。

(2) 求脉冲对位相矢和。这一步使用位相矢来代表脉冲对(注意与上面代表单个脉冲的位相矢的不同)。从 X 轴正向算起到位相矢方向的角代表脉冲对的相移，相矢的大小是每个独立脉冲所对应的位相矢的标积。对脉冲对位相矢做矢量求和(图 2.20)，数值较大的位相矢(较高的回波功率)对平均径向速度估计有相对大的影响。因此，速度估计是以回波功率为权重的平均值估计。较大的散射体(目标物)返回较高的功率，在速度平均时有大的权重。较大的目标倾向于沿平均气流移动，所以速度估计不会被较小的目标干扰，较小目标倾向于按微尺度气流运动。

(3) 赋予每个 0.25 km 的距离库一个平均径向速度，直到距雷达 230 km 为止。显示在 PUP 图形屏幕的分辨率与所选择的显示分辨率有关。

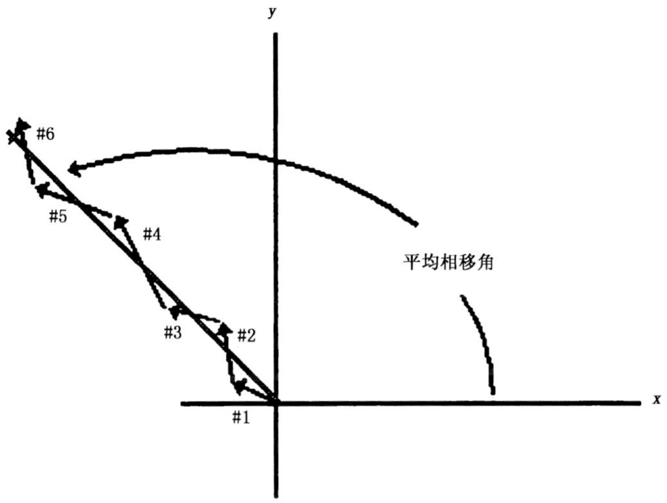

图 2.20　平均相移角是由所有脉冲对位相矢按矢量相加得到的

2.5.5.4　谱宽数据

谱宽数据实际上指的是速度谱宽数据，它是对在一个距离库中速度离散度的度量。谱宽在数学上与一个距离库内的各个散射体的速度(包括速率和方向)的方差成正比。谱宽可以用作速度估计质量控制的工具。当谱宽增加，速度估计的可靠性就减小。

一些典型的气象特征和条件可导致相对高的谱宽，它们包括：(1)气团的界面附近，如锋面边界和雷暴的出流边界等；(2)雷暴；(3)切变区域；(4)湍流；(5)风切变；(6)降落速度不同的尺度不同的雨和雪。

一些非气象条件也可使谱宽增加，包括：(1)天线转速；(2)距离；(3)雷达的信噪比。

(1)天线转速：假设以两次不同的天线转速对一个信号散射体采样，其中一次转速是另一次的两倍。假设是同样的 *PRF*，当使用较慢的天线转速时散射体被两倍数量的脉冲取样。高天线转速导致较低的采样频率、由脉冲对处理得到的速度值的方差变大，即一个较宽的谱宽；低天线转速导致高频采样、由脉冲对处理得到的速度值的方差变小，即一个较窄的谱宽；

(2)距离：距离库的大小直接与目标距雷达的距离有关。当距离增加时，距离库变大，距离库内的速度具有较大方差的概率也变大，所以谱宽也就增加了；

(3)信噪比：与雷达内部噪声水平很接近的弱的回波信号有较高的谱宽。这是因为系统噪声虽然功率很低，但它分布在所有速度谱上，导致了高的谱宽值。当回波信号很接近系统内噪声水平时，信号处理器很难从噪声中把弱信号分离出来，只能以高谱宽来显示它。

谱宽估计是用一种叫做统计自相关的方法对两个相继返回脉冲信号方差进行测量。这方法假设多普勒功率谱是正态分布。由于谱宽信息是由速度数据得来的，因此距离显示信息与速度数据是相同的。然而，与其他两个基数据不同，谱宽信息只显示 8 个数据级别，而且≥20 节的谱宽值是完全不显示的。

2.6　WSR-88D 和 CINRAD-SA 雷达的取样技术

由于最大不模糊距离 r_{max} 与脉冲重复频率 *PRF* 成反比，而最大不模糊速度 V_{max} 与脉冲重复频率 *PRF* 成正比，因此不存在一个单一的脉冲重复频率 *PRF* 能够同时使 r_{max} 与 V_{max} 都比较大。这通常称为“多普勒两难”。

因此，多普勒天气雷达使用不同的脉冲重复频率 *PRF* 测量反射率因子和速度数据。用低 *PRF* 测反射率因子，用高 *PRF* 测速度。表 2.8 中给出了 WSR-88D 和 CINRAD-SA 使用的一组 8 个脉冲重复频率 *PRF* 和相应的 r_{max} 与 V_{max}。

表 2.8　WSR-88D 和 CINRAD-SA 使用的一组 8 个 *PRF* 值和相应的 r_{max} 与 V_{max}

序号	*PRF*	r_{max}	V_{max}
1	322	467 km(252 n mile)	8 m/s(16 kn)
2	446	335 km(181 n mile)	11 m/s(22 kn)
3	644	233 km(126 n mile)	16 m/s(32 kn)
4	857	176 km(95 n mile)	21 m/s(43 kn)
5	1014	148 km(80 n mile)	25 m/s(51 kn)
6	1095	137 km(74 n mile)	27 m/s(55 kn)
7	1181	128 km(69 n mile)	29 m/s(59 kn)
8	1282	117 km(63 n mile)	32 m/s(64 kn)

2.6.1　两种基本取样模态

2.6.1.1　连续监测模态 CS

连续监测模态 CS 是使用一个常定的低脉冲重复频率 *PRF* 取样以便确定准确的目标位置和强度。因为相应的最大不模糊距离 r_{max} 值较大，所以不需要使用距离去折叠算法。

2.6.1.2　连续多普勒模态 CD

连续多普勒模态 CD 是使用一个常定的高脉冲重复频率 *PRF* 值以便测量准确的速度和谱宽数据。由于相应的最大不模糊距离 r_{max} 较短，所以必须使用距离去折叠算法。

2.6.2　三种取样方式

2.6.2.1　分离扫描方式 CS/CD

雷达在某个仰角分别使用 CS 和 CD 模态进行重复扫描。在一个完整的 360°CS 模态扫描结束后，仍在这个仰角进行完整的 360°CD 模态扫描。这种扫描方式通常在低仰角使用。它用在 VCP11、VCP12 和 VCP32 的最低两个仰角，和 VCP31 的最低 3 个仰角(见图 2.21)。

2.6.2.2　交替扫描方式 B

这种技术是在某个仰角交替使用高低脉冲重复频率 *PRF*。先发射低重复频率的脉冲，紧接着在发射高重复频率的脉冲。该技术用于 VCP11，VCP21 中间仰角(2.5°～6.5°)和 VCP32 的第三、第四、第五个仰角(见图 2.21)。在这些仰角地物杂波不再是个问题。低的 *PRF* 可以得到长的最大不模糊距离 r_{max}，同时高的 *PRF* 可以给出更精确的速度数据。

2.6.2.3　不考虑距离折叠的连续多普勒方式 CDX

这是一种在较高仰角只使用高的脉冲重复频率 *PRF* 获取反射率因子和速度数据的技术。CDX 用于 VCP11 和 VCP21 中大于 7°的所有仰角的扫描，用于 VCP31 中大于 3°仰角的扫描，但不在 VCP32 中使用(见图 2.21)。数据不再经过距离去折叠处理，因为没有必要。例如：用 7.5°仰角时，115 km(最短的 r_{max})处雷达波束的高度已达 15 km，产生距离折叠的可能性是非常小的。

2.6.3　体积扫描模式 VCP

在第一章中，我们已经介绍了体扫模式，但只说明了每种 VCP 扫描的具体仰角和时间，而没有说明具体的取样方式。下面我们将给以具体的说明。

2.6.3.1　VCP11

该体扫模式 5 分钟完成对 14 个仰角的扫描。如图 2.21 所示，对于最低的 2 个仰角，采用分离取样方式 CS/CD；中间的 5 个仰角采用交替取样方式 B；上面的 7 个仰角采用不考虑距离折叠的连续多普勒方式 CDX。

2.6.3.2　VCP21

该体扫模式 6 分钟完成 9 个仰角的扫描。如图 2.21 所示，对于最低的 2 个仰角，采用分离取样方式

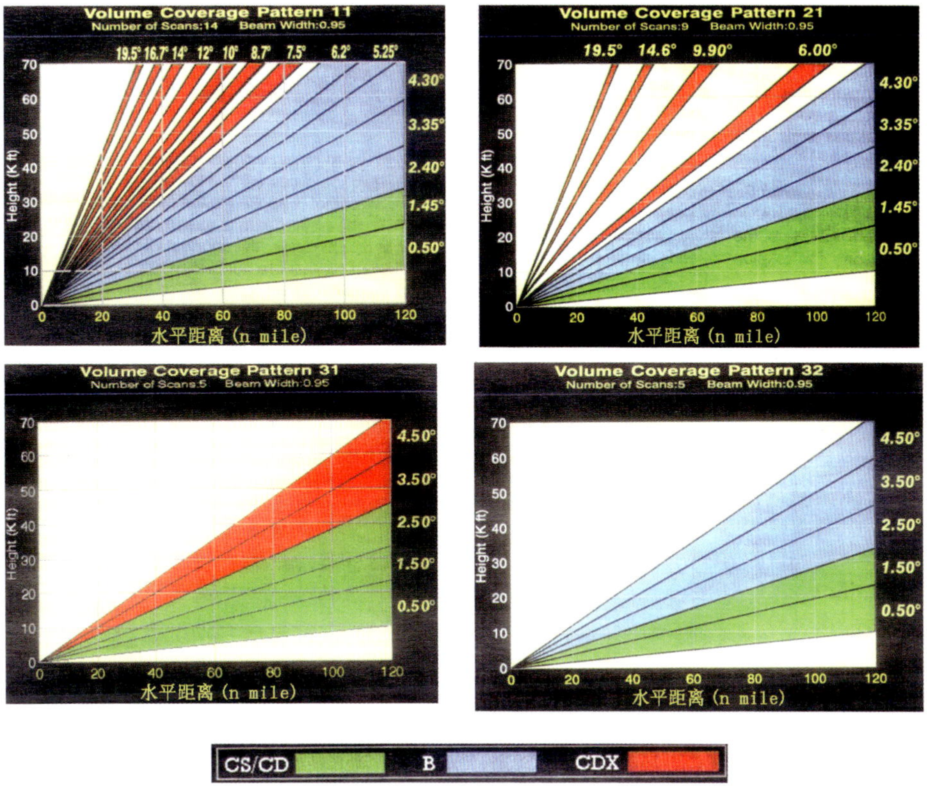

图 2.21　体积扫描模式 VCP11，VCP21，VCP31 和 VCP32

CS/CD；中间的 4 个仰角采用交替取样方式 B；上面的 3 个仰角采用不考虑距离折叠的连续多普勒方式 CDX。

2.6.3.3　VCP31 和 VCP32

这两种体扫模式 10 分钟完成 5 个仰角的扫描。对于使用长脉冲的 VCP31，最低 3 个仰角采用分离取样方式 CS/CD，剩下的 2 个仰角采用不考虑距离折叠的连续多普勒方式 CDX（图 2.21）。对于使用短脉冲的 VCP32，最低 2 个仰角使用分离取样方式 CS/CD，剩下的三个仰角采用交替取样方式 B（图 2.21）。

需要指出的是，在中国 7 种型号新一代天气雷达中，只有 SA、SB 和 CB 型雷达采用了上述取样方式，而 SC、CC、CCJ、和 CD 型雷达采用了成整数比例的双脉冲频率交替发射的方式以增加最大不模糊速度。

2.7　本章小结

雷达能够探测降水天气系统内部结构的原因在于降水粒子对于雷达发射的电磁波的后向散射。粒子的后向散射能力用其后向散射截面表示。一般来说，随着粒子尺度的增大，降水粒子的后向散射能力也迅速增大，但增大的过程不是单调的，而是有起伏的。在降水粒子不太大时，水球的后向散射能力大于同尺寸的冰球，而在降水粒子很大时，水球的后向散射能力小于同尺寸的冰球。

S 波段和 C 波段的雷达波在传播过程中主要受到降水的衰减，衰减是由降水粒子（雨滴、雪花，尤其是冰雹）对于雷达波的散射和吸收造成的。降水（尤其是冰雹）可以对 C 波段雷达波的传播造成明显的衰减，而对于 S 波段雷达波的衰减不大。雷达波在传播过程中还会受到大气的折射作用。大气折射指数通常是随高度减小的。在标准大气条件下，雷达波在传播过程中会微微向下弯曲，但弯曲的曲率小于地球的曲率，因此，随着距离的增加，到地面的距离也随之增加。当大气低层出现明显的逆温或湿度随高度迅速降低时，大气折射指数随高度迅速降低，此时雷达波传播会产生超折射的现象。在利用 PUP

显示雷达回波时，所标注的回波所在高度是假定大气为标准大气情况下计算得到的高度。由于实际大气与标准大气是有差别的，标注的回波高度与实际的回波高度之间是有差别的，有时差别可能还很大。这一点是特别需要注意的。

从雷达回波中提取的反映降水系统状态的三个基本量是反射率因子、平均径向速度和径向速度谱宽。在雷达测得目标物的回波功率后，根据气象雷达方程可以求得反射率因子。气象雷达方程指出雷达取样体积内的所有降水粒子产生的回波功率与降水粒子集合的反射率因子成正比，与取样体积到雷达的距离的平方成反比。在瑞利散射条件满足的情况下，降水粒子集合的反射率因子等于单位体积内所有降水粒子直径 6 次方之和，它只与降水粒子本身的尺寸和数密度有关，与雷达特性和降水到雷达的距离无关。多普勒天气雷达发射的每个脉冲的初位相是相同的，因此可以确定相继返回的雷达脉冲之间的位相差。目标物沿雷达径向的速度与相继两个脉冲间隔内目标物沿雷达径向移动的距离成正比，也就是与相继返回的雷达回波脉冲之间的位相差成正比。通过测量相继返回的回波脉冲对之间的相移（位相差），可以确定目标物沿雷达径向移动的速度。实际上，平均径向速度是通过几十个脉冲对相移的平均值确定的，而相应的标准差即为谱宽。

多普勒天气雷达的最大不模糊距离（最大探测距离）与雷达的脉冲重复频率成反比，相应的最大不模糊速度与雷达的脉冲重复频率成正比，与雷达波长成正比。因此，不存在一个脉冲重复频率使得最大不模糊距离较大，同时最大不模糊速度也较大。对于相同的脉冲重复频率，C 波段雷达的测速范围大约只有 S 波段雷达测速范围的二分之一。

基数据中的反射率因子是通过对沿着雷达径向的四个取样体积平均得到的，其径向分辨率相当于 4 个取样体积的长度，方位角方向的分辨率与取样体积在方位角方向的分辨率相同。平均径向速度和谱宽的分辨率与雷达取样体积的大小一致。对于 SA 和 SB 型雷达，基数据中反射率因子的分辨率为 1 km×1°，而径向速度和谱宽的分辨率为 0.25 km×1°。

第三章　多普勒雷达图识别基础

多普勒天气雷达与常规天气雷达的主要区别在于：前者可以测量目标物沿雷达径向的速度，从而大大加强了天气雷达对各种天气系统特别是强对流天气系统的识别和预警能力。在本章中，我们首先回顾反射率因子图的识别，接着重点介绍多普勒天气雷达特有的平均径向速度图识别的基本知识。

3.1　雷达图像的 PPI 显示方式

新一代天气雷达是在一系列固定仰角上扫描 360°进行采样的，即在某一个仰角，雷达天线绕垂直轴 Z 进行 360°扫描（即 PPI 显示方式扫描），所采集到的是圆锥面上的资料（图 3.1）。在每个仰角上，以雷达为中心，沿着雷达波束向外，径向距离增加的同时距地面的高度也增加。雷达所探测到的任一目标的空间位置 (x,y,h) 可根据仰角 φ、方位角 θ、目标距雷达的倾斜距离 r 求得，其中测定目标高度 h 的公式为：

$$h = h_0 + r\sin\varphi + r^2/(2R_m')$$

式中 h_0 为雷达天线架设高度，r 为目标的斜距，R_m' 为等效地球半径。在标准大气折射情况下，R_m' 为真实地球半径 R 的 4/3 倍，约 8500 km。因此，当我们在主用户处理器 PUP 屏幕上分析一张雷达图时，实际上是在圆锥的俯视平面图上分析空间的雷达回波。这种固定仰角的雷达图显示方式称为 PPI，是雷达回波最常用的显示方式。

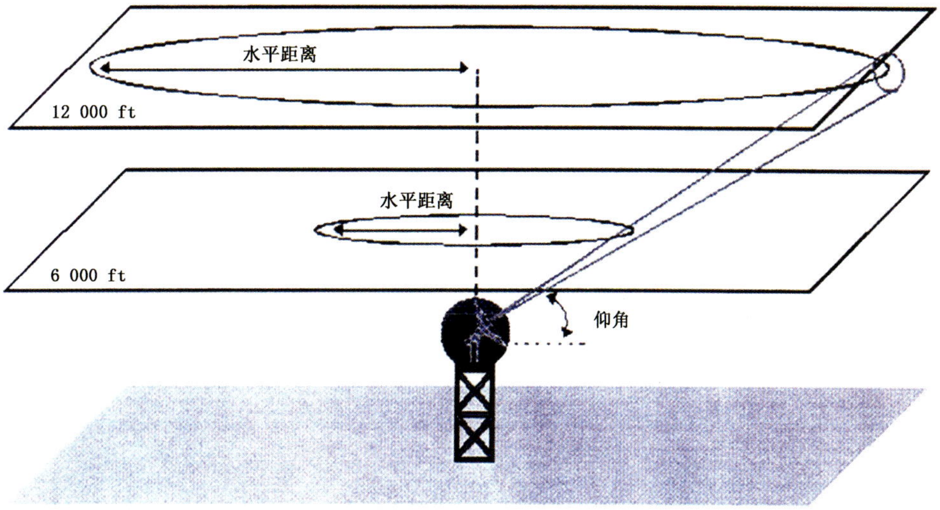

图 3.1　雷达扫描示意图

3.2　反射率因子图

3.2.1　降水回波

降水的反射率因子回波大致可分为三种类型：积云降水回波、层状云降水回波、积云层状云混合降水回波。在常规雷达上，积状云降水回波被描述为具有密实的结构，而层状云降水回波具有均匀的纹理和结构，积状和层状混合云降水回波具有絮状结构。对于新一代天气雷达，由于采用数字信号技术和彩色显示，上述描述只是在一定程度上是正确的，即积状云降水通常具有比较密实的结构，反射率因子空间梯度较大，其强度中心的反射率因子通常在 35 dBZ 以上，而层状云降水回波比较均匀，反射率因子空间梯度较小，反射率因子一般大于 15 dBZ（有些毛毛雨产生的反射率因子小于 10 dBZ）而小于35 dBZ。

图 3.2 显示零散的对流降水回波，对应于雷阵雨天气，可以看到其密实的结构。纯粹的层状云降水回波并不多见，通常是层状云和积云的混合降水回波。图 3.3 为 2003 年 7 月 10 日淮河流域一次暴雨过程的反射率因子图像。这是一个以层状云降水为主的回波，在大片层状云降水区中，有少量对流雨团。而图 3.4 给出的是湖南一次暴雨过程的反射率因子图像，这是一个以积状云为主的混合降水回波，降水中心集中在中尺度对流雨带内。

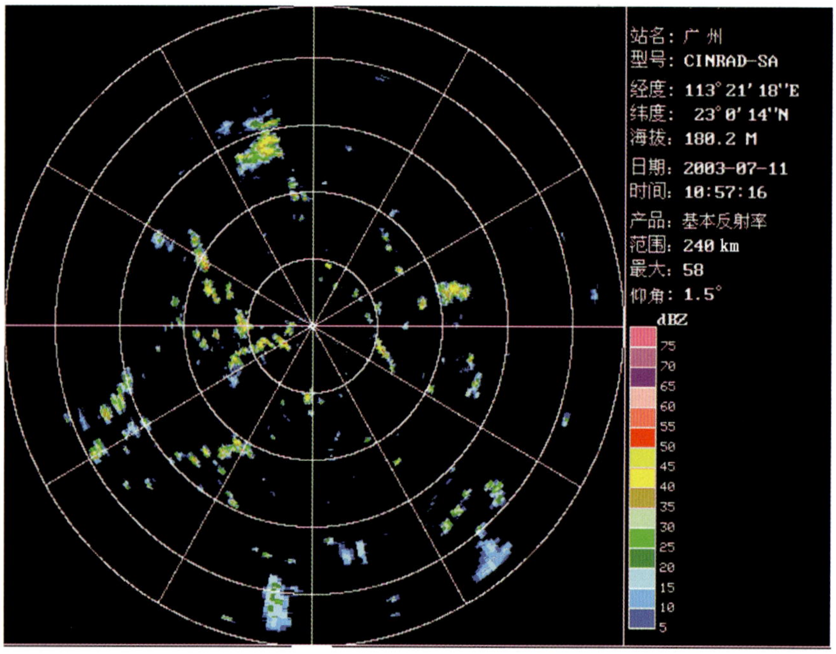

图 3.2　2003 年 7 月 11 日广州站雷达观测到的零散的对流降水回波（1.5°仰角）

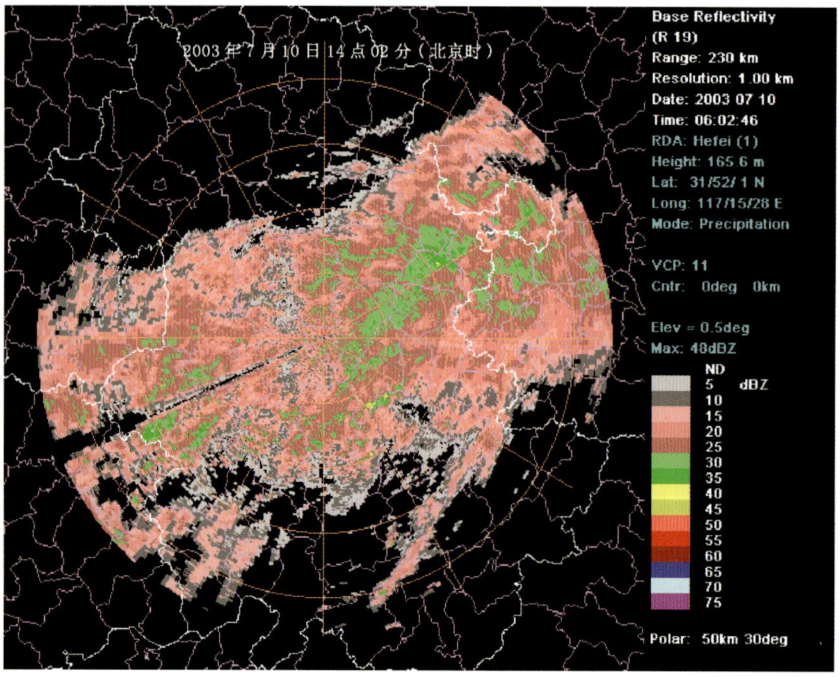

图 3.3　2003 年 7 月 10 日合肥站雷达观测的以层状云降水为主的混合降水回波（0.5°仰角）

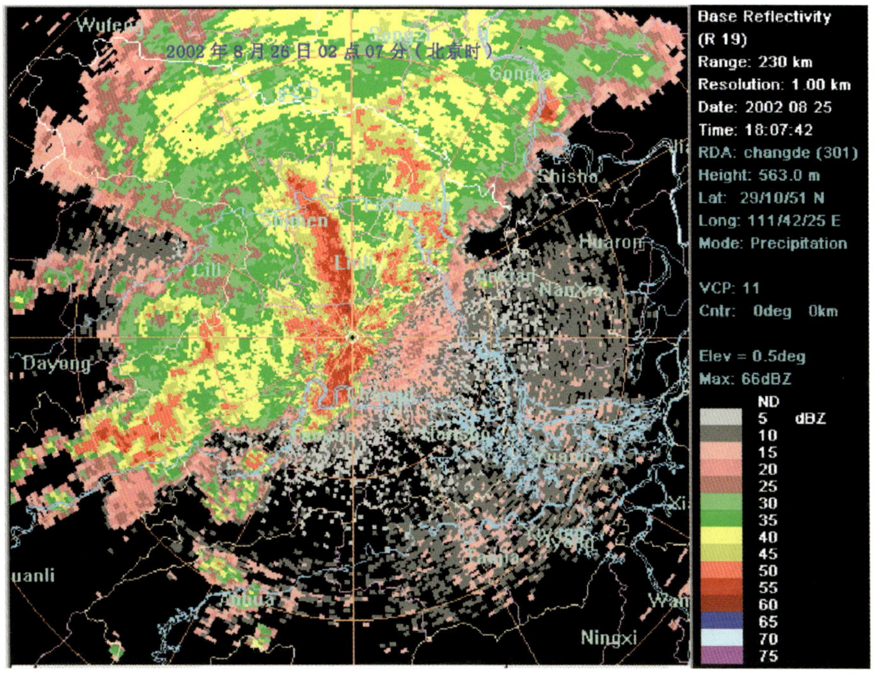

图 3.4　2003 年 7 月 10 日湖南常德站雷达观测的以积状云降水为主的混合降水回波(0.5°仰角)

层状云降水或层状-积云混合降水反射率因子回波的另一个特征是所谓的“零度层亮带”的存在，如图 3.5 所示。图中反射率因子较高的环形区域所在高度在 0℃等温层附近。在 0℃层以上，较大的水凝物大多为冰晶和雪花，过冷却水滴因为尺度较小对反射率因子的贡献不大。当下降过程中经过 0℃层开始融化时，表面上出现一层水膜，而尺寸变化不大，此时反射率因子会因为水膜的出现而迅速增加。当冰晶和雪花在进一步下降中完全融化为水滴时，其尺度会减小，同时大水滴的下落末速度增大，使单位体积内水滴个数减少，这两个因素会使反射率因子降低。这样，在 0℃层附近，反射率因子回波突然增加，形成“零度层亮带”。“零度层亮带”通常在比较高的仰角上(高于 2.4°)比较明显。

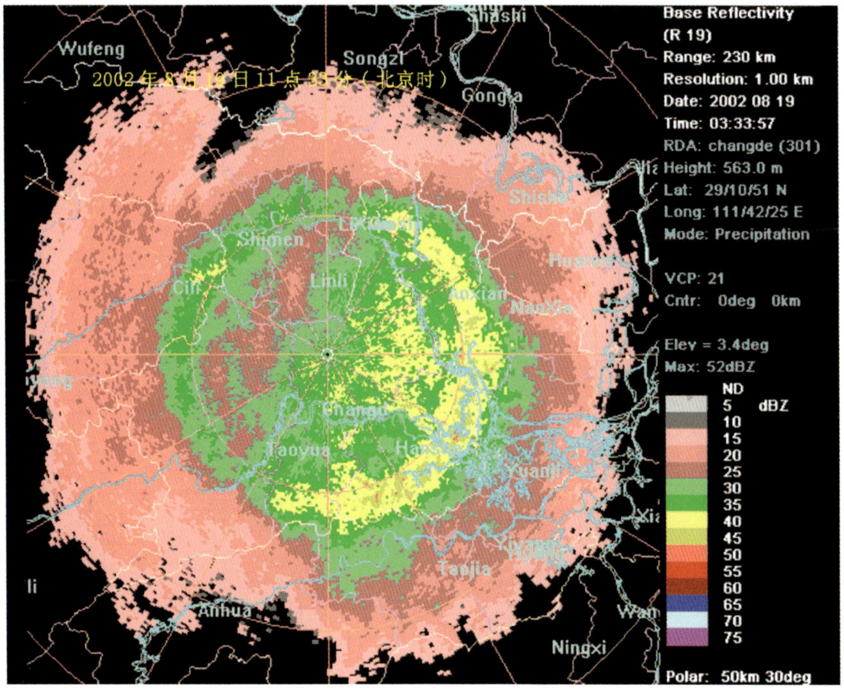

图 3.5　2002 年 8 月 19 日湖南常德附近一次暴雨过程的反射率因子图像(3.4°仰角)，显示明显的“零度层亮带”

图 3.6 为黑格比台风经过广东阳江雷达站时的反射率因子图像。图中显示台风中心眼区周围的弱回波区和台风外围的螺旋雨带，可以看到螺旋雨带内一系列的对流单体，其中位于陆地上的部分对流明显加强。通过雷达回波可以对台风进行定位，其定位精度高于气象卫星。

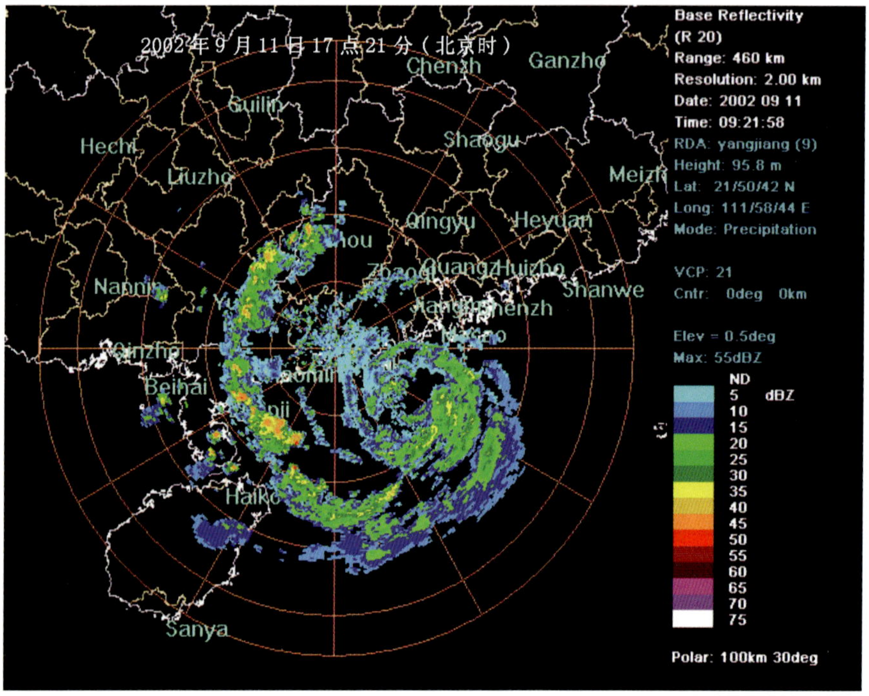

图 3.6　2002 年 9 月 11 日黑格比台风经过广东阳江雷达站附近时的反射率因子图像（0.5°仰角）

图 3.7 为 2002 年 8 月 24 日合肥站新一代天气雷达探测到的一次飑线过程的反射率因子图像。图中降水区前沿呈线状的强反射率因子区为线状对流降水区，称为飑线。飑线后面为大片层状云降水区。在这个例子中，飑线呈弓形，也叫做“弓形回波”，发生时通常伴随着地面大风。也就是说“弓形回波”是地面大风的一个很好的指示。

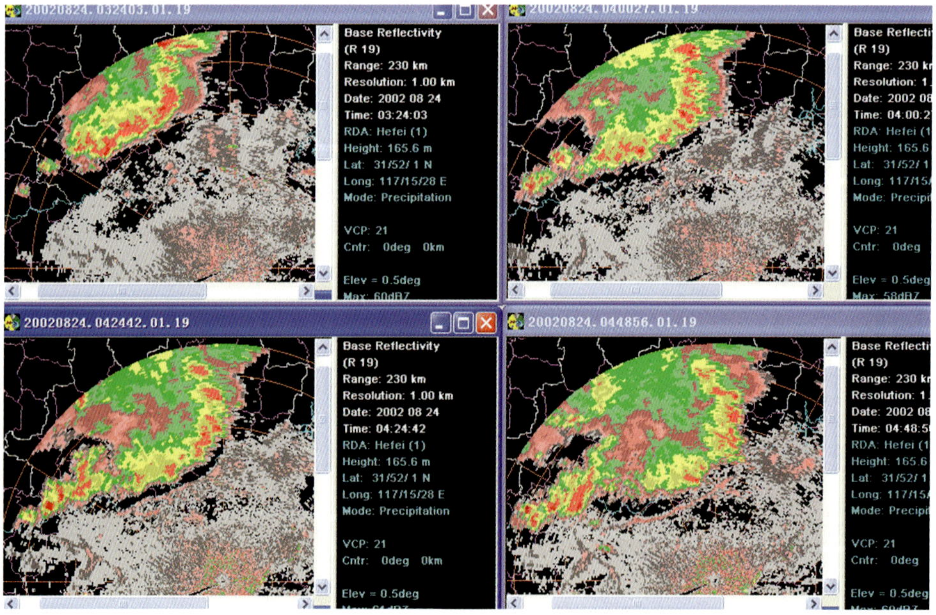

图 3.7　合肥站雷达在 2002 年 8 月 24 日 11:24、12:00、12:24 和 12:48 时刻（北京时）的 0.5°仰角反射率因子

图 3.8 所示为发生在湖南的一个超级单体风暴。超级单体风暴是对流风暴中最强烈的一种形式，可伴随强烈龙卷、大冰雹、灾害性地面大风和暴洪。其低层反射率因子最明显的特征是钩状回波，这一

点在图 3.8 中就非常清晰地显现出来。此次湖南的超级单体风暴产生了 10 cm 直径的冰雹和 8 级大风，并伴有大雨。

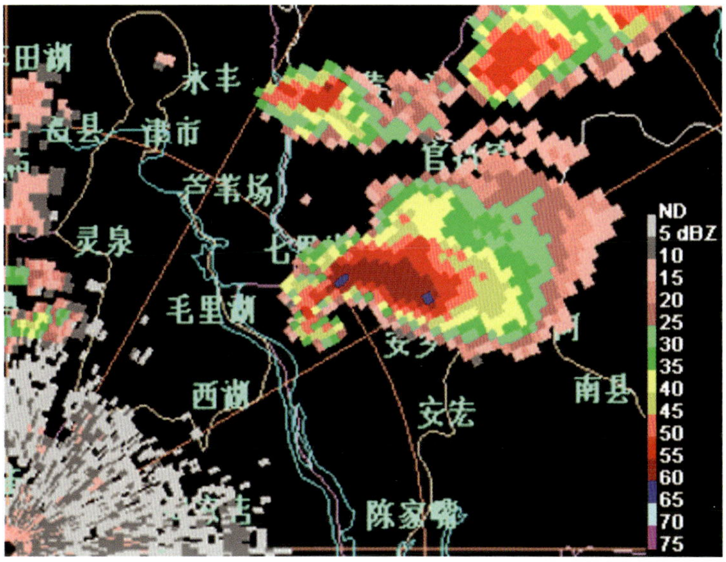

图 3.8　2004 年 4 月 29 日 14:52 湖南常德站雷达 0.5°仰角的反射率因子

3.2.2　非降水回波

非降水回波包括：地物回波、海浪回波、昆虫和鸟的回波、大气折射指数脉动引起的回波、云的回波等。图 3.9 显示 2002 年 7 月 2 日 01:12 天津站 CINRAD-SA 雷达 0.5°仰角的反射率因子图。左侧呈放射状的回波是由平原地区超折射产生的地物回波，而远处西北部的密实的点状回波是由北京西北部的山脉的超折射回波造成的，其反射率因子的水平梯度很大。而图右侧的大片回波为降水回波。超折射地物回波是指雷达波束在距离雷达较远处弯曲到地面，在地面被地物散射后一部分能量回到雷达天线。这种现象是由于大气折射指数随高度迅速减小造成的，往往出现在逆温或湿度随高度迅速减小的情况下。逆温引起的超折射主要出现在子夜和清晨，图 3.9 的超折射就是夜间逆温造成的，而湿度随高度迅

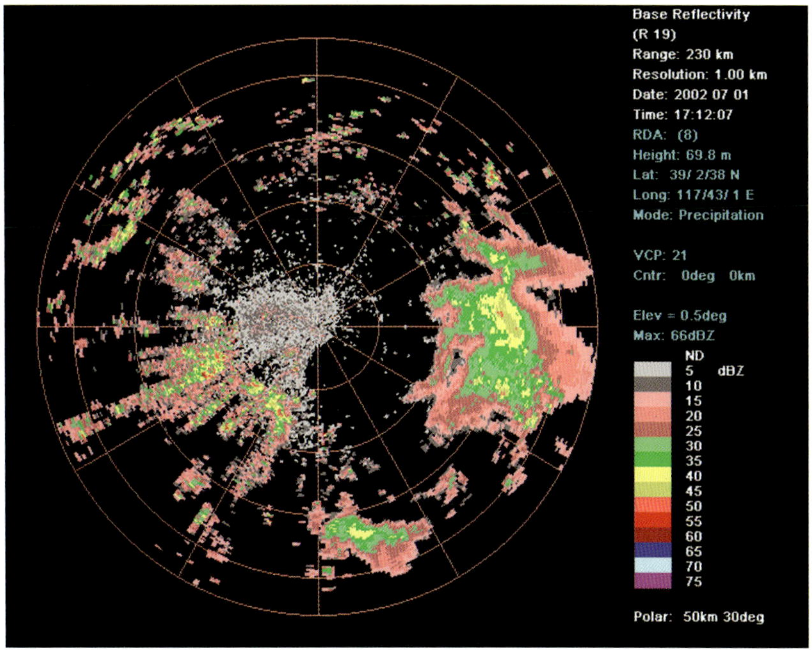

图 3.9　2002 年 7 月 2 日 01:12 天津塘沽站 CINRAD-SA 型雷达 0.5 度仰角反射率因子图。
图中左侧呈放射状的回波为超折射地物回波，右侧为降水回波

速减小的情况大多出现在大雨刚刚过后。一般这类回波主要出现在 0.5°仰角，当仰角抬高到 1.5°时，超折射地物回波会迅速衰减或完全消失。图 3.10 显示 2002 年 7 月 1 日 17:11 天津站雷达 0.5°仰角反射率因子图。在雷达东南方向 70 km 左右的一小片回波为超折射造成的海浪回波，最强反射率因子超过 65 dBZ；雷达西侧有两条相距很近的东西走向的飑线；雷达西南部有大片的积状云和层状云混合降水。

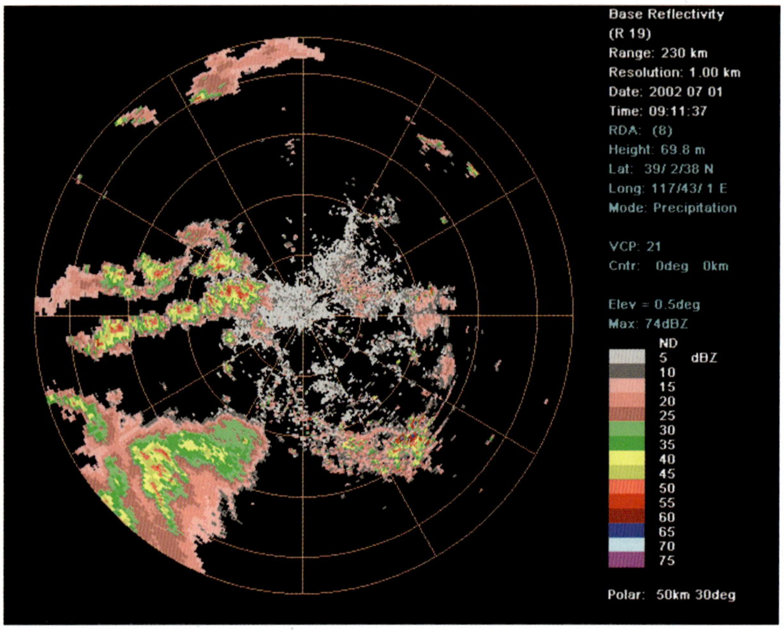

图 3.10　2002 年 7 月 1 日 17:11 天津塘沽站 CINRAD-SA 型雷达 0.5°仰角反射率因子图。
图中雷达东南方 70 km 左右的小片回波为超折射造成的海浪回波

从图 3.7 中下方的 2 幅图中可以看到在飑线的前方有一条长长的弱的窄带回波，它指示飑线对流降水下沉气流造成的外流边界，即“阵风锋”的位置。此时的窄带回波处没有降水，回波可能是由阵风锋辐合区内国昆虫浓度相对集中而产生的(Wilson 等，1994)。图 3.11 为位于美国路易斯安娜州的 WSR-88D 观测的鸟群的回波。

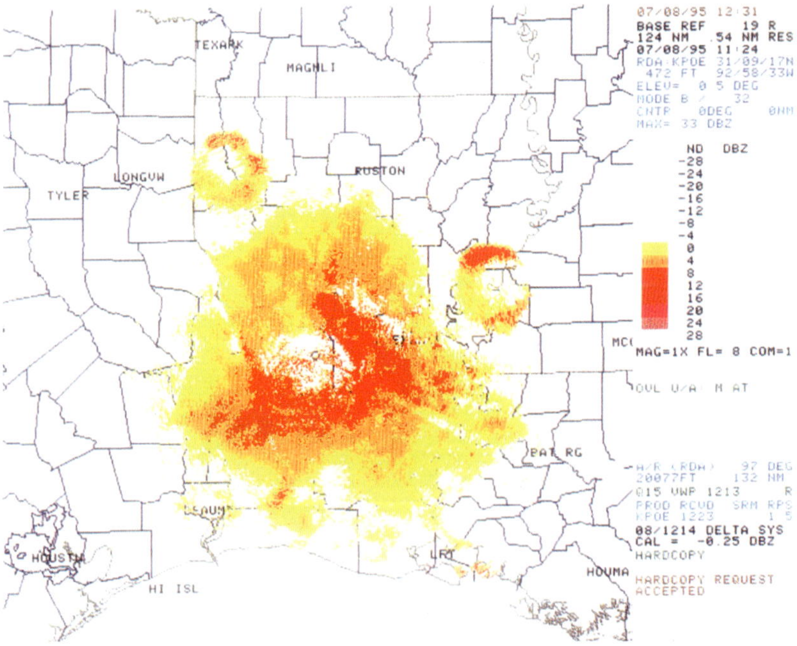

图 3.11　1995 年 7 月 8 日位于美国路易斯安娜州的 WSR-88D 雷达观测的鸟群的回波(0.5°仰角，VCP32)
(引自 Gautheraux 等，1998)

3.3　识别径向速度图的基本知识

3.3.1　较大尺度连续风场的识别

多普勒天气雷达在离开雷达的任何一点只能测量该处降水物质沿着雷达的径向速度。当雷达沿着一个固定的仰角旋转一圈时，可以根据扫描一圈所构成的圆锥面内径向速度的分布推断雷达上空较大范围内风向、风速随高度的变化，条件是在每一高度上风向、风速比较均匀。

假定某一高度上是均匀的西风，则实际风与雷达径向速度之间的关系如图 3.12 所示。当某高度平面上的实际风向、风速均匀，则雷达以某个仰角作 360°扫描时，在与这个高度相应的距离圈上，雷达径向速度随方位角的分布是典型的正(余)弦曲线，天线指向风的上风方时，径向速度为最小值，反之，天线指向风的下风方时，径向速度为最大值。图 3.13 显示实际风向为西风时的雷达径向速度随方位角的分布曲线，横坐标为方位角，纵坐标为径向速度。可见，雷达波束与实际风向的夹角越大，则径向速度值越小；实际风速越小，径向速度也越小。注意图 3.13 中速度值超过了最大不模糊速度 V_{max}，因此出现了速度模糊。图中最大径向速度约为＋60 kn 和－60 kn，由于最大不模糊速度范围为－50 kn 至＋50 kn，上述最大径向速度分别被赋予－40 kn 和＋40 kn 的速度值，出现了速度模糊。

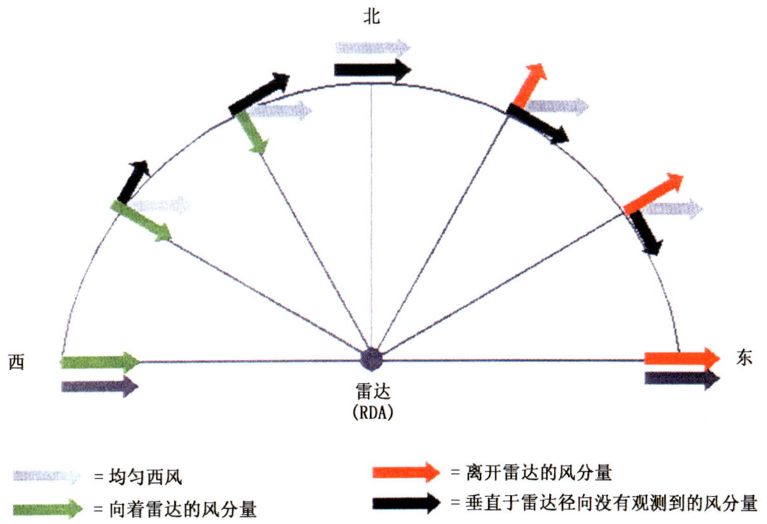

图 3.12　实际风与径向速度关系示意图

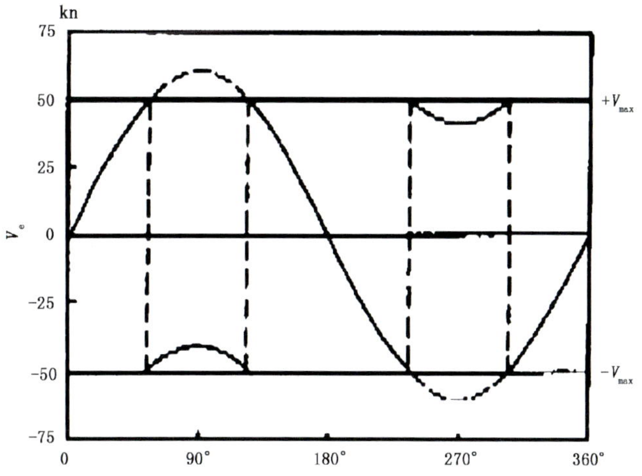

图 3.13　均匀西风的径向速度随方位角分布示意图

在 PUP 上，径向速度的大小和正负是通过颜色变化表示的，一般暖色表示正径向速度，冷色表示负径向速度。因此在分析速度图时，应首先查看色标。作为一种约定俗成，离开雷达的径向速度为正，流向雷达的径向速度为负(注意这只是大部分型号雷达的约定，某些型号雷达的约定与此相反)。离开雷达和流向雷达的速度分别称为出流速度和入流速度。

当实际风速为零时或雷达波束与实际风向垂直时，径向速度为零，称为零速度；径向速度相同的点构成等速度线；零等速线即由沿雷达径向速度为零的点组成。

因此，可根据径向风的分布反推实际风，主要依据是零等速线的分布：

(1) 零等速线上的实际风向与雷达波束垂直；

(2) 假定在雷达探测范围内，同一高度层上的实际风向是均匀的。从 PUP 显示屏中心出发，沿径向划一直线到达零等速线上某一点；过该点划一矢量垂直于此直线，方向从入流径向速度一侧指向出流径向速度一侧，此矢量即表示垂足点所在高度层的实际风向(图 3.14)。

(3) 若零等速线为直线，且横跨整个 PUP 显示屏，则表示在雷达所探测到的各高度层上，实际风向是均匀一致的(图 3.15)。

(4) 在探测采样较好的情况下，若某高度层出现最大入流或出流径向速度中心，这就是该高度层的实际风向。

(5) 假定在均匀流场中，则某一高度上的最大多普勒径向速度值即是此高度上的实际风速。最大的多普勒径向速度一般出现在距零等速线+(-)90°的位置(图 3.14，3.15 和 3.16)。

在分析实测的多普勒径向速度时，一般都要根据上述方法综合考虑，最后确定实际风向。应当指出，上述判断实际风向和风速的方法，一般只适用于风向均匀或风速连续变化的情况，而对于诸如锋面等风向不连续时就不一定适合。根据零等速线反推实际风向时，须特别注意：表示实际风向的矢量必须与从 PUP 显示屏中心到零等速线上某一点的连线相垂直，而不是与零等速线相垂直。

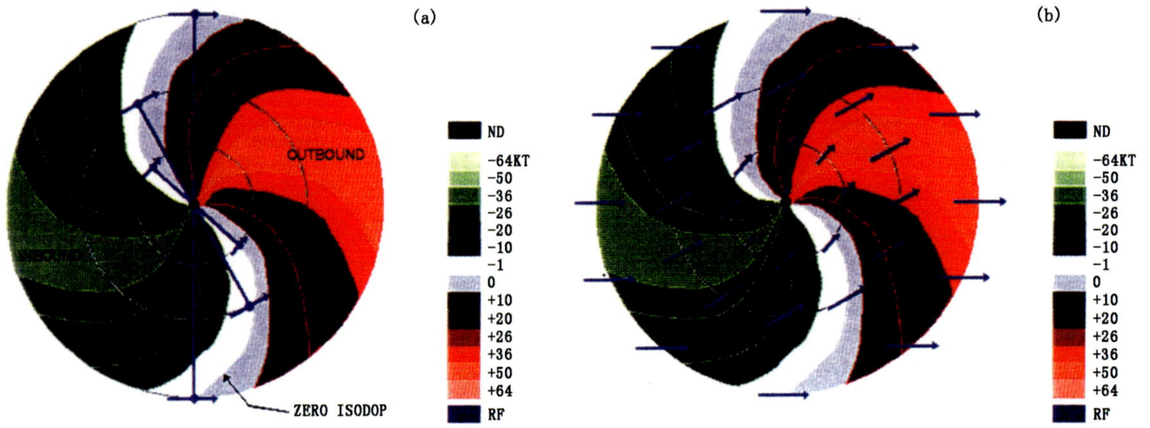

图 3.14　由径向速度分布反推雷达上空平均速度场的原则。(a)从 RDA 向零速度等值线上的某点(对应一定的等距离圈)划一直线，然后从该点划一直线与雷达径向垂直；(b)由图 3.14a 说明的方法确定的各等距离圈处的风向

3.3.1.1　等径向速度线为直线的情况

图 3.15 的零等速线呈直线，从南到北跨越整个屏幕显示区范围，即实际风向从 RDA 到屏幕显示区边缘对应高度都是均匀的西风；从径向速度的分布可知，等径向速度线从显示中心一直扩展到显示区边缘，表示各高度层上的风速也是均匀的，且 RDA 处的风速不为零。

如果实际风速在某个高度上出现最大值，则在径向速度图上表现为被闭合等速区所包围的最大径向速度区。从图 3.16a 可知，各高度层风向均为西风，但在第一到第二个距离圈之间所对应的高度范围内分别出现一对最大、最小径向速度——“牛眼”型结构，数值约在 50～63 kn(25.7～32.4 m/s)之间。这表明风先随高度增大到最大值，然后再随高度减小。RDA 处和显示区边缘的径向速度为零，表示对

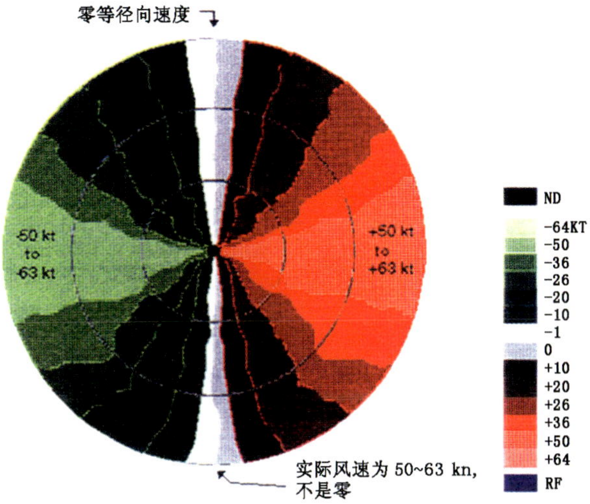

图 3.15　均匀西风情况下的径向速度图

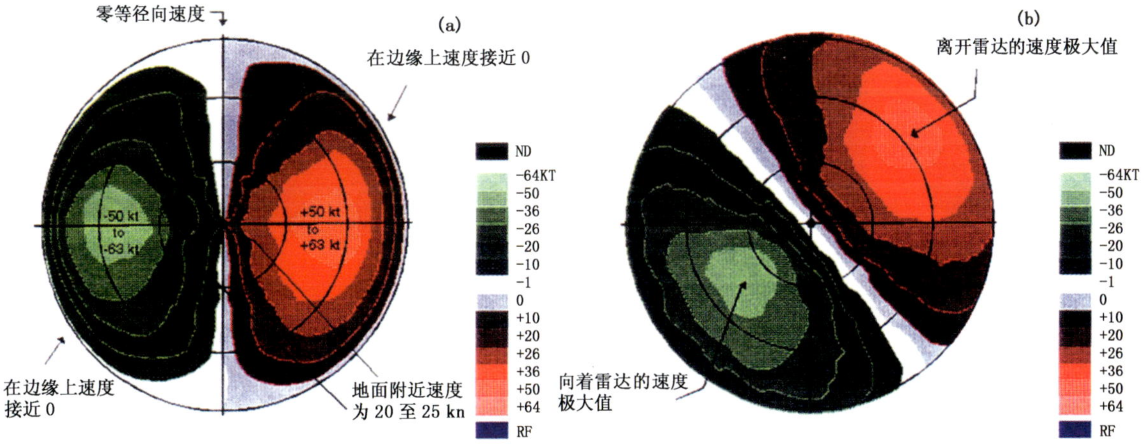

图 3.16　“牛眼”型径向速度图

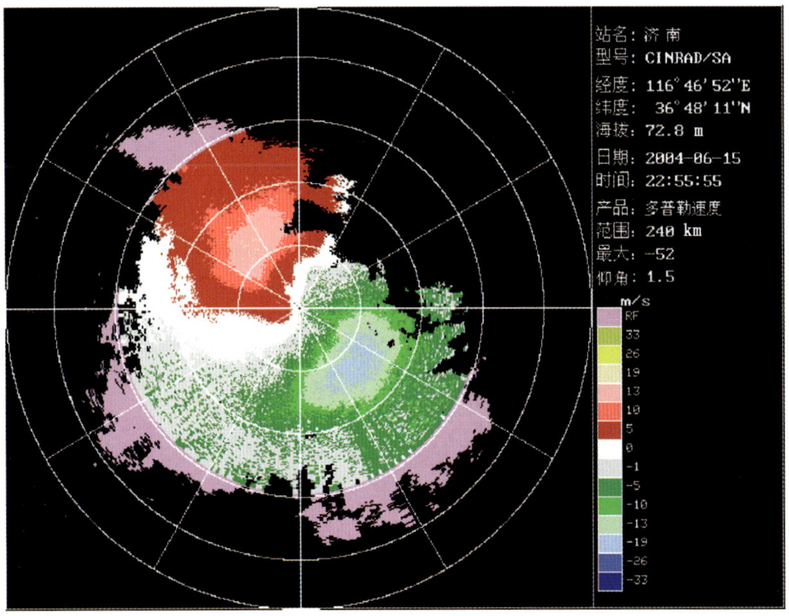

图 3.17　2004 年 6 月 15 日 22:55(北京时)济南站雷达径向速度图(1.5°仰角)

应高度上风速为静风，即风随高度从零增至最大，然后又减至零。图 3.16b 中从低层到高层都是西南风。注意风速最大值的位置。入流最大值位于第一和第二个距离圈之间，而出流最大值位于第二和第三个距离圈之间。这表明从西南向东北方向，风速最大值所在高度逐渐增加。图 3.17 是济南站 CINRAD-SA 雷达的实际速度图像，最大风速出现在较低的高度层上，风向为东南风。

3.3.1.2　“S”型和反“S”型径向速度图像

图 3.18a 中零等速线呈“S”型，表示实际风向随高度顺时针旋转，由 RDA 处的南风转为显示区边缘对应高度上的西风。从表示雷达径向速度大小的颜色变化可知，RDA 处的风速不为零；对任意一个等径向速度区(线)而言，都是从中心 RDA 一直扩展到显示边缘所对应的高度，即表示各高度层次上的实际风速是均匀的。图 3.18b 中零等速线呈反“S”型，表示实际风向随高度逆时针旋转，由 RDA 处的南风转为显示区边缘对应高度上的东风。与图 3.18a 类似，各高度层次上的实际风速是均匀的。

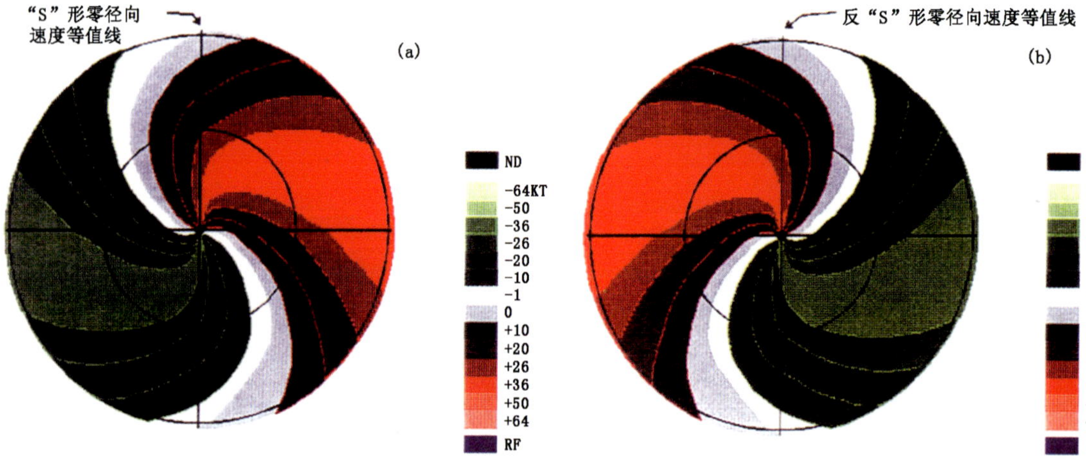

图 3.18　“S”型(a)和反“S”型(b)径向速度图

零等速线的走向不仅表示风向随高度的变化，同时也表示雷达有效探测范围内的冷、暖平流。图 3.18a中的零速度等值线为“S”形。在 RDA 处为南风，到第一个距离圈高度转为西南风，再到屏幕显示区边缘高度，风向转变为西风，即风向随高度顺时针旋转，表示在雷达有效探测范围内为暖平流。图 3.18b中零速线等值线呈反“S”形状，风向从 RDA 处(地面)的南风转变为第一个距离圈高度处的东南风，再变为屏幕边缘高度处的东风，风向随高度逆时针旋转，表示在雷达有效探测范围内有冷平流存在。图 3.19 为山东滨州站 CINRAD-SC 雷达的实际径向速度图，图中显示零速度等值线为“S”形。低层为

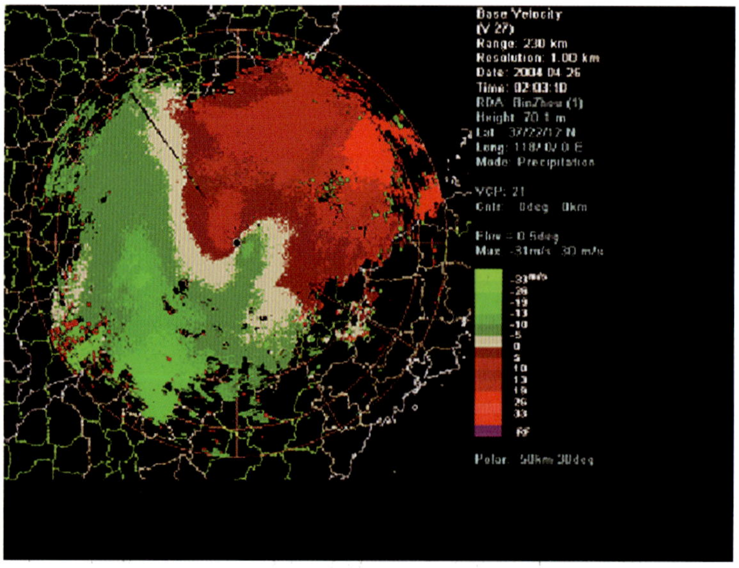

图 3.19　2004 年 4 月 16 日山东滨州站雷达 0.5°仰角径向速度图

东南风，高层为西南风，风向随高度顺时针变化。

3.3.1.3　汇合和发散流场的速度图像

如果实际风向在各高度层次上为汇合或发散，则在速度图上零等速线呈弓形。图 3.20a 是汇合气流的速度模拟图，屏幕显示区的上半部(雷达的北部区域)风向随高度逆转，从偏西风变为西南风，而下半部(雷达的南部区域)风向随高度顺转，由偏西风转为西北风，径向入流位于"弓"形的内侧。与此相反，图 3.20b 为发散气流模拟速度图，屏幕显示区的上半部风向从西北变为偏西风，而下半部风向由西南风转为偏西风，径向出流位于"弓"形的内侧。

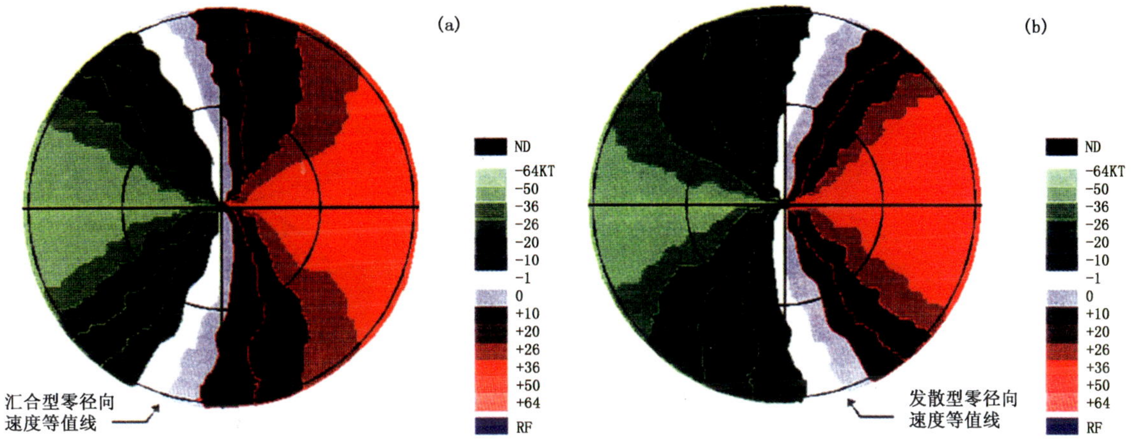

图 3.20　汇合(a)和发散(b)流场的径向速度型

3.3.1.4　各种典型风向风速随高度分布情况下的径向速度型

图 3.21 给出了水平均匀风场情况下，等仰角面上在各种风的垂直廓线情况下的径向速度型。纵坐标为三种风向垂直廓线，包括随高度不变、随高度线性增加和在中间高度有一个极大值。横坐标为四种风速垂直廓线。包括随高度不变、随高度线性增加、单峰结构和双峰结构。

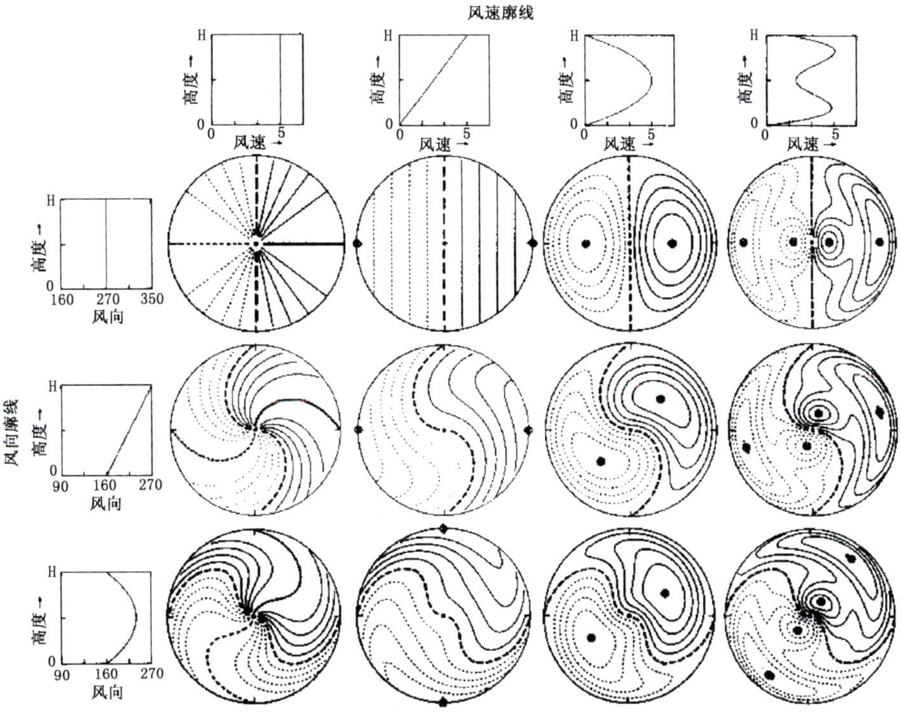

图 3.21　水平均匀风场情况下，各种垂直风廓线的径向速度型

3.3.2 大尺度水平风场不连续流型(锋区等)的识别

零等速区的形状不仅可以帮助我们分析风向随高度的变化，还可确定某些水平风场不连续线如锋区、切变线等的位置及其附近的流场结构。

图 3.22 中，锋区从西北方移向 RDA。其周围风场分布如图 3.22a 所示。图 3.22b 为相应的雷达径向速度图。零等速区(线)有两个(条)，一个是通过 RDA 的呈“S”型结构，另一个是未过 RDA 的呈反“S”型结构。根据前一个零等速区及其附近的一对“牛眼”径向速度分布，该区域的风向由南风顺转为西南风，风速先增后减，最大风速(约为 64 kn)位于第二个距离圈对应的高度。在中间高度层，风向迅速顺转为西风，再往上逆转为西南风。后一个零等速区(线)的左侧为入流的径向速度，右侧为出流的径向速度，风向转变近 90°，因此，该零等速区(线)是风场的不连续线 ——锋区所在。在锋区的西南段，由于锋前后都是流向雷达的径向速度，因而零等速区(线)不存在，故在分析锋区附近的速度图像时，应沿不连续线向另一侧延伸，但延伸多长，则需按经验大致估计。不连续线左侧的一只“牛眼”，表示锋后的风速随高度也是先增后减。

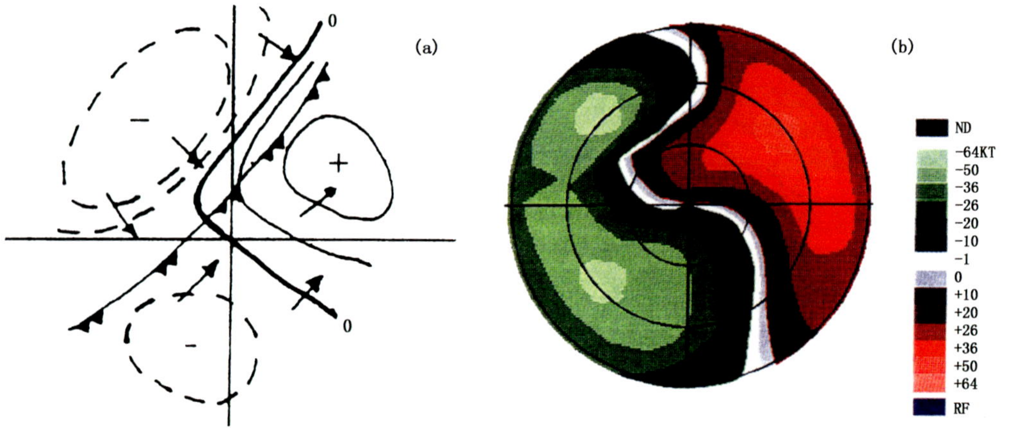

图 3.22 (a) 锋面从西北方向移向雷达时的风场示意图;(b) 与(a)中流场相对应的雷达径向速度图

图 3.25 给出了实际冷锋的雷达径向速度图例子，此时冷锋还未到达雷达站，冷锋后为西北风，冷锋前为西南风。

在图 3.23 中，锋区自西南向东北穿过 RDA，周围流场如图 3.23a 所示。图 3.23b 给出了相应的雷达径向速度图。图 3.23b 与图 3.22b 类似，锋前为偏南风到西南风，锋后为西北风。但此时风速随高度增加，且锋后的风场应是发散流场。

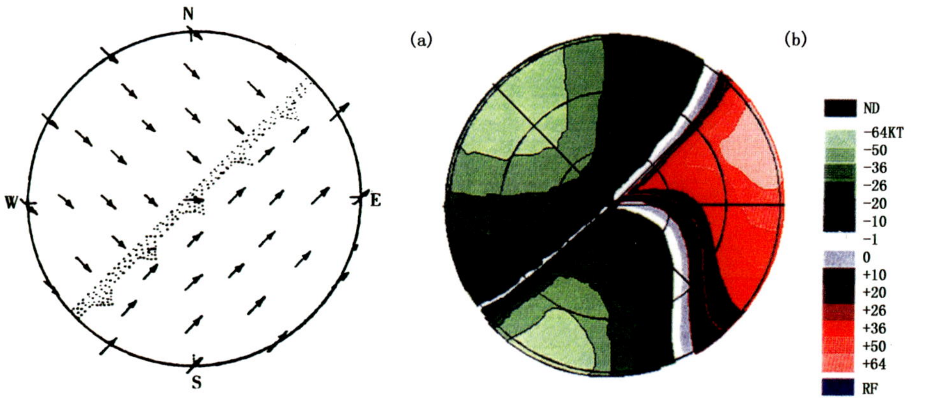

图 3.23 (a)锋面正移过雷达时的风场示意图;(b) 与(a)中流场相对应的雷达径向速度图

图 3.24 中锋区位于 RDA 的东南，即冷锋已移过雷达站。其风场分布示意图如图 3.24a 所示，相应的雷达径向速度图如图 3.24b 所示。该图像中有三个零等速区(线)，其中位于 RDA 东南呈西南-东北

向的零等速区即是锋区，并向东北方延伸；锋前为西南风，锋后基本为西北风，但风向随高度缓慢逆转。在雷达有效探测范围内，风速随高度增加。

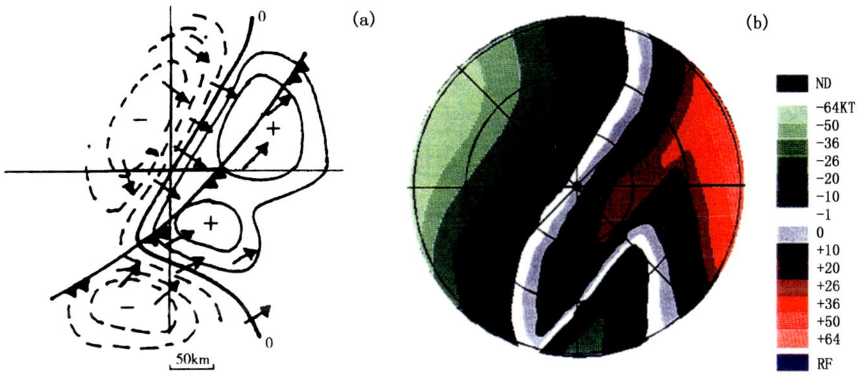

图 3.24　(a)锋面已经移过雷达站时的风场示意图；(b) 与(a)中流场相对应的雷达径向速度图

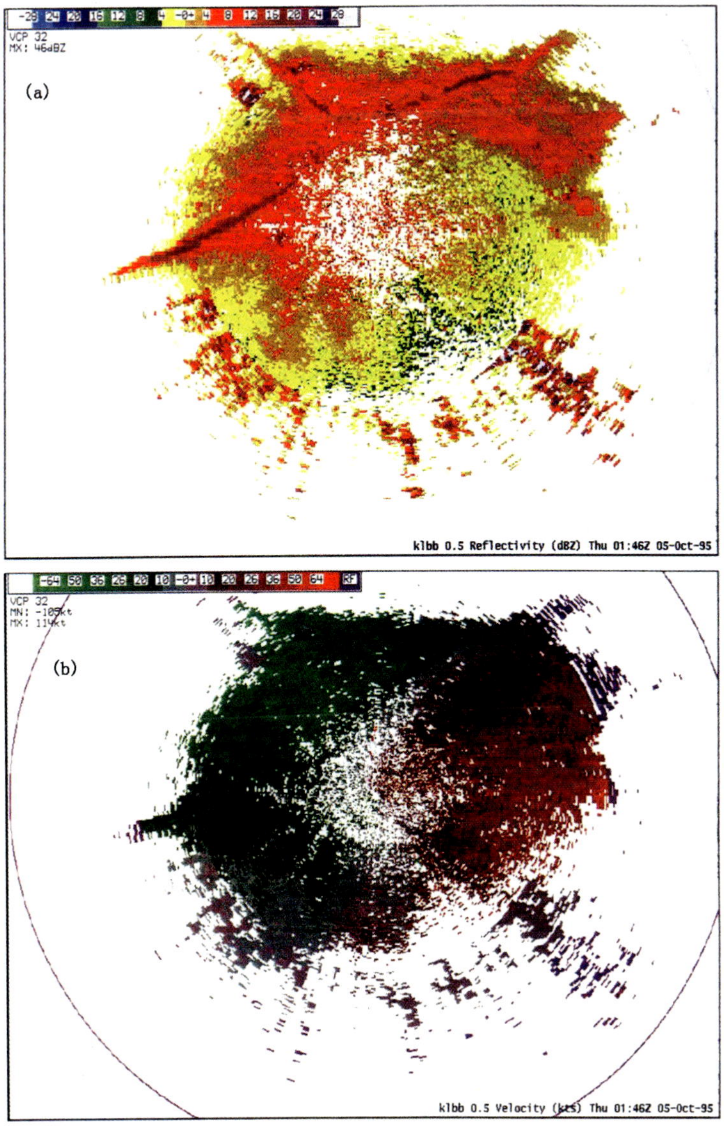

图 3.25　一个实际冷锋的反射率因子(a)和径向速度(b)图像

3.3.3　γ 中尺度(2～20 km)系统的速度图像特征

以上各张速度图像都是反映较大尺度系统特征的，本节主要介绍如何识别 γ 中尺度系统特征。γ 中尺度系统往往与暴雨、冰雹、雷雨大风、龙卷、下击暴流、阵风锋等灾害性天气密切相关，因此，识别 γ 中尺度系统的多普勒速度图像特征，是今后应用实测资料分析强对流天气的重要基础。

γ 中尺度系统的速度图像特征不是在整个 PUP 显示屏范围内识别，而是在显示屏上选择一小区域(该区域包含了整个 γ 中尺度系统)，将其放大显示。因此，在识别 γ 中尺度系统的速度图像特征时，首先应确定所选择的小区域在雷达有效探测范围内的方位及小区域的方向，并近似认为该小区域在同一高度层上。本节所有例子所在的小区域均位于雷达探测区的正北方(图 3.26)。

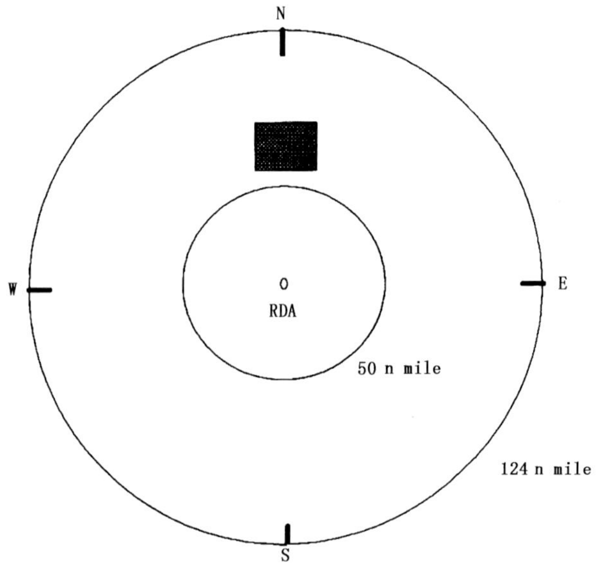

图 3.26　小区域方位示意图

3.3.3.1　γ 中尺度气旋/反气旋流场径向速度图像

在小区域内，当一对最大入流/出流速度中心距雷达(RDA)是等距离时，则表示在该区域内有 γ 中尺度的旋转存在；沿雷达径向方向，若最大入流速度中心位于左侧，表示为气旋性旋转(图 3.27a)；若最大入流速度中心位于右侧，则为反气旋性旋转(图 3.27b)。

3.3.3.2　γ 中尺度辐合/辐散流场径向速度图像

由于 γ 中尺度辐合/辐散流场的尺度较小，其源点或汇点和整个流场均在雷达的有效探测范围内。在包含 γ 中尺度辐合/辐散流场的小区域内，沿同一雷达径向方向有两个最大径向速度中心，若最大入流中心位于靠近雷达一侧，则该区域为径向辐散区(图 3.27c)。相反，则为径向辐合区(图 3.27d)。

3.3.3.3　γ 中尺度气旋式辐合/辐散流场

当一对最大入流/出流中心距 RDA 不是等距离而且也不在同一个雷达径向时，若最大出流中心更靠近 RDA 并且最大入流中心位于雷达径向左侧时，表示小区域内的流场为气旋式辐合(图 3.27e)；相反，若最大入流中心更靠近 RDA 并且位于雷达径向左侧时，表示小区域内的流场为气旋式辐散(图 3.27f)。

3.3.3.4　γ 中尺度反气旋式辐合/辐散流场

与上述情况类似，还可以有反气旋式辐合(图 3.27g)和反气旋式辐散(图 3.27h)。

3.3.3.5　实际例子

图 3.28 是一个风暴实例的不同仰角的径向速度图像。RDA 位于显示区域的南方。图 3.28a 和图 3.28b表明在对应层存在辐合和气旋式旋转；图 3.28c 表明在对应层存在辐散和气旋式旋转；图 3.28d 展示了风暴顶纯辐散。

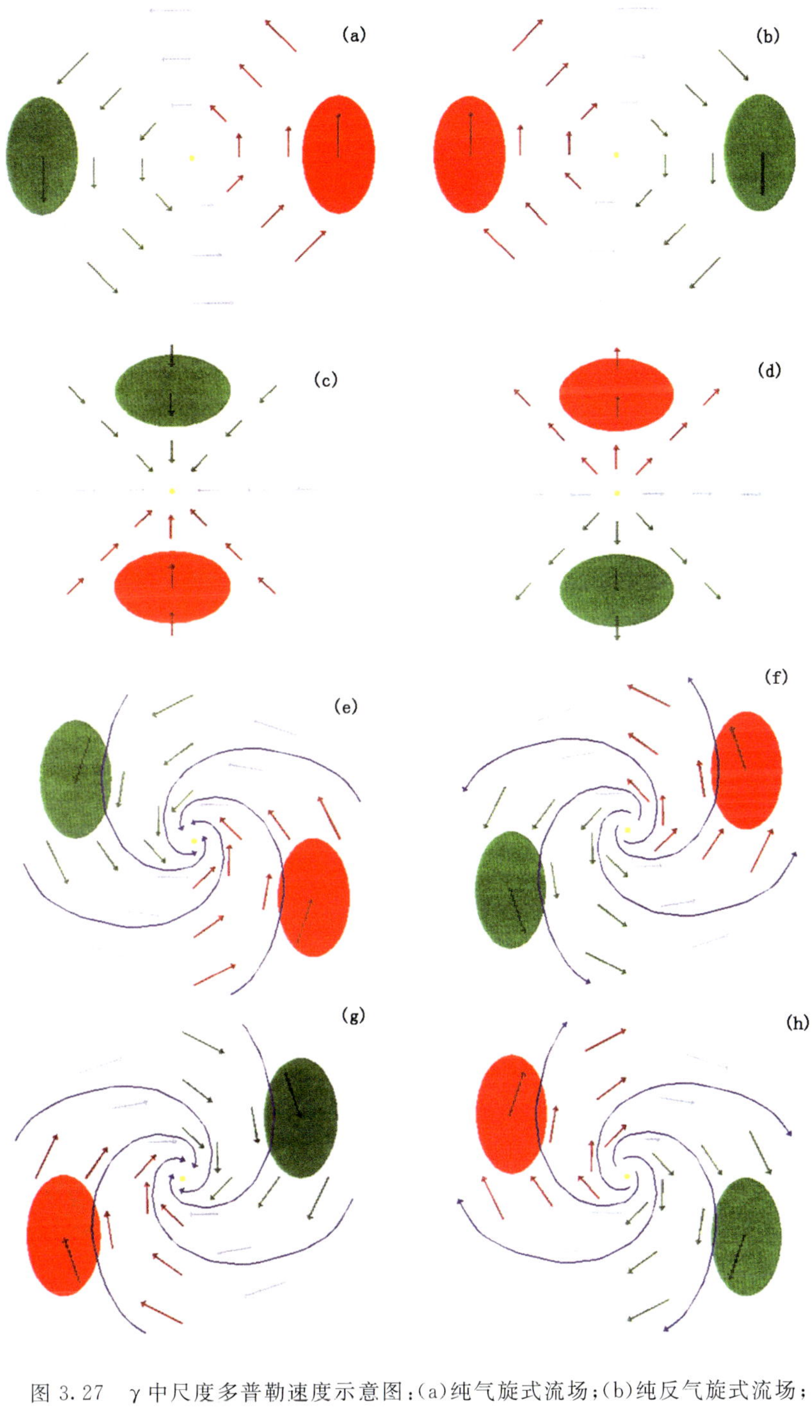

图 3.27　γ 中尺度多普勒速度示意图：(a)纯气旋式流场；(b)纯反气旋式流场；(c)纯辐合流场；(d)纯辐散流场；(e)气旋式辐合流场；(f)气旋式辐散流场；(g)反气旋式辐合流场；(h)反气旋式辐散流场

3.4　本章小结

降水回波的反射率因子一般在 15 dBZ 以上。层状云降水回波的强度很少超过 35 dBZ。大片的层状云或层状云-积状云混合降水大都会出现明显的"零度层"亮带。纯粹的积状云降水反射率因子回波结构比较密实，反射率因子梯度较大。而纯粹层状云降水回波结构比较均匀。我国产生大范围的暴雨的系统在不少情况下是积云-层状云混合结构，在大片的层状云中包含着中尺度积云强雨团或强雨带。

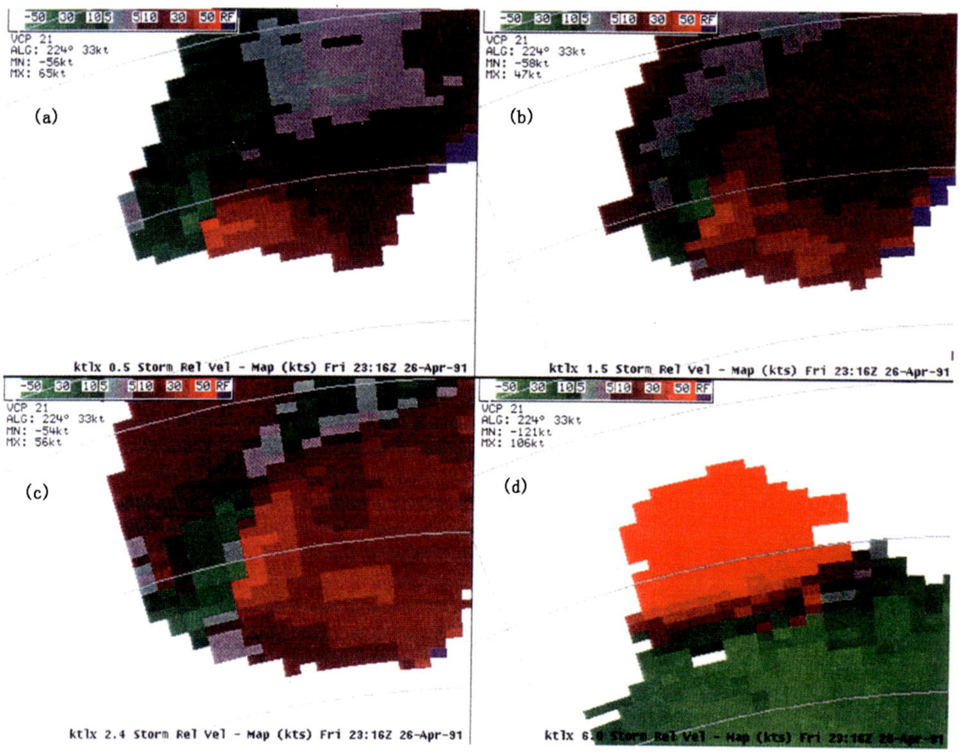

图 3.28　γ中尺度多普勒速度图实例：(a)和(b)气旋式旋转辐合；(c)气旋式旋转辐散；(d)风暴顶纯辐散

重要的非降水回波除了地物杂波外，还有昆虫和鸟群造成的回波。特别是昆虫沿着边界层辐合线的集中可以使得边界层辐合线以窄带回波的形式显现在雷达回波图上。暖季昆虫的存在使得新一代天气雷达在大气边界层的厚度内可以探测到几个 dBZ 到十几个 dBZ 强度的回波(在大气边界层以上昆虫很少)。

在大气基本满足水平均匀并且雷达周围有降水的条件下，通过分析某一个仰角扫过的圆锥面内径向速度的分布，可以大致判断雷达上空大尺度的风向、风速随高度变化的情况。从某一仰角扫描径向速度的分布也可以判断速度不连续面(锋面、切变线和辐合线等)。

在距离雷达一定范围的一个小区域内，通过对该区域内沿雷达径向速度特征的分析，可以确定该区域内的气流辐合、气流辐散和气流旋转等特征，包括：辐合式气旋、纯粹气旋、辐散式气旋、纯粹辐合、纯粹辐散、辐合式反气旋、纯粹反气旋和辐散式反气旋，这些特征对于判断相应对流风暴的强度和具体的强对流天气如龙卷、冰雹和地面大风等可以提供重要线索。

第四章　雷达数据质量控制

在雷达硬件标定正确的情况下，新一代天气雷达基数据的质量主要受到三个因素的影响。这三个因素分别是：地物杂波、距离折叠和速度模糊。在本章中我们将描述减轻上述三个因素对基数据质量影响的方法及其局限性。

4.1　地物杂波抑制

在 RDA 中所完成的处理中，地物杂波抑制是通过杂波滤波器在信号处理器中完成的。接下来的是点杂波抑制；然后做的是距离去折叠。最后反射率因子、平均径向速度和谱宽基数据通过宽带通讯线路送到 RPG。速度退模糊是在 RPG 执行的第一个任务。

由地面非气象目标造成的雷达回波被处理进入基数据时，就产生了地物杂波。地物杂波对基数据的准确性影响很大。由于全部雷达产品和算法是建立在基数据上的，所以地物杂波既影响基本产品，也影响导出产品。特别敏感的例子是降水估计。地物杂波分为普通地物杂波和由特殊气象条件下雷达波束的超折射造成的异常地物杂波。

4.1.1　普通地物杂波

4.1.1.1　总的特点

与以前的常规雷达类似，地物杂波主要影响最低仰角的产品；普通地物杂波是指由高塔和山脉等地物在雷达波束正常传播情况下造成的杂波，一般发生在距雷达较近的地方；对于任一特定的仰角，典型的普通地物杂波从一个体扫到下一个体扫很少有变化，并且大多数时间都会出现。

4.1.1.2　普通地物杂波在反射率因子产品上的形态

离雷达近的地面目标一般都有较高的反射率因子。如果地物杂波不完全被抑制，雷达会赋给高反射率因子值。这些高反射率因子值往往呈无规则的分布，从一个像素到下一个像素有很大变化（图 4.1a）。

4.1.1.3　地物杂波在平均径向速度产品上的形态

由于地面目标是静止的，其径向速度接近于零。但也有例外。非零速度的地物回波往往来自树叶摇摆、大洋上的波涛、汽车等等。较大的建筑物，如楼房和水塔，也能造成非零的速度值，这个值的大小与该建筑物相对于距离库的大小有关，与建筑物周围的气流速度有关。当目标尺度大于距离库尺度时，雷达只对建筑物本身采样，一般得到接近零的速度。这种情况最容易发生在离雷达很近的地方。当目标尺度小于距离库尺度时，雷达对建筑物和它周围的大气采样。建筑物周围的任何涡旋和气流都会探测到，一般得到非零速度。普通地物杂波在平均径向速度产品上的特征是一个接近零速度值的大片区域镶嵌着孤立的非零速度值（图 4.1b）。

4.1.1.4　地物杂波在谱宽产品上的形态

由于地面目标是静止的，谱宽值接近零。由于与平均径向速度有关，也就有例外。非零谱宽值可以由摇摆的树叶、洋上的波浪和汽车造成。较大的建筑物能造成变化的谱宽值，这与建筑物的尺度相对于样本体积的大小有关，也与建筑物周围气流的速度有关。地物杂波污染在谱宽产品上表现为一些孤立的非零值嵌在接近零的谱宽场中间。

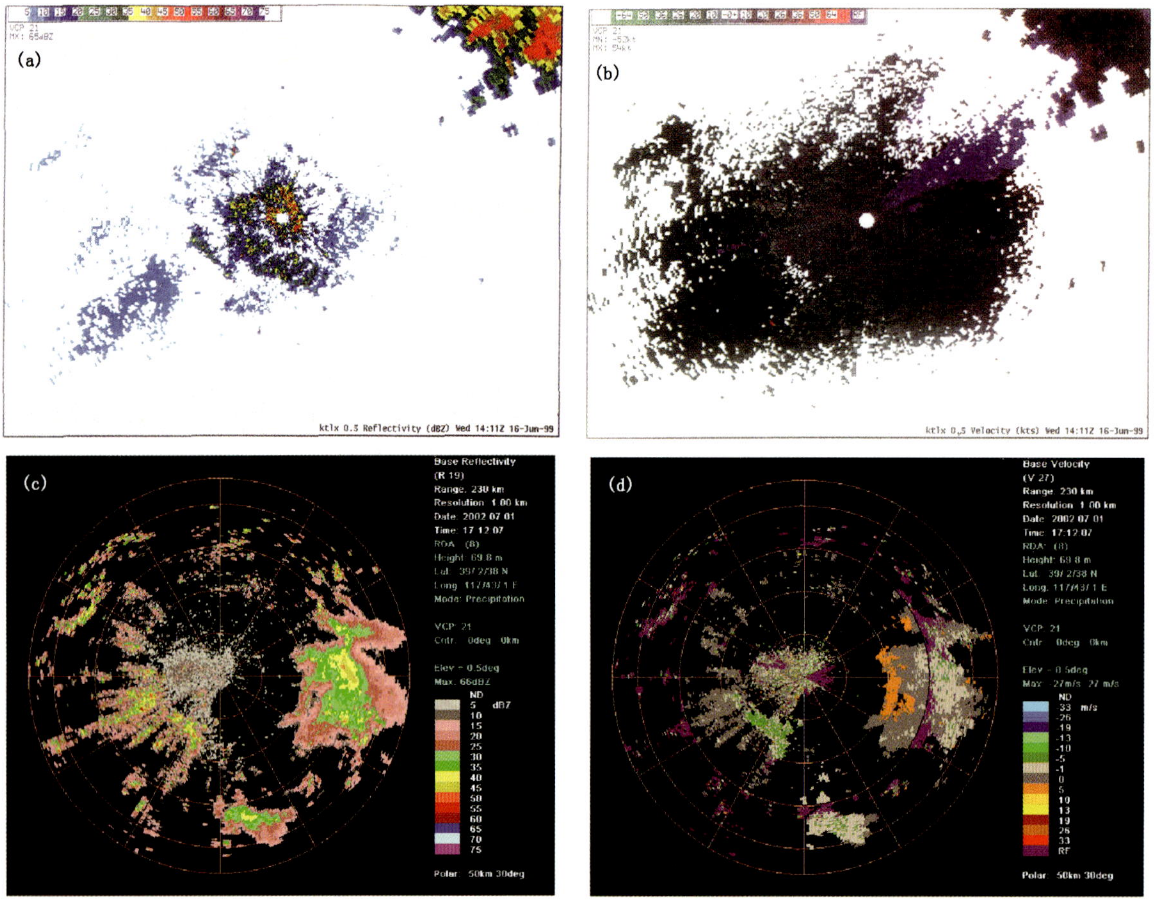

图 4.1　普通地物杂波(a,b)和异常地物杂波(c,d)在反射率因子、径向速度产品上的形态

4.1.2　异常地物杂波

如前所述,由雷达波束的超折射造成的地物回波称为异常地物杂波。由于雷达波束的异常传播取决于大气条件,所以显示在雷达产品上的相应的异常地物杂波回波每天、每小时,甚至每一个体扫都在变化。

4.1.2.1　一般特征

与以前的常规雷达类似,异常地物杂波在最低仰角产品上是非常普遍的;异常地物杂波发生在距雷达不同的距离上;超折射一般发生在温度随高度升高而增加(逆温)和/或湿度随高度增加而迅速减少的大气层。

4.1.2.2　异常地物杂波在反射率因子产品上的形态

与以前的常规雷达类似,异常地物回波往往造成反射率因子数据出现杂斑点,斑点值的变化范围很宽,并可以扩展到很大的范围。新一代天气雷达的反射率因子数据为以前的常规雷达系统提供了大量更详细的信息。异常传播造成的地面回波的不均匀性相当明显。通常反射率因子值相当高,并且会发生突然地从低值到高值的变化。其反射率因子梯度不如气象回波的反射率因子梯度光滑(图 4.1c)。

4.1.2.3　异常地物杂波在平均径向速度产品上的形态

与普通地物杂波污染类似,在超折射条件下的回波来自地面目标,一般是静止不动的。因此,典型的速度值为零,但也有例外。非零回波来源于树叶的摇摆、大洋上的波浪和汽车等等。较大的建筑物,如大楼或水塔能产生变化的速度值,这取决于建筑物相对于距离库尺度的大小和建筑物周围气流的速率。异常传播在平均径向速度产品上的特征是一个接近零的速度场中孤立地镶嵌着非零值(图 4.1d)。

4.1.3 地物杂波抑制

4.1.3.1 杂波信号与气象信号的对比

利用多普勒功率谱可对基数据进行分析。对于特定的距离库，其系列脉冲回波的功率和速度有所不同。一个正态分布曲线(钟型)可以拟合这些数据，揭示出平均功率、平均径向速度和速度谱宽的特征。通过检验每一个距离库回波的多普勒功率谱，我们可以区别气象信号和杂波信号。杂波信号的特征具有较高的回波功率，径向速度以零为中心分布，谱宽很窄。气象信号具有随时间变化的回波功率，径向速度很少以零为中心分布(图 4.2)。

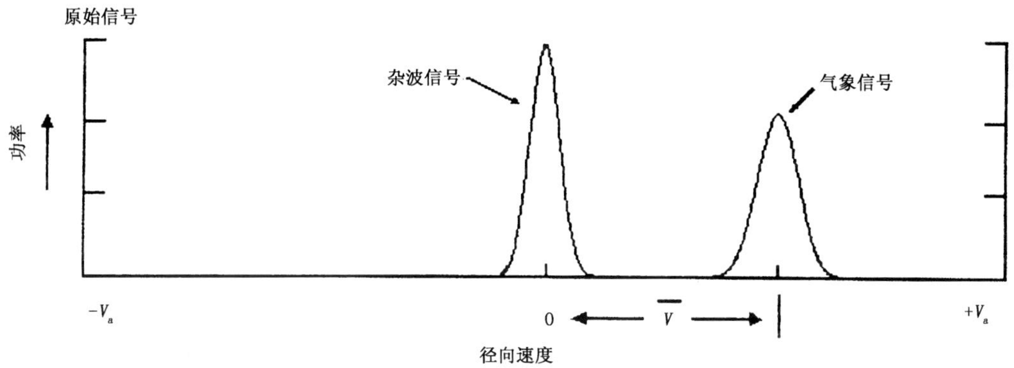

图 4.2 一个距离库内杂波信号和气象目标回波的多普勒功率谱曲线

4.1.3.2 去除杂波保留气象回波

通过区分这两种不同的信号，多普勒天气雷达的信号处理器可以从被地面杂波污染了的距离库中提取气象信息。杂波抑制滤波器设计用来减小某一距离库回波信号中速度值在零附近的那部分回波的功率。因此，剩下来的来自那个距离库的气象目标的回波信号就保留下来(如图 4.3 所示)。

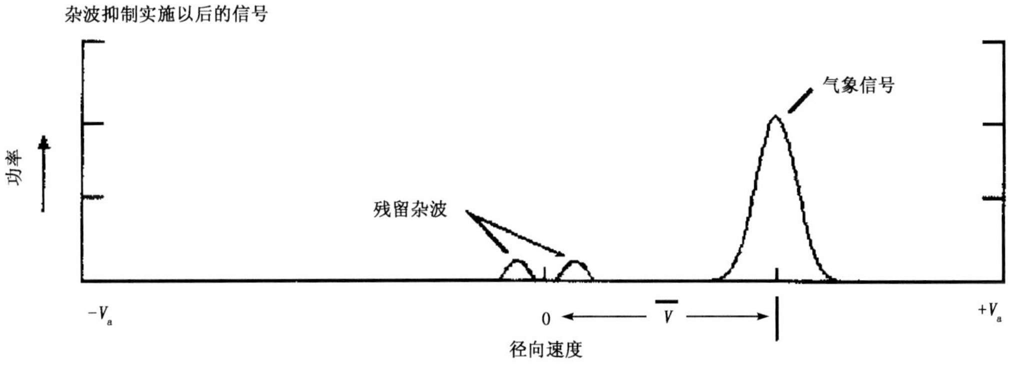

图 4.3 进行抑制后的距离库的多普勒功率谱。注意残留的杂波信号

4.1.3.3 槽口宽度

槽口宽度是一个以零为中心的速度间隔，它确定了对径向速度零值附近一定范围内的回波信号进行过滤。例如，如果将槽口宽度设定为 3.4 kn，那么将对所有径向速度在－1.7 到＋1.7 kn 范围内的信号实施抑制(图 4.4)。

4.1.3.4 残留杂波

一旦信号被过滤，残余信号或许可由两种方式产生：1)杂波滤波器只可去除有限数量的信号功率。例如，近距离的高山会产生非常强的回波，以至于其回波信号功率不能被全部去除；2)与一个杂波目标相联系的速度值也许落在槽口宽度之外，使得杂波信号得以保留(图 4.3)。

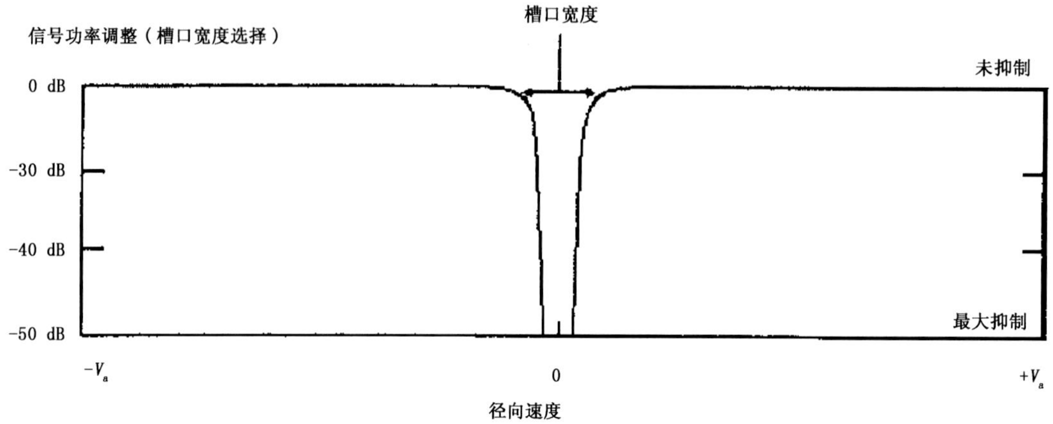

图 4.4　槽口宽度及对杂波信号的去除过程。径向速度越接近零信号衰减越大

4.1.4　地物杂波抑制的实施

4.1.4.1　RDA 系统可操作性测试

RDASOT(RDA 系统可操作性测试)是一个为多种不同目的而设计的很多诊断技术程序,其中之一就是产生用来抑制普通地物杂波的旁路图。程序在雷达安装后立即运行一次,同时每个季节重新运行一次。为了达到最好的效果,当在大气状况接近每个季节的正常条件时,RDASOT 将建立旁路图。

4.1.4.2　正常和瞬变杂波的过滤

杂波抑制对两种不同类型的杂波实施。由 RDASOT 产生的旁路图用来抑制普通地物杂波(山和建筑物等)。主要由雷达波束的异常传播造成的异常地物杂波的过滤是通过定义一个杂波抑制区来实施的。对该区域选择的抑制程度将均匀地作用于该区域内所有径向速度在零附近的目标。这会对产品产生较大的影响。

4.1.4.3　杂波过滤旁路图

通过辨认杂波信号,RDASOT 确认普通地物杂波目标并产生旁路图以决定在什么位置实施抑制。一般生成两张旁路图(图 4.5)。第一张图用于最低的两个仰角,第二张图用于其余的仰角。两张图都是极坐标格点,每个库的尺度为 1°×1 km。旁路图标明在哪些库实施抑制。旁路图只指定实施抑制的地点。抑制量的大小将由雷达操作员指定。

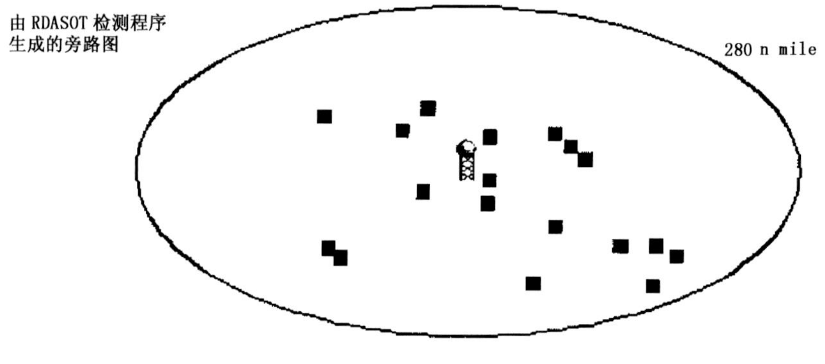

图 4.5　杂波过滤器旁路图。注意极坐标网格中标出了那些需要实施抑制的库

4.1.4.4　操作员定义的杂波抑制区

杂波抑制区是用来根据具体的需要对地物杂波实施抑制的。最有效的杂波抑制常常是普通杂波过滤和异常杂波过滤相结合的结果。定义杂波抑制区需要输入以下参数：

开始/结束方位角:开始/结束方位角定义该区域在开始和结束时的方位角。可接受的值从 0°到 360°并且应按照顺时针方向输入。

仰角段数:仰角段数定义包括在该区域内的仰角扫描锥面数。“1”表示所有等于或小于 2.0°的仰角扫描锥面。“2”表示 2.0°以上的所有扫描锥面。

操作员选择码：操作员选择码定义使用的杂波过滤的类型：1)当操作员选择码的值为 0 时，则在杂波抑制区内关闭所有的杂波过滤(即不进行任何杂波抑制)；2)当操作员选择码的值为 1 时，对每一个由旁路图指定的地点激活选择的抑制水平(槽口宽度)；3)当操作员选择码的值为 2 时，则按选择的抑制水平对区域内的每一个距离库实施抑制。

槽口宽度(通道宽度)：有三种可能的槽口宽度，每个相应有一定的抑制水平。槽口宽度(抑制)分别对监测(CS)和多普勒(CD)通道实施：1)槽口宽度选择 1 对应 3.4 kn(±1.7 kn)的槽口宽度，最大可取得约 30 dB 的抑制水平；2)槽口宽度选择 2 对应 4.8 kn(±2.4 kn)的槽口宽度，最大可取得约 40 dB 的抑制水平；3)槽口宽度选择 3 对应 6.8 kn(±3.4 kn)的槽口宽度，最大可取得约 50 dB 的抑制水平。对于每一个抑制级别，相应的抑制幅度，只是一个近似。其精确值随天线转速变化，而天线转速又随 VCP(体扫模式)和天线仰角变化。

图 4.6a 给出了在 WSR-88D 的控制台上定义杂波抑制区的菜单。图 4.6b 为该菜单所定义的杂波抑制区示意图。

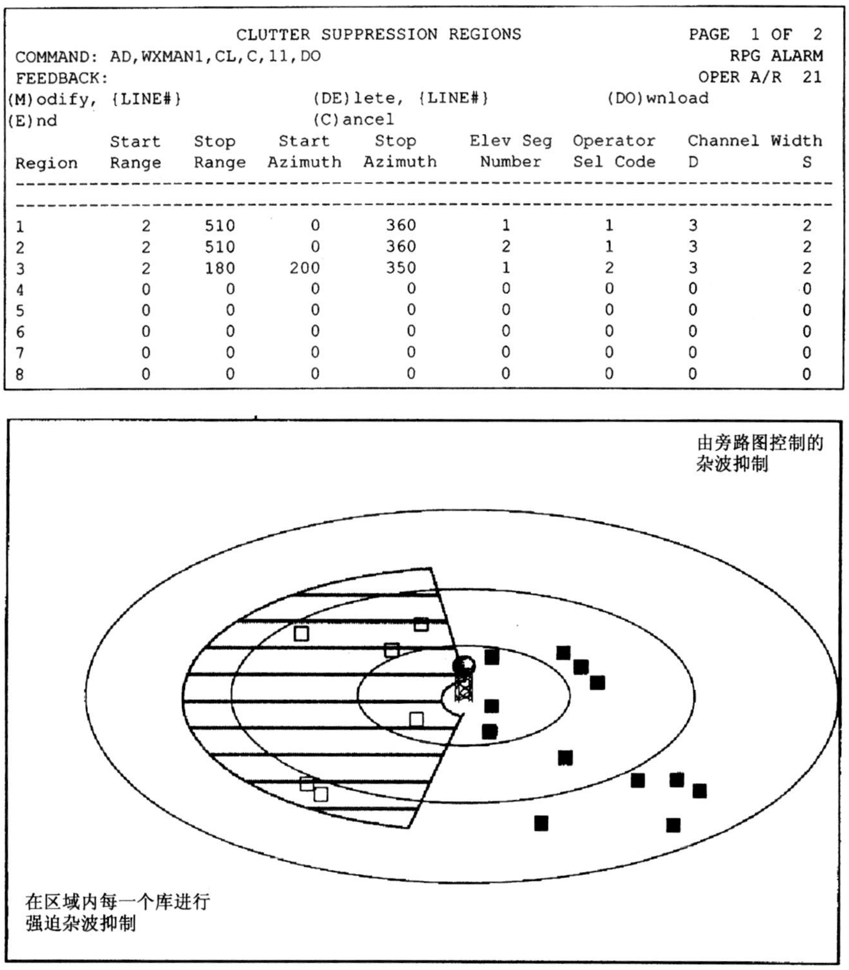
(a)

CLUTTER SUPPRESSION REGIONS　　PAGE 1 OF 2
COMMAND: AD,WXMAN1,CL,C,11,DO　　RPG ALARM
FEEDBACK:　　OPER A/R 21
(M)odify, {LINE#}　　(DE)lete, {LINE#}　　(DO)wnload
(E)nd　　(C)ancel

Region	Start Range	Stop Range	Start Azimuth	Stop Azimuth	Elev Seg Number	Operator Sel Code	Channel Width D	S
1	2	510	0	360	1	1	3	2
2	2	510	0	360	2	1	3	2
3	2	180	200	350	1	2	3	2
4	0	0	0	0	0	0	0	0
5	0	0	0	0	0	0	0	0
6	0	0	0	0	0	0	0	0
7	0	0	0	0	0	0	0	0
8	0	0	0	0	0	0	0	0

(b)

图 4.6　(a)在 WSR-88D 雷达控制台 UCP 的杂波抑制区菜单；(b)该菜单所定义的杂波抑制区示意图

4.1.4.5　地物杂波抑制个例

下面的几个个例说明了杂波抑制功能的使用，杂波抑制对数据质量改善的效果是非常明显的。

个例 1：在图 4.7a 的反射率因子产品上，降水区与异常地物杂波混杂在一起。对异常地物杂波发生的区域没有实施抑制。一旦实施了适当的杂波过滤，降水区变得容易辨认了(图 4.7b)。

个例 2：图 4.8a 和图 4.8b 为没有实施异常地物杂波抑制的反射率因子和径向速度图，明显可见异

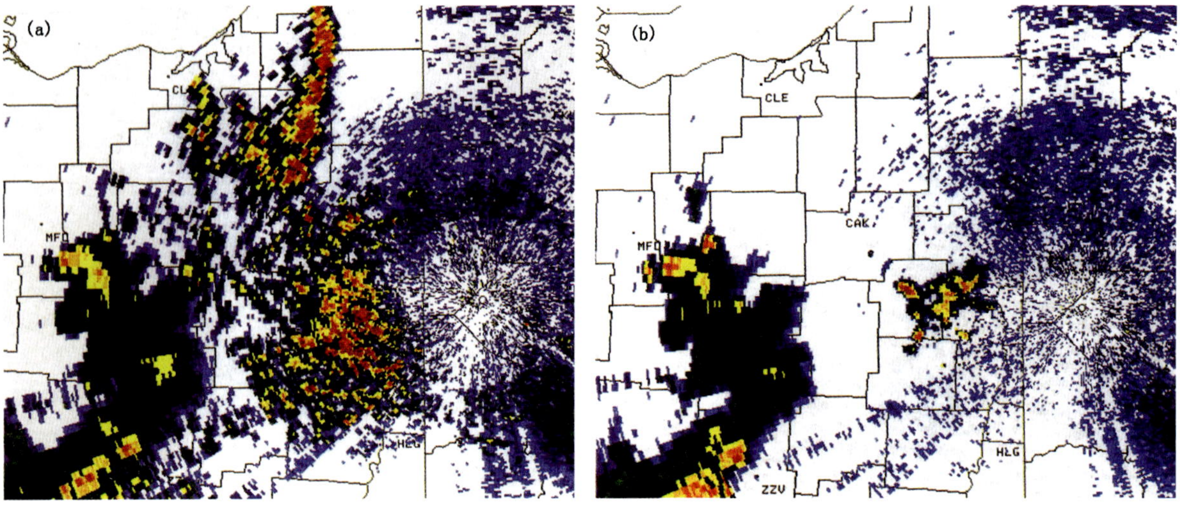

图 4.7　滤去异常地物杂波前后的反射率因子图

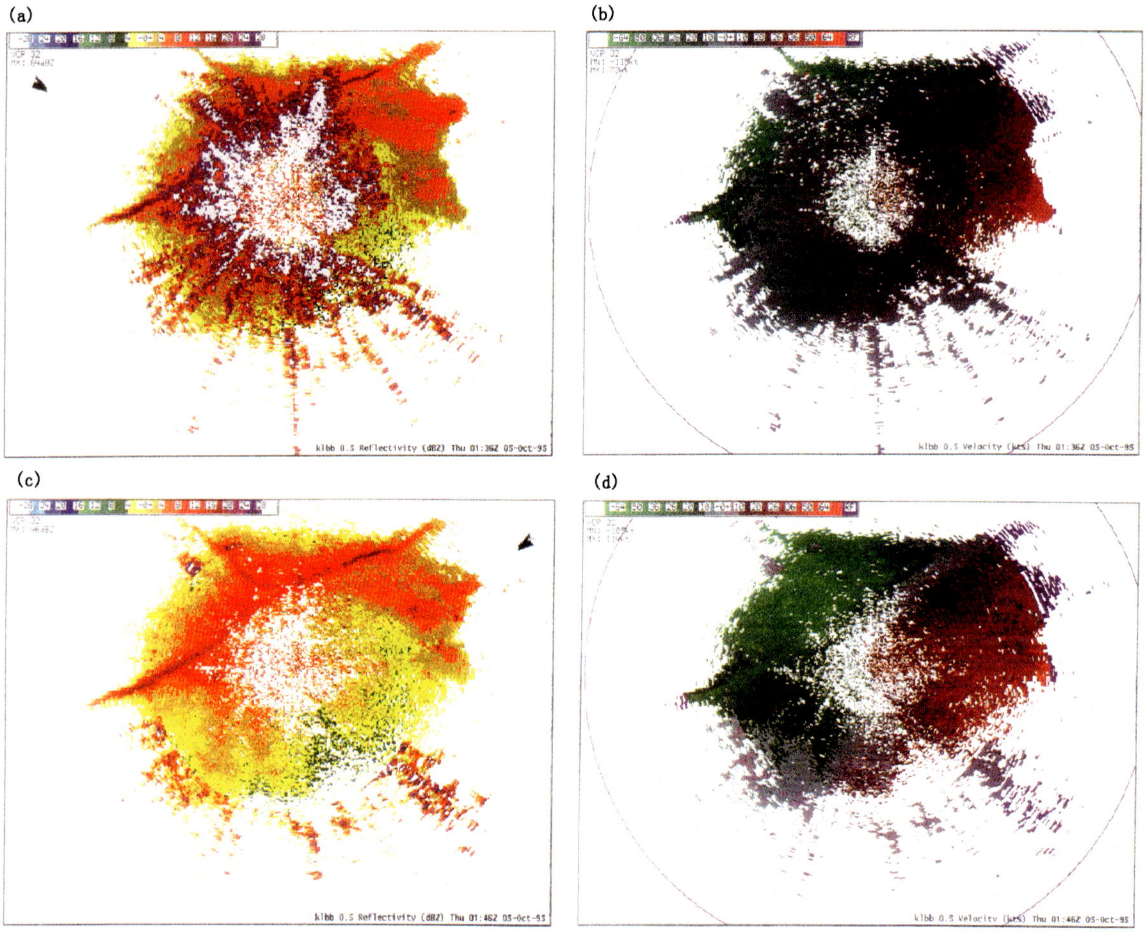

图 4.8　滤去异常地物杂波前后的反射率因子和径向速度图。滤波后清晰可见一条自西北方移向雷达的冷锋

常地物杂波的严重污染。实施了对异常地物杂波的过滤之后的相应图像为图 4.8c 和图 4.8d。图上清晰可见一条自西北方向向雷达移来的一条冷锋。

个例 3：图 4.9a 和图 4.9b 对应于对整个雷达覆盖区域关闭了所有的杂波抑制时的反射率因子和径向速度图。由杂波引起的速度估计偏差导致大面积的接近零的速度值。图 4.9c 和图 4.9d 对应于对雷达覆盖区域实施了有旁路图定义的普通地物杂波抑制后相应的反射率因子和径向速度图。图像质量大大改善，

图 4.9　对应于没有实施任何地物杂波滤波(a,b),实施了由旁路图定义的普通地物杂波滤波但没有对异常地物杂波进行滤波(c,d),以及同时实施由旁路图定义的普通地物杂波滤波和由操作员定义的强迫抑制区确定的异常地物杂波滤波(e,f)的反射率因子和径向速度图

但仍可注意到从北到南由超折射引起的瞬变地物杂波造成的高反射率因子值和速度估计偏差导致的近零速度值。在使用旁路图抑制普通地物杂波的同时,使用操作员定义的异常杂波抑制区消除从北到南的峡谷内由超折射引起的异常地物杂波后的反射率因子和径向速度图分别为图 4.9e 和图 4.9f。

4.1.4.6　地物杂波过滤状态图

在 WSR-88D 的主用户终端 PUP 可以申请一个用来显示目前正在使用的地物杂波过滤的状态的产品。这个产品称为地物杂波过滤状态图 CFC(图 4.10),产品序号为 34。当地物杂波过滤状态改变时,通过一次性请求可获取该产品,从而了解更新后的地物杂波滤波状态。图 4.10 中,通过图上的说明,可以知道白色的扇形区域中没有进行任何地物杂波的滤波;深蓝色的扇形区域中的每一个距离库都进行了强迫滤波,并且使用的地物杂波抑制级别是最高的;上述两个区域以外的区域中只对由旁路图确定的地点进行了地物杂波滤波:黄色表示没有滤波,不同程度的红色表明在相应地点进行了不同抑制级别的地物杂波滤波。

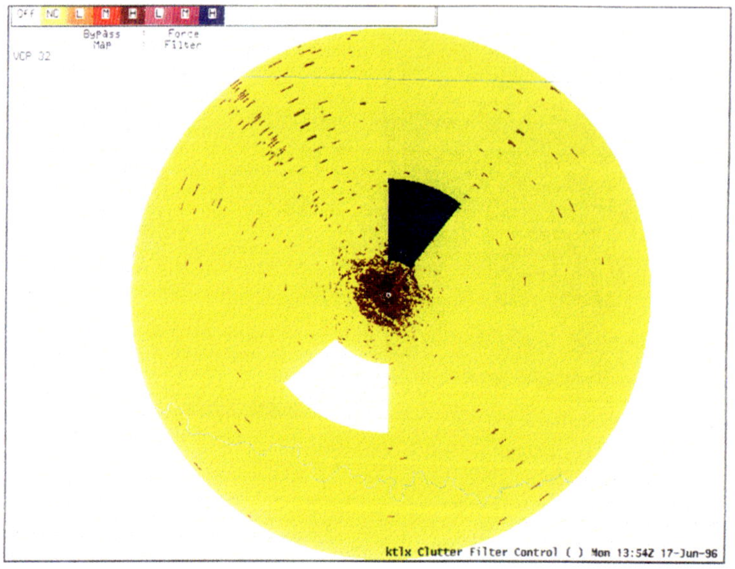

图 4.10　地物杂波滤波状态产品 CFC

4.1.4.7　操作员定义杂波抑制的负作用

杂波抑制区是对由于雷达波束异常传播造成的地物回波进行抑制的强有力工具，因为该地物回波在时间和空间上是随高度变化的，只能采取对某一划定区域内所有的距离库都实施地物杂波过滤，滤掉从任意距离库的回波功率谱中，径向速度接近零的那部分功率。这种滤除异常地物杂波的方法非常有效，但同时也有副作用。对反射率因子产品来说，对应于气象回波的径向速度为零左右的区域实施地物杂波过滤是一个降低了反射率因子的区域(图 4.11)，这种对反射率因子的过低估计，会影响所有基于反射率因子的导出产品。

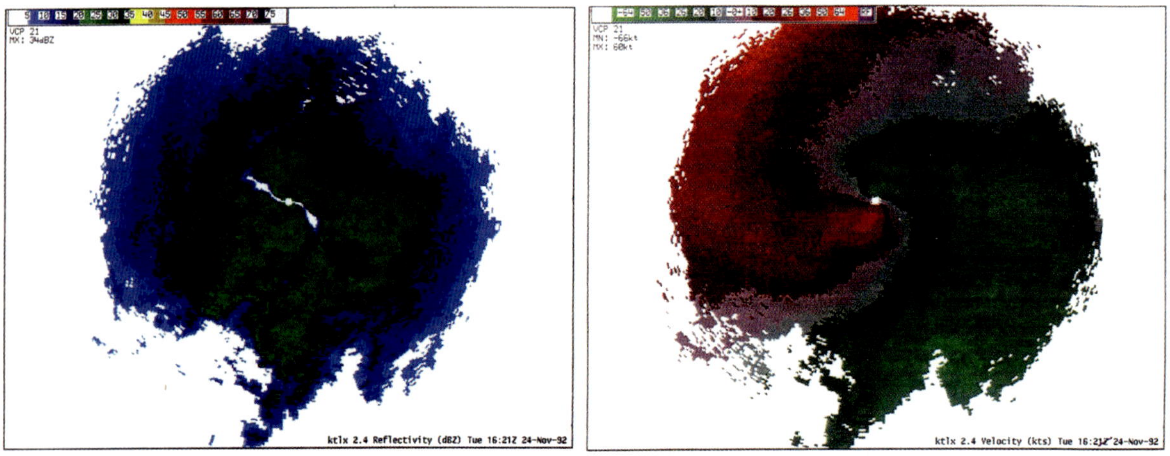

图 4.11　反射率因子产品上对应于气象回波的径向速度为零左右的区域实施地物杂波过滤一个降低了反射率因子的区域

4.1.5　地物杂波抑制的优点和局限性

任何措施在有效的同时，都具有局限性，地物杂波抑制也不例外。本小节总结了地物杂波抑制的优点和局限性。同时对 CINRAD-SA 地物滤波提出建议，该建议对其他类型雷达也有参考意义。

4.1.5.1　适当的杂波抑制的优点

(1)由于滤除了地物杂波，使基数据整体质量得到明显改善。

(2) 增加了来自第一程以远的速度数量：通过降低第一程内来自地面目标的回波功率，赋给第二程内距离库正确速度和谱宽数据的概率增加了(见 4.2 节)。

(3) 改进停留在晴空模的能力：如果某一区域的 dBZ 阈值超出，会出现从晴空模向降水模自动转换的现象。采用地物杂波抑制可以预防来自上述区域范围的非气象回波，防止过早转换到降水模态。

(4) 减少 VCP31 中的速度退模糊失败率：不抑制地物杂波将使平均径向速度估计出现偏差。在 VCP31 中，速度估计采用了相对低的脉冲重复频率 PRF，导致低 V_{max} 和速度模糊的频繁出现。速度退模糊算法对气象上合理的速度估计值的退模糊是最成功的。消除杂波偏差后，就会少出现失败。

4.1.5.2　地物杂波抑制的局限性

(1) 不适当的抑制会给产品带来负面影响。如果不适当地采用了强迫杂波抑制，大范围的基反射率因子值会太低并给导出产品带来负影响(图 4.11)。雨量估计就是一个可以被不适当的杂波抑制大大影响的产品的例子之一。

(2) 如果雷达周围有高山等回波很强的地物，其造成的回波难以完全滤除，将会有明显的地物杂波残留(图 4.12)。

4.1.5.3　关于 CINRAD-SA 雷达地物杂波抑制的建议

建议将 4 个杂波抑制区文件中的每一个用来应付一个具体的杂波过滤问题。选择一个文件放在手边作为基线文件，使旁路图对整个雷达覆盖范围和所有仰角都生效。当要求基线滤波时，这个文件可以在任何时候下载。如果你所在的预报台有一个雷达波束超折射频繁发生的区域，可将另一个文件放在手边，在该文件中，对上述超折射发生的区域实施适当的强迫过滤，其余的地方仍由旁路图控制。

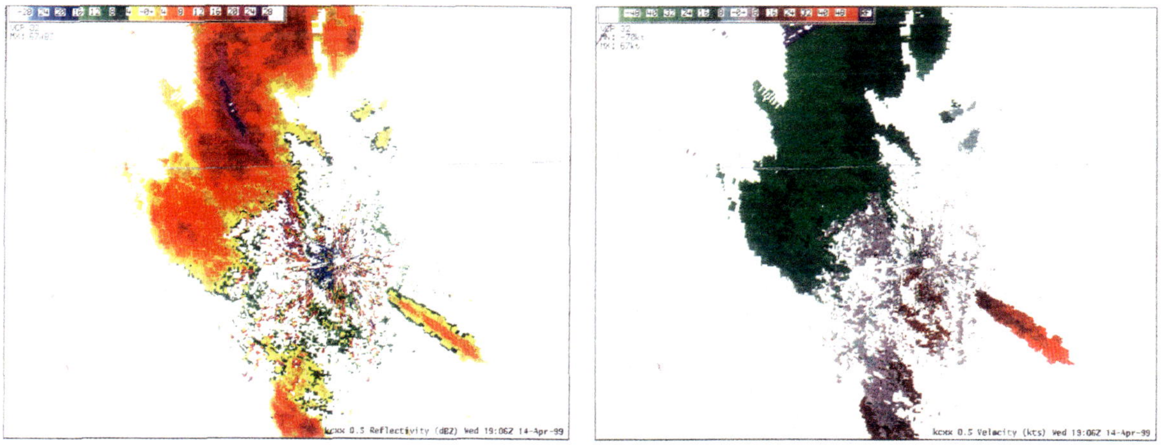

图 4.12　滤波后的地物杂波残留

4.1.6　间歇性点杂波抑制

所谓间歇性点杂波是由空中的飞机等强散射体造成的回波，不属于地物回波。其抑制算法在地物杂波抑制算法之后执行。这是一种沿每一径向，对赋给孤立距离库的不真实的高功率回波的附加检测。当飞机穿越雷达波束时可能发生这种情况。这一算法沿每个径向搜寻，并与每个相隔邻近的功率值比较。如果该点的功率明显大于邻近点的功率，则其值将被平滑。一次径向搜寻把每个距离库与其第二最相邻的两个距离库做比较，计算出功率差值。如果与两个邻近库的差值都超过阈值比率，则对数据进行平滑，例子如下：

测量的功率

距离库	$n-3$	$n-2$	$n-1$	n	$n+1$	$n+2$	$n+3$
	15	21	25	230	25	27	20

平滑后的功率

距离库	$n-3$	$n-2$	$n-1$	n	$n+1$	$n+2$	$n+3$
	15	21	21	24	27	27	20

对于在连续两个距离库上出现点杂波的情况，径向检测判别与第二个最邻近库相比具有高功率值的两个连续库。如果两个库的功率值超过某个阈值比率，则对这两个库的数据进行平滑，例子如下：

测量功率

距离库	$n-3$	$n-2$	$n-1$	n	$n+1$	$n+2$	$n+3$	$n+4$
	24	25	40	341	395	39	22	20

平滑后功率

距离库	$n-3$	$n-2$	$n-1$	n	$n+1$	$n+2$	$n+3$	$n+4$
	24	25	25	25	22	22	22	20

4.2 距离折叠和去折叠算法

4.2.1 距离折叠

从第二章中已经知道，距离折叠是当目标物位于雷达最大不模糊距离之外时发生的现象，指的是多程回波。距离折叠现象常见于速度和谱宽产品中。为了满足精确估算速度的需要，常采用高脉冲重复频率。结果，相应的最大不模糊距离往往只有 115 至 175 km，但是平均径向速度和谱宽产品中的显示范围为 230 km。因而，多程回波（主要是第二程回波）或距离折叠现象在新一代天气雷达的速度和谱宽产品中是常见的，需要有一种算法做“去折叠”处理。

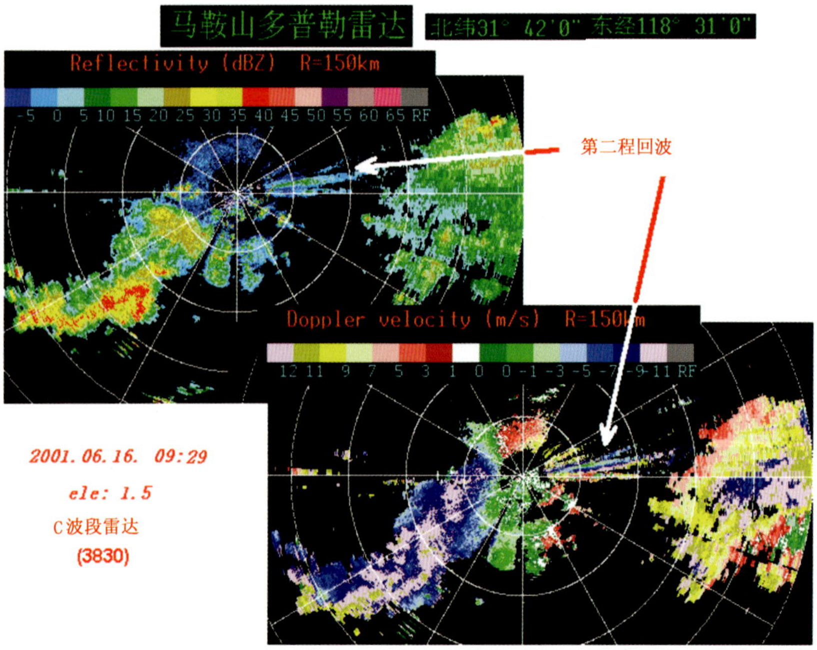

图 4.13　发生在对应于同一高 *PRF* 值的径向速度和反射率因子图上的距离折叠现象

需要指出的是对应于同一较高的脉冲重复频率 *PRF*（较短的最大不模糊距离 r_{max}）的径向速度和反射率因子图上都会出现严重的距离折叠现象（图 4.13），只是该反射率因子数据被弃置不用。正如前面曾经指出的，WSR-88D 和 CINRAD-SA 采用较低的脉冲重复频率 *PRF*（较长的最大不模糊距离 r_{max}）确定目标物的位置和反射率因子，采用较高的 *PRF*（较大的最大不模糊速度 V_{max} 和较短的 r_{max}）确定目标物的速度和谱宽，由低的 *PRF* 得到的反射率因子产品上出现距离折叠的可能性不大（只是偶尔发生）。因此，距离去折叠算法只对径向速度和谱宽产品实施。反射率因子产品不使用距离去折叠算法。

4.2.2　距离去折叠算法

距离去折叠算法也在 RDA 上运行，它可以提供在最大不模糊距离以外距离处的精确的速度和谱宽数据。在正式介绍距离去折叠算法之前，简要回顾一下雷达取样方式。

4.2.2.1　雷达取样方式的回顾

(1) CS/CD

该方案在一个单仰角用低 *PRF*(CS)波型进行一次完整旋转，并在相同的仰角再用高 *PRF*(CD)波型进行第二次完整旋转。它用于最低 2 个仰角的所有 VCP，多程回波在这里是最容易出现的。由于 *PRF* 对 r_{max} 和 V_{max} 的影响，低 *PRF* 数据提供精确的目标强度(反射率因子)和位置信息，而高 *PRF* 数据提供精确的速度估计。

(2) Batch

对 VCP11、VCP21、VCP32，本方案用于中等仰角(>1.5°，但<7°)。它不用于 VCP31。在天线旋转中，发射机对每一径向交替使用低 *PRF*(CS)波型和高 *PRF*(CD) 波型。

(3)CDX

本方案在较高仰角情况下使用，采用高 *PRF*(CD)。因为仰角比较高，发生距离折叠的可能性大大减少，所以不进行距离去折叠处理。它用于 VCP11、VCP21 中所有大于 7°和 VCP31 中所有大于 3°的仰角，VCP32 中没有使用。在 VCP11 和 VCP21 中，CDX 用于足够高的仰角以使得第二程回波难以出现。在 VCP31 中，CDX 用于 3.5°和 4.5°的仰角，*PRF* 大约为 $450s^{-1}$，因而第二程回波也不太可能出现。

4.2.2.2　无回波叠加情况下的距离去折叠算法

在这种情况下，当采用高 *PRF*，从而 r_{max} 较短时，沿雷达径向，没有两个或两个以上的回波(包括第一程回波和可能的多程回波)位于第一程内相同的视在距离处，也就是说没有回波的叠加发生，如图 4.14和图 4.15 所示。

第一步　确定真实距离和可能距离

收集到低 *PRF*(CS)数据后，每一个目标的距离和强度就是已知的(图 4.14)。不过，速度数据估算的质量相当差，因此没有被使用。因此，雷达须再在 CD 模(采用高 *PRF*)下采集数据以精确地确定速度值。在对每一给定径向，算法计算出一旦使用高 *PRF*(CD)模时，每个目标(这些目标的位置和回波功率已用 CS 模下采集的数据确定)的视在距离，即目标在第一程中的距离(也即雷达上实际将显示的距离)，如图 4.15 所示。根据视在距离，算法还计算出每一个目标在后来的程(如第二三程等)中的所有可能的位置(图 4.16)。因此，一旦用 CD 模(采用高 *PRF*)采集数据时，所有可能的目标物位置都已经被预先算出。

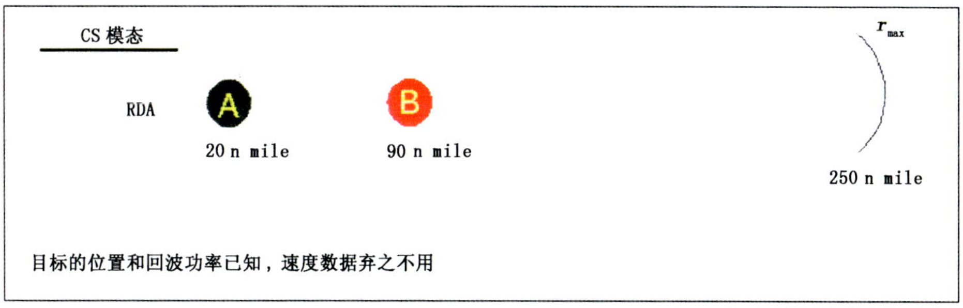

图 4.14　使用 CS 模(低 *PRF*)沿径向观测，可确定每个目标的位置和回波功率

第二步　确定是否有回波叠加

算法确定当使用 CD 模态时，是否有回波“折叠”进相同的距离库中(即有回波叠加)。如果没有，则进入第三步。如果有，则将转入有回波叠加时的情况。

第三步　去折叠

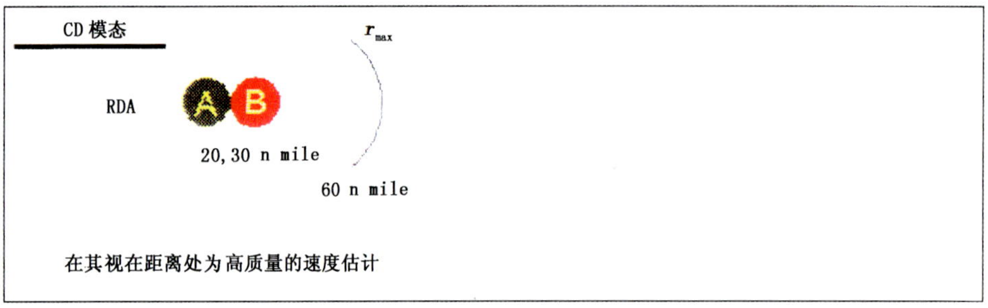

图 4.15　计算的 CD 模下每个目标的视在距离，距离计算先于 CD 模数据的采集

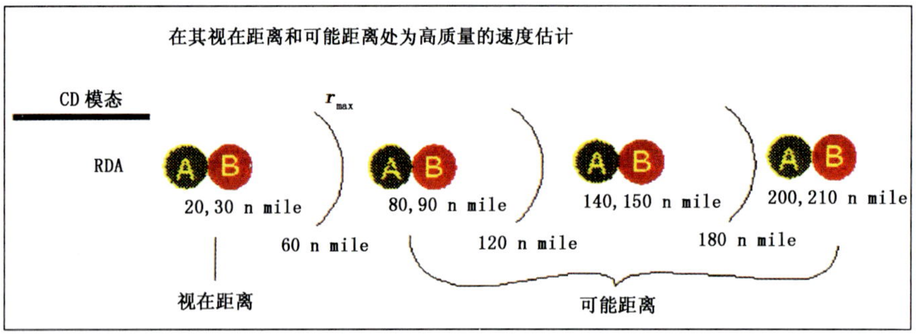

图 4.16　计算 CD 模下每个目标的视在和可能距离，距离计算先于 CD 模数据的采集

收集高 *PRF*(CD)数据。速度和谱宽数据将是准确的，但是，由于 r_{max} 短，将被折叠进第一程回波中。去折叠步骤包括检测 CS 数据(功率和距离)，一个距离库接一个距离库地将 CD 数据(速度和谱宽值)与 CS 数据进行比较。CD 数据中速度值的视在距离通过检测 CS 数据中的距离来校验(图 4.17)。如果对应于 CD 数据中某个速度值的视在距离处，相应的 CS 数据中没有目标与之对应，则将该速度值的其他可能的距离与 CS 数据比较，以确定对应该速度值的真实距离(图 4.18)。

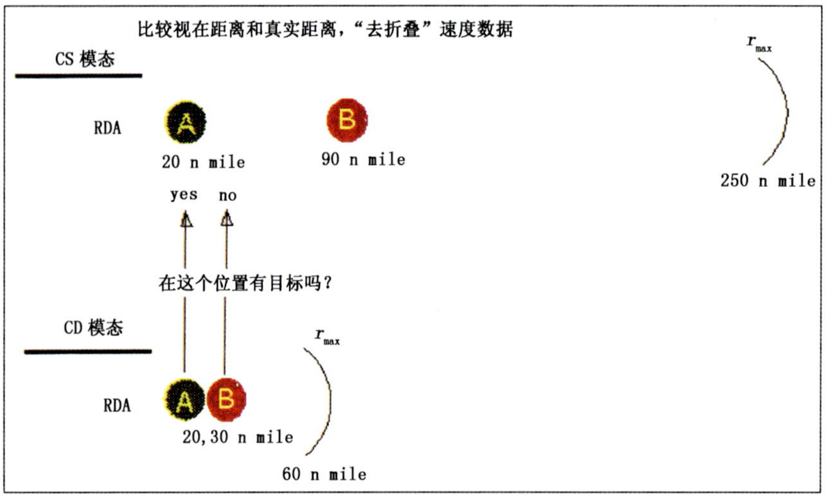

图 4.17　将 CD 数据中的一速度值的视在距离与该距离处的相应的 CS 数据进行比较

4.2.2.3　有回波叠加情况下的距离去折叠算法

在这一情况下，沿径向的回波位置是如此排列使得在 CD 模中将有回波折叠进相同的距离库中，即有两个以上的回波的视在距离相同。例如，如果 $r_{max}=70$ n mile，真实距离为 20 n mile 和 90 n mile 的两个目标 A 和 B 都将有 20 n mile 的视在距离(图 4.19 和图 4.20)。因而，表面上看起来是在 20 n mile 距离的速度值实际上是两个目标的混合。因为速度估算是以功率为权重，在有两个或更多的回波在同一

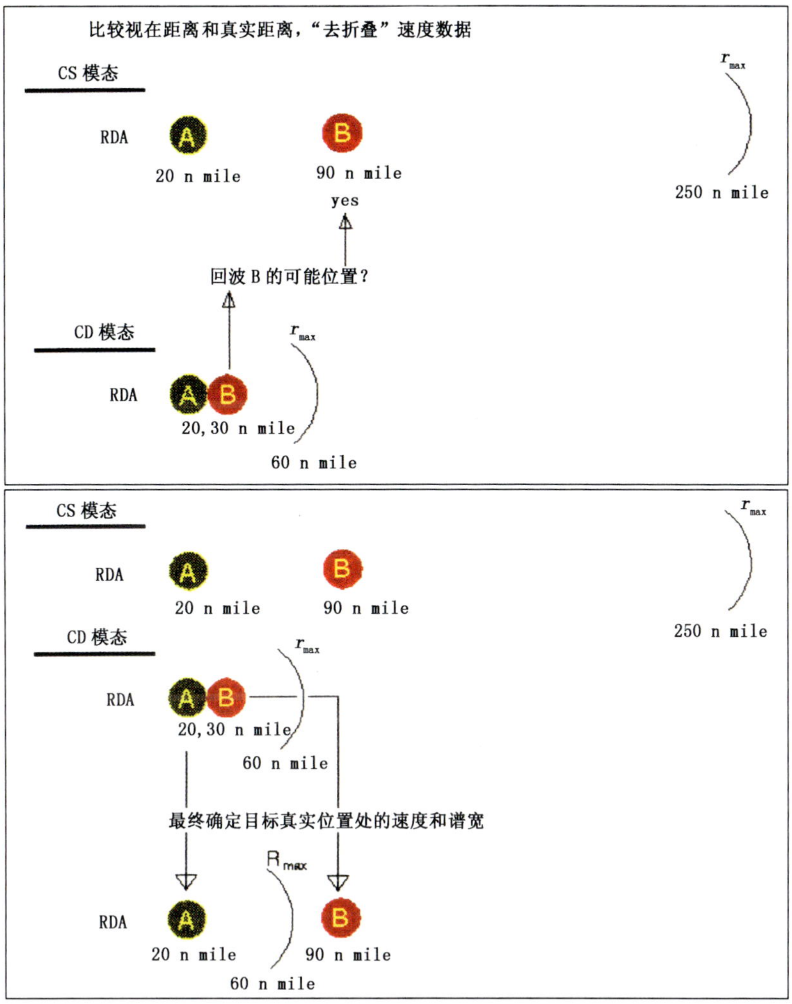

图 4.18　确定速度数据(包括径向速度和谱宽)的正确距离(位置)

视在距离叠加的情况下，只有在某个回波功率明显大于其他回波的功率时，将该速度数据赋予产生这个较大回波功率的目标才是合理的。

第一步　确定真实距离和可能距离

像在前面讨论的无回波叠加情况一样，一旦收集到 CS 模态下的数据，每一个沿径向目标的回波功率和距离就是已知的(图 4.19)。对每一给定径向，算法计算出每个目标在一旦使用高 *PRF*(CD) 模时的视在距离，即目标在第一程中的位置(图 4.20)。根据视在距离和雷达的最大不模糊距离 r_{max}，算法还计算出每一个目标在后来的程中的其他可能位置。因此，一旦以 CD 模态采集数据，所有可能的目标位置都已经预先确定(图 4.21)。

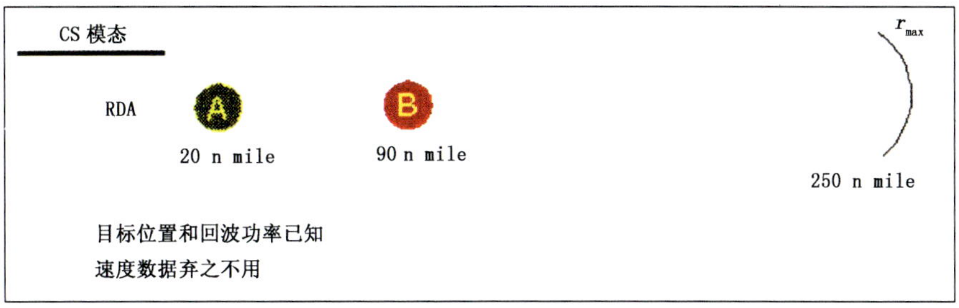

图 4.19　使用 CS 模沿径向观测，可确定每个目标的位置和回波功率

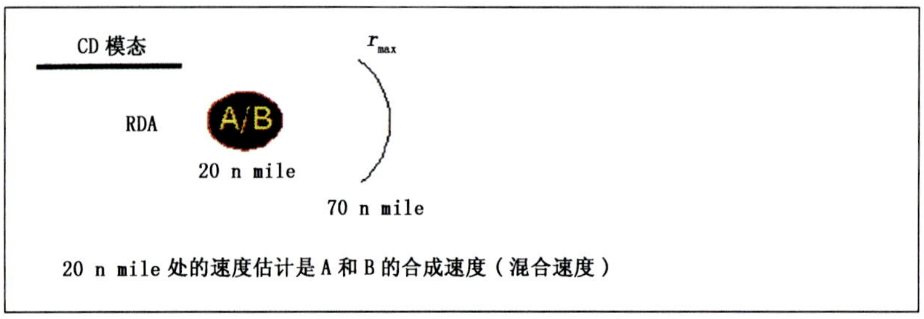

图 4.20　计算的在 CD 模态下每个目标的视在距离，注意回波发生叠加

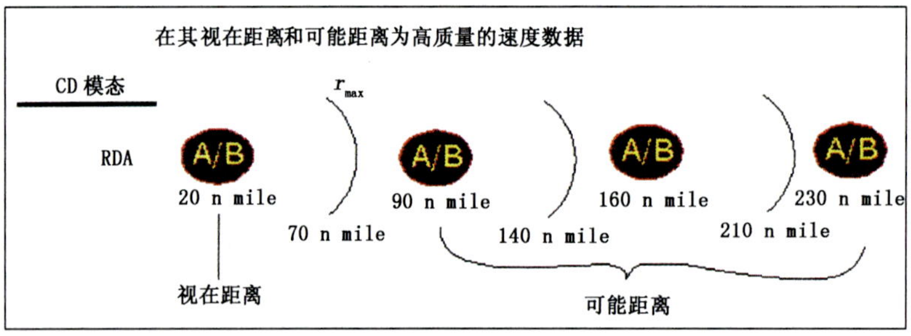

图 4.21　确定在 CD 模态下每个目标的视在距离和可能距离，注意回波发生叠加

注意当 CD 模态下采集速度数据时，对视在距离 20 n mile 处的速度和谱宽估计将是来自目标 A 和 B 的回波的混合。在图 4.22 中混合的速度估计代表 B 的程度比代表 A 的程度要高一些。这是因为目标 B 的回波功率高于目标 A 的回波功率，而速度估计是以回波功率为权重的。因此，当造成回波叠加的两个或更多个目标中的一个目标(如 B)的回波功率远大于其余目标的回波功率时，将混合的速度估计值赋给该目标(B)将是一个合理精确的估计。

第二步　功率比较

因为用 CS 模采集数据时每个目标的回波功率是已知的，所以可以确定两个或更多个折叠进相同库的回波(即视在距离相同的两个或更多个回波)的功率比(以 dB 表示的较高值与较低值之比)。两个回波的以 dB 为单位的功率比(高的比低的)可按下式计算：

$$dB = 10\lg\left[\frac{P_{\rm high}}{P_{\rm low}}\right]$$

如果功率比超过 TOVER(一个可调参数，其缺省值为 5 dB)，则速度和谱宽数据将被赋予返回最大功率的目标，而另一个(些)目标将被赋予紫色。

如果功率比没有超过 TOVER，则所有产生叠加的回波的目标将被赋予紫色。

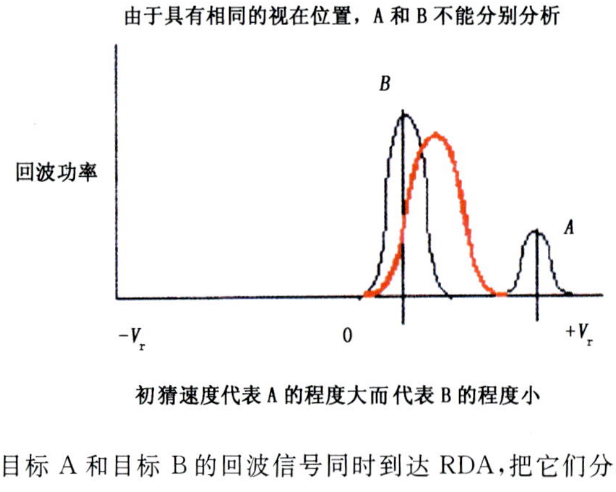

图 4.22　由于来自目标 A 和目标 B 的回波信号同时到达 RDA，把它们分析成一个单独的目标

第三步　去折叠

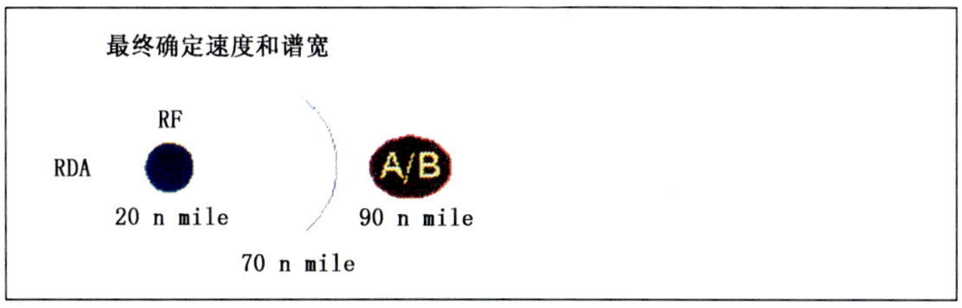

图 4.23 对那些出现回波叠加的距离库，速度数据或紫颜色的赋值由功率比和 TOVER 值决定

为了得到准确的速度和谱宽数据，必须用 CD 模(高 *PRF*)采集数据。但是，由于对应于 CD 模的 r_{max}短，速度和谱宽数据将可能被折叠进第一程中。去折叠步骤包括对照 CD 数据(速度和谱宽值)，一个库接一个库地检测 CS 数据(功率和距离)。把 CD 数据中速度值的视在距离和可能距离与 CS 数据中的真实距离做比较，以确定其真实距离。对那些没有出现回波折叠的距离库，其速度和谱宽数据像在无回波叠加情况时一样确定。

对那些出现回波叠加的库，产生回波的目标的真实距离和功率比是已知的。如果功率比超过阈值 TOVER(可调参数，缺省为 5 *dB*)，则对应于视在距离处的速度和谱宽数据，将被赋予功率最大的回波对应的目标位置，而其他较小回波对应的目标位置处将标为紫色(RF——表示该处速度值不确定)。例如，假定目标 B 与目标 A 的回波功率比超过 TOVER，因为两个目标的真实距离是已知的(图 4.19)，对应于 20 n mile 视在距离的速度数据将赋予真实距离在 90 n mile 处的目标 B，而紫色(表示速度值不确定)将赋予真实距离位于 20 n mile 处的目标 A(图 4.23)。如果功率比不超过 TOVER，则所有叠加的回波对应的目标距离处将标为紫色(RF)。只有 230 km 的速度显示范围内的速度和谱宽数据被保留。

4.2.2.4 TOVER 值的影响

(1) 高 TOVER 值

高 TOVER 值(例如，是 10 *dB* 而不是 5 *dB*)可改进速度和谱宽数据赋值的精度。因为速度是以功率为权重进行平均而得到的，所以从叠加回波中计算的速度数据可以非常好地代表高功率回波。因为当 TOVER 值较高时，赋予最大功率回波的速度值较之其真实值仅仅稍有偏差。不过，高 TOVER 值也可产生面积较大的紫色的区域。高 TOVER 值使得给速度和谱宽数据赋值的条件更加苛刻，从而出现更多把有回波叠加的对应目标位置标记为紫色(RF)的情况。

(2)低 TOVER 值

低 TOVER 值(例如，是 5 *dB* 而不是 10 *dB*)将导致紫色区域明显较少。低 TOVER 是一个较易满足的条件，因此将有更多个产生回波的目标赋予速度和谱宽数据。不过，速度和谱宽的估计偏差将较大。与 10 *dB* 的 TOVER 值相比，5 *dB* 的 TOVER 值对某个回波所做的任何速度估算将有更大的偏差。

4.2.3 距离去折叠个例

4.2.3.1 例 1 孤立雷暴

图 4.24 是北京时间 2002 年 7 月 1 日 13:57(图上的时间为世界时)位于天津塘沽的 CINRAD-SA 型雷达的 0.5°仰角反射率因子和径向速度图，显示范围为 230 km(每个距离圈间隔 50 km)。测量反射率因子使用的 *PRF* 为 322/s，相应的最大不模糊距离为 460 km；而确定径向速度和谱宽的 *PRF* 为 1014/s，相应的最大不模糊距离为 150 km(最大不模糊速度为 25 m/s)。在反射率因子图上可看到两个相对孤立的雷暴分别位于雷达西方略微偏南和雷达西北方略微偏西，距离雷达 200 余千米处。如果不实施距离去折叠算法，将无法知道与这两个雷暴相对应的径向速度场(因为只在距雷达 150 km 的范围内才有速度数据)。通过实施距离去折叠算法，注意到几乎没有回波叠加发生，上述两处的径向速度场被完全恢复。

4.2.3.2 例 2 沿雷达径向排列的飑线

与例 1 同一天和同一雷达的范围内的晚些时候(北京时间 15:47)，反射率因子图显示雷达西方出现

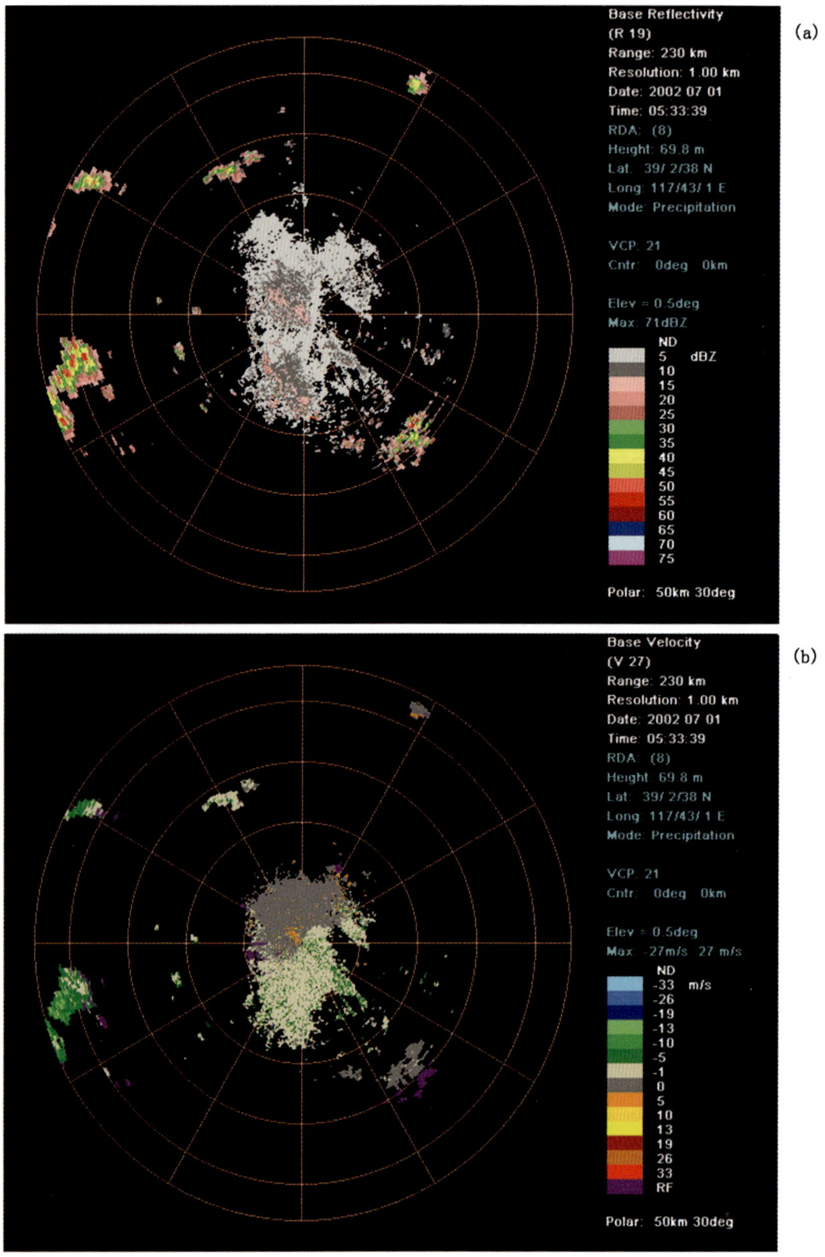

图 4.24　孤立雷暴的反射率因子图像(a)和经过距离去折叠算法处理之后的径向速度图像(b)

了两条与雷达径向几乎平行的飑线(图 4.25)。可以预料，径向速度图上将发生回波叠加。由于飑线位于 150 km 之外的部分和之内部分的反射率因子几乎相等，也就是说 150 km 之外部分的回波功率要比之内部分的回波功率小得多，叠加处的速度值赋予了 150 km 之内的飑线部分，150 km 之外的飑线部分标记为紫色，表示该处速度值无法确定。

位于雷达西南 200 km 左右的大片雷暴区在位于 150 km 的测速范围之外，经过距离去折叠算法的处理后大部分的速度值得以显现，一小部分标记上紫色。这是由于该部分的回波与靠近雷达的部分目标的回波发生叠加，而两者的回波功率又相差不大，因而两者的速度都无法确定，都给标上了紫色。位于雷达北方略偏西，距离雷达 210 km 左右的孤立雷暴的径向速度得到完全恢复，因为没有发生回波叠加。

4.2.3.3　例 3 大范围的降水系统

图 4.26 是北京时间 2001 年 11 月 2 日 15:40 左右(图上的时间为世界时)位于合肥的 CINRAD-SA

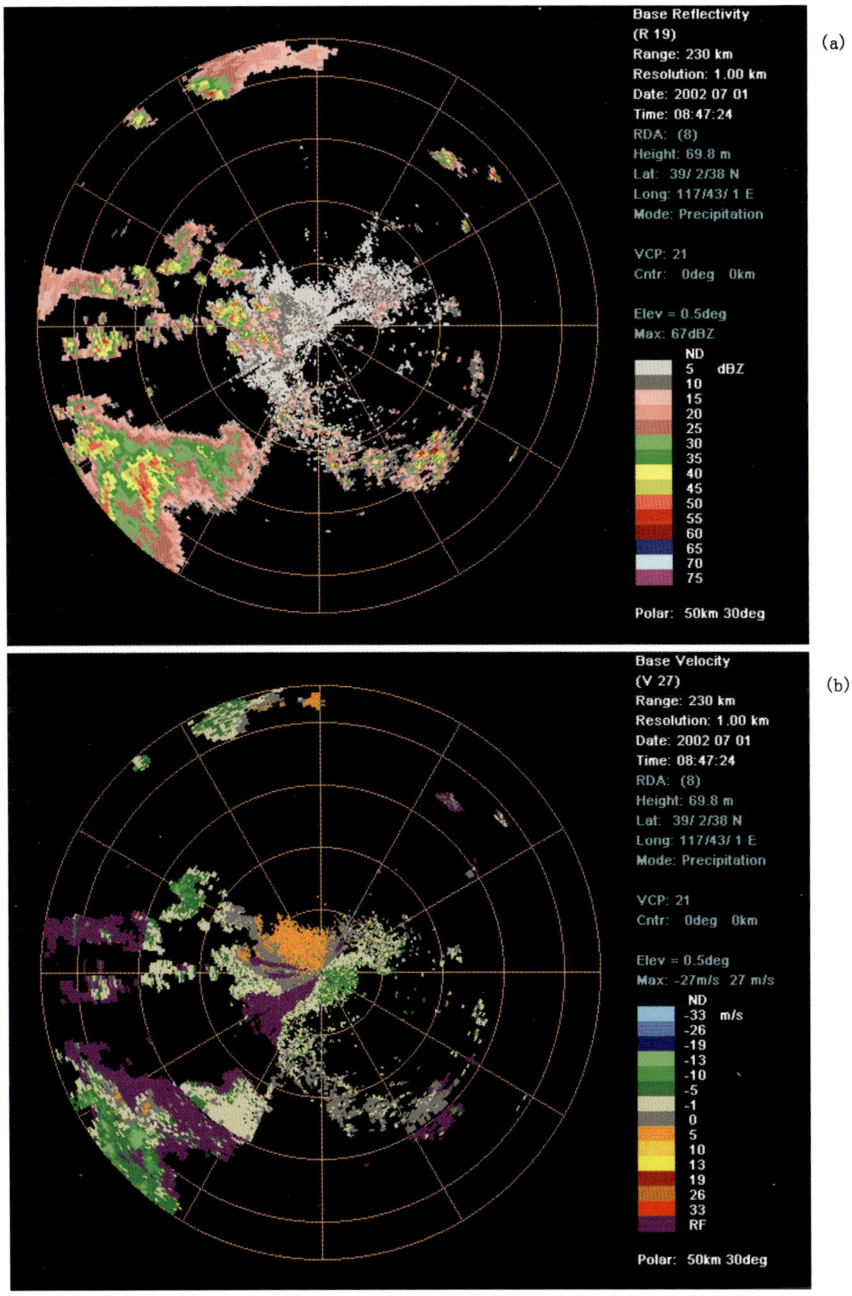

图 4.25　沿雷达径向排列的飑线的反射率因子图像(a)和经过距离去折叠算法处理之后的径向速度图像(b)

型雷达的 0.5°仰角反射率因子和径向速度图。反射率因子图上显示出大范围的降水区。降水区的反射率因子分布相对比较均匀，这意味着总体而言雷达接收到的远距离处的降水回波功率远小于近距离处的降水回波功率，使得叠加后的速度值在大多数情况下赋予了近距离处的目标。因此在 150 km 测速范围之外到 230 km 之间几乎都标上了紫色。150 km 范围之内也有几处标上了紫色，表明此处目标的回波功率与叠加到此处的更远距离处的目标的回波功率相差不够大，以至于该处的速度值不能赋予产生回波叠加的任何一个目标。

4.2.4　距离去折叠算法的优点和局限性

4.2.4.1　优点

(1)可确定最大不模糊距离外的速度和谱宽

距离去折叠算法可给出 CD 模态下最大不模糊距离外的准确的速度和谱宽数据。如果存在回波叠

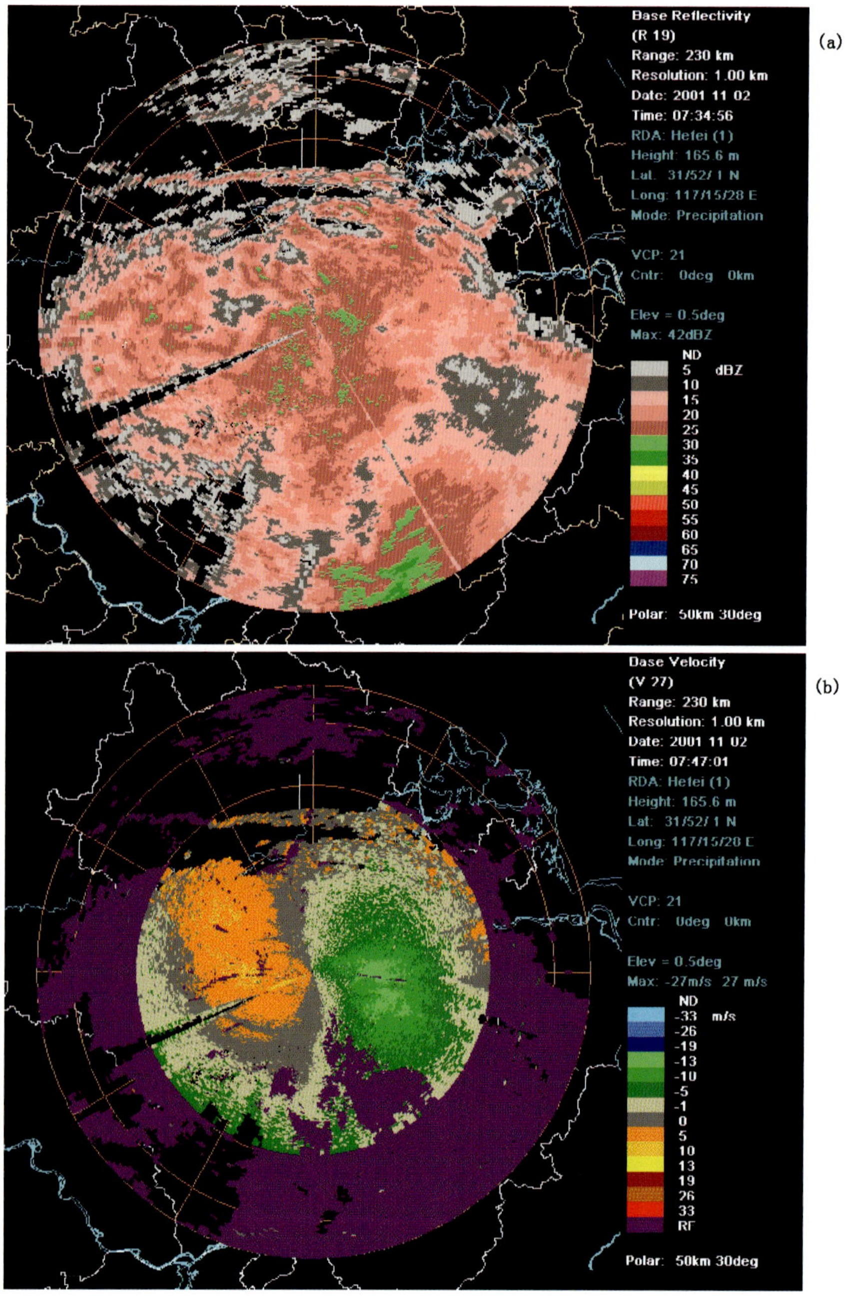

图 4.26 大范围降水系统的反射率因子图像(a)和经过距离去折叠算法处理之后的径向速度图像(b)

加，则产生叠加的回波之一的目标将赋予速度和谱宽数据，条件是它们的功率比超过 TOVER；而其他回波对应的目标位置处将标记紫色。

(2) 减缓多普勒两难

采用距离去折叠算法使得可以用低 *PRF* 模(CS)精确地确定目标位置和强度(反射率因子)和用高 *PRF* 模(CD)准确测定速度和谱宽数据。

4.2.4.2 局限性

(1) 某些气象条件较之其他更容易引起回波叠加

任何造成大量回波沿径向排列的天气事件将使 CD 模态下回波叠加现象异常严重，因而紫色也大量出现。在大范围降水和飑线过 RDA 的情形下，紫色出现的机会最大。在所有情形中，因为距离去折叠算法涉及回波功率(不是标准化的反射率因子 *dBZ*)的比较，因此第一程内目标的回波最可能赋予速度数据，更大量的紫色标注出现在第二程内。

(2) 速度和谱宽数据或许无法确定

当回波叠加时,如果它们的功率比不超过 TOVER,就得不到速度和谱宽数据。产生回波的目标距离处将标注为紫色。

(3) 只能在 RDA 处改变 TOVER 值

通常,TOVER 值不能“在使用中”改变。它是一个 RDA 可调参数,不能在 PUP 或 UCP 改变。它必须在 RDA 改变,通常由维护人员进行。

4.2.5 在雷暴被紫色覆盖情况下的一个应对技巧

有时会遇到感兴趣的雷暴的速度场结构刚好被紫色覆盖的情况。此时,可以手动改变 PRF,使得该雷暴的速度场结构显现出来。图 4.27 和图 4.28 给出了一个具体的例子。对应于反射率因子图上小圆圈内的强风暴,其速度场结构为紫色所覆盖。通过手动改变 PRF 使其降低一档,紫色区域向后退去,该强风暴的速度场结构显现出来(图 4.28),它是一个明显的中气旋。

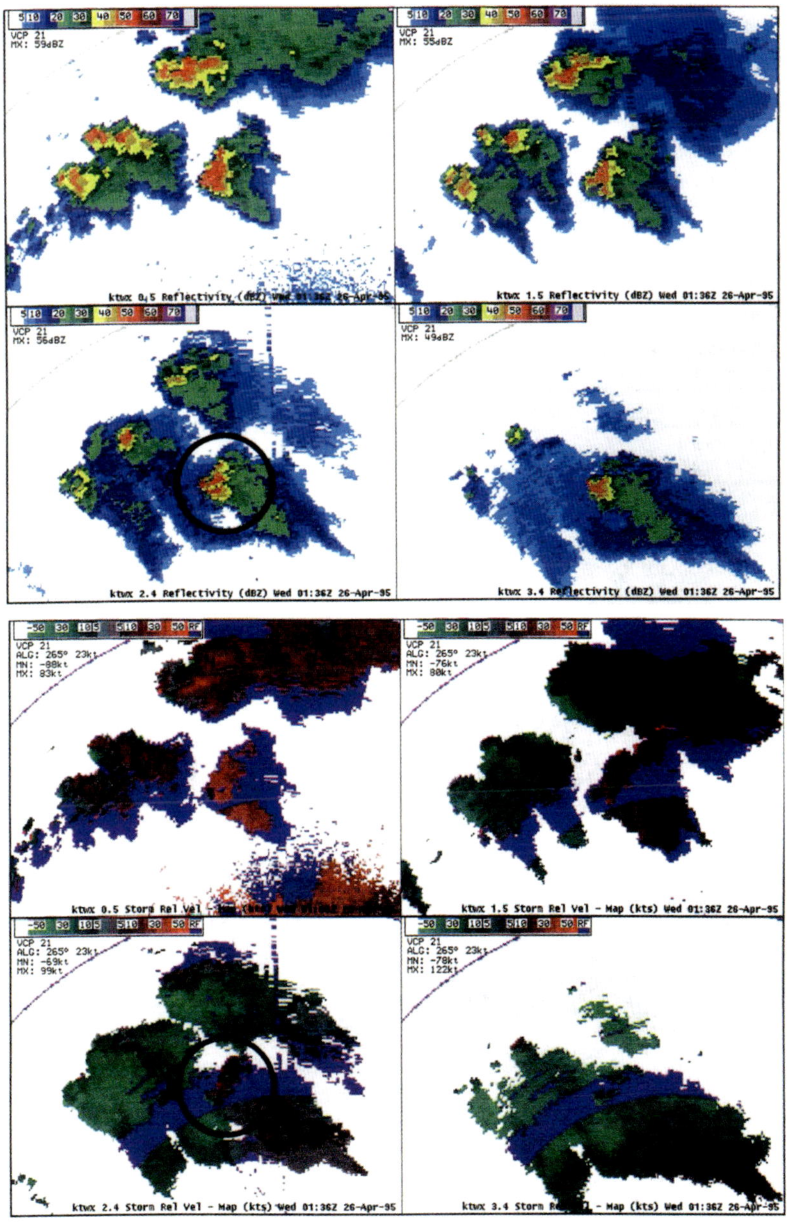

图 4.27 感兴趣的强风暴的速度场结构为紫色所覆盖

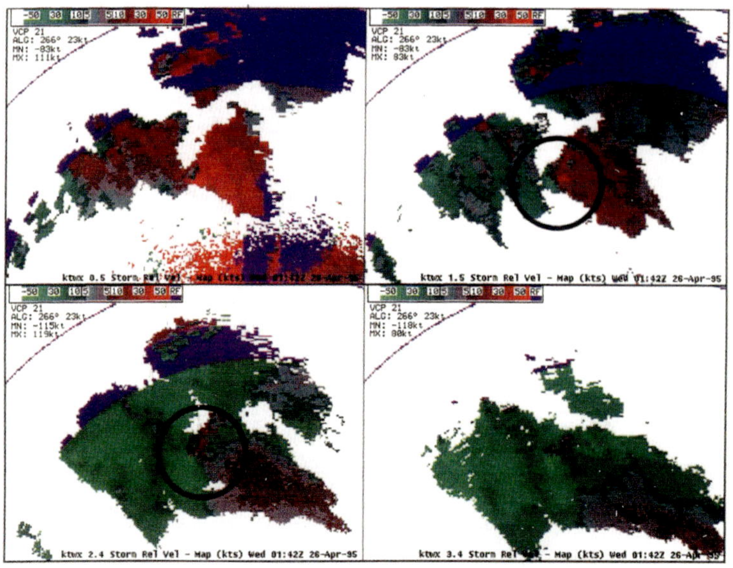

图 4.28　通过手动改变 PRF，使得被紫色覆盖的强风暴速度场结构显现出来

4.3　速度模糊和退模糊算法

4.3.1　速度模糊

平均径向速度是由雷达测量的一系列的脉冲对相移计算得到的。当脉冲对真实相移小于 180°时，速度检测是不模糊的。新一代天气雷达的速度初猜值是以假设脉冲对相移小于 180° 为基础的。如果脉冲对真实相移等于或大于 180°，则雷达的初猜值将是错误的，从而得到的速度是模糊的。

根据模糊的速度值和最大不模糊速度 V_{max}，可以给出一系列可能的速度值，其公式如下：

$$V = V_{first} \pm 2n V_{max} \tag{4.1}$$

其中 V_{first} 为模糊的速度初猜值，V_{max} 为最大不模糊速度，n 为自然数，V 为可能的速度值。

举例 1：V_{first} 为 －16 m/s，V_{max}＝27 m/s，若 V_{first} 是模糊的，则速度的可能值为 …，70 m/s，38 m/s，92 m/s，… 。考虑到正常的大气条件，只有 38 m/s 是最有可能的速度值。

因此，若最大不模糊速度的值在 25 m/s 以上，则在出现速度模糊时，正常天气条件下速度的可能值往往只有一个：

$$V = V_{first} \pm 2 V_{max} \tag{4.2}$$

其中 2 V_{max} 前的±号取与 V_{first} 的符号相反。也就是说，V_{first} 为正，则 2 V_{max} 前取负号，反之取正号。

举例 2：V_{first} 为 －8 m/s，V_{max}＝12 m/s，若 V_{first} 是模糊的，则速度的可能值为 …，－80 m/s，－56 m/s，－32 m/s，16 m/s，40 m/s，64 m/s，88 m/s，… 。考虑到大气的正常条件，－56 m/s，－32 m/s，16 m/s，40 m/s 都是有可能的速度值。

因此，在 V_{max} 较小的情况下，能够替代模糊的速度初猜值的可能速度值即便在正常大气条件下也有好几个，这给速度退模糊带来了困难。这就是为什么测速要使用较高的 *PRF*（脉冲重复频率），使得 V_{max} 充分大的原因。

图 4.29 给出了两幅出现速度模糊的 CINRAD-SA 径向速度图像。图 4.29a 是一幅 VCP21 模式下的 3.4°仰角的径向速度图。相应的最大不模糊速度为 27 m/s。零等速度线呈 S 形，风向随高度顺时针旋转。低层风为西北偏西风，在 3 km 高度有一个低空急流，入流一侧的最大速度超过－27 m/s，出现速度模糊。从图上判断最大值在－28 m/s 左右。在 5 km 的高空为西南风，入流和出流侧的风速分别超过－27 m/s 和 27 m/s，出现速度模糊。从图上判断入流一侧最大风速超过－36 m/s。图 4.29b 是一幅

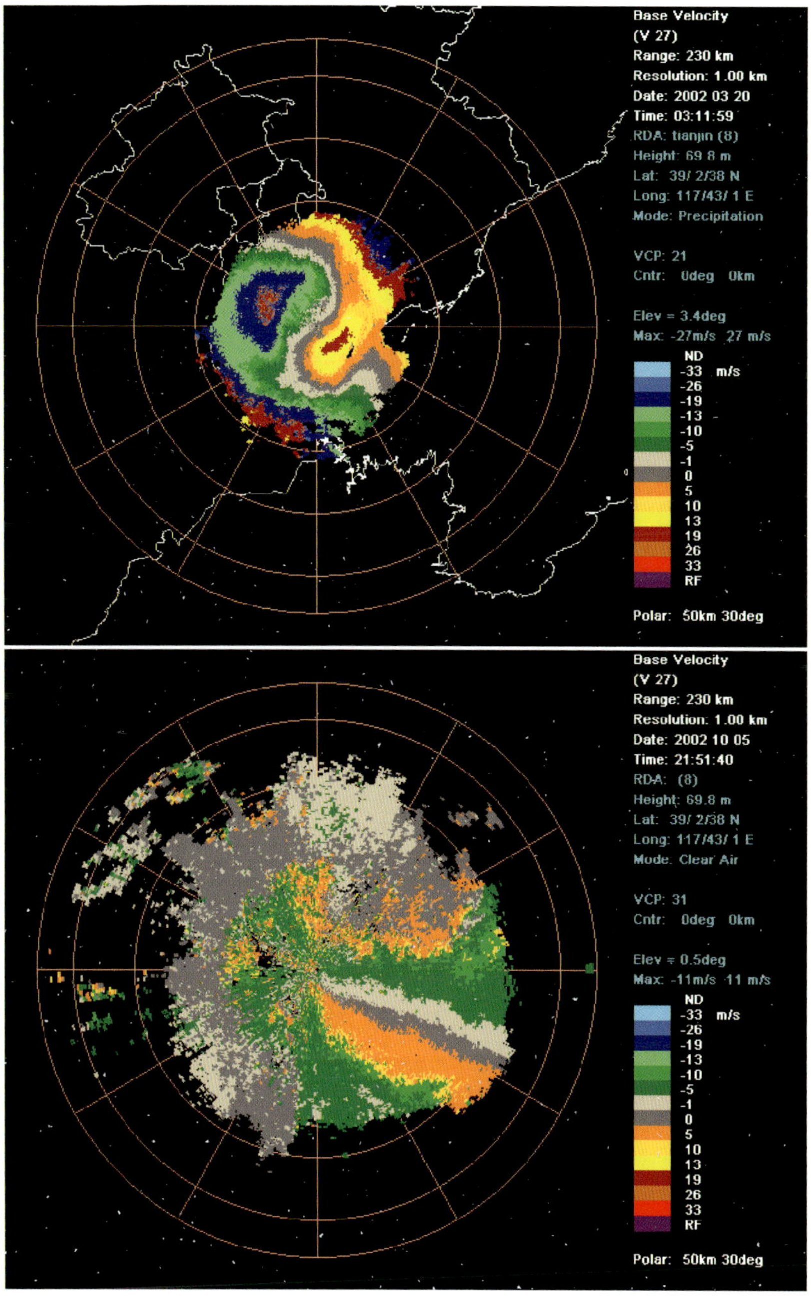

图 4.29　VCP21(a)和 VCP31(b)模式下速度模糊的例子

VCP31 模式下的 0.5°仰角的径向速度图。VCP31 模式的测速模态 CD 使用的 *PRF* 也不高，相应的最大不模糊速度只有 11 m/s。图上最明显的特征是雷达东面沿着东南偏东方向的零等速度线，表明这一带的风向为东北偏北。零等速度线两侧都出现了速度模糊，表明相应的最大入流和出流速度分别超过了−11 m/s 和 11 m/s。从图上可分析出其最大的入流和出流速度分别超过−27 m/s 和 27 m/s。

4.3.2　速度退模糊算法

速度退模糊既可以通过软件也可以通过硬件的方法实现。硬件方法使用双脉冲重复频率 *PRF*1 和 *PRF*2，两者之比或者是 3∶2，或者是 4∶3。CINRAD-CC 和 CCJ 型雷达使用这种方法减轻速度模糊问题。软件方法主要基于连续性原则，是 WSR-88D 和 98D(包括 CINRAD-SA，SB 和 CB)使用的速度退模糊算法。下面主要介绍这种通过软件退模糊的算法。

一旦反射率因子、速度和谱宽基本数据由 RDA 传输到 RPG，则开始执行速度退模糊算法。该算法的可调参数设置随所使用的脉冲长短而变化。不同的设置是为了减少 VCP31 中速度退模糊的失败率。

由于在 RDA 中已经过距离去折叠处理，所以现在速度数据的距离（位置）是正确的。速度退模糊算法试图识别和校正模糊的速度。速度退模糊算法本质上是根据连续性原则将每个速度初猜值与它的周围的相邻速度值相比较。如果一个速度初猜值与它的周围值显著不同，则该算法试图用另一个可能的值替换那个速度初猜值。由于 *PRF* 和 V_{max} 是已知的，所以计算速度初猜值的可能的替代值是直截了当的（4.1）式。由于算法依赖于周围的数据，因此它主要建立在连续性的基础上。

速度退模糊算法还特别设计成能保留诸如中气旋、风暴顶辐散等气象特征。算法设计时还要尽量使需要耗用的机时最少。退模糊处理在一个时次沿一个径向进行，并使用已经退模糊的速度值。这样就只需要最小的计算机内存，很符合业务需要。

4.3.2.1　步骤 1　径向连续性检查

在第一步中（图 4.30），每个距离库的速度初猜值与沿相同径向的最接近的有效速度（在 5 个距离库范围内）做比较。通过沿相同径向朝雷达方向搜索来选择邻近值。因此，用于比较的值将是已用算法处理过的速度值。处理过程是由雷达向外的。一旦某个邻近值确定用作比较，如果速度的初猜值在它的某一临界范围内（在降水模中为 20 kn，在晴空模中为 10 kn），则保留。如果两个值的差异超过了这个临界范围，那么把该速度初猜值的可能替代值与邻近速度值做比较。如果其可能替代值中的一个是在邻近点的临界值内，那么用该值代替初猜值。然后做误差检查，算法移到下一个距离库进行。

如果速度初猜值和它的可能替代值（气象上有可能的替代值是很少的）都不在其最邻近点的临界范围内，那么算法将移到步骤 2，采用九点平均的方式进行。另外，如果在初猜速度的 5 个邻近距离库内没有有效速度值，那么下一步的九点平均是必要的。

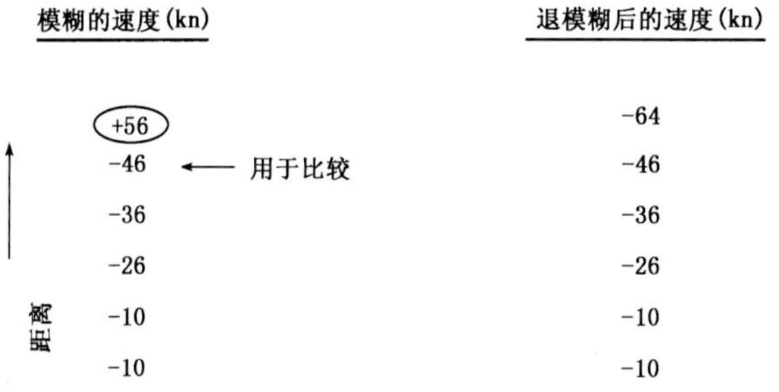

图 4.30　径向连续性检查：沿径向的最邻近的速度值用于比较（本例中 $V_{max}=60$ kn）

4.3.2.2　步骤 2　九点平均

首先计算平均值。这里，对邻近速度值的搜索范围要广一些（图 4.31）。用相同径向上向雷达方向的 4 个邻近距离库的速度值和紧邻的已用算法处理过的前一个径向上的离开雷达方向的 5 个距离库的速度值计算平均速度（图 4.31）。将正在做退模糊处理的距离库的初猜速度与这个平均值做比较。如果速度初猜值不在这个平均值的临界范围内，则检查该初猜值的可能替代值是否在这个平均值的临界范围内。如果其可能替代值之一是在临界范围内，那么保留该替代值。做过误差检查后，算法回到步骤 1 开始对下一个距离库进行处理。如果初猜值和其可能替代值都没有落在平均值的临界范围内，那么从那个距离库中去掉初猜值，并指定为没有数据（ND）。

如果不能得到平均值，算法继续执行下一步，即扩展搜索。径向连续性和九点平均步骤可使 99％可疑速度数据得以退模糊，需要的计算时间在业务要求范围内。

4.3.2.3　步骤 3　扩展搜索

如果没有可用作九点平均计算的点，则使用扩展搜索。搜索相邻有效速度值以便与初猜值比较，算法沿径向向后（朝着雷达）搜索直到 30 个距离库，并沿前一个径向向前（背向雷达）搜索直到 15 个距离库（图 4.32）。如果找到相邻的有效速度值，并且正在检测的距离库速度初猜值在该相邻有效速度值的

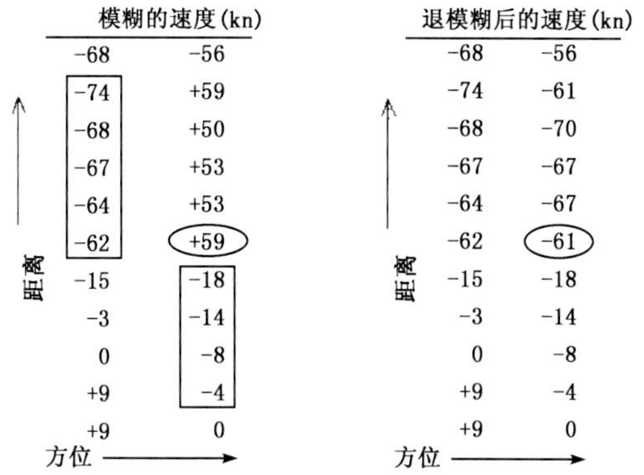

图 4.31　用邻近九个速度值的平均做比较(本例中 $V_{max}=60$ kn)

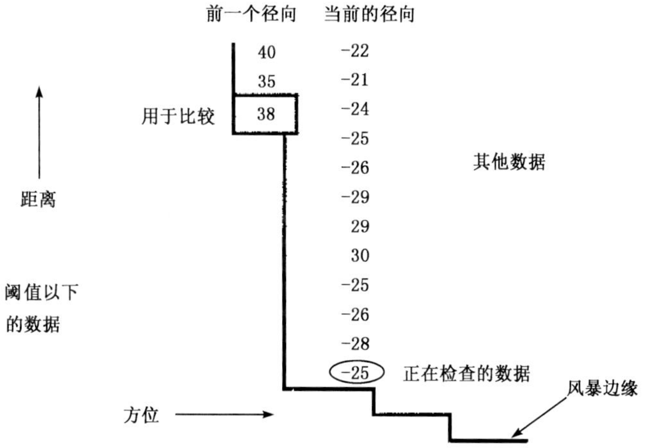

图 4.32　扩展搜索:沿径向朝着雷达方向直到 30 个距离库,沿背向雷达方向的前一个径向直到 15 个距离库

临界范围(它是前面提到径向连续性所要求阈值的 1.5 倍)内,则保留初猜值。否则,将初猜值的其他可能替代值与该邻近值比较,如果其中之一在临界值内,就保留它,并做误差检查,算法返回步骤 1 开始处理下一个距离库。

如果找到相邻的有效速度值,但算法正在检测的距离库的初猜值和其可能替代值都在该邻近值的临界范围外,或者不能找到有效的相邻速度值,则算法前进到下一步,进入环境风表。

4.3.2.4　步骤 4　环境风表

UCP 的环境风表(图 4.33)包括不同高度的平均风。在大多数情况下,其值将根据速度方位显示(VAD)算法自动更新。

如果前三步不能找出用于比较的有效邻近速度值,则把算法正在检测的距离库的速度初猜值与在 UCP 环境风表中获得的一个速度值做比较。速度退模糊算法将获取环境风表的速度值,用它作为邻近值,与初猜速度值做比较。如果该初猜速度不在邻近值的临界范围内,则检查它的可能替代值。如果初猜值或其可能替代值之一落在这一临界范围内,那么保留它。接着做误差检查,然后算法返回到步骤 1 开始处理下一个距离库。如果速度初猜值或其可能替代值都没落在这一临界范围内,则去掉初猜值,标定为没有数据(ND)。

由于算法与环境风表有很大关系,对环境风表进行准确监控是重要的。因为该表通常采用 VAD 估计风做自动更新,有时不适当的退模糊的速度也在表中,它接下来被用于对后面的产品退模糊!我们建议每天至少 2 次对环境风表通过独立于 VAD 的风信息进行更新。每 12 小时用无线电探空资料对表做检查(某些气象台每一轮值班都做这种检查,作为日常工作的一部分)是起码的。

在执行速度退模糊算法的整个过程中都应进行误差检查。设计这些步骤是为了防止模糊速度的径向发散。一旦一个模糊速度未做检查就用作有效的邻近点,模糊就可能在许多径向和方位上传播。有

```
              ENVIRONMENTAL WINDS EDIT SCREEN                   PAGE  1 OF 5
COMMAND: E,                                                            RPG ALARM
FEEDBACK:COMMAND EXECUTED - E,A                                     OPER A/R  21
     (M)odify, {N}     (E)nd     (C)ancel      (A)uto Vad Update
     (U)nits Toggle {m/s vs kts}      (I)nitialize Table,(Start level, End level) *
                 N   HGT(kft msl) MEAN DIR (deg) MEAN SPD(kts)       Auto Update: ON
              ---------------------------------------------------
              ---------------------------------------------------
   N      HGT       MEAN DIR       MEAN SPD  |   N      HGT       MEAN DIR       MEAN SPD
-----------------------------------------+-----------------------------------------
   1      1.3        170.0          15.0      8      8.3        271.7          19.0
   2      2.3        182.2          12.6      9      9.3        277.1          22.3
   3      3.3        199.0          11.0     10     10.3        281.1          25.7
   4      4.3        219.1          10.6     11     11.3        284.1          29.2
   5      5.3        238.4          11.5     12     12.3        286.5          32.8
   6      6.3        253.4          13.4     13     13.3        288.4          36.4
   7      7.3        264.1          16.0     14     14.3        290.0          40.0
```

图 4.33　UCP 的环境风表

三种检查的方式：1)对已经由算法去掉 5 个距离库的区域，被去除的距离库的原先速度用松弛阈值再做检查。如果速度“初猜值”或其可能替代值之一落在松弛后的阈值内，则假设它是对的，并采用之，即不再去除。2)做径向和方位检查以确保从雷达上看似正确的速度不超过合理的“真实”切变。这一步的误差检查将使得不适当的退模糊的速度在径向和方位上不至于传播太远(径向不超过 10 个距离库，方位不超过 5 个距离库)。3)最后沿每一径向逐个地对距离库进行检查。目的在于搜索速度值从一个库到下一个库的不切合实际的跳跃。这一步检查保证了如果出现误差时不会传播到邻近的径向上。

4.3.3　不适当的退模糊的速度

由速度退模糊算法不正确地求出的速度称为不适当的退模糊速度，主要以两种方式表现出来：1)孤立的像素：模糊速度将以孤立像素方式出现，在那些像素中的速度值的方向与周围数据相反。它主要出现在雷达附近的地物杂波中，或出现在具有高的风切变值的风暴尺度气流中； 2)“长钉”或“楔形块”：它们主要出现在速度值与周围数据或者与从其他来源的风资料(如高空图或探空)相比较方向相反的区域。不会有零值速度分隔这两种场，并且常常看到的切变不是气象上真实的切变，而是像刀切的一般。由于速度退模糊算法技术限定了方位和径向的范围，因此这些块的大小是变化的。常见的是，这种现象在首先得到资料的地方开始出现，沿径向和顺时针方位传播。

模糊速度发生在风速超出 V_{max} 的地方。速度退模糊算法在资料连续的地方是最成功的，因此不适当的退模糊速度很可能出现在缺乏连续性资料的区域，如由于距离折叠而标记紫色的区域。

下面是一个不适当的退模糊的例子。图 4.34 给出了 0.5°仰角反射率因子和径向速度图。对应于反射率因子图上北边的对流区，径向速度图上出现了一大块向着雷达的速度区，其边界像刀切一样整齐。显然这是不适当的退模糊的结果。在相应的 1.5°速度图上(图 4.35)是一大块离开雷达的径向速度区，也是退模糊算法失败造成的。在下一个体扫，退模糊算法成功(图 4.36)，清楚地显现出一个对应于超级单体风暴的中气旋。

4.3.4　速度退模糊算法的优点和局限性

4.3.4.1　优点

(1)速度退模糊算法为基本和导出产品算法提供尽可能好的基速度数据。其中特别重要的是中气旋和 TVS(龙卷式涡旋特征)算法，它们需要退模糊的速度数据。

(2) 没有速度退模糊算法，就不能识别大于 V_{max} 的速度。

(3)该算法特别设计成能保存诸如阵风锋、风暴顶辐散、中气旋和 TVS 等重要特征。

4.3.4.2　局限性

(1)不适当的退模糊有时会模糊或掩盖重要的气象特征。这可造成对产品解释的困难，并在某些情

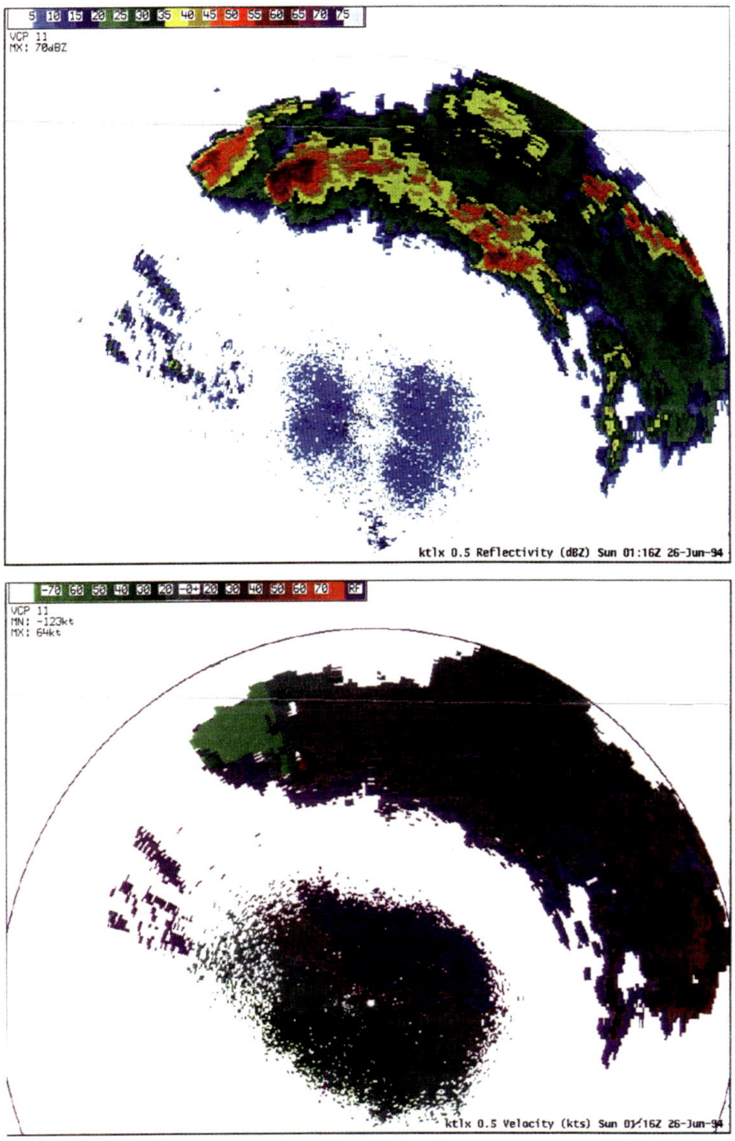

图 4.34　对应于基本反射率因子产品，速度图上北边的对流区域出现了不适当的速度退模糊的现象

况下导致错误的产品解释。

(2)算法性能有时会下降。有几个因子会造成速度估计质量下降以至于算法性能的下降。它们包括杂波抑制、高谱宽和低信噪比 SNR(返回的信号功率接近内在噪声水平)。

(3)有时对位于下游的算法造成不利影响。不适当的退模糊的速度将对其他算法造成不利影响，比如导致虚假的中气旋被鉴别为真的。也许会误发警报。因此操作员在解释产品时，必须仔细。

4.3.4.3　业务上需要注意的因素

不适当的退模糊速度很少会在相继两个仰角或相继两个体扫中都出现。对有问题的速度值区域，采用向前或向后步骤，检查高、低仰角的相同产品，或检查不同体扫的相同产品。同时，注意可疑区域周围的环境风。例如，如果基于天气图资料的气流强烈指向雷达方向，则那个区域的大块外流速度是属不适当的退模糊的速度。VCP31 在收集速度数据时使用相对低的 *PRF*(与其他 VCP 比较)。如果速度模糊问题比较突出，则转换到 VCP32。

4.4　本章小结

在雷达硬件定标正确的情况下，多普勒天气雷达的数据质量主要受到地物杂波、距离折叠和速度模

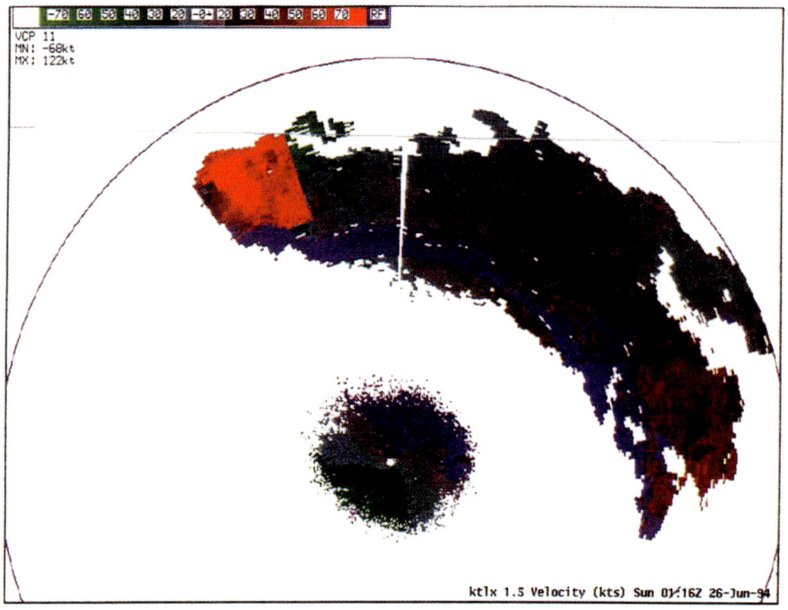

图 4.35　1.5°速度图上也具有不适当的速度退模糊的现象

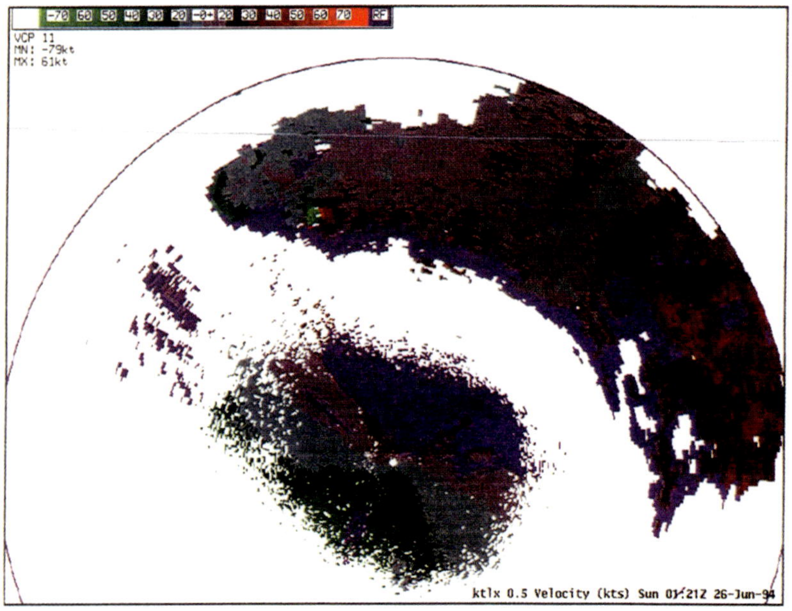

图 4.36　下一个体扫 0.5°的基速度产品，速度退模糊算法对这次体扫是成功的

糊的影响。

地物杂波主要有固定地物杂波和超折射地物杂波两种类型。抑制地物杂波的主要思路是地物为静止不动的，因而其沿着雷达径向的速度必然是零。因此，抑制地物杂波的做法是将一个距离库内径向速度在零值附近的那部分功率滤掉。固定的地物杂波位置是由雷达测试程序自动确定的，而超折射地物杂波所在的区域是由雷达操作员根据具体观测人工识别和划定的区域。因此在实际业务中需要特别注意超折射区域的确定和相应滤波的执行。

在 SA、SB 和 CB 型雷达中，在低仰角和中间仰角利用低脉冲重复频率的雷达波确定目标物的位置和反射率因子，而利用高脉冲重复频率的雷达波确定目标物的径向速度和谱宽。此时，在径向速度和谱宽图上会经常出现距离折叠。利用距离去折叠算法处理径向速度和谱宽数据。在发生回波叠加导致距离去折叠算法无法确定某一目标物的径向速度和谱宽时，则将目标物所在的位置标记紫色。在 SC、CC 和 CD 型雷达中，在反射率因子、径向速度和谱宽图上都会出现距离折叠现象，但没有用距离去折叠算法进行任何处理。

在 SA 和 SB 型雷达中，由于采用高脉冲重复频率（每秒 1014 个脉冲），相应的测速范围为－27 m/s～＋27 m/s。SC 型雷达观测采用的脉冲重复频率为每秒 600 个脉冲，CC 和 CD 型雷达的脉冲重复频率为每秒 900 个脉冲，对应的测速范围分别为－15 m/s～＋15 m/s 和－12 m/s～＋12 m/s。为了增加测速范围，SC、CC 和 CD 雷达具有交互发射两种成整数比例的不同频率脉冲的功能，例如 SC 雷达可以交互发射每秒 600 和每秒 400 两种频率脉冲，而 CC 和 CD 雷达可以交互发射每秒 900 和每秒 600 两种频率脉冲，两个频率之比都是3∶2，这样可以使测速范围扩大一倍，测速范围分别增加为－30 m/s～＋30 m/s 和－24 m/s～＋24 m/s。

当基数据从 RDA 传到 RPG 时，第十版本以上的算法首先用速度退模糊算法对其进行处理，算法主要根据连续性原则进行退模糊。当算法失败时，会造成不适当的退模糊。这种情况经常出现。

第五章　对流风暴及其雷达回波特征

对对流风暴的探测和预警是天气雷达的最主要的任务。在本章中，主要讨论对流风暴的分类、结构和演变以及各类对流风暴的雷达回波特征和视觉特征。只有将对流风暴的回波特征与其视觉特征相结合，加上基于物理原理的推断才能充分地了解对流风暴的三维结构。在这里，具有较好的三维空间想像能力是十分重要的。我们通过雷达回波图像判断对流风暴的特征就好比医生根据 X 光片判断病人患了什么病。如何根据雷达回波图像，推断出对流风暴的结构和强烈程度，是本章要重点介绍的内容。对于优秀的短时临近天气预报员，必须具备各种有关对流性风暴环境、结构和演变的扎实背景知识，只有这样才能最有效地为公众提供对流风暴的警报服务。

在进入正题之前，有必要对某些词汇作必要的说明。传统上，将不太强的湿对流系统称为“雷暴”，来源于英文的“thunderstorm”。而将比较强的湿对流系统称为“对流风暴”，来源于英文的“convective storm”。英文的字面上并没有出现“风”字，但一般说来，较强的“convective storm”都会产生地面大风，所以译为“对流风暴”或“风暴”还是有道理的。所以，“雷暴”和“对流风暴”（或“风暴”）之间并没有本质的差别，只是强度上的差别。有时两者也常常混用。另外，对于产生强烈冰雹的对流风暴，还称为“雹暴”，来自英文的“hailstorm”。有科学家建议（Doswell，2001）将它们统称为“深厚湿对流”，其英文缩写为 DMC。

5.1　对流风暴及其产生的环境条件

5.1.1　对流风暴的分类

对流风暴通常由一个或多个对流单体组成，对流单体水平尺度从 1～2 km 的积云塔，到几十千米的积雨云系。一个对流单体通常以一块紧密的雷达反射率因子区或造成深对流的强上升气流区为标志。单体概念不是一个非常严格的概念，它的定义有一定的模糊性，因为任何所谓的单体内还有更精细的结构。对流单体分为普通单体和超级单体。超级单体是一种非常强烈的相当稳定的对流单体，伴随着强烈的灾害性天气。对流风暴可以由一个对流单体组成，也可以由多个对流单体组成。后者占绝大多数。由单个单体构成的对流风暴分为普通单体风暴和孤立的超级单体风暴。由多个单体构成的对流风暴也分为两类：团状分布的称为多单体风暴，线状分布的称为线风暴或飑线。

因此，对流风暴可以分为以下四类：1）普通单体风暴；2）多单体风暴；3）线风暴（飑线）；4）超级单体风暴。前三类风暴既可以是强风暴，也可以是非强风暴。而第四类风暴一定是强风暴。需要指出的是，上述分类并不满足相互排他的原则。多单体风暴和飑线中的某一对流单体可以是超级单体。尽管广义上的多单体风暴可以含有超级单体，一般来讲，当我们谈到多单体风暴时，通常指全部由普通单体构成的多单体风暴。当我们说超级单体风暴时，可以指孤立的超级单体风暴，也可以指包括超级单体在内多个单体构成的风暴，其中超级单体占支配地位。在多普勒天气雷达出现之前是根据时间上的持续稳定对超级单体作出定义的。近年来，随着多普勒天气雷达的普及，人们发现超级单体风暴具有区别于其他类型风暴的独特的动力学特性：它总是伴随着一个持久深厚的中气旋。最新的分类方法倾向于将对流风暴分为超级单体风暴和非超级单体风暴两大类。但从业务应用的角度考虑，采用传统的分类方法更方便一些。因此，在本章的论述中，仍采用传统的分类方法。

5.1.2　普通对流单体的演变

如上所述，对流风暴通常由一个或多个对流单体组成，风暴单体具有强烈的垂直运动并激发深对流的产生。风暴单体发展的强弱及其移向、移速与周围的热力和动力环境有密切关系。根据积云中盛行的垂直速度的大小和方向，普通风暴单体的演化过程通常包括三个阶段：塔状积云阶段、成熟阶段和消亡阶段，下面分别加以说明。

5.1.2.1　塔状积云阶段

塔状积云阶段(图 5.1a)由上升气流所控制，上升速度一般随高度增加，这种上升气流主要由局地暖空气的正浮力或者由低层辐合引起的，上升速度一般为 5～10 m/s，个别达到 25 m/s。风暴单体的生长与湿空气上升时的降水微粒形成有关。初始雷达回波的水平尺度为 1 km 左右，垂直尺度略大于水平尺度。初始回波顶通常在－4～－16℃之间的高度上，回波底在 0℃高度附近。初始回波形成后，随着水滴和冰晶等水成物不断生成和增长，回波向上、向下同时增长，但是，回波不接地，此时最强回波强度一般在云体的中上部。在塔状积云的后期，降水能够引发下沉气流。

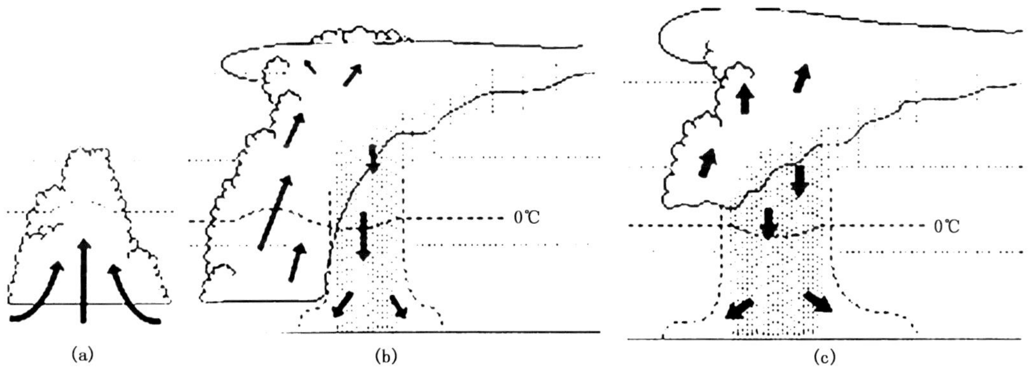

图 5.1　普通对流风暴单体的生命史(引自 Byers 和 Braham，1949)

5.1.2.2　成熟阶段

风暴成熟阶段(图 5.1b)实际上是上升气流和下沉气流共存的阶段。成熟阶段开始于雨最初从云底降落之时。此阶段的降水通常降落到地面，可认为雷达回波接地是对流单体成熟阶段的开始。此时，云中上升气流达到最大，随着降水过程的开始，由于降水粒子所产生的拖曳作用，形成了下沉气流。然后，这种下沉气流在垂直和水平方向上扩展，如图 5.1b 所示。这种冷性下沉气流作为一股冷空气，在近地面的低层向外扩散，与单体运动前方的低层暖湿空气交汇而形成飑锋，又称阵风锋。成熟阶段的对流单体的中上部，仍为上升气流和过冷水滴及冰晶等水成物。当云顶伸展到对流层顶附近时，不再向上发展，而向该处的环境风下风方向扩展，出现水平伸展的云砧。云砧内的水成物仍能产生足够强的雷达回波，云砧回波可延伸到几十千米至上百千米，其实际水平尺度可达 100～200 km。

5.1.2.3　消亡阶段

风暴单体的消亡阶段为下沉气流所控制，此时降水发展到整个对流云体。实际上，当下沉气流扩展到整个单体，暖湿空气源被扩展的冷池切断时，风暴单体开始消亡。从雷达回波上看，回波强中心由较高高度迅速下降到地面附近，回波垂直高度迅速降低，回波强度减弱，并且分裂消失。

总之，一个典型的对流单体生命史的三个阶段约各经历 8～15 min，其整个生命史约为 25～45 min。事实上，自然界中孤立的对流单体并不多见。大多数情况下，一个对流风暴包含了几个单体，一个单体达到成熟阶段，而另一个单体还处于新生发展阶段。在有利的环境条件下，其生命史可维持数小时之久。

5.1.3　影响对流风暴结构和类型的环境因子

观测和数值模拟研究均表明，风暴动力结构(风暴种类)及风暴潜在的影响力很大程度上取决于环境的热力不稳定(浮力)、风的垂直切变和水汽的垂直分布三个因子。由于浮力决定了垂直方向上空气的加速程度,因此它与风暴强度直接相关。垂直风切变有利于风暴发展、加强和维持,从而决定了风暴类型的演变和发展(例如对流是否能够发展成为超级单体风暴)。另外,风暴和环境的相互作用也会影响风暴的强度和组织。例如,一个相当弱的风暴在与边界(即某种不连续面如锋面、干线、风切变线和边界层辐合线等)相互作用时会出现爆发性发展。因而,系统之间的相互作用很大程度上能够改变风暴以及与之相互作用的环境。

5.1.3.1　热力(浮力)不稳定与 CAPE

热力不稳定是影响风暴强度和类型的三个主要因子之一,因为它正比于抬升空气的有效位能。用来衡量热力不稳定大小的最佳参量是对流有效位能 CAPE。对流有效位能(CAPE)是气块在给定环境中绝热上升时的正浮力所产生的能量的垂直积分,是风暴潜在强度的一个重要指标。在温度对数压力(T-ln$P$)图上,CAPE 正比于气块上升曲线和环境温度曲线从自由对流高度(LFC)至平衡高度(EL)所围成的区域的面积(图 5.2)。在浮力的估计方面,CAPE 的积分较其他指数更加可靠,因为其他指数只取决于一定层次的资料(例如:K 指数仅使用 850、700 和 500 hPa 的资料),从而使得其他指数资料常产生计算上的严重失真。因此,应当极力推荐使用 CAPE 而不是其他指数去估计浮力。

$$CAPE = B+= g\int_{LFC}^{EL} \frac{T_p - T_e}{T_e} \tag{5.1}$$

CAPE 的数值越大,则 CAPE 能量释放后形成的上升气流强度就越强。需要指出的是,CAPE 并非惟一影响对流风暴中上升运动的因子。在强风切变的环境中,动力效应也可以加强上升气流的强度,因此强烈上升运动也能够在较小至中等的 CAPE 中得以发展。气块在特定环境中绝热上升的最大垂直速度(W_{max})理论上取决于 CAPE 向动能的转换程度,并且由此可以求出 W_{max}:

$$W_{max} = (2CAPE)^{1/2} \tag{5.2}$$

大多数组织性较弱的对流风暴中上升气流的垂直速度通常是 W_{max} 的 1/2 左右,这是因为风暴中水负载和夹卷混合作用的限制。组织性完好的风暴(尤其是超级单体风暴)中上升气流核的垂直速度接近于 W_{max}。组织性完善的风暴中上升气流核大多数不受环境大气的夹卷影响。此时相对风暴气流(即环境风场相对于风暴的气流)携带着降水远离风暴的上升气流区,此时减少了大量水负载。另外,独立于浮力的动力过程(抬升力)也能够使得组织性完善的风暴中的上升气流得以加强。上升气流较强的对流风暴通常能产生严重的灾害性天气,强风暴上升速度通常超过 30 m/s,而非强风暴中的上升速度通常只有 10 m/s 左右。

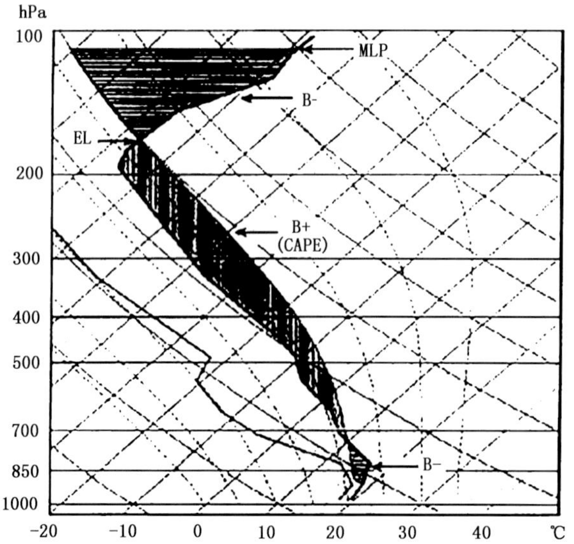

图 5.2　斜 T-ln$P$ 图上正负能量区和 CAPE 示意图

局地热力不稳定的形成,可以由局地下垫面的加热和天气尺度的运动所建立。下面列出天气尺度运动建立对流不稳定的几种典型情况:1)在高层冷中心或冷温度槽与低层暖中心或暖温度脊可能叠置的区域,有利于对流不稳定的建立;2)当深厚气层受槽前偏南气流控制,且低空急流较强,暖湿平流明显,而在中高层暖湿平流较弱时,有利于对流不稳定建立;3)在中高层受冷涡、槽后控制,冷平流引发干冷空气入侵,而中层以下有浅薄的热低压接近,或有偏西南气流,或有暖平流等,易使对流不稳定增强;4)当低层有湿舌,而在其上覆盖干空气层时,或在高层干平流与低层湿平流相叠置的区域,可使对流不稳定增强;5)在冷锋越山时,若山后低层为暖空气控制,则由于山后低层暖空气之上有冷平流叠加,使对流不稳定增强,而常在山后形成大片雷暴。

5.1.3.2 垂直风切变

真实的对流风暴很难确定类型,由于对流风暴的结构变化是一个连续谱而不是几个分立的风暴类型。大多数对流风暴是混合型的,兼有一种以上风暴类型的特点。现实中确定风暴类型的困难要求预报员理解并能够根据具体情况修订对流风暴四维结构的概念模型。在风暴谱中具体处于哪一种类型大致取决于两个因素:浮力和垂直风切变的特征。

垂直风切变是指水平风(包括大小和方向)随高度的变化。统计分析表明,环境水平风向、风速的垂直切变的大小往往和形成风暴的强弱密切相关。在给定湿度、不稳定性及抬升的深厚湿对流中,垂直风切变对对流性风暴组织和特征的影响最大。一般来说,在一定的热力不稳定条件下,垂直风切变的增强将导致风暴进一步加强和发展。其主要原因在于:

(1)在切变环境下能够使上升气流倾斜,这就使得上升气流中形成的降水质点能够脱离上升气流,而不会因拖曳作用减弱上升气流的浮力。

(2)可以增强中层干冷空气的吸入,加强风暴中的下沉气流和低层冷空气外流。再通过强迫抬升使得流入的暖湿气流更强烈地上升,从而加强对流。

如果风切变较弱,相对风暴气流就不可能增强到足以携带降水远离风暴的上升气流区。在这种情况下,降水就通过上升气流降落,并进入风暴低层的入流区,从而导致上升气流中水负载的明显增加,最终使得风暴核消失。弱的垂直风切变通常表示弱的环境气流,并且常常引起风暴移动缓慢。沿风暴阵风锋的辐合能够继续激发新的单体。但是,阵风锋在切断上升气流后,其移动超前于风暴,导致新生单体与母风暴脱离,最终使风暴消亡。在弱的垂直风切变环境中风暴很难有组织地增长,这在某种程度上是由于风暴内上升气流和下沉气流不能长时间共存。因此在弱的垂直风切变环境中风暴发展成为强风暴的概率很小。在这种环境下,目前只发现一种称为"脉冲风暴"的强风暴,其强烈天气以暂短的脉动形式出现。大多数情况下,弱的垂直风切变环境中的对流风暴多为普通单体风暴或组织程度较差的多单体风暴(图 5.3)。在这种松散的多单体风暴中,新生单体以毫无规律的方式形成,随机地出现在风暴的任何一侧。

中等到强的垂直风切变有利于相对风暴气流的发展,此时,气块携带着降水远离风暴的入流区或上升区。中等到强的垂直风切变能够产生与阵风锋相匹配的风暴运动,从而使得暖湿气流源源不断地输送到发展中的上升气流中去。垂直风切变的增强有利于上升气流和下沉气流在相当长的时间内共存,新单体将在前期单体的有利一侧有规则地形成。如果足够强的垂直风切变伸展到风暴的中层,则产生于上升气流和垂直风切变环境相互作用的动力过程能强烈影响风暴的结构和发展。在这种风切变环境下,有利于组织完好的对流风暴如强烈多单体风暴和超级单体风暴的发展(图 5.3)。

5.1.3.3 水汽条件

风暴云内部含有大量水分,其水分是由上升气流从大气低层向上输送的。因此风暴的发展要求低层有足够的水汽供应。所以,风暴常形成于低层有湿舌或强水汽辐合的地区。据统计,超级单体和多单体风暴的形成要求比普通单体风暴有更大的低层水汽含量。但是,如果低层的水汽含量过大,在对流云发展早期,云内就会有大量的水汽凝聚,形成雨滴而降落,阻碍上升气流的进一步发展。这可能是热带海洋地区多雷阵雨和对流性暴雨,而很少降雹的原因之一。

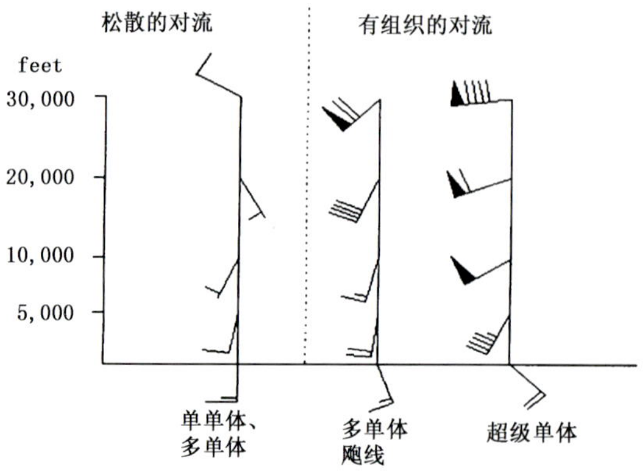

图 5.3　垂直风切变及其对对流风暴组织与结构的影响

5.1.3.4　抬升条件

在对流不稳定条件下，需要一定的抬升条件对流才能发生。从图 5.2 中看到，气块在从地面开始抬升直到自由对流高度期间的温度一直小于环境温度，相应的密度大于环境空气的密度，受到向下的负浮力的作用。因此若没有抬升力的作用，气块将返回原来位置。自由对流高度以下负浮力区域的面积称为对流抑制，英文缩写为 CIN。

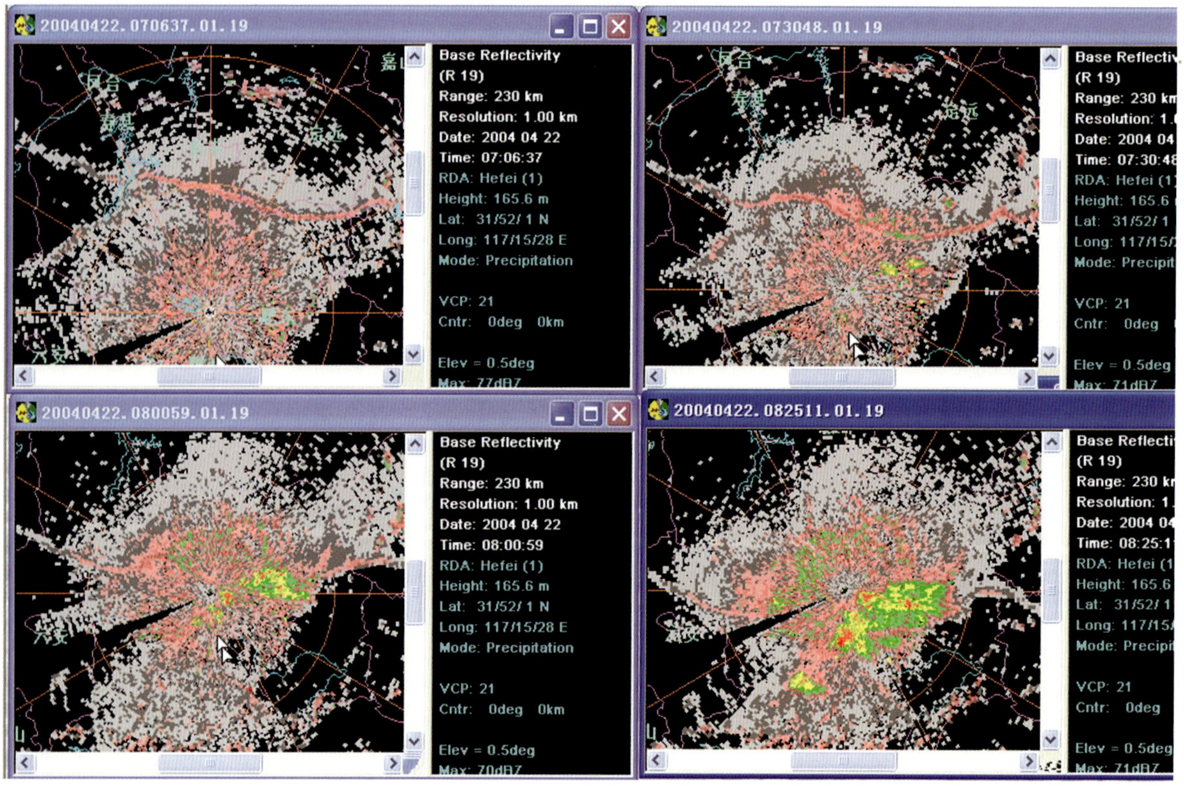

图 5.4　2004 年 4 月 22 日一条干冷锋移过安徽省北部，沿辐合线有强对流发展时合肥 CINRAD-SA 雷达 0.5°仰角的反射率因子图的演变

触发对流的抬升条件大多由中尺度系统提供(Doswell，1987)，如锋面、干线、对流风暴的外流边界(阵风锋)、海(陆)风锋、重力波等，此外地形的抬升作用也可以触发或加强对流。需要特别指出的是边界层辐合线的作用。边界层辐合线所涵盖的范围很广，包括上述锋面、干线、对流风暴的外流边界(阵风锋)、海(陆)风锋等在边界层内形成风场辐合的系统。边界层辐合线在新一代天气雷达反射率因子图上呈现为窄带回波，强度从几个 dBZ 到十几个 dBZ。产生这样强回波的原因是由于水汽沿辐合线相对集中，造成较强抬升的缘故。大量观测表明，对流风暴倾向于在边界层辐合线附近生成，尤其是在两条辐

合线的交点附近生成。图 5.4 所示为 2004 年 4 月 22 日一条干冷锋从北向南移过安徽省北部，在反射率因子图上表现为窄带回波，当它与距雷达不远的另一条辐合线相遇时，有对流风暴生成，这些对流风暴在随后的过程中加强，产生了地面大风和冰雹等强对流天气。

5.1.4　风暴运动

风暴运动可以从雷达回波图上获得，它是平流和传播的合成(图 5.5)。由于风暴由流动的气流组成，因此风暴具有平流运动，其中单个风暴单体是随着风暴承载层的平均气流方向而平流的。在风暴某侧由新生单体所引发的风暴运动称为传播。由于传播效应，风暴整体运动偏离风暴单体的运动方向。传播方向常常是新上升气流发展的方向。因此，如果已知风暴承载层的平均风和风暴运动，那么，产生新生单体的区域也就能够确定了。传播运动受以下因子影响：1)风暴的内部特征，例如动力强迫和风暴引起的阵风锋辐合；2)与风暴相互作用的外部环境特征，例如初始热力/湿边界、风辐合线和地形特征等。需要指出的是图 5.5 所示的风暴传播只适用于多单体风暴，它是不连续的。超级单体风暴也有传播现象，它是由上升气流和环境风垂直切变之间的动力学相互作用引起的。超级单体风暴的传播看上去是连续的，或者可以认为超级单体中上升气流脉动之间的时间间隔很短以至看上去是连续的。

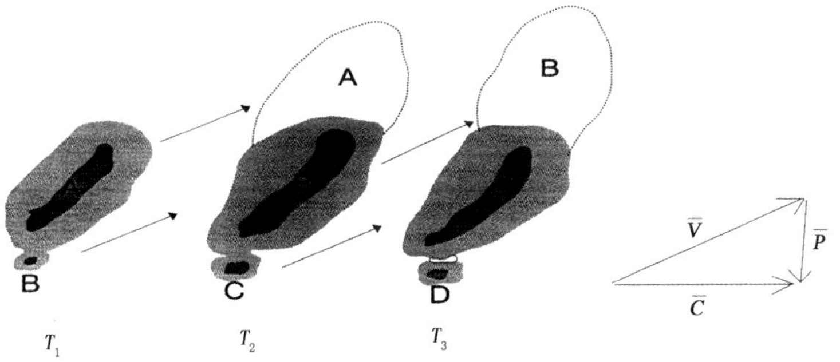

图 5.5　有组织的多单体风暴的风暴平流、传播和风暴运动的关系示意图

通常情况下，当环境为强气流所控制时，风暴运动主要取决于平流，而当对流层环境风场较弱时，传播对于风暴运动起着主导作用。

5.2　速度矢端图及其业务应用

垂直风切变矢量大小和方向的变化极大地影响着对流风暴的组织和演变。速度矢端图是用以反映垂直风廓线信息的一种工具，对于超级单体风暴环境的诊断尤为重要。本节将叙述如何应用速度矢端图去研究垂直风廓线，研究垂直风切变对风暴发展的影响。

5.2.1　速度矢端图

速度矢端图的主要目的是要将风向、风速随高度变化或风的垂直切变这一三维空间特征在一个采用极坐标系的平面上表示出来。极坐标系中风矢量以大小和方向来表示。矢量尾位于坐标原点，矢量上的箭头表示风的去向，矢量的长度正比于风速的大小。例如，“225/20 kn ”所表示的风是吹向东北方向，其大小为 20 kn，以一定的比例尺由风矢量的长度表示。各个高度的风矢量都表示在同一幅极坐标平面图上，并注明各个风矢量的高度(图 5.6)。垂直风切变是指水平方向的风速随高度的变化。在给定的层次中，切变风矢指的是顶层和底层风矢量之差(图 5.7)，切变风矢可以在所有风场资料层上绘出。速度矢端图是由各个层的切变风矢量组成的(图 5.8)。

速度矢端图的形状与风暴发展的潜势有很大关系。在弱垂直风切变环境中对流风暴发展的速度切变矢图通常呈现出较弱气流和无组织的垂直风廓线的特点，不利于风暴一侧新生单体周期性地发展，因而在弱切变环境中的风暴具有短生命史和无组织的特征。在热力不稳定环境中，垂直风切变的加强通

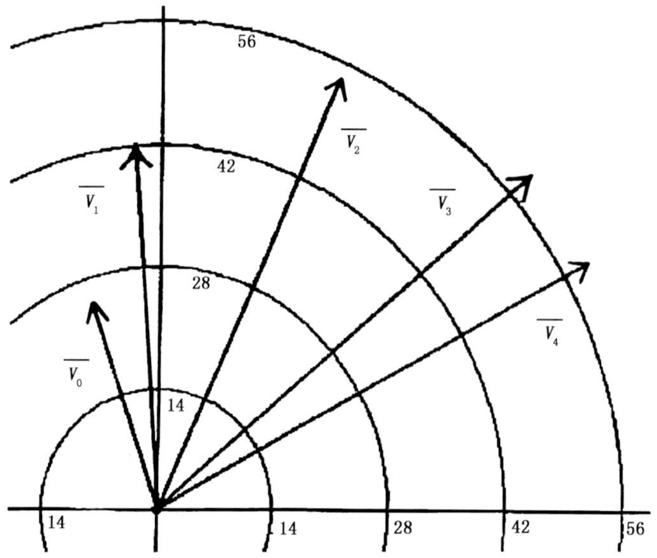

图 5.6　风矢量随高度分布的平面极坐标图表示

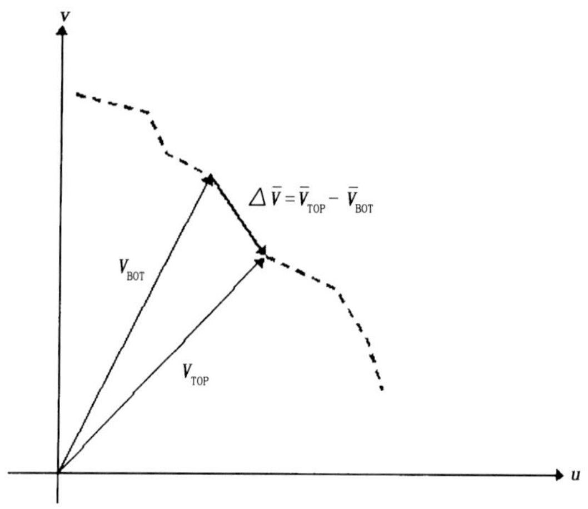

图 5.7　垂直风切变矢量在平面极坐标图上的表示

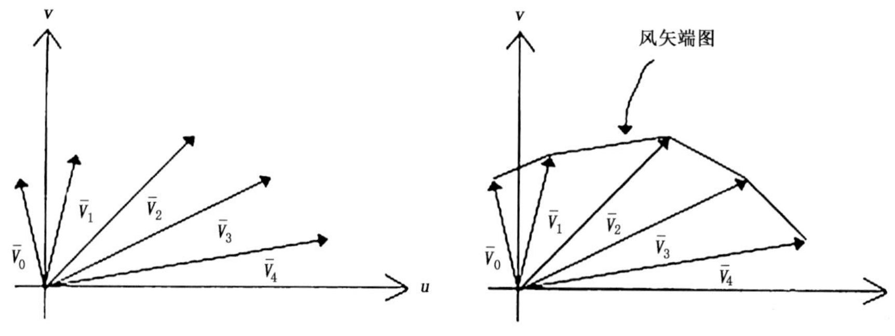

图 5.8　在平面极坐标系内表示风随高度变化和各层垂直风切变的速度矢端图

常能导致对流更强和生命史更长风暴的产生和发展，即有利于组织完善的多单体风暴、飑线和超级单体风暴的发展。多单体风暴和超级单体风暴在速度矢端图上的特征如下：1）组织完善的多单体风暴的速度矢端图通常表现为基本上单一方向的风切变（图 5.9），这种风切变分布能促使新生单体在现存单体的有利一侧周期性地产生和发展，如果切变足够强，那么多单体风暴将会发展成为超级单体风暴；2）超级单体风暴速度矢端图的明显特征表现在低层具有强的风切变和明显的速度矢端图的曲率（图 5.9），这有利于加强风暴的旋转潜势。值得注意的是速度矢端图的曲率指的是风切变矢量随高度的变化，而不是风矢量随高度的变化。在这种环境中所产生和发展的风暴已经具有发展为超级单体风暴的潜势。

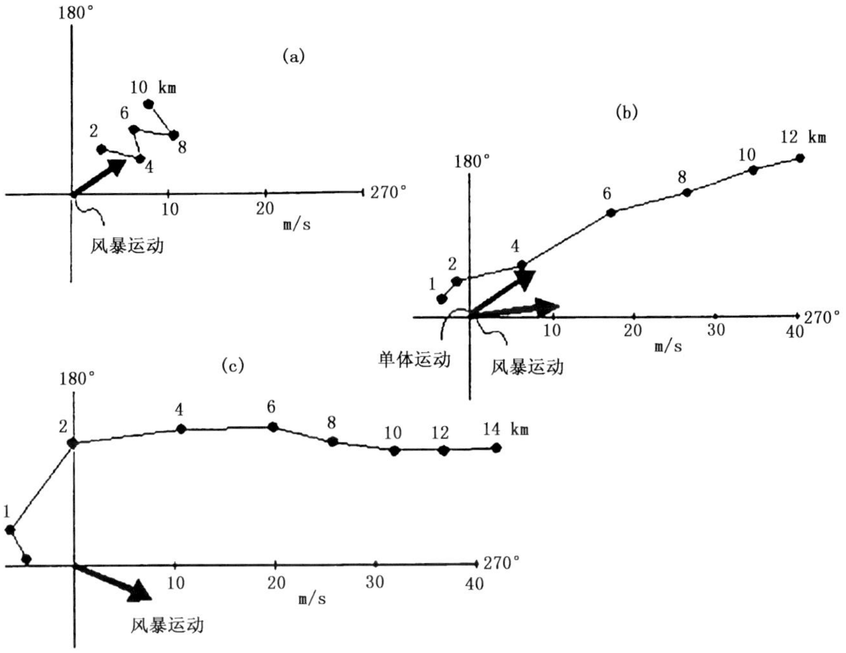

图 5.9　加拿大阿尔伯塔地区三种不同类型风暴的典型速度切变矢图(引自 Chisolm 和 Renick，1972)
(a)普通单体风暴；(b)多单体风暴；(c) 超级单体风暴

图 5.9 为 Chisolm 和 Renick(1972)根据统计分析得到的加拿大阿尔伯塔地区三种不同类型风暴的典型速度矢端图。每一点的数字表示风矢量的高度。由图可见，产生普通单体风暴(图 5.9a)的环境风随高度的分布杂乱无章，基本上是一种无序的分布，而且风速随高度的变化也较小；而多单体风暴(图 5.9b)和超级单体风暴(图 5.9c)的风向、风速随高度分布是有序的，风向随高度的变化也比普通单体风暴的大。从图上还可以看出，多单体风暴和超级单体风暴在整个对流层中，它们的风矢量的垂直切变没有明显的差别。它们之间最大的差别在于云底以下低层中风矢量随高度的变化。

5.2.2　垂直风切变与水平涡度

如前所述，图 5.9c 中的速度矢端图的形状，特别是低层较大的曲率，有利于加强风暴的旋转潜势，从而有利于形成伴有深厚持久中气旋的超级单体风暴。有无中气旋是判断是否有超级单体的判据。因此，超级单体的产生以垂直涡度的形成和加强为前提。而垂直涡度的生成与垂直风切变造成的水平涡度密切相关。对流风暴上升气流中垂直涡度的形成机制可以通过涡度方程来讨论。略去湍流混合项的大气垂直涡度方程为(张培昌等，2001)：

$$\frac{d\zeta}{dt}=-\zeta\left(\frac{\partial u}{\partial x}+\frac{\partial v}{\partial y}\right)+\left(\frac{\partial w}{\partial y}\frac{\partial u}{\partial z}-\frac{\partial w}{\partial x}\frac{\partial v}{\partial z}\right) \tag{5.3}$$

其中 ζ 是垂直涡度。上式可进一步写成：

$$\frac{d\zeta}{dt}=-\zeta\left(\frac{\partial u}{\partial x}+\frac{\partial v}{\partial y}\right)+(\boldsymbol{S}\times\nabla_H W)\cdot\boldsymbol{k} \tag{5.4}$$

其中 $\boldsymbol{S}=\frac{\partial u}{\partial z}\boldsymbol{i}+\frac{\partial u}{\partial z}\boldsymbol{j}$ 为垂直风切变矢量。

方程右边第一项是辐合作用引起的涡度改变，称为压缩项。第二项是垂直速度水平梯度与水平风垂直切变相互作用引起的涡度产生，称为倾斜项。显然，在初始上升气流中垂直涡度只能通过倾斜项产生，辐合项在 ζ 出现后才起作用。倾斜项是通过水平涡管变成垂直而产生垂直涡度的。垂直风切变产生水平涡度，当沿着风暴入流的水平涡度随着入流在风暴内成为垂直上升气流时，水平涡度转换成垂直涡度。因此，首先来考察一下垂直风切变与水平涡度间的关系。

速度矢端图上某层的水平涡度矢量指向此层风切变矢量的左侧并与其成 90°交角。水平涡度大小与此层的平均风切变大小成正比，如图 5.10 所示。

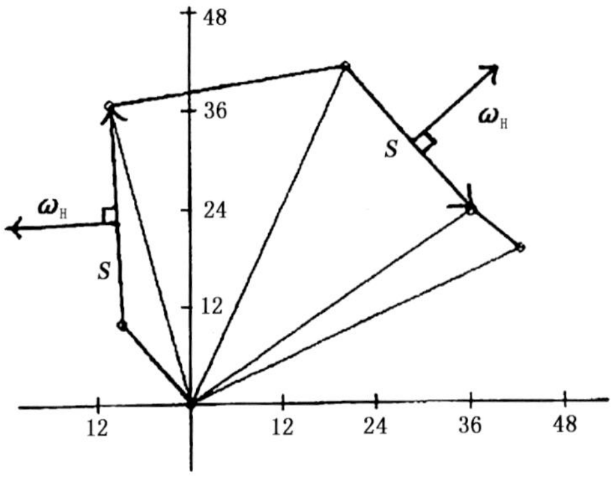

图 5.10　速度切变矢图中垂直风切变矢量（$\boldsymbol{S}$）和水平涡度矢量（$\boldsymbol{\omega}_H$）关系示意图

这里对上述风的垂直切变矢量和水平涡度矢量之间的关系进行说明。以位于图右侧的第四和第三高度风矢量之间的垂直切变和第三及第四高度间空气层的水平涡度矢量之间的关系为例。首先将第三和第四高度的风矢量分别在 x 和 y 轴上投影。在 x 轴上，u_4 大于 u_3，即在 x 轴方向，风速随高度增加，水平涡度分量指向 y 轴方向（北）。在 y 轴上，v_4 小于 v_3，即风速随高度减少，水平涡度分量指向 x 轴方向（东）。因此，合成后的水平涡度矢量指向图中所示的东北方向，与垂直风切变矢量垂直，并位于其左侧。

5.2.3　相对风暴气流和沿流线方向涡度

相对风暴气流是指在某个层次上，相对于地面的风速 $\boldsymbol{V}$ 减去风暴运动速度 $\boldsymbol{C}$。即 $\boldsymbol{V}_r=\boldsymbol{V}-\boldsymbol{C}$。相对风暴风速 $\boldsymbol{V}_r$ 可以表示为从风暴运动风矢头 $\boldsymbol{C}$ 指向相对地面风速 $\boldsymbol{V}$ 矢头的矢量，如图 5.11 所示。当环境风为东风且其风速大小随高度而线性增长，风暴单体以环境平均风速大小向西运动时，相对风暴气流示意图如图 5.12 所示。此时，在低层相对风暴气流方向向西（东风），中间不存在相对风暴气流，至高层向东（西风）。

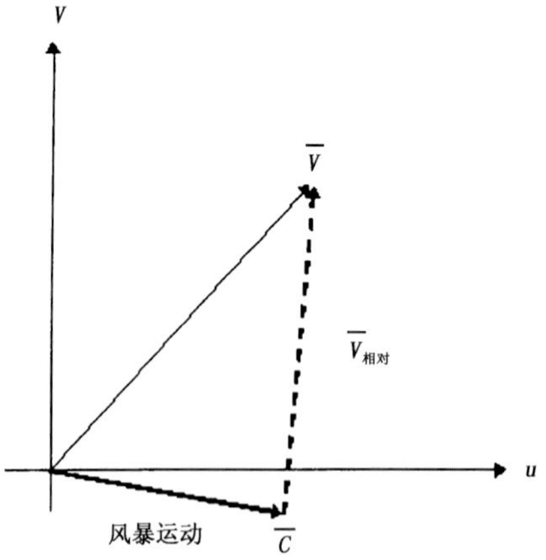

图 5.11　相对风暴的风：由相对地面的风 $\boldsymbol{V}$ 减去风暴运动 $\boldsymbol{C}$ 而获得

相对风暴气流一定程度上决定了降水分布。由于降水形成于凝聚层（或其上），相对风暴气流在这一层上尤为重要，这表现在：

（1）如果降水降落到风暴低层气流入流处，那么风暴的进一步发展受到抑制。

（2）如果相对风暴气流携带着降水远离风暴低层气流入流处，那么新生单体将会重新获得不稳定能

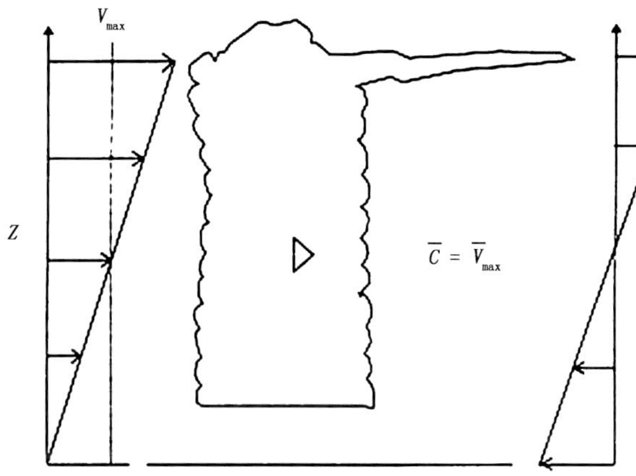

图 5.12　对于一个风暴移动速度矢量等于环境平均风矢量(左边)的单体的相对风暴风(右边)

量，相对风暴气流能导致风暴一侧辐合的加强，从而使得新生单体在此侧周期性地产生和发展。所以，相对风暴气流对风暴的生成和发展起着重要的作用。

除了对降水分布的作用外，相对风暴气流能够反映低层入流气流强度，从而有助于确定新生上升气流发展的位置及其潜在强度。相对风暴气流使得阵风锋不能远离风暴，这就很大程度上加强了风暴下方的气流辐合，从而导致更强的上升气流。同时，低层相对风暴气流的强度和方向还决定了风暴水平涡度是如何倾斜转换成为垂直涡度的。

水平涡度可以分解为两个分量即沿流线方向的涡度和垂直于流线方向的涡度，沿流线涡度是指平行于相对风暴气流的水平涡度分量，垂直于流线方向的涡度是指垂直于相对风暴气流的水平涡度分量。如图 5.13 所示。

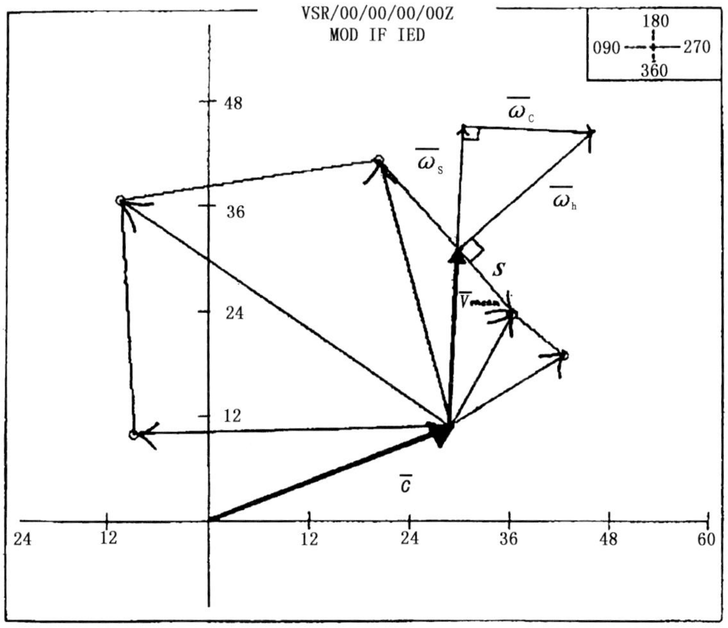

图 5.13　水平涡度沿平行和垂直于相对风暴速度矢量方向上的分解

(其中 ω_h 为水平涡度，ω_s 为流线方向涡度，ω_c 为垂直流线方向涡度，**S** 为风切变矢量)

沿流线的涡度对旋转的作用表现在：沿流线方向的涡度决定了上升气流所产生的旋转的潜势。风的垂直切变导致的水平涡度能通过风暴上升气流倾斜作用产生垂直涡度。沿流线方向水平涡度决定了垂直涡度中心(产生于倾斜)和垂直速度中心(与风暴上升气流有关)之间的关系：

(1)如果水平涡度沿流线方向的分量不够大，那么由倾斜产生的垂直涡度将位于上升气流的一侧，而不是位于其中心；

(2)沿流线方向水平涡度分量的增加将导致上升气流核和进入上升气流的切变涡度之间的联系更加密切，随着沿流线方向涡度分量的增大，上升气流中心和垂直涡度中心将在同一位置上；

(3)如果沿流线方向的水平涡度足够大，那么风暴的上升气流将产生明显的旋转，此时还要求低层相对风暴气流足够强，大约超过 10 m/s。

5.2.4 相对风暴螺旋度

Brandes 等(1988)提出相对风暴螺旋度，它是衡量风暴旋转潜势的具有明确意义的物理量。相对风暴螺旋度取决于沿相对风暴气流流线方向的水平涡度，而这些因子又取决于低层垂直风切变的强度和方向以及风暴的运动。其表达式为：

$$H_{SR}=\int_0^z(\overline{V}-\overline{C})\cdot\overline{\omega}_H\,\mathrm{d}z \tag{5.5}$$

相对风暴螺旋度简单的几何意义为：它与速度矢端图中两个层次之间的相对风暴风矢量所扫过的区域的面积成正比，通常情况下，两个层次是指地面和可观察到风暴入流的顶即 LFC 高度，实际应用时，气流的入流层大约是指 0～2 km 或 0～3 km 间的层次。如图 5.14 所示。

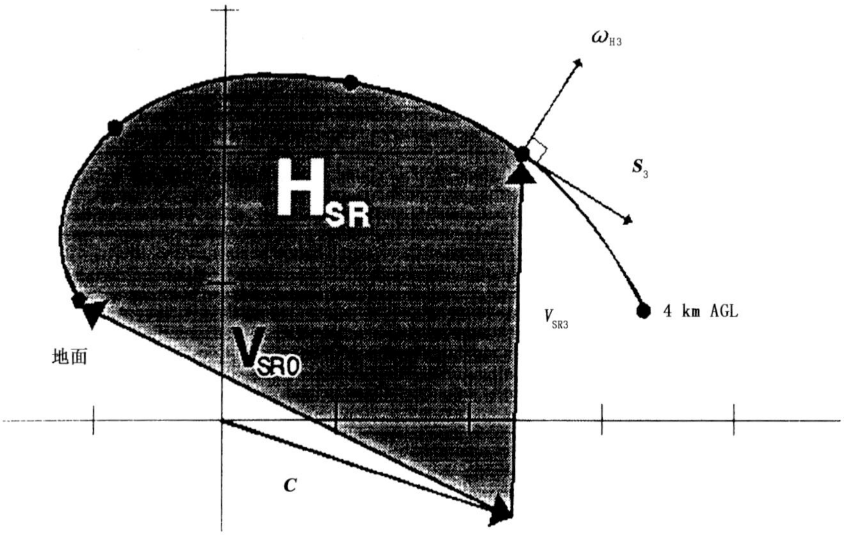

图 5.14 0～3 km 高度内层相对风暴螺旋度的示意图(其中 $\boldsymbol{\omega}_{H3}$ 为 3 km 高度上的水平涡度矢，$\boldsymbol{S}_3$ 为 3 km 高度上的风切变矢，V_{SRO} 为地面相对风暴速度)

5.2.4.1 螺旋度与旋转潜势的关系

相对风暴螺旋度反映了一定气层厚度内环境风场的旋转程度和输入到对流体内环境涡度的多少，其量值反映了沿对流风暴低层入流运动方向旋转的强弱。单位为 $m^2\cdot s^{-2}$。

相对风暴螺旋度可以用以估算垂直风切变环境中风暴运动所产生的旋转潜势，也就是说，气流入流层上沿流线方向的涡度可以进入上升气流并与上升气流核作用，在风暴的相当深层产生强大持久的旋转。

当沿流线方向的强涡度与低层强相对风暴气流相结合时，相对风暴螺旋度或旋转潜势尤其大。实际上的速度矢端图的高曲率与 10 m/s 以上的相对风暴气流结合时，就有可能产生大的螺旋度或旋转势。

5.2.4.2 螺旋度与垂直风切变以及风暴运动之间的关系

在业务工作中可以利用垂直风廓线计算螺旋度，但是由于中尺度的风场变化对速度矢端图的影响较大，所以有效地应用相对风暴螺旋度的关键就是在风暴发展前后对速度矢图进行修正，这在实际操作上相当困难。如今多采用风廓线仪、VWP、数值预报资料对风廓线进行订正。

相对风暴螺旋度计算时还应考虑另一个关键的因素即风暴运动。然而在许多个例中，由于准确预报风暴运动是不可能的。因此，业务上对风暴运动所产生的潜在效应的认识就变得尤为重要。这表现在：

(1)对于给定的速度矢端图，在一定的风暴运动的范围内，沿流线方向的涡度和相对风暴入流可能达到最大。在较为准确的垂直风廓线所提供的 T-ln$P$ 图或速度矢图就可以确定超级单体风暴产生最大威胁的风暴运动范围。

(2)如果风暴的运动速度非要达到某一不可能实现的程度才能使得相对风暴螺旋度超过 150 m^2/s^2 或者低层强入流气流(其速度通常超过 10 m/s)时，那么超级单体风暴不可能出现。

(3)如果对风暴运动的大多数合理估计与相对风暴螺旋度(低层强的相对风暴气流)的大值有关，则超级单体出现的可能性将相应提高。

(4)如果所观测的风暴运动与相对风暴螺旋度大值有关，那么风暴环境将有利于超级单体风暴的发展。

5.2.4.3　对应于强烈超级单体风暴的相对风暴螺旋度与 CAPE 之间的关系

观测和研究表明，强中气旋常常与相对风暴螺旋度的大值有关，同时相对风暴螺旋度和造成强烈旋转上升气流的 CAPE 之间也存在着密切的关系。图 5.15 所示的对应于强烈超级单体风暴的 0～2 km 之间的相对风暴螺旋度和 CAPE 之间的关系表明，当 CAPE 减弱(增强)时，0～2 km 之间相对风暴螺旋度的增大(减小)，有利于剧烈龙卷的发展。显然，对于给定的 CAPE 值，与一个强烈龙卷超级单体相对应的相对风暴螺旋度的值可在相当大的范围内变化。如果由低层强入流气流导致很高的相对风暴螺旋度，则即便只有相对弱的 CAPE 值，也可产生强烈的旋转上升气流；另一方面，如果 CAPE 足够大，不大的相对风暴螺旋度也可导致强烈的风暴旋转。

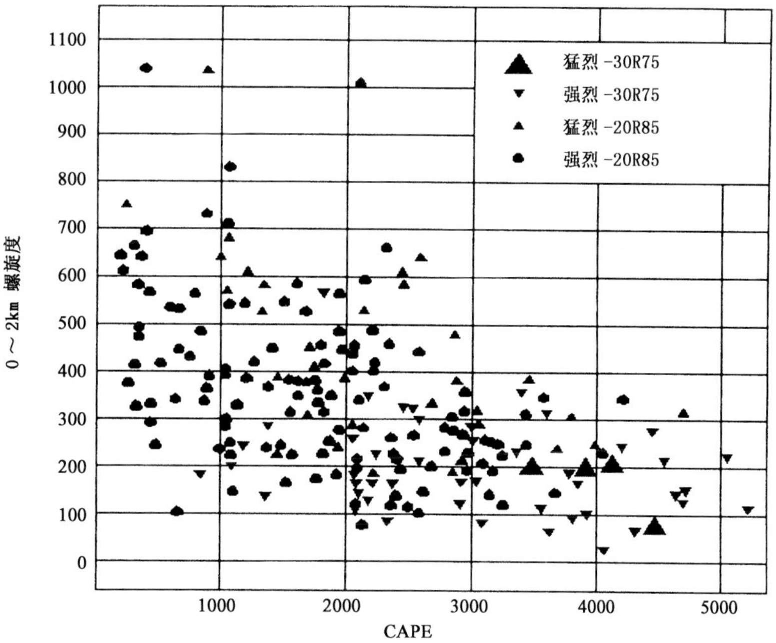

图 5.15　强烈超级单体出现情况下 CAPE 和 0～2 km 高度上相对风暴螺旋度之间的关系分布图(单位：CAPE：J · kg^{-1}；螺旋度：$m^2 \cdot s^{-2}$；图中三角形所代表的风暴运动为 30R75，其余形状所代表的风暴运动为 20R85；30R75 的风暴运动表示风暴在偏离平均风左侧 30°方向以其 75%的速度运动)

在龙卷爆发时，高值相对风暴螺旋度能在大范围的风暴运动区域内维持数小时。然而，这并不能说明较小的相对风暴螺旋度值就意味着不会导致孤立的剧烈龙卷；只是由于孤立的剧烈龙卷尺度很小，其相应的螺旋度因探空网无法分辨而造成低估。由于风暴尺度过程及其相互作用，具有低值相对风暴螺旋度的大尺度环境在局地尺度上仍然可以具有较高的风暴相对螺旋度(这个局地尺度的高值螺旋度很难探测到),进而导致龙卷。

5.2.5 本节小结

速度矢端图是研究垂直风切变有效的工具。速度矢端图由切变矢量组成,其长度表示速度切变矢量的强度,在速度切变矢图上可以很方便地表示出风暴的运动和相对风暴风场。从速度矢端图的形状可以判断有可能产生的风暴类型。超级单体风暴的速度矢端图通常在风暴入流层中呈现出强烈的顺时针切变(即在低层表现出明显的曲率)。但是,切变足够强时,直线形式的速度矢端图也能够产生超级单体型对流。

垂直风切变的出现表明了水平涡度的形成,并且,能够通过风暴的上升气流使得水平涡度倾斜成为垂直涡度。因此,顺流线方向的水平涡度分量决定了与上升气流中心相关的水平涡度的强度。风暴旋转的潜势可由风暴相对螺旋度来表示。

相对风暴螺旋度:1)是指相对风暴风场和顺流线方向涡度的积分效应;2)其大小与速度矢端图上两个层次之间相对风暴风所扫过的区域面积成比例;3)能够用以估计风暴从上升气流中获得的旋转潜势的大小。

5.3 强风暴的雷达回波特征

如前所述,对流风暴可以分为以下四类:1)普通单体风暴;2)多单体风暴;3)飑线;4)超级单体风暴。前三类风暴既可以是强风暴,也可以是非强风暴。而第四类风暴一律是强风暴。对流风暴的组织程度和强度与环境风的垂直切变有很密切的关系。在弱的垂直风切变条件下,对流风暴的组织性一般较差,其中强风暴只有"脉冲"风暴一种;在中等到强的风垂直切变条件下,对流风暴常常具有很好的组织性,强风暴的类型有多单体风暴、超级单体风暴和飑线。在下面各小节中,将对各类风暴的雷达回波特征给予详细的描述。

5.3.1 弱垂直风切变环境中的强风暴——脉冲风暴的回波特征

脉冲风暴是发展迅速的强风暴,它产生于弱的垂直风切变环境中,同时环境具有较厚的低层湿层和高度的垂直不稳定性。脉冲风暴尽管具有单个单体的特征,但是很少以真正单个单体形式出现。强脉冲单体通常是在结构松散的多单体风暴中几个演变单体中的一个。

强脉冲单体通常是在浅对流和若干非强单体出现以后才出现的。这是因为:1)非强单体风暴调整了局地风暴环境的气流结构和热/湿层结构;2)如果低层丰富的湿空气局限于一薄层中,那么非强单体风暴的作用会使薄层变厚。一段时间之后,局地环境被前期单体的这些作用所"调节",接着强脉冲单体生成。而强脉冲单体生成以后再产生的单体通常为非强单体。虽然脉冲单体通常是短命的(其生命史一般小于 30 min),但其母风暴可以维持 1～2 h。强脉冲单体产生的强天气通常局限于生命史较短(约 5～15 min)的下击暴流、冰雹(直径通常小于 2.5 cm)以及弱的(如非超级单体)龙卷,然而,强烈的微下击暴流和大冰雹偶尔也会出现。

脉冲风暴的回波结构有三个特点(图 5.16b):1)初始回波出现的高度,一般在 6～9 km 之间;2)强回波中心值一般大于 50 dBZ;3)强中心所在的高度也较高,一般在 −10℃等温线的高度左右。这与弱垂直风切变环境下非强的对流单体的回波结构(图 5.16a)形成鲜明的对照。上面回波强度特征表明云中的上升气流很强,而且上升气流的上面存在水分累积区。这对云中的冰雹生长是很重要的。

多普勒天气雷达回波速度场中可分辨出的特征包括风暴顶的强辐散气流,云底附近或其以上的强辐合气流。如果脉冲风暴能产生下击暴流,那么近地面强辐散信号对应于地面的强风。通常,中层(2～7 km)强辐合与近地面强外流气流有关,而且,近地面最强外流气流的位置常常在中层最强辐合中心的下方。由于脉冲风暴所诱发的强天气过程是快速爆发的(5～15 min),因此,即便探测到近地面的气流辐散信号,也很难对脉冲风暴发出有效警报。通常探测到云底之上的强辐合可作为下击暴流发生的前兆。

雷达探测脉冲风暴的较有效的方法是要注意出现初始回波的高度，最大回波强度值及其所在高度。同时，也可以应用垂直累积液态水 VIL 产品和组合反射率因子 CR 产品来帮助识别这类风暴，当 VIL 值较大，CR 产品中的最大回波强度值很大及其所在高度较高时，可以推断可能产生强脉冲单体风暴。

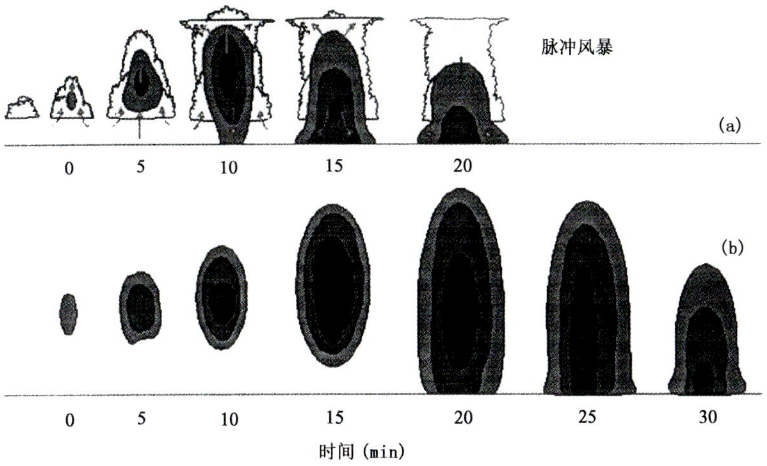

图 5.16　(a)为普通风暴垂直剖面的演变过程，(b)为脉冲风暴垂直剖面的演变过程
(其中等值线为 $\log Z$，最暗区的强度超过 50 dBZ；摘自 Chisholm 和 Renick，1972)

图 5.17　处于不同发展阶段上的多单体风暴中各个单体演变

5.3.2　中等到强垂直风切变环境中多单体风暴的雷达回波特征

由于多单体风暴由处于不同发展阶段的单体组成，如图 5.17 所示。强烈多单体风暴和普通多单体风暴的特征存在差别。因此识别强和非强多单体风暴之间的雷达回波差别极其重要。将注意力集中于处于不同发展阶段的单体中最强盛的单体，比较该单体在非强多单体风暴和强烈多单体风暴情况下的回波特征。

直到 20 世纪 70 年代中期，雷达探测强风暴的技术局限于主观的、有时想象的在低仰角的 PPI 回波上寻找风暴低层的回波特征和垂直扫描（RHI）来估计对流风暴的强弱。这种方法的误警率高。认识到这种方法的局限性，Lemon（1977，1980）提出了一种雷达体积扫描方案用来估计在中等到强的垂直风切变环境中发展的对流风暴的三维结构。应用体积扫描方案，可根据高、中、低仰角的 PPI 回波强度资料，并把它们组合在同一屏幕上显示，从而得到风暴回波的三维结构图像。人们可以从这种三维结构推断出上升气流强度，进而判断对流风暴产生强烈天气的潜势。大量的观测和研究表明，回波顶高本身对对流风暴强弱的指示性并不是很好，而回波顶相对于低层反射率因子回波的位置却可以很好地指示对流风暴的强弱。也就是说，从回波顶、中、低层回波在相应平面上的配置可以推断对流风暴的强弱。

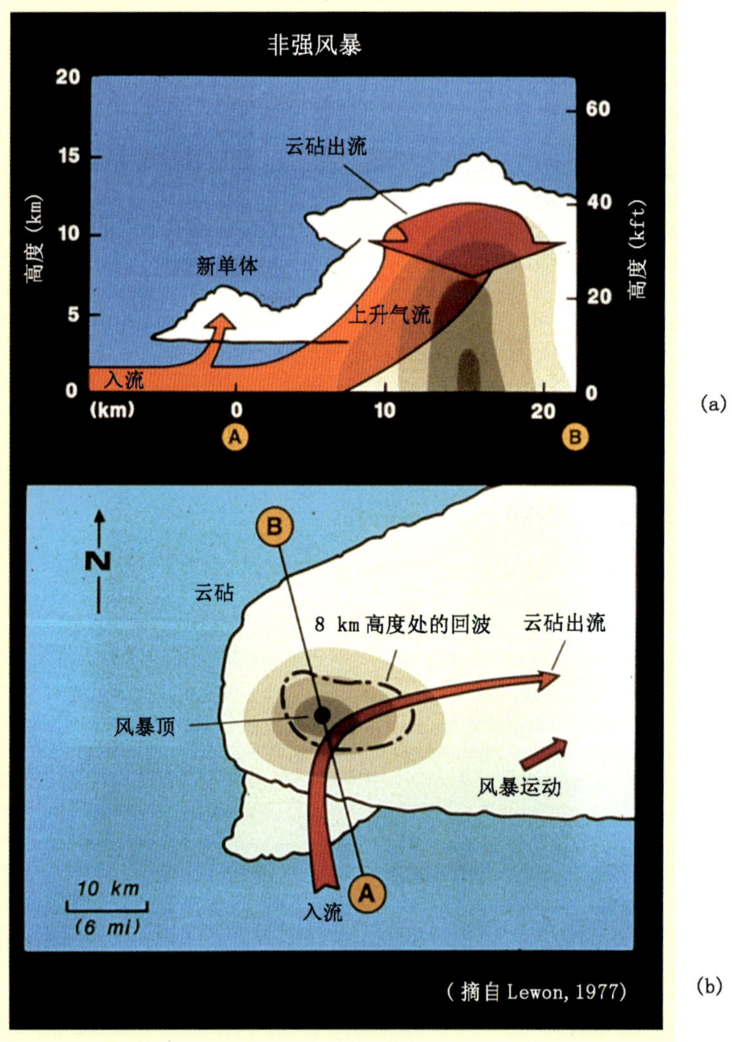

图 5.18　多单体非强风暴中发展最旺盛的对流单体的低、中、高三层回波强度平面位置显示(b)和垂直剖面(a)（其中实线为低层回波强度等值线，虚线为中层(8 km)回波强度大于 20 dBZ 的轮廓线，粗黑点为高层最大回波强度处）

5.3.2.1　中等到强垂直风切变环境中的多单体非强风暴

图 5.18 描述了在中等到强垂直风切变环境中的非强多单体风暴中发展最强盛的单体的反射率因子回波特征。下图为低、中、高三层对应的平面位置显示(俯视图),上图为回波垂直剖面示意图,垂直剖面的位置如下图中线段 AB 所示。从平面俯视图可以看到中层和低层的回波分布的轮廓位置几乎重合,回波顶位于低层和中层回波反射率因子最强的区域之上。这种高、中、低层反射率因子在垂直方向以回波顶为中心的对称分布使得在低层无法形成弱回波区(WER)。从垂直剖面图上可以看出,入流从图左侧进入云体后倾斜上升,并在高层从纸面朝着读者方向离开云体。由图可见,在低层没有形成类似穹窿状的弱回波区。这些特征表明风暴中不存在强烈的上升气流。所以,尽管这种对流风暴的回波顶可以达到很高,但也不能形成对地面造成灾害的强风暴。

5.3.2.2　中等到强垂直风切变环境中的多单体强风暴

与上面的多单体非强风暴形成对照,一个多单体强风暴的强烈发展阶段是以更强的上升气流且变得更加垂直为标志的(图 5.19)。图 5.19 示意性地描绘了多单体强风暴中最强盛的对流单体的平面综合俯视图和垂直剖面。

图 5.19 中低层回波强度(反射率因子)梯度在低层入流一侧最大,风暴顶偏向低层高反射率因子梯度一侧。低层高反射率因子梯度的形成是由于降水物的尺寸筛选:最大的粒子落在上升气流核附近,更小的粒子落在上升速度核下游更远处。中层(8 km 高度左右)大于 20 dBZ 回波廓线向低层入流一侧伸展,悬垂于低层弱回波区之上,形成弱回波区(WER)和中高层回波悬垂的分布特征。由图 5.19 的垂直

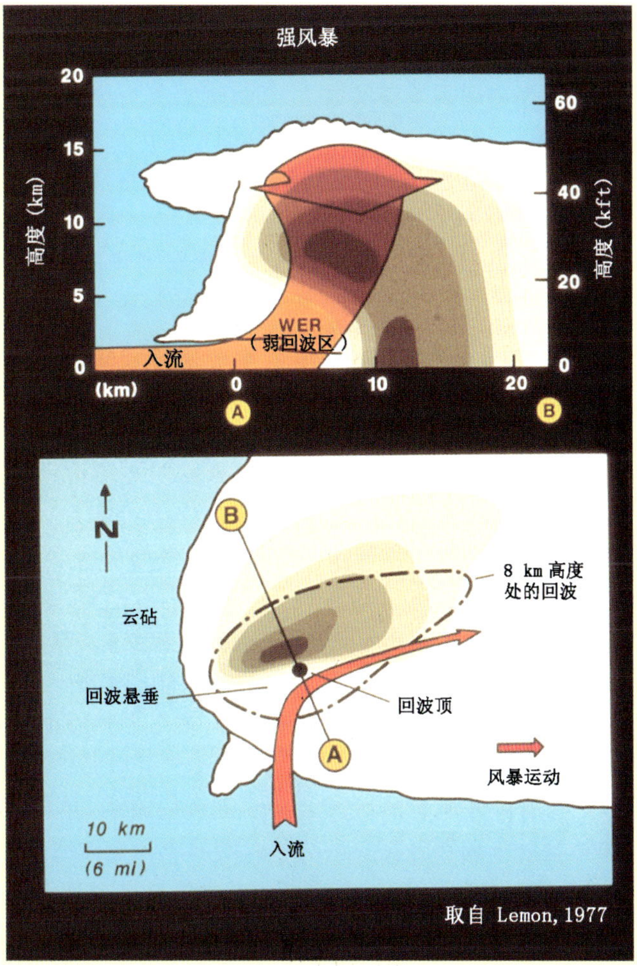

图 5.19　多单体强风暴中发展最强盛的对流单体的低、中、高三层回波强度平面位置显示(b)和垂直剖面(a)(其中实线为低层回波强度等值线,虚线为中层(8 km)回波强度大于 20 dBZ 的轮廓线,粗黑点为高层最大回波强度处)

剖面图看出，由于低层上升气流速度较强，使在该处形成的降水质点被携带上升，加上风暴顶的辐散和环境风的影响，形成了低层无回波或回波强度很弱的弱回波区（WER）。

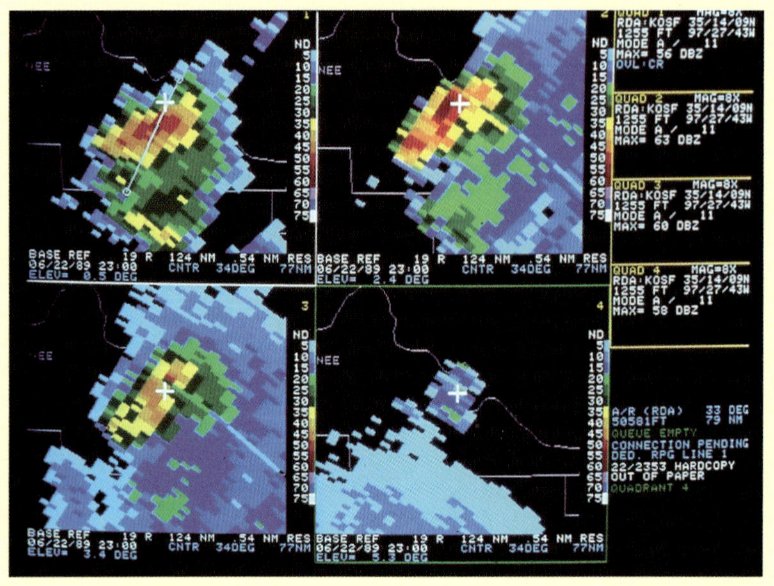

图 5.20　1989 年 6 月 23 日出现在美国的一次多单体强风暴低、中、高仰角反射率因子的四幅图显示。图中线段指示图 5.21 中垂直剖面的位置（由 Lemon 提供）

当风暴顶的位置移到低层高反射率因子梯度区之上时，标志着一个强上升气流，并表明增加的严重风暴潜势。如果深厚的、持续的旋转被观测到，上述反射率因子结构也可以与超级单体相联系。

低层相对于风暴的入流，常位于低层反射率因子梯度较大的一侧，同时弱回波区和回波顶也偏向于低层入流一侧。

图 5.20 和图 5.21 为 1989 年 6 月 22 日出现在美国的一次多单体强风暴回波个例。图 5.20 中的四幅图分别为 0.5、2.4、3.4 和 5.3°仰角的反射率因子，穿过风暴的线段表示相应的垂直剖面（图 5.21）的位置。从图 5.20 可以看出，低层入流来自北方，对应于 0.5°仰角图的高反射率因子梯度区。以“+”字游标位置为参考，可看出风暴的高反射率因子区从低到高向入流一侧（北偏西方向）倾斜，反映出低层的弱回波区和中高层的悬垂回波结构，并且风暴顶位于低层反射率因子高梯度区之上。相应的垂直剖面（图 5.21）也清楚地展示出风暴低层的弱回波区和中高层的悬垂回波结构，以及风暴顶位于低层反射率因子高梯度区之上。

图 5.22 为 2002 年 4 月 3 日夜间到 4 日凌晨出现在湖南北部的一次多单体强风暴。该多单体强风暴位于图的左侧，呈现出弓形回波的特殊形态，其最大反射率因子超过 65 dBZ。入流区位于弓形回波的前沿。若以双箭头游标为参照，弓形回波前沿从低仰角到高仰角向前（入流一侧）倾斜，表明其低层的弱回波区和中高层的悬垂回波结构。与反射率因子图上的弓形回波的后侧入流槽口对应，低层速度场的速度超过 19 m/s。在弓形回波的北部，低层出现气旋式旋转；在弓形回波的南部，出现反气旋旋转。此次多单体强风暴在湖南北部造成灾害性大风、冰雹和暴雨，导致严重损失。

图 5.23 为拍摄到的一个多单体强风暴的照片。从图上可以看到，单体Ⅳ、Ⅴ处于消散阶段，单体Ⅰ、Ⅱ处于初生发展阶段，单体Ⅲ处于成熟阶段。当新单体发展成为主体回波时，老的单体减弱，而另一个新的单体形成，每个单体维持 20～30 min。一个典型的多单体风暴在其生命史中可以有 30 或其以上的单体相继形成。与多单体强风暴相联系的强天气通常为灾害性大风、下击暴流、中等尺寸的冰雹和暴雨。

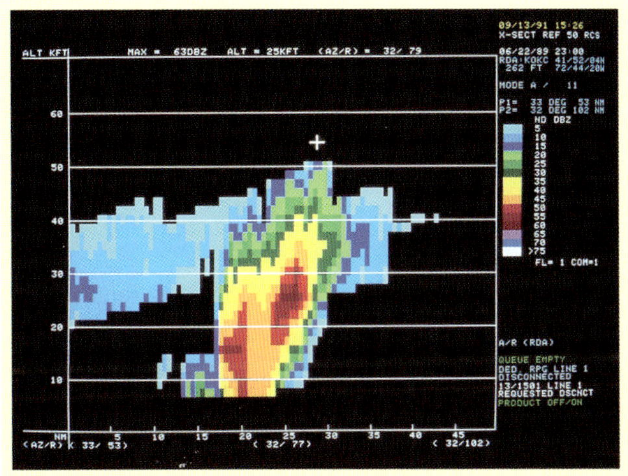

图 5.21　对应于图 5.20 的反射率因子垂直剖面。剖面位置如图 5.20 中的线段所示(由 Lemon 提供)

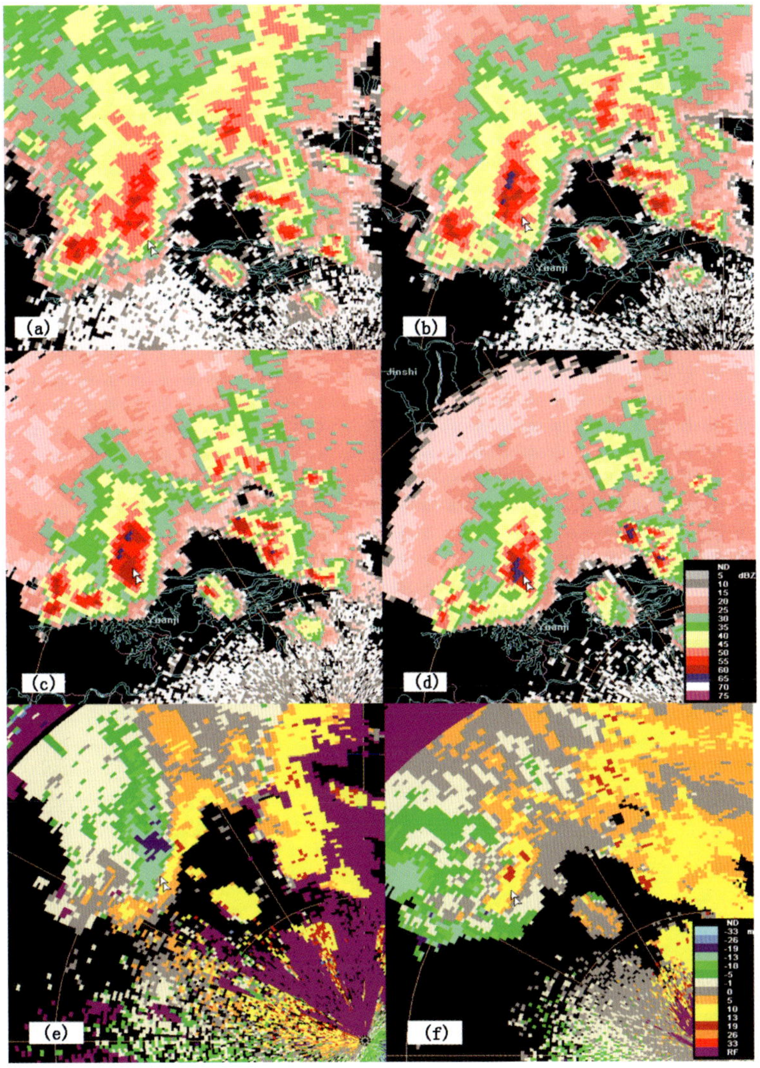

图 5.22　2002 年 4 月 3 日 23 时 56 分湖南长沙 CINRAD-SA 雷达的反射率因子和相对风暴速度图
(a、b、c、d 分别为 0.5、1.5、2.5、3.4°四个仰角的反射率因子图;e、f 为 0.5°和 2.4°两个仰角的相对风暴速度图)

图 5.23　多单体强风暴的照片(由 Lemon 提供)

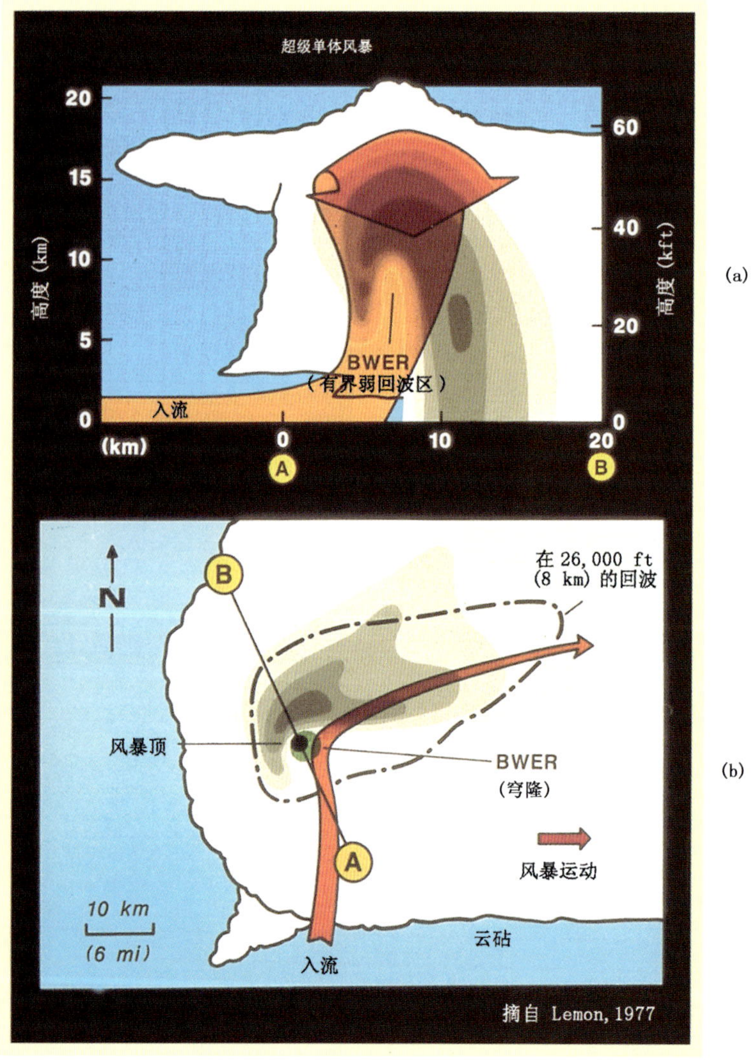

图 5.24　超级单体风暴的低、中、高三层回波强度平面位置显示(b)和垂直剖面(a)(其中实线为低层回波强度等值线,虚线为中层(8 km)回波强度大于 20 dBZ 的轮廓线,粗黑点为高层最大回波强度处)

5.3.3 超级单体风暴的反射率因子特征

从20世纪60年代开始，Browning等就给出了超级单体的雷达反射率因子特征。当时认为稳定性和持续性是超级单体与其他强风暴的主要区别。后来的数值模拟研究和多普勒雷达探测表明深厚持久的中气旋才是超级单体风暴最本质的特征。超级单体风暴只产生在中等到强的垂直风切变环境中。

超级单体风暴呈现出各种各样的雷达回波和视觉特征，依据对流性降水强度和空间分布特征可以进一步对超级单体风暴进行分类。某些超级单体风暴几乎没有产生降水，但具有显著的旋转特征，这类超级单体风暴称为弱降水(LP)超级单体风暴。在超级单体风暴族中有另一种风暴，能够在其中气旋环流中产生相当大的降水，这类超级单体风暴称为强降水(HP)超级单体风暴。在上述两个极端之间，还存在经典超级单体风暴，即传统超级单体风暴。

5.3.3.1 经典超级单体风暴

当一个风暴加强到超级单体阶段，其上升气流变成基本竖直的(图5.24)，回波顶移过低层反射率因子的高梯度区而位于一个持续的有界弱回波区BWER(传统上称为穹隆)之上(图5.24))。BWER是被中层悬垂回波所包围的弱回波区，它是包含云粒子但不包含降水粒子的一个强上升气流区。降水物的尺寸筛选导致大冰雹落在与BWER相邻的反射率因子的高梯度区。更小的冰雹和雨滴落在距上升气流较远的地方。持续15 min以上的BWER是与强烈的上升气流旋转相联系的，意味着一个中气旋的存在。瞬变的(持续时间短的)BWER有时会出现在强的非超级单体风暴中。不过，非超级单体BWER不与中气旋相联系。在它们生命期的某些阶段，经典的超级单体经常展现一个位于其右后方(相对于风暴的运动方向而言)的低层钩状回波(图5.24和图5.26)。最强的龙卷往往在钩状回波和/或BWER消失以后发生。经典的超级单体经常是相对孤立的，有利于其产生的环境包括丰富的低层水汽、大的垂直不稳定度和强的对流前的逆温顶盖。与经典超级单体风暴相伴随的强天气有各种级别的龙卷、冰雹、下击暴流和暴洪等。

上述经典超级单体的反射率因子的高、中、低层配置的主要特征同样也适用于强降水和弱降水超级单体风暴，只是对于强降水超级单体风暴，入流区大多位于它的前侧(经典超级单体的入流区通常位于其右后侧，但时常也有例外)。

图5.25总结了多单体非强风暴、多单体强风暴和超级单体风暴的反射率因子特征。它代表了三种不同类型风暴的反射率因子特征，同时也可以看做是一个对流风暴从多单体非强风暴发展到多单体强风暴再发展到超级单体风暴生命历程中的三个阶段。有些风暴发展到多单体非强风暴阶段就消亡了，有些可以发展到多单体强风暴才开始消亡，只有很少一部分对流风暴能够发展成超级单体风暴。

图5.26给出了经典超级单体在各个不同高度的水平面内和沿AB和CD的垂直剖面。非常清楚地揭示了其低层的钩状回波、中层的有界弱回波区和中高层的悬垂回波结构。图5.27给出了经典超级单体低层反射率因子、阵风锋及降水分布平面图和风暴视觉效果图。图5.28a中给出超级单体风暴高、中、低层回波强度的轮廓线。风暴顶位于有界弱回波区BWER之上，下面是与BWER重合的强烈上升气流区。强烈的上升气流在风暴顶产生强烈辐散，辐散场的流线如图中所示。中、低层的风吹向北方，使得降水大都落在偏向北边一侧，反射率因子分布因此呈现出从低到高向南倾斜的结构。低层弱回波区和中高层悬垂回波结构不仅出现在入流区上空，而是存在于风暴东南侧相当大的一块区域内。图5.28b给出了一个经典超级单体风暴的照片，从中清晰可见与BWER相应的强烈上升气流区直冲风暴顶并在风暴顶形成强烈辐散。风暴右侧的模糊特征表明中低层风将降水吹向北部，高层降水下落到非降水区时因蒸发而产生的雨幡。上述描述同样适用于其他类型的超级单体风暴。

图5.29给出了一个发生在安徽的经典超级单体风暴低、中、高仰角的反射率因子的4幅图(a)和相应的垂直剖面(b)。从图5.29a中可看出低层的钩状回波，从低到高反射率因子向入流一侧(南边)倾斜，表明低层弱回波区和中高层回波悬垂结构，并可分辨有界弱回波区BWER。相应的垂直剖面显示一个明显的有界弱回波区(BWER)和回波悬垂结构。图5.30给出了三个不同尺度的经典超级单体风暴低层反射率因子图。3幅图的比例尺图是相同的，可以看出自然界中超级单体风暴的尺度变化很大，从

图 5.30a 中的微型超级单体到图 5.30c 中的大型超级单体。

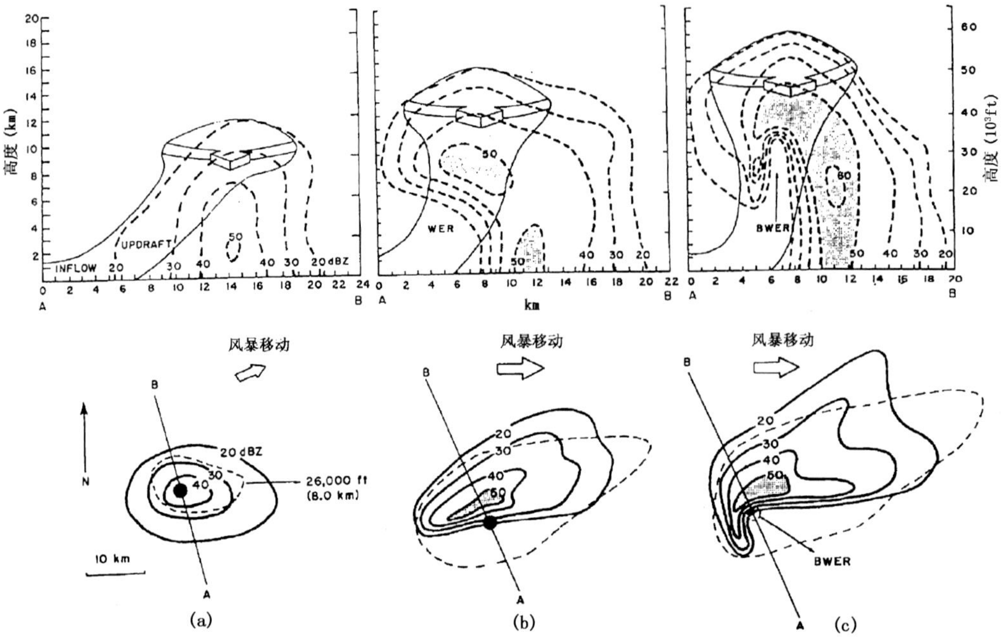

图 5.25　多单体非强风暴(a)、多单体强风暴(b)和超级单体风暴(c)的反射率因子特征(摘自 Lemon，1980)

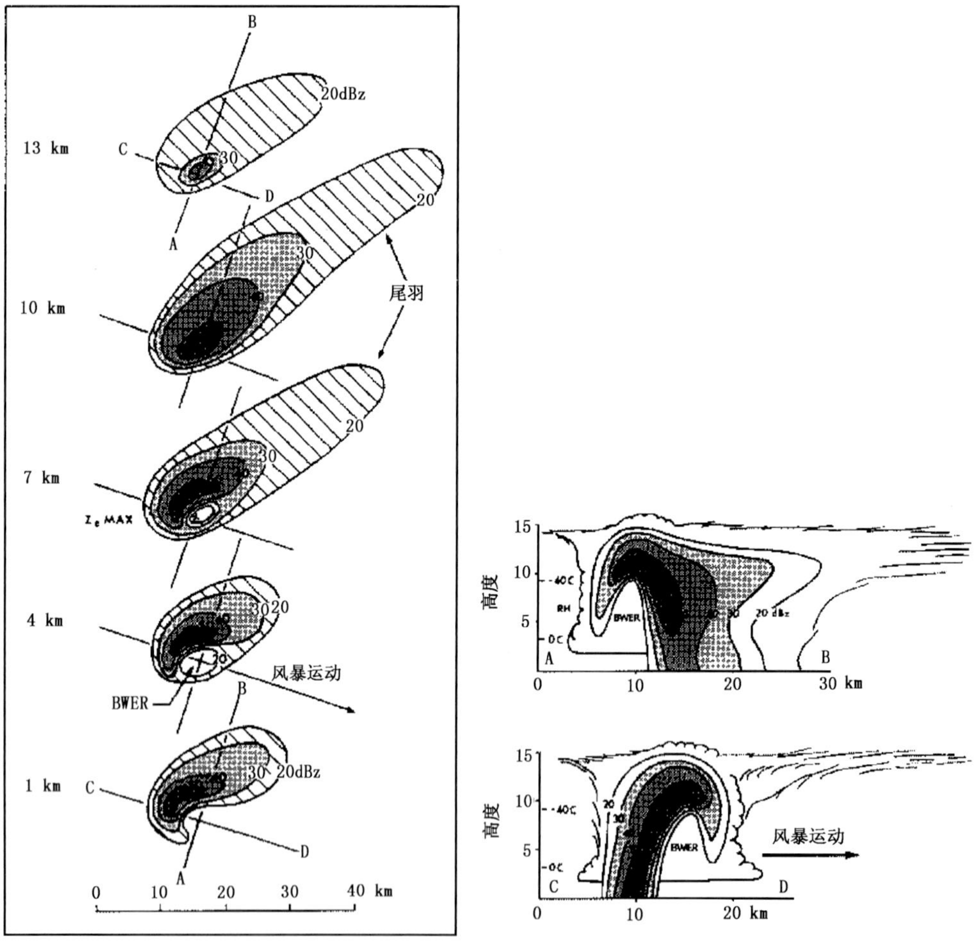

图 5.26　各个高度水平面上经典超级单体风暴的反射率因子结构以及沿 AB 和 CD 的垂直剖面

(引自 Chisholm 和 Renick，1972)

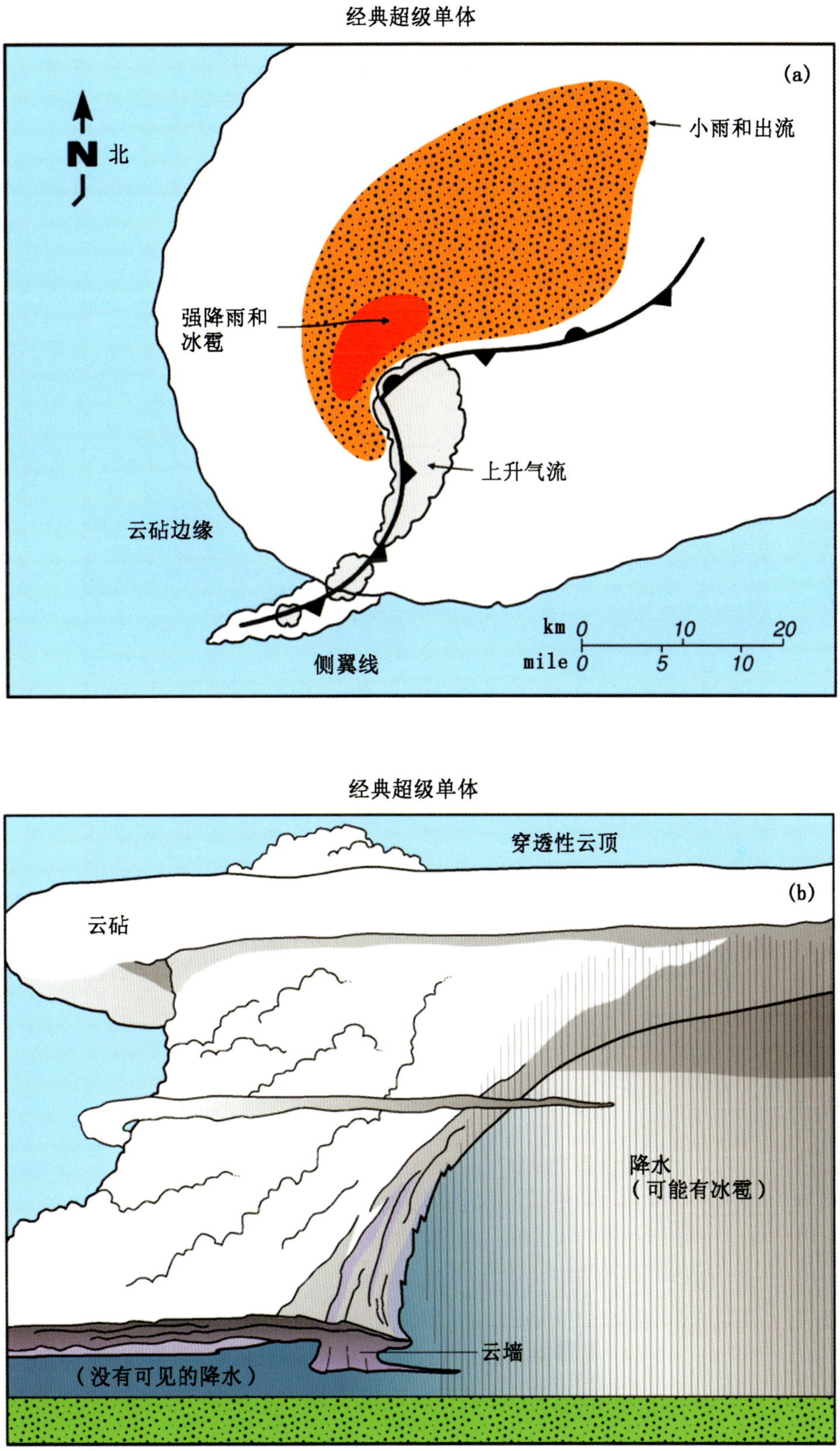

图 5.27　经典超级单体风暴低层反射率因子、阵风锋及降水分布平面图(a)及其视觉效果图(b)(引自 Moller 等,1994)

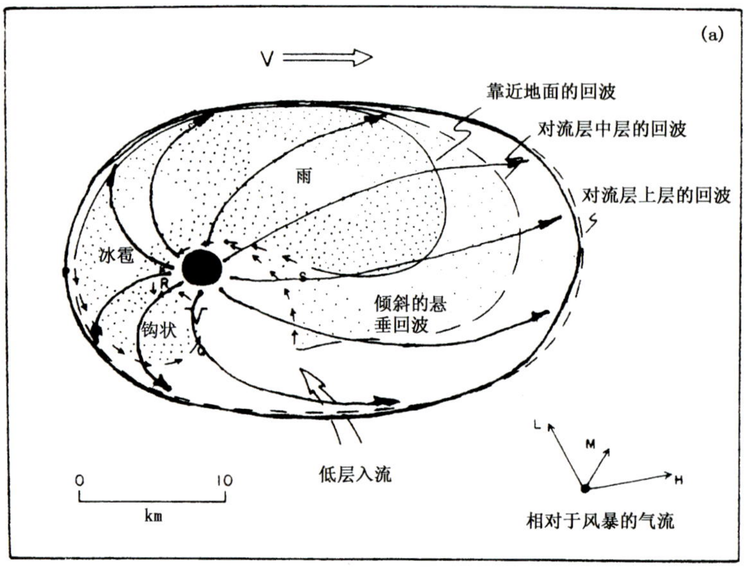

(b)

图 5.28　经典超级单体风暴各层反射率因子和风暴顶辐散示意图(a)和相应的超级单体风暴照片(b)
(由 Lemon 提供)

5.3.3.2　强降水(HP)超级单体风暴

强降水(HP)超级单体风暴通常在低层具有丰富水汽、较低 LFC(自由对流高度)和弱的对流前逆温层顶盖的环境中得以发展和维持。因此,强降水(HP)超级单体风暴与强降水密切相关。另外,强降水(HP)超级单体风暴常常不像弱降水(LP)或经典的超级单体风暴那样与周围风暴隔绝,它倾向于沿着已有的热力/湿边界(如锋和干线等)移动。这些热力/湿边界常常是低层垂直风切变的增强区,因此也是水平涡度增强区。观测表明强降水(HP)超级单体风暴能以各种各样的方式演变(图 5.31),其中包括发展成弓形回波。

与 LP 超级单体风暴的中气旋区内几乎没有降水出现相反,强降水超级单体风暴的中气旋常常被包裹在强降水区中。结果,强降水超级单体风暴或包含一个宽广的高反射率因子(>50 dBZ)的钩状回波区,或者包含一个与 WER 相联系的前侧 V 字型缺口(FFN)。这个风暴前侧 V 字型缺口往往表明一个前侧中气旋的存在,而在经典超级单体中观测到的中气旋往往位于风暴的右后方。强降水超级单体风暴与经典超级单体风暴的消亡阶段特征相似,只是所持续的时间要长得多。其俯视图和视觉效果图如图 5.32 所示。与强降水(HP)超级单体风暴相伴随的强对流天气有不同强度的龙卷、冰雹、下击暴流和暴洪等。

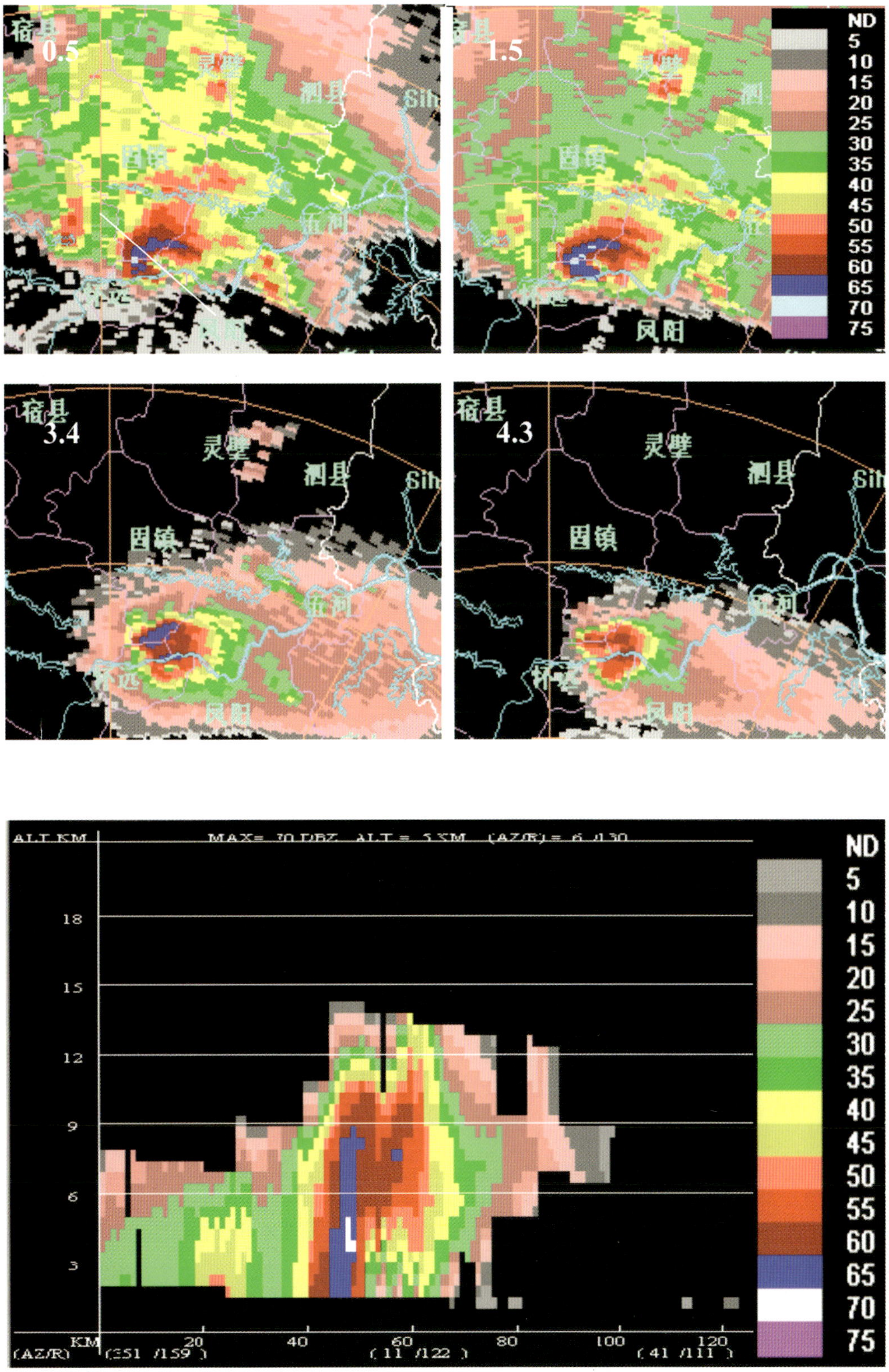

图 5.29　发生在安徽的一个经典超级单体低、中、高仰角的反射率因子 4 幅图显示（a）和相应的垂直剖面（b）（引自郑媛媛等，2004）

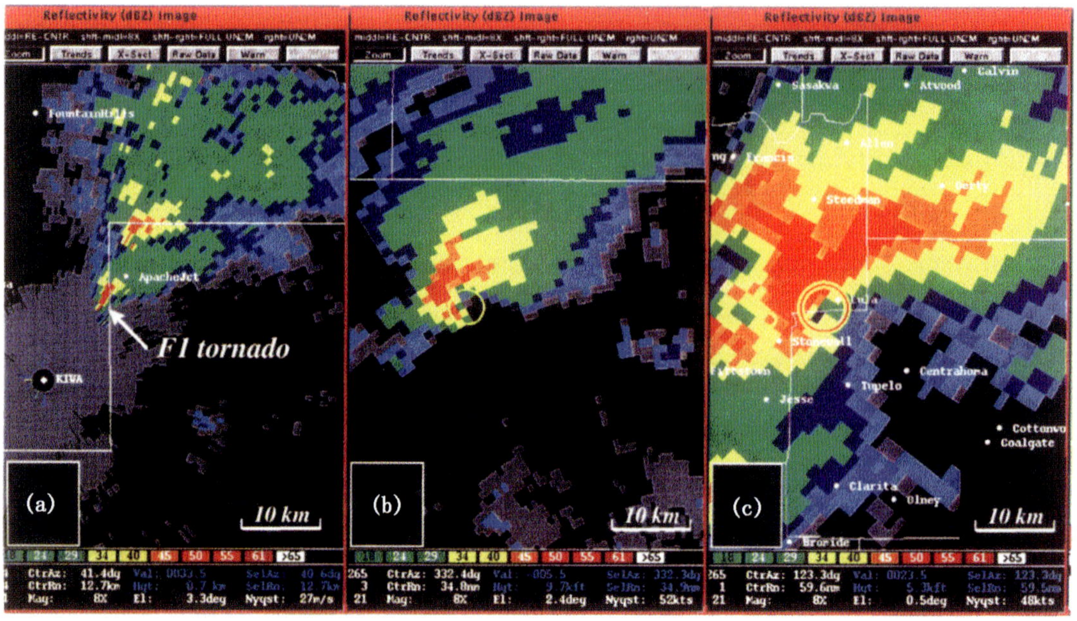

图 5.30　三个不同尺度的经典超级单体风暴

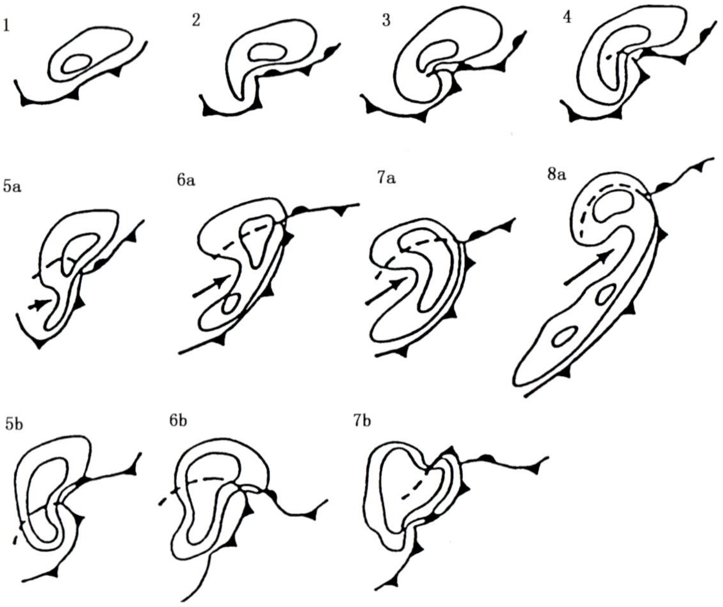

图 5.31　强降水超级单体风暴能以各种各样的方式演变,其中包括发展成弓形回波

雷达体扫方式可揭示强降水(HP)超级单体风暴的重要特征。例如,回波顶移出低层高反射率因子梯度区而位于一个持续的 WER/BWER 之上。但是,相应的多普勒速度型对于辨认被降水包裹的中气旋是极端重要的。

雷达所探测到的强降水超级单体风暴在低层的反射率因子回波特征及其意义表述如下(图 5.33):

1) 宽广的钩状、逗点状和螺旋状的回波表明强降水包裹着中气旋;

2) 前侧 V 型缺口回波表明强的入流气流进入上升气流;

3) 后侧 V 型缺口回波表明强的下沉气流,并有可能引起破坏性大风。

5.3.3.3　弱降水(LP)超级单体风暴

弱降水超级单体风暴出现的环境低层具有较低的湿度和较高的自由对流高度 LFC,几乎所有的弱降水超级单体都出现在干线(露点锋)附近。在弱降水超级单体风暴中,与降水相比,冰雹更有利于形成

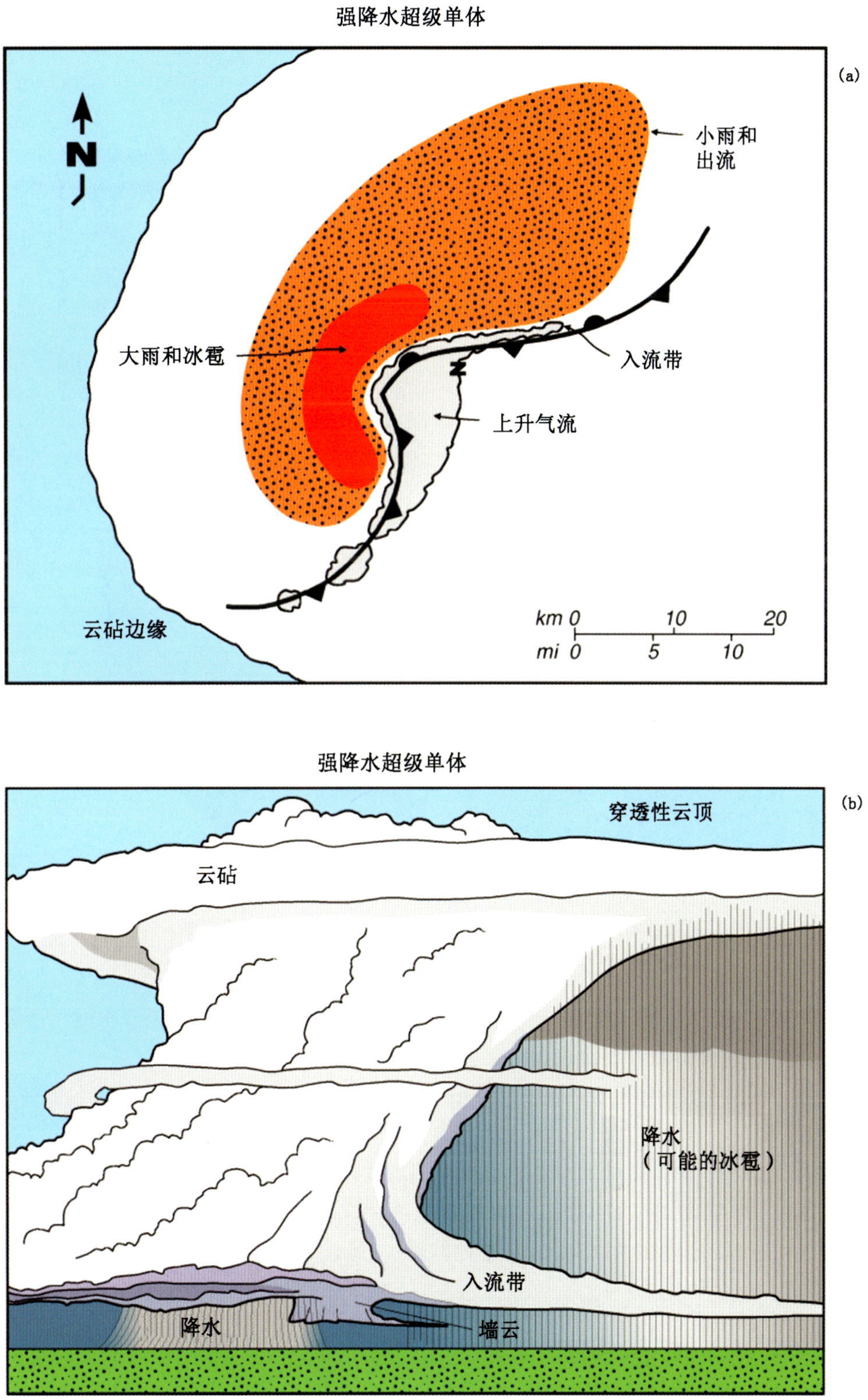

图 5.32　强降水超级单体风暴的低层反射率因子、阵风锋及降水分布平面图(a)和视觉效果图(b)
(强自 Moller 等,1994)

和增长。尽管弱降水超级单体风暴的反射率因子相对较小，但是它往往包含大冰雹。与经典或强降水超级单体风暴相比较，弱降水超级单体风暴的降水常常不能达到地面。弱降水超级单体风暴的弱降水的出现可归因于降水微粒主要由大雨滴和冰雹组成，而不是由无数小雨滴组成的。因此，弱降水超级单体风暴中不存在强烈蒸发冷却的下沉气流。尽管视觉上给人的印象很猛烈，但由于反射率因子较低，往往会过低估计它的产生大冰雹的能力。有时在风暴的后侧，可探测到一个与中气旋相联系的弱回波区(WER)。

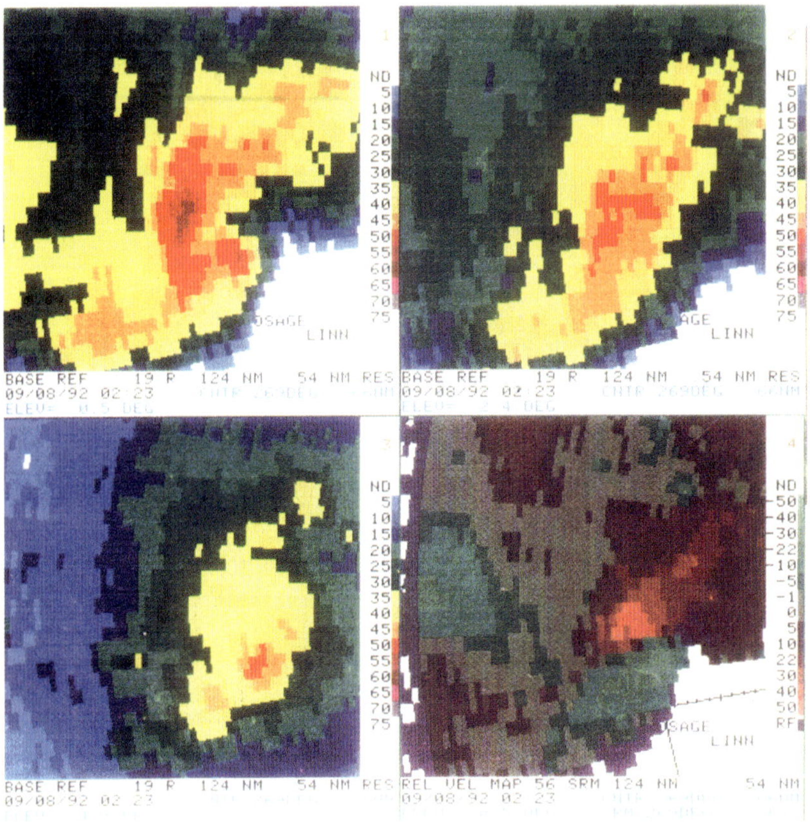

图 5.33　在 1992 年 9 月 8 日 02 时 18 分位于美国强降水超级单体的 0.5,1.5,2.4°反射率因子和 0.5°径向速度的 4 幅图显示

与弱降水超级单体风暴相伴随的主要强天气现象包括大冰雹，有时也会产生龙卷。同时，弱降水超级单体风暴通常能演变为经典或强降水超级单体风暴，最终产生各种强天气过程。

图 5.34 给出了弱降水超级单体风暴的低层反射率因子、阵风锋及降水分布平面图和视觉效果立体图。

5.3.3.4　讨论

上面给出的三种超级单体风暴类型是在总结美国超级单体风暴观测的基础上划定的，是否适用于中国的情况有待探讨。可以肯定的一点是，经典超级单体风暴在中国的确是一种常见的超级单体风暴类型。随着新一代天气雷达观测资料的积累，我们将可以确定中国超级单体风暴的分类，以及这种分类和美国情况的异同。

5.3.4　超级单体风暴的径向速度回波特征——中气旋

如前所述，超级单体风暴与其他强风暴的本质区别在于超级单体风暴含有一个持久深厚的中气旋。中气旋是与强对流风暴的上升气流和后侧下沉气流紧密相联的小尺度涡旋，该涡旋满足一定的切变、垂直伸展和持续性判据。这个涡旋可以用一个兰金组合涡旋来模拟(图 5.35)，中气旋核作为一个固体旋转，切向速度与半径成正比，在中气旋核以外，切向速度与半径成反比，随着半径的增加而减少。由于单部多普勒天气雷达只能测量径向速度分量，因此在确定旋转特征时具有一定程度的不确定性。

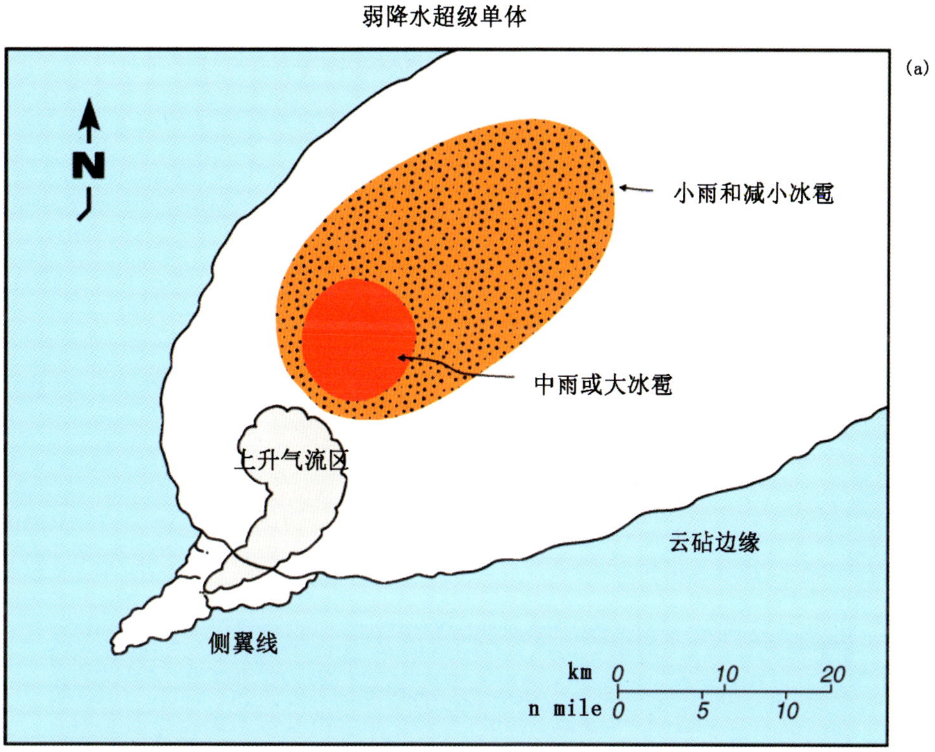

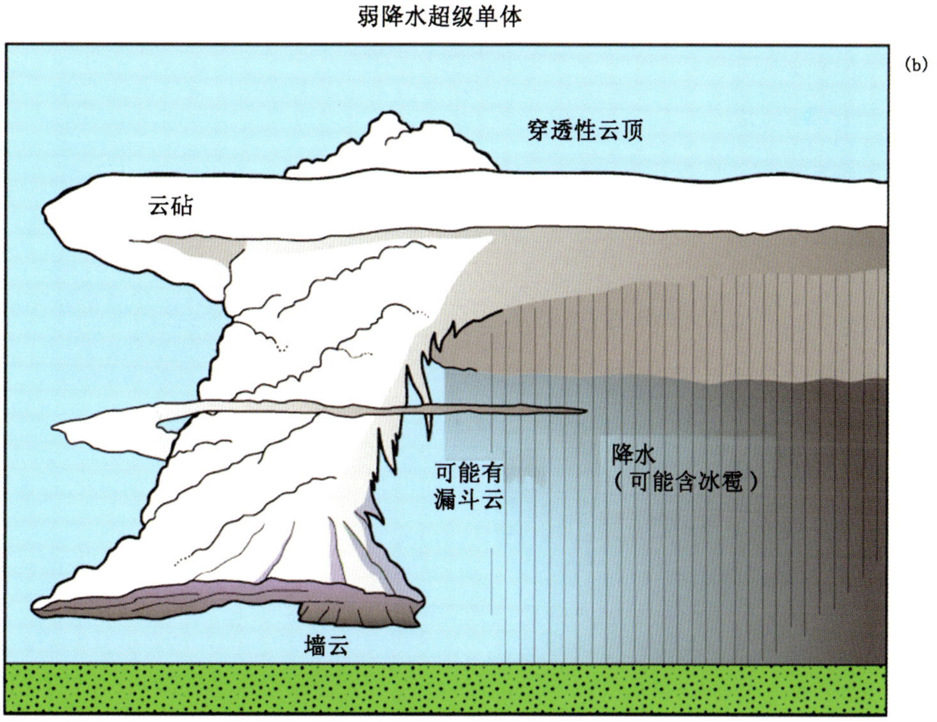

图 5.34　弱降水超级单体风暴的低层反射率因子、阵风锋及降水分布平面图(a)和视觉效果图(b)
(引自 Moller 等,1994)

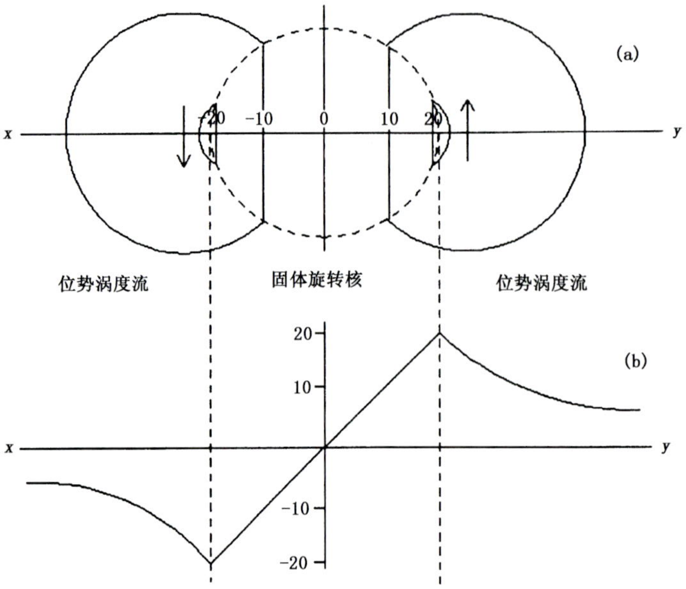

图 5.35　单部多普勒雷达中气旋水平特征的兰金组合涡旋模型(a)和沿 X—Y 的径向速度廓线(b)

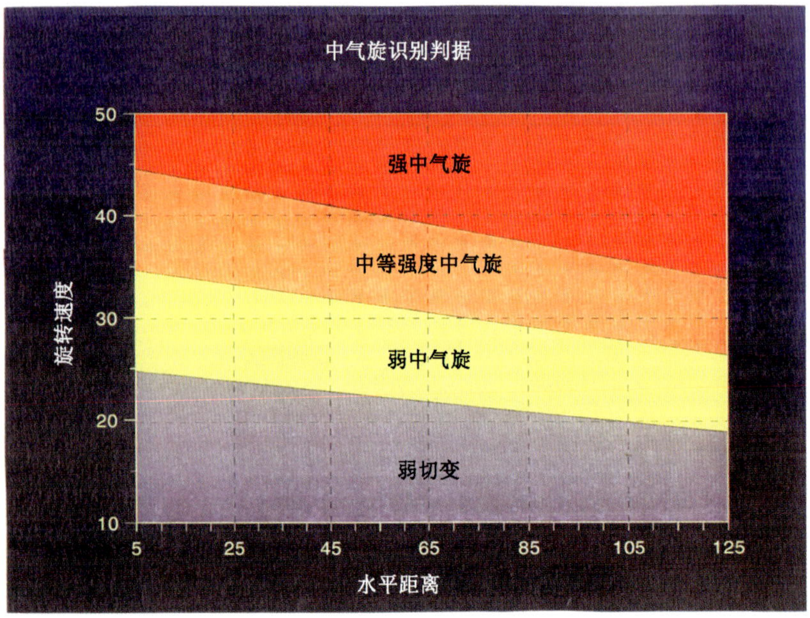

图 5.36　中气旋识别的转动速度判据示意图(引自 Andra，1997)

(旋转速度：kn；水平距离：n mile)

5.3.4.1　中气旋的识别

切变、持续性和垂直范围的判据可以有效地用来识别中气旋核。下面的判据是以美国 Oklahoma 州所统计的中气旋核为基础的。如在我国业务上应用，应做相应调整。

凡满足下列判据的小尺度涡旋即为中气旋：

(1)核区直径(最大入流速度和最大出流速度间的距离)小于等于 10 km；转动速度(即最大入流速度和最大出流速度绝对值之和的二分之一)超过图 5.36 中相应的数值。图中的由三条实线划分成的四个区由上至下，分别表示强中气旋、中等强度中气旋、弱中气旋和弱切变。由图可见，对于同等强度的中气旋，判据所要求的多普勒雷达探测的最大径向速度随探测距离增加而减小，这是因为雷达抽样体积随距离增加，从而因为平滑作用而导致最大值(最小值)减少(增加)的缘故。以强中气旋为例，距雷达 10 km

处的强中气旋，其转动速度平均值必须≥22.5 m/s。而在 130 km 处，只要其转动速度≥19 m/s 时就能判别为强中气旋。

(2)垂直延伸厚度大于等于风暴垂直尺度的三分之一。

(3)上述两类指标都满足的持续时间至少为两个体扫。

注意：当使用基本速度或 SRM(相对风暴速度图)产品时，总是采用数据级的中间值。在计算上述旋转速度时也是采用数据级的中间值。

图 5.37 给出了中气旋的模拟图和示例。模拟图中雷达位于图的南面，示例中雷达位于图像的西北。图 5.38 给出了一个超级单体风暴的反射率因子和相对风暴速度图。与反射率因子图上的钩状回波对应的是一个速度图上的中气旋。图上还给出了中气旋中心部分每个距离库上的径向速度值。

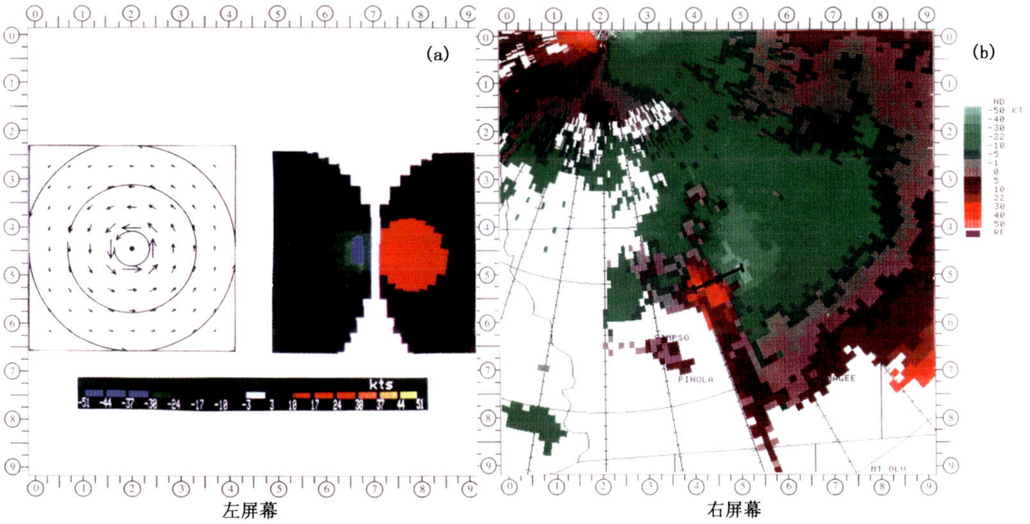

图 5.37　中气旋模拟图(a)和示例(b)

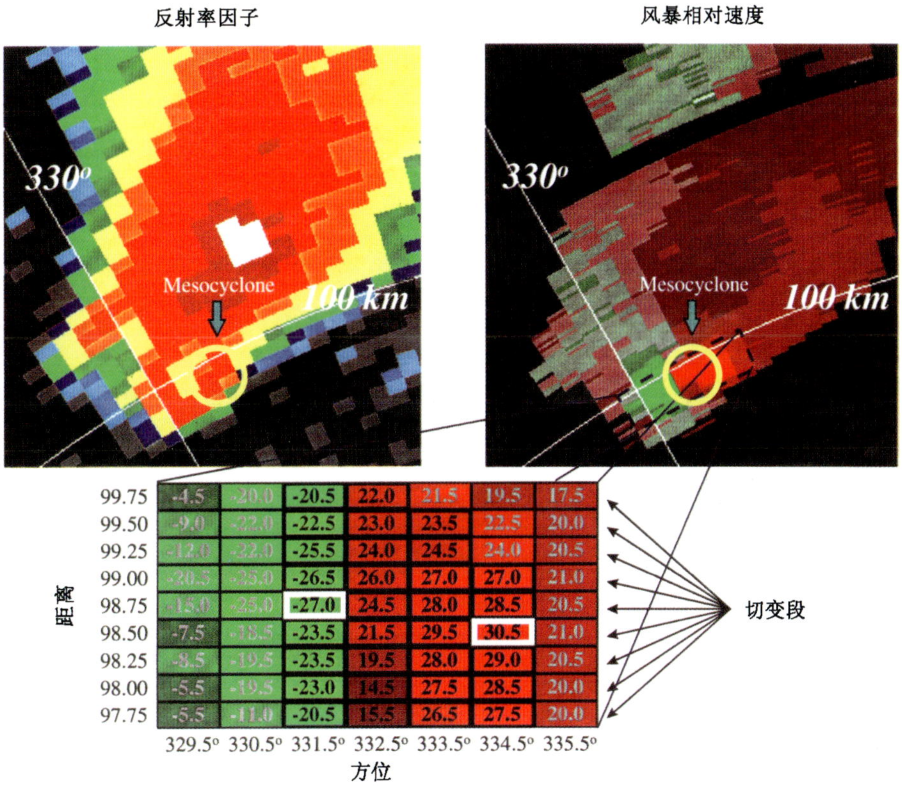

距离 \ 方位	329.5°	330.5°	331.5°	332.5°	333.5°	334.5°	335.5°
99.75	-4.5	-20.0	-20.5	22.0	21.5	19.5	17.5
99.50	-9.0	-22.0	-22.5	23.0	23.5	22.5	20.0
99.25	-12.0	-22.0	-25.5	24.0	24.5	24.0	20.5
99.00	-20.5	-25.0	-26.5	26.0	27.0	27.0	21.0
98.75	-15.0	-25.0	-27.0	24.5	28.0	28.5	20.5
98.50	-7.5	-18.5	-23.5	21.5	29.5	30.5	21.0
98.25	-8.5	-19.5	-23.5	19.5	28.0	29.0	20.5
98.00	-5.5	-19.5	-23.0	14.5	27.5	28.5	20.0
97.75	-5.5	-11.0	-20.5	15.5	26.5	27.5	20.0

图 5.38　一个超级单体风暴的反射率因子和相对风暴速度图，注意速度图上的中气旋

为了更好地识别中气旋，最好使用相对风暴速度图而不是基速度图。因为所谓中气旋是相对风暴而言的，即把风暴看做静止时的径向速度图。相对风暴径向速度图是通过基速度减去雷达操作员给定的风暴运动速度而得到的。如果操作员不给定风暴运动速度，则减去区域内雷达识别出的所有风暴单体运动速度的平均值。因此，最好由操作员给定感兴趣风暴的移动速度。由雷达使用默认的平均运动速度的效果不好。图 5.39 给出了同一风暴的基速度和相对风暴速度图，雷达位于图的东北方。在基速度图上，由于风暴自身向着雷达移动，构成中气旋的速度对中，向着雷达的速度很大，离开雷达的速度很小，中气旋显得很不对称；而在相对风暴速度图上，与中气旋对应的风暴的运动速度被减去，中气旋变得非常对称和明显。

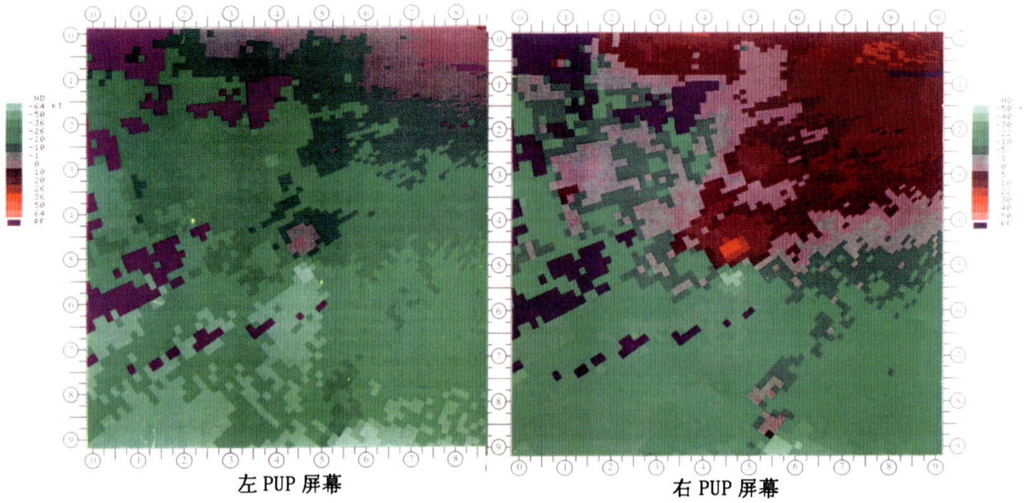

图 5.39　基速度图和相对风暴图上的中气旋

雷达的两个固有局限性，即波束中心高度随距离增加而增加以及波束宽度随距离增加而展宽，对于探测中气旋有很大影响。第一个局限性使得雷达无法探测到远距离处中气旋的下部甚至完全探测不到中气旋。第二个局限性使得雷达对中气旋识别的难度随着距离的增大而增加，超过一定距离（比如 200 km）以外，基本无法识别中气旋。图 5.40 给出了距同一超级单体风暴远近不同的两部雷达的图像。近的那部雷达（上图）距超级单体风暴大约只有 35 km 左右，可以清晰地分辨超级单体风暴的反射率因子图上的钩状回波和相应速度图上中气旋的精细结构。另一部雷达（下图）位于该超级单体风暴西南方向 180 n mile 左右，已分辨不出超级单体风暴的钩状回波结构，但依然能判断入流区的位置和与入流区对应的中气旋。此时的中气旋表现为像素到像素的切变，已看不到任何速度场的精细结构。此外，中气旋的识别还受到速度数据距离折叠的影响。

5.3.4.2　中气旋与龙卷和其他强烈天气的关系

中气旋是超级单体风暴的特征。观测到中气旋，90％以上的情况出现强烈天气（灾害性大风、冰雹、暴洪），其中只有 20％的情况出现龙卷。因此，只要观测到中气旋就可发布强天气警报，而只有观测到中等以上强度中气旋，才可发布龙卷警报。关于龙卷和中气旋的关系，我们将在第六章中做更详细的阐述。

5.3.4.3　中气旋的生命史

中气旋的生命史可分为生成阶段、成熟阶段和消散阶段。分别讨论如下：

(1)生成阶段：生成阶段中气旋的速度分布具有起源于中层（大概 5 km 高度）并向上、向下增长的特征。同时，在中气旋底部以下常伴有相应尺度的辐合现象（如果回波功率足够强到能产生速度回波的话）。

(2)成熟阶段：成熟阶段是中气旋强度最强的阶段，具有最大的旋转速度和形成龙卷的最大潜势。在此阶段中气旋核已到达最低层，并且其伸展的厚度已达到最深。在生成阶段为一个旋转上升气流的中气旋在此时演变为上升和下沉气流各占一半的结构，一半为上升气流，一半为后侧下沉气流。在这一阶段，中气旋在四个不同高度层的速度特征如图 5.41 所示：

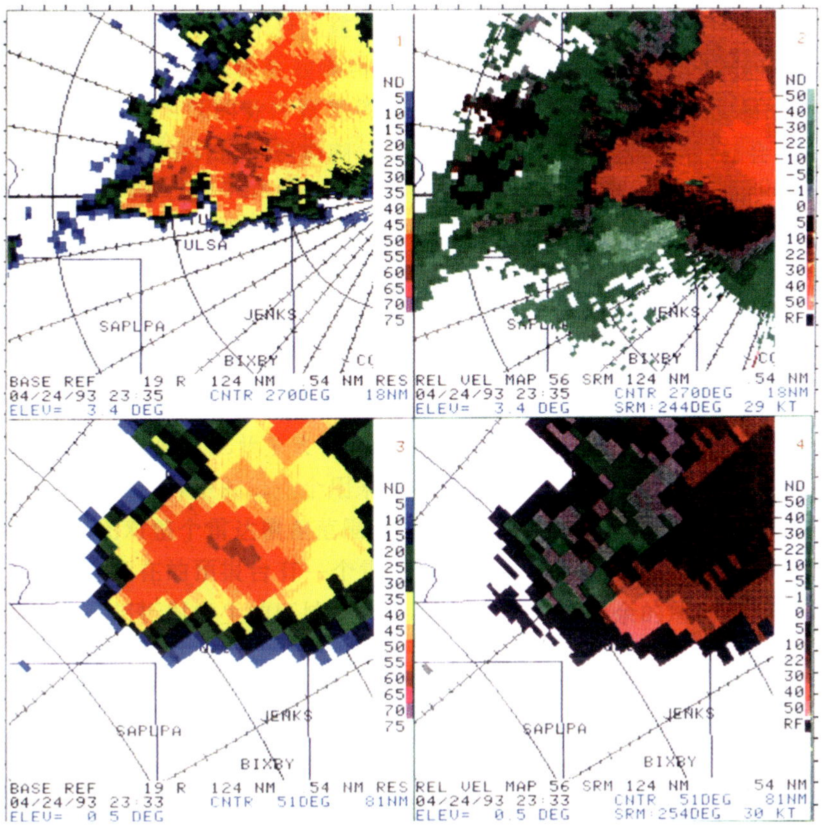

图 5.40　远近不同的两部雷达观测同一超级单体风暴，注意对该超级单体风暴钩状回波和中气旋的不同分辨程度

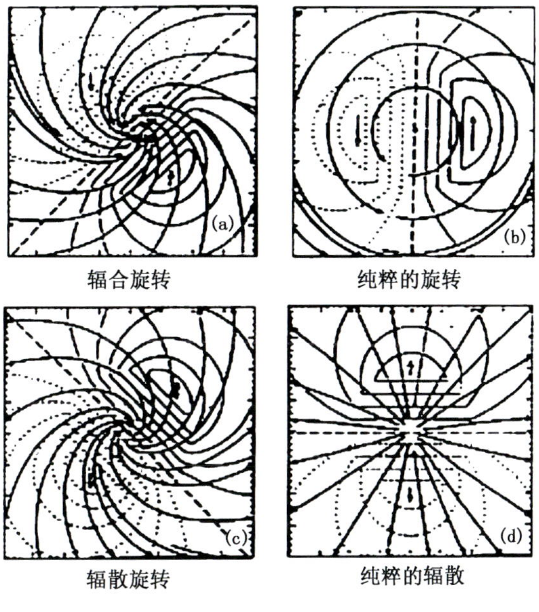

图 5.41　成熟阶段的中气旋气流结构特征示意图

· 在低层，上升气流下方的辐合和中气旋的旋转相结合，产生辐合旋转(图 5.41a)；

· 在中下层，为纯粹的旋转(图 5.41b)；

· 在中上层，风暴顶部的辐散和中气旋的旋转相结合，从而产生了辐散旋转(图 5.41c)；

· 中气旋顶以上的风暴顶部，只存在纯粹的辐散(图 5.41d)。应当指出，有的风暴回波顶较低或中气旋向上伸展很高，或者距雷达很近且探测仰角不高时，纯辐散气流的径向速度特征有可能探测不到。

一个处于成熟阶段的中气旋的实际例子如图 5.42 所示。

(3)消亡阶段：消亡阶段以中气旋的高度迅速降低为开始，并且其旋转速度不断减小。最终，中气旋只存在于一很浅薄的层内，并且低层通常伴有辐散气流。

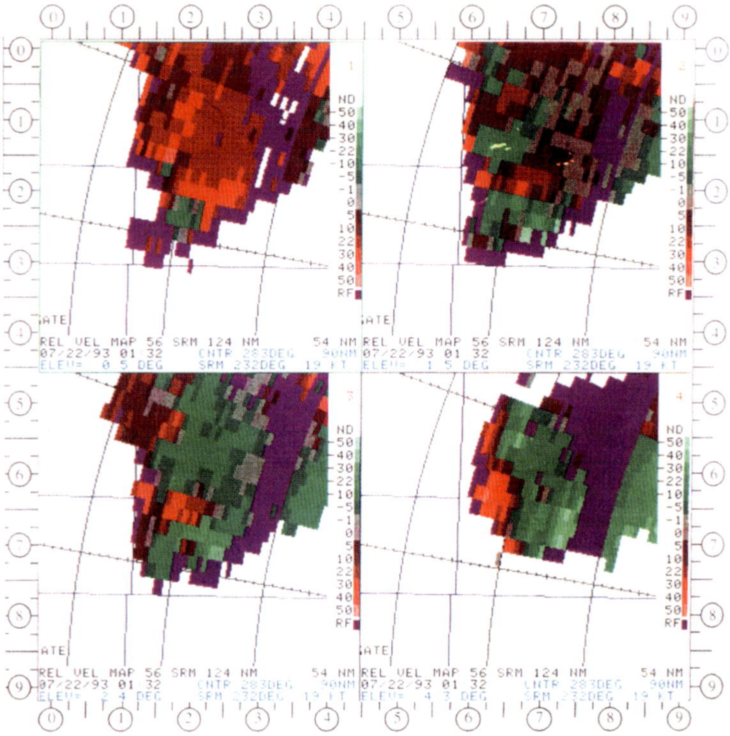

右 PUP 屏幕

图 5.42　处于成熟阶段的中气旋实例

5.3.5　飑线的雷达回波特征

飑线是呈线状排列的对流单体族，其长和宽之比大于 5 ∶ 1。这样定义的飑线包括所有形式的线状对流，有的组织性很好，构成一个整体；有的组织松散，每个对流单体有自己独立的环流系统。需要注意的是，这种飑线定义比天气学中传统的飑线定义（地面大风、气压涌升、温度陡降）的范围要宽得多。

飑线的发展较快，开始时是尺度、强度和数量均呈增长之势的分散风暴。随着风暴的发展加强了下曳气流和外流，这有助于阵风锋从母风暴中向外伸展和加速。此时，如果阵风锋的速度与飑线的速度相匹配，飑线就会持续数小时。在典型的组织完好的飑线中，新的单体沿着回波的前沿上升（图 5.43），低层暖湿入流来自飑线前沿，而不是像孤立的超级单体风暴或多单体风暴那样形成于回波右后侧。上升气流先以很陡的角度上升，然后其中一部分向后斜升，一部分直升云顶，然后在云顶辐散。下沉气流形成于上升气流后部的降水回波中。下沉气流在地面附近辐散形成飑线低层前沿的阵风锋，而低层暖湿入流经过阵风锋之上进入飑线前沿对流塔成为上升气流。与多单体强风暴的情形类似，强烈飑线的反射率因子垂直结构表现为低层对应于前侧入流的弱回波区和中高空的悬垂回波结构（图 5.43），只是多单体强风暴的低层入流经常位于风暴移动方向的右后侧。

图 5.44 给出了 2002 年 8 月 24 日发生在安徽的一个飑线在 13:35 时刻的反射率因子和径向速度垂直剖面。此时飑线为西南-东北走向，垂直剖面沿西北-东南方向。反射率因子剖面上显示低层的弱回波区和中高层的悬垂回波结构。径向速度剖面呈现低层辐散、中层辐合和高层辐散的特征，尤其是中层辐合非常明显。这与图 5.43 中飑线的概念模型基本一致。对照图 5.43 可以判断图 5.44 中的中层辐合是由于飑线前沿的暖湿入流，经过阵风锋之上进入飑线主上升气流，与起源于飑线后侧中高层的后侧下沉气流之间的辐合。辐合的结果部分导致下沉气流加速下沉，在飑线低层前沿形成辐散风。

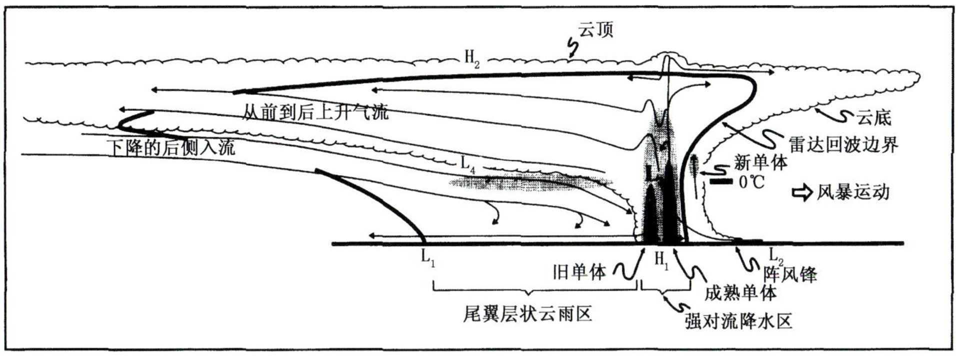

图 5.43　组织完好的飑线的垂直剖面示意图。其中粗实线为反射率因子的轮廓线，波状细实线为云的轮廓线（引自 Houze,1997）

观测和研究表明飑线的结构越均匀（线性），则沿着飑线越不容易产生灾害性天气。飑线的断裂处（图 5.45）往往是强天气容易发生的地方之一。而飑线非断裂处容易形成灾害性天气的地方可以通过低层强的反射率因子梯度、中层的悬垂回波以及回波顶位置从风暴核心上方移到飑线前沿上方来识别。如果飑线移近某些低层边界（指某种不连续面，如锋面、干线、辐合线和切变线等），则在飑线和边界的交汇处附近的风暴可能成为强风暴，甚至成为超级单体风暴，并且一直持续到飑线离开边界之时。

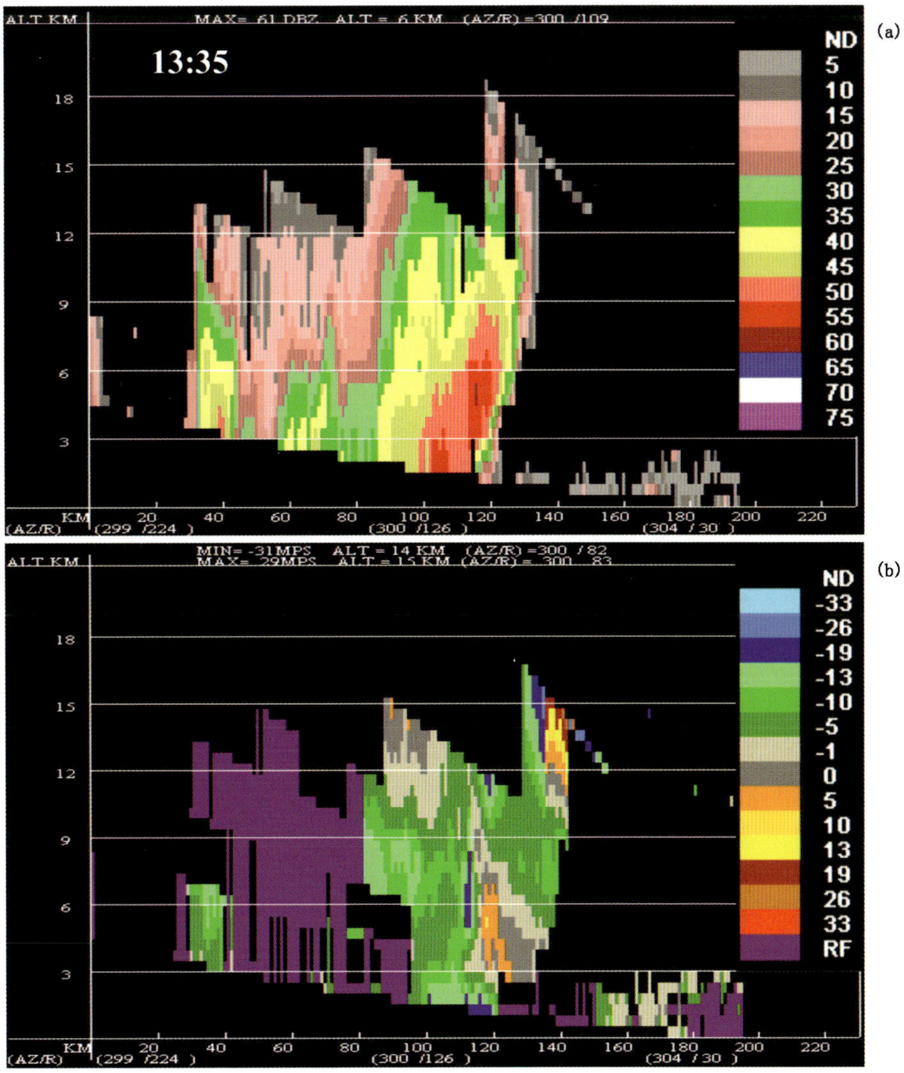

图 5.44　2002 年 8 月 24 日发生在安徽的飑线的反射率因子(a)和径向速度垂直剖面图(b)

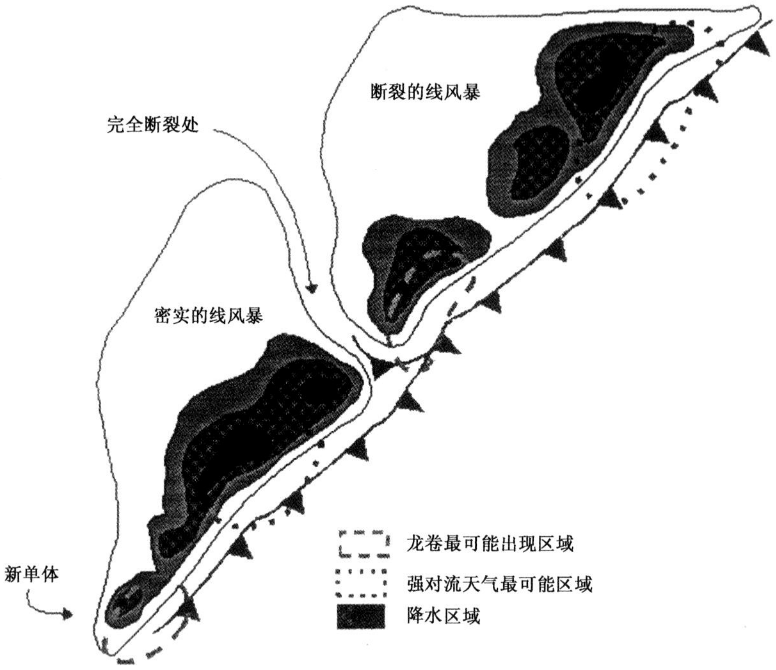

图 5.45　灾害性天气沿飑线的分布

5.4　超级单体风暴动力学

有关超级单体风暴的动力学直到目前仍然是很不成熟的。尽管如此，在决定超级单体风暴的结构、运动特征和持续时间时，了解超级单体风暴的动力过程极其重要，这表现在：1）当正在发展的超级单体与具有垂直风切变的环境相互作用时，中层的强旋转作用能够产生抬升力（即有利于气块上升的垂直气压梯度）而使得上升气流加强，这种效应与浮力无关；2）这种抬升力也能够促进风暴的分裂，并且引起超级单体风暴沿着风暴承载层平均风的右侧（或左侧）持续传播，同时，在超级单体内上升气流的旋转作用使得风暴能以准平衡状态存在；3）垂直风切变矢量随高度顺时针变化的环境能够使得气旋式旋转的右移风暴加强，而抑止分裂风暴对中的左移风暴的发展。

应注意的是，本节描述的概念模型是基于数值模式研究的结果，在一定程度上，这些结果对于研究实际风暴是有帮助的。然而，模式模拟也存在理想化（即具有水平均匀、不存在边界等特征）的不足，并且对模式的某些参数化过程和模式某些结果的可靠性还存在争议。

5.4.1　对流层中层旋转发展的初始特征

以下讨论基于单向风切变环境中对风暴发展过程的数值模拟结果。

当风暴中的上升气流与环境的垂直切变气流相互作用时，水平涡度将倾斜为垂直涡度（图 5.46a），结果使得气旋性涡旋在初始上升气流的右侧，反气旋性涡旋在初始上升气流的左侧（注意：此处的左右侧是相对于环境风切变矢量的方向而言的，根据上面的假定，该风切变方向不随高度变化）得以发展，从而形成一对涡偶。与上升气流有关的拉伸效应能够使得涡偶环流振幅明显增强，从而导致对流层中层上升气流两侧强大旋转的产生，此旋转作用能产生垂直气压梯度力，它独立于浮力促进初始上升气流的两侧新生单体的发展（图 5.46a）。当上升气流驱动的降水集中于主上升气流时，降水拖曳能激发下沉气流的产生，形成两对涡偶（如图 5.46b 所示）。

5.4.2　风暴分裂

在超级单体风暴成熟阶段，与下沉气流相关的冷池从风暴底部向外扩展（图 5.46b）。冷池与风暴发展的关系密切,这表现在：1)在弱垂直风切变环境中,由于风暴冷性外流气流很快切断低层的暖湿气流,从而使得风暴生命史较短；2)强的垂直风切变(大约 10^{-2}/s)能使风暴维持较长时间。这是由于当垂直风切变强时,风暴入流气流和阵风锋的冷池外流气流之间的平衡给发展中的风暴单体提供了源源不断的暖湿空气。同时产生于对流层中层强旋转作用的抬升力也能加强主上升气流侧翼新生单体的发展(即风暴的传播)。

由于作用于初始上升气流两侧抬升力的作用,使得新生上升气流在初始上升气流的左右两侧得以发展(注意:此处的这里“左右”是指相对于风暴的初始运动,通常相当于风暴承载层的平均风)。这种传播过程使得初始上升气流分裂成为两支新生上升气流,其中一支气旋式旋转并向平均风的右侧移动,另一支反气旋式旋转并向平均风的左侧移动。

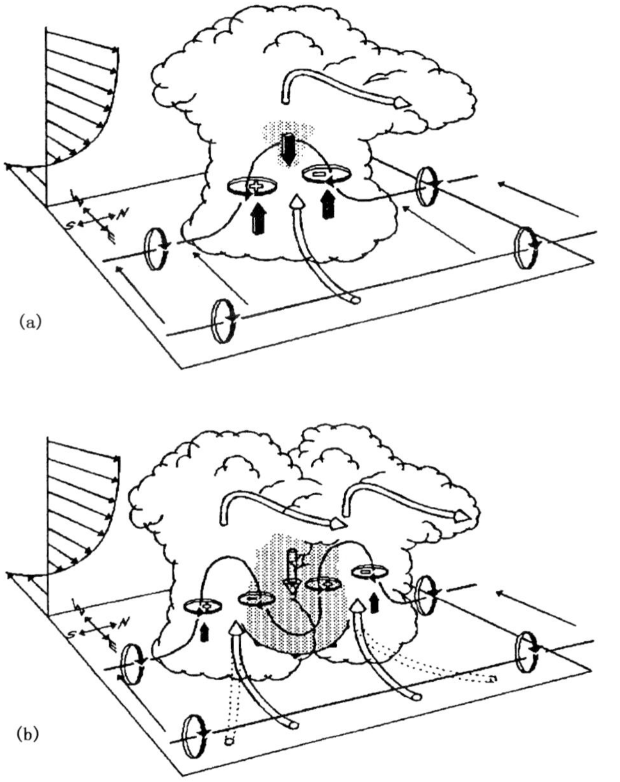

图 5.46　在垂直风切变矢量指向西方的风切变环境中典型涡管与对流单体相互作用的示意图(从东南方向观看)：(a) 初始阶段:此时涡管在上升气流的作用下形成一对涡偶；(b) 分裂阶段:此时下沉气流使得上升气流一分为二,出现两对涡偶(其中左上角图示为环境风分布、柱状箭头表示相对风暴气流的方向,粗实线代表涡线,环状箭头表示旋转,阴影箭头表示促使上升气流和下沉气流发展的外力,垂直方向上的虚线区为降水区)(引自 Klemp,1987)

最初,气旋(反气旋)式旋转位于主上升气流的右(左)侧。然而,传播过程使得气旋式(反气旋式)风暴更倾向于向它初始移动方向的右(左)侧运动,从而改变了相对风暴入流气流。正如图 5.46b 虚线柱状箭头所示,分裂风暴两侧的沿流线方向(风暴入流方向)的水平涡度经历了一个增长的过程。随着流线方向水平涡度分量的增加,上升气流中心和垂直涡度的相关越大。也就是说,整个上升气流开始旋转,并不只是某一侧上升气流出现旋转(假定流线方向水平涡度分量和风暴入流是足够强的)。

取决于单向风切变环境中垂直风切变的大小,分裂过程最终能够导致气旋式的旋转上升气流和反气旋式旋转上升气流,这对旋转上升气流分别移向风暴承载层平均风(和垂直切变风矢量)的右和左侧。以这种方式,风暴分裂过程能大大增强某一风暴获得旋转的潜势(从而成为超级单体风暴)。

旋转诱发产生的沿上升气流两侧的垂直气压梯度力是风暴分裂过程的基础,甚至在无降水诱发下沉气流时亦如此。同时降水能够大大加强风暴的分裂,但这并不是必要条件,因为模式所模拟的无降水风暴仍然存在风暴的分裂。

5.4.3 右移风暴的选择性加强

风暴的分裂过程能够产生气旋和反气旋旋转的风暴对，并分别移向风暴承载层平均风的右侧和左侧。但是，在北半球，气旋式持续旋转风暴出现的频率比反气旋式旋转风暴出现的频率大得多。开始，有些学者把气旋式风暴出现频率高的原因归结于科氏力的作用，但仔细的理论分析和数值模拟的结果表明科氏力的作用是微不足道的，真正起作用的是垂直风切变矢量随高度顺时针方向旋转。在北半球，强垂直风切变矢量随着高度的变化，从低层到中层多数情况下表现为顺时针方向旋转（如图 5.47b），导致气旋式旋转风暴一般是加强的。注意我们这里说的是风切变矢量随高度顺时针旋转，而不是风矢量随高度顺时针旋转！环境风矢量可以出现较大的随高度的顺时针旋转但风切变矢量仍然是单一方向的（图 5.47a）。

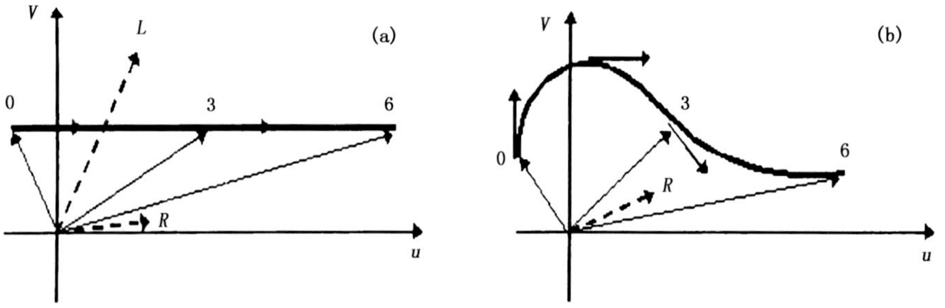

图 5.47 说明风矢量、垂直风切变矢量和风暴运动之间关系的两类风矢端图：(a)风切变矢量的方向随高度不变；(b)风切变矢量随高度做顺时针旋转。虚线箭头代表左移和右移的超级单体的移速。在(b)中，垂直风切变矢量随高度顺时针旋转，有利于右移超级单体的加强，左移的超级单体受到抑制（引自 Rotunno 和 Klemp，1982）

当垂直切变风矢量随高度顺时针变化时，动力作用诱发的非静力平衡的垂直气压梯度力能使得由分裂产生的位于主上升气流右侧的上升气流得以加强，而抑制了其左侧的上升气流。根据 Rotunno 和 Klemp(1982)的理论分析，垂直气压梯度并不是由旋转作用产生的，而是由低层到中层的风切变矢量的方向发生变化产生的。这表现在：

（1）当上升气流与垂直风切变气流相互作用时，一个沿各层切变矢量方向的从高压指向低压的水平气压梯度穿过上升气流（见图 5.48a），水平气压梯度是切变风矢量和与上升气流有关的垂直运动的梯度的函数。

（2）在垂直风切变矢量的方向随高度不变的环境中，各层高压的发展位于上升气流的逆切变矢量方向一侧，而各层低压的发展位于上升气流的顺切变矢量方向一侧（见图 5.48a）。对于定常的切变值，由于高空上升气流（因此垂直运动的梯度）比近地面强，因此这些气压梯度随着高度而增强，结果，在上升气流的逆风切变方向一侧，高空的气压与近地面的气压的差值较高，而在上升气流的顺风切变方向一侧，高空的气压与近地面的气压的差值较低。这种垂直气压的分布加强了上升气流顺风切变方向一侧的低层上升运动和逆风切变方向一侧的低层下沉运动。顺垂直风切变方向一侧的上升运动加强了低层相对风暴入流，并有利于新生单体在顺垂直风切变方向一侧的发展。然而，与垂直风切变方向随高度不变的环境相联系的垂直气压梯度既不会选择性地加强风暴分裂后气旋式的右移风暴也不会选择性地加强反气旋式的左移风暴（图 5.49a）。

（3）当垂直切变风矢量随高度顺时针变化时，与单一方向的垂直切变风矢量情况一样，在各层切变矢量方向上，形成穿过上升气流的水平气压梯度。但所不同的是，水平气压梯度加强了风暴右侧的上升运动和左侧的下沉运动（见图 5.48b）。因此，分裂的风暴对中右移的气旋式旋转的风暴上升气流得到加强，风暴进一步发展；而分裂的风暴对“左移”的反气旋旋转的风暴中上升气流减弱，风暴的进一步发展受到抑制（图 5.49b）。

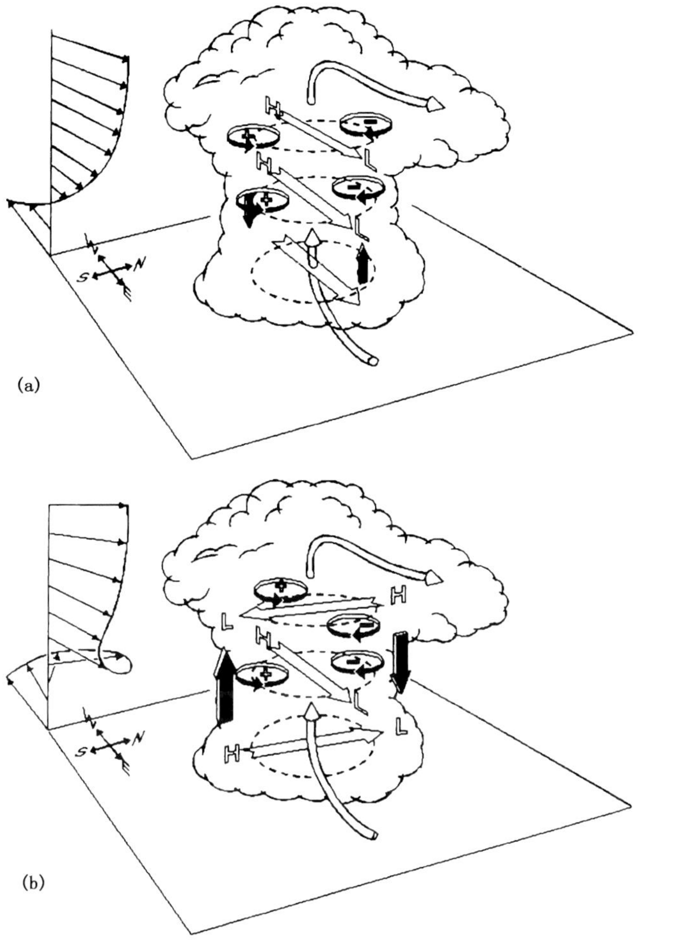

图 5.48　在上升气流与环境风垂直切变相互作用下压力和垂直涡度扰动的示意图：(a)风切变向量的方向不随高度变化；(b)垂直风切变矢量随高度顺时针方向旋转。从高(H)到低(L)的水平气压梯度与风切变矢量平行，同时还标出了气旋式和反气旋式涡度的位置。带阴影的箭头表示导致的垂直气压梯度的方向(引自 Klemp，1987)

当风矢端图表现为较大的顺时针弯曲时，左侧上升气流可以被抑制到相当大的程度，以至于在雷达回波图上表现不出明显的风暴分裂过程，风暴将向风暴承载层平均风的右侧移动。

图 5.49 给出了数值模拟的结果(Rotunno 和 Klemp，1982)。图 5.49a 对应垂直风切变向量随高度不变的情况，具体的风矢端图如图 5.50 中的虚线所示。图 5.49b 对应从低层到中层对流层，垂直风切变矢量随高度顺时针方向旋转的情况，具体的风矢端图如图 5.50 中实线所示。可以看到在后一种垂直风切变环境下，风暴分裂后右移的气旋式风暴得到加强，而左移的反气旋式风暴受到抑制。

5.4.4　小结

超级单体风暴与非超级单体风暴的区别在于前者具有强的、持续的旋转。当上升气流与环境风垂直切变相互作用时，水平涡度能倾斜为垂直涡度继而产生旋转。

由于上升气流的拉伸作用，在初始阶段，旋转在高空最强。但是，此时上升气流中心和垂直涡度中心的相关性并不好。作为对中层强旋转的响应，动力作用所产生的抬升力使得上升气流加强并促使风暴分裂，这就使得由倾斜产生的垂直涡度中心和上升气流中垂直速度中心之间的相关增加。

当风暴在强的单向性垂直风切变环境中发展时，风暴分裂导致气旋式和反气旋式旋转的风暴对分别移向风暴承载层平均风的右侧和左侧。当垂直风切变矢量随高度顺时针旋转时，分裂产生的上升速度对中的右移上升速度将增强，左移上升速度减弱。一段时间后，这个过程将在加强的右移的上升气流

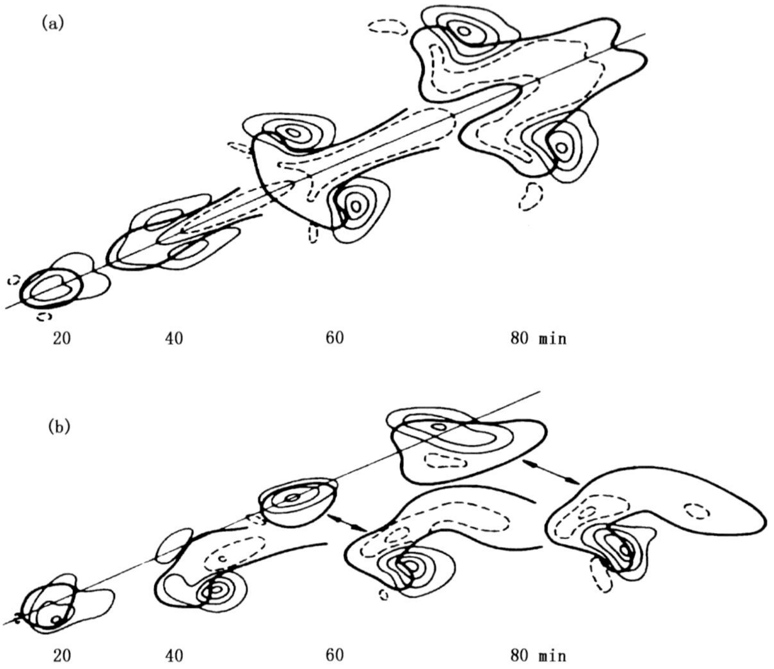

图 5.49　数值模拟得到的在 2.25 km 高度上风暴在时间为 20、40、60 和 80 min 时的垂直速度，上升（实线）与下沉（虚线）速度的等值线间隔为 4 m/s，从 ±2 m/s 开始。粗实线是 0.5 g/kg 雨水混合比的轮廓线。(a)对应于图 5.50 中虚线所示风切变矢量的方向不随高度改变的情况；(b)对应图 5.50 中实线所示垂直风切变矢量随高度顺时针旋转的情况（引自 Rotunno 和 Klewp，1982）

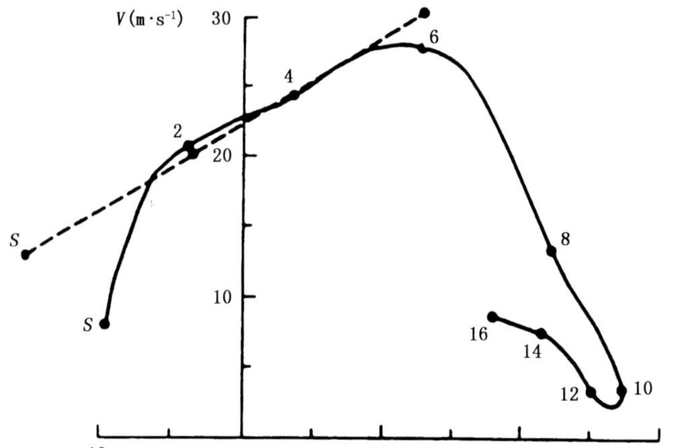

图 5.50　1977 年 5 月 20 日 Oklahoma 州的 Del City 发生强风暴时的风矢端图（实线）。虚线代表在 6 min 以下与实线具有大体相同的风切变值，但风切变的方向不随高度而变（引自 Rotunno 和 Klewp，1982）

的主要部分导致强的、持久的旋转。非超级单体风暴主要是由大气层结不稳定和沿阵风锋的气流辐合驱动的。尽管这些因子也有利于超级单体风暴的发展，但是产生于风暴和垂直切变环境之间的相互作用的风暴发展的相关动力学过程在决定超级单体风暴发展及其特征时起了更加重要的作用。同时，这些动力过程也对非超级单体风暴有所影响，不过其影响程度较小。

5.5　本章小结

对流风暴都是由对流单体构成的，对流风暴可以划分为普通单个单体风暴、多单体风暴、飑线和超级单体风暴。产生对流风暴的环境条件包括大气热力层结、垂直风切变、水汽分布和触发机制。最能够综合表述大气垂直稳定度的参数是大气对流有效位能 CAPE。在业务上常用来表示大气垂直风切变状态的参量是地面到 500 hPa(0～6 km)和地面到 700 hPa(0～3 km)风矢量的矢量差的绝对值。强烈对流的爆发需要一定的水汽供应为其提供能源。通常大尺度天气过程使得大气变得不稳定，其相应的垂直运动一般不足以触发深对流。深厚对流的触发通常是由中尺度天气系统或地形抬升提供的。能够触发深对流的中尺度系统包括锋面、干线、雷暴的外流边界(阵风锋)、急流强迫的中尺度次级环流、海陆风环流、中尺度地形环流以及重力波等。

一般而言，对流风暴中的上升气流越强，风暴产生强烈天气的潜势就越大。根据反射率因子的三维结构，也就是说通过比较高、中、低层反射率因子的结构，可以判断其中上升气流的强弱，进而判断该对流风暴有无产生强烈天气的潜势，是属于强风暴还是非强风暴。

在弱的垂直风切变条件下，只有一种类型的强风暴，即脉冲风暴。其特点是初始回波出现的高度较高，通常在 6～9 km 之间，最大反射率因子超过 50 dBZ，有时会出现风暴顶辐散。其可能产生的强烈天气包括下击暴流、冰雹和弱龙卷。

在中等以上垂直风切变条件下，可以将对流风暴的反射率因子三维结构分为三种类型，包括非超级单体非强风暴、非超级单体强风暴和超级单体风暴。这里非超级单体风暴指的是普通单体风暴、多单体风暴或飑线。对于多单体风暴和飑线，只考察其发展最强盛的单体。对于非超级单体非强风暴，其低层反射率因子的大值区位于其中心，从反射率因子核心向各个方向的反射率因子梯度大致相同。中层反射率因子高值区的位置与低层大致相同，风暴顶位于中、低层反射率因子核心区上空。对于非超级单体强风暴，低层反射率因子核心区偏向于一侧，导致该侧反射率因子梯度较大。中层反射率因子高值区的一部分在低层高值区之上，一部分向低层入流一侧延伸到低层反射率因子大梯度区和弱回波区的上空，形成悬垂回波。风暴顶位于低层反射率因子大梯度区之上。非超级单体强风暴生产的可能强天气包括地面大风、冰雹和龙卷。超级单体的反射率因子结构除了核心区偏向一侧，导致该侧反射率因子梯度很大外，还在风暴右后侧出现钩状回波。中层反射率因子结构与非超级单体强风暴类似，导致低层弱回波区和中高层悬垂回波结构，同时还有有界弱回波区的存在，回波顶位于有界弱回波区之上。上述三种反射率因子结构模型的示意图如图 5.25。超级单体风暴的主要灾害天气包括地面大风、冰雹和龙卷。超过 5 cm 直径的冰雹和 F2 级以上的龙卷大部分是由超级单体产生的。

超级单体风暴最本质的特征是具有一个深厚持久的几千米尺度的涡旋——中气旋。中气旋的水平尺度一般不超过 10 km，垂直厚度超过相应对流风暴厚度的三分之一，垂直涡度的量级为 $10^{-2}\,s^{-1}$。业务上通常将中气旋划分为弱、中等和强三个级别，在距离雷达 50 km 处，对应的旋转速度分别为 12 m/s，16 m/s 和 22 m/s。目前我们采用的中气旋标准是美国天气局划定的标准，中国气象局尚没有规定中气旋业务判定的标准。

超级单体风暴分为经典超级单体风暴、强降水超级单体风暴和弱降水超级单体风暴三种类型。强降水超级单体风暴的主要特征是其中气旋部分地或全部地为降水所包裹。经典超级单体风暴具有相对固定的形态，而强降水超级单体风暴的形态多变。弱降水超级单体比较罕见，只偶尔发生在干线附近，通常需要直接用眼睛观察到才能识别，仅凭雷达回波不足以识别弱降水超级单体。

第六章　灾害性对流天气的探测与预警

观测和研究表明，灾害性对流天气的发生和发展并非无规律或不可预测的。相反，灾害性天气与强的上升气流和下沉气流的发展有关，并且与强的上升和下沉气流以及环境风切变之间的相互作用有关。一方面，对流性天气的发生和发展与上升气流和下沉气流的不稳定性程度密切相关。例如，上升气流正浮力或下沉气流负浮力的增加能使得大冰雹或灾害性大风的强度增强。另一方面，上升气流和垂直切变环境之间的相互作用决定着对流风暴的组织结构程度，组织较好的风暴通常持续时间更长，并且更容易产生持续性（或周期性）的灾害性天气。

强对流风暴能够产生龙卷、灾害性大风、冰雹和暴洪等多种灾害性天气。由对流造成的灾害性天气指的是：下沉气流造成的地面阵风速度超过 18 m/s，任何形式的龙卷，直径大于 2 cm 的冰雹以及暴洪（Galway，1989）。

下面我们将从强对流天气的背景天气条件和雷达回波特征两个方面讨论其预警方法。

6.1　龙卷

龙卷是对流云产生的破坏力极大的小尺度灾害性天气，最强龙卷的地面风速介于 110～200 m/s 之间。当有龙卷时，总有一条直径从几十米到几百米的漏斗状云柱从对流云云底盘旋而下（图 6.1），有的能伸达地面，在地面引起灾害性的风称为龙卷；有的未接地面或未在地面产生灾害性风称为空中漏斗云；有的伸达水面，称为水龙卷。龙卷漏斗云可有不同形状，有的是标准的漏斗状，有的呈圆柱状或圆锥状的一条细长绳索，有的呈粗而不稳定且与地面接触的黑云团，有的呈多个漏斗状。绝大多数龙卷都是气旋式旋转，只有极少数龙卷是反气旋式旋转。

龙卷气流的结构在不同情况下有很大的变化，通常分为五个区，分别为外流区（I 区）、核心区（II 区）、角流区（III 区）、入流层（IV 区）、对流羽（V 区），如图 6.2 所示。典型龙卷的气流结构如图 6.3 所示，龙卷漏斗是由内层气流（即对流云底部向下伸展并逐渐缩小的涡旋漏斗）和外层气流（即地面向上辐合合并的涡旋气流）双层结构所组成。漏斗内层为下沉运动，外层为上升运动。由于龙卷中心附近空气外流，而上空往往又有强烈辐散，因此龙卷中心气压很低。据估计，龙卷中心处的气压可低至 400 hPa。由于龙卷中心气压的剧降，造成了水汽的迅速凝结，龙卷才由不可见的空气涡旋变为可见的漏斗云柱。龙卷的形态主要取决于其旋转比，即龙卷中上升气流边缘处的切向速度和龙卷内平均上升气流速度之比。旋转比越大，龙卷的尺度越大。

一般用 Fujita 等级或 Fujita-Pearson 等级（McDonald，2001）来确定龙卷风的强度。表 6.1 给出了 Fujita 等级：（引自 Fujita 和 Wakimoto，1981）

表 6.1 Fujita 龙卷等级

F 等级	最大风速（m/s）	最大风速（km/h）	预期损害
F0	18 ～ 33	65 ～ 120	轻微
F1	33～50	120～180	中等
F2	50～70	180～252	相当大
F3	70～92	252～331	严重
F4	92～117	331～420	巨大
F5	117～143	420～514	难以想象

(a)
(b)
(c)

图 6.1　龙卷图片。(a)漏斗状龙卷;(b)粗大的黑云状龙卷;(c)绳子状的龙卷(为 2004 年发生在江苏阳澄湖的水龙卷)

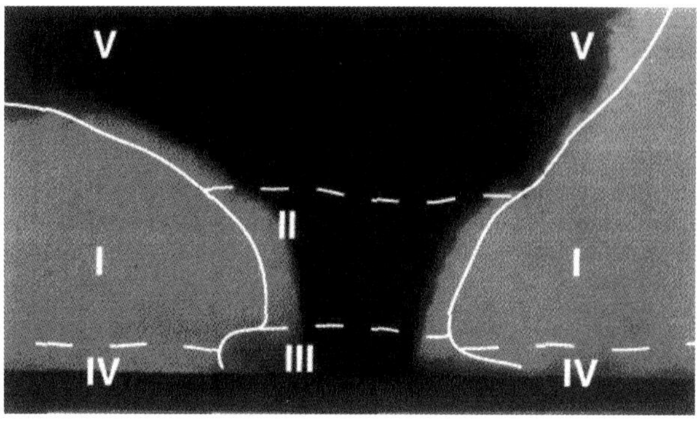

图 6.2　龙卷气流的分区。I:外流区;II:核心区;III:角流区;IV:入流层;V:对流羽。背景为1979年4月10日发生在美国Texas州的龙卷照片(摘自Doswell,2001)

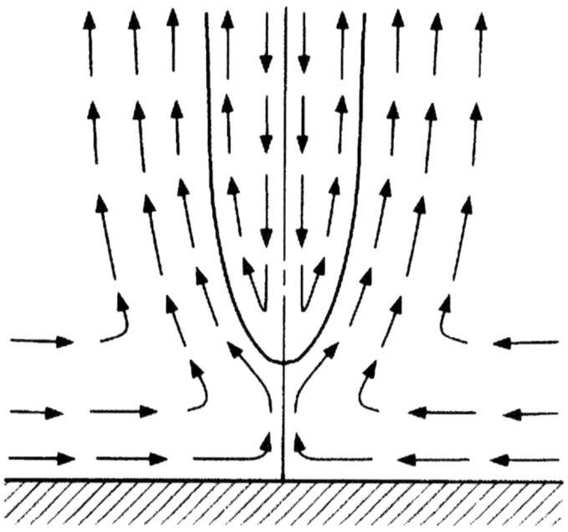

图 6.3　龙卷气流的结构(引自Davies-Jones,1986)

实际上,Fujita最初始的等级划分对各个等级龙卷对建筑物、树木和植被的损害做了非常详细的描绘。龙卷等级的确定往往需要航拍照片才能确定。后来,Fujita对龙卷等级做了进一步的规定,龙卷的强度和尺度由三个参数,即F等级、Pearson路径长度等级和Pearson路径宽度等级所确定。这一概念称为FPP等级,如表6.2所示。在业务和研究中,使用F等级的情况更多一些。

表 6.2　FPP龙卷等级

FPP等级	最大风速(km/h)	路径长度(km)	路径宽度(m)
0	65～120	0.6～1.5	5～15
1	120～180	1.6～5.0	16～50
2	180～252	5.1～16.0	51～160
3	252～331	16.1～50	161～508
4	331～420	51～160	0.5×10^3～1.5×10^3
5	420～514	161～507	1.5×10^3～5.0×10^3

龙卷分为两种类型,分别是超级单体风暴产生的龙卷和由非超级单体风暴产生的龙卷,下面分别加以介绍。

6.1.1　超级单体龙卷

6.1.1.1　有利于超级单体龙卷生成的天气条件

F2级以上的灾害性龙卷绝大多数是由超级单体产生的。如前所述,超级单体龙卷与持续的深厚的中气旋密切相关。对于大多数超级单体龙卷来说,相应的天气背景通常对应大的CAPE值和大的垂直风切变。但是,有很多在大的CAPE和垂直风切变的条件下没有龙卷产生的例子。此外,有些龙卷超级单体发生在小的CAPE和强的垂直风切变环境下。早期的估计是大约50%左右的中气旋产生龙卷(Burgess和

Lemon，1990)。在 WSR-88D 布网以后大量的数据表明这个比例只有 20%左右(Trapp 等,2005)。因此,超级单体的预报并不等同于超级单体龙卷的预报。数值模式(Weisman 和 Klemp,1982,1984)和理论研究(Davies-Jones，1984;Rotunno 和 Klemp,1985)表明不稳定环境中的低层垂直风切变是中层中气旋(3～10 km)的涡度来源。而龙卷似乎与低层(1 km 以下)中气旋的联系更加紧密(Brooks 等,1994a)。也就是说,只有低层中气旋形成,产生龙卷的可能才会大大增加。低层中气旋可能起源于蒸发冷却的下沉气流与暖湿入流间边界的斜压涡度生成,或者在超级单体附近的预先存在的冷热气团边界。中层中气旋的形成有可能为低层中气旋的形成提供有利条件。数值模拟表明,降水的水平再分布取决于中层中气旋和中层相对风暴气流的相对强度。当中层相对风暴气流比较弱时,会有足够的低层斜压性(起源于上升气流附近的降水降落蒸发)提供给低层中气旋的形成,但是强烈的出流切断了低层中气旋,使得龙卷无法产生。当中层风暴相对风比较强时,降水被刮到下风向,低层没有足够的斜压性来形成低层中气旋。高空相对风暴气流和中层中气旋强度间的适当平衡导致低层中气旋的形成。

对于中层中气旋的形成最重要的是风暴入流层内的垂直风切变。一个常用的标志入流层垂直风切变大小的量是相对风暴环境螺旋度 SREH。图 6.4 是根据 92 个中气旋附近的探空计算的对应每个中气旋的 0～3 km 相对风暴环境螺旋度 SREH 和对流有效位能 CAPE。图中的 EHI 称为能量螺旋度指数(Hart 和 Korotky ,1991),由 SREH 和 CAPE 组合而成。从图中可以看出,由代表低层垂直风切变的 SREH 和对流有效位能 CAPE 的大小很难区分龙卷和非龙卷超级单体。另外,在产生龙卷和不产生龙卷的超级单体之间在视觉特征和雷达回波特征上并无明显不同。

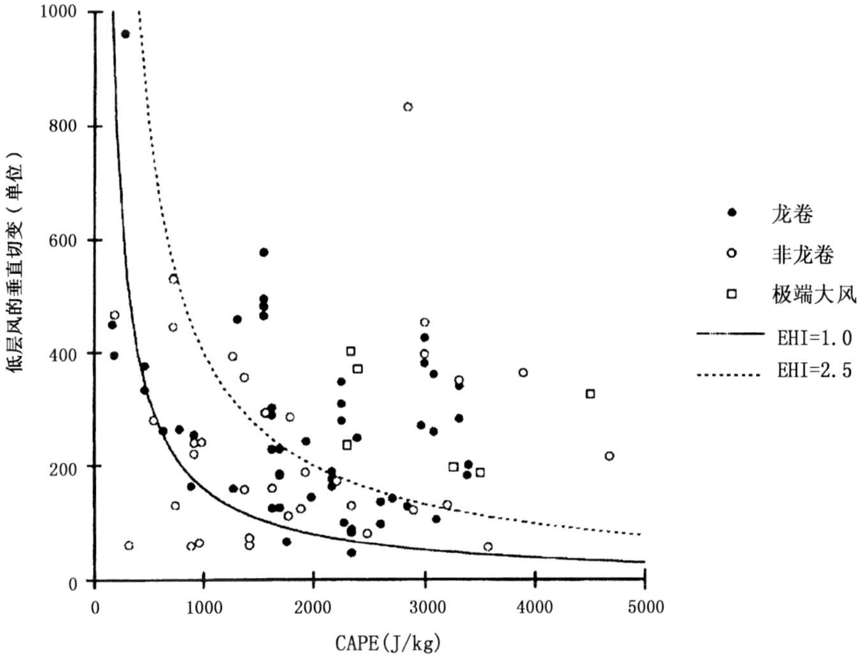

图 6.4　根据 92 个中气旋附近探空计算的对应于各个中气旋的对流有效位能 CAPE 和 0～3 km 相对风暴环境螺旋度 SREH。图中进一步表出哪些中气旋产生了龙卷,哪些没有,哪些产生了地面极端灾害性大风。1.0 和 2.5 能量螺旋度指数(EHI)的等值线分别由实线和虚线表示(引自 Brooks 等,1994b)

如前所述,低层中气旋的形成可能与超级单体附近存在的热力边界(如锋面、阵风锋、海风锋等)有关。实际上,不但超级单体龙卷,非超级单体龙卷也容易在已有热力边界附近生成。图 6.5 所示为超级单体与一个热力边界相互作用可能导致低层中气旋生成的概念模型。图 6.5a 为超级单体在边界的暖区一侧,此时不容易产生低层中气旋;图 6.5b 为超级单体刚刚越过边界位于冷空气一侧,此时通过斜压性产生的水平涡度达到最大化,最容易导致低层中气旋的形成;图 6.5c 为超级单体远离边界深入冷区内部,由于下面的冷空气太冷和太厚,龙卷无法生成。上述概念模型也适用于非超级单体龙卷的情况,此时用非超级单体风暴代替上述超级单体即可。

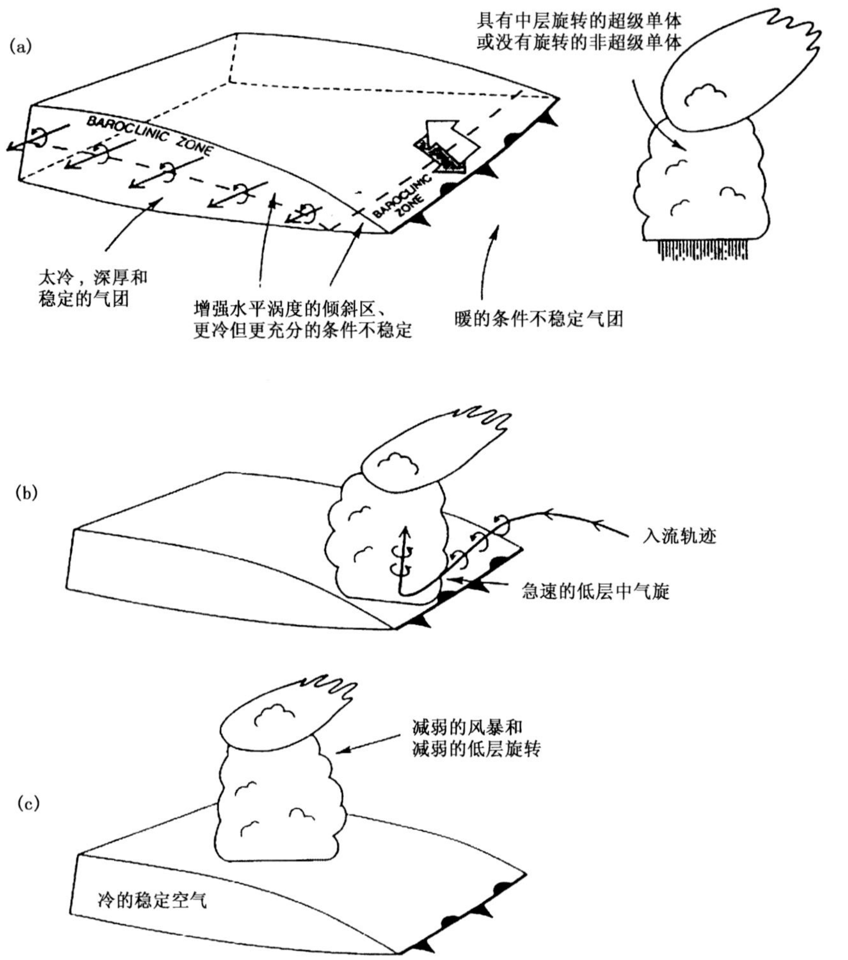

图 6.5 超级单体与一个热力边界相互作用可能导致低层中气旋生成的概念模型。(a)超级单体在边界的暖区一侧，此时不容易产生低层中气旋；(b)为超级单体刚刚越过边界位于冷空气一侧，此时通过斜压性产生的水平涡度达到最大化，最容易导致低层中气旋的形成；(c)超级单体远离边界深入冷区内部，由于下面的冷空气太冷和太厚，龙卷无法生成(引自 Markowski 等，1998)

图 6.4 表明根据对流有效位能 CAPE 和低层风的垂直切变大小很难区分龙卷超级单体和非龙卷超级单体。而 Brooks 等(1994b)利用边界层内最大比湿做纵坐标，用 0～3 km 相对风暴环境螺旋度 SREH 与 2～9 km 之间的最小相对风暴风速(在 1 km 厚度上的平均)做横坐标，重新将图 6.4 中 92 个中气旋制做点聚图，可以大致区分非龙卷极端大风、龙卷超级单体和非龙卷超级单体，如图 6.6 所示。由此可看出龙卷的产生与边界层内的湿度、中层中气旋和中层相对于风的气流之间的相对平衡有很大的关联。当低层湿度和螺旋度与相对风暴气流之比都比较大时，容易产生非龙卷但伴有极端地面大风的超级单体，当两者值为中等时，容易产生龙卷超级单体，而当两者较小时，有利于非龙卷超级单体的生成。

最近的研究和观察发现，对于 F2 级以上的龙卷，通常都发生在比较低的抬升凝结高度 LCL(即大的边界层相对湿度)和比较大的低层风的垂直切变(指 0～3 km，尤其是 0～1 km 间的垂直风切变)。抬升凝结高度越低、低层风的垂直风切变越大，越有利于 F2 级以上龙卷(包括超级单体和非超级单体龙卷)的产生。抬升凝结高度大于 1200 m 会大大降低龙卷产生的概率，由于较低的边界层相对湿度导致蒸发冷却，下沉出流加强，低层中气旋会被切断。

6.1.1.2 超级单体龙卷的雷达识别

如前所述，超级单体风暴都具有一个中层中气旋，而龙卷往往是伴随着低层中气旋(1 km 以下)的出现才产生的。由于低层中气旋只有在离雷达很近的距离内才探测得到(并不是所有龙卷超级单体都

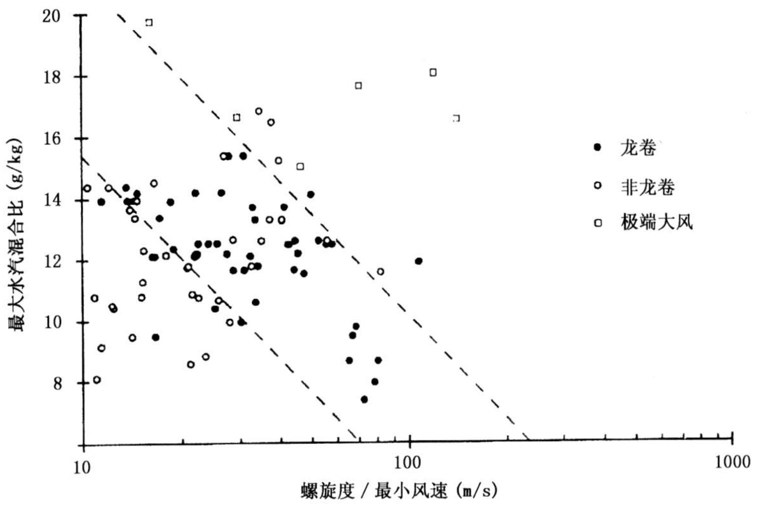

图 6.6　92 个中气旋对应的 H/V_{min}(m/s)和边界层中最大水汽混合比 q_{max}(g/kg)。注意水平轴采用的对数坐标。虚线试图将非龙卷、极端大风、龙卷超级单体和非龙卷超级单体区分开来(引自 Brooks 等,1994b)

会产生低层中气旋),况且低层中气旋与龙卷出现之间的间隔通常非常短,所以龙卷的预警通常是建立在雷达探测到中层中气旋的基础上。一般来说,中层中气旋越强,出现龙卷的概率越大。在出现中气旋的风暴(即超级单体风暴)中,只有 20%左右的情况下会出现龙卷。因此,预报员一般只有雷达探测到强烈中气旋或者扩展到低层距地面 1 km 以内的中等以上强度中气旋的情况下才发布龙卷警报,此时龙卷出现的概率大约为 40%。但在弱中气旋的情况下,龙卷也是有可能出现的。与强龙卷相联系的中气旋的特征可能在龙卷发生前 20～30 min 出现。业务上通常应考虑三种情形:1)如果中气旋能生成龙卷,最有可能在中气旋强度达到最大值期间产生;2)如果速度切变最大(最小的半径和最大的旋转速度)的中气旋延伸到最低层的话,通常将会发生严重的龙卷;3)如果中气旋的切变不断加强(旋转速度加大,半径减小)并且/或者明显的旋转向下发展的话,那么表明这是一个或正在成为一个更加危险的中气旋。了解成熟中气旋的垂直延伸可以提高龙卷探测和警报发布的把握。然而,对于在更远距离处的风暴来讲,尽管其中气旋可能已达到了垂直延伸的标准,也很难探测到。有经验的预报员如能掌握这些规则,对于距雷达不太远的超级单体龙卷,就有可能在龙卷着地前 20～30 min 发出警报。

图 6.7 给出了龙卷超级单体的概念模型(Lemon 和 Doswell,1979)。图中给出了相应的流场和可能发生龙卷的位置。粗实线为低层反射率因子的轮廓线,两个阴影区 FFD 和 RFD 分别代表前侧和后侧下沉气流区。前侧下沉气流 FFD 的形成主要是由降水拖曳和环境空气被夹卷进入降水区的蒸发冷却造成的,它与暖湿入流的边界为前侧阵风锋。而后侧下沉气流 RFD 是由于高空干冷空气进入风暴后侧直冲向地面,雨滴的蒸发加速了这一过程,它与暖湿入流的边界为后侧阵风锋。与锢囚的阵风锋相联系的阴影部分表示与中气旋相联系的上升气流区,而龙卷最容易产生在上升气流和后侧下沉气流交界面附近靠近上升气流一侧。这个超级单体概念模型是 Lemon 和 Doswell (1979)根据观测事实并参考中纬度温带气旋模型提出来的,随后的大量观测事实和数值模拟结果(Wicker 和 Wilelwson, 1995)证实其主要结构是大体正确的,至今仍被用做经典超级单体风暴的概念模型。图 6.8 给出了从东南方向观看时图 6.7 中的龙卷超级单体风暴的三维立体示意图。

尽管多数情况下与阵风锋相联系的中气旋只有一个,但是有时却能以周期性的方式产生一系列的中气旋。通常,最先出现的(有可能是惟一的一个)中气旋的生成阶段和成熟阶段较长,第二个中气旋常常在第一个中气旋处于消亡阶段时开始生成。值得注意的是,第二个以及后续的中气旋的生成和成熟阶段均比第一个中气旋的步调要快得多(参见图 6.9)。当一系列的中气旋一个接一个地产生,持续数小时,一些超级单体会产生龙卷族,含有龙卷风的中气旋在随超级单体移动中演变。图 6.10 为三个龙卷风的轨迹图,其中粗线(标有 T1、T2、T3)为三个龙卷风的轨迹。随着超级单体风暴的发展,与超级单体风暴后侧下沉气流(RFD)相联系的那段阵风锋气旋式地包裹住最初的中气旋(图 6.11),切断了提供给上升气流的暖湿气流，导致初始的中气旋开始消散。然而，在后侧下沉气流（RFD）和前侧下沉气流（FFD）的交汇处（锢囚点）有强烈的辐合。借助于暖湿入流、加强的沿入流方向的涡度和已经存在的由初始中气旋产生的垂直涡度，第二个中气旋在该錮囚点生成并迅速发展（图 6.11）。

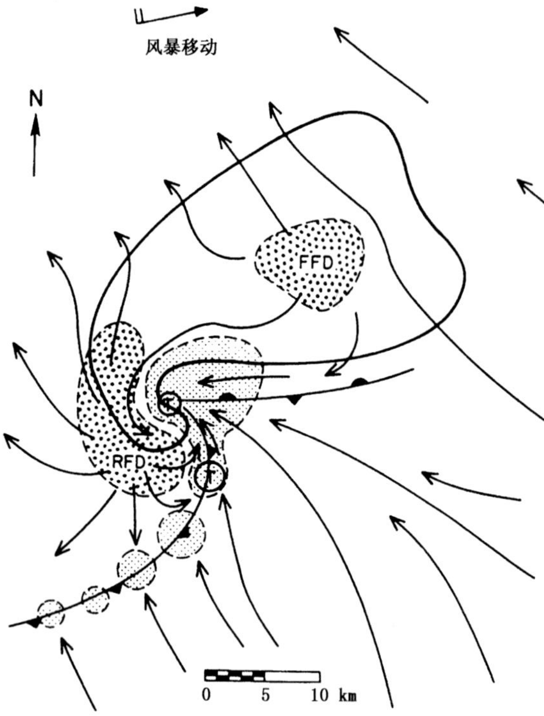

图 6.7　龙卷超级单体风暴概念模型图：低层反射率因子轮廓、锢囚的阵风锋、风暴入流、上升和下沉气流区（FFD 前侧，RFD 后侧）、龙卷的可能发生位置（T）等（摘自 Lemon 和 Doswell，1979）

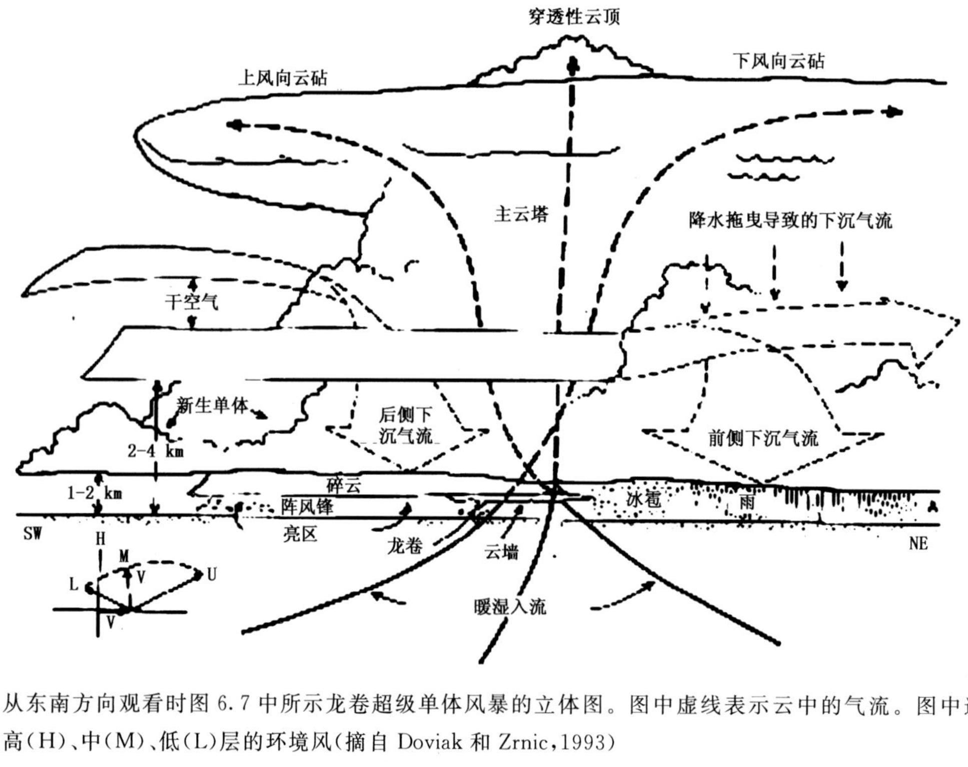

图 6.8　从东南方向观看时图 6.7 中所示龙卷超级单体风暴的立体图。图中虚线表示云中的气流。图中还标出了高（H）、中（M）、低（L）层的环境风（摘自 Doviak 和 Zrnic，1993）

龙卷涡旋特征(TVS):在雷达径向速度图上有时还能识别一种与龙卷紧密关联的比中气旋尺度小旋转快的涡旋,在速度图上表现为像素到像素的很大的风切变,称为龙卷涡旋特征(Brown 和 Lemon,1976),英文缩写为 TVS。

TVS 的定义有三个指标,包括切变(首要的)、垂直方向伸展以及持续性。切变在三个指标中最重要。切变指的是相邻方位角径向速度的方位(或像素到像素)切变值。技术上,切变可以定义为气流最大内流速度和最大外流速度之间的差除以两者相隔的距离。由于我们处理的是像素到像素的切变,两者相隔的距离为一个距离库。为简单起见,距离库的尺度在一定的范围内可视为一个常量。因此,为了得到 TVS 切变,将使用速度差进行估算,速度差可以定义为:($|V_{入流}|+|V_{出流}|$),即为相邻方位角沿方位方向的最大入流速度和最大出流速度的绝对值之和。方位切变指标值按不同距离段给出如下:1)若某相邻方位角之间的速度差为:$|V_{入流}|+|V_{出流}|\geqslant 45$ m/s,距离 $R<60$ km;2)或速度差$\geqslant 35$ m/s,60 km$\leqslant$距离 $R\leqslant 100$ km。如上面两个判据之一一旦满足,则认定为 TVS 的切变判据被满足。

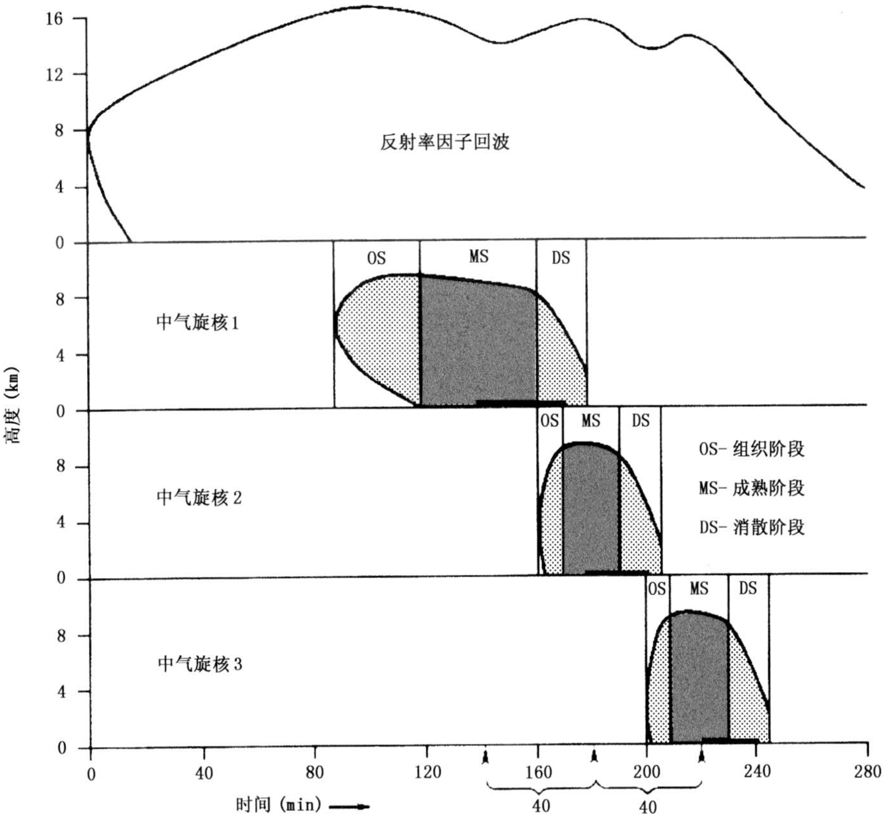

图 6.9　中气旋序列(下)和雷达反射率因子高值区(上)的时间(min)高度(km)演变示意图(引自 Burgess 等,1982)
(其中暗的水平条为龙卷的发生处,龙卷的形成间隔在横坐标中标出)

在 100 km 以外,TVS 难以分辨。这是由于波束展宽和随后的发生在取样体积中求平均,以及雷达波束从 TVS 靠近地面部分的上面穿过。即便在上述所定义的 100 km 的范围内,TVS 也极少出现。只有强大的龙卷或者那些非常靠近雷达的龙卷才能探测到相应的 TVS,因此 TVS 的预告虚警率很低。在美国天气局强天气警报手册中建议以下几点:1)一旦探测到 TVS,要立即发布龙卷警报;2)大量观测事实表明,在中气旋中伴有明显的相邻方位角切变时,尽管没有满足 TVS 的所有指标,发布龙卷警报通常是正确的;3)即使在 100 km 的范围内,TVS 也很少被探测到,其探测到的概率很低。所以,大多数的龙卷风警报是建立在探测到较强中气旋基础上的。

有些 TVS 最先出现在高空,然后逐渐向下发展,当它在最低仰角出现时往往对应于第一个龙卷灾害,这些 TVS 称为下降式 TVS。对于这种情形,当 TVS 在高空被首次探测到之后,有可能提前发布龙卷警报。而有的时候,在发生第一个龙卷的同时,TVS 首先出现在最低的仰角(如果离雷达很近,有可能在最低的几个仰角同时出现)，称为非下降式 TVS。对于这种情况，在 TVS 首次被探测到后，几乎没有可能提前发布龙卷警报。当龙卷尺度最大强度最强时，最强的切变能在所有高度上出现。当龙卷消散时，TVS 切变迅速减小。另外，需要指出，对于非超级单体龙卷，当距离雷达较近时，有时也可探测到 TVS。沿着飑线或弓形回波前沿的非超级单体龙卷相伴随的 TVS 都是非下降式的，而与超级单体龙卷相伴随的 TVS 既可以是下降式的，也可以是非下降式的。

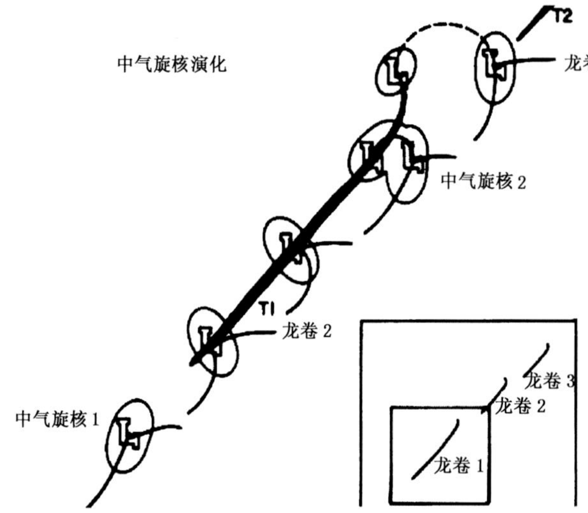

图 6.10　中气旋(三个龙卷)演变的概念模型(其中粗实线为龙卷的轨迹，细实线为低层风的不连续面，右下方的框是图的延伸)(引自 Burgess 等，1982)

图 6.11　从东南方向看，在低层旋转和后侧下沉气流加强阶段的超级单体风暴的三维气流结构图(其中环境风切变为偏西方向，圆柱箭头表示风暴内及其周围的气流，粗线表示低层的涡线，其旋转方向为带箭头的小圆环，阴影箭头表示由垂直气压梯度产生的旋转，点画箭头表示后侧下沉气流，粗的带刺线表明风暴下方冷空气的边界)(引自 Klemp，1987)

图 6.12 和图 6.13 给出了由 WSR-88D 探测到的 TVS 的实际例子。图 6.12 给出了一个强烈的龙卷超级单体的 0.5°和 1.5°仰角的反射率因子和相对风暴径向速度图。反射率因子图上可看到非常经典的超级单体钩状回波和外流边界(阵风锋)。在速度图上与反射率因子图上超级单体钩状回波附近的入

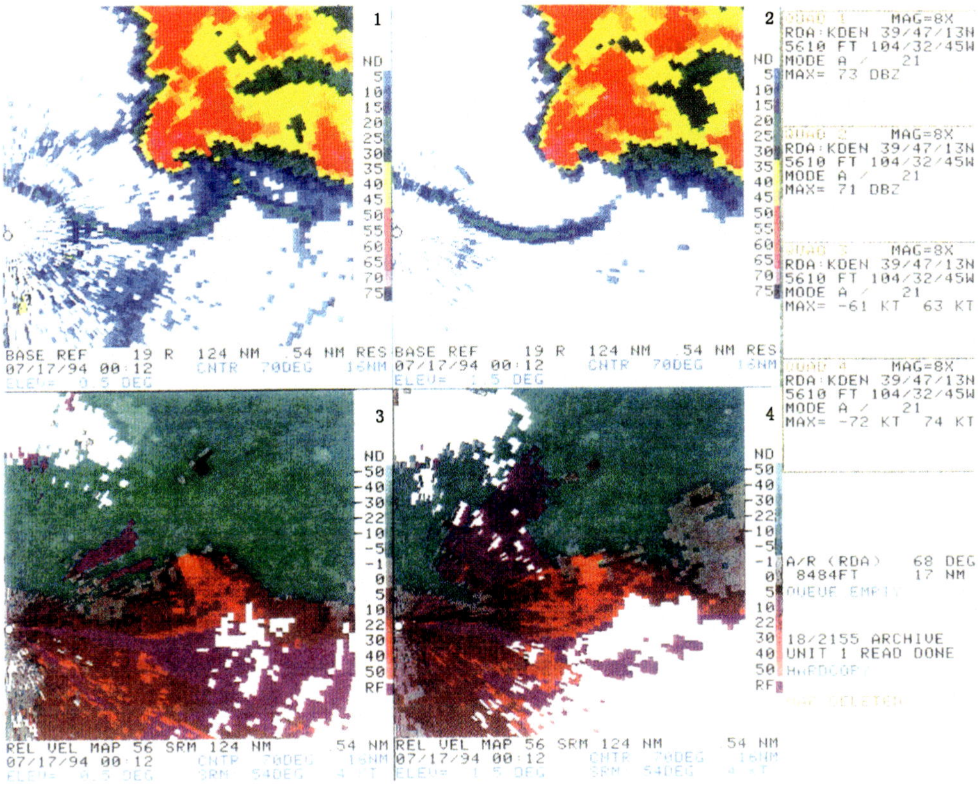

图 6.12　1994 年 7 月 17 日美国 Kden 雷达站的 WSR-88D 探测到的一个龙卷超级单体的 0.5°和 1.5°仰角反射率因子和相对风暴速度的 4 幅图显示

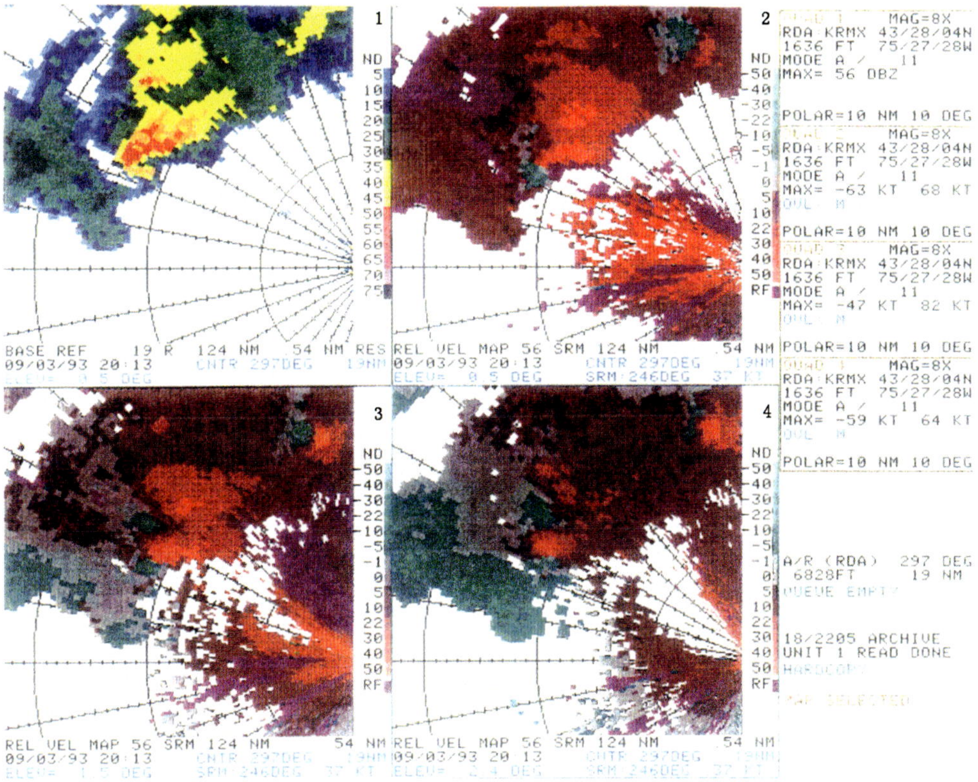

图 6.13　1993 年 9 月 3 日美国 Krmx 雷达站的 WSR-88D 探测到的一个龙卷超级单体的 0.5°仰角反射率因子和 0.5°、1.5°及 2.5°仰角相对风暴速度的 4 幅图显示

流缺口相对应的是一像素到像素的沿方位角方向的数值很大的正负速度对，即龙卷涡旋特征 TVS。同样强烈的像素到像素的速度切变也出现在 2.4°和 3.4°仰角（图略）。雷达位于图像中心的西南偏西方向约 35 km 处。图 6.13 给出了另一个龙卷超级单体的 0.5°仰角反射率因子图和 0.5°、1.5°、2.4°仰角相对风暴速度图。反射率因子图上出现明显的钩状回波和入流缺口，与其相对应，三个仰角的速度图上都出现了大值的沿方位角的相邻像素的径向速度切变，即 TVS。

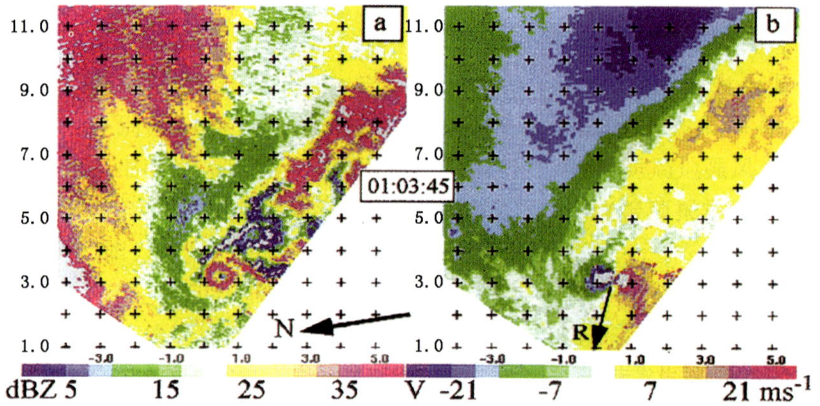

图 6.14　车载 3 cm 波长的高时空分辨率的多普勒天气雷达在近距离处探测到的一个超级单体龙卷（图中网格点的间距为 1 km，R 为标出的雷达位置）

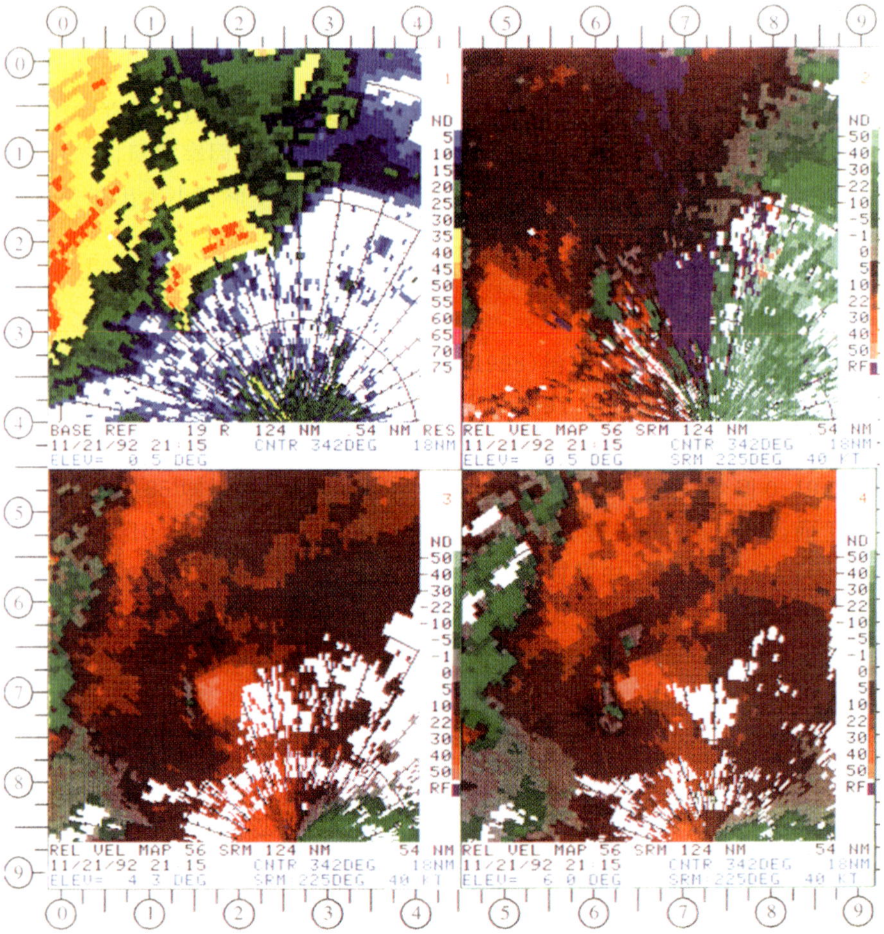

图 6.15　1992 年 11 月 22 日 21:15 位于美国 Texas 州 Houston 的 WSR-88D 得到的 0.5°反射率因子和 0.5°、4.3°、6.0°仰角相对风暴速度的 4 幅图显示

图 6.14 给出了车载 3 cm 波长的高时空分辨率的多普勒天气雷达在近距离处探测到的一个超级单体龙卷，图中网格点的间距为 1 km。在反射率因子图上可看到，龙卷位于超级单体钩状回波的内侧，呈现出类似台风的空心结构；相应径向速度图上为一个强烈的微尺度气旋。

6.1.1.3　龙卷超级单体演化实例

1992 年 11 月 22 日，在美国 Texas 州 Houston 附近，几个强龙卷侵袭了该地区，其中包括一个 F4 级龙卷。该风暴的水平尺度较小，垂直扩展不超过 12 km，下面我们简要的考察一下与 F4 级龙卷相联系的超级单体和相应的中气旋的演变。

时间 21:15(图 6.15)：对应于超级单体的反射率因子钩状特征，0.5°仰角相对风暴速度图显示中气旋位于位置(6.25，2.50)处，3 个仰角(0.5°、4.3°和 6.0°)在中气旋处的高度分别为 300 m、2200 m 和 3000 m(中气旋位于雷达西北约 35 km 处)。此时，该中气旋的出流速度占支配地位，在 6.0°仰角最强，在低层(300 m)只是一个弱环流。

时间 21:21(图 6.16)：一个体扫之后，在 0.5°和 4.3°仰角的中气旋加强了(尺度减小旋转速度增加)。在 0.5°仰角，中气旋有强烈辐合的成分，同时中气旋中包含一个似乎是 TVS 的结构。通过伸展到低层，该中气旋达到最大的垂直伸展。21:27，一个 F0 级的龙卷点地。

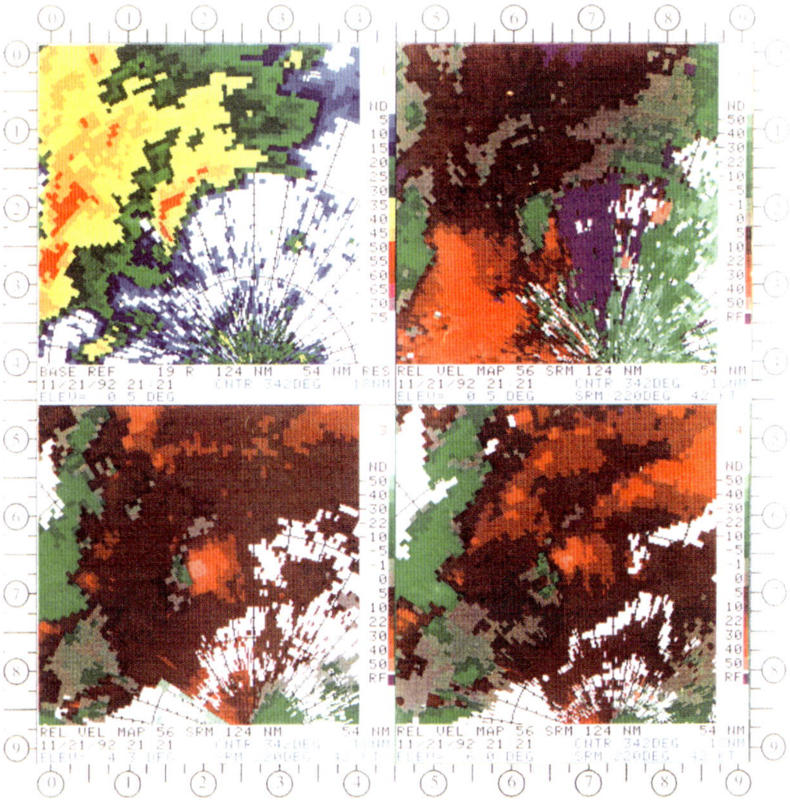

图 6.16　同图 6.15，只是时间为 21:21

时间 21:33(图 6.17)：中气旋保持其强度直到 21:33. 由于这一体扫没有 0.5°仰角的速度数据，用 2.4°仰角数据代替。中气旋被这些仰角切割的高度分别为 1800 m、3000 m 和 4800 m(雷达以上高度)，中气旋在这三个高度上都很强，在 1800 m 高度似乎最强，龙卷强度加大，达到 F4 级。同时 0.5°仰角的反射率因子显示超级单体的钩状回波更加明显。另外，注意图上还显示出另外两个超级单体和相应的中气旋。

时间 21:39(图 6.18)：接下来的体扫(没有 0.5°仰角反射率因子和速度数据)，在 4.3 和 6.0°仰角(分别对应 3000 和 4800 m 高度)，中气旋明显减弱，在 2.4°仰角(对应 1800 m 高度)，只是略微减弱。在 21:45 分，环流进一步减弱，包括 2.4°仰角。中气旋从高层开始减弱是常见的情况。在 21:39 龙卷为 F3

级，在 21:45 分，龙卷减弱为 F0 级，不久后消失。

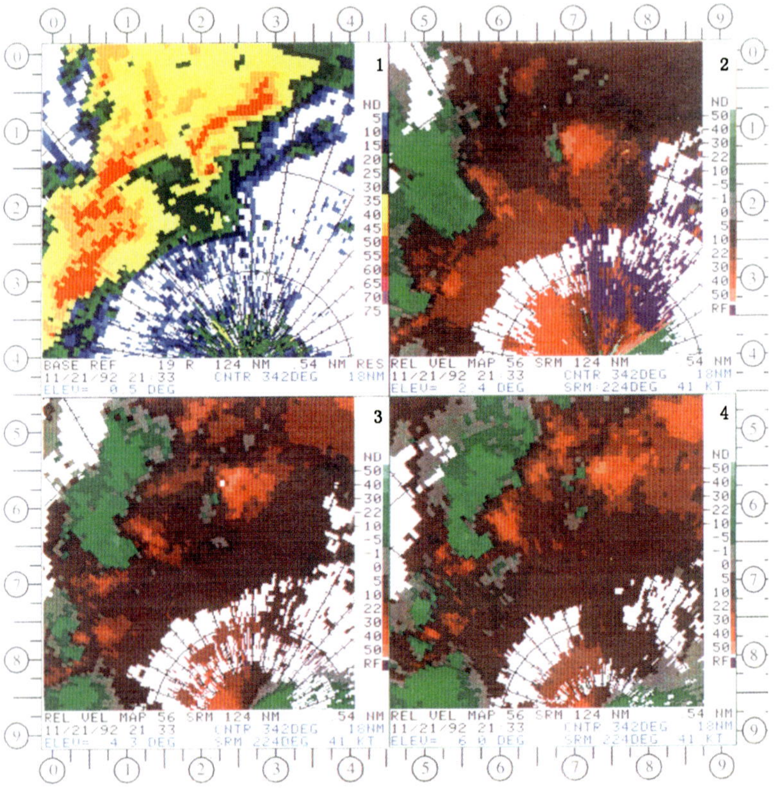

图 6.17　同图 6.15，只是时间为 21:33，速度图的仰角分别为 2.4°、4.3°和 6.0°

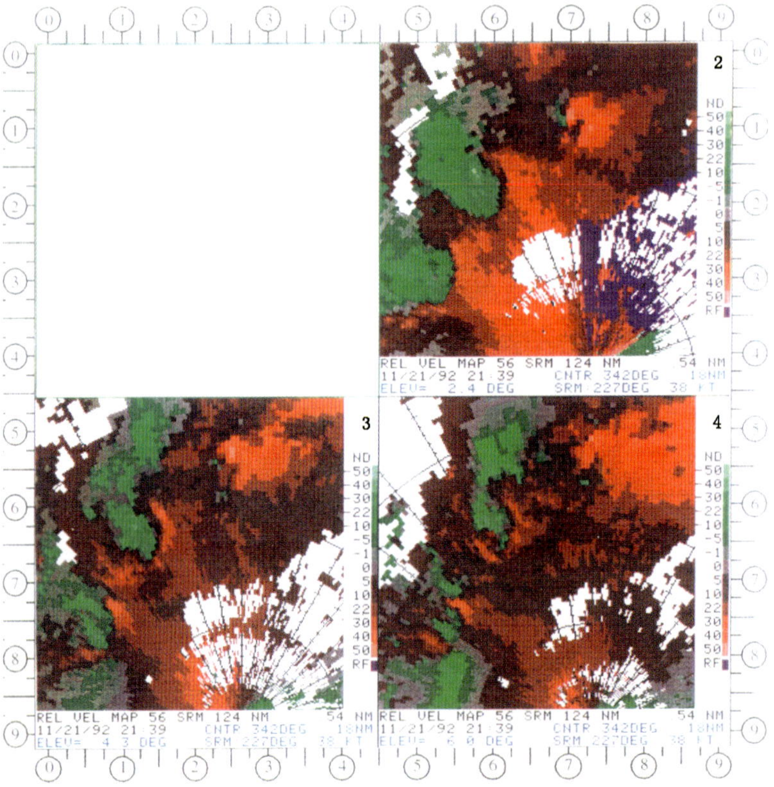

图 6.18　与图 6.17 相同，只是时间为 21:39，并且缺 0.5°仰角反射率因子图

与龙卷活动相联系的中气旋并不总是像上面描述的那样演变。当龙卷发展时，一些中气旋从低层开始加强，然后向上扩展。当龙卷消散时，一些中气旋在低层减弱，在中层保持强盛，或许然后产生其他龙卷。在上述个例中描述的中气旋的演变方式(即加强和减弱都是从中高层开始，然后向下传播)是最常见的，但需要指出与龙卷活动相联系的中气旋演变方式是多种多样的。还需要指出，我们并不是老有机会在这样近的距离内(60 km以内)观察到中气旋演变的全过程。在更远处，往往很难观察到中气旋向上或向下的扩展，只能看到旋转速度的增加。

在第八章中，我们详细分析了一次发生在安徽的强烈超级单体龙卷。

6.1.2 非超级单体龙卷

我们知道，并非所有的龙卷都与超级单体风暴有关。事实上对流云中产生强涡旋环流的机制有多种。而且，在同一对流云内不同的物理过程可产生不同的龙卷。非超级单体龙卷可以发生在各种产生对流风暴的环境下，因此预报它们的发生是非常困难的。有些非超级单体龙卷发生在弱的垂直风切变环境下，而另一些非超级单体龙卷产生在大的垂直风切变条件下，经常沿着飑线(Knupp等，1996)。Golden和Purcell(1978)首先注意到了产生于弱的环境风切变条件下的非超级单体水龙卷(waterspouts)，图6.1c就是2004年夏天发生在江苏省阳澄湖上的水龙卷的照片。Bluestein(1985)发现一些弱垂直风切变条件下发生在陆地上的与水龙卷类似的非超级单体龙卷，他称之为陆龙卷(landspouts)。陆龙卷经常发生在地面低压槽与雷暴出流边界的交界处。Wakimoto和Wilson(1989)描述了沿着科罗拉多州东北部辐合线的非超级单体龙卷，在龙卷形成之前，经常会出现一种晴空涡旋，Wakimoto和Wilson(1989)将其称为微气旋，比中气旋要小，强度弱，比较浅薄。在Colorado州，经常出现由地形导致的辐合线。上述微气旋易于在沿中尺度地面边界(即某种不连续面)或在其相交区发展，例如辐合风切变线、切变区、海风锋或风暴外流边界上。当正在发展中的上升气流遇到这些预先存在的涡旋时，非超级单体的龙卷就可能形成。由上升气流的伸展而导致的微气旋旋转加快可能是它达到龙卷强度的主要机制。Wakimoto和Wilson(1989)根据在Colorado州的观测结果，将其推广，提出了非超级单体龙卷形成的概念模型。他们将非超级单体龙卷的生命史仍分为三个阶段，即生成阶段、成熟阶段和消亡阶段。分别讨论如下：

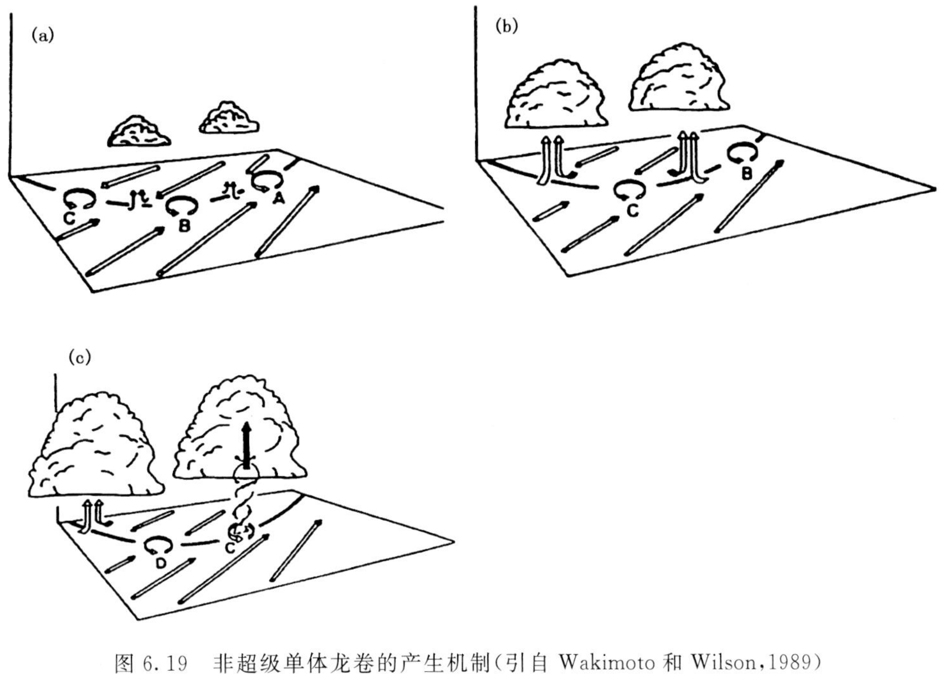

图6.19 非超级单体龙卷的产生机制(引自Wakimoto和Wilson，1989)

(1)生成阶段：小涡旋首先在云底下方辐合边界的切变区内得以发展，如图6.19a中的A、B和C处。随着对流上升气流的发展，这些涡旋沿着风切变带移动(图6.19b)；当涡旋遇到上升气流时，涡旋环流逐渐加强，这就标志着成熟阶段的开始。

（2）成熟阶段：当小涡旋由上升气流向上拉伸时，旋转运动得到进一步发展，如图 6.19c 所示，但最强的旋转速度仍然处于边界层的云底下方。

（3）消亡阶段：典型的情况是，降水形成下落，诱发涡旋内的下沉气流，使得龙卷减弱，垂直方向的扩展减弱。在这个阶段微气旋的直径增大到 4 km，但龙卷在低层旋转仍最强。

注意上述概念模型只能适用于一部分非超级单体龙卷。根据这一概念模型，非超级单体龙卷的预报在于考虑大气的 CAPE，地形导致的辐合线的存在或者中尺度边界的相交，具体如下：1）强的水平切变（辐合特征）边界可视为龙卷可能生成区；2）特别是波状弯曲的边界相互作用区和沿着边界的最大反射率因子区，可能成为非超级单体龙卷的发源地。这样预报会导致很高的虚警率，因为类似的情况经常出现，只有很少时候会出现非超级单体龙卷。只是目前并没有更好的预报方法。虽然非超级单体龙卷通常较深厚中气旋的龙卷更小、更弱，生命史更短，但是许多非超级单体龙卷也可达到 F2 的强度，它们也能够导致严重的灾害。图 6.20 给出了非超级单体龙卷实例的图片和雷达回波。

图 6.20　非超级单体龙卷实例的图片（a）和雷达回波（b）

在对沿着前进的雷暴冷池发展的非超级单体龙卷进行的数值模拟结果揭示（Lee 和 Wilhelmson，1997a），沿着边界（辐合切变线）的切变不稳定可以产生数个小的、弱的环流。这些微气旋（通常直径小于 1 km）经历一个合并阶段，产生更大的微气旋，该微气旋在受到迅速形成的雷暴上升气流的拉伸作用而形成龙卷（Lee 和 Wilhelmson，1997b）。Colorado 州多普勒雷达对陆龙卷（landspout）的观测证实了微气旋合并的存在（Wakimoto 和 Wilson，1989）。在强的垂直风切变环境中，可以出现非超级单体龙卷和超级单体龙卷的混合型，增加了预报的困难。Knupp 等（1996）发现 Alabama 州（美国）的龙卷可以发生在飑线的内部或前沿，有些龙卷的母风暴展现了典型的超级单体特征，而大多数是非超级单体或（超级单体和非超级单体）混合型风暴。类似的情况在其他地区也存在。

一种了解很少的非超级单体龙卷是冷核龙卷(Cooley ,1978)。这些龙卷形成在与中层低压环流相联系的冷池下面,一般位于地面冷锋的后面。这种罕见的龙卷发生在不大的低层湿度和中等大小的温度垂直递减率条件下。事先存在的垂直涡度的垂直拉伸可能是这种龙卷形成的部分原因(Doswell 和 Burgess,1993)。或许瞬变性最大的非超级单体龙卷是 gustnado。Gustnadoes 一般沿着发展的雷暴外流边界的凸点形成。它们通常比陆龙卷(landspout)更小更浅薄。Gustnadoes 一般比较弱,通常不会产生灾害。Gustnadoes 比陆龙卷弱的主要原因可能是缺少上升气流对已经存在涡度的垂直拉伸。

6.2　大冰雹

6.2.1　大冰雹形成和增长的环境特征

对流风暴中强烈的上升气流是产生大冰雹(直径在 2 cm 以上)的必要条件,因此早期的冰雹算法是基于由探空数据导出的浮力。这些早期冰雹预报算法都不太成功。使用探空数据来计算冰雹尺寸的一个主要问题是探空的时空分辨率太低,相应的探空资料不见得能代表冰雹产生时的实际环境条件。但无论如何,大的对流有效位能 CAPE 和较大的垂直风切变是产生大冰雹的有利条件。

大冰雹常常和超级单体紧密相连,它形成并降落在中气旋周围的钩状回波附近(或弱回波区附近)的强回波区中。在某些非常强烈的多单体风暴中也能产生大冰雹。这里的强回波区是由于后向散射能力很强的大冰雹所造成的。很明显。大冰雹形成和增长过程与风暴的强度有关,而风暴的强度又与上升气流的尺度和强度有关。因此,大冰雹形成和增长过程与上升气流的速度大小有关,但不是惟一因子。冰雹增长的大小还和上升速度最强的核心区周围的中等强度的上升气流区域的大小有关。假如上升气流核心区的速度很大,并且在其周围中等强度上升气流的区域也较大的话,则冰雹灾害比核心区周围中等强度上升气流区域较小时的更严重些。相对风暴气流对冰雹的形成影响较大,因为它很大程度上决定了冰雹在上升气流中运动的轨迹。影响冰雹尺寸的另一个因素是冰雹降到融化层(通常认为近似等于环境湿泡温度为 0℃ 的高度)以下的融化。小的冰雹比大的冰雹下落慢,因此融化得比大冰雹要多。

首先我们介绍 Browning 和 Foote(1976)研究的一个超级单体风暴中冰雹增长的例子。他们所研究的超级单体风暴叫做 Fleming 雹暴。

6.2.1.1　Fleming 超级单体雹暴的结构和流场

图 6.21 给出了该雹暴的结构图,其中图 6.21a 描述风暴内外不同高度处流型的俯视图,图 6.21b 是沿着风暴移动方向通过穹隆(vault,现在通常称为有界弱回波区 BWER)中心的垂直剖面。图 6.21a 展示了该超级单体雹暴内外气流的主要特征。图中,斜线区为雷达回波区,点区为没有雷达回波的云区。点线构成的圆代表对流层中层强上升气流区的范围。细实线为相对于风暴的流线。一些流线代表在对流层中层的强的环境西风在主上升气流处产生绕流,另一些流线代表风暴低层来自南方的入流和部分高层出流。垂直剖面(图 6.21b)显示了叠加在雷达回波上的云的视觉特征。两个级别的反射率因子由疏密不同的斜线区域表示,斜线区以外的区域为没有雷达回波的云区。图中标出了四架观测飞机的位置,即 C-130、QA-DC-6 和 B(Buffalo)。粗的实线箭头代表剖面内由两架飞机测量的风矢量。沿着穹窿(有界弱回波区)边界的短的细实线箭头代表一个冰雹的轨迹。右边为沿着风暴移动方向环境风分量的垂直廓线。

6.2.1.2　Fleming 超级单体雹暴中冰雹增长

对 Fleming 雹暴的分析使得 Browning 和 Foote(1976)给出了一个超级单体风暴中冰雹增长的三阶段过程(图 6.22):

阶段 1:在主上升气流区右侧的很弱的上升区中,小粒子在首次上升中增长(轨迹 1);

阶段 2:这些粒子中的一部分在主上升气流前沿附近的弱上升气流中穿行(轨迹 2),增长成几毫米大小的雹胚,然后进入主上升气流核心区;

阶段 3:尽管上升气流强度会有微小的摆动,这些进入主上升气流的雹胚基本上可以在单次上、下轨迹(轨迹 3)中增长成为冰雹。

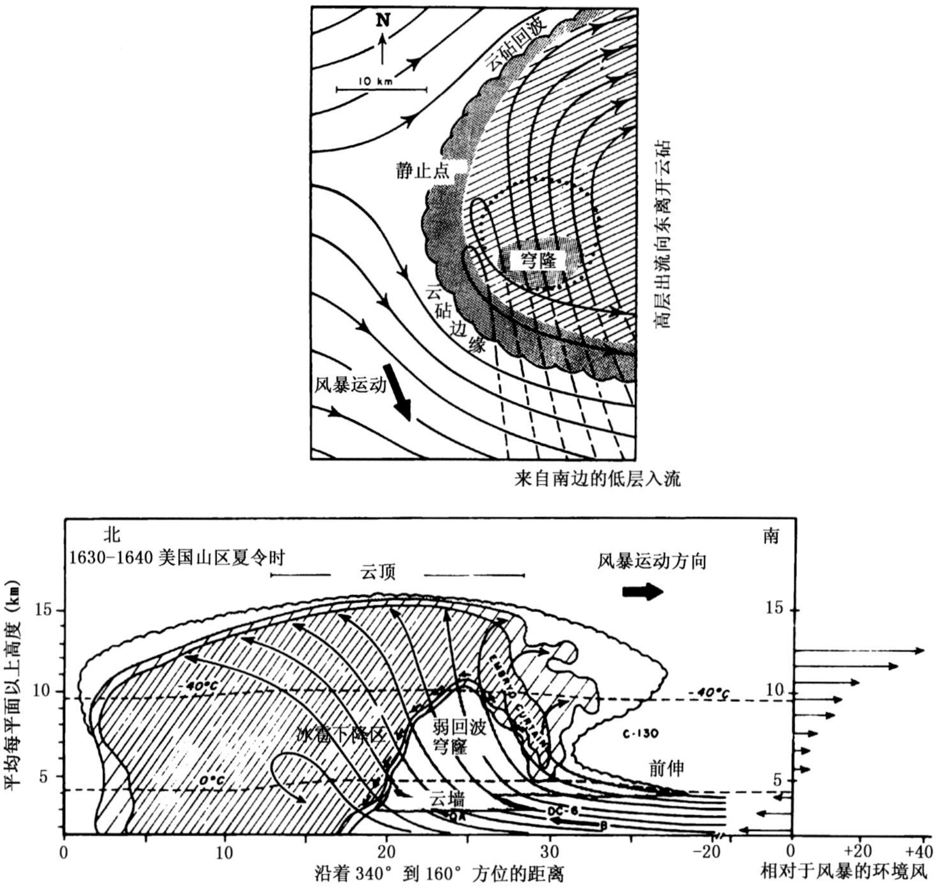

图 6.21　Fleming 超级单体雹暴结构示意图：(a)俯视图；(b)垂直剖面图；详见正文

并非所有进入主上升气流的雹胚都能够增长为大冰雹。有些雹胚在充分增长之前可能很快遭遇强上升气流并且被带到－40℃以上的高度，那里已经没有过冷却水滴不存在有利于冰雹增长的环境。如果在雹胚帘的内侧附近上升气流增加很快，上述情况出现的可能性就非常大。因此，Browning 认为，不是由于雹胚的稀少，而是由于使雹胚的下落速度与上升气流速度相当的条件不容易满足，造成了大冰雹不常出现这一观测事实。一般来说，雹胚的降落末速小于穹窿内的上升气流速度，否则穹隆将不存在。因此在最低层(那里上升气流最弱，在本例中对应于图 6.21b 所示雹胚帘的顶尖附近)进入主上升气流的雹胚具有最大的可能性使得其下落末速与上升速度相当。这些粒子将在增长区中停留最长时间并穿过上升气流核心区。此后，它们将通过收集绝热含水量继续比其他的雹胚更快地增长，而比它们上升更快的更小的雹胚只能遭遇已经被大的雹胚收集掉一部分云水的水环境。作为迅速增长的结果，大粒子将倾向于靠近雹胚帘的内边缘，它们的轨迹将基本沿着穹隆的边缘。在穹隆顶部，这些粒子将达到它们的平衡层。假定平衡层仍处于过冷却水区，则这些粒子在开始向地面降落(同时向北边运动)前会有很大的增长。然后它们将沿着穹隆的北部边界下降，通过竞食绝热含水量继续增长，直至降到地面。

沿着稍稍离开穹隆边缘的路径的雹胚(如图 6.22b 中的点线所示)增长成大冰雹的可能性要小一些。主要有两个理由：1)它们更可能被带到－40°C 以上的高度，因此位于过冷却水滴增长区之上；2)它们将在一个已经被更靠近穹隆边界增长的雹胚剥夺了一部分云水的环境中增长。

上面给出了超级单体风暴中冰雹增长的模型，作为对比，我们接着讨论多单体风暴中冰雹的增长。我们讨论一个称为 Raymer 的雹暴，它是一个多单体风暴。从上升速度大小、新单体发展的频率以及最大冰雹直径(15 mm)来看，它属于中等强度的雹暴。

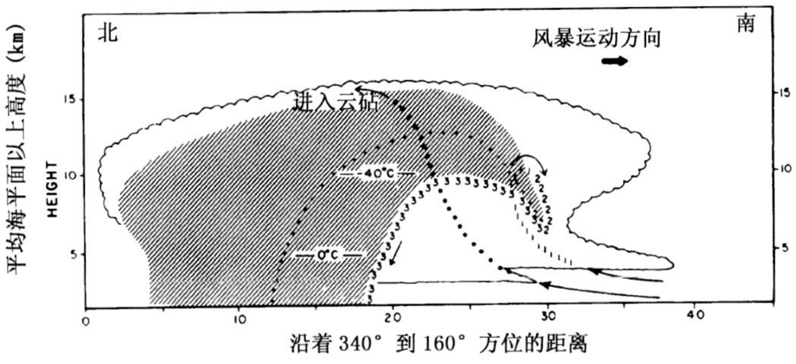

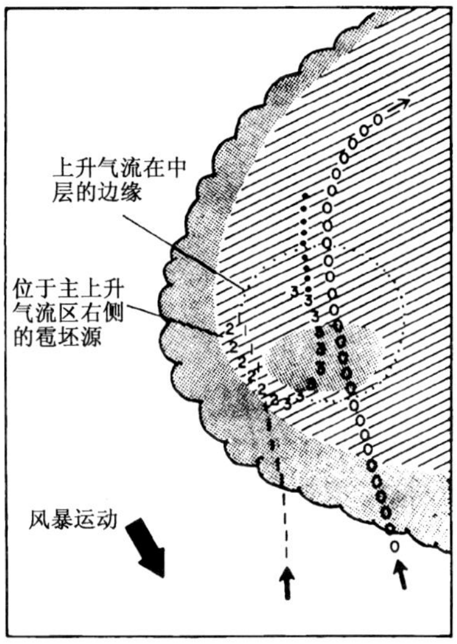

图 6.22　基于图 6.21 中超级单体模型的冰雹轨迹示意图：(a)与图 6.21a 相应的俯视图；(b)与图 6.21b 相应的冰雹轨迹垂直剖面。雷达回波和云的边界分布见图 6.21。轨迹 1、2 和 3 代表正文中讨论的大冰雹增长的三个阶段。阶段 2 到阶段 3 的过渡对应于一个雹胚重新进入主上升气流，然后做最后一次上、下行程，其间冰雹可以长成大冰雹，当它沿着轨迹 3 所示穹窿的边界增长时尤其如此。其他雹胚将稍微离开穹窿的边界增长，遵循点线所示的路径。沿上升气流核心区上升增长的云粒子在达到降水尺度之前沿着轨迹 0 被迅速带到云顶的云砧处

6.2.1.3　Raymer 多单体雹暴的结构和流场

图 6.23 展示了由 Browning 和 Foote(1976)综合观测资料得到的 Raymer 风暴的模型，观测资料包括一部数字化雷达、两部多普勒雷达、一架云底以下探测的飞机、一架穿云飞机和一个地面中尺度观测网。这幅图是沿着风暴移动方向的垂直剖面，展示了 4 个($n-2$，$n-1$，n，$n+1$)处于不同发展阶段的风暴单体序列。每个单体经历相似的生命循环，新生单体在风暴的右前方，旧的单体在风暴的左后侧衰亡。

上述模型可以以两种方式解释。它既可以看做是一个由处在不同发展阶段的几个对流单体构成的多单体风暴同一时刻的典型结构，也可以看做是一个个别的对流单体发展的 4 个不同阶段。单体 n 在图中时刻的不久以前刚刚出现第一个雷达回波，开始离开前伸云，该前伸云现在由女儿云(即新生单体)$n+1$ 构成。已经达到最强反射率因子的单体 $n-1$ 正处在成熟阶段；它具有很强的上升气流，但其中的一部分已变成强下沉气流。正在消散的对流单体 $n-2$ 由下沉气流所支配，只是在高层还有部分残存的上升气流。相继发展的对流单体的时间间隔是 15±2 分钟。从 n 发展到 $n-1$ 大约需要 15 min，类似地从 $n-1$ 到 $n-2$ 也是 15 min 左右。每个单体的总的生命期小于 60 min。

穿过风暴的飞机测量表明直径小于 50μm 的小水滴在上升气流区的液态水含量约为 1 g · m^{-3}。这大约相当于绝热含水量的三分之一。在 7 km 高度出现第一个雷达回波不久之后，观测发现直径为 5 mm 粒子的数密度为 1 m^{-3}；大多数粒子是冻结的，少数粒子似乎完全是水。在 7 km 高度，成熟的单体

$n-1$ 中 8～10 mm 粒子的液态水含量大约是 0.5 g·m^{-3}。这些造成大部分最大反射率因子的粒子几乎全部是冰粒，在上升气流的后端和下沉气流中含量最丰富。大雨（强度约 100 mm/h）和冰雹（最大尺寸 15 mm）降落在成熟单体 $n-1$ 下方的地面，20 min 的累积雨量为 12 mm，其中 5%来自于冰雹的贡献。

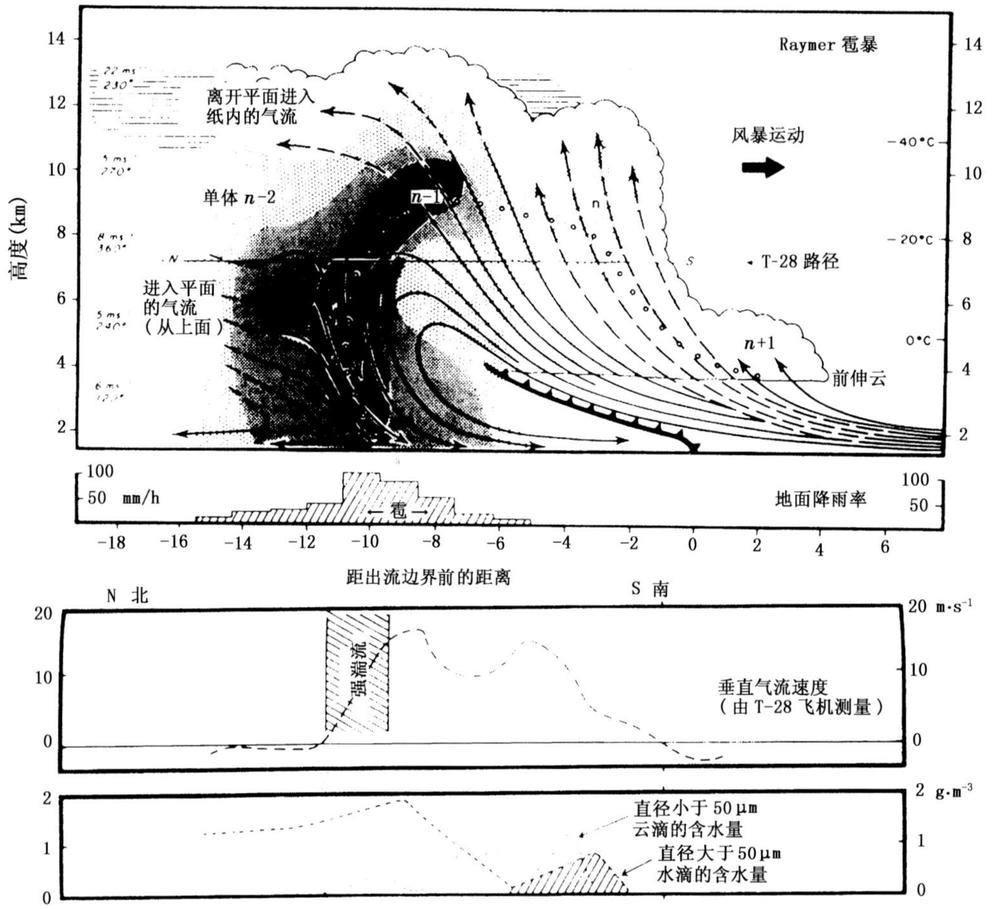

图 6.23　1973 年 7 月 9 日发生在美国科罗拉多州 Raymer 附近的多单体雹暴示意图（摘自 Browning 和 Foote, 1976）。它展示了沿着风暴运动方向一系列对流单体的垂直剖面。实线代表相对于风暴的气流的流线；流线的虚线部分在图的左侧代表进出该剖面的气流，在图的右侧代表距该平面几千米更靠近读者的平面内的气流。小圆圈构成的链条代表一个在云底的小粒子生长为一个冰雹的轨迹。实际上图中的气流是相对每一个个别的单体的，由于增长中的单体 $n+1$ 和 n 比成熟的单体 $n-1$（7 m/s）和整个风暴作为整体移动（10 m/s）要慢，年轻单体中的流线相对于整个风暴有一个更强的向北的分量。这解释了为什么在其早期阶段生长中的冰雹的轨迹会穿过流线。三个灰度不同的点绘区域分别代表雷达反射率因子 35 dBZ、45 dBZ 和 50 dBZ 的轮廓线，最外面为云区。右端的温度标尺代表从地面绝热上升的气块的温度。左端的风代表相对于风暴的环境风，是由位于风暴后面的探空得到的。以两分钟为平均间隔的风暴经过时的降水率画在剖面图的下方。通过垂直剖面在 7 km 高度处的水平线 N－S 代表 T-28 飞机穿云的路线，将飞机观测的垂直速度和云水数据平滑后画在最下方的图中。将 T-28 探测数据与剖面中的气流相比还是比较一致的，但是飞机没有观测到下沉气流的中心，其强度大约为 15 m/s

6.2.1.4　Raymer 多单体雹暴中冰雹的生长

冰雹的下落末速在 20 m/s 以上，冰雹的产生要求它们在其中生长的上升气流应有大体相当上升的速度。然而，在冰雹生长的早期，雹胚的降落末速增加得非常缓慢，一个稳定强大的上升气流将把它迅速带到过冷却水滴的区域以上，因而不能长大。一个有利的增长形势至少可以通过两种方式发生。一种方式是雹胚先在一个准稳态的上升气流边缘的上升过程中生长，那里上升速度较弱，在它的下落末速达到 10 m/s 左右时，它向下掉入主上升气流的入流一侧，在低层进入上升气流的核心再次上升。这种行为适用于超级单体风暴的情况，但不适用于 Raymer 多单体风暴。这是因为各个上升气流单体是短命的,不存在能够使得雹胚以这种方式再循环的气流。多单体风暴中的冰雹是以第二种方式增长的,它们在随时间发展的上升气流中增长。女儿云(即新生单体)是雹胚增长的最有利的区域,因为女儿云在初始形成一段时间以后才会发展出很强的上升气流。

在 Raymer 雹暴中,在新生的女儿云从单体 $n+1$ 演变为单体 n 的过程中(图 6.23),小云滴增长为 5 mm 左右的雹胚。从雹胚增长为能够降到地面的 10 到 15 mm 的冰雹基本上是在从单体 n 演变为单体 $n-1$ 的过程中发生的,在这一过程中粒子的下落末速(平均为 20 m/s 左右)与上升气流大体平衡。在它们增长过程中,许多小冰雹可能一直停留在同一上升气流单体中,该单体在此期间移过风暴系统。在另一方面,在单体 n 边缘附近增长的雹胚或许会掉入单体 $n-1$ 的更老一些的上升气流中。无论遇到哪种情况,在这一阶段,冰雹遭遇了能使它们保持在空中的足够强的上升气流速度,它们所在的高度只有轻微的摆动。

在冰雹增长历史的最后阶段,在图 6.23 中反射率因子超过 50 dBZ 的区域中,液态水含量达到 2 g · m^{-3}。似乎降水拖曳和低值的相当位温空气的进入开始产生效果,使得上升气流的下部迅速成为下沉气流,冰雹以阶梯状瀑布的形式迅速降落到地面,在这一过程中几乎没有增长,因为这一区域中的过冷却水滴已被耗尽。

冰雹从直径 5 mm 左右的雹胚增长到直径 15 mm 左右的冰雹据推断是发生在 750 s 左右的时间内,在此期间冰雹在 −20 到 −30℃ 的环境温度下相对于风暴系统通过了大约 6 km 的水平距离(图 6.23)。根据 Ludlam(1958),这么长的时间对于雹胚在 1 g · m^{-3} 的含水量(飞机测量结果)下长成直径 15 mm 左右的冰雹是没有问题的。

最困难给予解释的增长阶段是在女儿云初始发展的 15 分钟内 5 mm 直径雹胚的形成。有人建议冰晶/软雹机制是主要过程。然而,以冻结的水滴作为雹胚的冰雹的存在以及在初始回波区大水滴的存在,建议有一些冰雹是在稀少的大滴上形成的。

虽然有关初始雹胚的增长模式方面仍有一些不确定性,下面的一般性结论是不容质疑的。对于多单体风暴:1)雹胚是在年轻的女儿云(即新生单体)中产生的;2)在女儿云中上升气流变得强大之后,上述雹胚悬浮在空中增长为冰雹;3)它们基本上遵循与图 6.23 中的轨迹类似的轨迹。Renick(1971)在研究加拿大 Alberta 地区的一个多单体雹暴时得出了类似的结论,只是他研究的多单体雹暴比 Raymer 雹暴要强烈得多。

6.2.2　大冰雹的多普勒天气雷达探测

根据冰雹增长的特征,与上升气流强度和区域大小有关的强度回波特征和速度回波特征是大冰雹天气很有价值的指标。相对于龙卷和地面大风而言,大冰雹的雷达回波特征是最容易识别的。下面分几个方面进行讨论。

6.2.2.1　强度回波

回波强度最大值及所在高度,有界弱回波区 BWER 或弱回波区 WER 区域大小,垂直累积液态水含量 VIL(雷达产品之一)的大值区等都是判断强降雹潜势的指标。这些强度回波实际上反映了雹暴的三维结构,所以必须应用体积扫描资料。在有条件的地方应用组合反射率因子 CR 产品同屏显示强度最大值及所在高度的分布。另外,还可以用同屏显示方式显示四个不同仰角(代表不同高度)的回波强度分布,以便快速识别 WER(或 BWER)特征及其范围。

一般地说,发生大冰雹的潜势与风暴的强度直接相关,而风暴的强度取决于上升气流的尺度和强度。因此,雹暴通常与大片的强的雷达回波相联系。而相对风暴气流对冰雹的成长有重大影响,由于该气流在相当大的程度上决定了穿过上升气流的冰雹轨迹。当冰雹穿过宽阔的包围在强烈的上升气流核边缘的中等强度上升气流区时,对形成大冰雹最有利。

具有宽阔的弱回波区(WER)或有界弱回波区(BWER),特别是当它们上方存在强反射率因子核的风暴最有利于大冰雹或强降雹的发生。下落的冰雹开始融化的高度对落到地面的冰雹尺寸和数量有重要影响。湿球温度零度(Wet Bulb Zero;简写为 WBZ)层的高度近似于冰雹开始融化的高度。当风暴在有利于对流的气团中发展时,在 2 km 到 3 km 之间的 WBZ 高度与大冰雹的发生有较好的相关。

需要指出的是，特别简单有效的判断有无大冰雹的方法是根据强回波区相对于 0℃ 和 −20℃ 等温线高度的位置。强回波区必须扩展到 0℃ 等温线以上才能对强降雹的潜势有所贡献。当强回波区扩展到 −20℃ 等温线高度之上时，对强降雹的潜势贡献最大（Will 等，1998）。究竟达到多少 dBZ 才算强回波取决于各地具体的气候，一般在 45～55 dBZ 之间。目前我国新一代雷达的 10.8 版算法中的冰雹探测算法就是根据这个思路开发的。在使用这个方法时，必须根据最近时间附近地区的探空确定 0℃ 和 −20℃ 等温线的高度，或者根据相应的数值预报模式输出结果确定上述高度。

图 6.24 给出了根据数值预报模式输出和雷达观测数据制作全美国范围内的 0℃ 和 −20℃ 等温面上反射率因子的分布。这是由美国国家强风暴实验室开发的强对流天气预警支持系统 WDSS-II 中的一个产品。该产品对于全美国范围内冰雹的预警是非常有用的。

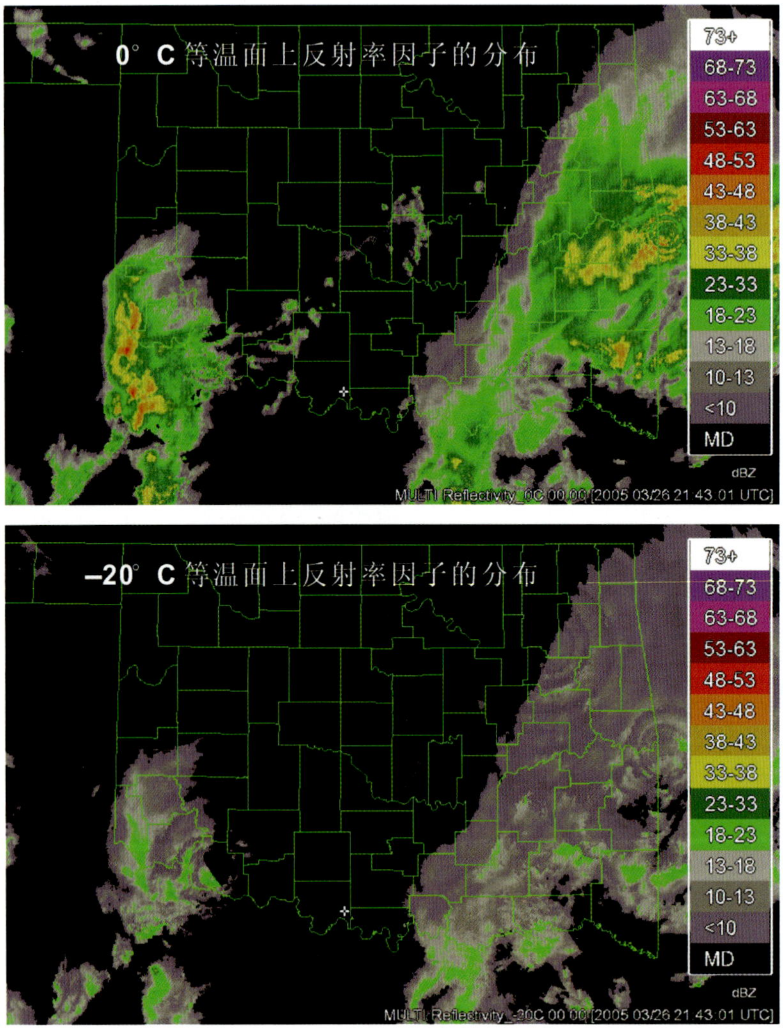

图 6.24　全美国范围内 0℃ 和 −20℃ 等温面上反射率因子的分布

除了由反射率因子的三维空间结构判断大冰雹的存在外，还可以根据垂直累积液态水含量 VIL 值的大小判断大冰雹出现的可能性。VIL 的详细定义将在第七章雷达产品与算法中给出，它实际上是反射率因子的垂直累积，代表了风暴的综合强度。图 6.25 给出了美国 Oklahoma 州下大冰雹对应的 VIL 的阈值随季节变化的情况。在冬季和夏季，出现大冰雹所需的 VIL 的阈值相差很大。确定大冰雹对应的 VIL 的合理阈值是利用垂直累积液态水含量判断大冰雹的主要困难。Amburn 和 Wolf(1997) 定义 VIL 与风暴顶高度之比为 VIL 密度。他们的研究表明，如果 VIL 密度超过 4 $g \cdot m^{-3}$，则风暴几乎肯定会产生直径超过 2 cm 的大冰雹。

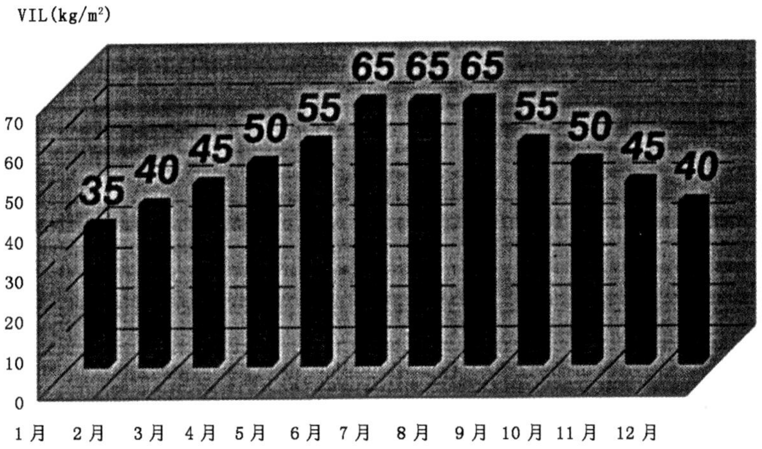

图 6.25　美国 Oklahoma 州大冰雹对应的垂直累积液态水含量随季节的变化

6.2.2.2　风暴顶辐散

风暴顶辐散是与风暴中强上升气流密切相关的小尺度的特征。它提供了上升气流强度的一个度量，可以与最大冰雹尺寸相关联，并且是风暴强度变化的一个早期指示。Witt 和 Nelson(1988)根据几个强雹暴个例研究了风暴顶辐散和落到地面的冰雹尺寸之间的关系，发现二者之间的相关性很好。图 6.26a 给出了雹暴最大辐散层的正负径向速度差值与最大地面降雹尺寸的关系，而图 6.26b 给出的是 10 km 高度层雹暴正负径向速度差与最大地面降雹尺寸的关系。在实际使用图中关系时，最大正速度和最大负速度连线的夹角不能超过 45°，否则将有明显误差。另外，由于雹暴的风暴顶辐散通常是不对称的，这样在利用图 6.26a 推断地面最大冰雹尺寸时会造成±1.1 cm 左右的误差。实际上，图 6.26 只是根据少量雹暴个例得到的，只能定性地使用，定量使用是不可靠的。利用风暴顶辐散判断地面最大降雹尺寸的另一个局限性是：检验风暴顶辐散有时甚为困难，因为必须使用适当的仰角对风暴顶取样。另外当风暴距雷达较近时，必须使用较高仰角，此时穿过风暴顶的取样将不在同一高度上。因此，风暴顶辐散不可以独立地使用作为地面降大冰雹的判剧，应该与上述反射率因子特征配合使用以增加判断的可靠性。

6.2.2.3　冰雹的三体散射现象及其特征

Zrnic(1987)和 Wilson 和 Reum(1986，1988)研究了一个雷达回波假象，Zrnic 称其为"三体散射特征"，Wilson 和 Reum 称其为"火焰回波"或"雹钉"。Zrnic 指出该现象是由包含大的水凝结物如大的冰雹对雷达波的非瑞利散射(米散射)所引起的。从垂直剖面图看，火焰回波似乎是对这一特征的更合适的命名；但从 PPI 图来看，长钉似乎是更合适的术语。这里我们将采取 Lemon(1998)的叫法，称这一雷达假象为三体散射长钉或简称为 TBSS。

根据 Zrnic 的推理，这个过程由下列步骤组成：

1)向前的雷达波束的一部分被大的降水粒子(如冰雹)散射到地面；

2)地面将散射波反射回空中的由降水粒子构成的强散射区域；

3)由地面反射到空中的由降水粒子构成的强散射区域的雷达波又被散射回雷达。其过程如图 6.27 所示。

对于 S 波段(10 cm)雷达，出现三体散射现象表明风暴中存在大冰雹。图 6.28 给出了 S 波段雷达(WSR-88D)观测到的三体散射实例，反射率因子核心区的强度超过 70 dBZ。出现三体散射是大冰雹存在的充分条件，但不是必要条件。因此三体散射可在业务上被用作大冰雹预警的一个指标。

图 6.28 中的雹暴是发生在美国 Oklahoma 州一个小城 Cashion 附近的一个强烈超级单体风暴，该风暴维持了一个中气旋、BWER 和偶尔的低层钩状回波或挂件回波。主要伴随的灾害性天气是下击暴流和大冰雹，最大地面瞬时风速达 50 m/s，最大冰雹直径 7 cm。

Cashion 风暴的 TBSS 是很典型的，它局限于中层，在 4.3 和 9.8 km 高度之间。因此只有在 2.4°和 6.0°仰角之间(包括 2.4°和 6.0°)的雷达扫描才能展现 TBSS。尽管雹块扩展到地面，但在最低的两个仰

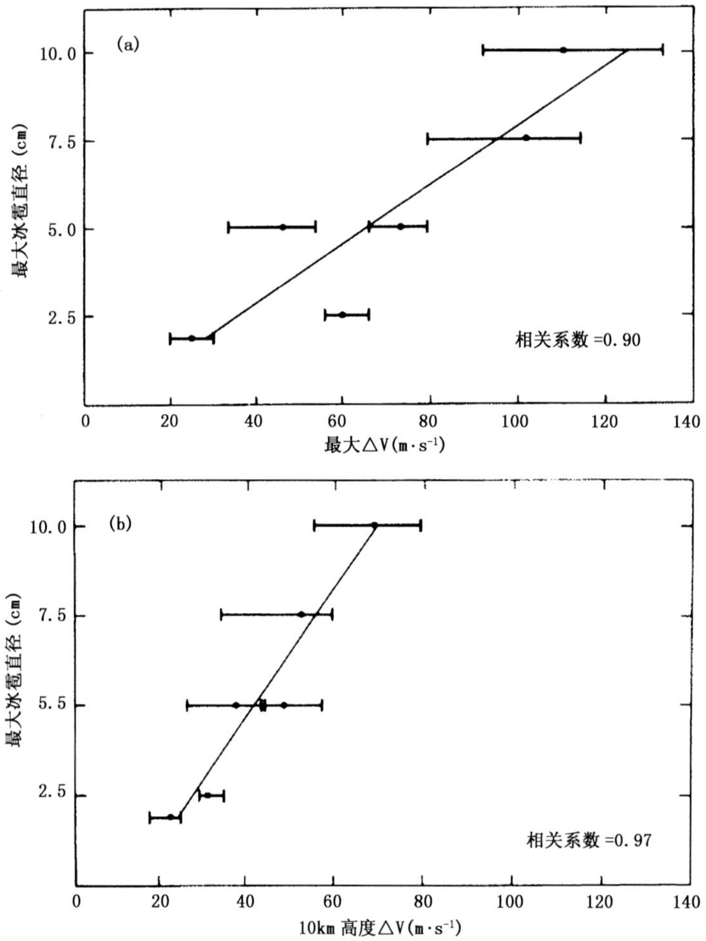

图 6.26　风暴顶辐散(表示为风暴顶正负径向速度的差值)与最大地面降雹尺寸之间的关系。(a)最大辐散层;(b)10 km 高度(摘自 Witt 和 Nelson, 1988)

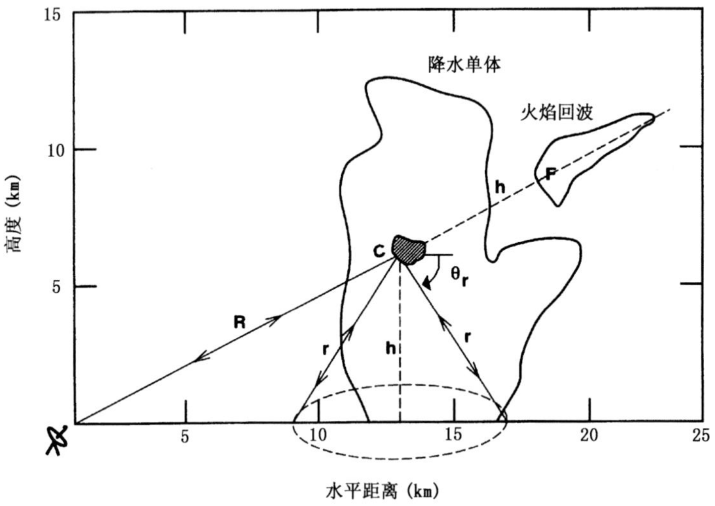

图 6.27　三体散射产生的物理过程示意图(摘自 Zrnic,1987)

角扫描并没有观测到 TBSS。其原因大概有两点:首先,母风暴回波是在回波核心的西北方向(沿雷达径向向外)。三体散射长钉始于由雷达出发穿过回波核心沿径向向外直到距雷达 $R+h$ 距离处(见图 6.27)。由于风暴距雷达只有 93 km,对应最低两个仰角的 h 也很小,在 1.2 km 到 3.0 km 之间。

这样小的 h 导致三体散射长钉位于风暴回波体内而无法显现。对于更大的距离 $R+r$，随着 r 的增加，反射率因子迅速降低，在风暴回波的后边缘，其值小于 5 dBZ 的显示阈值。在 Cashion 风暴中，要产生一个能分辨出的三体散射长钉，风暴核的反射率因子必须大于 63 dBZ。0.5°仰角扫描的反射率因子超过该值只有一次，它是 2229 UTC 那次体扫。

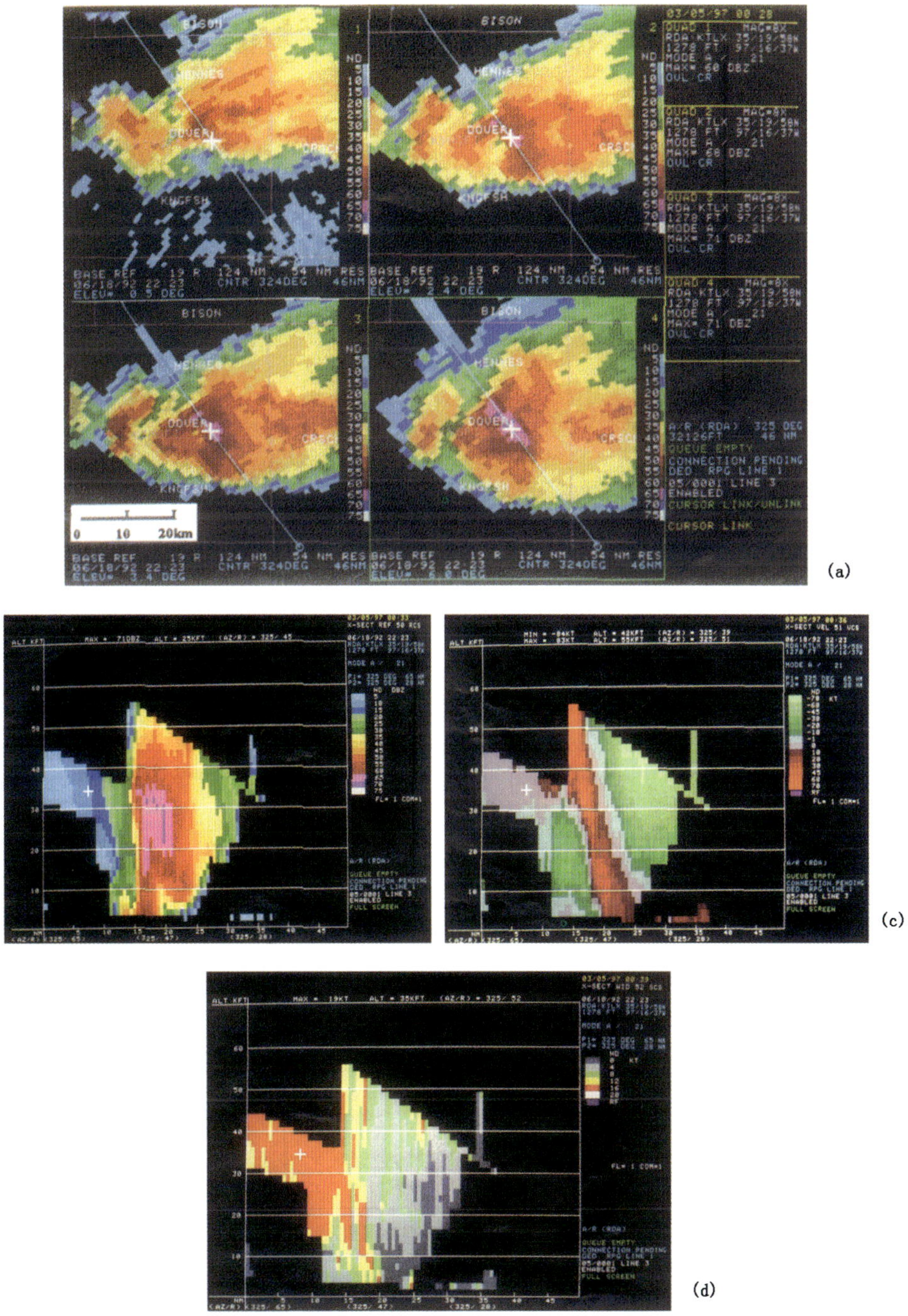

图 6.28 S 波段雷达三体散射个例。(a)4 个不同仰角的反射率因子图；(b)沿雷达径向通过三体散射区的反射率因子垂直剖面图；(c)与(b)类似，只是参量为径向速度；(d)与(b)类似，只是参量为谱宽(引自 Lemon，1998)

这个产生 TBSS 的非常大的高度散射的区域位于风暴中的上升气流和冰雹的迅速成长区。这一点得到下列事实的支持：在风暴核心的底下有一个与 WER 和 BWER 有关的广泛的悬垂回波。回波顶和回波顶辐散在风暴核心之上。据认为没有被上升气流托起的惟一部分是向着位于“墙”内风暴后部向下扩展的雹块，降水阶梯区的前沿、地面降雹和下沉气流都位于该“墙”处。这一点从反射率因子核心区导出的垂直运动得到进一步的支持。Lemon 和 Burgess(1993)以及 Lemon 和 Parker(1996)表明位于“墙”中的几乎垂直的深厚辐合带将前沿的强上升气流区和拖曳下沉气流区分隔开(图 6.28c)。

在 6.0°仰角，沿着 325°和 326°雷达径向，TBSS 是非常明显的(图 6.28)。在风暴核内，沿着 325°径向，存在大约 12 km 长的反射率因子在 65 dBZ 以上的狭长带。沿着相同的径向，70 dBZ 以上的反射率因子带长约 3.7 km。正如从这个例子得出的结论，能够探测到的三体散射是由沿径向的超过 63 dBZ 的反射率因子产生的。这一个例中，具有 70 dBZ 的距离门中最靠外的那个距离门处的雷达波束高度约为 9.8 km(AGL)。因此，它的镜像点将出现在从该距离门沿径向向外约 9.8 km 处。那里，反射率因子在 25 dBZ 到 30 dBZ 之间，可能也包括来自实际降水的回波。再沿径向向外具有更小反射率因子的 TBSS 约有 31.5 km 长。正如典型的情况，该 TBSS 的反射率因子约为 15 dBZ 或更小。在相邻的 326°方位角，长钉的长度为 24 km。类似地，在仰角 3.4°扫描，风暴核心位于约 6.4 km 的高度，沿 325°径向，长钉约 15 km 长，相应的反射率因子不到 15 dBZ。相邻的 326°方位角上的长钉为 5.6 km 长。在我们见到的其他许多风暴中的 TBSS 通常小于 15 km(当指定 5 dBZ 为最小显示阈值时)。

TBSS 的镜像点(图 6.27)是这样一个点，在那里从原来的散射体积测量的径向和垂直速度被结合在一起显示出来。在这里我们不对垂直速度的导出做详细的讨论。然而，有迹象表明那些在 9.1 km 高度风暴核内的冰雹被迅速(约 38 m/s)从上升气流的右边带到左边(相对于风暴而言)，向着它们位于降水阶梯区、下沉速度区和反射率因子梯度区的下沉部位时，它们只是相对慢地下沉(图 6.28c)。这里，在大约 9.1 km 高度，处于约 25 m/s 的上升气流区内的冰雹正进行着迅速的增长。与此形成对照，在较低仰角上的降水阶梯区，据推断冰雹以降落末速度通过与上升气流区相邻的深厚的辐合区下降。

速度谱宽信号提供了有关 TBSS 的附加的有用信息。图 6.28d 显示速度谱宽值是相当大的。这是由于涉及到该区域内散射体的水平和垂直运动的复杂混合的存在。这种结合产生了一个相当宽的、有时类似噪声的谱宽信号。由于三体散射的谱宽通常远高于降水回波谱宽，因此，即使三体散射回波与真实降水回波叠加，仍能从较大的谱宽值分辨出三体散射所在的区域，如图 6.28d 所示。

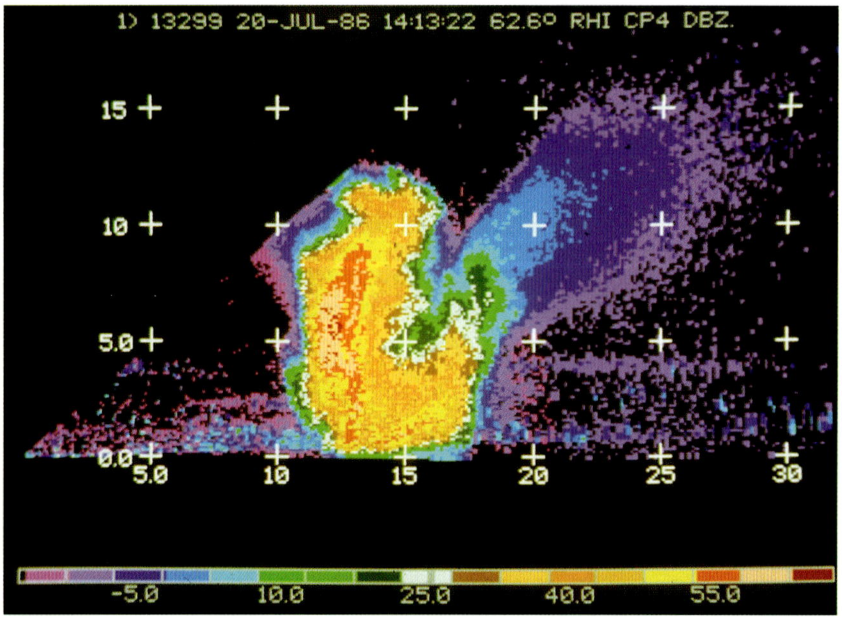

图 6.29　C 波段雷达三体散射个例：沿雷达径向通过三体散射区的反射率因子垂直剖面图(引自 Wilson 和 Reum，1988)

对于 C 波段(5 cm)雷达，三体散射现象比在 S 波段雷达情况下出现的机会大一些。但此时，三体散射的出现不一定表明大冰雹的存在。在这一波段，小冰雹也可以造成三体散射现象。图 6.29 给出了一个 C 波段雷达三体散射实例，反射率因子核心强度将近 60 dBZ，垂直剖面中靠近“火焰”回波处的缺口可能是由于强降水和冰雹对雷达波的强烈衰减所导致。

在第八章中，我们将分析发生在中国的几次三体散射雹暴个例。

6.3　灾害性大风

这里的灾害性大风，指的是对流风暴产生的龙卷以外的地面直线型风害。对流风暴中的下沉气流达到地面时产生辐散，造成地面大风，它是对流风暴最经常产生的天气现象。真正能造成严重灾害的下沉气流往往是在一片不强下沉气流区中的一股或多股集中的强下沉气流，并且在地面附近导致很强的出流（辐散气流），造成灾害。这种大片下沉气流区中集中的强下沉气流叫做下击暴流。下击暴流在地面附近造成的辐散性的阵风，有时风速很大，可以造成类似龙卷那样的严重灾害；有时虽然风速不大，但由于这种辐散性气流的尺度小，可产生很强的水平风切变，假如这种情况发生在机场附近，则可能对飞机起飞和降落影响极大，有时会造成严重的灾害性后果。研究表明，很多飞机在机场起降时发生的事故很多都是由于下击暴流造成的（Fujita 和 Byers，1977）。

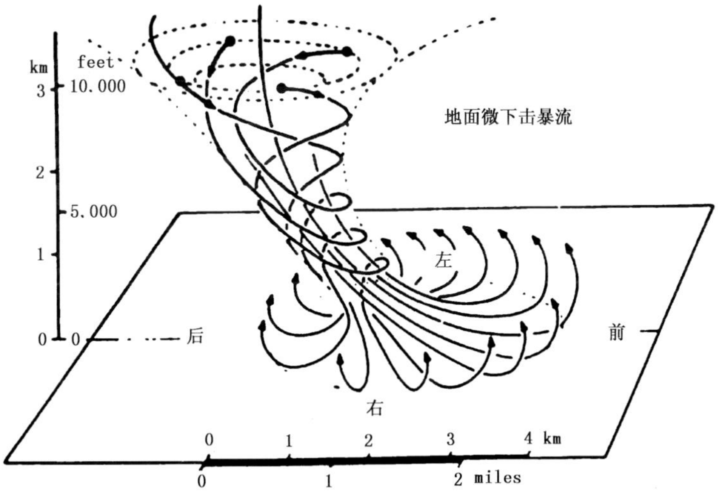

图 6.30　微下击暴流三维结构示意图，包括空中的辐合、旋转的下沉气流和地面附近的辐散（摘自 Fujita，1985）

1978 年，Fujita 等人把在地面附近形成 17.9 m/s（八级风）以上的向外爆发的出流的强下沉气流称为下击暴流。它是一股很强的从风暴云下方向下冲出，到近地面附近呈直线向下辐散的气流。大量观测事实的研究表明，下击暴流按尺度可分为两种：(1)微下击暴流：水平辐散尺度小于 4 km，持续时间为 2～10 min；(2)宏下击暴流：水平辐散尺度≥4 km，持续时间为 5～20 min，此类简称下击暴流。下击暴流常常包含在一个孤立的风暴或风暴系统的出流之中。多个下击暴流可以结合在一起构成更大尺度的出流。有些看上去不强的对流风暴也会产生下击暴流。事实上，有些产生下击暴流的对流风暴中的上升气流很弱，以至于产生不了雷电。图 6.30 给出了一个微下击暴流的三维结构示意图。从图中可见，下击暴流触地以后，还会向上卷起，产生滚轴状的水平涡旋。另外，图中显示下击暴流在下降过程中往往伴随着旋转。图 6.31 给出了上述滚轴状水平涡旋将沙尘卷起的图片。

6.3.1　下沉气流的生成和维持

在进入详细的灾害性地面大风的讨论之前，先检验一下下沉气流和其地面外流的强迫机制。这些强迫机制可以通过垂直运动方程来讨论。

6.3.1.1　下沉气流与上升气流特征的比较

至少在以下三个方面下沉和上升气流表现出明显的不同。

(1) 湿对流中的上升气流通常是轻微过饱和的，而在下沉气流中蒸发、融化和凝华的冷却作用通常抵消不了下降过程中绝热压缩造成的增温，因而通常达不到饱和。当湿对流中的下沉气流较弱，降水粒

图 6.31 下击暴流着地后卷起的尘土，显示出水平滚轴状涡旋的结构（由 Lemon 提供）

子的平均尺寸比较小，或雨比较大时，下沉气流可以接近饱和。

(2) 液态和固态凝结物的微物理细节对于下沉气流比上升气流具有更大的影响。这些细节对于下沉气流中潜热冷却的估计至关重要。不少研究者认为小的雨滴更容易导致更大的下沉气流，因为它们有更大的表面积暴露于环境。小的雨滴具有更大的曲率，导致更大的平衡水汽压，因此有更低的相对湿度，从而增加蒸发的潜势。

(3) 对于水平尺度超过 1 km 的湿对流，上升气流中的正浮力通常远远超过下沉气流中的负浮力(绝对值)。

6.3.1.2 垂直运动方程

湿对流中下沉气流主要强迫机制包含在垂直运动方程之中：

$$\frac{\mathrm{d}\overline{w}}{\mathrm{d}t}=-\underset{1}{\frac{1}{r}\frac{\partial \overline{P'}}{\partial z}}+g\left[\underset{2}{\frac{\theta_v}{\theta_{v0}}}-\underset{3}{\frac{c_v}{c_p}\frac{P'}{P_0}}-\underset{4}{(r_c+r_r+r_i)}\right] \tag{6.1}$$

其中 w 为平均垂直速度，p 为气压，θ_v 为虚位温，c_p 为比定压热容，c_v 为比定容热容，r_c，r_r 和 r_i 分别为云水、雨水和冰水的混合比。“$'$”代表对基本状态(用下标“0”代表)的偏离，基本状态只随高度变化。

等式右边第一项代表扰动气压的垂直梯度，第二项代表气块理论中考虑的热浮力项，第三项代表扰动压力的浮力项，第四项代表云、水和冰等水凝物的重力拖曳作用。除了上述四项，还有云和环境之间的空气夹卷的作用没有在式中表达出来。

(1) 扰动气压的垂直梯度

对于大多数湿对流中的下沉气流，这一项是小的。但在一些强烈的积雨云和中尺度对流系统中，这一项变得很重要。在超级单体风暴中，与低层中气旋发展相伴随的气压迅速降低可以导致强烈的下沉气流。

(2)热浮力

热浮力对于一个气块的作用是大家熟知的。事实上，在不考虑压力的垂直梯度和小雨的情况下，通常可以将下沉气流的维持看做是凝结物相变的冷却作用和下沉绝热增温之间竞争的结果。不少研究者(Droegemeier 和 Wilhelmson，1985；Srivastava，1985；1989；Proctor，1988；1989)都强调在垂直运动方程中使用虚位温的重要性。他们的研究结果表明，低层环境的相对湿度越高，下沉气流的强度就越大，因为在下沉气流和环境之间虚位温的差值的绝对值(代表驱动下沉气流的负浮力的大小)随着低层环境的相对湿度的升高而增大。

(3)扰动压力浮力

对于这一项的研究比较少。其表达式表明如果扰动压力的中心比周围低，则气块会加速上升。Schlesinger(1988)研究的结果表明这一项与热浮力和扰动气压的垂直梯度项相比要弱。在上升气流穿透对流层顶时，这一项变得比较重要。

(4)凝结物的重量

Brooks(1922)首先提出湿对流中的下沉气流是由降水粒子重量的向下拖曳作用所发动，然后受到蒸发作用的冷却。随后的研究强化了这样的概念：凝结物的确对下沉气流的发动起重要作用。

为了比较相变冷却和凝结物重量对于下沉气流维持方面的相对贡献，对它们进行定量的比较。雷达反射率因子可以用来估计雨水的混合比 M，根据以下公式(Battan，1973)：

$$Z=2.4\times10^{4}M^{1.82} \tag{6.2}$$

根据上式和(6.1)式，可以计算不同的反射率因子对应的雨水混合比和等效的温度差(代表负浮力的大小)，如表 6.3 所示。

表 6.3　垂直运动方程中典型的反射率因子的等效雨水混合比和等效的下沉气流与环境温度差

Z(dBZ)	M(g/kg)	温度差(K)
20	4.10×10^{-2}	-0.01
30	1.45×10^{-1}	-0.04
40	5.15×10^{-1}	-0.16
50	1.83	−0.55
60	6.47	−1.94

考虑这样一个情形，假定其雨水含量为 1 g/kg，全部蒸发造成的温度差为：

$$\theta_v=L\frac{r_r}{c_p}\approx2.5K \tag{6.3}$$

而 1 g/kg 雨水含量的重量对应的等效温度差只有 0.3 K[即将(6.1)式中等式右边的第四项换算成第二项]。也就是说，尽管凝结物的重量的向下拖曳作用在下沉气流的发动中起了重要作用，但在随后的演化中降水蒸发对于下沉气流的加速作用远大于凝结物的拖曳。

(5)夹卷

夹卷对于湿对流中上升气流的作用已经被广泛研究。环境空气混合进入上升气块减小了其正浮力，因此减小了其上升气流速度。然而，对于下沉气流，有关夹卷的作用存在两种截然不同的观点。Malkus(1955)，Haman(1973)，Heymsfield 等(1978)，Paluch(1979)，Knupp 和 Cotton(1985)，Betts(1984)，Knupp(1987;1988)，Kingsmill 和 Wakimoto(1991)，和 Raymond 等(1991)认为将干空气夹卷进入下沉气流加速了云雨粒子的蒸发和升华，有助于其强度的加强，并且在下沉气流的发动中起重要作用。这种下沉气流的产生机制在强对流风暴中有很多验证，尤其当夹卷区对应于相当位温 θ_e 或湿泡位温 θ_w 的极小值高度时(Betts，1984；Fovell 和 Ogura 1988；Rotunno 和 Weisman，1988)。而 Srivastava(1985)利用一维云模式的模拟表明，环境空气的混合减小了虚位温差，从而减小了下沉气流中的负浮力。Srivastava 还进一步表明，当环境相对湿度高时，湿对流内的下沉气流会变得越强。这与通常认为较高的环境相对湿度将减少蒸发的潜势，因而产生较小的下沉气流速度的概念相反。Droegemeier 和 Wilhelmson(1985)，以及 Proctor(1988;1989)利用三维数值模拟得到了类似的结果。

上述两个相反的意见的焦点在于夹卷出现的高度和下沉气流是被发动还是被维持的。前一种意见可以理解为对环境干空气的夹卷对于下沉气流的发动是重要的。而 Srivastava 的意见可以理解为在大气低层，较高的环境相对湿度对于下沉气流的维持是非常重要的。换句话说，湿对流内的强烈下沉气流的产生要求低层较高的环境空气相对湿度和融化层附近较干的环境空气。

总之，研究表明大多数湿对流内的下沉气流是由云和降水粒子的相变冷却所驱动的。尽管降水的重力拖曳作用与相变冷却相比是次要的，但它在下沉运动的发动中是起重要作用的。夹卷过程也可以发动下沉气流，但有证据表明低层的夹卷可能会减小下沉气流的强度。扰动压力垂直梯度的作用只有在强烈环境风切变的情况下才会比较重要，而压力扰动浮力的作用相对比较小。

6.3.2 弱垂直风切变条件下对流风暴产生的风害

如前所述，在弱的垂直风切变条件下只有一种类型的强对流风暴，即脉冲风暴。与脉冲风暴相伴随的最常见的强对流天气就是下击暴流，其中大多数是微下击暴流，这大概是由于脉冲风暴通常有比较小的尺寸。脉冲风暴微下击暴流即可以发生在湿的也可以发生在相对干的大气环境下，分别称为湿微下击暴流和干微下击暴流。在中纬度，下击暴流通常发生在暖季，此时西风带系统退到北方。在干旱和半干旱地区，干微下击暴流占支配地位，而在湿润地区，湿微下击暴流最常见。

6.3.2.1 干微下击暴流

干微下击暴流是指在强风阶段不伴随（或很少）降水的微下击暴流，它主要是由浅薄的、云底较高的积雨云发展而来的；一般来说，这类下击暴流事件的发生类似"脉冲"，通常与弱的垂直风切变和弱的天气尺度强迫相联系。这类下击暴流的雷达回波一般较弱（Wakimoto 等，1985；1994）。

导致干微下击暴流形成的其他环境因素包括云下深厚的干绝热层，并且中层具有足够的湿度能维持下沉气流到达地表面（图 6.32）。通常，干微下击暴流环境中 LFC（自由对流高度）很高，垂直不稳定度很小。因此这种下击暴流的对流通常很弱，可能不产生雷电现象。这充分表明了上升和下沉气流不稳定度间的不同。应用通常的对流不稳定来讨论下击暴流是行不通的，因为这种不稳定度不是用来度量下沉气流不稳定度的。与干微下击暴流有关的下沉气流是由云内降雨拖曳产生的，由云底降水的蒸发、融化和升华所产生的负浮力导致地面强风的产生。图 6.33 给出了正在发生的一次干微下击暴流的图片。

关于干微下击暴流的预报，主要基于早晨探空和对白天加热的预期，在业务中有成功的应用（Sohl，1987）。通常具有低反射率因子的干微下击暴流对于飞机起降威胁很大，因为它们的母云和雨幡看不出有什么危害，因而不会引起人们的注意。

6.3.2.2 湿微下击暴流

湿微下击暴流经常是指伴随着大雨的下击暴流，它是湿润地区下击暴流的主要形式。湿微下击暴流往往产生于较湿边界层和较浅薄的云下层环境中。由于湿微下击暴流与强降水密切相关，所以湿微下击暴流通常伴随着强的雷达反射率因子（Aokias 和 Wakimoto 1991）。

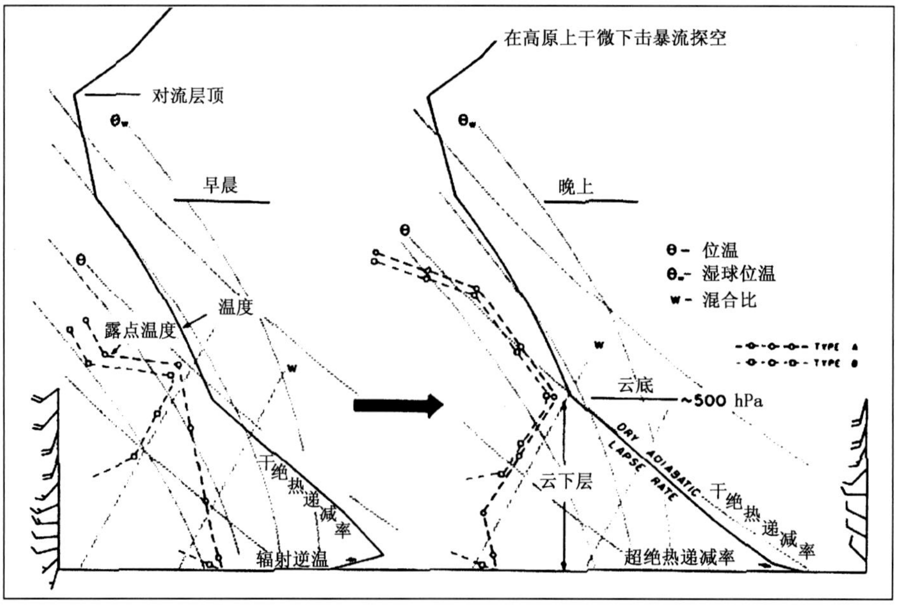

图 6.32 有利于干微下击暴流形成的大气热力层结和风廓线（摘自 Wakimoto，1985）

图 6.33 一次正在发生的干微下击暴流照片(由 Lemon 提供)

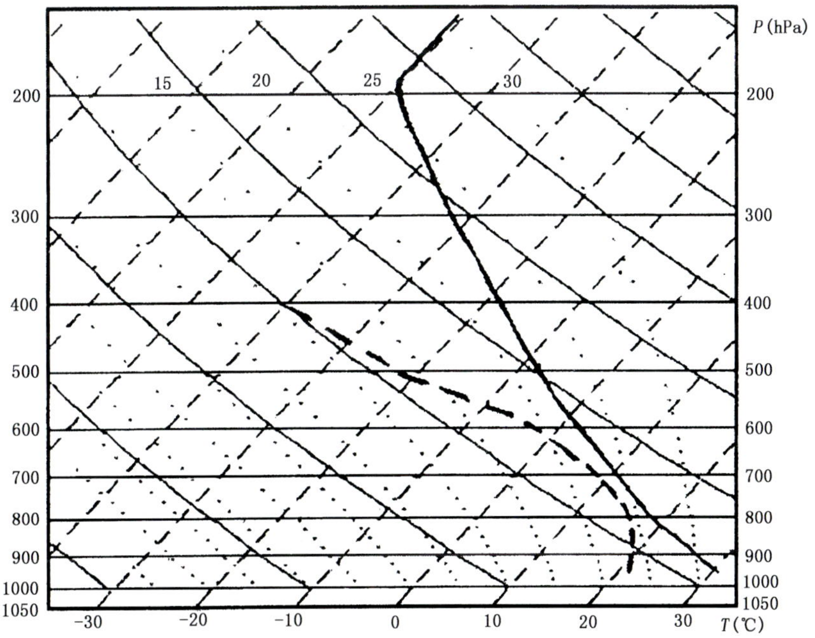

图 6.34 有利于湿微下击暴流发生的典型大气热力层结(引自 Atkias 和 Wakiwoto,1991)

产生湿微下击暴流的环境通常具有弱天气尺度强迫和强垂直不稳定性的特点。湿微下击暴流产生的前环境不存在逆温,LFC 的高度较低,高空存在低湿度空气源。下午的加热过程通常能在地面和 1.5 km 高度之间产生一个干绝热层(图 6.34)。湿微下击暴流主要是受云内和云底下方的融化和蒸发冷却效应所驱动而产生的。在最小 θ_e 所在高度附近,低 θ_e 值的环境空气的夹卷和辐合或许加强了下沉气流。由于湿微下击暴流与强降水相联系,水载物对下沉气流的激发和维持起重要作用。θ_e 的减小(从地面到空中的某一极小值)与湿微下击暴流的产生(或消亡)有很好的相关。当环境 θ_e 随高度的减小超过 20℃时,有利于产生湿微下击暴流;然而,环境 θ_e 随高度的减小小于 13℃时,不产生湿微下击暴流。

湿微下击暴流常常与强脉冲风暴相伴随。同时,它也与组织结构完好的多单体风暴及超级单体风暴相伴发生,这些风暴均能够维持反复出现的灾害性外流风。图 6.35 是一个正在发生的湿微下击暴流照片。

图 6.35 一个正在发生的湿微下击暴流照片

6.3.2.3 下击暴流个例

图 6.36 给出了 1978 年进行的下击暴流观测试验 NIMROD 期间有多普勒天气雷达资料分析得到的一个微下击暴流的垂直剖面(Fujita,1981),这是一个不对称的下击暴流。下沉气流核心强度为 18 m/s,在地面附近造成的最大水平风速出现在地面以上 50 m 高处,其值为 32 m/s。Fujita 等发现,下击暴流造成的最大水平速度一般在距地面 30～100 m 之间。

1986 年在美国 Alabama 州进行了微下击暴流与强风暴观测试验 MIST。图 6.37 给出了 MIST 试验期间于 1986 年 7 月 20 日观测到的一个微下击暴流生命史的分析,该下击暴流根据所发生地点称为 Monrovia 微下击暴流。观测数据来自三部地基多普勒天气雷达和一部机载多普勒雷达以及其他地面观测数据。产生该微下击暴流的对流云在该微下击暴流着地前 15 分钟就开始被监测直到地面附近出现最大风速很长时间以后。图 6.38 给出了当地时间 1986 年 7 月 20 日 14:15:39 的下击暴流母体云图片。图片上叠加了 60 dBZ 以上的反射率因子区域和对流云中造成三体散射的大粒子的下沉速度。这些大粒子的下沉速度是 Fujita(1992)根据三体散射“火焰”回波的径向速度分布推断而得到的。对流云中间部分的收缩使得 Fujita(1992)认为该处有干空气的夹卷。此时,下击暴流还没有着地,处于收缩阶段。

图 6.37a 相应的时刻为 14:20:10,展示了 Monrovia 微下击暴流着地之前几秒钟由双多普勒雷达测得的逃逸气流。它的散度只有 $1.3\times10^{-3}\ s^{-1}$。下击暴流着地的时间是 14:20:15。图 6.37b 相应的时刻为 14:23:45,即微下击暴流着地之后 3 分 30 秒。该微下击暴流的水平尺度此时约为 4 km 左右,最大散度为 $3.8\times10^{-2}s^{-1}$。在这一阶段,下击暴流对飞机起落的威胁最大。图 6.37c 相应的时刻为 14:25:55,即下击暴流着地之后 5 分 40 秒。最大散度值依然很大,但是出流风的水平尺度已经超过 4 km,微下击暴流变成了宏下击暴流。在 14:29:50(图 6.37d),即下击暴流着地之后 9 分 35 秒,出流扩展到一个很大的区域,完全失去了下击暴流的组织性。

2002 年 7 月 16 日 16:50 至 18:15,短短 1 小时 25 分钟,一场强风暴袭击了湖北省荆州市城区。风暴所经之地狂风大作暴雨骤降。据荆州地面观测站实测资料,在此时段内阵风风速极大值达 20.1 m/s,一个多小时的降水量达 58.6 mm,为历史少见。对这次强风暴天气过程,荆州可移动式 C 波段多普勒天气雷达进行了严密监测,获得了较有价值的雷达回波资料。通过对这次风暴的分析,发现风暴产生了一次典型的湿微下击暴流。

在 16:50 时 1°仰角 PPI 强度图上(图 6.39b),距离雷达站 8 km 的西南方向有一长度为 15 km 左右,宽 8 km 左右的强回波块,强度最大值达 46 dBZ,1°仰角在该处的高度约为 200 m。速度图上显示为典型的辐

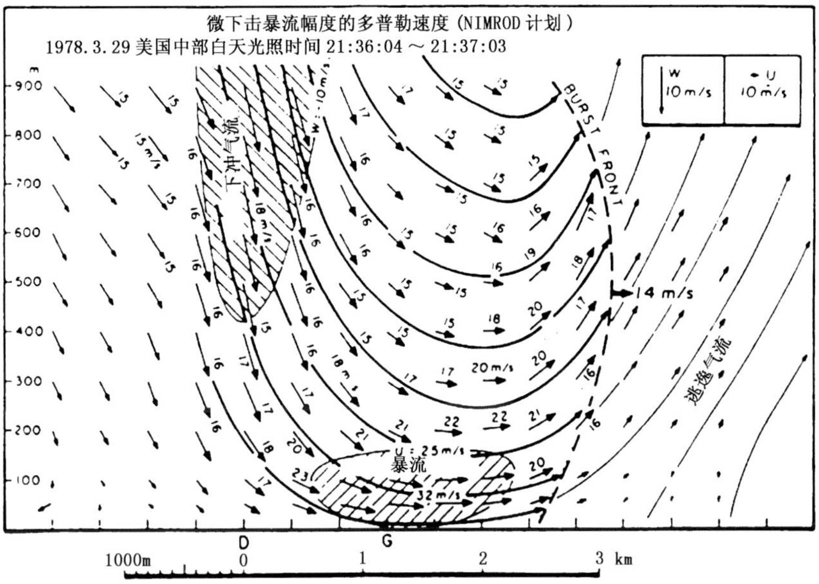

图 6.36　1978 年在美国 Illinois 州北部进行的下击暴流观测试验 NIMROD 期间由位于 Yorkville 的多普勒天气雷达观测到的一次微下击暴流的垂直剖面（摘自 Fujita，1981）

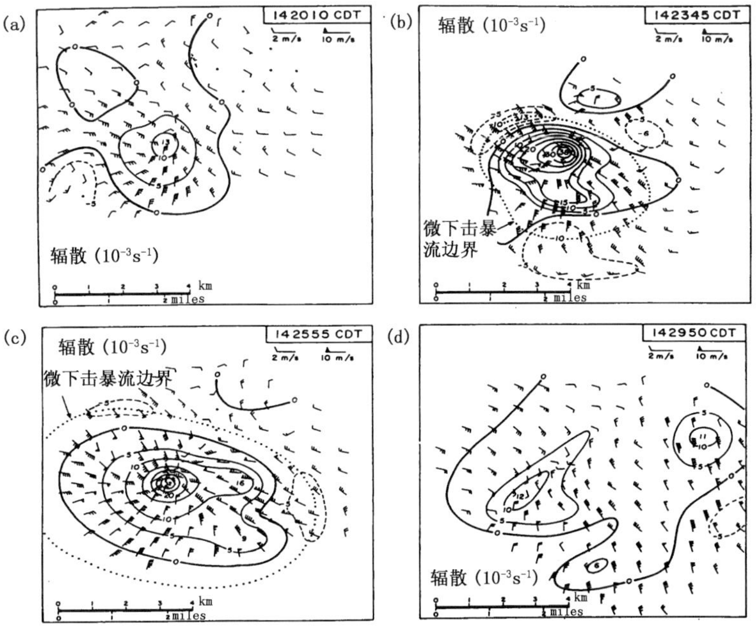

图 6.37　1986 年 7 月 20 日 Monrovia 微下击暴流造成的地面附近风场的演变（引自 Wilson 和 Wakimoto 2001）

散型流场（图 6.39a），向着雷达的最大速度值为 12.4 m/s，离开雷达的速度出现模糊，经过订正计算得到其值为 14 m/s（雷达最大不模糊速度值为 12.4 m/s），正负速度中心距离为 3.7 km，速度差值为 25.4 m/s。12 分钟以后，在 17:02，强度图上（图 6.39d），与前一幅图相比较强回波范围扩大，并出现明显的外流边界（阵风锋），该仰角扫描的回波强度最大值为 44 dBZ。速度图上（图 6.39c），辐散型流场范围进一步扩大，速度模糊现象更为明显，且离开雷达速度区域范围大于向着雷达速度区域范围，经过退模糊订正后得到的离开雷达的最大速度为 12.6 m/s，向着雷达的最大速度值为 15 m/s，正负速度最大值中心间距离为 6 km，已变为宏下击暴流。随后在 17:15 时，荆州地面观测到地面极大风速达 20.1 m/s。

6.3.2.4　下击暴流的预警

下击暴流的预警是非常困难的。当雷达观测到地面附近的辐散时，几乎已经无法提前发出警报。

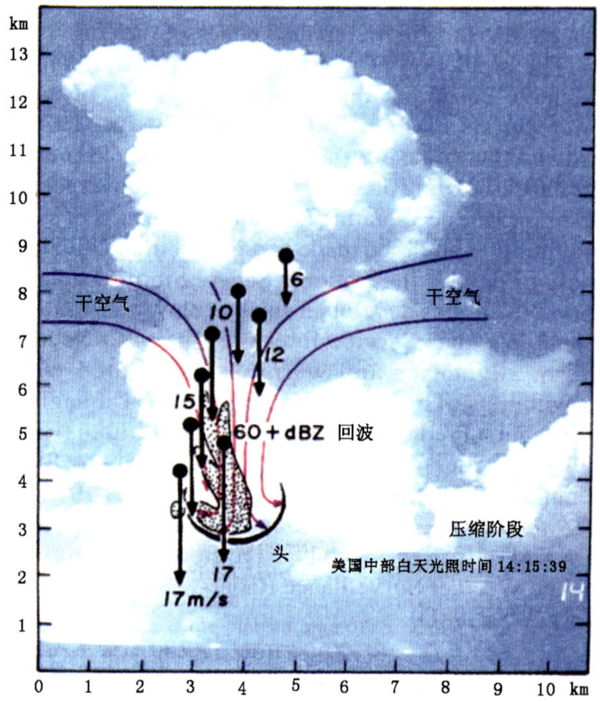

图 6.38　1986 年 7 月 20 日 14:15:39 Monrovia 微下击暴流母体云照片。上面叠加了反射率因子大于 60 dBZ 的区域，云中造成强散射的大粒子的垂直速度和干空气的夹卷（引自 Wilson 和 Wakimoto，2001）

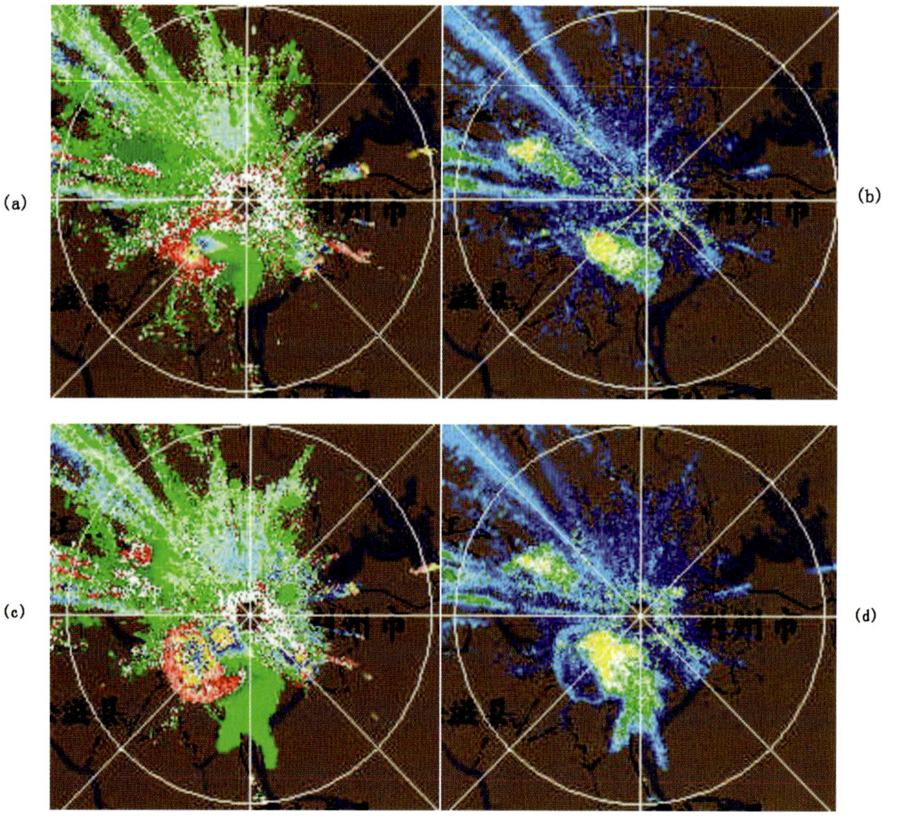

图 6.39　2002 年 7 月 16 日荆州湿下击暴流的多普勒雷达径向速度（a，c）和反射率因子（b，d）图。雷达观测仰角为 1°，时间分别是 16:50（a，b）和 17:02（c，d）。1°仰角在下击暴流处的高度约为 200 m

机场往往是在探测到微下击暴流已经发生后，才通知飞机等待微下击暴流消失之后再起降。提前预警的主要线索是与下击暴流相伴随的空中气流的辐合，即雷达在探测到空中气流辐合的情况下发出下击暴流预警。Roberts 和 Wilson(1989)提出使用单多普勒雷达监测下降的降水核和云中或云底附近的气流辐合有可能提前几分钟预报下击暴流的发生。根据这一思路美国国家强风暴实验室 NSSL 的研究人员研制了一个叫做灾害性下击暴流预报和探测的算法 DDPDA(Eilts 等，1996a;1996b)，作为由其开发的预警决策支持系统 WDSS 中的一个部分。图 6.40 给出了一个具体的例子，左图的径向速度垂直剖面显示一个明显的中层辐合，伴随着反射率因子核心的下降(图 6.40b)，随后不久地面出现下击暴流。在第八章中我们将详细分析一个发生在安徽的下击暴流事件。

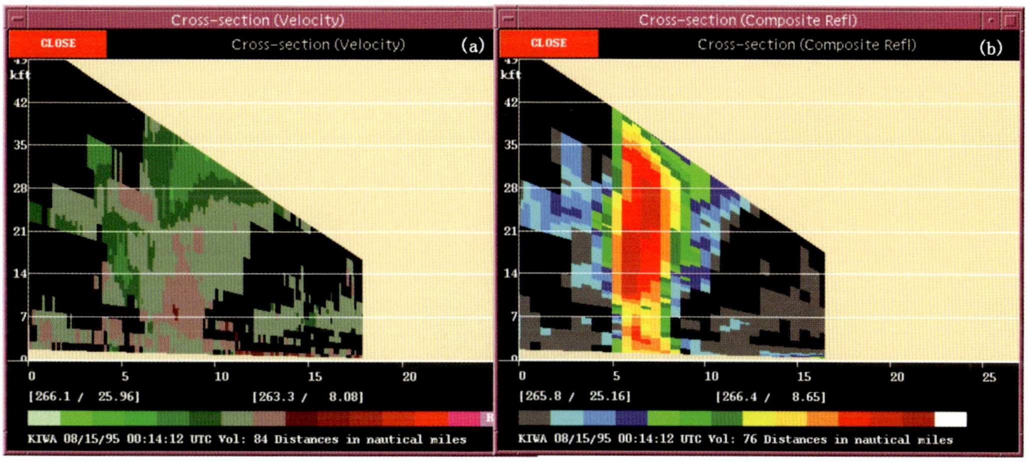

图 6.40　下击暴流发生前几分钟，可以从雷达回波观察到脉冲风暴中层辐合并伴随反射率因子核心的下降

6.3.3　中等到强垂直风切变条件下对流风暴产生的风害

在强垂直风切变环境下，产生下击暴流(包括任何形式的灾害性地面直线风)的对流风暴的种类很多，尺度变化也很大(图 6.41)。产生下击暴流的孤立的风暴可以是超级单体(图 6.41a)。在超级单体风暴中，灾害性的地面大风通常发生在后侧下沉气流区(RFD)内，也是中气旋的出流区。极端的下击暴流也会在强降水超级单体中产生。这些超级单体风暴通常形成在很不稳定的环境下，大气边界层的湿度较大。多单体风暴也可以产生下击暴流，尤其是在中层湿度较低和相对风暴入流较大的情况下。弓形回波(Fujita，1978;图 6.41b,c,d)是产生地面非龙卷风害的典型回波结构(Johns 和 Hirt，1987)。我们下面对弓形回波做更详细的阐述。

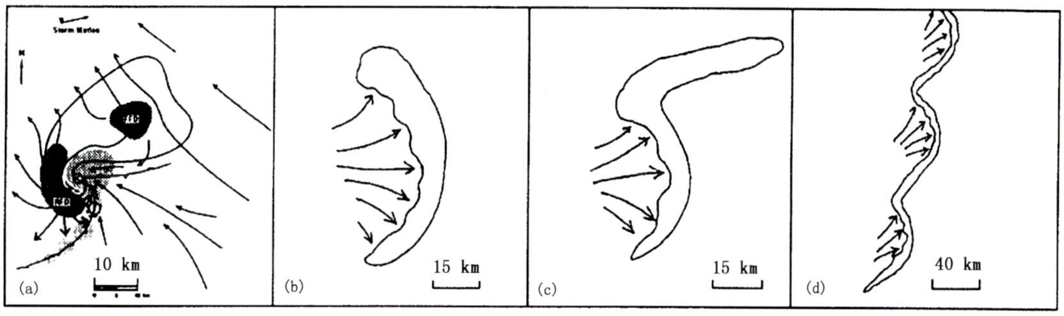

图 6.41　(a)超级单体流场示意图，显示前侧下沉气流和后侧下沉气流(摘自 Lemon 和 Doswell，1979)。(b)与相对大的弓形回波相伴随的下沉气流示意图。(c)与波状回波相伴随的下沉气流示意图。(d)含有弓形回波和波形回波的长飑线的下沉气流示意图(引自 Johns 和 Doswell ，1992)

6.3.3.1　弓形回波

弓形回波可以有很多形态和类型，图 6.42 将弓形回波归纳为经典弓形回波(BE)、弓形回波复合体(BEC)、单体弓形回波(CBE)和飑线型弓形回波(SLBE)。事实上，图 6.42a 的弓形回波与图 6.41b 中的

弓形回波对应，图 6.42d 包括了图 6.41c,d 的两种弓形回波类型。大的弓形回波可能包含更加瞬变的更小的弓形回波。同时，大的弓形回波复合体可能含有超级单体。除了直线型风害外，这些镶嵌在弓形回波内的超级单体可以产生龙卷。其他的弓形回波龙卷由非超级单体环流产生。

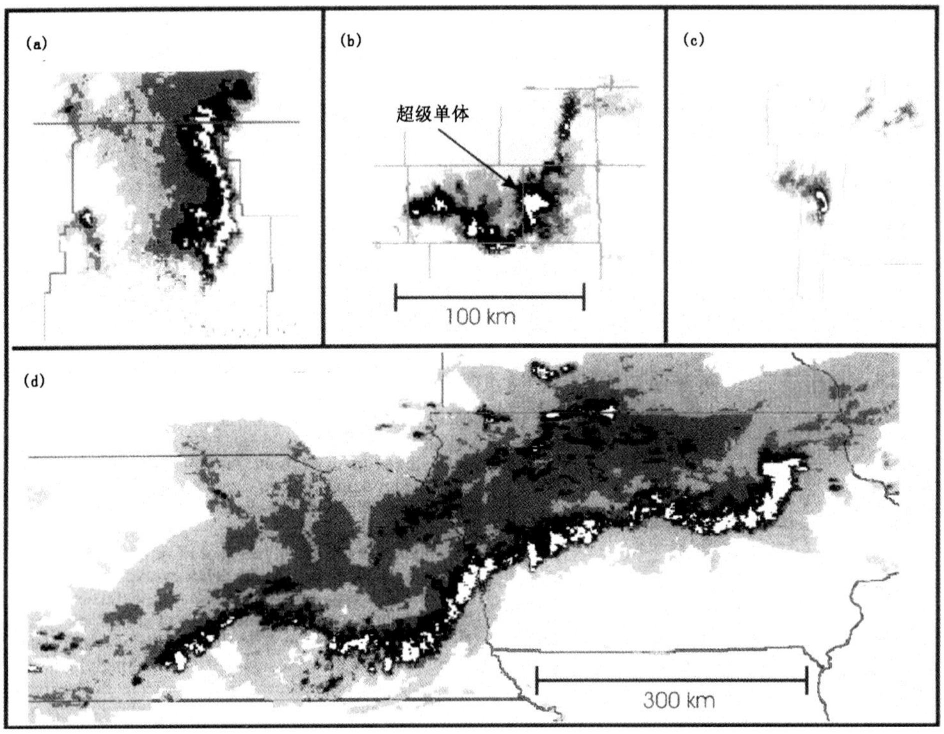

图 6.42　文中描述的弓形回波的四种形态：(a)经典弓形回波(BE)；(b)弓形回波复合体(BEC)；(c)单体弓形回波(CBE)；(d)飑线型或线性波形弓形回波(SLBE 或 LEWP)(引自 Klimoski 等，2004)

弓形回波的形成方式各种各样。图 6.43 给出了几种弓形回波形成的方式。第一种方式是由松散的单体组合并演变为经典弓形回波、弓形回波复合体或单体弓形回波(图 6.43a)；第二种方式是由直线型飑线演变成经典弓形回波、弓形回波复合体或飑线型弓形回波(包括波形弓形回波 LEWP)(图 6.43b)；第三种方式是由经典超级单体风暴演变为单体弓形回波、经典弓形回波或弓形回波复合体(图 6.43c)。事实上，还有很多种弓形回波形成的方式，这里就不一一介绍了。

图 6.44 为 Fujita(1978)给出的典型的弓形回波演变与下击暴流关系的示意图，可以归结为图 6.43 中所示弓形回波形成方式的第一种或第二种。开始时系统是一个大而强的对流单体，该单体既可以是一个孤立的单体，也可以是一个尺度更大的飑线的一部分。当地面附近出现强风时，初始时的单体演变为弓形的由对流单体构成的线段，最强的地面风出现在弓形的顶点处。在它最强盛的阶段，弓形回波的中心形成一个矛头(图 6.44c)。在衰减阶段，系统常演变为逗点状回波(图 6.44d 和图 6.44e)，它前进方向的左端(北部)为回波较强的头部，那里常形成钩状回波，气流呈气旋式旋转，能产生中气旋或龙卷；前进方向的右端(南部)是伸展很长的尾部，气流呈反气旋式旋转。也有的弓形回波在转变为逗点状回波之前已消失。

Fujita 的弓形回波概念模型(图 6.44)一个非常重要的特征是弓形回波两端的中尺度流型，即北端的气旋式旋转和南端的反气旋式旋转。他进一步指出，北端的气旋式旋转在演变过程中不断加强而变成一个旋转的逗点头，而南端的反气旋式旋转在演变过程中基本保持不变，弓形回波的形状也从开始时的南北对称结构变为南北不对称的结构。近来的数值模拟试验表明(Weisman 和 Davis,1998)，这种非对称结构的形成是由于科氏力作用的结果。在 NIMROD 试验之前，Fujita 认为弓形回波的出现是地面大风的前奏，弓形回波引发下击暴流。随着 NIMROD 试验的进行，Fujita 改变了看法，认为弓形回波是由下击暴流引起的。也就是说，当出现弓形回波时，下击暴流已经在进行之中了。最近的研究表明，两

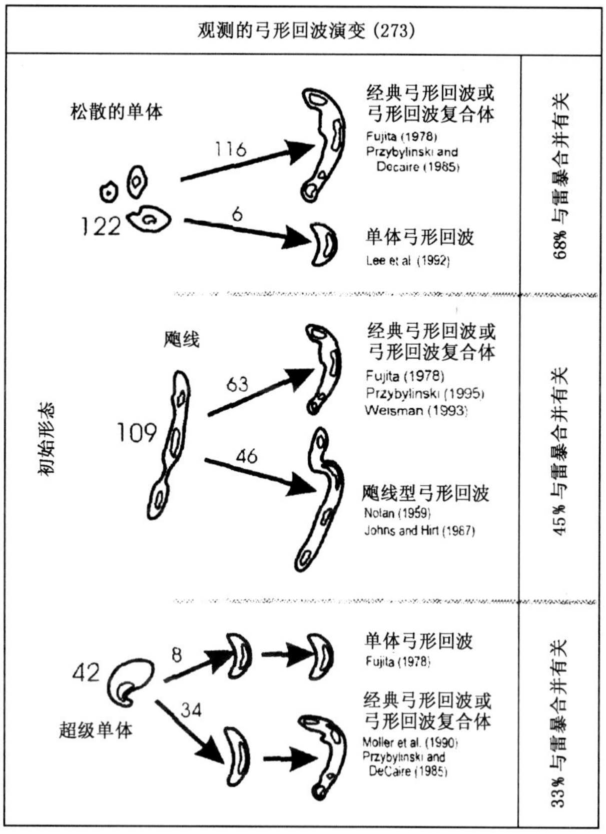

图 6.43　弓形回波的几种的形成方式。每种演变方式的观测个例的数量写在箭头上面。弓形回波形成前发生风暴合并的百分比标注在右边(引自 Klimoski 等,2004)

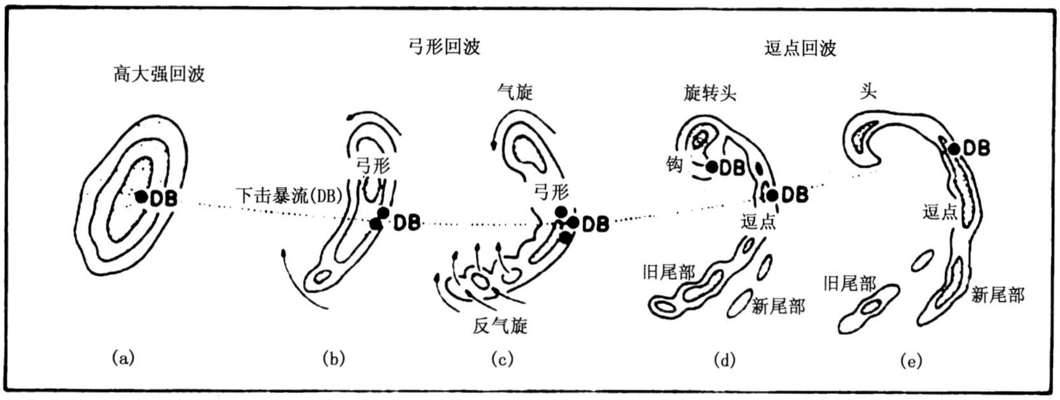

图 6.44　弓形回波演变与下击暴流关系的示意图,图中下击暴流标为 DB (摘自 Fujita,1978)

种看法都有其正确的一面:一个强烈的下沉气流及其导致的强烈地面冷池对弓形回波的初始发展是至关重要的,但弓形回波一旦形成,其相应的中尺度风场和对流结构特征将进一步加强灾害性大风事件的强度和生命期。

如前所示,弓形回波或者单独出现,或者作为线性波状回波 LEWP 的一部分出现。LEWP 是指回波为正弦形式的波状飑线(图 6.45),当直线型飑线的一部分演变为弓形回波时,其两端所形成的气旋式/反气旋式切变往往导致原来的直线型飑线变成波状飑线 LEWP。图 6.45 给出了一次 LEWP 的实例。该 LEWP 包括两个弓形回波,相应于北面的弓形回波顶端,低层径向速度图上有一个尺度为 15 km 左右的气旋式辐散流场,有可能是一个下击暴流。另外,第八章中也给出了一个飑线演变为弓形回波并有伴随的下击暴流事件的经典个例。

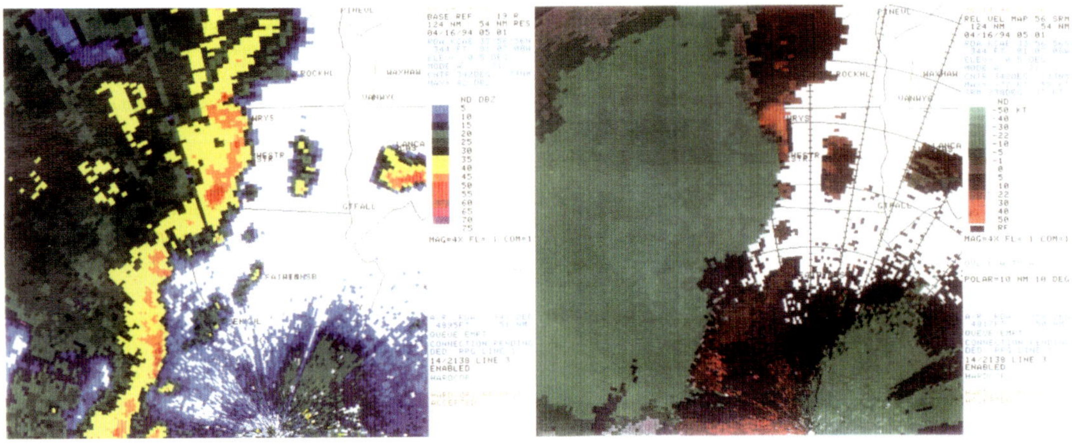

图 6.45　1994 年 6 月 14 日 LEWP 和弓形回波实例（注意对应于弓形回波的突起部分，速度图上表现为一个尺度为 15 km 左右的气旋式辐散流场，表明可能存在下击暴流）

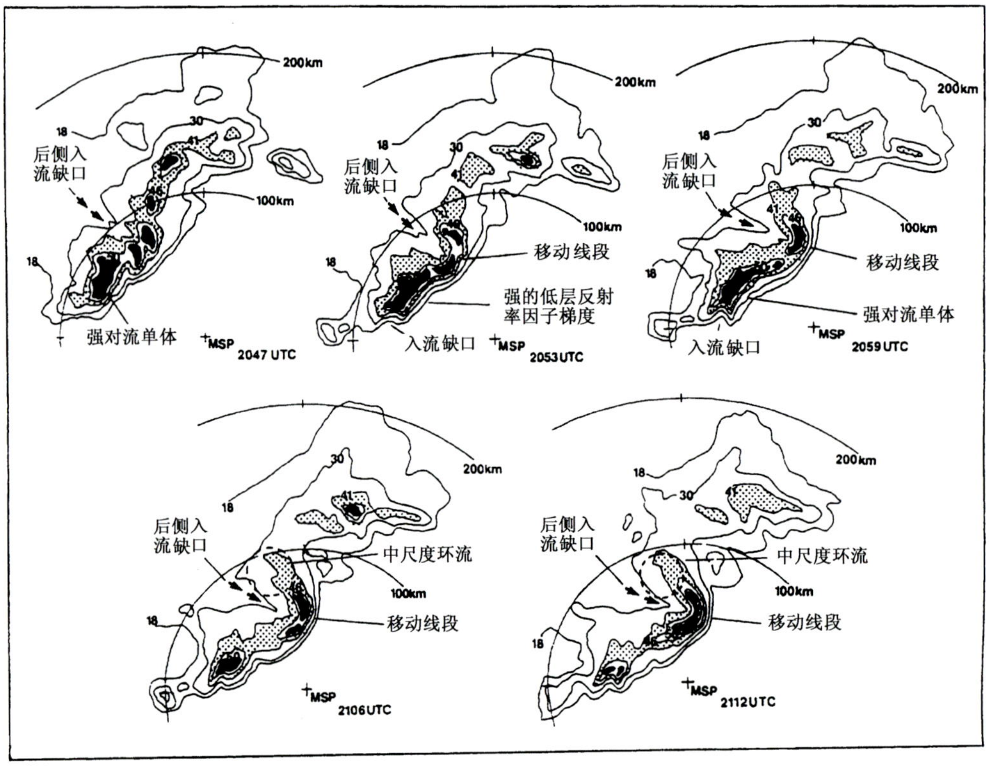

图 6.46　对 1983 年 7 月 19 日 20:47 和 21:12 之间的 Minnesota 中部的弓形回波的雷达分析。等值线分别是 18、30、41 和 46 dBZ，阴影区代表反射率因子在 50 dBZ 以上（摘自 Przybylinski，1995）

Fujita 在 1978 年曾经假定，与灾害性的下击暴流风相伴随，一定存在一个强烈的后侧入流急流，它的核心位于弓形回波中央的顶点。在一个强的下击暴流爆发时，中层气流加速进入对流体，导致在系统中心部位的对流单体更快速地向前运动，有助于弓形回波的形成。20 世纪 80 年代和 90 年代的观测研究继续阐明了弓形回波的特性。这些研究表明，低层弓形回波前沿的强反射率因子梯度和回波顶位于低层强反射率因子区之上是对流线风暴演变为弓形回波的共同特征。这些研究首次强调弓形回波后面一个“弱回波通道”的出现或许意味着下击暴流风和可能的下击暴流导致的龙卷（Przybylinski 和 Gery，1983）。后来的研究进一步表明弱回波通道是后侧入流急流（Smull 和 Houze，1985；1987），它向下沉气流提供干燥的和高动量的空气，通过垂直动量交换和增加的雨水蒸发，增加地面附近出流的强度。后来，这一特征又被确定为“后侧入流缺口”，简称为 RIN（Przybylinski，1995）。图 6.46 给出了 1983 年 7

月19～20日发生在美国Minnesota州中部的一个弓形回波实例，从图中可看出，上述弓形回波的特征在图中都非常明显。

由于弓形回波的概念包括的范围很广，通常把上述反射率因子特征比较明显的弓形回波称为“显著弓形回波”(图6.47)。这里将这些特征重述如下：1)在弓形回波前沿(入流一侧)存在高反射率因子梯度区；2)在弓形回波的入流一侧存在WER(早期阶段)；3)回波顶位于WER或高反射率因子梯度区之上；4)弓形回波的后侧存在弱回波通道或RIN，表明存在强的下沉后侧入流急流。显著弓形回波意味着比普通弓形回波增加的灾害的潜势。

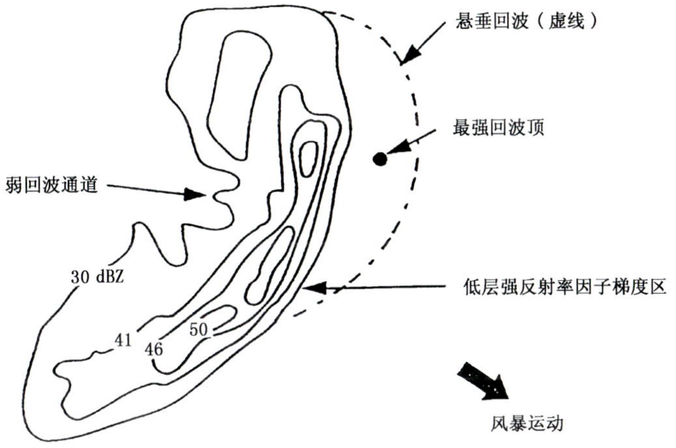

图6.47　显著弓形回波的反射率因子特征

Przybylinski和DeCaire(1985)强调指出，弓形回波一般是一个比单个对流单体更大尺度的组织结构，一些强对流单体，有时超级单体，或许会包含在这个更大的组织结构弓形回波之中。目前对于弓形回波的尺度还没有一个明确的说法，Fujita认为其尺度一般在40～120 km之间，实际上弓形回波的尺度范围可能比这一尺度范围要广，从对流单体尺度到几百千米的中尺度对流系统。

随着20世纪90年代WSR-88D在美国的布网，使得预报员能够监视弓形回波的运动学(流场)特征。图6.48给出了1996年5月5日发生在美国Kentucky州的一次弓形回波个例。图中显示一个大的弓形对流系统，其中还包含了两个小尺度的弓形回波。多普勒径向速度清晰地显示了一个在弓形回波顶点之后的大的后侧入流急流。弓形回波的南端呈现弱的反气旋切变，北端呈现强一些的气旋式切变。此外，包含在其中的小尺度的弓形回波具有它们自己的后侧入流急流和弓形回波两端的旋转特征。通过上述弓形回波中心的垂直剖面如图6.49所示。其中反射率因子垂直剖面(图6.49a)展示弓形回波前

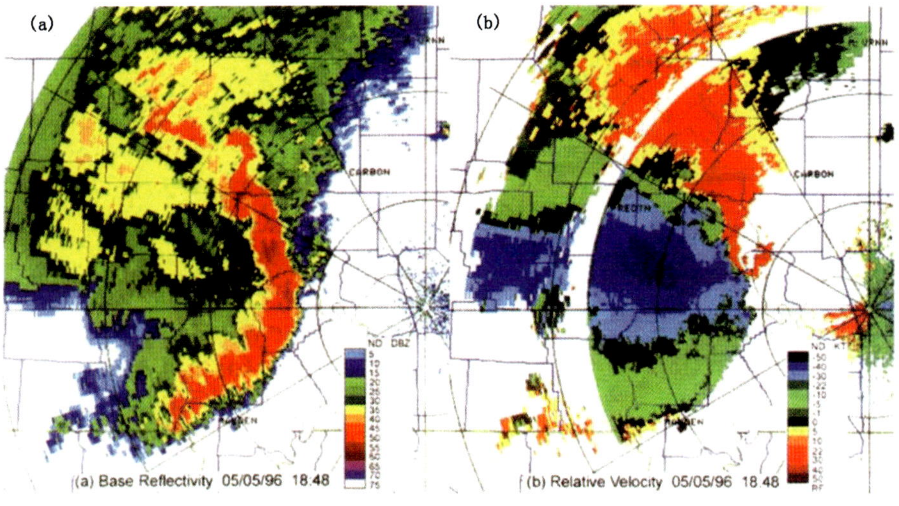

图6.48　1996年5月5日18:48 UTC位于美国Paducah的WSR-88D的反射率因子(a)和相对风暴速度(b)

沿强大和竖直的对流单体，低层回波前沿反射率因子高梯度区，最强回波顶位于低层反射率因子高梯度区之上，回波反射率因子向后伸展部分是一个较弱的层状结构。相对风暴速度垂直剖面(图 6.49b)展现了弓形回波前沿中低层辐合和高层辐散，从前向后的上升气流并在高空在云砧中扩展，在上述由前向后的上升气流之下，是一个强烈的中层后侧入流。

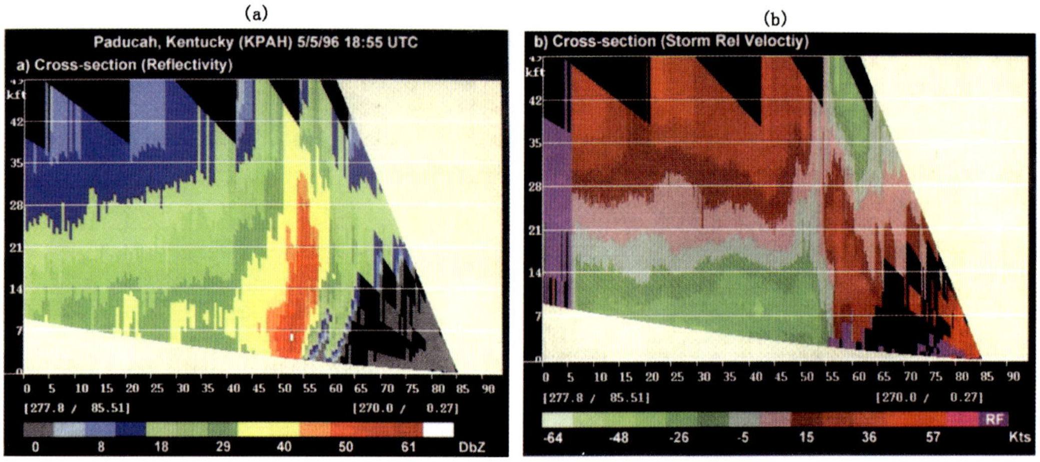

图 6.49　通过图 6.48 中弓形回波中心的垂直剖面图：(a)反射率因子；(b)相对风暴速度

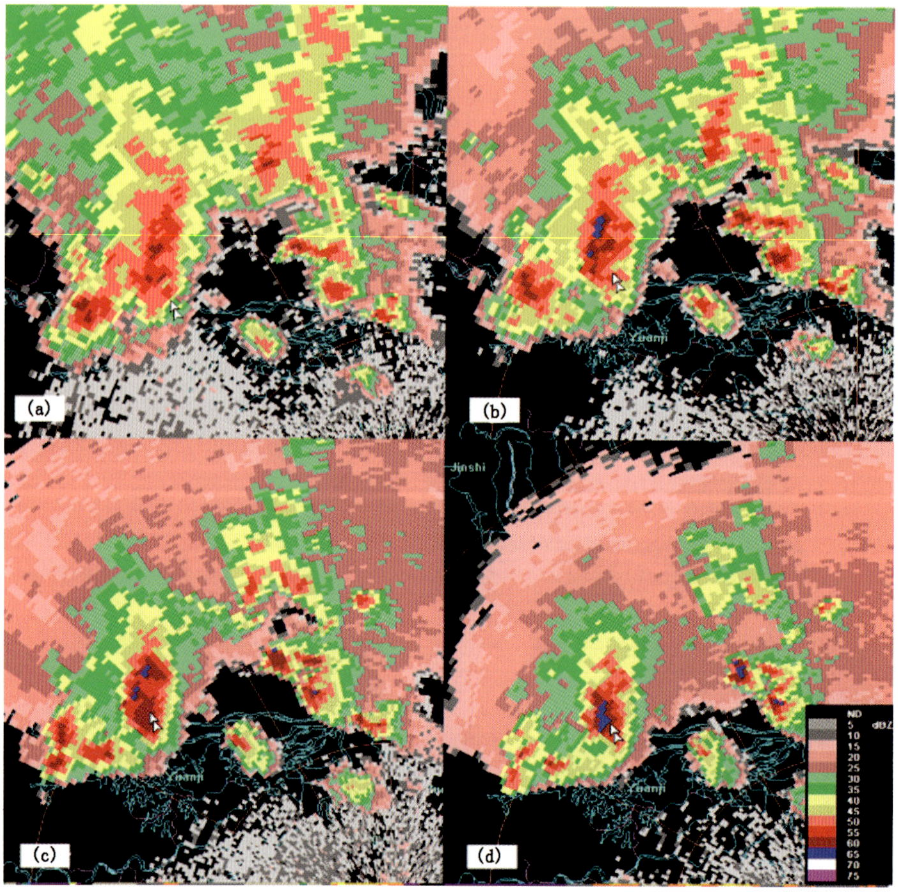

图 6.50　2002 年 4 月 3 日位于长沙的 CINRA-DSA 雷达观测到的一次弓形回波的 0.5(a)，1.5(b)，2.4(c)和 3.4°(d)仰角的反射率因子图

图 6.50 给出了 2002 年 4 月 3 日发生在湖南的一次弓形回波复合体的不同仰角的反射率因子图。图中用双箭头标明同样的地点。从图中可看出低层沿入流一侧(东侧)反射率因子具有很大梯度，低层

具有弱回波区，中高层有回波悬垂，弓形回波后侧有弱回波通道，显示了明显的强烈对流天气结构。事实上，3 日 20 时至 4 日 08 时雷雨大风夹杂冰雹和暴雨袭击了湘北。据气象站资料统计，3 日 08 时至 4 日 08 时有临澧、南县等 7 站降水量大于 50 mm，其中南县 104.8 mm 为最大。岳阳站 02 时 00 分出现了瞬时风速达 30 m/s 的 11 级大风，另有常德地区的临澧、安乡、石门县及常德市的鼎城区，岳阳地区的华容、汨罗、平江县及岳阳市区，长沙地区的金井乡等均不同程度地遭受了雷雨、大风、冰雹袭击，尤其是常德市的鼎城区还观测到龙卷。据不完全统计，强风暴导致了上述地（县）大量房屋、树木、电杆倒塌，农作物严重受损，多处电路因遭雷击而起火，南县雷雨大风导致电视塔倒塌，总共有 81 人受伤，1 人死亡。此次过程造成的经济损失上千万元。

除了下击暴流，有关弓形回波与龙卷的联系也有不少研究。Przybylinski 等（1996）描述了 1994 年 4 月 15 日包含了弓形回波的一条飑线扫过美国的 Illinois，Missouri 和 Kentucky 州。这个系统产生了分布广泛的地面强风和沿着弓形回波中心前沿的几个弱的（F0～F1），短路径（约 6 km）的龙卷。同时还观测到了一个长路径（40 km）的、与其中一个包含在弓形回波中的特别强的单体（可能是一个强降水超级单体）相联系的龙卷。Wakimoto（1983）和 Pence 等（1998）描述了在弓形回波北端的逗点头上产生更强烈的（F2～F4）龙卷的例子。龙卷大都发生在弓形回波顶点的北侧，有些龙卷是与中气旋相联系的超级单体龙卷，但更多的是非超级单体龙卷，它们往往从低层开始发展。有关龙卷与弓形回波相伴发生的圆满解释到目前为止还没有得到。

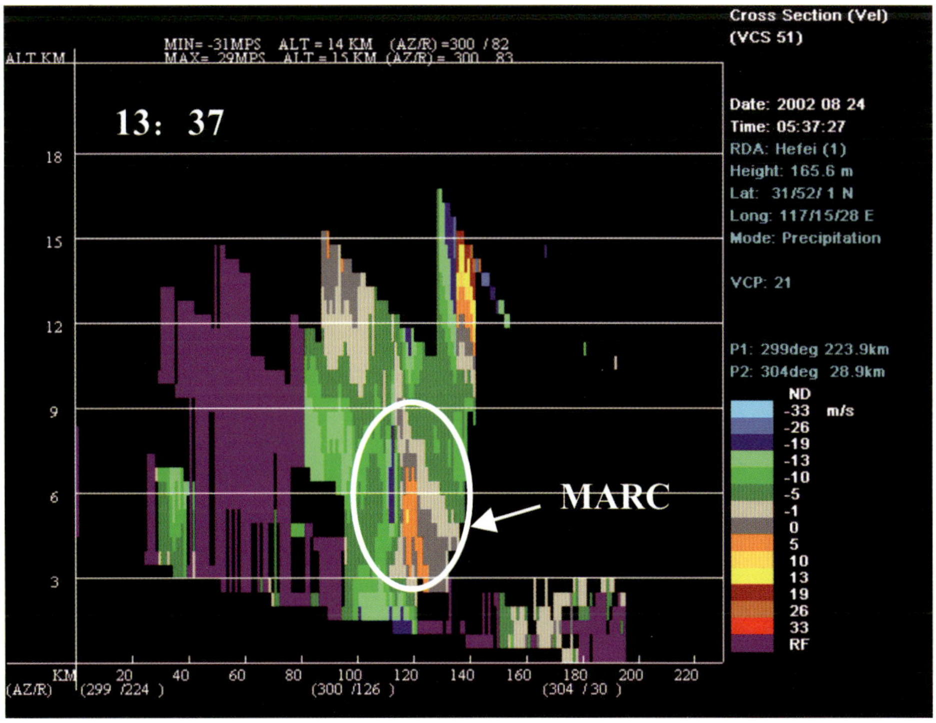

图 6.51 2002 年 8 月 24 日位于合肥的 CINRAD-SA 雷达探测到的飑线的径向速度垂直剖面，图中标出了中层径向辐合区 MARC

很多数值试验表明显著弓形回波往往出现在大的层结不稳定（例如 CAPE 值超过 2000 $J \cdot kg^{-1}$）和中等到强的垂直风切变（例如，在地面到 2.5 km 或 5 km）至少 15～20 m/s 的切变。当垂直风切变局限于 0～2.5 km 的低层大气时，对模拟出强烈的弓形回波最为有利，更深厚的垂直风切变层倾向于产生更孤立的超级单体。在更弱的垂直风切变环境下，也能模拟出产生地面强风的弓形回波，这类弓形回波主要特征是后侧入流急流，其他特征如两端的涡旋不明显（Przybylinsk，1995）。

6.3.3.2 深辐合带 DCZ 与中层径向辐合 MARC

超级单体可以产生极端的地面大风。Lemon 和 Burgess（1993）注意到在一个产生了广泛的灾害性天气包括下击暴流的强降水超级单体的下沉气流和上升气流的交界面附近，存在一个深厚的辐合区(DCZ)。Lemon 和 Parker(1996)在另一个产生了 55 m/s 的地面大风和 15 cm 尺寸冰雹的强降水超级单体中也发现了一个 DCZ，该深厚辐合区有 10 km 厚，50 km 长。Lemon 和 Parker(1996)推论 DCZ 中与深层辐合相伴随的气流加速与负的浮力结合产生地面强风。图 6.28c 显示了与超级单体相联系的深厚辐合带，该超级单体产生了 50 m/s 的地面大风和 7 cm 直径的冰雹。因此，超级单体中深厚的辐合区 DCZ 的探测和识别可以用来预警极端的地面大风。

Przybylinski (1995)识别了一个预示地面大风的与弓形回波、飑线或超级单体相联系的径向速度特征：中层径向辐合(MARC)，它被定义为一个对流风暴中层(通常 3～9 km)的集中的径向辐合区。MARC 特征被假定为代表由前向后的强上升气流和后侧入流急流之间的过渡区。如果在 3～7 km 的范围内速度差值达到 25～50 m/s，则认为 MARC 特征是显著的。对 MARC 的研究表明，利用 MARC 预报地面大风的提前时间大约在 10～30 min 之间(Schmocker 等，1996)。

图 6.51 给出了 2002 年 8 月 24 日发生在安徽的一次飑线过程的径向速度垂直剖面，图中标出了 MARC 的位置，在这个例子中，它的确代表由前向后的强上升气流和后侧入流急流之间的过渡区。此次飑线过程产生了广泛的地面大风并伴有冰雹。

6.4　暴洪

暴洪是指强降水在短时间内(不超过 48 小时)造成的局地洪水。它取决于两方面的条件，一是短时间内较大的降水量，另一个是相应流域的水文条件，包括地形、地表类型、过去的降水情况等。我们主要讨论暴洪的气象方面，即在短时间(48 小时以内)内出现较大的累积雨量，即短时暴雨。

6.4.1　造成短时暴雨的主要因子

短时暴雨是由相对较高的降水率持续相对较长时间而造成的。假定在地球上任何一点，$\overline{R}$ 是平均降水率，D 是降水持续时间，那么产生的总降水 P 可以表示为(Doswell 等，1996)：

$$P=\overline{R}D$$

实际上关于什么是相对较高的降水率和相对较长的降水持续时间并没有一个明确的阈值。粗略地讲，降水率超过 25 mm/h 即可以认为是比较高的，降水持续时间超过 1 小时就可以认为是比较长的。也就是说 25 mm/h 和 1 小时分别为较高降水率和较长持续时间的下限。

从上面的讨论可知，短时暴雨的发生需要考虑的一个关键因素是高降水率的形成。从天气学的观点看，降水是由湿空气抬升凝结产生的。在某一个地点的瞬时降水率 R 正比于垂直水汽通量 wq，其中 w 是上升气流速度，q 是上升空气的比湿。这意味着如果要形成高的降水率，上升气流需要具有高的水汽含量和迅速的上升速度。垂直水汽通量与凝结率直接相关，而凝结是降水的来源。这里自然引出了降水效率 E 的概念：降水效率是降水率和输入水汽通量之间的比例系数：

$$R=Ewq$$

图 6.52 表明降水效率应该理解为对降水天气系统生命史的时间平均。如果在某一个瞬时计算，降水效率也许是零(在降水系统生命史的早期没有降水发生)或者无穷大(在一个正在衰减的降水系统中，输入水汽通量接近于零，降水仍然继续)。计算降水效率的最小单元是对流单体。但是，如果一个降水系统包含许多对流单体，则每个个别单体的降水效率是不重要的，因为每个单体的降水效率在大的对流系统中变化很大。因此，重要的是估计一般意义上的降水效率，也就是一个降水系统(可能包含很多对流单体)在其生命史期间的降水量和输入的水汽量之比。

一个降水系统如何才能有较高的降水效率？进入云中的水汽几乎全部都会凝结。因为上升气流将气块带到对流云顶，那里的水汽比湿大约只有 0.1 g/kg，这大约相当于云底附近比湿的 1%，也就是说 99%的进入云中的水汽都凝结了。水汽凝结后又发生了什么？一部分作为降水降到地面，一些云粒子被高空风吹出云外蒸发掉了，一些云粒子在降水系统的下沉气流里蒸发掉了。换句话说，那些没有作为降水降落到地面的凝结物最终都被蒸发掉了。哪些过程有利于蒸发？这与云中的微物理过程有关。根据云的微物理理论，降水系统中的暖云层越厚，越有利于高降水效率的产生。暖云层厚度可以通过探空曲线进行分析，在抬升凝结高度 LCL 到融化层高度（大致为 0℃层的高度）之间的厚度可以作为暖云层厚度的估计（图 6.53）。中等强度的对流有效位能 CAPE（比如 1500～2000 J/kg）比极端的 CAPE 更有利于高降水效率的形成，因为极端的 CAPE 会使气块加速通过暖云层，从而减小了通过暖云过程形成降水的时间，导致大量水汽进入高层，促使冰晶和大冰雹的形成。

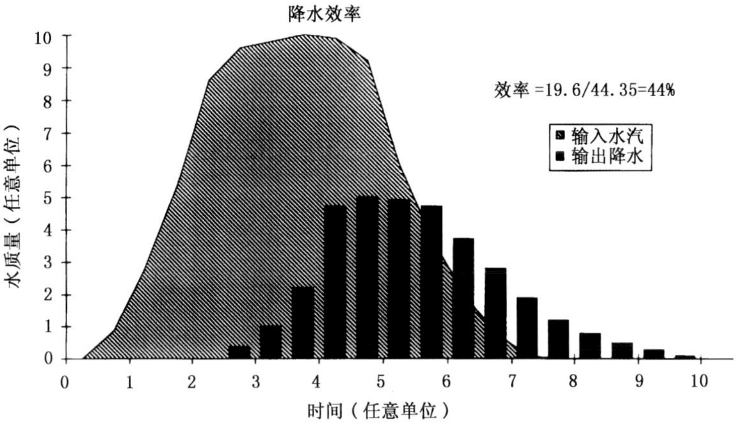

图 6.52　在一个降水天气系统生命史期间水汽输入（阴影区）和降水输出（垂直黑色方柱）随时间演变示意图。单位是任意的，因此描述的系统可以是任何降水过程具有发展阶段（时间＝0～3 单位），成熟阶段（时间＝3～6单位），消散阶段（时间＝6～10 单位）。对于这个例子，计算的降水效率为 44%（引自 Doswell 等，1996）

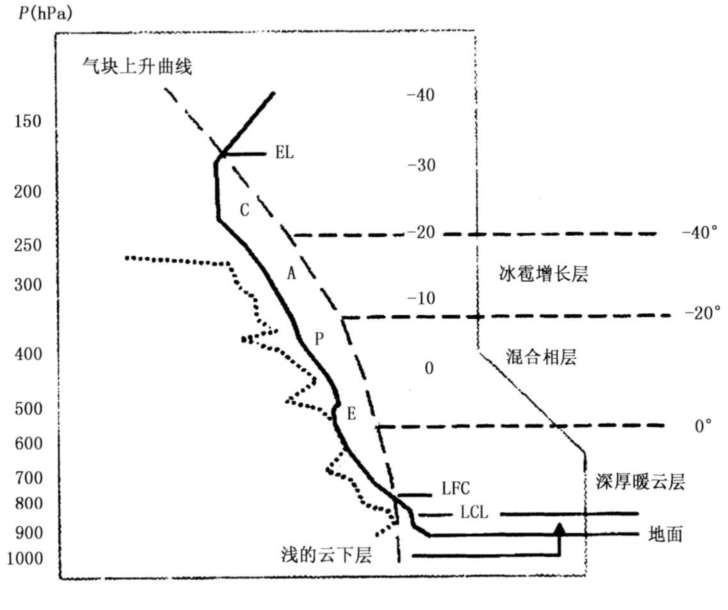

图 6.53　根据造成降水的微物理过程将一个代表性的产生暴洪的探空曲线划分成几个子层：云下层、暖云层、混合相层、冰雹增长层，它们是降水生成的暖雨过程和冷雨过程的重要参数（引自 Davis，2001）

另一个影响降水效率的因子是夹卷率，将未饱和的空气带入云中会促进蒸发。通常小的孤立的降水系统的夹卷率比大的降水系统大。环境空气的相对湿度越小，蒸发越强，降水效率越低。

因此，如果上述确定降水率的三个因素（E，w 和 q）中至少有一个大，另外两个至少中等，则强降水率 R 的潜势存在。如果降水持续较长时间，则存在暴雨的潜势。下面我们将介绍如何从雷达回波分析可能导致短时暴雨的线索。

6.4.2　天气雷达在暴洪预报中的作用

6.4.2.1　雨强估计

一般来说，反射率因子越大，雨强就越大，但这个关系会受到零度层亮带和冰雹的很大影响。也就是说必须能够判断大的反射率因子是主要由液态雨滴产生的，而不是由冰雹和亮带的贡献。图 6.54 给出了广西桂林附近一次暴雨过程的雷达反射率因子垂直剖面，图中最大反射率因子超过 50 dBZ。相应的 0℃和－20℃等温线的高度分别为 4 km 和 7 km，－20℃等温线以上最大反射率因子不超过 30 dBZ，因此降大冰雹的概率很小。这说明 0℃以下超过 40 dBZ 的对流雨区在很大程度上是由于液态雨滴散射的结果，冰雹的影响不大，因此雨强（降水率）应该比较大。如果反射率因子结构显示该对流风暴具有雹暴结构，则对于雨强的判断比较困难，此时降水率可以很大，也可以是中等或不大。

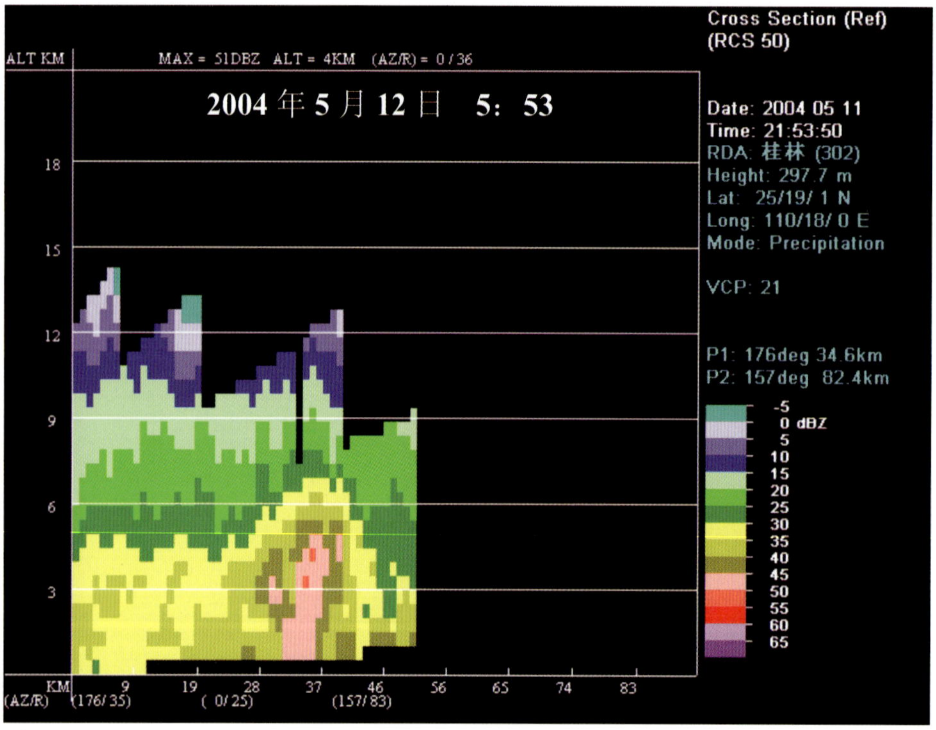

图 6.54　2004 年 5 月 12 日 5:53 桂林雷达观测到的暴雨回波的反射率因子垂直剖面

6.4.2.2　低空急流的识别

暴雨产生的条件之一是要有充分的水汽供应，而低空急流是为暴雨输送水汽的通道。在降水已经开始的情况下，可以通过多普勒天气雷达径向速度图监视低空急流的变化（每 6 分钟可以更新一次），与其他条件相结合，可以判断降雨是否会继续 。图 6.55 给出了 2004 年 6 月 15 日发生在山东的一次暴雨过程中济南多普勒天气雷达 1.5°仰角的径向速度图，图中显示在 50 km 和 100 km 之间等距离圈之间的高度上（约 2.2 km）存在一个东南风急流，强度约为 19 m/s。

图 6.56 给出低空急流的确定在中尺度对流复合体（MCC）中强降水单元的移动判断方面的应用。中尺度对流复合体 MCC 是产生暴雨的重要天气系统。MCC 是 α 中尺度的系统，但强降水通常是由其中的 β 中尺度单元（MBE）所产生的。图 6.56 给出了判断这种 β 中尺度单元 MBE 移动方向和速度的概念模型。MBE 的移动是平流和传播速度向量的矢量和，平流等于风暴承载层的平均风，而传播向量根据经验大约与低空急流的方向相反，大小相等（Corfidi 等，1996；Corfidi，1998）。低空急流可以由多普勒天气雷达径向速度图得到，从而根据雷达回波可以推断降水中心 MBE 的移动。

6.4.2.3　降水持续时间的估计

总的降水量取决于降水率的大小和降水持续时间。降水持续时间取决于降水系统的大小、移动速

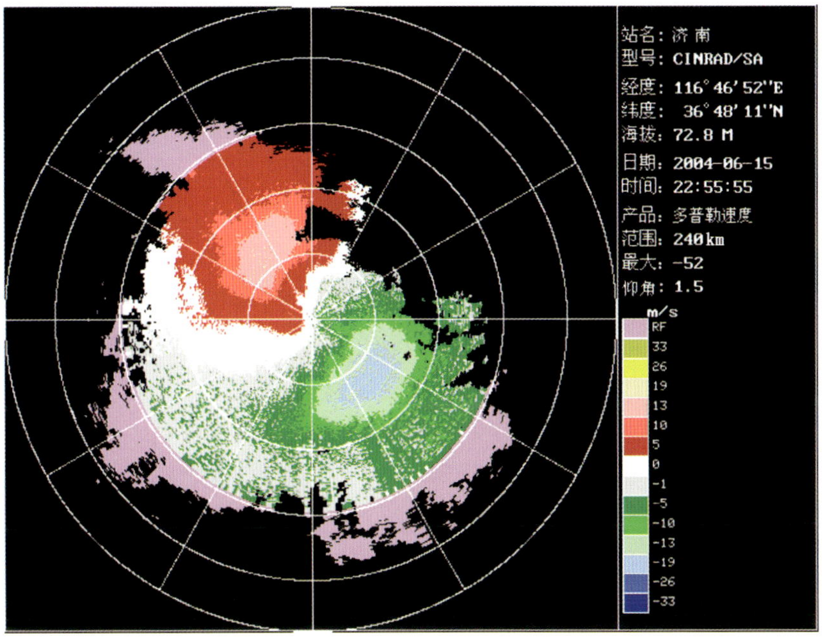

图 6.55　2004 年 6 月 15 日 22:55 济南 CINRAD-SA 雷达 1.5°仰角径向速度图

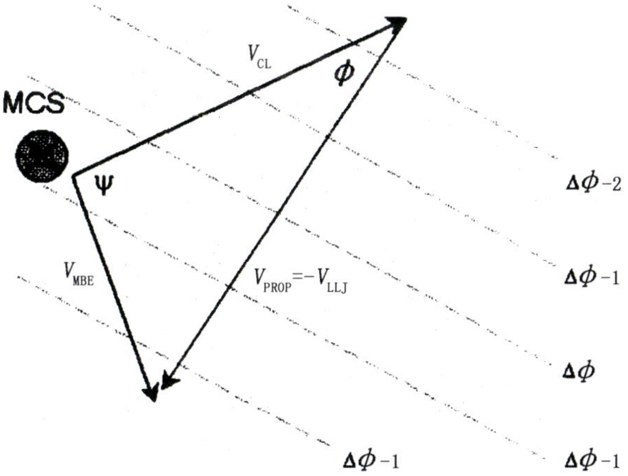

图 6.56　MCC 中的 β 中尺度单元(MBE)移动的概念模型：MBE 的移动是风暴承载层平均气流 V_{CL} 和传播向量 V_{PROP} 的矢量和。假定 V_{PROP} 与低空急流 V_{LLJ} 大小相等，方向相反。虚线为 850～300 hPa 等厚度线（摘自 Corfidi 等，1996）

度的大小和系统的走向与移动方向的夹角。假定降水系统的移动速度为 C_s，系统沿着其移动方向的尺度为 L_s，如图 6.57 所示。降水的持续时间可以表示为：

$$D=L_s(|C_s|)^{-1}$$

如果要使降水持续时间较长，要求至少满足下列条件之一或者两条都满足：1）系统移动较慢；2）系统沿着雷达回波移动方向的强降水区域尺度较大。

一条飑线，如果其移动方向基本上与其走向垂直，则在任何点上都不会产生持续长时间的降水（图 6.58a），而同样的飑线如果其移动速度矢量平行于其走向的分量很大（图 6.58b），则经过某一点需要更多的时间，导致更大的雨量。在对流线后面带有大片层状云雨区的中尺度对流系统 MCS（图 6.58c）在线对流的强降水过后是持续时间较长的中等雨强的层状云降水，进一步增加了雨量。在图 6.58d 中，飑线的移动速度矢量基本平行于其走向，使得飑线中的强降水单体依次经过同一地点，即所谓的列车效应，产生了最大的累积雨量。

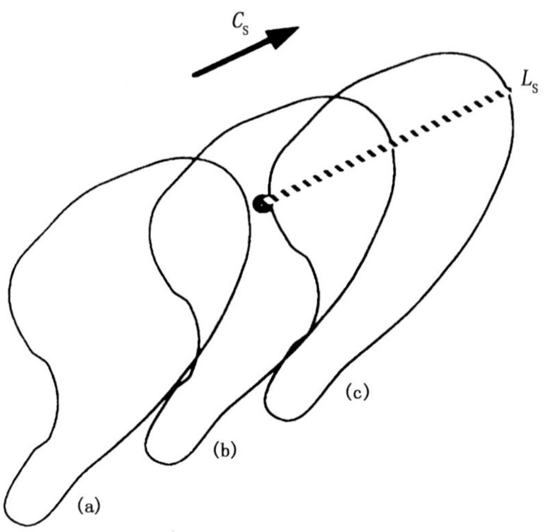

图 6.57　降水系统通过某一个点时，其尺度概念的示意图。系统移动向量为 C_s，图中显示(a)系统刚刚遇到该点；(b)系统的一半移过该点；(c)系统正要离开该点。对于图中所示的不对称系统，不同的地点将对应不同的 L_s 值，而同样的地点，C_s 的不同取向也将产生不同的 L_s 值

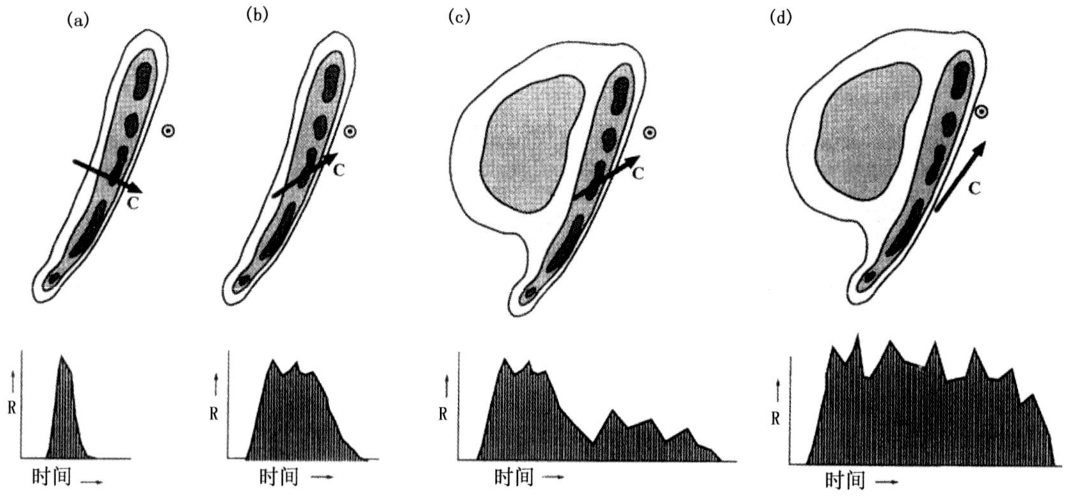

图 6.58　不同移动方向的不同类型的对流系统对于某一点上降水率随时间变化的影响的示意图。等值线和阴影区指示反射率因子的大小。(a)一个对流线通过该点的移动方向与对流线的的取向垂直；(b)对流线的移动向量在对流线的取向上有很大的投影；(c)对流线后部有一个中等雨强的层状雨区。对流线移动方向和对流线取向的夹角与(b)同；(d)与(c)类似，只是对流线的移动向量在对流线的取向上有更大的投影

列车效应并不局限于飑线移向平行于其走向的情况，只要有多个降水云团先后经过同一地点，都会有列车效应，导致大的雨量。图 6.59 给出了桂林 CINRAD-SB 雷达观测的一次暴雨过程的雷达回波。该暴雨过程在阳朔产生了 24 小时超过 150 mm 的累积雨量，如此大的雨量的一个重要原因是有较强的对流雨团依次经过阳朔地区，因为列车效应而导致极端的雨量。

产生大雨量的情况还可以在降水系统移动缓慢或静止不动的情形下产生。一种情况是对流层整层的环境风很弱，导致降水系统移动缓慢，只是这种情况并不多见。降水系统移动缓慢多数情况下是由于对流降水系统中的单体移动与传播相互抵消，如图 6.60 所示。判断对流降水系统中单体的移动方向和速度是相对简单的，因为单体基本上是随着平均气流 V_m 移动。也就是说，在大多数情况下，平流支配了单体的移动。预报传播对于系统移动的贡献要困难得多，因为对流可以与其周围的环境相互作用，在相对于老的单体的有利位置形成新的单体。新的单体的生成和发展受到已有单体的外流边界的很大影响。当相对于该边界的湿的入流比较大时，这个边界提供雷暴尺度的强烈抬升。在发生的所有暴雨事

件中，移动缓慢的降水系统占了很大比例。

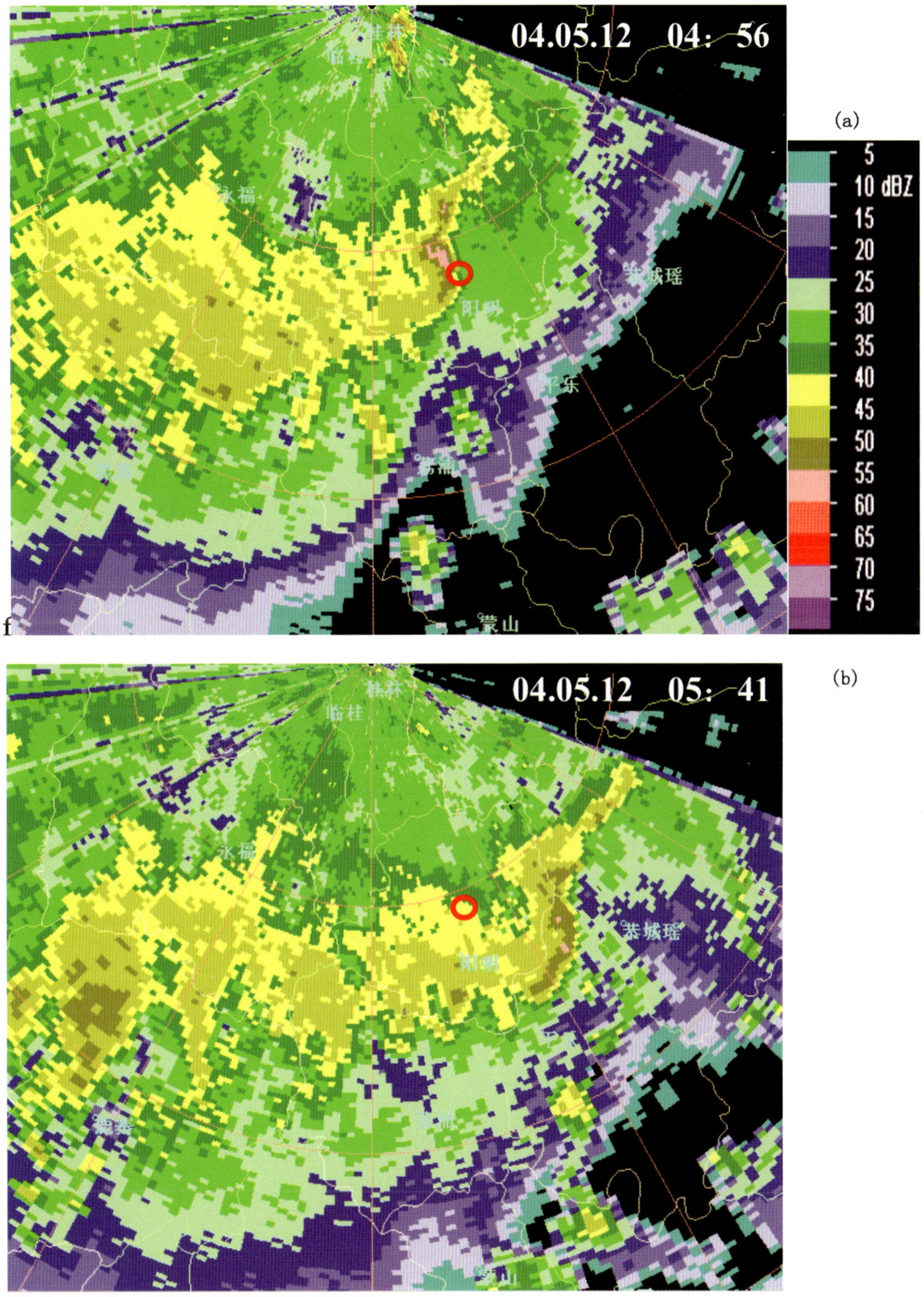

图 6.59 2004 年 5 月 12 日 04:56(a)和 05:41(b)桂林 CINRAD-SB 雷达 1.5°仰角反射率因子图，红色圆圈指示阳朔地区的位置

6.4.2.4 次流域面积上累积降水的估计

暴洪的发生与否是与当地的水文特征密切相关的。为了能够分辨暴洪，需要了解每一个次流域上的雨量。根据研究，需要雷达对降水估计的空间分辨率达到 5 km^2 才能满足要求。根据目前的新一代天气雷达降水算法(见第 7 章)，只有在距雷达 120 km 以内的区域才能满足上述要求。图 6.61 给出了一个例子，在该例子中，利用雷达给出了美国 Buffalo Creek 流域中每一个子流域内的雨量估计。

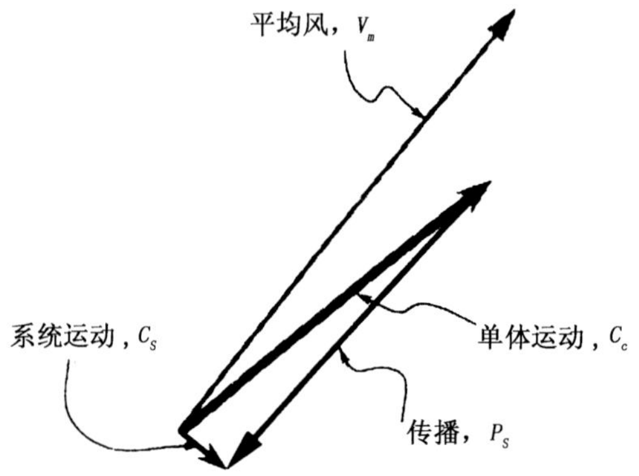

图 6.60　对流系统中单体运动 C_c 与传播 P_s 几乎相互抵消，导致系统移动缓慢示意图（引自 Davis 2001）

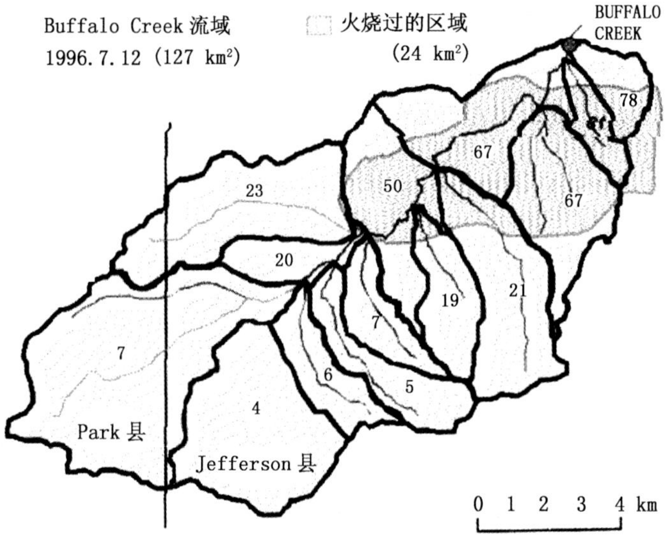

图 6.61　美国 Buffalo Creek 流域内每一个子流域内从 1996 年 7 月 13 日 02 至 04 时(UTC)的平均雨量(mm)的雷达估计(引自 Davis 2001)

6.5　强对流天气预报和警报的发布

6.5.1　强对流天气预警步骤

6.5.1.1　天气背景分析

首先，需要对天气背景进行分析。主要步骤如下：

(1)大尺度的过程是否使得大气变得更加对流不稳定，例如低层暖湿平流和中高空干冷平流会使大气从原来的对流稳定变为对流不稳定，从原来的中性或弱不稳定变为强烈不稳定。短波槽强迫的缓慢上升运动可以使原来对流稳定的大气层结变为对流不稳定。

(2)垂直风切变的考察。弱的垂直风切变情况下只会出现一种强风暴——脉冲风暴，其强烈天气包括下击暴流、冰雹和偶尔的非超级单体龙卷。强的垂直风切变情况下可以出现多单体风暴、飑线和超级单体风暴等形式的强风暴。

(3)抬升机制的考察。触发对流的系统通常是中尺度系统。天气尺度系统的上升运动一般不足以触发对流，它们只是使得大气变得更加对流不稳定。特别需要注意的是地面中尺度边界如锋面、干线、雷暴的外流边界、海陆风锋以及其他边界层辐合线，另外还要注意地形对于对流的触发作用。

(4)水汽条件的分析。强烈的对流风暴需要充足的水汽供应。暴洪更是需要快速的水汽更新，特别要注意低空急流。

6.5.1.2 雷达数据的分析

预报员在强对流天气的预警的过程中的时间是比较紧张的，需要有一个有效的操作步骤。我们在这里提出一个建议，仅供参考。

(1)首先检验 1 km 分辨率的组合反射率因子产品，上面叠加冰雹指数和中气旋产品(关于产品介绍见第七章)。这样可以确定在雷达监视的区域内有哪些可能的强对流风暴，如图 6.62 所示。选取图中 14 号对流风暴单体作为进一步考察的对象。

(2)找到每一个潜在的强对流风暴的位置，将其置于画面的中心，在同一幅画面上显示 4 张该风暴单体的回波图，选择分别代表低层和中层的两幅反射率因子和两幅径向速度图，每幅图放大相同的 2 倍或 4 倍。在环境垂直风切变较大的情况下，若反射率因子垂直结构出现向入流一侧倾斜，则可以判断是强对流风暴，有产生地面大风、龙卷、冰雹的潜势。从反射率因子图上可以大致确定对流风暴是多单体风暴、飑线还是超级单体风暴。如果低层和中层径向速度显示出强烈中气旋，则无疑是超级单体风暴，可以考虑龙卷警报；如果显示中层明显的辐合，可以考虑地面大风警报；反射率因子回波若呈现弓形回波，也可以考虑地面大风警报。中层的反射率因子的核心若超过 50 dBZ，则需要考虑大冰雹预警，同时需要进一步检验其垂直剖面。具体例子如图 6.63 所示。

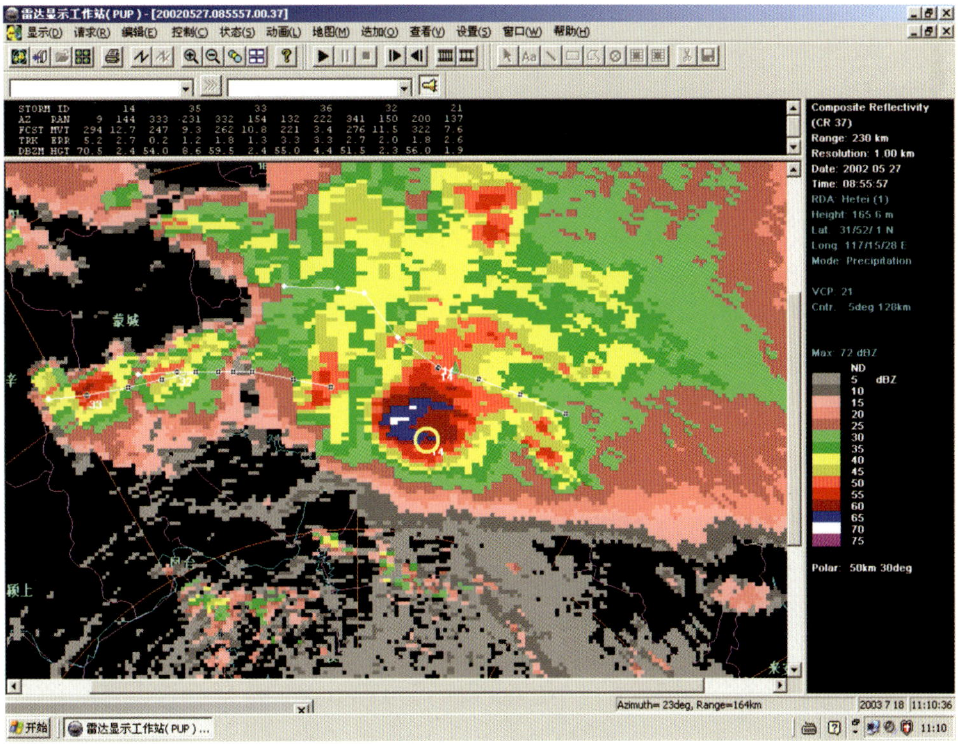

图 6.62 2002 年 5 月 27 日 16:55 合肥 CINRAD-SA 雷达的组合反射率因子，叠加冰雹指数、中气旋和风暴路径信息

(3)作适当的垂直剖面。反射率因子垂直剖面主要用来判断垂直结构，看 0℃ 和 −20℃ 等温线的高度以上是否有超过 50 dBZ 的反射率因子结构，从而判断大冰雹的可能性。径向速度垂直剖面可以判断中层辐合区的存在与否，从而判断地面大风的可能性。图 6.64 是图 6.63 中超级单体风暴的垂直剖面，由附近探空曲线得到 −20℃ 等温线位于 6.5 km 高度，而图中垂直剖面显示在该等温线高度以上有超过 65 dBZ 的反射率因子，因此该超级单体风暴有极大的可能降大冰雹。

事实上，如果前两个步骤已经可以确定会出现什么种类的强对流天气，则第三步就可以省去。如果这三步还不能确定对流风暴的特征和可能产生的天气，可以进一步用 4 幅图显示的方法考察你认为必要的反射率因子、径向速度、相对风暴径向速度和垂直累积液态水的图(关于后两种产品的介绍见第七章)。4 幅图显示是一个十分有用的功能,WSR-88D 的 PUP 上装备了这个功能,在中国新一代天气雷达的 PUP 上也有 4 幅图平铺的功能,但不是很便捷,需要开发一个适合于中国新一代天气雷达的有效便捷的 4 幅图显示功能。

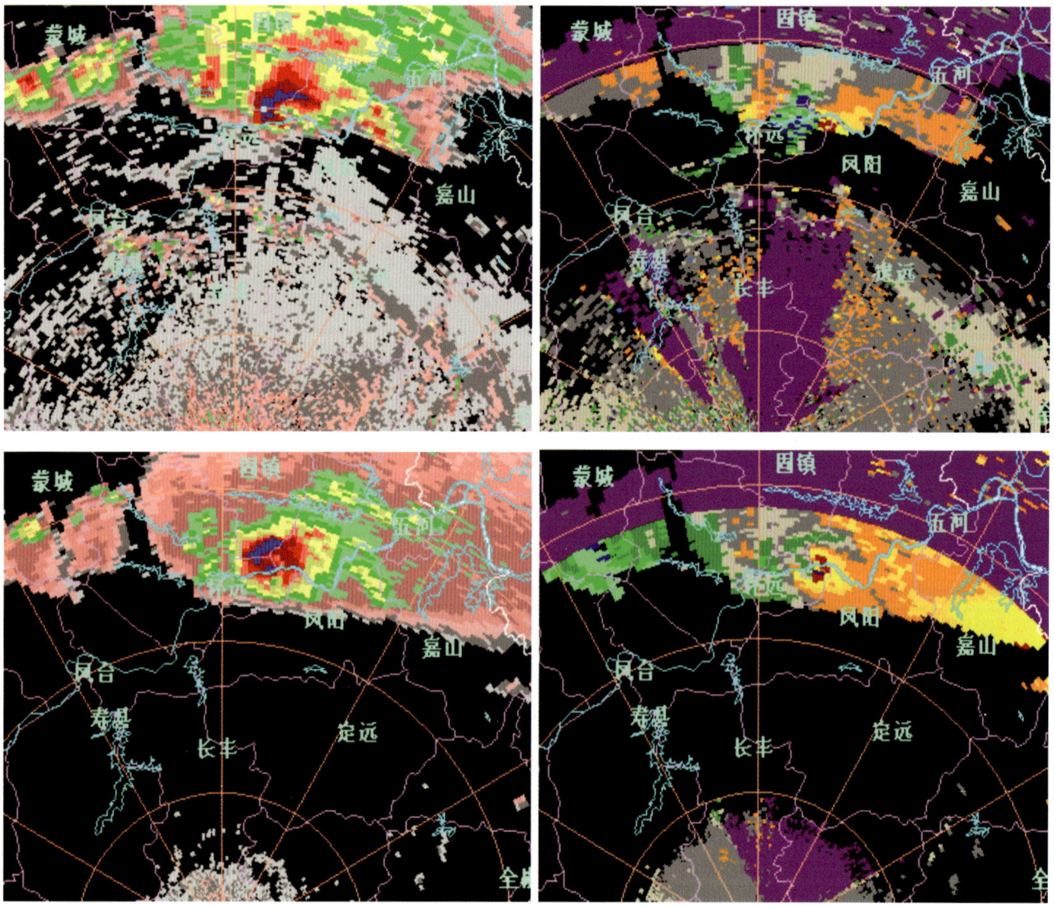

图 6.63 2002 年 5 月 27 日 16:55 合肥 CINRAD-SA 雷达的 0.5°和 2.4°仰角的反射率因子和径向速度图

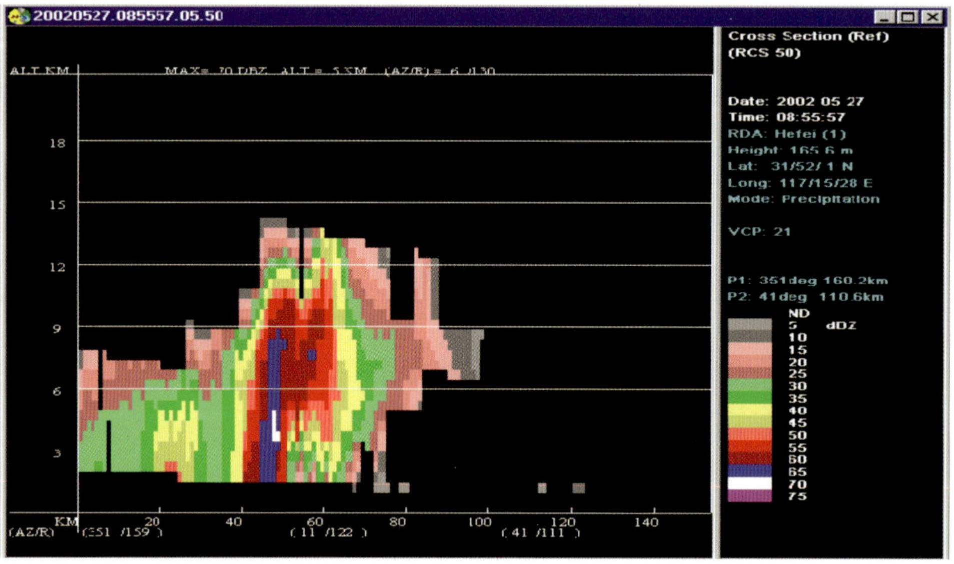

图 6.64 在图 6.63 中所示超级单体风暴的反射率因子垂直剖面

6.5.2　强对流天气预警的发布

强对流天气预报和警报的发布与大尺度天气过程的预报和警报有所不同，由于其出现突然和变化迅速，需要不断地更新。我们国家在这方面没有系统的、严格的业务规范，我们主要介绍美国区域天气预报台 WFO(与我们国家省级气象台相当)的相应做法。强对流天气的预报和警报有很多型式，这里主要介绍展望、临近预报和警报。

展望主要基于 NCEP 的风暴预报中心 24 小时或 36 小时的强对流展望预报，通常在早上 06 时(局地时间)首次发布，中午 12 时更新一次，如果必要的话在 15 时再更新一次。展望主要阐明在预报台负责的区域内强对流发生的可能性的大小(潜势)。下面是强对流天气展望发布的一个例子。

北得克萨斯州强对流天气展望

得克萨斯 Fort Worth 天气预报台于 2000 年 5 月 15 日(星期五)中部时间 12 时发布。

从现在起直到今天晚间，在 Sherman-For-Worth-Waco 一线以西的北德克萨斯县有中等程度的发生强对流天气的可能性。今天夜间在上述线的东侧，有出现雷暴的轻微可能。

正午时，一个高层扰动从西移近北德克萨斯。一条与此相联系的干线，以每小时 25 mile 的速度向东移动，从 Childress 附近的地面低压扩展到 Midland 和 Marfa。在它的东侧，一条静止的雷暴外流边界(阵风锋)从地面低压附近扩展到 Worth 和 Athens。

下午 3 时以后，雷暴将沿着干线生成。到下午 6 时干线和雷暴向东移到 Gainesvelle-Fort-Worth-Hamilton 一线。这些雷暴中的一些将产生大冰雹、地面灾害性大风和可能几个龙卷。最大的龙卷威胁将出现在干线和外流边界的交点附近，那里垂直风切变将会最大。

到晚上 10 时左右龙卷的威胁将减少，由于高层扰动移向东北，北德克萨斯地区的垂直风切变将减少。此时在 Paris-Waco 一线附近，干线将趋于静止。高的对流不稳定将导致东得克萨斯今天夜间继续有大冰雹、地面灾害性大风和暴洪的威胁。

在得克萨斯州西部和中部风暴目击志愿者和应急部门人员今天下午应做好迎接强风暴的准备，而在 Dallas- Fort Worth 区域东边的风暴目击志愿者在今晚雷暴接近这一区域时应做好准备。

临近预报和警报是在强对流天气临近的情况下发布的更详细的预报和警报。下面是一个强雷暴临近预报发布的例子。

临近预报

得克萨斯 Fort Worth 天气预报台于 2000 年 5 月 15 日(星期五)中部时间 17:35 发布。

一个大的强对流风暴在此刻正在接近 Weatherford，在它以每小时 30 mile 的速度向东移动时，在 Weatherford 到 Aledo 地区，一直到 18:15，该强对流风暴将产生棒球大小的冰雹和每小时 60 mile 的地面大风。18:15 之后，灾害性的冰雹和地面大风可能进入 Tarrant 县，包括 Fort Worth。

在 Parker 县，强对流风暴的警报一直保持到 18:30。

对于更危险的天气事件，比如灾害性的龙卷，应该使用更简洁和强烈的行文。在这种情况下，应避免使用一般性的或"八股"式的行文格式或词汇，而应当将其作为一个非常事件，向公众传达"紧急"的含义。下面是一个龙卷警报的例子。

龙卷警报

得克萨斯 Fort Worth 天气预报台于 2000 年 5 月 15 日(星期五)中部时间下午 6:30 发布。

天气预报台对于 Tarrant 县发布龙卷警报，有效期直到 19:30。

18:30 多普勒雷达在 Fort Worth 以西 5 km 处探测到一个正在发展的龙卷。风暴目击者的业余电台报告在 20 号和 30 号州际高速公路的相交处观测到强烈的云底旋转。

龙卷即将出现！Fort Worth 西部的居民应立即躲藏到结实的掩体中去！

在一个强烈天气事件中，来自目击者网络的频繁报告可以使预报台更新警报。

龙卷警报更新

得克萨斯 Fort Worth 天气预报台于 2000 年 5 月 15 日(星期五)中部时间 18:42 发布。

灾害性的龙卷正在通过 Fort Worth 西部，在 35 号州际公路的走廊附近。

马上躲起来！

Tarrant 县的龙卷警报一直有效到 19:30。

一般来说，对于冰雹、龙卷和灾害性地面大风的警报的有效期通常为 1 小时或更短，而暴洪的警报有效期一般为 3 小时。

6.6 本章小结

龙卷分为超级单体龙卷和非超级单体龙卷。非超级单体龙卷的发生频率远远超过超级单体龙卷的发生频率，但大多数 F2 级以上的强龙卷为超级单体龙卷。超级单体龙卷生成于其母气旋——中气旋中。超级单体龙卷的预警主要建立在探测到较强中气旋(特别是扩展到低层的中气旋)的基础上，有经验的预报员有可能提前 10～30 分钟预报这种龙卷的发生。有利于 F2 级以上龙卷产生的环境条件是强烈的低层垂直风切变和低的抬升凝结高度。非超级单体龙卷有很多类型，其中有些通常与边界层内的小涡旋(微气旋)有关，而这些小涡旋产生于边界层内的切变线或辐合线上。同时，小涡旋在上升气流作用下沿垂直方向上伸展，最终可导致破坏力达到 F0～F2 级龙卷的产生和发展。而且由于此龙卷的水平和垂直尺度均较小、生命期较短，因此雷达对此类龙卷的预警很困难。

大冰雹的产生与风暴上升气流的强度和尺度以及跨越上升气流的相对风暴气流有关。同时，大冰雹降落到地面的可能性也取决于冰雹降落过程中的融化程度。判断大冰雹最有效的方法是检查较高的反射率因子(45 或 50 dBZ)能否扩展到 0℃，特别是－20℃等温线高度以上。此外，具有宽大的弱回波区 WER 或有界弱回波区 BWER 的回波特征的风暴更有可能产生大冰雹。大冰雹产生的其他指标还包括风暴顶的强辐散以及与气团有关的季节性的大 VIL(垂直累积液态水量)值。S 波段雷达出现三体散射将明确表明风暴中存在大冰雹。融化层的高度对于大冰雹也有影响，若湿球温度 0℃(大致对应于融化层)所在高度在 2～3 km 之间时，则更有利于出现降到地面的大雹。

地面灾害性大风是对流风暴最常产生的强对流天气。直线型的地面风害主要是由对流风暴内的下沉气流导致的。影响下沉气流强度的因素包括气块所受的负的热浮力、降水物的重力拖曳和气压扰动的垂直梯度。其中负的热浮力取决于降水物在下降过程中蒸发、融化和升华等相变过程的降温作用和绝热下降压缩增温作用的净效应，依赖于降水粒子的微物理特征、环境大气的温度垂直递减率、夹卷过程和环境相对湿度的垂直分布。在环境垂直风切变较弱的情况下主要的直线型风害是脉冲风暴产生的下击暴流。此情况下的下击暴流分为干和湿两种。对于其中湿下击暴流的预警指标是反射率因子核心的下降伴随着云底以上的气流辐合。在比较大的环境垂直风切变条件下，产生地面直线型大风的系统有多单体风暴、飑线和超级单体风暴。它们的一个共同预警指标是出现中层气流辐合(MARC)。另外，弓形回波是一种容易产生地面大风的回波形态。

暴洪发生的前提条件是短时间内(48 小时以内)降暴雨。要求有较大的降水率和一定的持续时间。雷达能够提供的线索包括：1)低空急流及其随时间的变化；2)降水率的大小；3)产生降水的对流系统主轴的取向与系统移动方向的关系，从而提供降水可能持续时间长短的信息；4)每一个次流域面积上雨量的定量估计。

预警过程需要按照一个便捷有效的方式去做。

第七章　雷达产品与算法

CINRAD-SA 雷达系统提供了较高灵敏度及较高分辨率的反射率因子、平均径向速度及谱宽三种基数据，在 RPG 中基数据经过算法处理可形成 39 个种类的分析产品。雷达产品分为基本产品和导出产品。基本产品是指由基数据直接形成的不同分辨率和数据显示级别的反射率因子、平均径向速度和谱宽。导出产品是指经过 RPG 中的气象算法处理后得到的产品。其中重要的算法有风暴单体识别与跟踪算法(SCIT)、冰雹探测算法(HDA)、中气旋探测算法(MDA)、VAD 风廓线算法以及降水算法(PPS)等，相应的产品有风暴跟踪信息(STI)、冰雹指数(HI)、中气旋(M)、VAD 风廓线(VWP)、1 小时累积雨量、3 小时累积雨量以及风暴总降水等。此外还有大量由较简单的算法导出的产品，常用的有相对风暴径向速度图、垂直累计液态水含量、风暴顶、组合反射率因子、强天气分析、相对风暴径向速度区等(Klazura 和 Imy，1993)。表 7.1 给出了 CINRAD-SA 雷达的所有产品清单(OFC，1991)。

表 7.1　CINRAD-SA 型新一代天气雷达产品清单

产品名	产品标示符	产品标示号	产品名	产品标示符	产品标示号
反射率因子	R	16—21	垂直累积液态水	VIL	57
基本径向速度	V	22—27	风暴跟踪信息	STI	58
基本谱宽	SW	28—30	冰雹指数	HI	59
组合反射率因子	CR	35—38	中气旋	M	60
组合反射率因子等值线	CRC	39—40	龙卷式涡旋特征	TVS	61
回波顶	ET	41	风暴结构	SS	62
回波顶等值线	ETC	42	分层组合反射率因子平均值	LRA	63,64
强天气分析反射率因子	SWR	43	分层组合反射率因子最大值	LRM	65,66
强天气分析径向速度	SWV	44	分层组合湍流平均值	LTA	67—69
强天气分析谱宽	SWW	45	分层组合湍流最大值	LTM	70—72
强天气分析切变	SWS	46	用户警报信息	UAM	73
强天气概率	SWP	47	自由文本信息	FTM	75
速度方位显示风廓线	VWP	48	PUP 文本信息	PTM	77
组合切变	CM	49	一小时累积雨量	OHP	78
反射率因子垂直剖面	RCS	50,85	三小时累积雨量	THP	79
径向速度垂直剖面	VCS	51,86	风暴总降水	STP	80
谱宽垂直剖面	SCS	52	一小时数字降水阵列	DPA	81
弱回波区	WER	53	速度方位显示	VAD	84
相对风暴平均径向速度区	SRR	55	组合切变	CS	87
相对风暴平均径向速度图	SRM	56	组合切变等值线	CSC	88

导出产品算法中值能改变的参数称为可调(适配)参数，它是 CINRAD-SA 雷达数据处理和算法软件中包括的外部定义变量。通过改变可调参数的值，能使系统在不同的地理区域、气候区域、特定场站条件下效果最优，或按不同机构的业务需求来调整雷达。用于使气象算法效果最优的可调参数大约有 400 个，如反射率因子-降水率关系中的参数以及中气旋算法中的切变判据等即是可调参数的例子。

由于在地球上波束随距离增加变宽变高的限制，CINRAD-SA 中的一些算法如降水算法估计的降水量、基于速度的算法产生的速度导出产品都到距雷达 230 km，风暴识别和质心跟踪算法处理直到 345 km 的数据。在 345 km 和 460 km 之间，没有导出产品的算法应用，但仍可得到基本反射率因子产品。

另外在雷达扫描的静锥区内，也不会有雷达产品。

需要指出的是，目前部分 CINRAD-SA、SB 雷达和移植了 SA 软件的 SC、CC 和 CD 雷达使用的 RPG 算法软件是 WSR-88D 的第 7 版本(Build7)，而近来有相当一部分各种型号的 CINRAD 雷达都使用了 WSR-88D 的第 10 版本(Build10)。所以我们讲算法是上述两者兼顾，以新版本为主进行介绍。

下面我们首先介绍基本产品，然后再分别介绍各种导出产品。

7.1 基本产品

所有基本产品均以三种径向分辨率之一及 1°波束宽度以彩色显示在 360°方位角的极坐标中。所有基本产品的位置均相对于 RDA(雷达数据采集单元)的位置来显示，波束总是源自 RDA，而不是操作员所在的 PUP 或 RPG。所有基本产品均包括现行有效的 VCP 状态的任一个仰角。如果雷达处于 VCP11 状态，基本产品包括所有 14 个仰角的产品；若现行状态为 VCP31，那么只有 5 个仰角的产品。对于每一种产品都有一个唯一的识别号、数据等级数和分辨率，这些共同定义了该产品的一种版本。这些版本按每一产品的产品选择菜单的识别号列于“选择栏目”中。产品按从最新到最老的顺序存储。所有具有相同识别号的产品储存在同一栏目中，包括多仰角产品和来自于不同 RPG 的产品。

7.1.1 反射率因子(*R*)

对于反射率因子产品来说，最高显示分辨率为 1 km。这是指波束宽度为 1°，分辨距离为 1 km 大气的体积。为了生成这样的数据，对来自 4 个相接的距离库(分辨率为 250 m)的回波功率取平均。然后这个平均功率在 RDA 中转换为 dBZ。基本数据产生后便通过宽带通信线路输送到 RPG。

反射率因子描绘了一个完整的 360°方位扫描的回波强度数据，对一个体积扫描中的每个仰角都可得到。产品是以极坐标形式显示的。对 230 km 的显示范围，分辨率是 1°×1 km；对 460 km 的显示范围，分辨率是 1°×2 km 或 1°×4 km，并且产品有 8 或 16 个反射率因子级别区间。对于 16 个数据级别，在高灵敏度、晴空扫描方式下，数据级别的范围从－28 dBZ 到≥＋28 dBZ；在降水或强天气扫描方式下，数据级别的范围从＋5 dBZ 到≥＋75 dBZ；对 8 个数据级别，范围为＋5 dBZ 到≥＋57 dBZ。需要注意 8 数据等级基本反射率因子产品的数据等级范围并不随着 VCP 的变化而变化。只有 16 数据等级反射率因子产品的等级的范围值才随着由晴空模式变为降水模式而改变，反之亦然。数据的等级是用 dBZ 来表示的，并以该等级的下限阈值来显示。这意味着对于每一种颜色来说，在产品的显示区和注释区色标旁边的 dBZ 数字是该等级内的最低的 dBZ 值。

在上述 3 种分辨率和 2 种数据等级共 6 个反射率因子产品中，最常用的为 19 号产品，径向分辨率为 1 km，16 个数据级，显示范围为 230 km。1 km 分辨率的产品显示所有的波束宽度为 1°、分辨率为 1 km 的原始数据；分辨率为 2 km 的产品显示两个连续的 1 km 分辨率数据中的最大值；分辨率为 4 km 的产品显示四个连续的 1 km 分辨率数据中的最大值。当产品分辨率变化时，风暴的回波形状也将发生变化。原因是 RPG 对于不同分辨率的产品的生成方式是不同的。值得注意的是，无论采用哪一种分辨率显示产品，原始分辨率的最大的反射率因子的值总是保留了下来。

以不同的分辨率及其距离范围来显示基本产品主要是基于原 WSR-88D 系统硬件的基本功能。图像显示器和处理器具有分辨率大小的局限。彩色图像显示器具有 512×512 像素的产品图像显示区。若对于每 1 km 1 个像素点的情况下，单半径为 460 km 的显示区就需要 210681 个像素点。产品显示的这种局限性所产生的直接后果导致在以高分辨率显示时，产品的范围要受到限制。例如，分辨率为 1 km 的反射率因子产品的显示范围只有 230 km，而当 PUP 显示低分辨率的产品时(分辨率为 2 km 或 4 km)，显示范围便扩大到 460 km，因为这时仅需要较少的像素点。

在过去 50 多年中，反射率因子产品一直作为雷达的标准输出，至今 CINRAD-SA 仍然将其作为最有用处的一种产品予以输出。例如，雷达操作者依靠反射率因子产品确定回波的强度，确定风暴的结构和强弱以及强降雨(雪)带。反射率因子随时间的变化是一种用来确定降水回波的移动以及未来趋势的极好工具。回波强度是增强了还是减弱了，降水何时开始、何时结束，所有这些问题的答案都可以从反射率因子产品中获得。由于新一代天气雷达的灵敏度有很大的增强，因此一些非降水特征，例如风暴出流边界、边界层辐合线和冷锋干线等造成的窄带回波、云、鸟、烟羽等回波也会显示出来。其中一些特征可能具有显著的气象意义，例如对于初始对流的定位。

7.1.2　平均径向速度(*V*)和谱宽(*SW*)

7.1.2.1　平均径向速度

平均径向速度(mean radial velocity)表示整个360°方位扫描的径向速度数据，在采样的每个仰角都可得到。产品以极坐标形式显示，对于最高分辨率1°×0.25 km，显示范围是60 km；1°×0.5 km分辨率，显示范围为115 km；对于分辨率1°×1 km，显示范围为230 km。0.25 km分辨率产品显示所有1°×0.25 km的资料。对于0.5 km分辨率产品显示两个连续0.25 km数据的第一个。而对于1 km分辨率产品则显示四个连续的0.25 km分辨率数据的第一个。与反射率因子产品类似，速度产品同样有8或16个两种数据级别区间。因此共有6种产品。其中最常用的是27号产品，其径向分辨率为1 km，显示范围230 km。产品用PUP上的颜色变化(可调参数)来描绘风的径向分量(朝向或远离雷达)。

基本径向速度有许多直接的应用，例如：1)决定径向速度的量值：可以确定相对于地面的风速作为警报和预报的输入。2)大气结构：确定径向速度型以导出大气结构。风速随高度顺时针或逆时针旋转可以确定暖空气或冷空气平流。根据基本速度产品可以容易地确定低层或中层急流。3)风暴结构：确定径向速度型以导出风暴结构。气旋性旋转和反气旋性旋转、风暴顶辐散、由下击暴流造成的地表辐散都可以由基本速度产品确定。4)高空风分析图：速度数据可以帮助产生、调整和更新高空风分析图。可以确定风廓线以更新高空风分析图，反映两次探空间隔期间可能发生的任何变化。5)确定边界：速度数据可以展示沿着边界(这里指密度不连续面)的辐合。此外，许多边界(密度不连续面)可产生非常弱的反射率因子回波。在降水模，基本反射率因子产品显示的最小值为5 dBZ，而基本速度产品可显示回波功率小于5 dBZ的数据。这些具有小于5dBZ反射率因子回波的基本速度数据的位置可用来帮助确定边界(密度不连续面)，如锋面、干线和外流边界等。

平均径向速度产品有两点局限性。一是垂直于雷达波束的风的平均径向速度被表示为0；二是距离折叠和不正确的速度退模糊。距离折叠发生在系统不能区分返回能量是来源于最近发射的脉冲还是由更远的目标物返回的以前脉冲(称"第二程"，"第三程"等回波)。如果由于多程返回而使二个回波重叠，速度数据就被指定在较强回波的距离上。

7.1.2.2　谱宽

谱宽表示360°方位扫描的谱宽数据，每个采样仰角都可得到。产品以极坐标形式显示，分辨率及相应的显示范围与平均径向速度相同，但仅有8个数据级别。它可提供由于风切变、湍流和速度样本质量引起的平均径向速度变化的观测，也可用来确定边界(密度不连续面)位置、估计湍流大小及检查径向速度是否可靠。注意接近噪声阈值的弱信号返回将导致不规则的谱宽数据。

基本产品中最有用的是反射率因子和径向速度产品。他们是利用雷达识别降水天气系统的核心数据。降水天气系统的识别和预警技术也主要建立在反射率因子和径向速度结构的基础之上。到目前为止，导出产品只能起到提示和参考的作用。

7.2　一些算法简单的重要导出产品

7.2.1　相对于风暴的平均径向速度图(SRM)

相对于风暴的平均径向速度图(SRM)与基本速度产品类似，只不过减去了由风暴跟踪信息(STI)识别的所有风暴的平均运动速度，或减去了由操作员选定的风暴运动速度。对每个采样的仰角都可得到此产品，此产品显示范围为230 km，分辨率为1°×1 km，数据级别为16，它用的是组成1 km产品分辨率体积的 4 个 0.25 km 距离库中的最大速度。这一点与基本速度产品中使用 4 个距离库中的第一个速度值有很大区别，它保留了原始数据中的最大速度值。另外，相对风暴速度图的色标范围是从 −25 m/s 到 +25 m/s，而基本径向速度图的色标范围是从 −33 m/s 到 +33 m/s。此产品可用来探测被风暴运动掩盖掉的切变区域（如中气旋、辐散及龙卷涡旋特征），对快速移动的风暴最为有效。图 5.39 给出了基本速度图和相对风暴速度图上中气旋的对比，在相对速度图上，由于减去了风暴运动的速度，中气旋显得更加对称和清晰。注意如果由 STI 得到的平均风暴运动不典型（如风暴运动为发散型式，则其矢量平均的风暴运动不具有代表性），则产品将不可靠。建议最好由操作员输入风暴运动速度。注意相对风暴径向速度图 SRM 只有一个产品，分辨率为 1 km，显示范围为 230 km。

7.2.2　相对于风暴的平均径向速度区(SRR)

相对于风暴的平均径向速度区（SRR）与 SRM 产品类似，但有几点区别。首先它是一个覆盖 50 km×50 km 距离的“窗口”产品，其产品中心可由操作员在 230 km 雷达半径内任意指定。此外，该产品分辨率（1°×0.5 km）也比 SRM 要好。SRR 产品减去的风暴运动缺省为最接近产品中心的风暴运动，或可由操作员输入风暴运动值。其相对于 SRM 的最大好处是能以较高的分辨率（0.5 km）显示速度产品，但仅限于一个 50 km×50 km 的窗区内。SRR 的例子见图 8.83。

7.2.3　强天气分析(SWA)

强天气分析以可能的最高分辨率提供 4 个不同的产品：反射率因子（SWR）、平均径向速度（SWV）、谱宽（SWW）及径向切变（SWS）。在距雷达位置的 230 km 内，4 个产品以相同的 50 km×50 km“窗口”显示，其中每个占四分之一屏幕，但也可显示在全屏。当特定的警报（如中气旋）被触发时，4 个产品的 SWA 可自动生成，并以被警报气象现象的方位、距离和最接近“临界高度”的仰角为中心。产品也可在用户指定的仰角和地理中心点上生成。通常最高分辨率的速度和谱宽产品（1°×0.25 km）的显示半径只有 60 km，而 SWA 速度和谱宽能在雷达的 230 km 内以 1°×0.25 km 分辨率在任何地点生成。图 7.1 给出了强天气分析产品的例子。

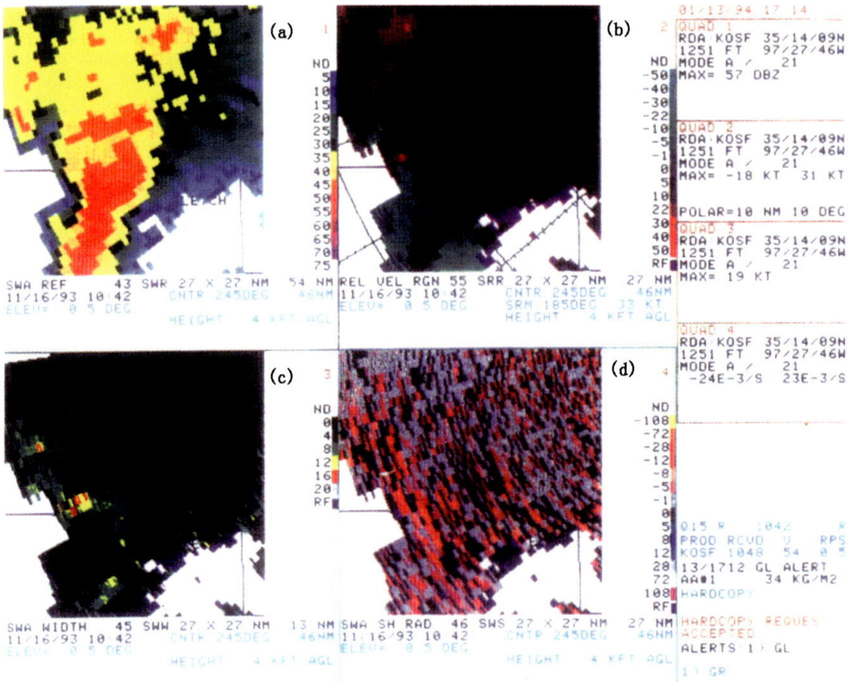

图 7.1　强天气分析产品的例子。(a)为反射率因子(分辨率 1 km)，(b)为平均径向速度(分辨率 0.5 km)，(c)为谱宽(分辨率 0.25 km)，(d)为组合切变(分辨率 0.5 km)。图像中心位于雷达西南方 90 km 处

7.2.4 组合反射率因子(CR)

7.2.4.1 组合反射率因子(CR)

组合反射率因子表示的是在一个体积扫描中,将常定仰角方位扫描中发现的最大反射率因子投影到笛卡尔格点上的产品。因此,相邻网格点可包含从风暴中不同高度投影的反射率因子值。格点分辨率为 1 km×1 km 或 4 km×4 km,相应的显示范围达 230 km 或 460 km,数据级别为 8 或 16 个级别(单位为 dBZ)。CR 产品最有用的方面是不用对每个仰角进行寻找就可显示风暴中最高反射率因子。其主要局限性是不能辨别出在某个仰角方位扫描上有意义的低层特征(如钩状回波、弱 V 形回波)。此外,对应于最大反射率因子值的高度不能被显示,另外,CR 产品通常可附上"联合属性表",它是一个补充选择,提供有关风暴的数据(如风暴顶、最大平均径向速度和反射率因子、是否有冰雹和中气旋存在等),并在图上叠加上由风暴单体识别和跟踪算法识别出的雷暴单体、冰雹算法识别出的冰雹和中气旋算法识别出的中气旋等。组合反射率因子图的例子见图 6.62,除了附有联合属性表外,图上叠加了风暴路径信息、冰雹指数和中气旋产品。

7.2.4.2 组合反射率因子等值线(CRC)

组合反射率因子等值线与 CR 类似,只不过彩色图像数据场被转换成等值线形式。等值线的间隔和等值线数目是可调的。

7.2.4.3 层组合反射率因子平均(LRA)及最大值(LRM)

层组合反射率因子平均及最大值是从三个层次(定义为可调参数)上得到的,各层的缺省值为地面到 7.3 km MSL、7.3 km 到 10.1 km MSL、10.1 km 到 18.3 km MSL。以雷达站点为每层的中心,在笛卡尔网格(460 km×460 km)上显示分辨率为 4 km×4 km 的 8 个数据级别的反射率因子。将相关方位扫描的反射率因子垂直投影到层格点上,并计算层上所有格点值的平均(LRA)和最大值(LRM)。航空气象学家可用此产品确定飞机的空中航线。此产品也可用于确定风暴趋势,做法是将中层组合反射率因子最大值产品与低仰角的反射率因子产品做比较。对低层产品,雷达波束扫描会遗漏掉较远距离有意义的低层反射率因子;对高层产品,会遗漏掉较近距离有意义的高层反射率因子。

7.2.5 回波顶(ET)

7.2.5.1 回波顶(ET)

回波顶(ET)是 16 个数据级别的产品,它是在≥18 dBZ(可调阈值)反射率因子被探测到时,显示以最高仰角为基础的回波顶高度(不进行内插和外插)。回波顶是以平均海平面(MSL)为参考的,它是在雷达 230 km 内的 4 km×4 km 笛卡尔网格上。此产品可通过对最高顶定位来识别较有意义的风暴。由于受到与天线扫描方式有关的体积扫描模式(VCP)的限制,经常发生弧状的"阶梯式"形状回波。

7.2.5.2 回波顶等值线(ETC)

回波顶等值线(ETC)是 ET 产品的等值线形式,等值线间隔和基本等值线的值是可调的。图 7.2 给出了回波顶产品的例子。

7.2.6 垂直累积液态水(VIL)

垂直累积液态水表示将反射率因子数据转换成等价的液态水值,它用的是假设所有反射率因子返回都是由液态水滴引起的经验导出关系。在雷达的 230 km 半径内,对每个仰角,在每个 4 km×4 km 格点上求液态水混合比的导出值,然后再垂直累加。VIL 值表示的是将反射率因子数据转换成等价的液态水值,并且假定反射率因子是完全由液态水反射得到的。VIL 方程为:$M=3.44\times10^{-3}Z^{4/7}$。这里 M=液态水含量($g\cdot m^{-3}$),Z=雷达反射率因子($mm^6\cdot m^{-3}$)。从每个 4 km×4 km 网格里导出值 M,然后再垂直积分得到 VIL,VIL 值的单位是 $kg\cdot m^{-2}$。由于冰雹的存在会导致液态水混合比不可靠的高值,因此所有大于 55 dBZ 的反射率因子取为 55 dBZ。在美国平原和中西部,VIL 对辨别带有大冰雹的风暴是有用的。在其他地区,VIL 在探测其他类型的强天气上是有用的。在美国 Norman 预报台已得出了大冰雹所需要的 VIL 估计值，对其他地点则须做相应的研究。图 7.3 给出了垂直累积液态水含量的例子。

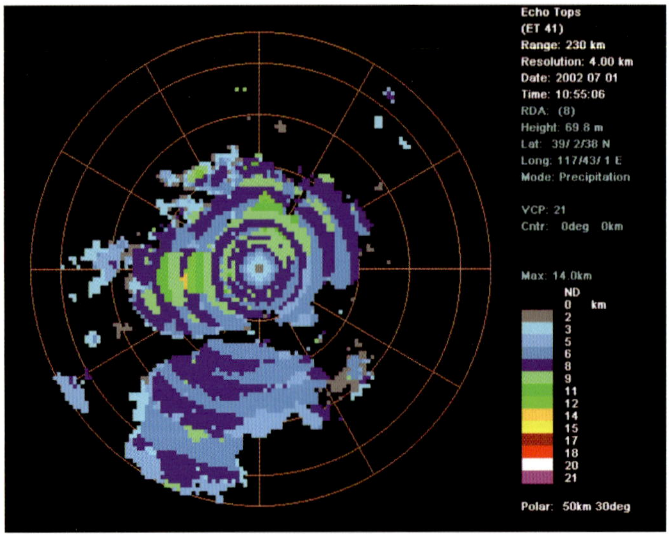

图 7.2　回波顶产品的例子

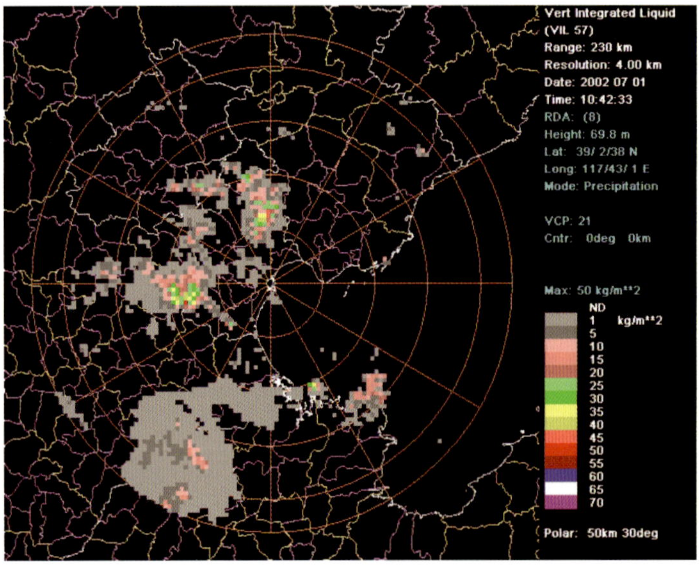

图 7.3　垂直累积液态水含量的例子

7.2.6.1　VIL 值的优点

1) 能确定大多数强风暴的位置；

2) 一旦临界值被确定，可用于辨别带有大冰雹的风暴；

3) 持续高的 VIL 值可能与超级单体风暴有关；

4)快速降低的 VIL 值也许意味着破坏性大风的开始，由于不同 VCP 之间扫描仰角之间的间隔不同，VIL 的变化会有所不同，因此了解使用哪个 VCP 是重要的。

7.2.6.2　VIL 值的局限性

1)水滴滴谱的不确定性使得 VIL 值有偏差。例如，一个直径为 1/4 英寸* 的水滴造成的反射率因子＝64 个直径为 1/8 英寸的水滴造成的反射率因子。按照上面的公式，两者的 *M* 值相同，但实际上两者的含水量相差 8 倍；

2)用于警报的值是逐日且随警报地区变化的，它是与气团有关的；

---

* 1/4 英寸＝6.34 mm

3)距雷达 40 km 以内的值是过低估计了的,这是由于雷达的静锥区造成的;

4)基于格点的 VIL 值不同于基于单体的 VIL 值。对于基于格点的 VIL 而言,强烈倾斜或快速移动风暴的 VIL 值低于垂直或移动较慢风暴的 VIL 值。因为倾斜风暴的上部可能伸展到另一个格子里;

5)会受到非降水物回波的影响;

6) VCP 11 的 VIL 脉动小于 VCP 21 的 VIL 脉动。因为在 VCP 11 中有较小的仰角间隔。用两种不同体积扫描模式(VCP)对同一风暴进行观测的研究表明:向着或远离 RDA 运动的风暴,其 VIL 值在 VCP 21 中比在 VCP 11 中有更大的脉动(图 7.4)。在 RDA 的 120 km 距离内,这个作用是值得注意的。

7) 较远距离(≥220 km)的值有时是不可靠的。0.5°的反射率因子值是向下积分到地面的值。在较远距离里,0.5°波束或许穿过位于风暴中层的冰雹高反射率因子区,导致对 VIL 的过高估计。而对于一些发展较低的对流云,VIL 值可能被低估。在美国中部平原,发现 VIL 值对小及大冰雹的存在有较好的指示作用(Winston 和 Ruthi,1986)。对快速移动的风暴或倾斜较强的风暴容易低估 VIL,因为高空的高反射率因子可伸展到其他格点中;对由于靠近雷达而不能被完整扫描的风暴,也会发生 VIL 被低估的现象。

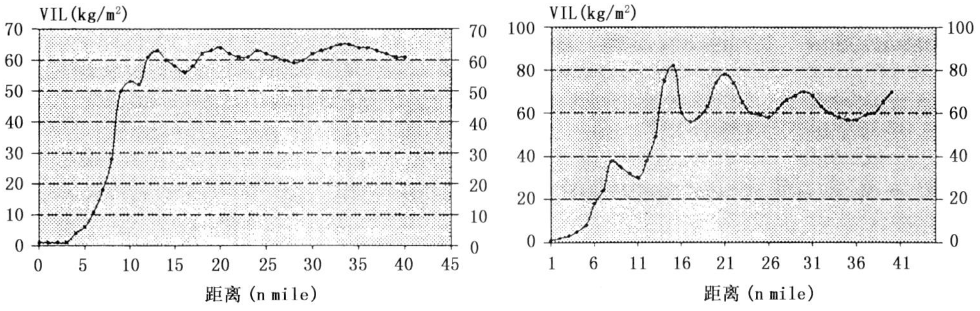

图 7.4　不同 VCP 中(VCP11(a)和 VCP21(b)),同一风暴在距雷达不同距离时的 VIL

7.2.7　剖面产品

剖面产品有反射率因子剖面(RCS)、速度剖面(VCS)和谱宽剖面(SCS),它们提供了反射率因子、平均径向速度及谱宽的垂直剖面。剖面并不一定要沿雷达径向,操作员可在距雷达 230 km 距离内任意指定两个相隔距离小于 230 km 的端点做剖面。产品垂直轴上的高度到 21 km、水平轴上的距离最大是到 230 km,垂直方向分辨率为 0.5 km、水平方向分辨率为 1 km。但由非相邻方位扫描得到的数据其垂直分辨率较粗,因为数据空白是由水平和垂直内插填充的。RCS 用来检查风暴结构特征,如悬垂状、倾斜度、弱回波区及有界弱回波区。VCS 主要与 RCS 联合使用,以建立反射率因子结构和风暴(或风暴复合体)运动学的联系。VCS 也用于检查风暴顶辐散及分析中气旋的垂直范围。SCS 用来检验 RCS 和 VCS 产品的特征以及在航空上确定湍流区的垂直范围。垂直剖面的例子见图 8.6 和图 8.8。

7.3　风暴单体识别与跟踪算法及其产品

7.3.1　引言

风暴单体识别与跟踪算法是 CINRAD-SA 雷达中最重要的一个算法。首先它用于识别风暴单体。一个风暴单体就是一个在三维空间中能分辨的密实的反射率因子个体。说起来简单,但要用算法来实现,并不是一件简单的事。首先要在雷达径向上寻找称为段的大的反射率因子区,然后再在二维锥面上寻找大的反射率因子区,然后再给这些二维的分量寻求垂直相关。一旦识别了风暴单体,还要给出该单体现在、过去 1 小时中每隔 15 分钟和未来 1 小时内每隔 15 分钟的位置。

准确的风暴识别和跟踪是雷达及强天气警报业务的基本组成部分。在 1996 年末至 1997 年初 Build 9.0 发布以前,采用的是风暴系列算法(Forsyth, 1979),它使用一个单一的最小反射率阈值 30 dBZ 去识别风暴单体，因此大于 30 dBZ 的广大区域如飑线，中尺度对流复合体和热带风暴等被识别为一个单体，它对间隔较小的风暴群(线状、簇状)效果很不理想。结果导致跟踪和预报的效果很差。目前部分 CINRAD-SA 和 SB 型雷达以及移植了 WSR-88D 的 7.0 版本算法的其他型号雷达仍然使用这种风暴系列算法。SCIT 算法在很大程度上克服了风暴系列算法的缺陷。Johnson(1998)等对 6561 个风暴单体做了分析，发现对最大反射率因子超过 40 dBZ 的单体，SCIT 算法能正确识别出 68%；对最大反射率因子超过 50 dBZ 的单体，能识别出 96%以上。有了较好的识别方法，才有可能有准确的跟踪信息，因此 SCIT 算法能够正确跟踪 90%以上的风暴单体。由此算法得到的数据被广泛用于其他几个产品(HI、SS、SRM、SRR、M、TVS 等)中。目前我国大部分 CINRAD-SA 和部分其他型号雷达的算法软件已经升级为第 10 版本，所以我们这里介绍 SCIT 算法。

7.3.2 SCIT 算法

SCIT 算法(Johnson 等，1998)由四个子功能组成：风暴单体段、风暴单体质心、风暴单体跟踪和风暴位置预报。风暴单体段识别反射率因子的径向排列，并输出这些段上的信息到风暴单体质心子功能中。风暴单体质心子功能将段组合成二维分量，并使这些分量垂直相关构成三维单体，再计算这些单体的属性。单体及它们的属性被输出到风暴单体跟踪及风暴位置预报子功能中。风暴单体跟踪子功能是通过将当前体积扫描发现的单体与前次体积扫描的单体作匹配来监视单体的移动。风暴位置预报子功能是依据风暴移动的历史来预报风暴将来的质心位置。

SCIT 算法按照一个径向接一个径向的顺序，处理来自雷达基数据的体扫反射率因子。算法不处理速度数据。不做特殊的数据平滑。

7.3.2.1 单体识别方法

(1)风暴单体段

三维风暴单体的识别是分阶段进行的，首先从一维数据的处理开始。算法一维部分的目的是在径向反射率因子中识别“风暴段”。一个风暴段定义为一段连续的、沿着一个径向的一系列距离库，它们的反射率因子超过一个规定的阈值(记为 REFLECTIVITY)。如图 7.5 所示，当处理过程沿一个雷达径向首次遇到一个大于规定的阈值的反射率因子时，随后的超过阈值的距离库被编为一组，一直到遇到一个小于阈值的距离库。如果该距离库的反射率因子值与阈值的差值小于 5 dBZ(记为 DROPOUT REF DIFF，是可调参数)，或这样的距离库小于 2 个(记为 DROPOUT COUNT，是一个可调参数)，则过程继续。如果算法遇到的距离库的反射率因子值小于上述反射率因子阈值 REFLECTIVITY 5 dBZ 以上，或小于 REFLECTIVITY 的距离库超过或等于两个，则过程终止，一个风暴段就此产生。图 7.6 给出了 3 个风暴段的例子，方括号标出的距离库即是小于阈值 REFLECTIVITY，带阴影的区域为选中的风暴段。(a)中的 48 和 49 虽然满足 DROPOUT REF DIFF 条件但不满足 DROPOUT COUNT 条件，所以没有被归入风暴段。(b)中的 44 满足阈值 DROPOUT REF DIFF 和 DROPOUT COUNT 的条件，因此仍然被归入相应的风暴段以保证相关的特征在一起。而(c)中的 24 不满足 DROPOUT REF DIFF 条件，因此不被归为风暴段(c)。如果风暴段的径向长度超过 SEGMENT LENGTH(一个可调参数，缺省值为 1.9 km)，它将被储存下来。

SCIT 与风暴系列算法的主要差别在于 SCIT 使用 7 个不同的阈值(REFLECTIVITY：60，55，50，45，40，35 和 30 dBZ)重复上述过程，而风暴系列算法只使用一个阈值(30 dBZ)。SCIT 风暴单体段子功能搜寻每个径向上的段。首先，用最小反射率因子域值搜寻段(缺省是 30 dBZ)，未被选中的距离库将被抛开不再做进一步处理。然后用 30 dBZ 的段来搜寻下一个最小反射率因子阈值(35 dBZ)的段。再用这些(35 dBZ)段来搜寻下一个阈值(40 dBZ)的段，直到搜寻到第七个阈值(60 dBZ)的段。为减少处理任务，段数目限制为每径向上对每个阈值不超过 15 个(可调参数)。也就是说，在每一径向上最多可有 105 个段(7 个阈值乘每阈值 15 个段数目)。

(2) 风暴单体分量

当最后一个仰角扫描的段被处理完之后，在空间上相邻的风暴段被结合成一个二维的分量。为了

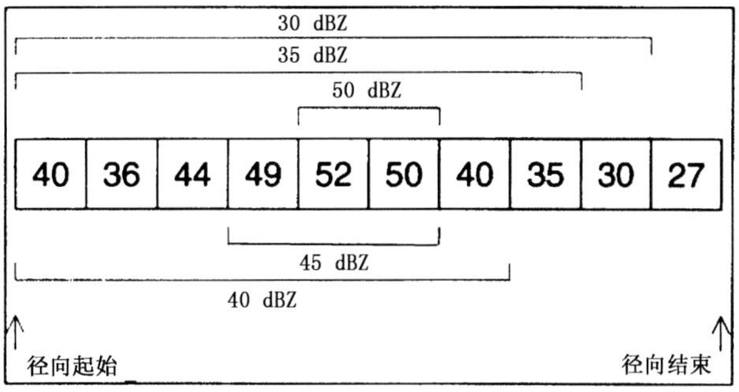

图 7.5 沿径向的 50,45,40,35 及 30 dBZ 阈值风暴段的识别

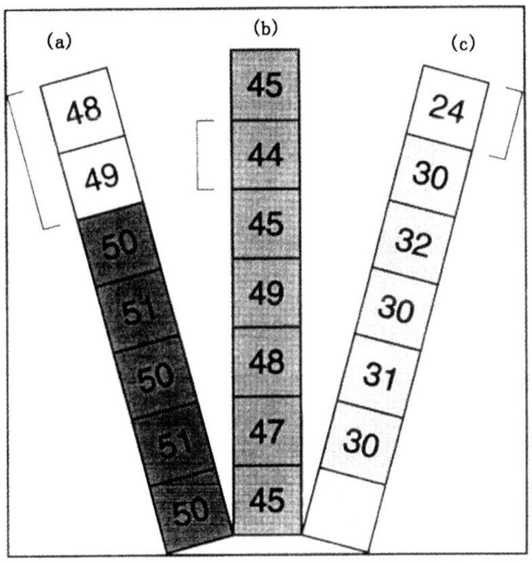

图 7.6 带阴影的区域分别代表三个风暴段中被保留的部分。(a)带有两个低于 REFLECTIVITY 距离库,满足 DROPOUT REF DIFF 条件但不满足 DROPOUT COUNT 条件的 50 dBZ 风暴段;(b)带有一个低于 REFLECTIVITY 距离库但满足 DROPOUT REF DIFF 和 DROPOUT COUNT 条件的 45 dBZ 的风暴段;(c)带有一个不满足 DROPOUT REF DIFF 条件的 30 dBZ 的风暴段

满足相邻的条件,段与段之间方位角方向离开不超过 1.5°(AZIMUTHAL SEPARATION,可调参数),径向必须有 2 km(SEGMENT OVERLAP,可调参数)的部分相叠加。图 7.7 显示一个包含 7 个段的 30 dBZ 的二维风暴分量。二维风暴分量至少要包含 2 个风暴段(NUMBER OF SEGMENTS,可调参数),面积至少要达到 10 km^2(COMPONENT AREA,可调参数)。图 7.8 中包含 40、45 和 50 dBZ 三个分量,45 和 50 dBZ 的分量均包含在 40 dBZ 的分量中,而 50 dBZ 的分量包含在 45 dBZ 分量中。我们使用突出分量特征核心的方法以把感兴趣的风暴从周围的较低反射率因子的区域中突显出来。如果一个较高反射率因子阈值的二维分量的质心落在一个较低反射率阈值的二维分量之内,则低值的反射率因子分量被丢弃(图 7.9)。

(3)三维风暴单体的确定

当当前体扫的所有仰角扫描都处理完之后,这些分量按照质量的大小从大到小排列,然后做垂直相关分析。分量的质量是该分量的等效液态水含量(基于其反射率因子)的一个估计。每一个确定的三维风暴单体由两个或更多个在相继仰角上的二维分量构成。垂直相关的过程是一个叠带的过程,从最低的仰角开始。首先,将质心的水平距离小于 5 km 的相邻仰角的分量做关联。如果关联可能多于一个,则用有最大质量的两个二维分量做关联。在第一次做完后,有非关联分量剩下,则将质心的水平相隔距离增加到 7.5 km,并对所有的非关联分量重复第一次的过程。如在第二次做完后,仍有非相关分量剩下，则用 10 km 搜索半径做最后一次。所有留下的非相关分量被保存，但并不在目前雷达系统执行的算法中使用。对所有相邻仰角扫描执行此过程。一个理想的三维风暴单体识别的例子见图 7.10。由于只用最强的(最高反射率因子阈值)二维分量来确定三维风暴单体，最终产品实际是一个三维风暴单体质心。这些风暴单体按它们的基于单体的垂直累积液态水含量(VIL)值排列。基于单体的和基于网格的 VIL 的差别如图 7.11 所示，前者不是雷达产品，而只是 SCIT 产品中的一个副产品。

当所有可能的三维相关完成以后，剩下的距雷达一定距离阈值之外的非相关最低仰角的二维质心被归类为二维风暴单体。此新分类法可以识别由于雷达波束中心高度随距离增加而距离雷达较远的风暴单体。在美国国家强风暴实验室(NSSL)的中气旋探测算法(Stumpf 等，1998)中使用了类似的步骤。

有时，当几个单体非常靠近时，算法很难在所有仰角上区别每个单体的二维分量。当此发生时，一个风暴单体实际上会被识别为两个三维单体，每个位于大致相同的水平位置但垂直方向被一个空档隔开。如图 7.12 所示，在某种环境下，这两个位于相近水平位置的三维单体可以结合形成一个单体。需要满足下列条件：1)这两个单体没有二维单体在同样的仰角上(即存在一个垂直方向上的空档)；2)两个单体质心之间的水平距离小于一个预定的阈值(HORIZONTAL MERGE；缺省值＝10 km)；3)一个单体的顶和另一单体的底之间垂直空隙要小于下列两个参数：HEIGHT MERGE；缺省＝4.0 km，和 EVEVATION MERGE；缺省＝3.0°。

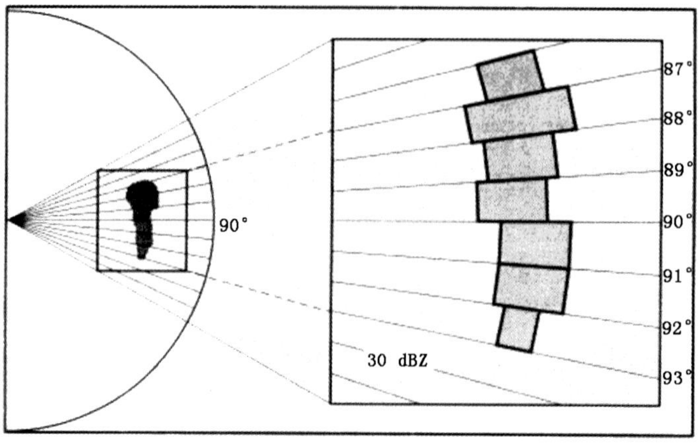

图 7.7 所有 30 dBZ 的风暴段被结合成一个二维分量，假定它们满足方位角距离和径向距离的判据

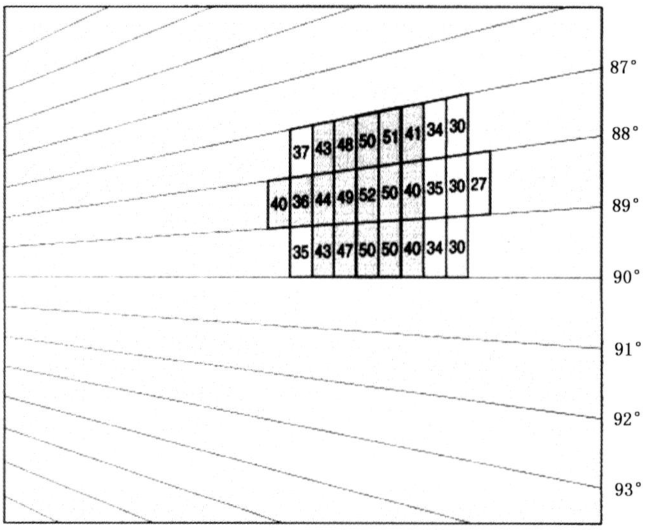

图 7.8 三个二维分量(40 dBZ、45 dBZ 和 50 dBZ)在一个二维单体特征中

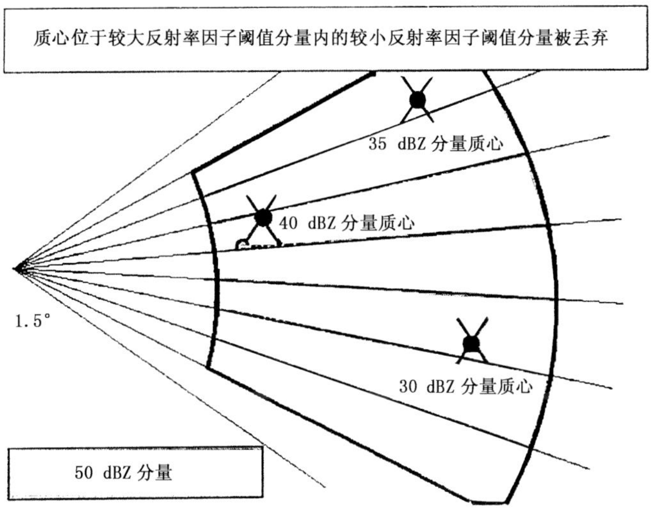

图 7.9　如果对应于低阈值的分量的质心落在高阈值分量的范围之内，则低阈值分量被丢弃

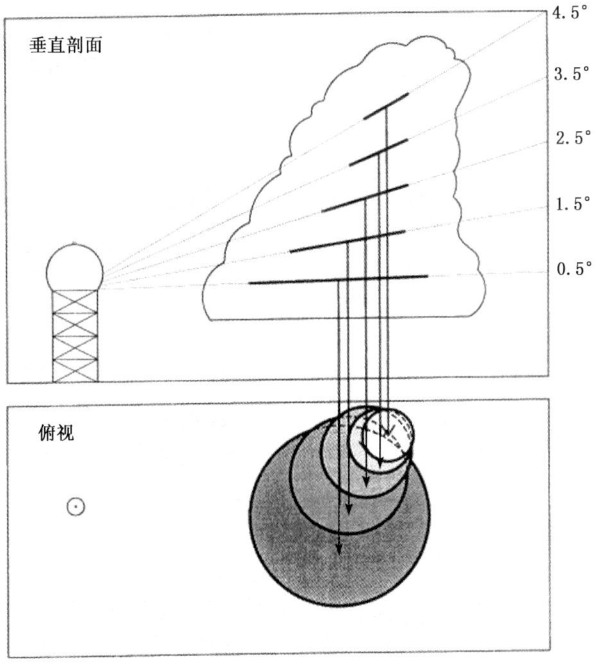

图 7.10　风暴单体段和它们构成的圆形二维分量以及由多个二维分量构成的三维风暴单体

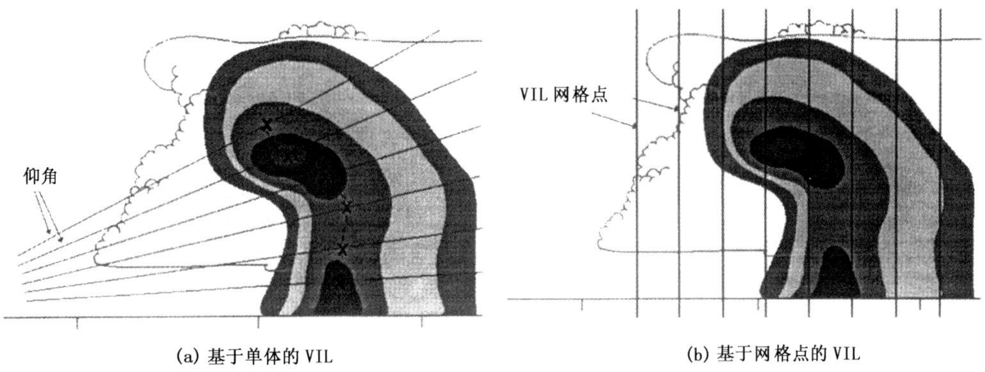

图 7.11　(a)基于单体的 VIL；(b)基于网格点的 VIL

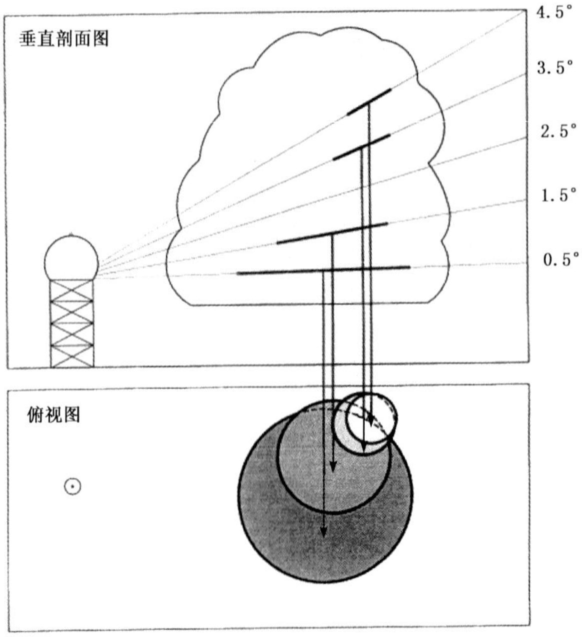

图 7.12　与图 7.10 类似，只是在探测到的二维分量之间有一个空档(2.5°)

由于 SCIT 算法探测到的风暴单体比风暴系列算法探测到的要多得多，因此可能会出现这样的情形，即被识别的单体很多是互相非常邻近的，这也许会导致输出结果过分拥挤或较差的跟踪效果。在这样的情形下，最好是选择保留较强、较高的单体。因此，如果两个单体质心间的距离小于预置阈值(HORIZONTAL DELETE：缺省＝5.0 km)、两个单体间的高度差大于 DEPTH DELETE(缺省＝4 km)，则较弱的或较矮的单体被丢弃。

7.3.2.2　单体跟踪方法

对在两个相继体扫中识别的风暴单体进行时间相关处理以确定每一个被识别的风暴单体的路径。首先检查体扫之间的时间间隔。如果该时间间隔大于阈值 TIME(缺省值＝20 min)，则将不进行体扫间的时间相关分析。这一步骤主要是处理由于雷达故障或通讯中断造成的数据不连续。

然后，利用前一个体扫单体质心的位置确定目前体扫中该单体的初猜位置。初猜位置的确定或者利用根据该单体以前的路径确定的运动向量或一个缺省的运动向量(如果该单体在前一个体扫中首次被识别)。缺省的运动向量或者是前一个体扫所有风暴单体运动向量的平均值，或者由用户输入(SPEED，DIRECTION)。后者只在前一个体扫所有单体的平均运动无法得到的情况下才使用。

下一步，计算在当前体扫中识别的每个单体与计算的当前每个单体初猜位置之间的距离。如果距离小于一个阈值，则与初猜位置相对应的旧单体被储存下来作为一个与当前单体的一个可能的匹配。然后计算当前单体与其所有可能匹配的旧单体的当前初猜位置间的距离。具有最小距离的匹配被认为是与当前识别的单体时间上相关连的，并认为它们是前后同一个单体。如果是同一单体，就被赋予与前次体积扫相同的 ID(单体识别号)。如果不是同一单体，就被赋予新的 ID。最后一步，计算所有至少已经在相继两个体扫中被识别的目前单体的新的运动向量。单体运动向量的计算使用线性最小二乘拟合从风暴单体目前的直到前 10 个体扫的位置。各个体扫的位置是等权重的。

图 7.13 给出了时间关联过程的一个例子。图 7.13a 中显示初始探测到的两个单体 3 和 4。图 7.13b 给出了上述两个单体在下一个体扫中的位置，它们的由前面体扫确定的初猜位置(用×表示)以及上述两个单体的初猜位置和目前位置的距离(用双向箭头表示)。假定计算的距离满足阈值的要求，上述两个单体(3 和 4)都被认为是前后时间上相关联的。图 7.13c 表示在第三个体扫时单体 3 移出了所示区域或消亡了。图 7.13d 表示在第四个体扫时，单体 4 继续存在，同时识别出一个新的单体 6。

一旦完成了跟踪过程，将计算风暴单体的属性并且将其直到前 10 个体扫的时间序列都储存起来。

这些属性包括：

质心的高度（ARL——相对于雷达高度）；

最大反射率因子；

最大反射率因子的所在高度；

单体底的高度（最低二维分量的高度）；

单体顶的高度（最高二维分量的高度）；

基于单体的垂直累积液态水含量（VIL）；

质量.

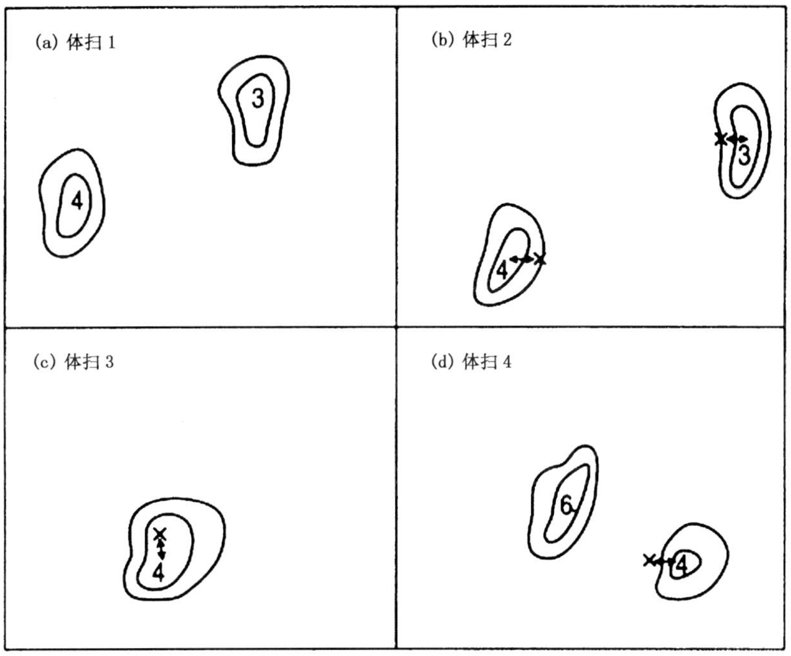

图 7.13　时间相关联过程的一个例子。×代表当前体扫单体的初猜位置，短箭头代表当前体扫中单体位置和相应的初猜位置间的距离

SCIT 最多能识别 100 个单体，且是以基于单体的 VIL 的大小来排列的。基于单体的 VIL 显示在风暴结构字符产品及合成反射率因子综合属性表中。

7.3.2.3　风暴位置预报

风暴单体位置预报是依据该风暴单体过去移动的记录来预报该风暴单体将来的质心位置。实际上上一节风暴单体跟踪时已经提到单体位置的预报方法。单体位置的预报是根据单体运动向量直接外推得到的。单体运动向量的计算使用线性最小二乘拟合从风暴单体目前的直到前 10 个体扫的位置。各个体扫的位置是等权重的。位置预报最少做 15 min，最长做 60 min，具体做多长取决于前次体扫的预报误差，预报误差越小，预报时效就取得越长。第一次探测到的单体，标为新单体，由于新单体没有历史，其移动预报算法处理中采用的是下述二种方式之一：1）采用所有已被识别单体的平均移动；2）如果没有已被确定的其他单体，则采用用户直接输入单体运动向量的方式。

7.3.3　算法表现的评估

从以下三个方面的 SCIT 算法的表现进行评估：1）单体识别；2）单体跟踪；3）位置预报。将风暴分成各种类型进行评估，并与算法第 9 版以前的风暴系列算法进行比较。

7.3.3.1　单体识别评估

将风暴分为如下类型：

1）“孤立的非强单体”：风暴基本上是孤立的并且没有强对流天气的报告；

2)“孤立的强单体”:风暴基本上是孤立的并且有多于一个的强天气报告;

3)“ MCS/Line”:单个的风暴单体构成一个团簇或呈线状排列;

4)“微型超级单体”:风暴呈现经典超级单体的结构,但水平和垂直尺度比经典超级单体小很多;

5)“层状降水”:大块区域的小到中等的反射率因子,极少有超过 40 dBZ 的反射率因子。

总共使用了各种类型风暴个例 6561 个。对每个个例识别的核实是通过有经验的科学家或预报员用眼睛核查雷达图像来完成的。下面是核实的规则,一个区域的反射率因子只有在满足下列条件的情况下才能被认为是一个风暴单体:

1) 区域中最大反射率因子至少超过 30 dBZ;

2) 在至少一个仰角扫描其反射率因子超过 30 dBZ 的二维区域至少大于 5 km^2;

3) 估计的该区域三维质心与另一个区域的质心至少相隔 5 km;

4)这个区域与其他区域由一个局地极小的反射率因子相隔,该反射率因子至少要比区域内最大反射率因子值小 10 dBZ。

SCIT 算法的和老的风暴系列算法的输出与核实的风暴单体进行了比较。对于每种风暴类型和总的个例数统计了相应的正确识别概率(probability)和误识别率(false alarm rate)。分别如表 7.2 和表 7.3 所示。

表 7.2　对于各种风暴类型 SCIT 算法的正确识别率(POD)

风暴类型	POD(单体 30～39 dBZ)	POD(单体 40～49 dBZ)	POD(单体大于 50 dBZ)
孤立强单体	27%	70%	96%
孤立非强单体	43%	68%	97%
MCS/Line	25%	64%	96%
层状降水	0%	13%	———
微型超级单体	71%	82%	96%
总体	28%	68%	96%

表 7.3　对于各种风暴类型风暴系列算法的正确识别率(POD)

风暴类型	POD(单体 3～39 dBZ)	POD(单体 40～49 dBZ)	POD(单体大于 50 dBZ)
孤立强单体	14%	21%	61%
孤立非强单体	21%	33%	45%
MCS/Line	18%	23%	35%
层状降水	0%	7%	———
微型超级单体	4%	24%	30%
总体	17%	24%	41%

从表 7.2 和表 7.3 看出,40 dBZ 以上的单体有 68%的机会被 SCIT 算法识别,而相应地被风暴系列算法识别的几率只有 24%。50 dBZ 以上的单体有 96%的几率被 SCIT 算法识别,相应地被风暴系列算法识别的几率只有 41%。无论对于哪种算法,对孤立单体的识别率好于其他风暴类型。在检验的个例中没有误识别的(FAR 为 0),但有遗漏的情况发生。导致遗漏的原因主要有两类:1)当正在衰减或新生的单体位于大的成熟单体附近时,常被遗漏;2)那些只在一个仰角上满足尺寸和强度判据的单体会被遗漏,特别是在 150 km 以外,这种遗漏发生的机会较大。

7.3.3.2　单体跟踪的评估

正确的进行时间关联是用户跟踪风暴演化的基础。正确的时间关联指的是在一个例中一个单体被正确地识别和跟踪。单体跟踪算法的评估涉及到以下四个步骤:1)一个体扫接一个体扫地跟踪所有被识别单体的生命周期;2)确定不正确的时间关联的个数并记下它们的特性;3)计算该算法正确地跟踪的单体占所有被跟踪单体的百分比。评估了 4 个个例:2 个微型超级单体,1 个孤立强单体,1 个中尺度对流系统。结果如表 7.4 所示。

表 7.4 对于每一个例 SCIT 算法正确时间关联的百分比

个例	时间关联的数量	个例的类型	正确时间关联的百分比
KLWX041693	236	微型超级单体 I	96%
KLWX050194	178	微型超级单体 II	97%
KCBX050195	86	孤立强单体	91%
KBIS060695	253	多单体风暴	96%

大多数时间关联误差发生在两个空间上挨得很近的单体分别处于增长和衰退阶段的情况。图 7.14 中，给出了叠加在组合反射率因子之上的风暴路径跟踪信息。在第一幅组合反射率因子的图像上，一个新的单体似乎正在 17 号单体的路径上生成。的确，在第二幅图中，SCIT 探测到这个新的单体并且错误地将它与正在消散的 17 号单体进行时间关联。结果，该新生单体的特征错误地与正消散的 17 号单体的特征相关联。在这个例子中，新单体形成在预报的旧单体位置附近。有时新单体在旧单体的距离阈值之内，但新单体与旧单体在前进方向上的偏差很大，这样两个单体间的时间关联是明显不对的。这种类型的误差可以通过在时间关联中加上一个方向性阈值加以解决。例如，规定目前体扫识别的单体必须在前一体扫单体前进方向的 90°角范围内（左，右各 45°）。图 7.15 给出了是否考虑前进方向时，单体跟踪的差别，表明在考虑了单体前进方向后，跟踪更准确（详见图题）。

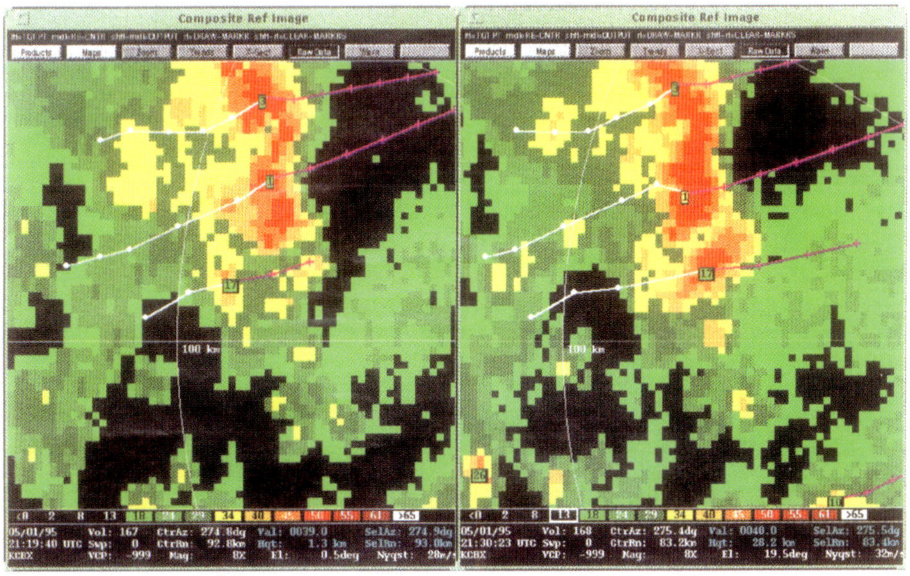

(a) (b)

图 7.14 (a)组合反射率因子图像（第 167 个体扫），其中一个新单体在 17 号单体的预报路径上形成；(b)下一个体扫（168）SCIT 算法探测到该新单体，但是错误地将它与 17 号单体进行时间关联

7.3.3.3 单体位置预报的评估

用 898 个单体（每个单体的生命史至少为 2 个体扫），针对各种类型的风暴，对 SCIT 算法的单体位置预报精度进行分析。分析涉及到将 SCIT 识别的单体位置与其相应的预报位置进行比较。表 7.5 给出了分析的结果。

表 7.5 SCIT 算法对不同的 Lead Time 的平均预报误差

预报时效（分钟）	样本中单体的数量	平均预报误差(km)
5	898	2.0
15	498	5.0
30	227	9.9
45	109	15.2
60	55	22.8

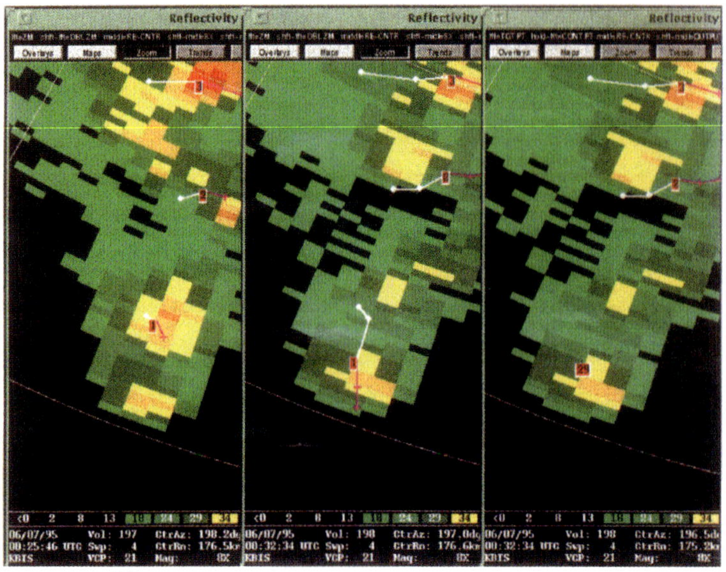

(a)　　(b)　　(c)

图 7.15　(a)体扫 197,第四个仰角上,一个新的单体在单体 1 的附近生成;(b)体扫 198,第四个仰角上,该新生单体被不正确地与单体 1 相关联;(c)在添加了一个方向性的阈值(90°)之后,图像上显示一个正确的、新识别的单体 29

7.3.4　SCIT 算法的产品

WSR-88D 第 9 版本(Build 9.0)以上中的 SCIT 算法产生图表、字符和图形图像产品。产品提供了风暴单体路径和风暴单体结构的属性信息,在预报员的预报和警报过程中给以协助。风暴路径属性可以以图形或字符和表格形式显示,而风暴结构属性只能以字符形式给出。风暴结构的趋势可以在 PUP 上显示。

风暴结构属性包括:风暴单体序列号、风暴单体位置、基于单体的 VIL、风暴单体顶*、风暴单体底*、风暴单体最大反射率因子*、风暴单体最大反射率因子高度*。其中带星号的量表示其时间趋势信息可在 PUP 上显示,PUP 上显示的相关特征的时间趋势的例子如图 7.16 所示。

风暴路径属性包括:风暴单体序列号、风暴单体过去的位置、风暴单体当前的位置、风暴单体位置移动、预报的风暴单体位置和预报误差。

7.3.5　本节小结

由于 WSR-88D 旧的风暴系列算法(Build 9.0 之前)在风暴单体相距较近情况下(如圆形或线形的中尺度对流系统)常常出错的事实,美国国家强风暴实验室决定发展一个新的风暴识别和跟踪算法 SCIT 代替旧的风暴系列算法。正如表 7.2 和表 7.3 所示,在 SCIT 算法中使用七个反射率因子阈值,而不是像风暴系列算法那样只使用一个反射率因子阈值,极大地改善了风暴单体的识别。

SCIT 算法使用反射率因子、段的长度和分量的面积等阈值,并且它要求在距雷达一定距离阈值范围内至少相继两个仰角的信息才能确定一个风暴单体。因此,该算法不能识别小的(在径向长度上或在面积上)、浅的(不能通过两个相继仰角上的阈值)或最大反射率因子小于 30 dBZ(例如刚发展的雷暴和塔状积云等)的单体。另外,如果风暴单体紧挨在一起,上述阈值可能将单体合并并且将若干个紧挨着的单体识别为一个单体。这在具有大面积相似的反射率因子的飑线的情况下时常发生。

由于 SCIT 比风暴系列算法探测到更多的风暴单体,跟踪过程变得复杂得多。当拥挤在一个不大区域内各个风暴单体具有比较一致的速度并且新的单体不紧挨着衰减的单体发展的情况下,SCIT 中使用的简单跟踪技术具有最好的表现。因此,孤立的风暴单体和组织程度高的飑线或多单体风暴中的单体,

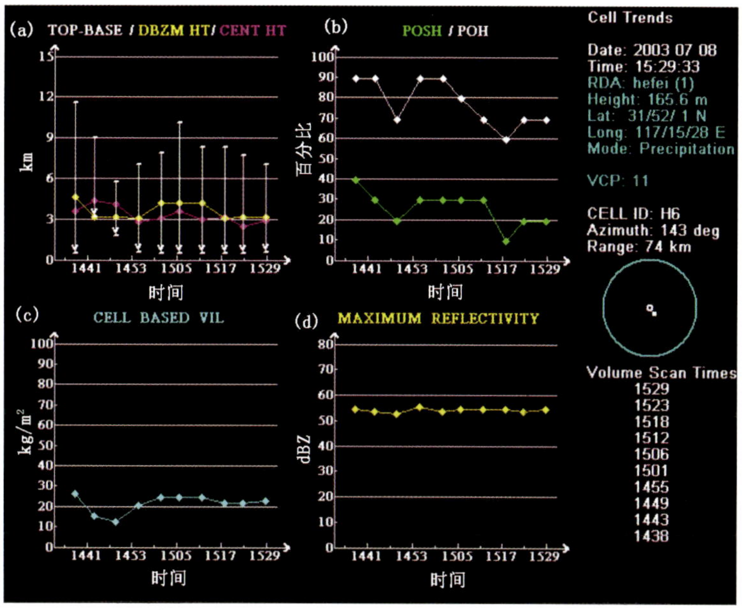

图 7.16 单体相关特征时间趋势。右边的小图给出了所显示特征的单体的位置。(a)显示单体底和顶(直线段)、最大反射率因子所在高度(黄线)和单体质心高度(粉线)的时间序列;(b)为单体产生强冰雹和一般冰雹的概率的时间序列;(c)和(d)分别为基于单体的垂直累积液态水含量和单体中最大反射率因子的时间序列

它们具有一致的速度,可以以最好的精度进行跟踪。最后,单体位置预报的分析表明平均预报误差随着预报 Lead Time 的增加而增加。另外,大片的层状云降水区域(例如中尺度对流系统的尾部层状云降水区域)不是风暴单体,因此不可能用一个基于质心的单体算法来识别和跟踪。而一个基于区域的跟踪算法将更适合于跟踪这些中尺度特征。

7.4 冰雹指数(HI)产品及其算法

7.4.1 冰雹指数产品

7.4.1.1 老的冰雹指数产品

冰雹指数产品是对每个被识别的风暴单体,提供其风暴单体结构是否有助于冰雹形成的指示,在第 9 版本之前和之后,冰雹指数的算法有很大不同。老的冰雹指数(HI)分为四种情况:1)POSITIVE 肯定;2)PROBABLE 可能;3)NONE 否定(无符号);4)INSF 不足够(无符号),即没有充分的资料分析风暴单体。其中第一和第二种情况在图形上分别用实心和空心的小的绿色三角表示,如图 7.17 所示。图 7.17中 98 和 99 号单体旁边为实心绿三角,表示有极大的降雹可能性;85 和 93 号单体旁为空心绿三角,表示单体有可能降雹。

7.4.1.2 新的冰雹指数产品

新的冰雹指数产品可以在识别的风暴单体属性表中给出相应单体降冰雹的概率、降大冰雹的概率和预期的最大冰雹尺寸,并以相应的图形形式显示出来。冰雹概率(POH)表示任意尺寸的冰雹的降雹概率,显示间隔以 10%增加;强冰雹概率(POSH)表示 2 cm 以上直径冰雹的降雹概率,显示间隔以 10%增加;预期的最大冰雹尺寸(MEHS)表示所识别单体的最大冰雹尺寸估计,显示间隔以 1/4 英寸增加。在图形显示中,用小的空的或实的绿色三角形来表示 POH,三角形显示的 POH 必须超过“最小显示阈值”。三角形是空心的还是实心的,取决于“填充阈值”。这二种阈值由 PUP 操作员指定为特定的百分率。通常采用的值是 30%和 50%。POSH 是用较大的绿色三角形来代表的,实心的绿色三角形代表超过了“填充阈值”。其空心和实心的阈值通常分别为 30%和 50%。PUP 操作员也可以根据需要选取别

的阈值。最大预期冰雹尺寸 MEHS 被显示在 POSH 符号中心，冰雹尺寸四舍五入，只显示 1 到 4 英寸四个级别。如果单体被识别出的最大冰雹尺寸小于 3/4 英寸，那么在 POSH 符号中心标上星号(*)。图 7.18 给出了一个具体例子。首先我们看风暴单体 C0。属性表中标明其强降雹和普通降雹概率分别为 80%和 100%，超过强降雹的填充阈值 50%，因此用大的实心绿三角来表示。属性表中 C0 的最大预期冰雹尺寸为 1.50 英寸，四舍五入为 2，因此大的实心绿三角中填充的 MEHS 数值为 2。再看单体 X0，属性表中其强降雹和普通降雹概率分别为 10%和 60%。因为 10%不到 30%，因此没有显示大的空心三角，而 60%大于 50%，因此显示小的实心三角。图中其他单体的情况与上述单体类似。

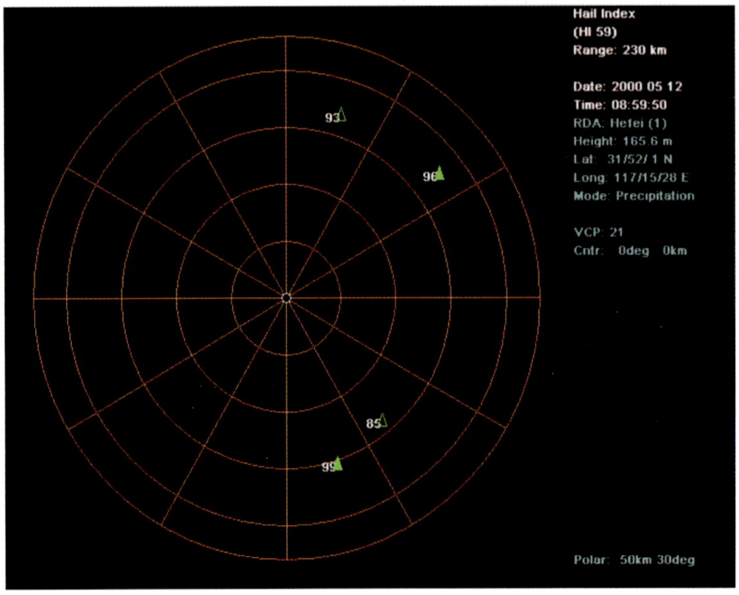

图 7.17　第 9 版本之前的冰雹指数产品

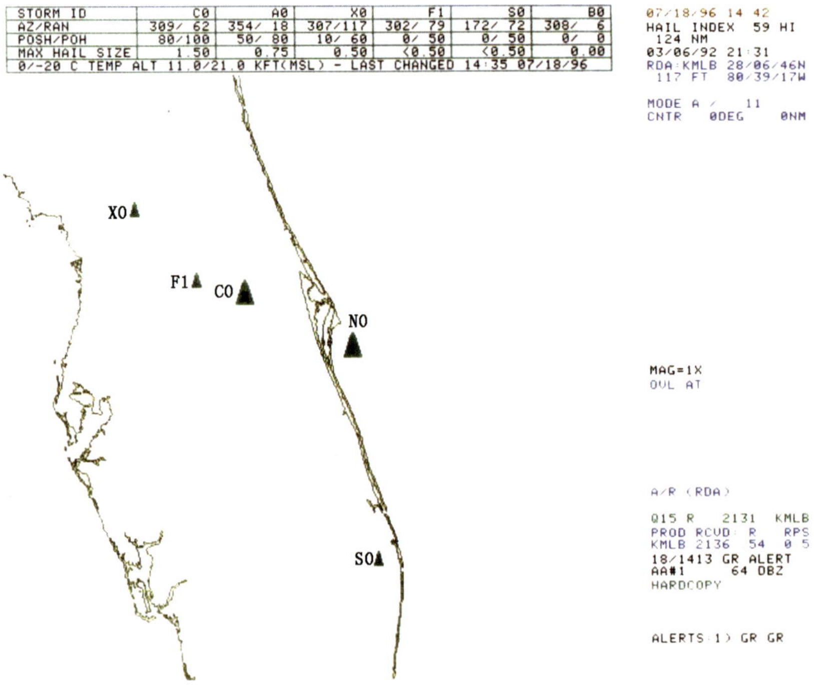

图 7.18　第 9 版本之后的冰雹指数产品

7.4.2　旧的冰雹算法

这里我们只简要介绍算法的大致思路。Petrocchi 使用了一系列预报因子并给出了各个预报因子的权重(表 7.6)。该冰雹算法是在风暴系列算法的基础上确定所识别的风暴单体降雹的可能性。

简单地讲,上述冰雹算法主要考虑以下几点:

1) 8 km 以上有超过 30 dBZ 的反射率因子;

2) 单体的最大反射率因子超过 55 dBZ;

3) 中层反射率因子超过 50 dBZ;

4) 具有低层弱回波区和中层悬垂结构。

表 7.6　Petrocchi 确定的冰雹预报因子以及相应的权重

预报因子	给定的权重
探测到的最高 2 维分量高于 8 km	18
风暴单体的最大反射率因子大于等于 55 dBZ	8
中层(5～12 km)2 维分量的质心向南超过最低层的 2 维分量质心位置 1 km	17
中层 2 维分量最大反射率因子 50 dBZ	21
中层悬垂回波大于等于 4 km	16
最高的 2 维分量在中层悬垂回波之上	20
总计	100

该冰雹指数没有区分普通冰雹和大冰雹。实际上,冰雹增长与环境温度关系很大,上述算法没有考虑环境温度。算法考虑了弱回波区和悬垂回波的结构,但在实际计算过程中很容易误判。上述算法具有较高的命中率,同时误警率也很高,导致较低的临界成功指数(*TS* 评分)。

7.4.3　新的 WSR-88D 冰雹探测算法

从 1996 年开始,WSR-88D 用一个增强的冰雹探测算法替代了原有的冰雹算法。原有的算法只是简单地指出探测的风暴单体是否会产生冰雹,而新的冰雹探测算法 HDA 给出任何尺度冰雹、强冰雹(直径≥10 mm)的概率以及每个探测到的风暴单体产生的最大预期冰雹尺寸。一个称为强冰雹指数(SHI)的新参数用作强冰雹的主要预报变量。SHI 是一个风暴单体的反射率因子廓线的热力权重垂直积分。无论如何,冰雹算法的效果总是受其产品性质限制的。由于美国国家天气局有提供强冰雹(直径≥20 mm)警报的任务,所以需要有最大的冰雹尺度的预报。而航空界对任何尺寸的冰雹都感兴趣。多数用户希望有最大期望冰雹尺度的估计。最后,假若想知道冰雹风暴与非冰雹风暴、强冰雹风暴与非强冰雹风暴区别的不确定性,最好使用降雹概率。这就导致了对 WSR-88D 新的冰雹探测算法(HDA)的设计和开发。为取代前面的标记,对每个探测的风暴单体,新的算法产生如下信息:任何尺寸冰雹概率、强冰雹概率及最大预期冰雹尺寸。

7.4.3.1　算法设计和开发

新的 HDA 也是一个基于反射率因子的算法(Witt 等, 1998)。HDA 是与新的风暴单体识别和跟踪算法 SCIT(Johnson 等 1998)相联系的。每个由 SCIT 算法识别的单体是由几个二维风暴分量组成的,分量是在每个仰角扫描上的准水平截面(图 7.10)。每个风暴分量的高度和最大反射率因子被用来产生每个单体的垂直反射率因子廓线。然后这些数据由冰雹探测算法 HDA 用来决定风暴的冰雹潜势。为满足 NWS 和航空界不同的需求,HDA 设计成既可以探测任何尺度的冰雹也可以探测强冰雹。

(1)任何尺度冰雹的探测

为了决定任何尺度冰雹的存在,使用了 45 dBZ 回波高度与环境融化层的高度差。在几个不同的国内采用"防雹"实验中,这个技巧已被证实对探测冰雹是成功的(Waldvogel 等,1979),使用 Waldvogel 等(1979)提供的数据,导出了 45 dBZ 回波高度与环境融化层的高度差与地面上降冰雹概率的关系(图

7.19)。

(2)强冰雹探测

1) 强冰雹指数

为确定强冰雹的存在,采用类似于 VIL 算法的处理方法并做了一些改变,从效果来看是成功的。第一个改变是利用 SCIT 算法的输出从基于网格点的算法向以基于单体算法的改变。基于单体的优点是解决了冰雹核穿过网格点边界而不能被准确地探测到的问题,缺点是如果在单体识别过程中发生误差,会导致冰雹探测算法 HDA 的误差。

第二个改变是使用反射率因子与冰雹的关系代替 VIL 中的反射率因子与液态水的关系。把反射率因子数据变换成冰雹动能(E)的通量值(Waldvogl 等,1978a;Waldvogl 等,1978b):

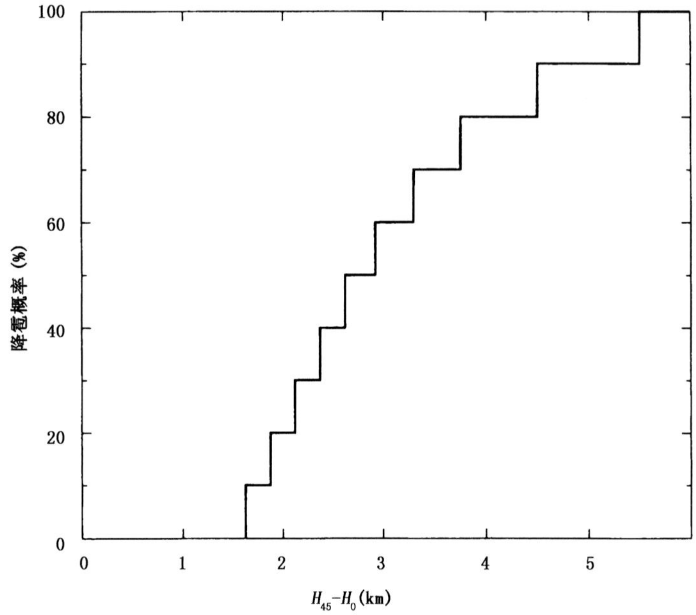

图 7.19　地面降雹概率作为($H_{45}-H_0$)的函数

图中 H_{45} 是雷达观测到的地面以上(AGL)45 dBZ 回波高度,H_0 是融化层的高度(引自 Waldvogel 等,1979)

$$E=5\times10^{-6}\times10^{0.084Z}W(Z) \tag{7.1}$$

其中

$$\text{对于 } Z\leqslant Z_L \qquad W(Z)=0$$

$$\text{对于 } Z_L<Z<Z_U \qquad W(Z)=\frac{Z-Z_L}{Z_U-Z_L}$$

$$\text{对于 } Z\geqslant Z_U \qquad W(Z)=1$$

Z 的单位是 dBZ,E 的单位是 $\mathrm{J\cdot m^{-2}s^{-1}}$,权重函数 $W(Z)$ 可用来定义雨和冰雹反射率因子的转换区。此算法的缺省值初始设定为 $Z_L=40$ dBZ 及 $Z_U=50$ dBZ (是可调的)。由图 7.20 可看出,VIL 算法通过使用一上限反射率因子 55 dBZ 来滤掉与冰雹有关的高反射率因子,相反 Z-E 关系函数,只用与冰雹有关的典型的较高反射率因子,从而滤掉与液态水有关的大部分典型的较低反射率因子。同时,E 是与地面冰雹的灾害潜势密切相关的。

第三个改变是使用以温度为权重的垂直积分。由于冰雹增长只发生在温度<0℃,并且大冰雹的增长大都发生在−20℃或更低的温度(Browning,1977;Nelson,1983;Miller 等,1988)。使用下列基于温度的权重函数:

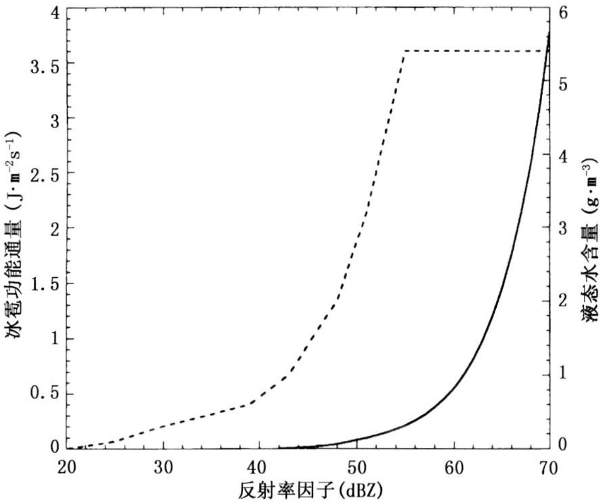

图 7.20　冰雹动能通量(实线)及液态水含量(用来计算 VIL,虚线)作为反射率因子的函数

$$
\begin{aligned}
&\text{对于}\quad H\leqslant H_0 && W_T(H)=0\\
&\text{对于}\quad H_0<H<H_{m20} && W_T(H)=\frac{H-H_0}{H_{m20}-H_0}\\
&\text{对于}\quad H\geqslant H_{m20} && W_T(H)=1
\end{aligned}
\tag{7.2}
$$

其中 H 是相对雷达的高度(AGL),H_0 是环境融化层的 AGL 高度,H_{m20} 是－20℃环境温度的地面以上高度。H_0 和 H_{m20} 可从附近的探空或从其他高空数据决定(如数值模式产品)。

以上定义的值决定了下面的雷达导出参数,称为强冰雹指数。定义为:

$$SHI=0.1\int_{H_O}^{H_T}W_TE\,\mathrm{d}H, \tag{7.3}$$

其中 H_T 是风暴单体顶的高度。在 HDA 中,SHI 是用作为分析对象的风暴单体中的二维分量数据来计算的,至少要用两个分量计算(即对于只有一个二维分量的风暴单体,SHI 的值将不计算)。其中 E 是用每个风暴分量的最大反射率因子值计算的,并且此值是用在垂直于风暴单体分量的垂直深度(或厚度)上的。对内部的风暴单体分量(即在它们之上和之下有相邻的分量),分量的垂直厚度为$\triangle H_i=(H_{i+1}-H_{i-1})/2$。对顶和底的风暴分量,分别为$\triangle H_N=(H_N-H_{N-1})$,这里 N 为二维分量的数目;$\triangle H_1=(H_2-H_1)$。如果风暴单体底的高度是在 H_0 之上,那么$\triangle H_1=(H_2+H_1)/2-H_0$,$SHI$ 的单位是 $\mathrm{J\cdot m^{-1}\cdot s^{-1}}$。图 7.21 是将(7.3)式应用于由 SCIT 算法探测到的风暴单体的一个例子。根据 SHI 的表达式,如果用一句话来概括大冰雹的雷达指标,则为"高悬的强反射率因子核"。

2) SHI 的初步检测

为了检测 SHI 作为强冰雹预报指数的有效性,用位于 Oklahoma 州和 Florida 州的 WSR-88D 雷达基数据分析了 10 个风暴日。处理过程是用雷达数据运行 SCIT 算法和 HDA 算法,并将算法产品与强冰雹报告做相关分析,强冰雹报告来自于美国国家气候资料中心的风暴数据。检测程序如下:选择一"警报"阈值,然后对每个被识别的风暴单体,从第一个体扫开始检查到最后一个体扫,如果 SHI 值大于或等于警报阈值,单体的强冰雹预报为"Yes",否则为"No"。如果预报为"Yes"并且单体附近一定空间范围和时间区间内有强冰雹报告,就算命中,否则为误报。如果预报为"No"并且单体附近一定空间范围和时间区间内有强冰雹报告,则为漏报。利用不同的阈值,检验 10 个风暴日的强冰雹预报评分(POD,FAR 和 CSI)。其中 8 个风暴日的检验结果表明,导致最高 CSI 值的最佳警报阈值与当日的融化层高度具有很好的相关(相关系数为 0.78)。从这些结果,确定了一个简单的警报阈值选择模型(WTSM):

$$WT=57.5H_0-121, \tag{7.4}$$

其中 $WT(\mathrm{J\cdot m^{-1}\cdot s^{-1}})$ 是警报阈值,H_0(km)是观测融化层在雷达上方的高度。如果 $WT<20\ \mathrm{J\cdot m^{-1}}$

· s^{-1}，则将 *WT* 设为 20 J · m^{-1} · s^{-1}。

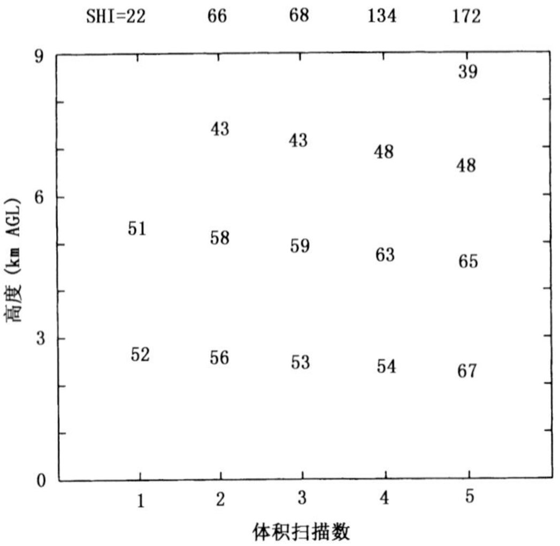

图 7.21　典型风暴单体样本的 *SHI* 值(J · m^{-1} · s^{-1})及相应于每个二维分量的最大反射率因子(dBZ)，二维风暴单体分量是由 SCIT 算法在 5 个体积扫中识别的。反射率因子的值标注在每个分量的中心高度上。这里 H_0=3 km，H_{m20}=6 km

利用(7.4)式，根据上述检验程序，得到了 10 个风暴日预报的评分，如表 7.7 所示。从表中看到，*CSI* 的最低值为 0，最高值为 57%，总体值为 42%。作为比较，原来的冰雹算法产生的结果(用相同的步骤)显示在表 7.8 中。尽管两种算法命中和漏报的数目(即 *POD* 值)几乎相同，但原来的冰雹算法产生了更多的错误警报，其 *FAR* 值大大高于新算法的 *FAR* 值。新旧算法的总体(10 个风暴日一起算)*CSI* 值分别为 42%和 26%。比较有强冰雹的日数的 *CSI* 值和没有强冰雹报告日数的错误警报数，10 天中有 9 天新算法优于旧算法。

表 7.7　新的冰雹探测算法 HDA 的评分

日期	*WT* (J · m^{-1} · s^{-1})	*H*	*M*	*FA*	*POD*(%)	*FAR*(%)	*CSI*(%)
11/02/1992	20	16	1	33	94	67	32
17/02/1992	26	13	10	11	57	46	38
25/03/1992	63	30	9	18	77	38	53
19/04/1992	66	16	12	21	57	59	31
28/04/1992	74	94	39	32	71	25	57
28/05/1992	97	5	0	10	100	67	33
02/06/1992	100	3	3	6	50	67	25
12/06/1992	120	0	0	5	—	100	0
09/06/1992	126	0	0	0	—	—	—
01/09/1989	134	40	20	71	67	64	31
总体		217	94	207	70	49	42

表 7.8　旧的冰雹探测算法 HDA 的评分，利用“probable”作警报阈值
（即“probable”和“positive”指示都作为有强冰雹的预报）

日期	WT (J·m^{-1}·s^{-1})	H	M	FA	POD(%)	FAR(%)	CSI(%)
11/02/1992	probable	0	19	0	0	—	0
17/02/1992	probable	6	18	4	25	40	21
25/03/1992	probable	25	14	24	64	49	40
19/04/1992	probable	24	3	78	89	76	23
28/04/1992	probable	103	26	43	80	29	60
28/05/1992	probable	5	0	37	100	88	12
02/06/1992	probable	3	3	28	50	90	9
12/06/1992	probable	0	0	81	—	100	0
09/06/1992	probable	0	0	21	—	—	0
01/09/1989	probable	53	7	204	88	79	20
总体		219	90	520	71	70	26

3)概率函数的建立

考虑到 SHI 和 $WTSM$ 在预报强冰雹时一般是成功的（总体 CSI 值>40%），则算法开发的最后阶段是采用一合适的概率函数。由于用作建立算法的数据集太小，因此初始概率函数应十分简单以避免过于与数据拟合。通过反复试验，由 2 个风暴日（分别有最低和最高融化层）的检验结果导出了候选函数，并用可靠性图（对所有 10 个风暴日）来进行标定（Wilks，1995）。这种有限的初始分析得出了很好的（仅对用来建立算法的数据集）概率函数，其表达式如下：

$$POSH = 29\ln\left(\frac{SHI}{WT}\right) + 50 \tag{7.5}$$

其中 $POSH$ 是强冰雹的概率。若 $POSH<0$，则置为 0，$POSH>100$，则置为 100。尽管(7.5)式有连续性特征，但实际算法采用四舍五入的方式只以 10%的间隔输出结果。注意当 $SHI=WT$ 时，$POSH=50\%$。10 个风暴日的可靠性图见图 7.22。

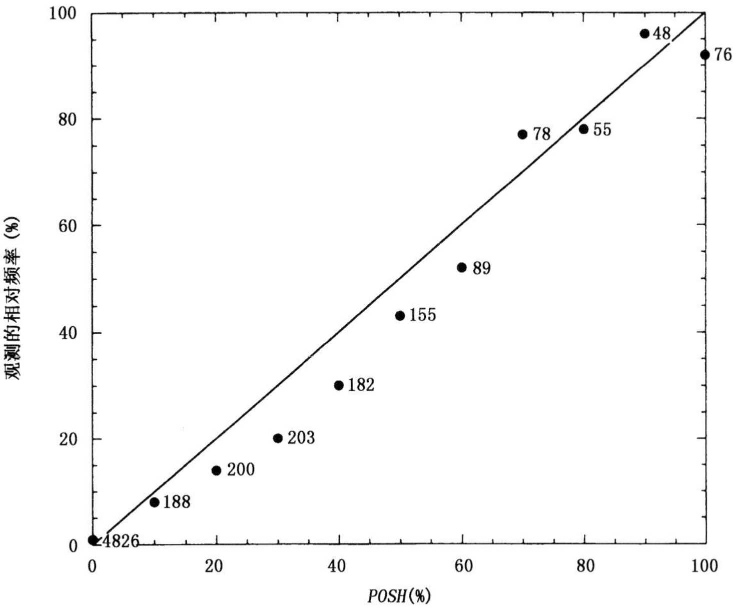

图 7.22　10 个风暴日的强冰雹概率可靠性图
图上点旁边的数字表示对 POSH 值的预报数值。对角线代表完美的可靠性

(3)最大预期冰雹尺寸的预报

SHI 也用于提供对最大预期冰雹尺寸(*MEHS*)的估计。用10个冰雹日中的8个强冰雹日的冰雹样本数据及1992年6月18日Twim Lakes的数据(共计147个大冰雹样本),开发了一个将 *SHI* 与最大冰雹尺寸联系起来的初始模型。此处理过程包括比较 *SHI* 值与观测到的冰雹尺寸。图7.23表示 *SHI* 值与观测的冰雹尺寸的点聚图。从图7.23可明显看出当冰雹尺寸增加时,最小的和平均的 *SHI* 是增加的。这可能是基于这样一个事实:即产生较大冰雹的风暴同时也产生直径较小的冰雹(比大冰雹降落的范围要广),并且较小的冰雹(但仍然属于大的冰雹尺寸)通常也进行观测并报告。

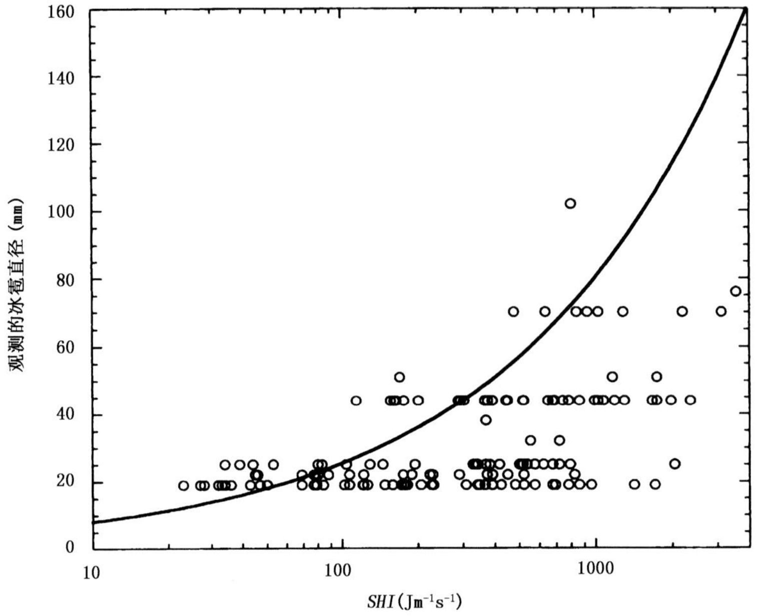

图7.23　*SHI* 与观测的冰雹尺寸的点聚图(9个风暴日,147个大冰雹报告)

由于所建立的冰雹尺寸模型是用于预报最大预期冰雹尺寸的,因此大约75%的观测到的冰雹尺寸小于相应的预报尺寸。与前述所建立的强降雹概率模型类似,初始冰雹尺寸预报模型也是相当简单的,其表达式为:

$$MEHS=2.45(SHI)^{0.5} \tag{7.6}$$

其中 *MEHS* 以mm为单位,图7.23中的曲线代表上述表达式。比较表达式(7.6)和冰雹尺寸的观测发现:它达到了前面提到的75%的目标,对三个明显的尺度都接近75%(表7.9)。此外,为避免传递现实的精度,冰雹尺寸通过四舍五入按0.25 in的间隔输出。

表7.9　对于9个风暴日,冰雹尺寸观测与模式预报尺寸的比较

冰雹尺寸(mm)	观测数目	观测尺寸小于模式预报的百分比(%)	平均 SHI($\mathrm{J\cdot m^{-1}\cdot s^{-1}}$)
19~33	99	77	325
33~60	37	70	724
>60	11	73	1465
总体	147	75	511

7.4.3.2　算法评估

(1)任何尺寸的冰雹

由于缺少地面实际观测数据,估计冰雹概率 *POH* 的性能比较困难。但在1992和1993年夏季,美国国家大气研究中心(NCAR)在Colorado西北部的高原上实施了一个冰雹计划以收集足够长的数据集用于算法检验(Kessinger和Brandes,1995)。作为冰雹计划的一部分,用来自Mile High雷达的反射率因子数据分别运行新的HDA和原来的冰雹算法(Partte等,1991),此雷达是位于Denver东北部15 km

的新一代天气雷达(NEXRAD)样机。假定给出了收集到的检验数据集的详细特征，则有可能以单个体扫为基础对算法性能进行评分。Kessinger 等(1995)总结了检验结果，这里重复一下有关结论。使用50%作为 *POH* 的警报阈值，并用任何尺寸的冰雹观测作检验，得到了较好的结果评估：*POD*＝92%，*FAR*＝4%及 *CSI*＝88%。用“PROBABLE”作为警报阈值的原来冰雹算法的结果评估为：*POD*＝74%，*FAR*＝5%，*CSI*＝72%。

(2)强冰雹

为提供用来计算 *POSH* 参数的 *SHI*，*WTSM*，概率函数的独立检验，又选了 31 个风暴日的数据按照与上面相同的方法对算法进行了检验。对于 *SHI* 和 *WTSM* 精确程度的检验结果见表 7.10。表 7.10给出了 31 个风暴日每天的统计。

表 7.10　与表 7.7 类似，只是用另外 31 个风暴日的独立样本进行的检验

日期	*WT* ($J \cdot m^{-1}s^{-1}$)	*H*	*M*	*FA*	*POD*(%)	*FAR*(%)	*CSI*(%)
01/03/1992	23	11	7	53	61	83	15
16/04/1993	31	11	20	7	35	39	29
08/03/1992	54	159	42	140	79	47	47
05/05/1993	77	65	9	97	88	60	38
14/04/1994	77	23	6	42	79	65	32
02/06/1993	83	101	18	57	85	36	57
06/03/1992	92	18	3	16	86	47	49
26/04/1994	92	25	3	57	89	70	29
27/04/1994	92	99	25	505	80	84	16
08/06/1993	95	3	3	108	50	97	3
13/06/1993	100	0	0	21	—	100	0
20/09/1992	106	7	4	56	64	89	10
19/06/1993	106	0	0	4	—	100	0
26/08/1992	109	0	0	23	—	100	0
01/09/1992	112	8	2	33	80	80	19
18/06/1992	115	99	13	73	88	42	54
10/07/1993	116	21	15	81	58	79	18
29/08/1992	118	0	0	0	—	—	—
09/07/1993	118	13	8	56	62	81	17
07/06/1993	120	0	0	13	—	100	0
19/06/1992	120	27	9	84	75	76	23
09/08/1993	120	19	5	25	79	57	39
20/06/1995	120	28	8	0	78	0	78
15/07/1995	120	6	8	14	43	70	21
10/08/1992	123	0	0	69	—	100	0
30/06/1993	123	26	7	36	79	58	38
08/06/1992	126	0	0	0	—	—	—
11/08/1992	126	0	0	2	—	100	0
20/08/1992	126	3	1	20	75	87	13
09/08/1995a	141	6	4	39	60	87	12
09/08/1995b	144	11	1	18	92	62	37
总体		789	221	1749	78	69	29

从表中看出，在不同的风暴日，算法的准确性有很大的变化。对无效的个例(即没有强冰雹报告的日子)，最好的可能结果是 0 错误警报(如 1992 年 6 月 8 日)。但在某些天(如 1992 年 8 月 10 日)，冰雹探测算法 *HDA* 产生许多错误警报。在有强冰雹报告的日子，*HDA* 有从 3%(1993 年 6 月 8 日)到 78%

(1995 年 6 月 20 日)的 *CSI* 值。除二天外,*HDA* 的 *POD* 都大于 50%。相反,*FAR* 值是从 0%(1995 年 6 月 20 日)到 100%。为什么会造成如此不同的结果,原因还不清楚。比较表 7.10 与表 7.7 的总的检验结果,发现 *POD* 和 *FAR* 是增加的,*CSI* 是减小的。

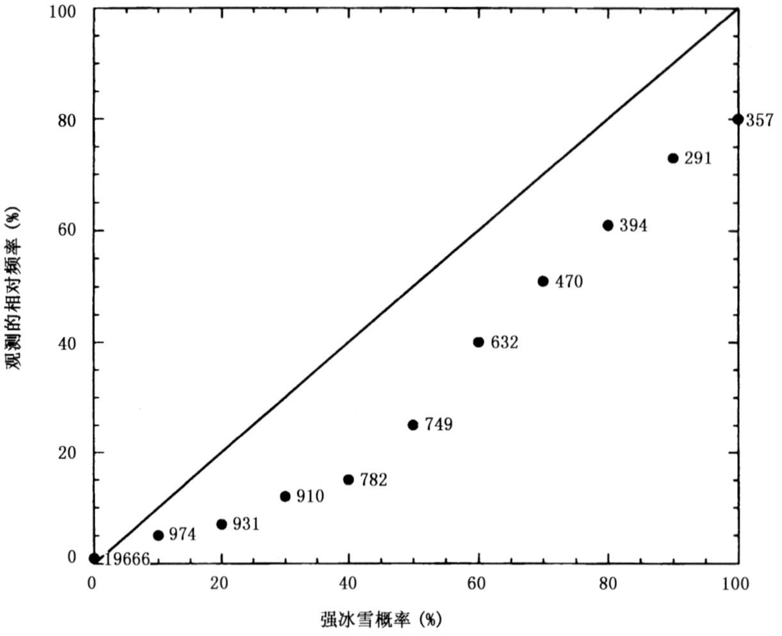

图 7.24　31 个风暴日的强冰雹概率可靠性图
图上点旁边的数字表示对 *POSH* 值的预报数目。对角线代表完美的可靠性

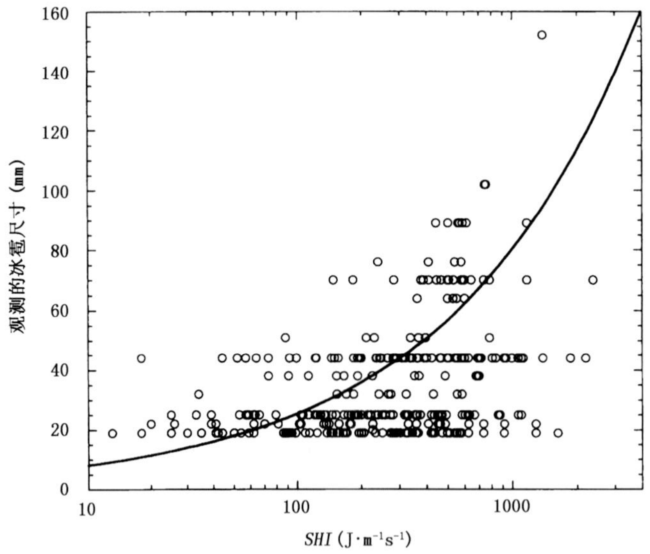

图 7.25　*SHI* 与观测的冰雹尺寸的点聚图(31 个风暴日,314 个大冰雹报告)

为评估强降雹概率 *POSH*,再次使用可靠性图表。图 7.24 显示了 31 个风暴日的可靠性图。尽管图 7.22中只显示出轻微的过高预报偏差(对中等范围的概率),但图 7.24 却显示出对有 31 个风暴日组成独立的数据集有显著的过高预报偏差。但这种过高预报偏差对不同地区有显著变化(图略)。在南部平原,几乎没有偏差,有十分好的校正性。在美国北部,对 20%～60%的概率有较大的过高预报偏差,对 80%的概率,仍有很好的校正性。但是,对 FL 和 MR 地区,存在大的过高预报偏差。对这两个地区的数据集,建立的初始概率函数的标定很差,建议对不同区域定义相应的 *POSH* 参数。

对人口密度较大的两个 Wisconsin 个例的分析表明,相应的误警率 *FAR* 相对较小而 *CSI* 相对较高。说明人口密集区任何冰雹事件都会有目击者，进而减小了误警率。而一些很大误警率的例子有可能真实的误警率没有那样高，而是由于冰雹事件没有目击者而造成误警率偏高。

(3)最大冰雹尺寸

用上述31个风暴日的冰雹报告再加上一些补充的报告(共314个冰雹报告)对将 *SHI* 作为冰雹尺寸的预报因子进行独立评估。*SHI* 与报告中冰雹尺寸的点聚图如图7.25所示。图7.25与图7.23相比，很明显的是：对＞33 mm的冰雹尺寸，*SHI* 的平均值有显著下降，这导致超过MEHS模型曲线的观测尺寸有较小的百分率(表7.11)。此外，观测在垂直方向上重叠的增加降低了 *SHI* 作为冰雹尺寸预报因子的识别能力。

表7.11　对于31个风暴日，冰雹尺寸观测与模式预报尺寸的比较

冰雹尺寸(mm)	观测数目	观测尺寸小于模式预报的百分数(%)	平均 SHI ($J \cdot m^{-1} s^{-1}$)
19～33	185	82	288
33～60	90	54	445
＞60	39	8	609
总体	314	65	373

7.5　中气旋(M)和龙卷式涡旋特征(TVS)算法与产品

目前我国新一代天气雷达使用的WSR-88D第7和第10版本算法中的中气旋算法是相同的，都是以Zrnic等(1985)提出的算法为基础设计的。但第7和第10版本的龙卷涡旋特征算法却有很大不同。第7版本的龙卷涡旋特征算法是在已经识别的中气旋基础上进一步判断有无龙卷涡旋特征，主要针对超级单体龙卷。而第10版本中的龙卷涡旋特征是独立于中气旋算法的，它识别任何可以导致龙卷的强涡旋，包括超级单体龙卷和非超级单体龙卷。

7.5.1　WSR-88D中气旋算法

7.5.1.1　一维搜索和型矢量

中气旋算法首先搜索经过速度退模糊的0.25 km×1 km分辨率的平均径向速度数据，寻找距雷达相同距离处具有速度值顺时针方向连续增加的相邻方位角的距离库，直到速度值不再增加时构成的一维距离库序列称为一个型矢量。一个型矢量包括5个分量，分别为起始方位角 Φ_b、结束方位角 Φ_e、起始径向速度 v_b、结束速度径向 v_e 和到雷达距离 r。每个型矢量必须通过三次检验才能储存做进一步的分析。第一个检验型矢量必须通过一个低"多普勒角动量"[$(v_e - v_b) \times r(\Phi_e - \Phi_b)$]阈值TLM。型矢量常常不对应于一个涡旋，而是对应于一个切变区。因此第一个检验用来滤除大量雷达数据，使得更深入的分析只对剩下的相关数据进行。第二个检验使用一个低的切变阈值TLS去除任何背景切变在 2×10^{-3} s^{-1} 以下的数据。在第三个检验中，型矢量必须通过高的角动量THM或高的切变THS阈值中的一个。

7.5.1.2　二维特征

在一个仰角扫描的数据由上述检验过滤之后，把相邻的型矢量合成在一起构成二维(2D)特征。具体的处理过程是计算一个型矢量和所有其他已经归类进二维特征的型矢量间的方位角方向的距离和径向距离。当这个用来进行比较的型矢量的中心距离已经归类进二维特征的一个型矢量的方位和径向距离分别小于阈值LA和LR时，它将被归于同一个二维特征。当目前的用来比较的型矢量与所有已经归类的型矢量的比较完成时，该型矢量的归类完成。另一个还没有归类的型矢量成为用来比较的新的型矢量，上述过程重复进行。上述分类和挑选过程的结果是构造出一系列二维，每一个二维特征由几个型矢量组成。每个二维特征包含的型矢量的个数必须超过一个最小阈值TPV，否则将被丢弃。对于每个二维，将计算相应的平均和最大切变、平均和最大旋转速度以及沿方位角方向和沿雷达径向的尺度。对每个二维要进行对称性检验。如果一个二维的径向尺度与方位尺度之比在某一个依赖于距离的阈值之内，则被归类于对称的二维特征，否则归类为非对称的二维特征。表7.12给出了上面提到的一些阈值的缺省值。

7.5.1.3　垂直相关与分类

一个仰角上的二维特征与其上面或下面的仰角上的二维特征进行垂直相关分析。只有中心高度低于某一个阈值 TFM 的二维特征才参加垂直相关比较。比较时把二维特征看作是圆形的，圆的直径取方位角方向和径向方向两个尺度中大的一个。如果一个小的二维特征的中心点垂直地位于一个更大的二维特征的区域内，则认为这些二维特征是垂直相关的，构成三维(3D)特征。如果一个二维特征不能垂直相关，则该特征称为非相关切变。如果两个或更多个二维特征是垂直相关的，但对称的二维特征少于两个，则该三维特征称为三维切变。如果两个或更多个垂直相关的二维特征是对称的，则该三维特征称为中气旋。没有垂直关联的所有非对称二维特征均被丢弃。

表 7.12　各种阈值变量的缺省值

阈值变量	缺省值
TLS：切变低值(中气旋中要求的最小切变)	7.2 h^{-1}
THS：切变高值(在角动量较低情况下中气旋中要求的最小切变)	14.4 h^{-1}
TLM：角动量低值(中气旋中要求的最小角动量值)	180 $km^2 \cdot h^{-1}$
THM：角动量高值(在切变值较低情况下中气旋中要求的最小角动量)	540 $km^2 \cdot h^{-1}$
TPV：一个二维特征包含的型矢量的最小数量	10
LA：归类于同一个二维特征的两个型矢量中心之间方位角的最大差值	2.2°
LR：归类于同一个二维特征的两个型矢量中心之间最大的径向距离	1 km
ZT：反射率因子阈值	15 dBZ

7.5.1.4　算法的局限性

1）时间连续性没有在算法中体现；

2)垂直伸展只要求两个仰角，并没在要求超过 3000 m；

3）只探测气旋式旋转，不包括反气旋式旋转；

4)不适当的退模糊有可能产生虚假中气旋；

5)算法中可调参数的缺省值是根据美国 Oklahoma 州的超级单体风暴统计数据确定的，用到其他地区不见得合适。

7.5.2　中气旋(M)产品

中气旋产品是用来显示与三种方位切变类型的识别有关的信息，即非相关切变、三维的相关切变及中气旋。非相关切变是一个较强的环流，但在风暴里仅有一个仰角上能探测到。当非相关的切变被探测到时，图形显示上没有符号标记，但关于此环流的信息可在中气旋字符产品中得到。如果在同一风暴的两个以上仰角上存在足够强的环流，但对称特征少于两个，则称为三维相关切变，用浅黄圆圈显示。如果环流较大，在至少两个仰角探测到，并且是对称性的，则此环流称为中气旋，用深黄圆圈显示。几乎所有中气旋都会产生一些强天气（例如冰雹或灾害性风）。距离折叠和不正确的速度退模糊会阻碍中气旋成功地被算法识别。

7.5.2.1　中气旋图形产品

中气旋产品(M ID＃ 60)符号是一个黄色的圆圈(线的宽度为 4 个像素)，带有离它最近的被识别的风暴单体的标示号，该标示号位于中气旋符号的东南方。三维相关切变的符号也是一个黄色圆圈(线的宽度为 1 个像素)，但不带有风暴单体标示号。中气旋和三维相关切变都位于最低的二维特征的中心点上。符号的大小与识别的中气旋或三维相关切变的尺度相关，与风暴单体的强度无关。非相关切变不在图形产品上显示。图 7.26 为中气旋图形产品的例子。

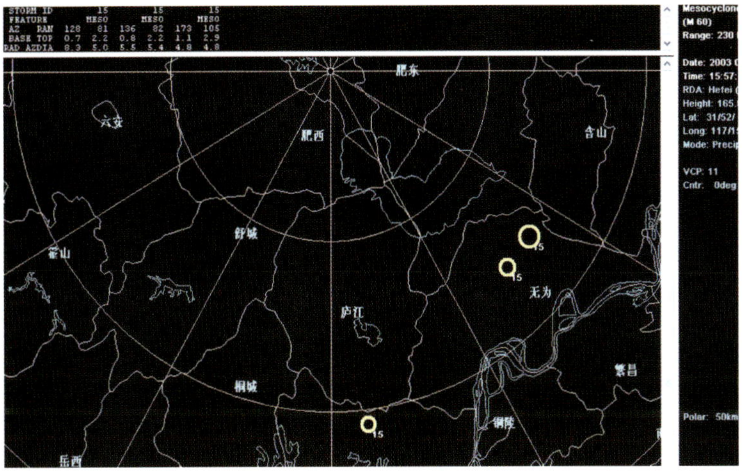

图 7.26 中气旋图形产品

图形产品上端有中气旋属性表。只有识别了中气旋或三维相关切变才会出现属性表。如果只是识别了非相关切变,则属性表为空白。属性表的内容包括:

(1) 风暴单体标示号:离它最近的风暴单体标示号;

(2) 特征:中气旋或三维相关切变;

(3) 坐标:雷达到特征中心的方位和距离;

(4) 底和顶:特征底和顶的高度;

(5) RAD:AZDIA 沿径向和方位角方向的直径。

7.5.2.2 中气旋字符产品

中气旋字符产品包括了算法识别的中气旋、三维相关切变和非相关切变的信息。

(1) FEAT ID:该变量对用户没有任何用处,是算法内部的一个编码;

(2) STOR ID:这是离识别特征最近的风暴单体的标示号,并不一定就是带有中气旋的风暴单体;

(3) FEAT TYPE:中气旋,三维相关切变,或非相关切变;

(4) TVS ID:如果有 TVS,将是 TVS 的标示号,否则为 0;

(5) BASE,TOP:特征的底和顶的高度;

(6) AZRAN:特征的方位和距离;

(7) HGT:最强切变的高度;

(8) DIAMETER:径向和方位角方向的直径。

7.5.2.3 中气旋可调参数

在中气旋字符产品的最后一页上是一个可调参数清单。对这些参数的变更或许来源于使用雷达经验的增多和低顶对流。其中一个参数是 Min # Pattrn Vec.,这个阈值型矢量 TPV 定义了一个二维特征中型矢量的最小数目。雷达站可把该值从 10 调到更低的值,但不能低于 6。通过降低 TPV 的值,中气旋算法将可识别更小的二维特征。但是,该变化也许会产生更多的误警。另一个可调参数的例子是 MAX HGT MESO,该阈值 TFM 的缺省值目前是 8 km。任何在这个高度以上的二维特征都将被丢弃以消除瞬时切变。1.5°仰角的波束在 215 km 处的高度为 8 km,因此在 215 km 以外,雷达不会探测到任何中气旋或三维相关切变。

7.5.3 WSR-88D 旧算法版本中的龙卷式涡旋特征 TVS 算法和产品

7.5.3.1 算法

该 TVS 算法与中气旋算法同时运行。TVS 算法只搜索算法识别的中气旋(加上中气旋周围 5%的区域)以确定每个二维特征中最大的向着和离开雷达的速度。然后计算切变:

$$\frac{|Max\ inbound|+|Max\ outbound|}{\Delta D}$$

其中 ΔD 是两个速度最大值之间的距离。如果这个切变值超过阈值 20 $m \cdot s^{-1} \cdot km^{-1}$，则与上述切变相联系的涡旋被识别为潜在的 TVS。在中气旋范围内做垂直相关，如果有两个以上仰角存在潜在的 TVS，则相应的三维结构被识别为 TVS。

上述算法的特点（或者说局限性）是：1）不像操作员定义的 TVS，算法不寻求沿方位角方向两个紧挨着的像素间的速度切变；2）在一个 TVS 被识别之前，一个中气旋必须首先被识别；3）算法对 TVS 的有效的探测距离在 20～100 km 之间。

7.5.3.2　TVS 可调参数

TVS 算法中最重要的可调参数是最小切变阈值 TTS。雷达站可以把该值调低，但不要低于 5$m \cdot s^{-1} \cdot km^{-1}$。降低 TTS 将增加探测到弱的或远距离处的龙卷的概率，但同时算法会产生更多的误警。通常，操作员识别的 TVS 很稀少，而算法识别的 TVS 更加稀少。

7.5.3.3　TVS 图形产品

TVS 图形产品的标示号为 61。表示 TVS 的符号是一个红色的倒三角，位于 TVS 被探测到的最低仰角切变的中心。一旦 TVS 被探测到，一个 TVS 属性表会出现在图形产品的顶端。TVS 属性表的内容包括：

（1）　STORM ID：距离 TVS 最近的被识别的风暴单体的标示号；

（2）　AZ RAN：TVS 的方位和距离；

（3）　HEIGHT：最大切变出现的高度（ARL）；

（4）　SHEAR：每秒千分之多少；

（5）　ORI ROT：最大、最小速度连线相对于雷达径向的取向以及旋转速度的大小。

7.5.3.4　TVS 字符产品

TVS 字符产品包含了图形产品中属性表中的信息，以及 TVS 标示号和中气旋标示号。字符产品的第二页是 TVS 算法可调参数的清单。

上述 TVS 算法只在第 9 版本之前的算法中使用。在第 10 版本之后的算法中 TVS 是一个独立于中气旋的算法，其目的是不仅要识别与超级单体相联系的 TVS，而且要识别一些与龙卷（包括超级单体龙卷和非超级单体龙卷）有关的 TVS，相应的算法称为龙卷探测算法 TDA。

7.5.4　中气旋和龙卷涡旋特征算法的改善

7.5.4.1　中气旋算法的改善

通过降低上述中气旋的切变、角动量和构成二维特征的最小一维型矢量的阈值，算法可以探测到更弱和更小的涡旋，如与低顶超级单体或微型超级单体相联系的涡旋，但同时会增加误警率（空报率）。Lee 和 White（1998）通过引进累积旋转强度指数 *IRS* 以减少中气旋算法探测龙卷的误警率。图 7.27 给出了判断中气旋中二维特征强度的列线图解（诺模图）。其中左边的纵坐标为旋转速度，横坐标为距雷达的距离，右边的纵坐标为二维特征强度阈值，对应于中气旋直径为 6.4 km（3.5 n mile）的情况。如果中气旋直径更小，则图中直线的倾斜度将进一步加大。反之，若中气旋直径更大，则图中直线的倾斜度将减小。区域 A 代表弱切变区，区域 B 代表弱中气旋区域，区域 C 代表中等强度的中气旋区域，区域 D 代表强中气旋的区域。图中的每一个区域由右边纵坐标上的二维特征强度阈值 1.0，2.0，3.0 和 4.0 所确定。一个旋转速度为 30 kn，距雷达 30 n mile 的环流（点 X 处）将被归类为弱中气旋，其相应的二维强度为 2.8。一个三维环流的 *IRS* 强度通过累加该三维环流中所有二维分量的强度阈值而得到（图 7.28）。

图 7.29 给出了 8 个个例的每一个个例使用或不使用 *IRS* 作为附加的判断龙卷中气旋和非龙卷中气旋时探测龙卷的临界成功指数 *CSI* 的对比。从图中可见，除了第 8 个个例，其他 7 个个例在引入 *IRS* 作为判断龙卷中气旋和非龙卷中气旋的附加条件后，相应的探测龙卷的 *CSI* 值都有明显提高。

7.5.4.2　新的中气旋算法

在上述 88D B9MA 中气旋算法（旧算法）中，要求满足具体的强度、空间和时间阈值。然而，中气旋

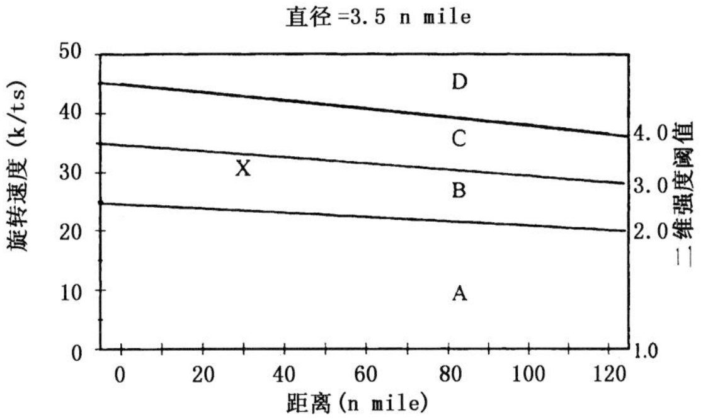

图 7.27　中气旋强度列线图解

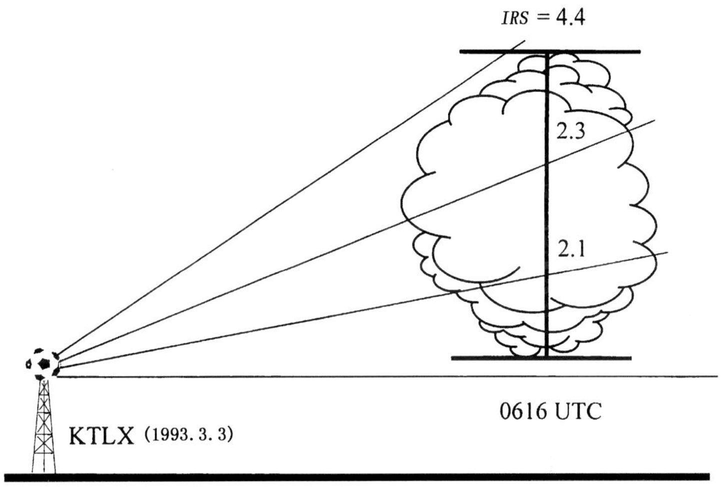

图 7.28　一个三维环流的 *IRS* 值由累加构成该三维环流的所有二维环流的强度阈值而得到

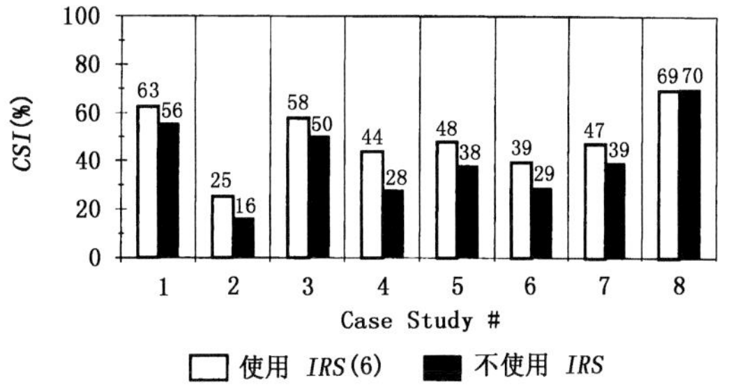

图 7.29　第 9 版算法中使用或不使用 *IRS* 作为识别龙卷的一个附加条件时
临界成功指数 *CSI* 的对比(*IRS* 的临界阈值取为 6)

强度并不总是与对流天气的强度成正比。有些与产生龙卷和其他强对流天气的风暴相联系的涡旋达不到上述阈值。同时,有些满足上述阈值的强涡旋却不产生龙卷和其他强烈天气。因此,任何新的中气旋探测算法应该能够探测所有风暴尺度(1～10 km)的涡旋,然后根据一套稳健的规则对探测到的涡旋进行分类。此外,对每个风暴尺度的涡旋进行诊断以确定该涡旋产生龙卷或强天气的可能性。

所以,不像过去的中气旋探测算法在一开始就确定强度阈值,NSSL(美国国家强风暴实验室)新的中气旋探测算法 MDA(Stumpf 等,1998)试图探测所有的风暴尺度(1～10 km)涡旋,然后再诊断它们是否会导致强对流天气。算法首先确定具有气旋切变的段,然后组成二维特征。二维特征的强度(沿方位角的速度切变值)分为 25 个等级。88D B9MA 中的切变阈值对应于第五等级(rank 5)。为了防止将切变线识别为二维特征,使用一系列阈值而不是单一阈值来确定二维特征,正如在风暴单体识别与跟踪算法中所做的那样。最低阈值为第一等级(rank 1),可以保证识别所有的涡旋。对二维特征进行垂直相关分析得到三维特征,三维特征还要进行时间相关分析以确定它的发展历史,这是过去的中气旋算法中所没有的。

新算法还采用了一些强度指数来表征三维中气旋的强度。这些强度指数包括三维强度等级(rank)和中气旋强度指数 MSI。三维强度等级是每个三维特征中连续垂直核心的最强二维特征的等级。该核心必须超过 3 km 厚,它的底必须在 5 km 以下。中气旋强度指数 MSI 是一个垂直累积的涡旋强度指数。将所有构成三维特征的二维特征的等级按照空气密度加权垂直累加,除以三维特征的厚度(归一化),然后再乘以 1000,得到的就是 MSI。另外,新算法还采用人工神经元网络的方法诊断每一个识别的涡旋产生龙卷和地面灾害性大风的概率(*POT* 和 *POSW*)。

根据几个强度、空间和发展历史的规则对三维特征进行分类。如果三维特征满足下列条件:1)三维涡旋的垂直伸展至少 3 km;2)三维涡旋的底的高度不超过 5 km(ARL);3)三维涡旋中的所有二维特征必须满足表 7.13 中的强度阈值;4)该涡旋必须在连续两个体扫中被探测到,则该三维涡旋为中气旋。只要一个三维特征的强度级别大于等于 5,则前三个条件就可满足。也就是说,如果一个三维特征具有大于等于 5 的强度级别,同时与前一个体扫的三维特征有时间关联,那么它就被归类为“中气旋”(MESO)。如果一个三维特征具有大于等于 5 的强度级别,但它不能与前一个体扫中任一个进行时间关联,则被归类为“速度对”(CPLT),如果一个三维特征的强度级别小于 5,则该涡旋被归类为“环流”(CIRC)。如果一个三维涡旋满足上述中气旋的所有条件,除了垂直伸展不到 3 km,但超过承载该涡旋的风暴单体垂直尺度的 25%,则被归类为“低顶中气旋”(LOWTOP)。如果涡旋的垂直伸展不到承载该涡旋的风暴单体垂直尺度的 25%,则被归类为“浅薄涡旋”(SHALLO)。如果在中气旋的直径范围内 NSSL 的龙卷探测算法识别出龙卷涡旋特征,则该中气旋被归类为“TVS 中气旋”(TVSMES)。

表 7.14 给出了新老中气旋算法在识别龙卷和强风方面的评分对比。所有评分的结果可以总结如下:

表 7.13 NSSL MDA 依赖于距离的一维切变段强度阈值

距离(km)	速度差($m \cdot s^{-1}$)	切变($m \cdot s^{-1} \cdot km^{-1}$)
0～100	30	6
100～200	30 → 22	6 → 3
> 200	22	3

表 7.14 新旧算法表现的比较

算法	参数	诊断判剧	龙卷(%)			诊断判剧	强风(%)		
			POD	*FAR*	*CSI*		*POD*	*FAR*	*CSI*
NSSL MDA	缺省	MESO	52.7	72.6	22.0	MESO	39.0	65.5	22.4
NSSL MDA	缺省	RANK≥4	57.6	75.7	20.6	RANK≥5	43.3	68.9	22.1
NSSL MDA	缺省	MSI≥3300	48.3	72.9	21.0	MSI≥2600	49.0	74.4	20.2
NSSL MDA	缺省	POT≥18	46.3	67.7	23.5	POT≥16	45.3	63.3	25.4
NSSL MDA	缺省	POSW≥20	50.7	69.3	23.6	POSW≥16	49.9	64.6	26.1
88D B9MA	缺省	MES88	40.9	85.0	12.3	MES88	43.8	78.4	16.9
88D B9MA	缺省	*IRS*≥7	32.8	79.9	14.3	*IRS*≥7	34.5	71.5	18.5
88D B9MA	最优化	MES88	64.5	90.2	9.3	MES88	65.9	84.7	14.2
88D B9MA	最优化	*IRS*≥9	36.5	73.9	18.0	*IRS*≥8	39.4	66.9	22.0
88D B9MA	低阈值	MESS88	69.3	96.6	3.3	MESS88	76.8	94.3	5.6
88D B9MA	低阈值	*IRS*≥10	30.7	76.5	15.3	*IRS*≥8	40.7	76.6	17.4

1) NSSL MDA 探测到与强天气相联系的几乎所有涡旋(*POD* 几乎 100%),而 88D B9MA 却漏报了许多产生强天气的涡旋;

2）88D B9MA 的 *IRS* 参数改进了该算法的诊断技巧；

3）降低 88D B9MA 中的强度阈值（与 NSSL MDA 的 rank1 阈值相匹配）导致评分降低；

4）NSSL MDA 在诊断涡旋是否会导致强天气方面比 88D B9MA 具有高得多的技巧，即便 88D B9MA 使用 *IRS* 和最佳的阈值；

5）两种算法都是在诊断孤立的超级单体风暴时表现最好（相对于其他风暴类型）；

6）在孤立的超级单体风暴情况下，NSSL MDA 的神经元网络（NN）方法是最好的诊断参数，相应的判断评分最高。

表 7.15 给出了用于算法比较的数据集的情况。表 7.16 是对表 7.14 中各种分类方案和诊断方法缩写的说明。

表 7.15　用于算法比较的数据集

日期（年.月.日）	雷达位置	龙卷报告数	强风报告数	体扫数	说明
1992.3.25	Melbourne，FL	0	4	42	非龙卷超级单体
1993.5.5	Dodge City，KS	12	0	42	孤立的周期性超级单体
1994.4.15	St. Louis，MO	8	19	51	飑线前沿的龙卷
1994.4.30	Sterling，VA	3	0	70	低顶微型超级单体
1995.4.19	Fort Worth，TX	18	30	129	近距离孤立超级单体，飑线
1995.5.16	Dodge City，KS	5	4	81	孤立超级单体
总计		46	57	415	

表 7.16　对表 7.14 中各种分类方案和诊断方法缩写的说明

缩写	算法	说明
MESO	NSSL MDA	MSSL MESO 和 LOTOP 分类
RANK	NSSL MDA	3D 特征强度级别
MSI	NSSL MDA	中气旋强度指数
POT	NSSL MDA	神经元网龙卷概率
POSW	NSSL MDA	神经元网强风概率
MES88	88D B9MA	WSR-88D MESO 分类
IRS	88D B9MA	累积旋转强度指数

7.5.4.3　新的龙卷探测算法

NSSL 开发了一个新的龙卷探测算法 NSSL TDA（Mitchell 等，1998），根据 WSR-88D 数据，用来确定与龙卷相联系的强烈小尺度涡旋。它对 WSR-88D 原有的龙卷式涡旋特征算法（88D TVS）进行了较大的改善。尽管旧的 88D TVS 对龙卷的误警率 *FAR* 接近零，但命中率 *POD* 也很低。新的算法希望在大幅度提高龙卷探测的命中率 *POD* 的同时，将误警率控制在合理水平。旧的 88D TVS 算法是在识别中气旋的基础上，再判断该中气旋中是否存在龙卷式涡旋特征 TVS。而新的算法不以首先识别出中气旋为先决条件，因此是独立于中气旋探测算法的。与旧的 88D TVS 相比，NSSL TDA 识别涡旋的主要特点是：1）寻找距雷达相同距离处相邻方位角的两个距离库间的径向速度切变；2）不要求算法首先识别中气旋。

其算法结构与中气旋算法类似。首先对于每一仰角扫描寻找距雷达相同距离处相邻方位角的两个距离库间的径向速度差，寻找过程要求在 150 km 半径以内，10 km 高度以下。图 7.30 说明了这个初始步骤。如果速度数据对应的反射率因子在 0 dBZ 以下，则不予考虑，接下来考察下一个距离处的下一对速度数据。同时，如果任何速度数据受到距离折叠回波的影响或数据缺失，则继续考察下一个距离处的速度对。计算在距雷达相同距离处所有相邻速度距离库的速度差值和速度对的高度。如果速度差值超过一个规定的可调阈值（例如 11 m/s），则该速度对作为一个切变段储存起来，下列属性被记录下来：开始和结束的方位角(°)，速度差值(m/s)，切变($s^{-1}\times1000$)，距雷达的距离(km)和雷达以上高度 ARL(km)。上述过程重复进行直到一个雷达仰角扫描内的所有速度数据都被处理并且所有超过最小速度差阈值的切变段都被找到。

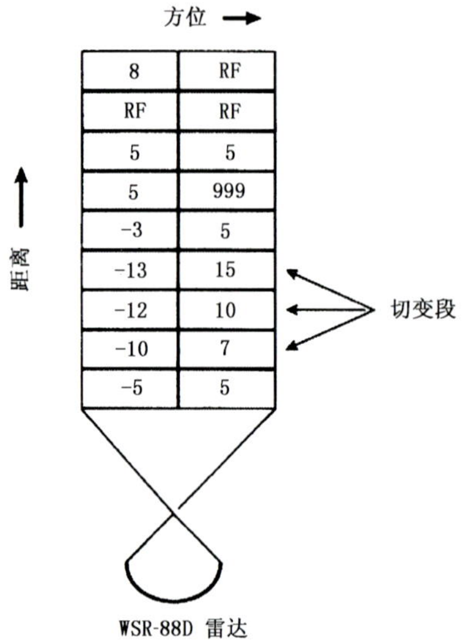

图 7.30　NSSL TDA 算法中切变段的确定。按照离开雷达距离增加的方向，对每一个方位角方向相邻的速度对进行检验。RF 代表距离折叠回波叠加形成的紫色区域(速度值不确定)，而 999 代表缺失的数据。将满足最小速度差阈值 11 m/s 的切变段标示出来

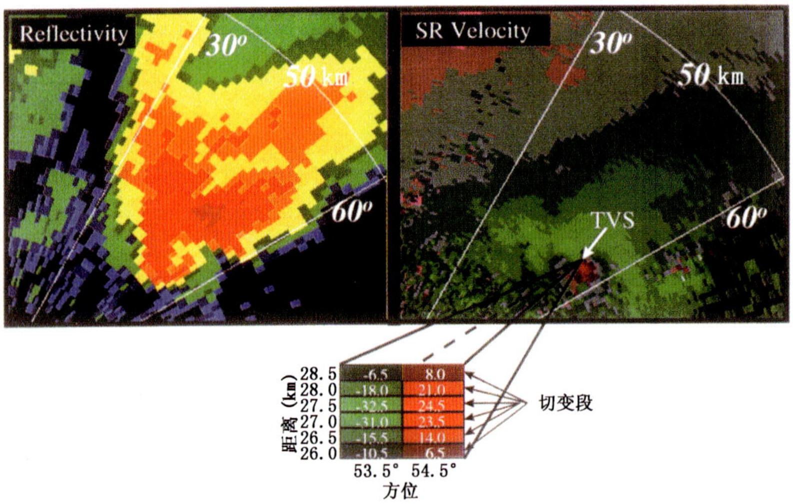

图 7.31　位于 South Dakoda 州 Aberdeen 的 WSR-88D 雷达观测的发生在 1996 年 5 月 31 日 2320UTC 的龙卷超级单体的 0.5°仰角反射率因子和相对风暴径向速度图。相对径向速度图上标明了 TVS 的位置。下面放大的数据框显示个别的速度值。每个方位角方向的速度对代表一个切变段

一旦确定了一个仰角扫描内所有的切变段，然后确定每个仰角扫描的二维特征。构造二维特征的过程按照下列次序使用 6 个速度差阈值：35 m/s，30 m/s，25 m/s，20 m/s，15 m/s 和 11 m/s。使用多个阈值的技术可以发现那些可能镶嵌在长的切变区(例如沿雷达径向取向的飑线)内的涡旋核心。

开始只考虑超过最大速度差阈值的切变段(例如 35 m/s)，每个二维特征至少由三个切变段构成，每个切变段的质心距其最邻近的切变段质心的方位角方向的距离要少于 1°(可调参数)，径向距离小于 500 m(可调参数)。一个实际龙卷事件中二维特征的例子如图 7.31 所示。上述过程继续直到所有二维特征被找到。计算所有二维特征的纵横比(径向尺度/方位角方向尺度)，如果纵横比超过规定的阈值(目前

为 4)，那么丢弃相应的二维特征。纵横比的检验是为了避免将一些方位角方向的切变区如阵风锋识别为涡旋。所有剩余的(没有丢弃的)二维特征被认定为“二维涡旋”，其相应的质心的方位角(°)、距离(km)、最大速度差(m/s)、最大切变($s^{-1}\times1000$)和高度 ARL(km)被记录和储存。上述过程对低一些的速度差阈值重复进行。如果具有较低速度差阈值的二维涡旋与具有较高速度差阈值的二维涡旋重叠情况下，则丢弃较低速度差阈值的的二维涡旋。

当一个体扫的所有仰角扫描上的二维涡旋都被识别后，开始整个体扫范围内进行垂直连续性检验。一个三维特征至少由两个二维涡旋构成，两个二维涡旋之间最多相隔一个仰角。构成三维特征的二维涡旋质心之间的水平距离要求小于 2.5 km。所有由三个以上(含三个)二维涡旋构成的三维特征称为三维涡旋(图 7.32)。每个三维涡旋可以划分为两种类型：TVS 和高架 TVS(ETVS)。如果一个三维涡旋满足：(1)最小的强度和厚度判据，(2)该三维涡旋的底扩展到 0.5°仰角或者一个规定的高度(目前是 600 m)，则该三维涡旋被称为 TVS。如果三维涡旋只满足上述条件(1)而不满足条件(2)，则被称为 ETVS。一旦一个三维涡旋被确定类别，则贮存以下属性：三维涡旋底部的最大库到库的速度差，构成三维涡旋的所有二维涡旋中的最大切变($s^{-1}\times1000$)，相应二维涡旋中心的高度(km)，以及该三维涡旋的厚度(km)。此外，还计算一个称为龙卷强度指数 *TSI* 的诊断参数。*TSI* 是通过垂直累加构成三维涡旋的每一个二维涡旋的以高度为权重的最大库到库的速度差值而得到的。

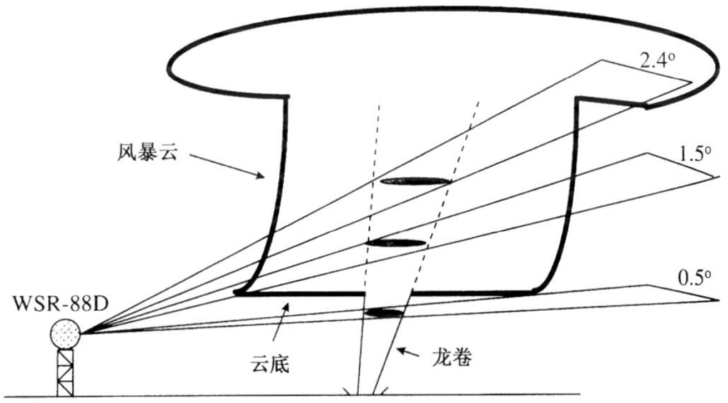

图 7.32　由三个最低仰角(0.5°，1.5°，2.4°)上的二维涡旋构成的三维涡旋(虚线为实线表示的圆锥的延伸)示意图

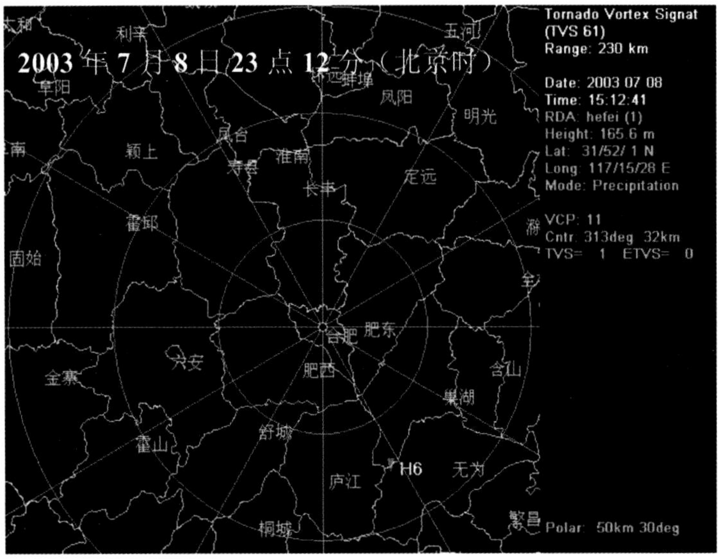

图 7.33　2003 年 7 月 8 日龙卷事件中合肥的 CINRAD-SA 雷达识别出的龙卷涡旋特征的例子

对于每个 TVS 进行跟踪并预报其未来的位置，跟踪和预报算法与 SCIT 算法类似。只是最多外推 6 个体扫，30 分钟左右。同时可以给出 TVS 底的高度，TVS 厚度，低层速度差值，最大速度差值，最大速度差值所在高度的时间变化序列。

利用包含 31 个龙卷个例的独立数据集对上述两种算法进行比较，结果显示 NSSL TDA 的命中率 *POD* 为 43%，误警率 *FAR* 为 48%，临界成功指数 *CSI* 为 31%；而旧的 88D TVS 的命中率 *POD* 为 3%，误警率 *FAR* 为 0%，临界成功指数 *CSI* 仅为 3%。如果降低旧的 88D TVS 算法中的涡旋阈值，则命中率明显提高，但同时误警率也随着增加，对应的临界成功指数仍然明显低于 NSSL TDA 的临界成功指数。

在 WSR-88D 的第 10 版本的算法中，TVS 算法采用了上述 NSSL TDA 算法，但没有引入算法中 TVS 跟踪和位置预报的部分。在第 10 版本中，TVS 的标识号仍为 61 号，产品的图形显示仍然是红色的倒三角，并标注离该 TVS 最近的由 SCIT 算法识别的风暴单体的标示号。图 7.33 给出了一个在 2003 年 7 月 8 日龙卷事件中合肥的 CINRAD-SA 雷达识别出的龙卷涡旋特征的例子。

7.6 VAD 风廓线算法

7.6.1 VAD 风廓线算法

新一代天气雷达的多普勒测速功能使得它能够测量其探测范围内任意点相对于雷达的径向速度。通过某种算法对一个体扫的径向速度资料进行处理，还可以得到雷达上空 60 km 左右范围内(全)风向风速随高度的变化，即风的垂直廓线。要获得某一高度上的风向、风速，选取适当的仰角扫描一圈构成的锥面与该等高面的相交的曲线是一个圆，只要该圆上有至少 25 个有效径向速度数据点，则通过算法可以得到该高度上的平均风向、风速。

由于每个仰角扫描都可以与某一等高面相交，通常选择与等高面相交的斜距最接近 30 km(16.2 n mile)的仰角。如图 7.34 所示，对于 2 kft(600 m)等高面，选择 0.5°仰角，因为该仰角到 2 kft(600 m)等高面的斜距与其他仰角相比更接近于 30 km(16.2 n mile)。基于同样的理由，3 kft(900 m)和 4 kft(1200 m)高度的风使用 1.5°仰角扫描，5 kft(1500 m)高度的风使用 2.4°仰角扫描与相应等高面相交的圆上的有效径向速度数据导出。

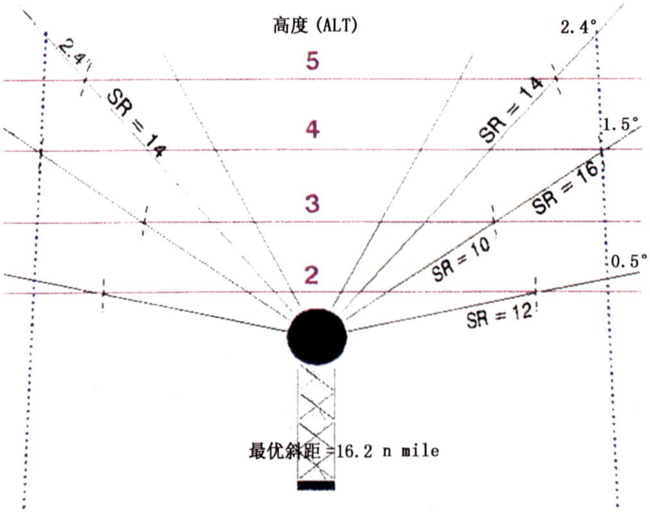

图 7.34 根据最优斜距(16.2 n mile)的大小，
对于各个等高面上平均风向、风速的导出选取适当的仰角

以 5 kft(1500 m)高度上的风向、风速为例。2.4°仰角扫描构成的锥面与 5 kft(1500 m)等高面相交

所构成的圆如图 7.35a 所示。将该圆上的有效数据点的径向速度数据标在以方位角为横坐标，径向速度值（离开雷达为正，向着雷达为负）为纵坐标的直角坐标系中（图 7.35b），然后用正弦曲线对数据点进行拟合。拟合后得到的正弦曲线的波谷所在的方位角为 5 kft 高度上的平均风向，正弦曲线的振幅为 5 kft 高度上的平均风速。根据同样道理，可以得到其他高度上的平均风向、风速。

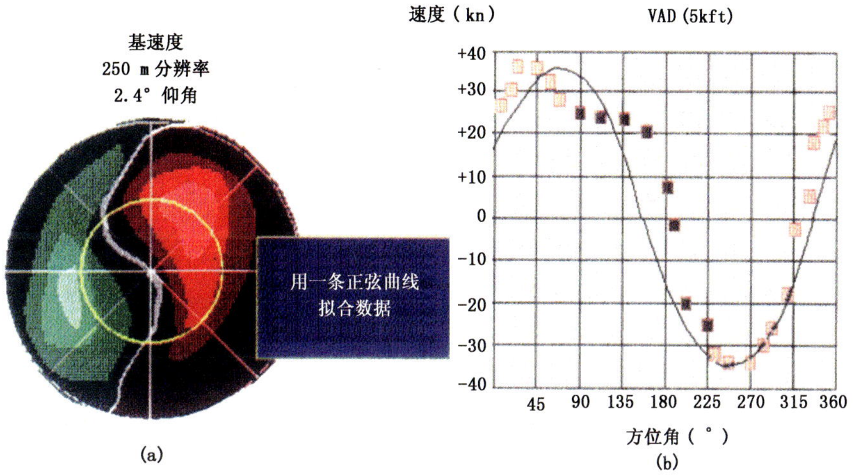

图 7.35　利用 2.4°仰角扫描与 5 kft 等高面相交所得圆
(a)上的有效径向速度数据导出该高度上平均风向、风速算法的示意图(b)

用两个参数来代表拟合的精度：一个是拟合的均方根误差，一个是对称性。对称性指的是纵轴零线与正弦曲线中值线之间的距离。图 7.35b 中的拟合结果是：

$FIT=3+30\sin(AZ+33°)$

在波谷处，$AZ+33°=270°$，所以该高度上的平均风向为 $AZ=270°-33°=237°$，即西南偏西风。平均风速为 30 kn(15 m/s)，对称性为 3kn(1.5 m/s)。

若满足下列三项条件之一，则相应高度处的风向、风速标为没有数据 ND：

1)有效数据点不到 25 个；

2)拟合均方根误差超过 5 m/s；

3)对称性超过 7 m/s。

7.6.2　速度方位显示风廓线产品 VWP

产品标示号为 48。横坐标为时间，纵坐标为高度。最多可显示 11 个体扫时刻的垂直风廓线，最近的时间在最右端。可以显示最多高度层数为 30。当前体扫得到的最大风速和相应的高度显示在状态区。产品的数据级（色标）代表拟合的均方根误差。

通常只有在大面积降水情况下才能得到比较完整的垂直风廓线。在非降水情况下，如果云层较厚或水汽较充沛，可以得到不太完整的垂直风廓线（有很多高度处标为 ND）。在干燥的冬季晴空情况下，几乎完全得不到垂直风廓线。图 7.36 给出了 VWP 的例子。

7.7　降水算法及其产品

新一代天气雷达的重要功能之一是降水估计。降水估计的基本原理是基于反射率因子和降水率之间的正相关关系。反射率因子越大，降雨率越大。建立反射率因子和降水率之间的经验关系，在雷达测得降水回波的反射率因子后根据相应的经验公式可以求得降水率，对时间累加可以得到一段时间内的累积降水量。目前能够业务应用的雷达估计降水的方法主要是雨量估计（雷达降雪估计误差很大难以满足业务应用的要求），要求用来导出降雨率的反射率因子的取样位于零度层亮带以下的液态降水区，并且需要设法排除冰雹的影响。

CINRAD-SA 雷达完全照搬了 WSR-88D 的降水算法(Fullton 等，1998)，称为降水处理系统(PPS)。该系统由一系列的子算法构成。该降水算法是由美国水文研究实验室(HRL)在 Hudlow 的领导下在 20 世纪 80 年代开发的(Hudlow，1988)。直到目前，WSR-88D 使用的算法与 HRL 研发的算法基本相同。

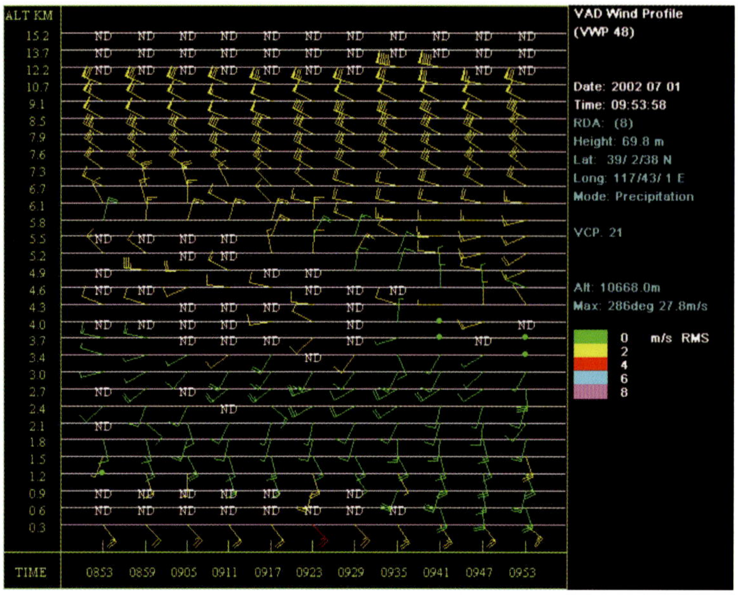

图 7.36　VAD 风廓线产品 VWP 的例子

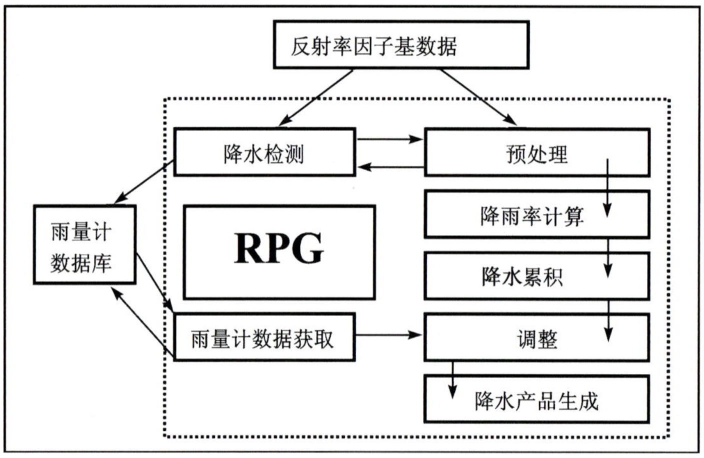

图 7.37　WSR-88D 降水处理系统示意图

PPS 由 5 个子程序和两个外部支持功能块构成(图 7.37)。这五个子程序是：1)预处理，2)降水率计算，3)降水累积，4)调整，5)产品。两个外部支持功能块分别是降水探测和雨量计数据获取，它们独立于 PPS 运行，为 PPS 算法提供附加的重要输入信息。PPS 算法包括 46 个可调参数。可以对这些参数进行调整以适应局地的气象条件如降水系统类型、季节、气候、地形、雷达位置以及雨量计网的特征。目前，无论是美国的 WSR-88D 还是中国的 CINRAD-SA，所有的参数的取值都不随地域变化。随着雷达观测经验的不断积累，对局地条件随地域的变化会有更深入的了解，这些参数也有望进行调整以适应于局地条件。

7.7.1　降水检测功能块 PDF

只要 PDF 确定在以雷达为中心的半径为 230 km 的圆形区域内有降水发生，PPS 的五个主要处理步骤将顺序执行。在每个体扫当中，PDF 有两个主要任务：确定雷达天线的体扫模式和确定 PPS 的处理模式。PPS 使用最低四个仰角的反射率因子数据，这四个仰角是 0.5°、1.5°、2.4°和 3.4°。如果反射率因子超过预定的强度和面积阈值（称为“显著降水阈值”或“第一类阈值”）的非地物杂波回波出现在上述四个最低仰角扫描中的任意一个，PDF 将雷达的工作模式从“晴空”转换为“降水”。这使得体扫间隔从 10 min 减少到 5 或 6 min，从而改善了降水估计。PDF 使用另一对反射率因子强度和面积阈值（称为“小雨阈值”或“第二类阈值”）确定 PPS 的处理方式，即是否对降水进行累积。第二类阈值远小于第一类阈值，对应于能够分辨的最小降水（0.1 mm）。如果第二类阈值被超过，则不论当前雷达处于哪种体扫模式，PPS 算法从 0 开始累加降水。如果第二类阈值未被超过，PPS 将运行在一种更简单的处理模式以节省机时。如果 PDF 没有再探测到降水的状态持续 1 小时，则认为一次降水事件结束，风暴总降水产品自动恢复到 0 初值。

7.7.2.　雨量计数据获取

位于 RPG 中的第二个 PPS 支持功能块称为雨量计数据获取功能块（RGDAF）。它接收标准水文气象交换格式（SHEF）的来自一个外部雨量计数据支持（GDS）计算机的实时雨量计报告，并将它们储存在 RPG 中的雨量计数据库中，以备 PPS 使用。GDS 计算机也传送各个雨量计的标示号和位置，以确定每个 WSR-88D 使用的雨量计网。RGDAF 通常处于休眠状态，除非 PDF 指示在雷达区域内探测到降水。一旦 PDF 探测到降水，RGDAF 自动发出一个“唤醒”电话给外部的 GDS 计算机，指示它开始给 RPG 传送实时雨量计报告。当 PDF 在雷达区域内不再探测到降水，GDS 计算机将从 RGDAF 接收到一个停止传送雨量计数据的信息。

7.7.3　反射率因子预处理

7.7.3.1　*扇形分区反射率因子混合扫描*

一旦降水检测功能块在雷达覆盖范围内检测到降水，降水算法中的反射率因子预处理程序将从一个体扫的反射率因子中提取最低 4 个仰角的反射率因子，将它们集合在方位角分辨率为 1°，径向分辨率为 1 km 的，最大范围为 230 km 的极坐标中。对于极坐标中的任意一点（1°×1 km 的距离库）上究竟使用最低 4 个仰角上的哪一个仰角的反射率因子得出降水率，取决于该点到雷达的距离和附近的地形。通常认为获取估测降水的反射率因子的最佳高度是雷达以上 1 km 高度。在不考虑地形的情况下，不同距离处仰角的选取是根据图 7.38 所示的缺省混合扫描。在距雷达 0～20 km 范围内使用 3.4°仰角，20～35 km 范围使用 2.4°仰角，35～50 km 范围使用 1.5°仰角，50～230 km 范围使用 0.5°仰角。在 1996 年之前，对于 50～230 km 范围使用 0.5°和 1.5°仰角中反射率因子大的那一个，称为双扫描最大化，1996 年以后取消。

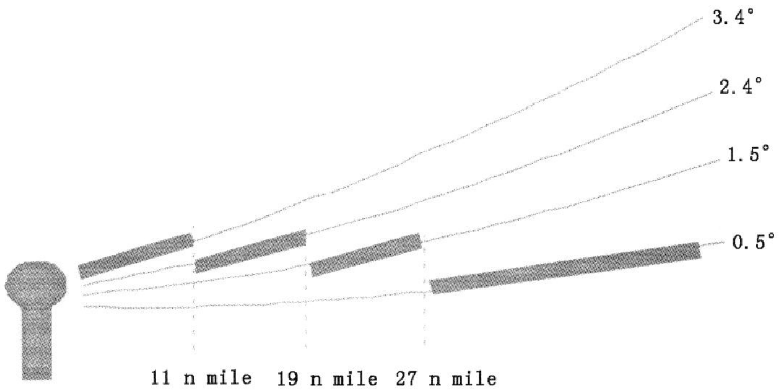

图 7.38　不考虑地形情况下的缺省混合扫描

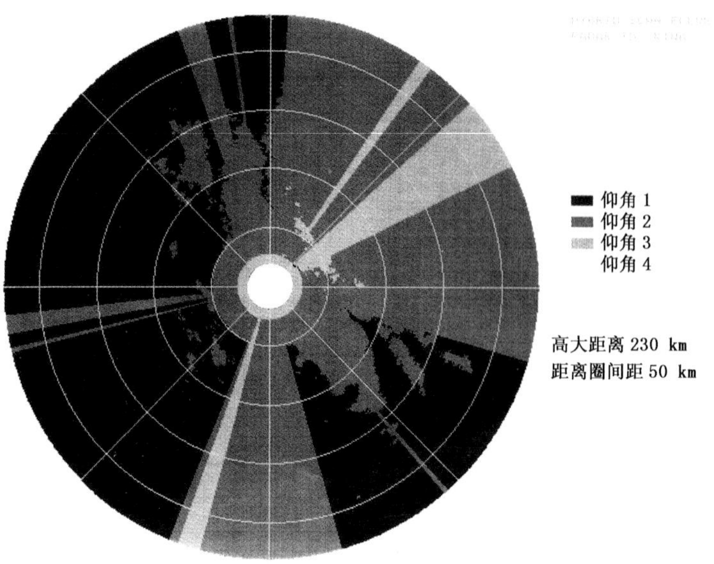

图 7.39 位于美国 Arizona 州凤凰城的 WSR-88D 的扇形分区混合扫描图，表明在雷达覆盖范围内(230 km)的每一个点具体使用了哪个仰角的反射率因子来导出降水率（每个距离圈相隔 50 km）

在有地形影响的情况下，如果按照缺省的混合扫描某个仰角的波束被地形阻挡的部分小于波束的 60%，则对该仰角的反射率因子值按照表 7.17 做相应的订正。如果被阻挡的部分大于波束的 60%，则使用该仰角上面一个仰角的相应值。考虑了地形的混合扫描称为扇形分区混合扫描。扇形分区混合扫描图确定了 0～230 km 范围内每一个 1°×1 km 的距离库具体使用最低 4 个仰角中的哪一个仰角的反射率因子导出相应的降水率。图 7.39 给出了位于美国 Arizona 州凤凰城的 WSR-88D 的扇形分区混合扫描图。在该雷达周围，有明显的地形阻挡。特别是在其东北部和南部，在远离雷达的地方，本该使用最低的 0.5°仰角，但由于地形阻挡作用而不得不使用 1.5°和 2.4°仰角上的反射率因子来导出降水率。

表 7.17 波束障碍的订正

波束障碍(%)	反射率因子订正(dBZ)
0～10	0
11～29	+1
30～43	+2
44～55	+3
56～60	+4

上述处理技术具有在较低仰角受到地形造成的残留地物杂波和部分甚至全部波束阻挡情况下，使用较高仰角的反射率因子值导出降水率的优点。虽然来自较高仰角的数据不一定能代表近地面条件，尤其是在远离雷达的层状云降水情况下，但上述简单处理技术对于填补低仰角波束被地形阻挡造成降水量缺测的问题提供了一种解决方案。

7.7.3.2 孤立反射率因子值和反射率因子极端值的订正

这个质量控制步骤用来抑制或消除在数值上异常大但覆盖区域很小的反射率因子数据，例如那些与非气象目标（飞机、超折射地物回波、或残留地物杂波）相联系的反射率因子数据。这类异常数据分为两类，分别称为孤立的反射率因子值和反射率因子极端值。孤立的反射率因子值是在弱的非降水回波的区域内探测到孤立的与降水回波强度相当的值，相应阈值的缺省值为 18 dBZ。若在弱的非降水回波区域内发现反射率因子超过 18 dBZ 的孤立距离库，则将该距离库的值重新赋值为 0 dBZ。反射率因子极端值是指在降水回波区域内个别孤立的反射率因子极端值，这类极端值通常由残留的固定地物杂波或没有被 RDA 的滤波器所抑制的超折射地物杂波所引起，相应的阈值为 65 dBZ(缺省值)。如果超过 65 dBZ 的孤立距离库周围 8 个距离库的反射率因子值都没有超过 65 dBZ，则该距离库的反射率因子值用其周围 8 个距离库的平均值代替；若该孤立距离库周围 8 个距离库中还有反射率因子超过 65 dBZ 的，则该孤立距离库的反射率因子值被重新赋值为 7 dBZ。

7.7.3.3　倾斜测试与超折射

低层大气中强烈的温度和湿度垂直梯度(温度随高度增加或湿度随高度迅速减小)可引起雷达波束的超折射，产生来自地面目标的回波，这些地物超折射回波可被误认为是降水回波。先前在 RDA 的杂波抑制措施可以滤除一部分超折射地物杂波，在 PPS 中还需要采取进一步的质量控制步骤以消除超折射杂波的影响。倾斜测试是采取的另一个自动质量控制步骤以防止由于超折射地物杂波的影响而过高地估计降水。倾斜测试是一个回波垂直连续性检测，超折射地物杂波的区域大小通常随着天线仰角从 0.5°抬高到 1.5°而迅速减小。当算法探测到天线仰角从 0.5°抬高到 1.5°时，位于 40～150 km 距离圈(可调参数)范围内回波的区域减小了 75%(可调参数)以上，算法将丢弃 0.5°仰角的反射率因子数据，而使用更高仰角的反射率因子计算降水率(图 7.40)。

上述垂直连续性检验步骤是很原始的，但它对于滤除不存在降水的区域内的超折射地物杂波在业务使用上很有效。但在超折射杂波和降水在某一区域内共存的情况，倾斜测试很有可能失败。有效地利用 RDA 对瞬变超折射地物杂波的滤波功能可以大大减少上述情况下超折射杂波污染的数量。此外，其他的自动或交互式的质量控制步骤目前在 WSR-88D 系统以外在美国国家天气局的河流预报中心的阶段 2 和阶段 3 降水处理过程中使用。

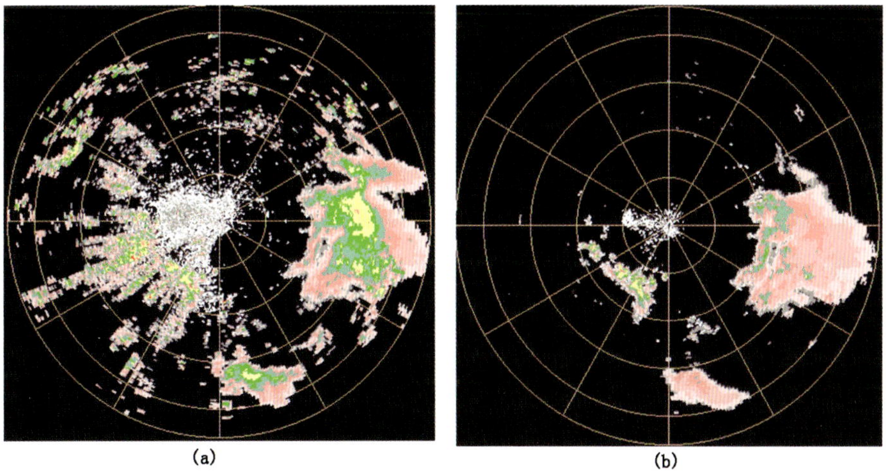

图 7.40　利用倾斜测试去掉超折射地物杂波的影响。(a)和(b)分别为 0.5°和1.5°仰角的反射率因子，距离圈间隔为 50 km。雷达为位于天津塘沽的 CINRAD-SA 多普勒天气雷达

7.7.4　降雨率转换

7.7.4.1　从反射率因子转换为降雨率

降雨率算法是 PPS 中第二个主要处理步骤。根据由经验确立的反射率因子 Z 和降雨率 R 之间的幂指数关系，由扇形分区混合扫描图确定的极坐标格点上反射率因子数据得到相应降雨率。目前缺省的公式为 (Battan，1973)：

$$Z=300R^{1.4}$$

其中 Z 和 R 的单位分别是 $mm^6 \cdot m^{-3}$ 和 $mm \cdot h^{-1}$。某些接近热带环境的站点采用下列公式：

$$Z=250R^{1.2}$$

该公式对于热带降水事件可得到更精确的降水估计。

一旦得到分辨率为 1 km×1°的极坐标格点的降雨率，立即沿径向对每两个格点上的降雨率进行平均，其结果是分辨率为 2 km×1°的极坐标格点上的降雨率分布。该极坐标降雨率分布是 PPS 中随后处理过程的基础，代表了最高分辨率的降雨率分布。该分辨率在雷达降雨估计的最大距离处(230 km)为 2 km×4 km，中间距离处(115 km)为 2 km×2 km，近距离处(20 km)为 2 km×0.3 km。

Z-R 关系中的参数是可调的。但是，在某一降水事件发生前确定适当的参数是非常困难的，目前不存在一个客观的确定性的指导原则。

7.7.4.2　冰雹影响的订正

上述 *Z-R* 关系只在降水完全由液态水滴构成的情况下才是适用的。当雷暴中存在冰雹时可产生很大的反射率因子。此时如按照上述 *Z-R* 关系计算降雨率会得到异常大的值。因此需要有一个转换为降水率的反射率因子上限值，超过该反射率因子阈值的一律取为该阈值。这个通常称为“冰雹帽”的反射率因子阈值是一个可调参数，可在 51～55 dBZ 之间取值，对应的最大降雨率在 75～150 mm/h 之间。该“冰雹帽”的缺省值为 53 dBZ，对应于 104 mm/h 的降雨率。

7.7.4.3　时间连续性检查

在降水率算法中运行的一个质量控制步骤是时间连续性检查。它是检查由当前体扫得到的雷达覆盖区域内的平均降水率相对于前一个体扫的相应值的增加或减少是否超过由降水的发展或衰退而引起的增加或减少的合理阈值(可调参数)。如果超过这个阈值，则由当前体扫得到的降水率数据全部丢弃。这种情况的发生可以是由于下列原因造成：1)超折射地物杂波；2)无线电频率的干扰；3)瞬变系统噪声；4)由于倾斜测试去掉 0.5°仰角的数据而造成回波减少。当两个体扫之间的时间间隔超过 15 min 时，则不进行这个检查。

7.7.4.4　远距离回波退化的订正

降水速算法中另一个质量控制步骤是远距离回波退化订正。这个质量控制(当激活时)是对由于在远距离处部分波束充塞引起的降水率的过低估计做订正。

用下列方程做订正：

$$R_{\mathrm{corr}}=a[(R)^{b}r^{c}]$$

其中 R 是降水速率，单位为 mm/h；r 是距离，单位为 km。系数 a,b,c 将随季节和台站地点变动。在各个台站积累大量数据对上述参数作正确估计之前，目前取 $a=1$，$b=1$，$c=0$，即不做订正。

另外两个远距离回波退化问题比上面的波束部分充塞问题更显著，他们是波束在降水系统顶上通过和反射率因子的垂直梯度。这两个问题引起的降水估计误差在目前的 PPS 中没有考虑。

7.7.5　降水累加

7.7.5.1　逐个体扫累加

降水累加算法采用了降水率算法的输出产品(每 2 km×1°的降水率)，对间隔为 5、6 或 10 min 的体扫产生的降水率进行累加。两个体扫间各个 2 km×1°极坐标格点的平均降水率为每个体扫降水率的线性平均。从降水开始时对每个体扫到体扫的降水量进行累积直到当前体扫，得到风暴总降水。

7.7.5.2　体扫中断的处理

有时由于软硬件故障造成体扫中断，导致两个体扫的间隔时间超过通常的 5、6 或 10 min。当二次扫描之间的时间间隔增加时，降水估计的误差也增加。在累加算法中，如果两个连续的扫描时间间隔小于或等于 30 min，则该间隔内的平均降水率假定为最后一个可靠体扫和前一个可靠体扫降水率之间的平均，然后这个平均乘上两个体扫之间的时间间隔得到该间隔内的雨量。如果两个连续的体扫时间间隔大于 30 min，累加算法将前一个可靠体扫的降水率向前推(沿时间轴方向)15 min，将后一个可靠体扫的降水率向后推(逆时间轴方向)15 min。两个体扫间的时间间隔超出 30 min 的那部分数据被认为是遗漏的。如果遗漏的数据超过 6 min(体扫间隔时间超过 36 min)，则不能计算这两个体扫间的雨量，不生成相应的 1 小时累积雨量产品，但仍可生成 3 小时累积雨量和风暴总雨量产品。

7.7.5.3　逐时累积雨量中的极端值的剔除

降水累加算法的最后一步是检查 1 小时累积雨量的极端值(无理由的高值)。如果 1 小时累加值超过了阈值,则用它周围值的平均代替。此阈值(可调参数)的当前缺省值是 400 mm。由于“转换成降水率的最大 dBZ”为 53 dBZ,其对应的降水率 104 mm/h,也就是合理的 1 小时累积雨量的上限 104 mm。

7.7.6　利用雨量计数据对雷达估测降水进行订正

在 PPS 的第四个步骤中,实时雨量计数据用来对雷达雨量估计进行调整。目前,这一算法并没有业务运行,因为在雨量计和 WSR-88D 之间必要的通信手段还没有完全建立起来。

目前设计中采用固定的 Z-R 关系,这不会适合于所有的降水事件。由于缺乏稳健的和客观的在不同降水事件中采用不同 Z-R 关系的标准,因此根据降水事件实时调整 Z-R 关系在目前是行不通的。在这种情况下,可以通过比较雨量计和雷达估计的每小时雨量对雷达估计降水进行自动调整。这个以每小时雨量为基础进行调整的净效应相当于一个对 Z-R 关系中倍增系数(例如 $Z=300R^{1.4}$ 中的 300)的自动和客观的调整。这种调整,以雨量计一雷达倍增偏差的形式,均匀地作用于 WSR-88D 的测雨范围内,因此称为“平均场”偏差调整。该倍增因子应用于雷达估计的雨量,该值为 1 意味着没有偏差,比 1 大时意味着雷达低估降水,在 0 和 1 之间时意味着雷达高估降水(相对于雨量计而言)。

这些计算的每小时雨量计一雷达偏差代表了整个雨量计和雷达降水都具备的区域,因此他们并不能表示个别风暴内部的降水估计偏差或任何依赖于距离和方位的降水估计偏差。另外,偏差订正算法使用了基于统计的 Kalman 滤波公式,因此雨量计的样本越多,其偏差订正的代表性越好。计算的偏差是用来订正空间均匀的雷达降水估计误差,例如硬件定标不准、湿的天线罩造成的衰减、以及 Z-R 关系中不适当的倍增系数。

7.7.6.1　每小时雨量计累积雨量的收集

调整算法使用位于同一地点的雨量计 1 小时雨量和雷达累积雨量来计算雨量计一雷达偏差。第一步是收集每小时的雨量计累积雨量数据。外部雨量计数据支持计算机将把预先确定数量(目前一直到 50 个)的雷达范围内的实时雨量计数据提供给雷达的 RPG。雨量计清单中各个雨量计的排列顺序是按照各雨量计间的相互距离。根据这些距离的信息对雨量计进行排列使得清单上列在第一个的雨量计是距周围雨量计的距离最远的(即密度最稀的),因此可能提供最大空间独立的降水信息。这种排列方法是重要的,因为对于每一个特定的小时,只选择排在前面的 30 个雨量计的数据与雷达数据进行比较。用于比较雨量计的数量不久还会增加。调整算法既使用增量雨量计测量也使用累积雨量计测量,并且针对于各种测量频率。

目前雨量计一雷达偏差比较的小时周期是从一个整点到下一个整点(H+00 min)。因此需要获取能得到的累积雨量计数据并将它们内插到整点时刻。内插的误差随着数据报告时间与相应整点的时间差而增加,规定只对雨量计数据报告时间与相应整点的差小于 15 min 时才进行内插,否则数据将被丢弃。当然,如果雨量计数据的报告时间刚好是整点,就不必进行内插了。很幸运,大多数累积雨量计的报告时间都是整点的。同样,增量式雨量计的非 1 小时时段和报告时间不在整点的,需要将存在的增量报告分配到相应的 1 小时时段,并假定其间降雨率为常数。

7.7.6.2　每小时雷达累积雨量的收集

与每个 1 小时雨量计累积雨量相联系的是相应的雷达 1 小时累积雨量。雷达提供分辨率为 2 km×1°的极坐标格点上以整点为结束时间的 1 小时累积雨量。对于每个雨量计,调整算法从该极坐标格点的 1 小时雷达累积雨量中选出距离该雨量计最近的 9 个格点。如果这 9 个格点累积雨量的值所张开的数值范围覆盖了雨量计的相应 1 小时累积雨量的值,则可以选择与雨量计的值最匹配的格点作为雨量计一雷达对。如果雨量计的值不在 9 个格点上的雷达雨量值所张开的范围内,则 9 个格点中其雨量值最接近雨量计的雨量值的格点被选定组成雨量计一雷达对。

为什么要检验雨量计周围 9 个格点有如下理由:1)雨量计定位往往不很准确,许多雨量计的定位精度只精确到分(经纬度),大约为 2 km 大小的不确定性,这与雷达估计降水在中程距离处的分辨率相当;

2)雷达天线方位角的标定误差常常达到 1°,这与 PPS 算法的方位角方向的分辨率相当;3)雷达测量的高空降水在降落到地面过程中由于风的作用发生水平位移也可以导致雷达降水估计误差。

7.7.6.3　雨量计一雷达对的质量控制

除了明显的与雷达降水估计相联系的误差源和与比较雨量计的点测量和体积平均的雷达数据相联系的取样尺寸差异,还有许多其他难以定量化的误差来源。这些误差可能来自于:1)雷达和雨量计累积时间的不匹配;2)与雨量计报告时间内插相联系的误差;3)风对雨量计开口的影响;4)由于通信或雨量计硬件故障造成的误差;5)在雪和混合性降水中雨量计和雷达估测的基本困难;6)雨量计定位的经纬度误差;7)天线指向角的不适当标定带来的误差。上述误差中与雨量计直接有关的误差使得将雨量计的测量作为“真值”的想当然的假定打上了一个问号。试图将雨量计和雷达这两种独立的降水测量进行匹配的想法遇到了基本的困难,每种降水测量方法都具有自己特有的缺陷。

由于与雨量计和雷达降水测量相联系的各种误差,在算法进行到下一步之前,需要每小时对雨量计一雷达对进行质量控制。在调整算法中的第一个质量控制步骤是去掉“非降水”的雨量计一雷达对,也就是说,任何雨量计一雷达对中无论是雨量计还是雷达的 1 小时累积降水小于一个最小阈值(目前取为 0.6 mm,该参数为可调的)。上述雨量计一雷达对的去除常常发生在下列情况下:1)雨量计在接受降水但由于硬件故障不能准确记录下来;2)雷达对雨幡取样而位于地面的雨量计没有接受到降水;3)在远距离处雷达波束从降水系统顶上穿过而雨量计正确地记录了降水。第二个质量控制步骤是丢弃 1 小时雨量计累积雨量超过 400 mm(可调参数)的雨量计一雷达对。第三个步骤是在剩下的雨量计一雷达对中去掉雨量计一雷达 1 小时累积雨量的归一化的绝对差值超过所有雨量计一雷达雨量标准差的 2 倍(可调参数)的雨量计一雷达对。这样可以去掉位于雨量计一雷达雨量差分布曲线尾部的极端值。在有些情形下,这一点是很重要的。一个例子是雷达波束与亮带相交处的雷达估测雨量和其正下方的雨量计所测雨量的差,与雨量计比较,雷达会大大高估降水。

7.7.6.4　利用 Kalman 滤波技术进行偏差订正

以整点为累积起始和终结时间的雨量计一雷达对数据收集在一起。由于将数据从雨量计平台传送到雨量计数据收集系统再传送到 RPG 需要时间,因此在 PPS 调整算法中,实际的收集和使用雨量计一雷达对存在一个时间延迟。目前规定这个延迟不能超过 50 min(可调参数),也就是说,在 13 时结束的 1 小时雨量计一雷达累积雨量数据,由于雨量计数据传到雷达的 RPG 需要时间,要等到 13 时 50 分才能完成其数据收集。在每小时的这一时间,调整算法执行雨量计一雷达对质量控制,如果超过一个最小阈值(目前最小为 6,最大为 30)的雨量计一雷达对已产生,则计算一个新的偏差系数。这个新的偏差系数然后就应用到目前和将来的体扫的雷达降水估计直到下一个小时新的雨量计一雷达偏差系数被算出来。因此,由于雨量计数据传输和 1 小时降水累积,存在一个 2 小时左右的最大延迟。如果平均场偏差系数变化的时间尺度小于 1 或 2 小时,调整后的 PPS 降水估计将不能充分地反映这些迅速的时间变化。为克服这个可能的缺陷,调整算法使用离散的 Kalman 滤波技术对未知的雨量计一雷达对偏差的真值作出估计,确定使用当前和过去观测的雨量计一雷达偏差系数作为真实的偏差系数的统计显著性。

7.7.7　降水产品生成

PPS 的最后一个处理步骤是产品生成。在这里降水累积数据加工成不同时空分辨率和数据级别的产品供各种业务预报使用。目前,PPS 生成 4 种图像产品、2 种数字产品和 1 种字符产品。

7.7.7.1　图像产品

对于使用 PUP 的预报员可以得到 4 种图像产品,包括:1)1 小时累积雨量;2)3 小时累积雨量;3)风暴总降水量;4)用户选取时段的累积雨量。为了在 PUP 上显示,所有图形产品都从 PPS 内部的 0.1 mm 精度简约化为 16 个数据级(色标)。对于每个产品,这 16 个数据级的具体设定可由预报员在 PUP 进行调整。正如在 PPS 算法中一样,这些产品显示在 1°×2 km 的极坐标格点上,各种地图例如省界和县界可以叠加在上面。

1 小时雨量产品是到当前体扫为止的 1 小时连续累积,每个体扫更新一次(第 10 版本的 1 小时累计雨量是整点才更新)。3 小时雨量产品是到距当前时间最近的一个整点为止的 3 小时累积,每一个整点更新一次。风暴总降水产品是自从上一个 1 小时以上间隔的无雨期以来累积到当前体扫为止的总雨量,每个体扫更新一次。用户选择时段的累积雨量产品允许用户选择随便哪个时段的雨量,最长的时段长度为 24 小时,从最近的 30 个小时中选取。图 7.41 为 1 小时雨量、3 小时雨量和风暴总雨量产品的例子。

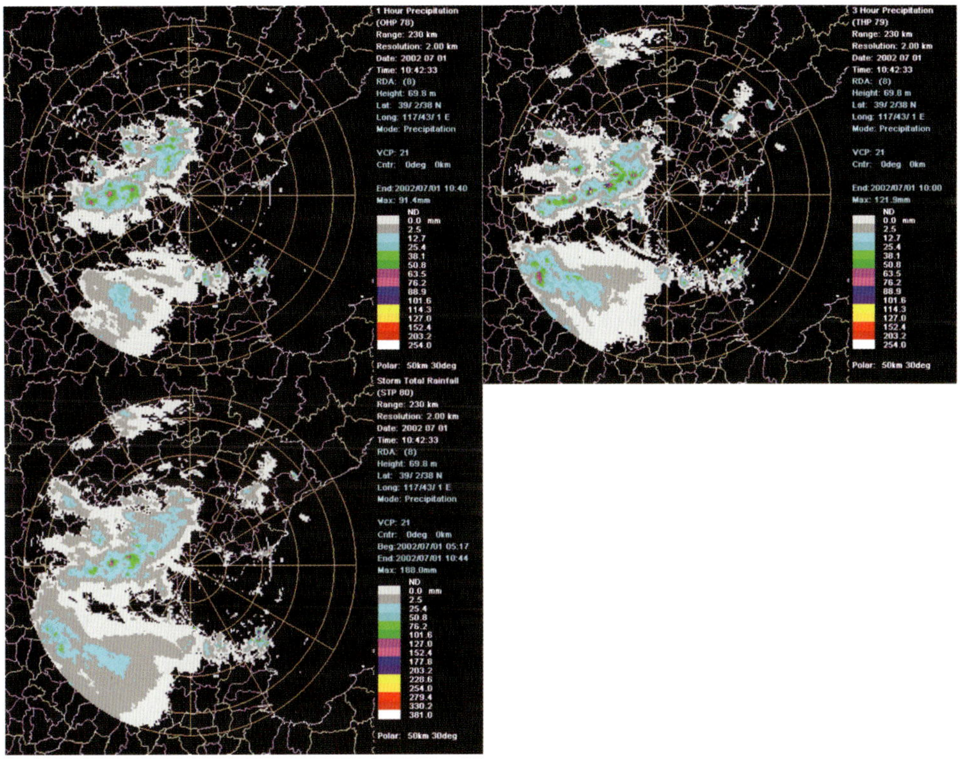

图 7.41 1 小时雨量、3 小时雨量和风暴总雨量产品的例子

7.7.7.2 字符补充产品

补充的降水数据产品可以通过 PUP 的字符终端显示,通常包括三部分信息。第一部分选取的是由 PPS 算法产生的一些补充数据,例如当前的偏差系数估计、它的误差变化、偏差系数是否被用到产品上、孤立的和具有极端值的距离库的数量、倾斜测试中回波区域减少的百分比、以及丢失数据的具体时间段。第二部分包括了最近 1 小时收到的数据的所有雨量计一雷达对清单、它们的位置、以及每个雨量计一雷达对是否通过了质量控制步骤。第三部分包括 RPG 最近收到的雨量计原始报告。

7.7.7.3 数字产品

PPS 生成 2 种数字产品。"数字"意味着雨量产品保持在算法中的原始精度,而不像在图形产品中雨量被分为有限的(16 个)等级。由于保持了原有的数据分辨率,这些数字产品可以在 WSR-88D 之外的其他定量处理算法中使用。

第一个数字降水产品 1 小时数字雨量(缩写为 DPA 或 HDP)。这个产品每个体扫都生成和更新,是连续 1 小时的累积。雨量数据由原来的线性单位转换成 256 个数据级的对数尺度,以便适合于 1 个比特的计算机字。数据的范围从 0.25 mm 到 400 mm。图 7.42a 是一个 DPA 产品的图形表示。这个产品的分辨率与 PPS 算法中极坐标网格的分辨率(1°×2 km)有所不同。用极坐标网格表示的 1 小时雨量重新投影到一个称为"水文雨量分析投影(HRAP)的极射赤面投影平面的的格点上,该网格是一个高分辨率的,嵌套在过去使用的区域数值预报模式 LFM 的网格之中的。这个 HRAP 网格覆盖美国的 48 个州,DPA 产品输出到这个公共的网格以便在随后的区域和全国降水分析中与其他雷达的 DPA 进行拼接。该网格的格距一边是 4 km,另一边在美国南部为 3.7 km,在美国北部为 4.4 km。

第二个数字产品实际上不是一个降水产品。数字混合扫描反射率因子产品(DHR)是一个在 PPS

的预处理算法中处理过的、在分辨率为 1°×1 km 的极坐标格点上的扇形分区混合扫描的反射率因子数据。其精度为 0.5 dBZ，数值范围从 −32 到 95 dBZ。该产品应用于 WSR-88D 算法之外的暴洪预警。

7.7.8　目前的局限性和未来的挑战

业务化的雷达降水估计仍有很多问题有待解决。降水估计技术必须以科学原理为基础，同时要具有足够的弹性以适应最新的科学技术进展。它首先必须是稳健的，一方面不断整合最新技术进展，另一方面要适合于各种气候、季节、天气和中尺度条件。要充分理解降水产品，需要了解 PPS 算法的优点和局限性。尽管这些局限性在几十年前就知道了，但确定的和稳健的解决方案(算法的或技术的)或者是不存在，或者是有争议，或者是负担不起。

7.7.8.1　参数优化

PPS 中大量的可调参数说明原有算法的设计者具有很好的预见性，在算法中保留了足够的弹性。但仅仅设置了可调参数并不是最终的解决，这些参数作为气候、季节和降水系统类型的函数需要进行优化以便从目前的算法产生最佳的降水估计。鉴于几年的 WSR-88D 数据已经存档，美国天气局和它的合作者已经开始处理这个非线性的多维的最优化问题。随着各种气候区域的 WSR-88D 资料的不断增多，这一努力会继续进行下去。具有特别重要性的是不同类型降水和环境条件下 *Z-R* 关系中参数的最优估计。在开发出对风暴的不同部分采用不同的 *Z-R* 参数的切实可行的方法之前，将会继续使用目前的空间均匀的 *Z-R* 关系参数。需要开发自动稳健的业务化的分类技术，将各个季节的不同类型降水系统按照其微物理过程的特征进行分类，每种类型使用一套相应的 *Z-R* 关系参数。

7.7.8.2　亮带和雪

目前的算法有几点需要改进。其中一点是对 0℃层亮带或更普遍的对冻结的和混合相的水凝物的订正。目前的 PPS 算法在冻结层(0℃层)和冻结层以上高度的取样不能产生可靠的定量降水估计。在冻结层以上，违反了雷达方程中球形水滴的假定。并且，*Z-R* 关系是在只存在液态水滴的条件下得到的，不适用于冰雪的情况。正如 Joss 和 Waldvogel(1990)所指出的，为了从雷达数据中导出降雪的厚度或等价液体水的量，还需要做进一步的研究。美国天气局水文实验室(HRL)继续评估潜在的用来减轻亮带污染的算法。

7.7.8.3　距离退化

WSR-88D 降水估计的最大问题之一是距离退化(过低估计)。这个问题的来源并非主要是波束部分充塞，而是随着距离的增加，波束高度增加，反射率因子随高度减小，直到在远距离处，波束从降水系统顶上穿过。这个问题在冷季和有地形阻挡的情况下更为突出，因为冷季的降水系统大都为浅薄的层状云降水系统。如果雷达至少能探测到一些弱的信号，则有可能使用一个反射率因子垂直分布的平均廓线外推出地面附近的降水。目前存在和建议的考虑反射率因子垂直梯度的实时距离订正算法正在接受检验(Seo 等，1996，1997)。

7.7.8.4　反射率因子标定和杂波抑制

WSR-88D 雷达的正确的绝对标定是 PPS 算法的一个关键假定。WSR-88D 雷达标定在整个雷达网内空间和时间上的一致性仍然是一个问题。局地的自动标定程序并不能保证一些站点的雷达数据达到提供满意的定量降水估计的精度。另外，在一些站点有时出现的不适当的和过度的杂波抑制可以导致真实的气象回波被滤除，从而低估降水。需要进一步改进雷达硬件标定和杂波抑制技术。另外，雨量计-雷达偏差系数调整也可以订正反射率因子标定偏差。

7.7.8.5　超折射杂波

在 RDA 内利用多普勒径向速度去除超折射杂波区域的信号处理技术需要进一步改进，特别是在超折射杂波和降水回波共存的情况下。WSR-88D 系统允许雷达操作员定义瞬变杂波抑制区，但这一功能取决于雷达操作员识别超折射杂波的能力。PPS 算法中的倾斜测试在没有降水回波混杂其中的情况下消除超折射回波的污染是很有效的。

7.7.8.6 局地雨量计一雷达对偏差订正

局地雨量计-雷达对偏差有几个来源。这些来源包括在云系统中随空间变化的微物理过程和在 PPS 中使用空间均匀的,或许是不适当 *Z-R* 关系参数。存在依赖于距离的偏差,例如雷达波束从降水系统顶上穿过造成的偏差。也存在依赖于方位角的偏差,如地形阻挡。密集的雨量计网使得我们有可能订正这些误差。周围雨量计丰富的 WSR-88D 雷达站点尽管有限,但确实存在这样的站点,在这类站点进行实时的局地偏差订正是可能的。在随后的 WSR-88D 之外的第二阶段降水处理中,加入了局地雨量计一雷达对订正算法,可考虑把它放到 WSR-88D 的 PPS 算法中的可能性。

7.7.8.7 衰减

Ryzhkov 和 Zrnic(1995)在研究一个强飑线个例时,发现 S 波段雷达波的衰减对降水估计的影响比原来认为的要大。目前无论是在 PPS 算法中还是在 RDA 中,都没有考虑降水和湿的天线罩对降水估计的影响。

7.7.8.8 双极化

WSR-88D 是水平极化雷达。双极化雷达通过测量两个正交极化方向回波的位相差可以改善单极化雷达中基于 *Z-R* 关系的降水估计。另外,利用附加的垂直极化方向的回波得到的微差反射率因子可以获得水凝物的微物理信息,从而有助于水凝物尺寸和类型的识别(雨、冰雹和雪)和改善降水估计。美国国家天气局正在研究给 WSR-88D 增加双极化功能的可能性。Zrnic(1996)建议极化技术在水文方面的业务应用前景广阔。首先必须证明业务应用带来的效益超过花费,然后才能大规模布设。

7.7.9 随后的降水处理

为了给美国天气局的河流预报使命提供支持,降水处理系统设计成能直接给美国天气局的河流预报系统(NWSRFS)提供每小时雷达和雨量计累积降水数据的首尾相接的完整系统。NWSRFS 是一套河流预报中心(RFC)的经过雨量计历史数据标定的水文模式。目前正在全美国范围内把每小时雷达累积雨量的格点数据包括进上述水文模式。在 WSR-88D 的 RPG 内运行的 PPS 是这个整体的降水处理系统的第一个处理步骤(阶段 1)。在河流预报中心还执行另外两个步骤的降水处理以改进水文预报。下面对于 WSR-88D 之外的随后进一步的降水处理过程进行简要的描述。

7.7.9.1 阶段 2

阶段 2 的主要目的是利用一个多变量的客观分析方案将雷达和雨量计的观测结合在一起,提供一个最优的每小时雨量估计。这种多传感器分析在每部雷达的 HRAP 格点上每小时执行一次,用阶段 1 生成的 1 小时数字雨量产品(图 7.42a)和经过客观分析的所有雨量计数据(图 7.42b)作为输入。在生成这个多传感器分析的第一步是计算和应用一个新的平均场雨量计一雷达偏差订正,使用与阶段 1 中类似的卡尔曼滤波方法(图 7.42c)。由于为阶段 2 的算法服务的雨量计数据通讯系统与 WSR-88D 的 PPS 算法的不同,远不如 PPS 算法要求的雨量计通讯系统复杂,同时也由于它们在 20 世纪 90 年代初就开始运行,阶段 2 中每小时的雨量计一雷达偏差的计算和订正是业务运行的(而 WSR-88D 中偏差系数的计算和订正一直没有业务运行),并且几个河流预报中心运用这种方法订正雷达降水估计已经有好几年了。目前,几乎所有的河流预报中心都执行阶段 2 的降水处理程序。

雷达数据导出的降水估计偏差在雷达覆盖的区域内可能会随着距离、方位、降水类型和其他因素而非均匀地变化。为了考虑这种空间非均匀性,阶段 2 的第二个处理步骤(在平均场偏差订正之后)利用多变量最优估计方法将雨量计观测数据并入并进行局部调整,输出的降水场称为"多传感器"分析(图 7.42d)。在这个客观分析程序中,在每个 HRAP 格点上雷达和雨量计数据的权重系数确定的判据是它们的线性结合使得预期的降水估计误差最小。将来,利用气象卫星的红外和微波通道辐射率导出的实时雨量估计最终将作为第三个独立的降水测量并入上述最优算法,特别是在雷达波束被地形阻挡的区域。由于阶段 2 算法并没有阶段 1 中对雨量计及时性(50 分钟)和数量(50)的限制,它将产生更好代表性的偏差估计,因为会收集到更多的雨量计数据,但显然实时性不如阶段 1 的算法。阶段 2 算法实时性的降低对河流预报中心来说并不严重,它们主要预报较长时间尺度的洪水事件。在另一方面,对于负责短时间尺度暴洪预报和警报的天气预报台(WFOs)来说,阶段 2 的降水产品在时间上或许就太迟了。

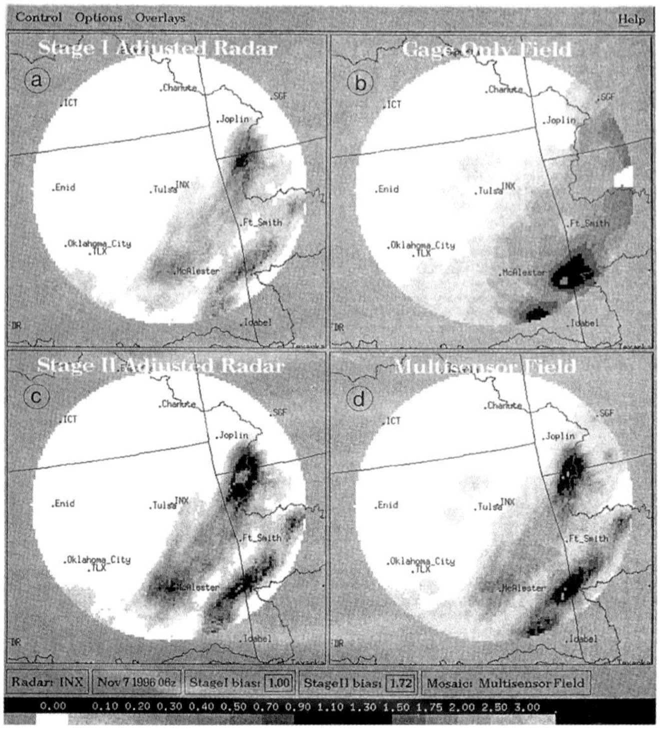

图 7.42　结束于 1996 年 11 月 7 日 06 时(UTC)的位于美国 INX 的 WSR-88D 的 1 小时雨量估计。(a)阶段 1 经过偏差订正的雷达降水估计;(b)雨量计降水估计;(c)阶段 2 经过偏差调整的雷达雨量估计;(d)阶段 2 雷达—雨量计多传感器最优雨量估计

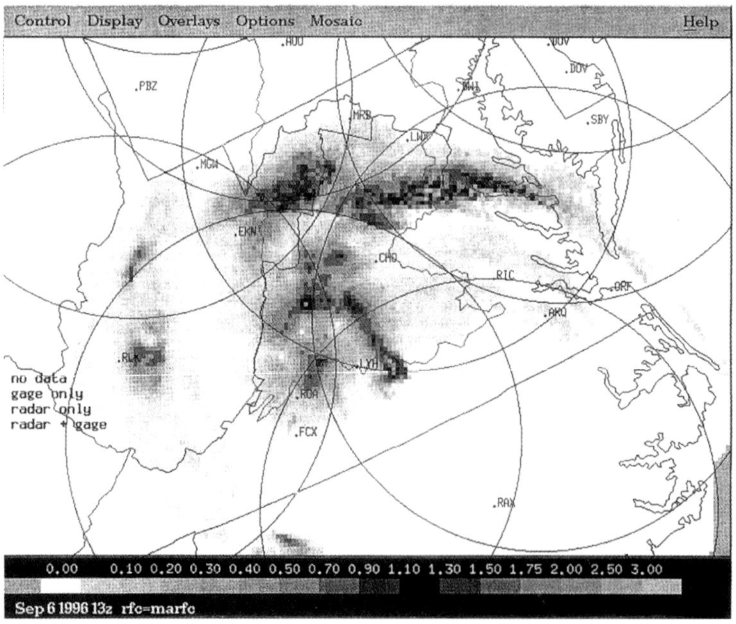

图 7.43　阶段 3 由 12 部雷达的阶段 2 多传感器分析拼接成的结束于 1996 年 9 月 6 日 13:00(UTC)的覆盖美国东部中大西洋河流预报区域的 1 小时累积雨量

7.7.9.2　阶段 3

河流预报中心需要一个比单个雷达的范围大得多的一个区域内的降水估计。阶段 3 是美国天气局降水处理程序的第三阶段,在这一阶段,多个雷达在阶段 2 得到的多传感器分析在 HRAP 网格上被拼接

在一起以覆盖河流预报中心的预报区域(图 7.43)。阶段 3 分析提供一个图形用户界面用来显示合成的降水估计,并且允许对每部雷达的雨量计和雷达雨量数据进行交互式的质量控制。可以对雨量计和雷达雨量估计数据进行手工编辑以去除坏的数据或被超折射杂波污染的区域。NWSRFS 模式目前以 6 小时时间步长运行。为了从阶段 3 的雨量估计获得每个流域平均面雨量用作水文模式的输入,对每小时的阶段 3 格点雨量估计进行空间平均,然后进行 6 小时的累加。

7.7.9.3　阶段 4

美国国家环境预报中心(NCEP)正在着手将 WSR-88D 雷达导出的格点降水估计同化进他们的数值预报模式以改进降水预报(Lin 等,1997)。为完成这个目标,来自所有雷达的阶段 2 降水产品被拼接到全国的 HRAP 网格生成一个阶段 4 覆盖全美国的降水估计。这些估计目前没有包括河流预报中心进行的平均场订正和手动质量控制。

7.7.10　小结

雷达降水估计的原理是基于降水率和雷达反射率因子之间的经验关系。雷达取样体积内的降水粒子产生的平均回波功率与其反射率因子的关系表达为气象雷达方程:

$$\bar{P}_r = \frac{C|K|^2 Z}{r^2}$$

其中 P_r 为回波功率,Z 为反射率因子,C 为雷达常数,K 为与降水粒子相态有关的电磁常数,r 为雷达到目标物的距离。而反射率因子 Z 通过经验关系与降水率 R 相联系:

$$Z = AR^B$$

其中 A 和 B 为待定参数,Z 的单位为 mm^6/m^3,R 的单位为 mm/h。对于我国新一代天气雷达,降水算法中 A 和 B 的默认值分别为 300 和 1.4。

图 7.44 给出了雷达估计降水误差的几个来源。1)标明了雷达波束从降水系统顶上扫过,无法对降水进行取样,这对于远离雷达的降水系统是经常发生的,导致对降水的过低估计;2)标明了在雷达取样位置之下发生的蒸发,这种现象导致对降水的过高估计;3)标明了发生在雷达取样位置之下的地形对降水的加强作用,导致雷达过低估计降水;4)标明了雷达在亮带取样,导致过高估计降水;5)标明了由于不合适的 Z-R 关系导致雷达过低估计毛毛雨的雨量;6)标明了超折射的存在使得雷达将地物回波当作降水回波导致对降水的过高估计。

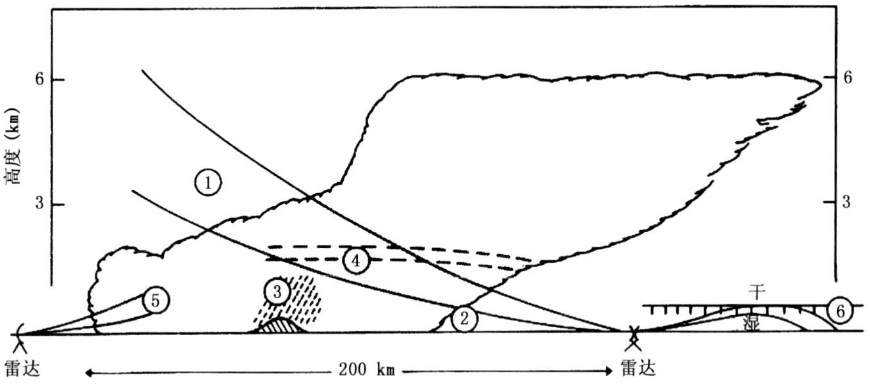

图 7.44　雷达定量估计降水面临的几个问题:1)在远距离处雷达波束从浅薄降水系统顶上穿过;2)雷达波束以下的降水蒸发;3)发生在雷达波束以下的地形对降水的加强;4)亮带;5)由于 Z-R 关系不适合导致低估毛毛雨的雨量;6)超折射(引自 Collier, 1989)

除了图 7.44 中指出的误差之外,造成雷达降水估计误差的因素还有雷达硬件定标误差和下雨造成的天线罩衰减加大引起的误差。雷达硬件误差如果保持在±1 dBZ 之内,则由硬件定标不准引起的降水估计误差可以保持在 18%以内。如果雷达硬件误差保持在±2 dBZ 之内,则由硬件定标不准引起的降水估计误差可以保持在36%以内。我国大多数新一代天气雷达可以满足第二个条件，因此由硬件定标误差引起的降水估计误差基本上可以控制在40% 以内。

我国新一代天气雷达的降水估测只使用最低的4个仰角：0.5°，1.5°，2.4°，3.4°，分别使用在50 km以外，35～50 km，20～35 km和0～20 km的距离范围。在遭遇地形阻挡时，有时需要使用比上述规定的仰角高一级的仰角，形成扇形混合扫描（如果3.4°仰角被地形挡住，则不再使用更高仰角，相应距离库不生成降水数据）。每部雷达都有自己的扇形混合扫描图。有了扇形混合扫描图，通过 *Z-R* 关系可以得到每个1°×1 km的距离库上的降水率，经过平滑得到每个1°×2 km的距离库上的降水率。然后对于每个体扫的降水率进行时间累加得到1°×2 km的距离库上1小时累积雨量、3小时累积雨量、风暴总降水量等图形产品和1小时雨量数字阵列等数字产品。

7.8　本章小结

我国新一代天气雷达的优点之一是基数据为数字化的，经过算法的处理可以形成一系列的产品。产品种类有30多种，每种产品有的还有不同的分辨率和显示级别，因此总共有70多个产品，常用的产品通常在20个以内。目前使用的算法主要有7.0和10.8两个版本。

产品分为基本产品和导出产品。常用的基本产品为反射率因子和平均径向速度。反射率因子最常用的19和20号产品，显示范围分别为230 km和460 km，分辨率为1 km和2 km，色标（显示级别）为16级。平均径向速度最常用的是27号产品，显示范围230 km，分辨率1 km，色标为16级。此外，相对风暴平均径向速度图（56号，显示范围230 km，分辨率1 km，色标16级）也是很常用的产品。

导出产品中常用的有垂直累积液态水含量VIL（57号）、组合反射率因子CR（35～38号）、回波顶ET（41号）、风暴跟踪信息STI（58号）、冰雹指数HI（59号）、中气旋M（60号）、龙卷涡旋特征TVS（61号）、反射率因子垂直剖面（50号）、径向速度垂直剖面（51号）、速度方位显示风廓线VWP（48号）、1小时累积雨量（78号）、3小时累积雨量（79号）和风暴总降水量（80号）。

垂直累积液态水含量VIL实质上是反射率因子的垂直累积，代表了雷暴的总体强度。而组合反射率因子CR使得我们只检验一幅图就可以了解区域内所有产生强回波的目标的最大反射率因子，与VIL的作用类似，但是VIL不会受到地物杂波的大的影响。回波顶ET表示回波顶高，其确定回波顶高的反射率因子阈值为18.3 dBZ。CR、VIL和ET都是采用直角坐标（而基本产品都采用极坐标），CR的最高分辨率是1 km×1 km，而VIL和ET的分辨率都是4 km×4 km。

风暴跟踪信息STI显示被识别的风暴单体质心过去、现在和将来的每隔15分钟的位置，最长外推预报时效为1小时。7.0版本的风暴系列跟踪算法在识别风暴单体时只设一个30 dBZ的强度阈值，其缺陷是常常将距离较近的几个不同风暴单体识别为一个大的单体。10.8版本的风暴单体识别和跟踪算法设置了从30到60 dBZ共7个阈值，大大提高了识别的准确性。

冰雹探测算法主要判断每个风暴单体发生降雹的可能性。7.0版本的算法只给出任何尺寸冰雹的可能性，而10.8版本的冰雹算法除了给出任何尺寸冰雹的降雹概率外，还给出了强降雹的概率和预期最大冰雹尺寸。新算法与老算法相比命中率 *POD* 大体相当，虚警率 *FAR* 明显降低，因此临界成功指数 *CSI* 明显提高。

中气旋算法识别满足一定旋转速度阈值的几千米尺度的三维涡旋，7.0和10.8版本采用了同样算法，中气旋的标号为离中气旋最近的由风暴识别跟踪算法识别的风暴单体的标号。

7.0版本的TVS算法是在识别中气旋的基础上进一步识别包含在中气旋之内的更小和更强的TVS涡旋，而10.8版本的龙卷探测算法TDA是完全独立于中气旋算法的，它寻找沿方位角方向的库到库（像素到像素）的较大气旋式切变，并做垂直相关，以确定三维的小尺度涡旋。

速度方位显示风廓线VWP算法利用一个体扫的径向速度资料导出雷达上空50～60 km范围内风向风速随高度变化的曲线（垂直风廓线），每个体扫更新一次。

降水算法根据 *Z-R* 关系利用每个体扫的最低四个仰角的反射率因子导出1小时累积雨量、3小时累积雨量和风暴总降水量，并且可以利用实时雨量计数据对降水量进行订正。导致降水估计偏差的因素除了不适当的 Z-R 关系外，还包括雷达硬件定标误差、湿的天线罩、亮带、远距离处雷达波束从降水系统上面穿过、超折射地物杂波和冰雹的影响等。尽管新一代天气雷达降水算法将测雨范围一直扩展到 230 km，实际上即便在夏季(亮带高度较高)和在地形平坦情况下，雷达的有效测雨范围也不超过 150 km。

大部分雷达产品的申请都可以通过常规产品清单的方式申请，但有些产品如垂直剖面产品和窗口产品只能通过一次性请求的方式申请。

第八章 多普勒天气雷达实际应用个例分析

前面几章中介绍了新一代天气雷达的原理、产品以及利用它识别强对流天气的概念模型和准则。在本章中，通过介绍实际的雷达回波个例分析，使读者对新一代天气雷达在业务中的应用有一个深刻的了解和掌握。自从1999年我国第一部新一代天气雷达——安徽合肥CINRAD-SA型雷达开始运行以来已经有近6年的时间。在此期间，中国气象局完成了一大半的新一代天气雷达的布网任务。各个雷达站点积累了一些强烈天气事件的雷达回波资料。本章中的一部分个例就是来自我国新一代天气雷达的观测资料，另一部分个例来自美国，在那里，158部WSR-88D的布网开始于1991年，完成于1996年。

8.1 2002年5月27日安徽超级单体个例

8.1.1 引言

作为局地对流风暴发展的一种最猛烈的形式，超级单体风暴一直吸引着众多气象学家的注意。无论是出于科学的好奇心还是出于对社会公益事业做出贡献的考虑，对超级单体风暴的研究从20世纪50年代一直持续至今，对它的认识逐步完善。“超级单体”(supercell)一词是Browning于1962年在研究发生在英国一次强对流风暴时提出的，代表该风暴在其最强盛期间的准稳定状态。20世纪60年代和70年代，Browning(1964,1965,1967,1978)和他的合作者利用天气雷达资料对超级单体风暴的结构进行了一系列开创性的研究。Marwitz(1972)以及Chisholm和Renick(1972)正式提出将超级单体作为局地对流风暴的一种类型，超级单体一词作为一种风暴类型的代表才被广泛使用。Marwitz(1972)和Chisholm(1973)将局地强对流风暴划分为多单体风暴、超级单体风暴、强烈剪切风暴和飑线。Browning(1978)对局地对流风暴的划分做出了进一步的阐明，指出划分可分为一级划分和二级划分。一级划分将构成局地对流风暴的基本单元“单体”划分为普通单体和超级单体。二级划分将局地对流风暴划分为单一单体风暴、多单体风暴和线风暴(飑线)，其中单一单体风暴既可以是普通单一单体风暴也可以是孤立的超级单体风暴，而构成多单体风暴和飑线的对流单体既可以是普通单体也可以是超级单体。不过，雷达气象学界最终采用的划分是在考虑研究和业务上的方便基础上，将Marwitz(1972)，Chisholm(1973)和Browning (1978) 的划分进行了综合，将局地对流风暴划分为普通单一单体风暴、多单体风暴、超级单体风暴和飑线。Browning和Ludlam(1962)指出，超级单体风暴作为一个强烈发展的对流单体的特征除了其准稳定状态外，一个重要的雷达回波特征是存在一个弱回波区WER(Weak Echo Region)或有界弱回波区BWER(Bounded Weak Echo Region)。Browning早先将“有界弱回波区”(BWER)称为“穹窿”(Vault)。弱回波区的一部分或有界弱回波区代表上升气流区，由于上升气流强烈以至大的降水粒子无法进入其中造成弱回波。后来的观测发现，大多数不含超级单体的强烈多单体风暴也会出现弱回波区甚至有界弱回波区，其与超级单体中的WER特别是BWER的区别在于其持续时间相对较短。超级单体风暴的另一个雷达回波特征是低层的钩状回波。第一个钩状回波是由Stout和Huff(1953)观测到的。需要指出的是，并非所有的超级单体都呈现出典型的钩状回波，大多数情况下都是由风暴主体向着低层入流方向伸出的一个突出物，Fujita(1973)给出了常见的超级单体钩状回波的5个变种。随着20世纪70年代多普勒天气雷达在研究中的使用，超级单体风暴的旋转特性被充分揭露出来。早在1958年，Fujita(1958)通过分析Stout和Huff记录下来的首张带有明显钩状回波的超级单体雷达回波照片就推断出风暴的旋转，Browning(1964)提出的超级单体概念模型中也暗含了风暴旋转。1970 年 Donaldson 首次利用多普勒天气雷达观测到了超级单体中的“龙卷气旋”(Brooks，1949)，也就是最早由 Fujita(1963)提出，现在广泛使用的所谓“中气旋”(mesocyclone)。接下来的一系列多普勒雷达观测(Brown 等，1973；Ray 等，1975；Burgess 等，1977)和数值模拟(Klemp 等，1981；Rotunno and Klemp，1982；1985)进一步证明超级单体风暴总是与中气旋相伴随的。1978 年 Browning 在一篇综述文章中建议超级单体可重新定义为具有中气旋的对流单体，中气旋的初始位置与有界弱回波区的位置大致相同。在根据多普勒天气雷达观测对 Browning(1964)提出的超级单体风暴概念模型进行适当修改的基础上，Lemon 和 Doswell(1979)提出了一个新的超级单体概念模型(图 5.58b)，该模型经历了时间的考验，至今仍被用作经典超级单体风暴的概念模型。

我国对于局地强对流包括超级单体风暴只有一些不系统的、零散的研究。葛润生(1966)对 1964 年发生在北京地区的几次降雹过程的雷达回波进行了分析，其中的一个雹暴的结构与超级单体风暴类似。王昂生等(1978)、黄美元和王昂生(1980)，以及王昂生和徐乃璋(1985)研究了若干中国的超级单体风暴。葛润生等(1998)利用中国气象科学研究院的多普勒天气雷达研究了一次雹暴的反射率因子和流场结构。随着中国新一代(多普勒)天气雷达布网工作的逐步展开，新雷达的高灵敏度和测速功能为我国局地强风暴的研究提供了空前良好的条件。不少已安装新一代天气雷达的站点观测到了一些超级单体风暴和相应的中气旋的个例。

2002 年 5 月 27 日下午，在安徽北部出现了一系列的强对流风暴，其中造成严重灾害的是其中的一个强烈的经典超级单体风暴，该风暴历经约 2 个半小时，其间自西北向东南方向约移动了 90 km，风暴路径(包括风暴的起始阶段)如图 8.1 所示。安徽省北部大片地区出现大风、冰雹和强降水天气。其中受灾最严重的蚌埠市 5 月 27 日 16:58 出现 31 m/s 的狂风，同时伴随着冰雹和大雨。农作物大面积受灾，倒塌房屋 1374 间，2 人死亡，53 人受伤，蚌埠市直接经济损失 1.92 亿元，这次灾害总的经济损失约 4.54 亿元。此次超级单体风暴的强烈程度和典型性在我国有观测资料记录的超级单体个例中是前所未有的。

本节内容摘自郑媛媛等(2004)发表在气象学报的论文。

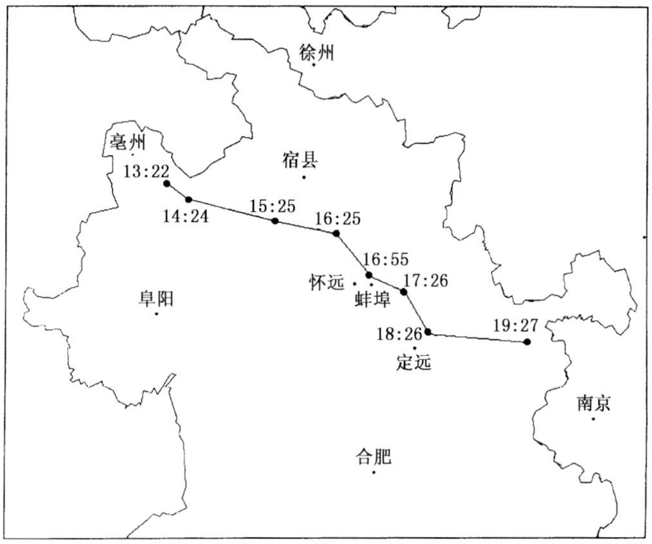

图 8.1　2002 年 5 月 27 日安徽北部强对流风暴移动路径图

8.1.2　天气背景

2002 年 5 月 27 日 08 时(文中时间如不特别说明均指北京时间)500 hPa 高空图上(图 8.2a)，安徽省处在沿海槽后的西北气流中，从巴尔喀什湖至我国东部气流较平，不断有横槽下摆，冷空气从淮北东路南下，500 hPa 皖北为西风偏冷气流。从 27 日 08 时和 20 时 700 hPa 高空观测图上看到(图 8.2b 和图

8.2c)，在这 12 小时之内，低槽切变线的迅速南压经过皖北，给当地的强对流天气提供了比较有利的 700 hPa 环流条件。850 hPa 图(图略)上，27 日 08 时皖北为西南气流。在 27 日 08 时的地面图上(图略)，皖北地区都是东南风，3 小时变压为正，14 时，皖北地区出现一个尺度为 150 km 左右的气旋式涡旋(图 8.2d)，3 小时变压普遍为负值，显然与 700 hPa 上低槽切变线的移过直接相关，为局地强对流的发生提供了很好的中尺度环流背景。对流发生前为晴空少云天气，地面增温明显。17 时(图略)，超级单体风暴达到其最强盛阶段，此时皖北地面风场特征主要表现为自蚌埠向西的一条气旋式风切变线和蚌埠西侧一条南北向风辐合线，14 时呈现的 150 km 左右的气旋式涡旋已不复存在。

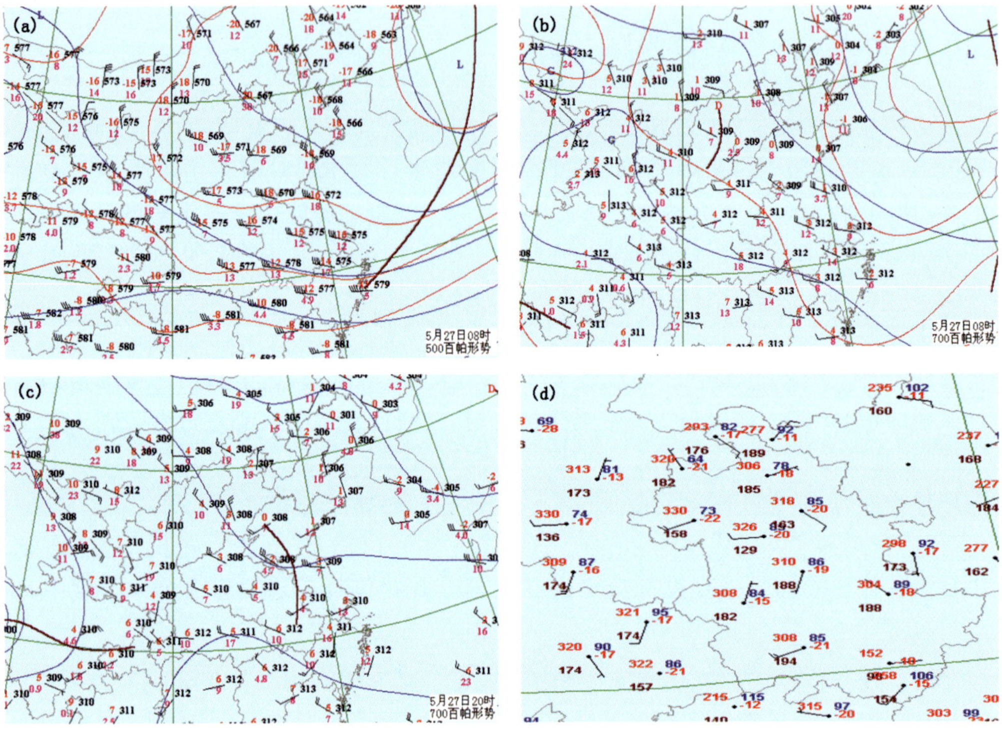

图 8.2　(a)2002 年 5 月 27 日 08 时(北京时)500 hPa 天气图；(b)和(c)2002 年 5 月 27 日 08 时和 20 时(北京时)700 hPa 天气图；(d)2002 年 5 月 27 日 14 时地面天气图

下面分析一下大气层结的稳定度。对流风暴经过的区域为阜阳、徐州和南京 3 个探空站构成的三角形区域(图 8.1)。对流风暴于 27 日 13 时多起始于亳州和涡阳之间的区域，位于阜阳和徐州两个探空站之间，经过涡阳、蒙城、蚌埠、定远、来安、天长，然后于晚上 21 时左右进入苏北。图 8.3 给出了 27 日 08 时阜阳和徐州的探空曲线，图中红色区域表示正的面积值，蓝色区域表示负的面积值，中间区域(自由对流高度和平衡层高度之间的区域)的面积代表 CAPE(对流有效位能)值。阜阳站的 CAPE 值为正，表示具有对流不稳定，但 CAPE 的数值并不大；徐州站的 CAPE 值也为正，但其数值几乎为 0。南京站 27 日 08 时探空的 CAPE 值也接近于 0(图略)。因此，单从上述探空站 08 时的对流有效位能 CAPE 的分析很难看出下午具有发生强对流的潜势。主要原因在于探空站的时空分辨率太低，其空间间距在 200 km 左右，时间间隔为 12 小时，而大气对流稳定度的时空变化是很大的，尤其是对大气对流稳定度有很大影响的水汽的时空变率特别大。Weckwerth 等(1996)指出，在大气边界层内的滚轴状对流的上升和下沉区，虽然相隔只有 20～30 km，但由于其湿度相差较大，相应的 CAPE 值可以相差很远。所以，根据常规探空资料计算的 CAPE 值对于发生强对流发生潜势的指示性是非常有限的。

接下来检验风的垂直廓线。图 8.3 的探空图上的低层风速不很清楚，我们结合地面、850、700 和 500 hPa 天气图可看出：27 日 08 时皖北地区的地面为一致的东南风，850 hPa 为西南风，700 和 500 hPa 都为西风，再往上皆为西风，风速随高度增加。因此，在大气低层，风向随高度顺时针旋转，风速增大，特别是在地面到 850 hPa 之间风向顺时针旋转的幅度最大，有利于气旋式右移超级单体风暴的产生。地面到 500 hPa 的垂直风切变大小在 12～16 m/s($2.3\times10^{-3}\,s^{-1}$)之间，厚度是 0～500 hPa。

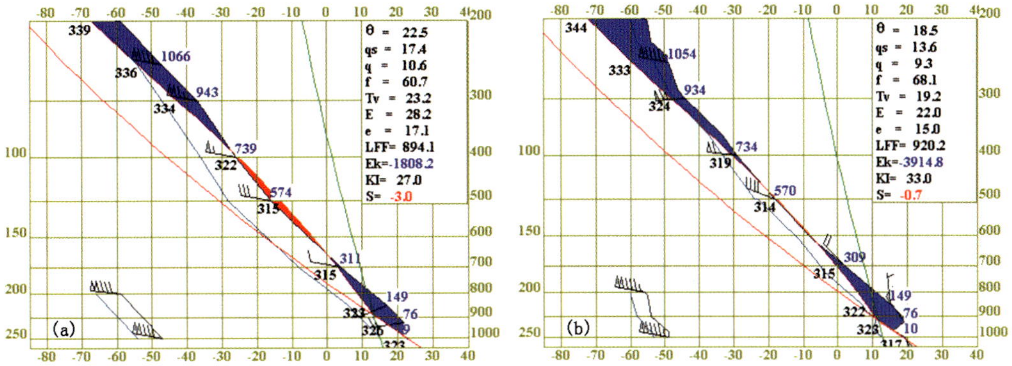

图 8.3　热力稳定度分析：阜阳(a)和徐州站(b)2002 年 5 月 27 日 08 时 $T-\ln P$ 图

8.1.3　多普勒雷达资料分析

位于合肥的多普勒天气雷达是中国新一代天气雷达布网工程中的首部雷达，下面利用上述雷达资料对此次强烈超级单体风暴的演变和结构特征进行分析。

8.1.3.1　风暴的演变

2002 年 5 月 27 日 13:20 左右在皖北的西北部亳州和涡阳之间(相对于雷达的位置为“332°，235 km”)开始有孤立的多单体风暴生成(图略)，此后雷达回波不断发展加强并向东偏南方向移动，15 时左右，该风暴系统已发展成由多个对流风暴连成一片尺度在 100 km 左右的中尺度对流系统(图 8.4)。15 时 31 分，该中尺度对流系统中有三个发展比较强盛的对流风暴，其中右边的对流风暴最强。

15:55，上述右边的对流风暴变得更加强盛，其前进方向的右后侧出现突出物，开始显现出超级单体低层回波特征。位于该强风暴东南方向的一个小的孤立对流单体迅速向该风暴靠近。16:19，风暴呈现出典型的超级单体钩状回波结构，上述小的对流单体已经非常靠近超级单体的南端。相应径向速度图上出现明显的中气旋(图 8.5)。事实上，在 16:01，沿入流方向穿过最强回波位置的反射率因子垂直剖面(图 8.6)已开始显现出有界弱回波区 BWER 的结构，表明中气旋在那时就可能已经出现，但由于距离折叠的原因在低层速度图上被遮盖，但在中高层(8 km)存在尺度为 20 km 左右的中尺度气旋环流，比中气旋判据规定的尺度(小于 10 km)要大(图略)。16 时 07 分的低层速度图上可见明显的中气旋特征(图略)。所以我们判断上述强对流风暴在 16 时左右发展成超级单体风暴。16 时 25 分的超级单体反射率因子垂直剖面(图 8.6)呈现出明显的有界弱回波区结构。16 时 55 分，超级单体强度达到顶峰(图 8.4)，风暴右后侧的典型钩状回波的反射率因子变得更强，0.5°仰角的最大反射率因子超过 70 dBZ。此时蚌埠出现 11 级大风和强冰雹。前面提到的小的对流单体已经与超级单体合并，使超级单体进一步加强。超级单体南边出现两条明显的出流边界，一条位于钩状回波的西南，一条位于钩状回波的东南。超级单体左前方的低层反射率因子呈现明显的倒“V”字型结构，这也是超级单体风暴的典型特征之一。沿入流方向穿过最强回波位置的反射率因子垂直剖面(图 8.6)呈现出典型的有界弱回波区(穹隆)、强大的悬垂回波和有界弱回波区左侧的回波墙。最大的回波强度出现在回波墙上部，超过 70 dBZ。相应的径向速度图(图 8.5b)呈现一个强烈的中气旋。随后，超级单体迅速失去其特征，至 17 时 14 分，其相应的钩状回波和中气旋特征消失(图略)。超级单体结构特征包括钩状回波、有界弱回波区(穹隆)和中气旋总共持续了约 1 小时，其间，整个对流层的平均风向为西风略微偏北，而超级单体的移动方向在盛行风向的右侧 30°左右，是典型的右移超级单体风暴。从 17 时 02 分开始，超级单体左前侧出现新的单体，超级单体开始向多单体风暴演变。随后，多单体风暴中的各个对流单体逐渐趋向于线状排列，到 17 时 56 分(图 8.4)，对流风暴呈现出明显的飑线结构，相应的速度图上显示飑线前沿云底以上的辐合特征(图 8.5d)，表明出现地面大风的强烈潜势。至 18 时 14 分，飑线变得很直，强度大大减弱。随后风暴继续向东移动，于 21 时左右进入苏北。

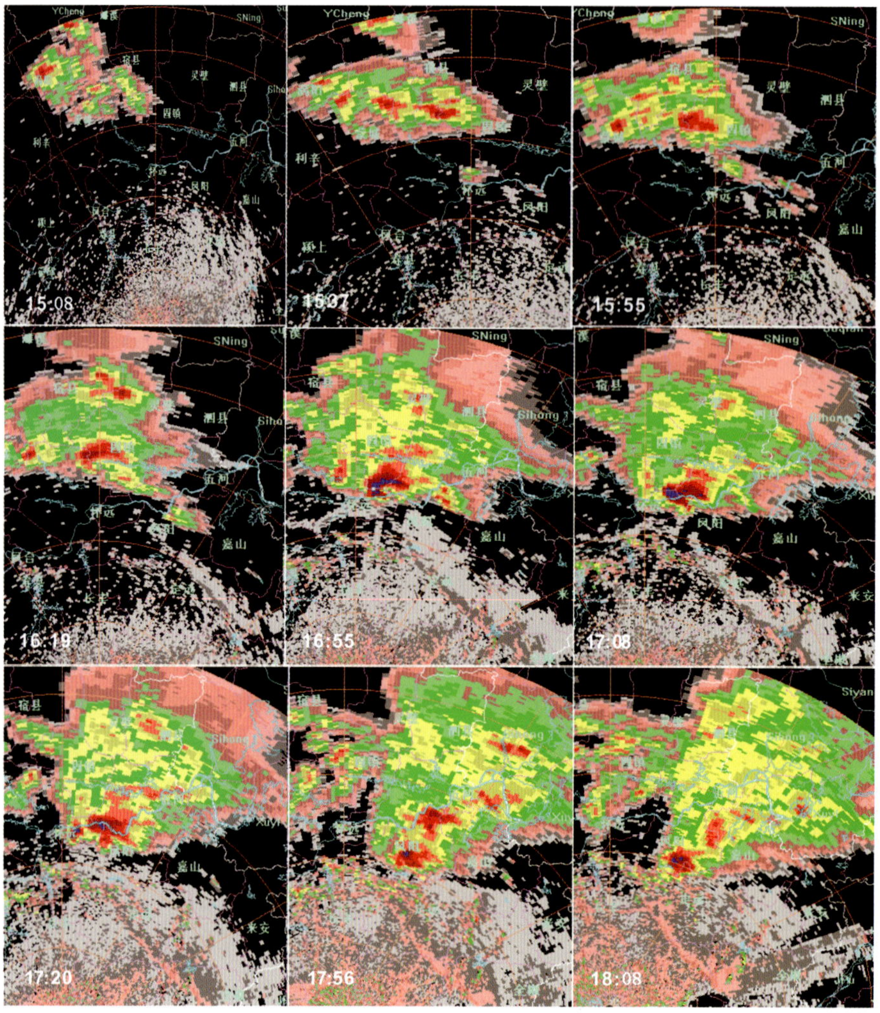

图 8.4　合肥多普勒雷达 2002 年 5 月 27 日 15:08～18:08 0.5°仰角反射率因子演变图

大量观测事实表明(Browning 和 Foote，1976)，超级单体风暴大多由多单体风暴发展而来。也有的超级单体风暴由普通单一单体风暴发展而来。Lemon(1977)提出了对流风暴发展的三个阶段反射率因子回波特征模型，既可以代表由多单体风暴发展为超级单体风暴的过程，也可以代表由普通单一单体风暴发展为超级单体的过程，如图 5.25 所示。对于多单体风暴，图中的风暴单体代表其中发展最强盛的风暴单体。每个发展阶段由高、中、低层反射率因子平面图的综合图和沿风暴低层入流方向通过回波单体核心的相应垂直剖面来表示。平面图上，深浅不同的咖啡色阴影表示低层回波，颜色越深，反射率因子越大。点划线表示中层回波强度超过 20 dBZ 的范围，黑色小圆点代表风暴顶的位置。橙色箭头代表低层入流和高层出流在平面上的投影。线段 AB 给出相应垂直剖面的位置。在风暴初始阶段(图 5.25a)，风暴强度不大，高、中、低层反射率因子垂直在一条线上，没有倾斜，低层反射率因子四周梯度均匀，风暴顶位于低层反射率因子区域的中心，垂直剖面上没有弱回波区或有界弱回波区。在下一阶段，风暴发展为非超级单体强风暴(图 5.25b)，低层反射率因子等值线在入流的一侧出现很大的梯度，风暴顶位于低层在入流一侧的反射率因子强梯度区之上，中层回波强度轮廓线的靠低层入流一侧的下部出现弱回波区。也就是说，回波自低往高向低层入流一侧倾斜，呈现出弱回波区和弱回波区之上的回波悬垂结构。这一点从垂直剖面上可以看得更加清楚。最后，风暴发展到最强烈的阶段——超级单体阶段(图 5.25c)。此时，风暴低层反射率因子出现明显的钩状回波特征，入流一侧的反射率因子梯度进一步增大，中、低层出现明显的有界弱回波，其上为悬垂回波，风暴顶位于低层反射率因子梯度区或有界弱回波区上空。上述概念模型可代表超级单体风暴发展的三阶段模型，也可代表三种不同类型风暴的反射率因子结构，即非超级单体非强风暴、非超级单体强风暴和超级单体风暴。大多数对流风暴只发展到第一阶段就消亡了。一小部分对流风暴可以发展到第二阶段，成为非超级单体强风暴（大多为多单体强风暴），只有极少数能够发展到第三阶段，成为超级单体风暴。

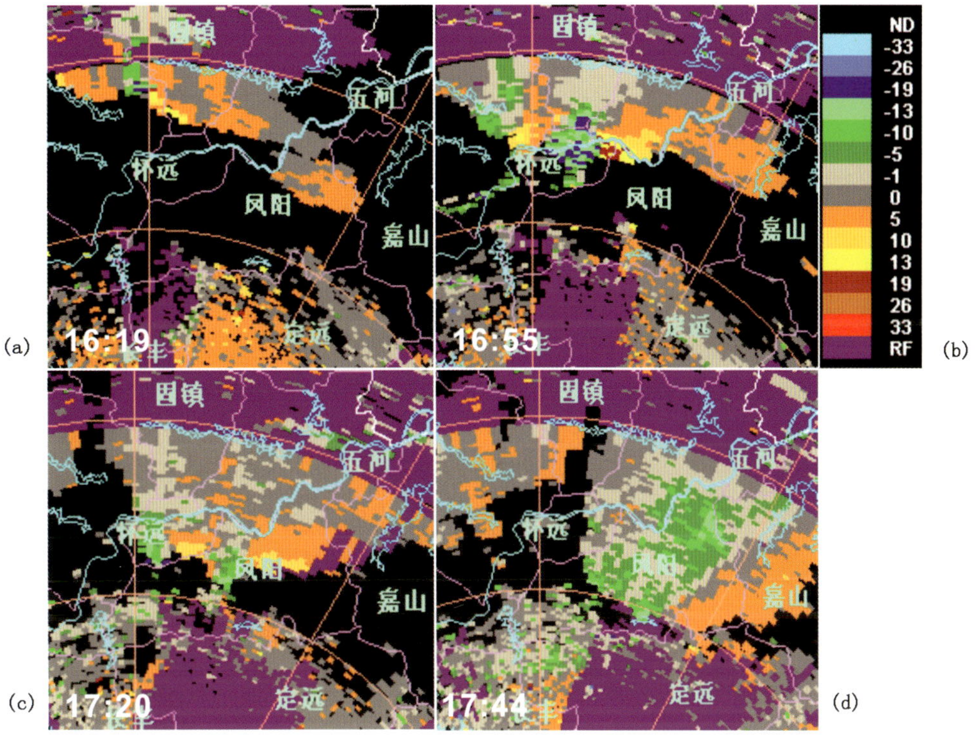

图 8.5　合肥多普勒雷达 2002 年 5 月 27 日 16 时 19 分(a)、16 时 55 分(b)、17 时 20 分(c)和 17 时 56 分(d)的 0.5°仰角径向速度图

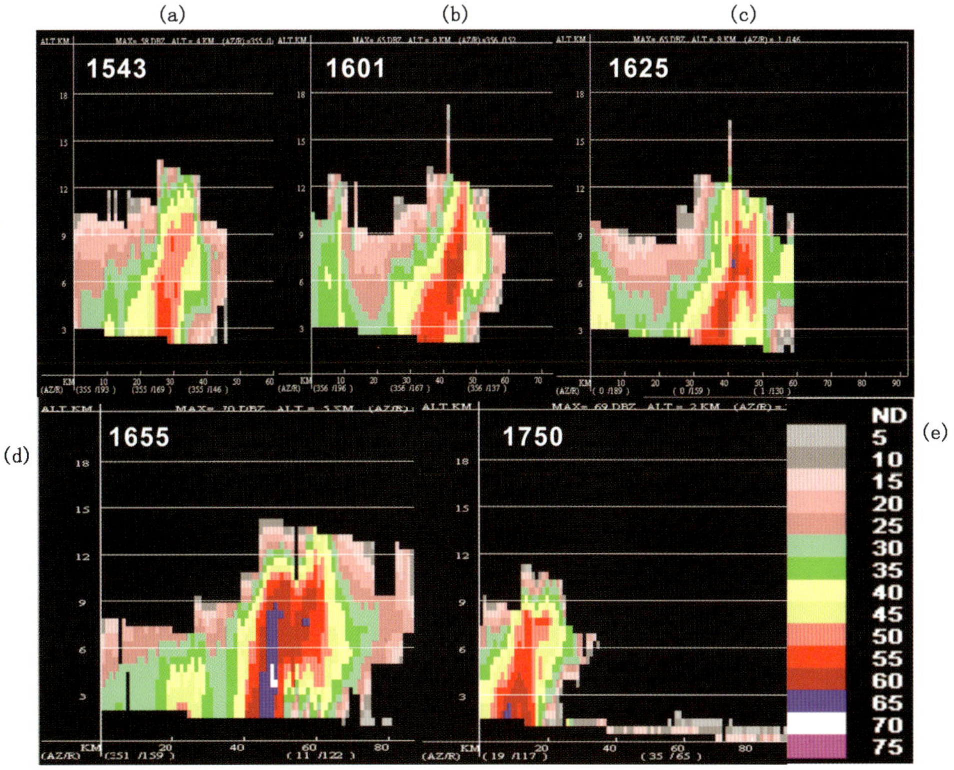

图 8.6　合肥多普勒雷达 2002 年 5 月 27 日沿风暴低层入流方向并通过反射率因子核心的反射率因子垂直剖面的时间演变

从此次分析的2002年5月27日皖北超级单体风暴的发展可以看出，在27日13时多风暴开始出现时，处于多单体非强风暴阶段，高、中、低层反射率因子垂直相叠，风暴顶位于低层反射率因子等值线所围区域的中心，没有弱回波区结构（图略）。后来，风暴发展为含有多个对流风暴中尺度对流系统（图8.4），位于右侧的对流风暴最后发展为超级单体。该对流风暴的初始阶段的结构很像是多单体风暴，该对流风暴在15:18反射率因子由低向高向低层入流一侧倾斜，开始出现弱回波区和其上的悬垂回波结构，标志着风暴进入强风暴阶段。15:43，该风暴的弱回波区结构变得非常显著（图8.6a）。16:01，开始出现有界弱回波区（图8.6b），标志着该对流风暴进入超级单体阶段。16:25，有界弱回波区结构变得非常典型（图8.6c），同时伴有明显的中气旋（图略）。16:55，超级单体发展到最强盛阶段，具有上述概念模型第三阶段的所有特征（8.6d和图8.7）。后来，如前所述，该超级单体风暴演变为多单体风暴并进一步演变为飑线。17:50（图8.6e），沿飑线中最强的风暴单体的垂直剖面显示该风暴单体仍具有弱回波区结构，表明该风暴单体仍处于非超级单体强风暴阶段。

8.1.3.2　*超级单体结构分析*

如上所述，此次超级单体风暴在5月27日下午16:55达到最强。我们分析一下此时超级单体的结构。图8.7给出了这一时刻0.5°、1.5°、2.4°、3.5°和4.3°仰角的反射率因子图和径向速度图。0.5°仰角的反射率因子图上显示了带有典型钩状回波的超级单体（相应的高度在此距离处约为2 km），最大反射率因子位于钩状回波上（西部），超过70 dBZ。钩状回波的西南方沿西南-东北走向有一条50余千米长的出流边界，从速度图上看出它离开超级单体向雷达方向移动。根据图5.28的概念模型，它是超级单体后侧下沉气流产生的出流边界，也就是阵风锋。低层入流似乎是沿着这条西南-东北走向的阵风锋的前沿向超级单体钩状回波缺口附近运动，接近钩状回波缺口时由东南方向进入风暴有界弱回波区成为上升气流。钩状回波的东南有一条长达100多千米的边界层辐合线，呈西北-东南走向。很像是与超级单体前侧下沉气流相联系的另一段出流边界（阵风锋），但其靠近超级单体的部分可能由于距离远的缘故没有显现出来。低层反射率因子图上（0.5°）超级单体的左前侧回波呈现出倒“V”字形缺口，这也是超级单体风暴常见的特征之一。与钩状回波的缺口区相对应，0.5°仰角的径向速度图上是一个很强的气旋式切变速度对，即中气旋。该中气旋的旋转速度为22 m/s，按照美国国家天气局中气旋判据属于强中气旋。

在1.5°仰角（在超级单体距离处高度约4 km），反射率因子图上仍显现出钩状回波特征，但不如0.5°仰角明显，最强回波位于钩状回波北部，超过70 dBZ。反射率因子轮廓线相对0.5°仰角向南（低层入流方向）扩展。相应的速度图上，中气旋特征仍很显著，旋转速度约为19 m/s，比0.5°仰角稍弱。

2.4°仰角（高度约为6 km）的中气旋特征依然清晰，旋转速度为16 m/s。在3.5°仰角（在超级单体距离处的高度约为8 km），反射率因子的轮廓进一步向南扩展，展现出超级单体反射率因子自低往高向低层入流一侧倾斜的特征。与低层钩状回波的入流缺口相对应的闭合的有界弱回波区清晰可见，位置相对偏南，也就是说有界弱回波区也是自低往高向低层入流一侧倾斜的。相应的速度图上呈现出气旋式辐散的结构。

在4.3°仰角，反射率因子回波成羽毛状，强回波中心位于西侧，位于中低层有界弱回波区之上。相应径向速度图呈现以反射率因子强度核心为中心的强烈辐散，正负速度差值达63 m/s。

根据成熟中气旋的概念模型（图5.41），在靠近地面附近的大气边界层内，中气旋的径向速度特征为辐合式气旋性旋转，再上面一些是纯粹的气旋性旋转，在中上层为气旋式旋转辐散，上层为纯粹辐散。上述超级单体的在0.5°和1.5°仰角（高度分别为2 km和4 km）的径向速度特征基本为纯粹的气旋性旋转（图8.7），3.5°仰角（高度约8 km）为气旋性辐散，4.3°仰角（约10 km高）近乎纯粹辐散，基本符合成熟中气旋的概念模型。接近地面的边界层内的速度特征由于离雷达较远而无法观测到。

另外需要指出的是，此次超级单体不是孤立的，在其西部和北部还有其他对流风暴存在，共同构成一个中尺度对流系统MCS。就超级单体本身的水平尺度而言，可以近似看成一个椭圆形，其超过30 dBZ阈值的长、短轴的长度分别为30 km和60 km，若阈值为20 dBZ，则其长、短轴分别为40 km和150 km。

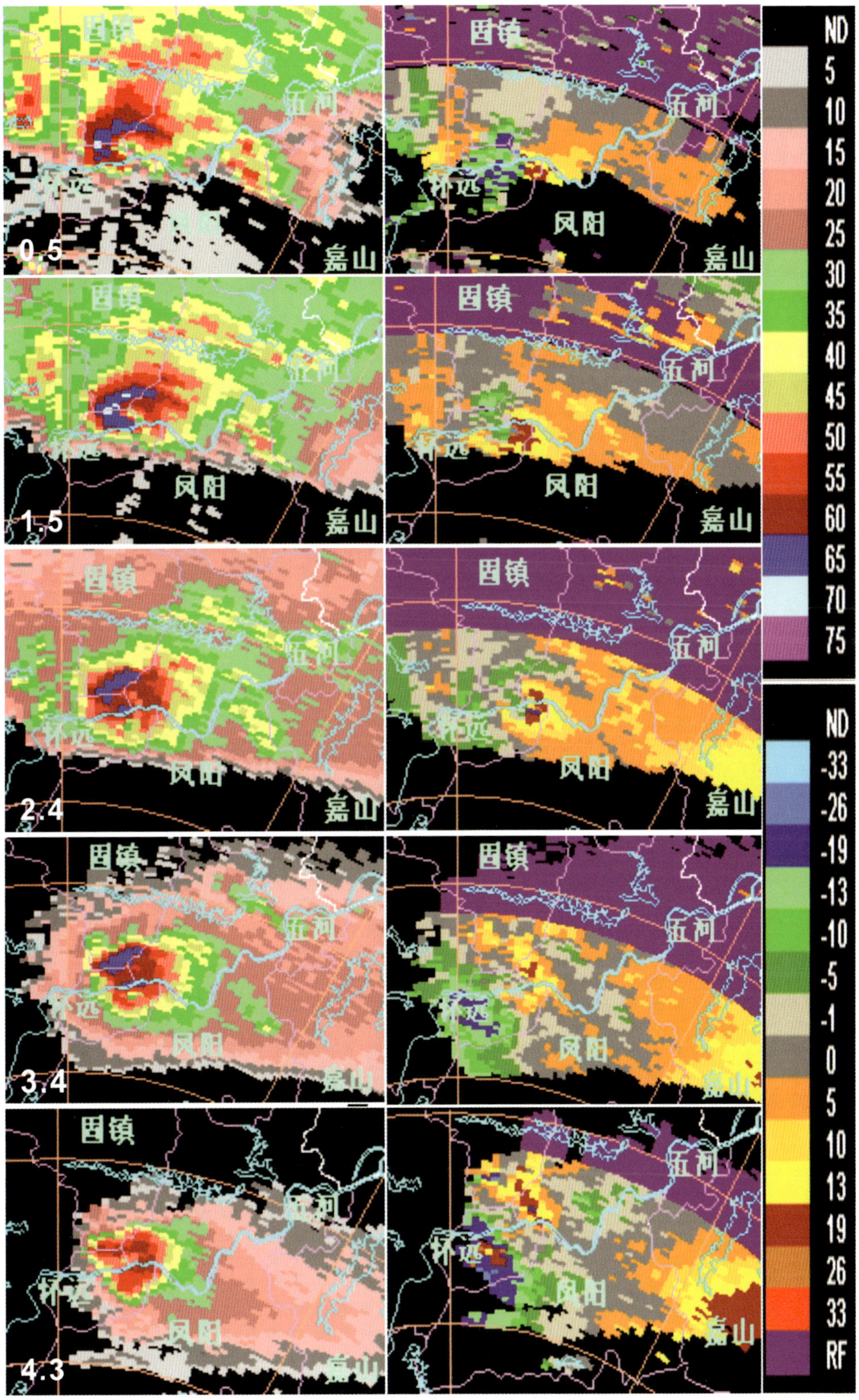

图 8.7　合肥雷达多普勒雷达 2002 年 5 月 27 日 16:55 0.5°、1.5°、2.4°、3.5°和 4.3°仰角的反射率因子和径向速度图

图 8.8 给出了 16 时 55 分超级单体的反射率因子和径向速度垂直剖面。图 8.8c 为沿低层入流方向通过有界弱回波区中心的反射率因子垂直剖面。可以看到典型的有界弱回波区 BWER(穹窿)和其上的强大的悬垂回波,以及有界弱回波区左侧回波墙。有界弱回波区的水平尺度约为 8～9 km。强的反射率因子区(大于 65 dBZ)为沿着 BWER 左侧的一个竖直的狭长区域,从 10 km 左右高度一直扩展到低层,

其中下部代表冰雹下降的区域。最强的区域位于回波墙上部，其值超过 70 dBZ。超级单体的回波顶高接近 15 km，沿剖面方向的水平尺度约 40 km。

图 8.8a 和图 8.8b 为沿着与通过中气旋中心的雷达径向垂直的直线的反射率因子和径向速度的垂直剖面。反射率因子垂直剖面的结构与图 7.8c 中的结构类似，如典型的有界弱回波区 BWER(穹隆)和其上的强大的悬垂回波，以及有界弱回波区左侧回波墙和狭长的反射率因子高值区。此方向 BWER 的水平尺度略小，约 7 km 左右。接下来我们分析相应的径向速度的垂直剖面：雷达位于读者一侧，暖色代表离开读者进入画面的速度，冷色代表离开画面向着读者的速度。径向速度剖面中最显著的一个特征是从底部(2 km)一直向上扩展到 8 km 左右的中气旋。由于距离较远(距雷达 120 km 左右)，最低仰角(0.5°)到了超级单体距离处已经接近 2 km 高。从图中判断，中气旋还应向下延伸。

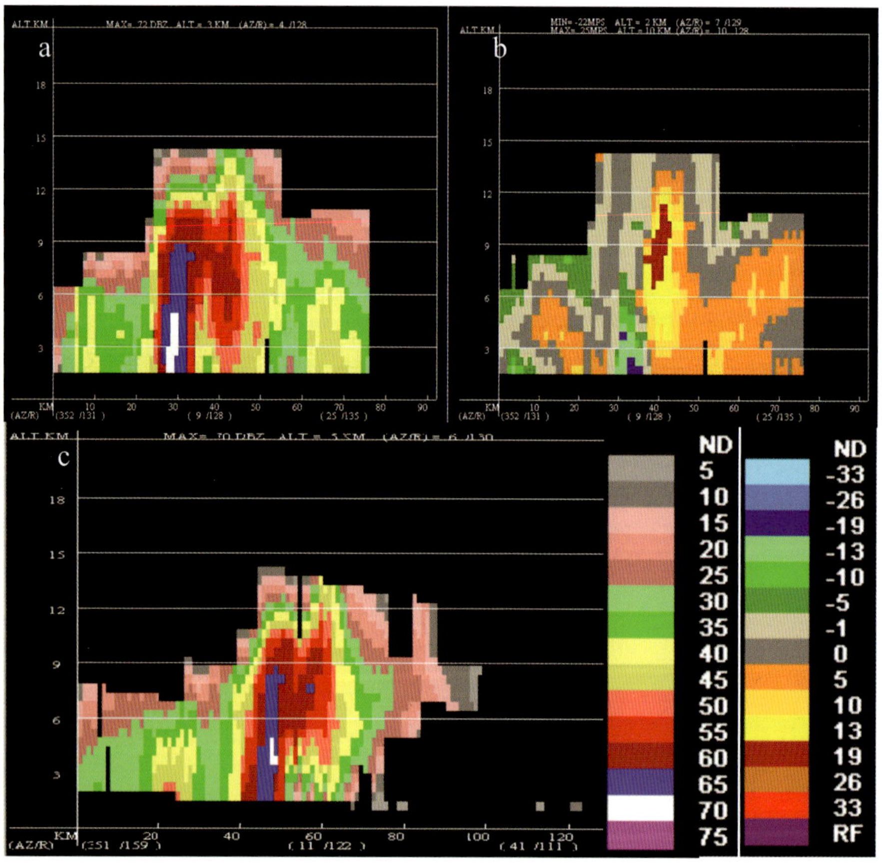

图 8.8　合肥多普勒雷达探测的 2002 年 5 月 27 日皖北超级单体 16 时 55 分时刻的垂直结构。(a)和(b)：穿过中气旋中心并与穿过中气旋中心的雷达径向垂直的反射率因子和径向速度垂直剖面；(c)沿风暴低层入流方向并穿过风暴反射率因子核心的反射率因子垂直剖面

8.1.3.3　冰雹

超级单体风暴是局地对流风暴发展的最强烈的形式，其相应的灾害性天气有冰雹、龙卷、灾害性大风(包括下击暴流)和暴洪。观测表明，在 16:55 左右，超级单体正好经过蚌埠市，蚌埠气象站观测到了降雹，最大冰雹尺寸为 11 mm。这样强的超级单体风暴只降了这么小的冰雹尺寸的确出乎预料，按理应当下大冰雹(大冰雹指直径超过 20 mm 的冰雹)。这里有两种可能性。第一种可能性是的确没有下大冰雹。支持这一看法的有利论据是王昂生和徐乃璋(1985)也曾观测到强超级单体风暴只下了小而弱的雹块的个例。第二种可能性是超级单体下了大冰雹，但没有被观测到。Browning 和 Foote(1976)根据 1972 年 6 月 21 日发生在美国 Colorado 州东北部的 Fleming 超级单体雹暴提出了超级单体风暴中冰雹增长的概念模型。图 6.21b 给出 Fleming 超级单体雹暴沿低层入流方向通过有界弱回波区中心的垂直剖面。我们注意到其结构与此次皖北超级单体风暴的相应垂直剖面(图 8.8c)非常相似。它们都具有宽

大的有界弱回波及其上的强大的悬垂回波，表示风暴具有降大雹的潜势。Fleming 超级单体雹暴的 BWER 的水平尺度约为 10 km，与此次皖北超级单体的 BWER 的水平尺度 8～9 km 大致相当。而 Fleming 风暴降了棒球大小的冰雹，即 70～80 mm 左右的冰雹。从图 8.8a 和 8.8c 可见，此次皖北超级单体风暴沿回波墙的最强的反射率因子超过 70 dBZ，这样强的回波只有大冰雹才能产生。图 8.8a 中的大于 70 dBZ 的狭长回波区域一直延伸到距地面 2 km 以内(由于高度随距雷达的水平距离的增加而增加，无法判断究竟延伸到离地面的精确距离，但从趋势判断，似乎会进一步向下延伸)，而此次对流风暴相应的 0 ℃层的高度大约在距地面 3.5 km 左右，即大冰雹区已经降到了 0°C 层以下至少 1.5 km 的距离，在接下来降落到地面的不到 2 km 的距离内融化为小冰雹的可能性不大。WSR-88D 新的冰雹算法中判断大冰雹(Witt 等，1998)的主要判据是检验－20°C 高度以上有无超过 45 dBZ 的反射率因子核。此次对流风暴过程对应的－20°C 高度大约为 6.5 km，从图 8.8a 和图 8.8c 可见该超级单体 6.5 km 以上的反射率因子核强度超过 65 dBZ。因此，该算法也将判断此次超级单体会降大冰雹。判断大冰雹的另一个指标是风暴顶辐散。如上所述，在 16 时 55 分，超级单体风暴顶正负速度的差值为 63 m/s，表明存在很强的风暴顶辐散。根据 Witt 和 Nelson(1984)给出的经验关系，这样强的风暴顶辐散与高尔夫球大小的降雹相对应，即冰雹直径为 40～50 mm 左右。另外，用来判断对流风暴强度的一个十分有用的参量是垂直累积液态含水量 VIL，其定义为液态水混合比的垂直积分。液态水混合比是通过雷达测量的反射率因子和雨滴之间的经验关系：

$$M=3.44\times10^{-3}Z^{4/7}$$

进行计算的。对上式进行垂直积分即可得到垂直累积液态水含量 VIL。VIL 如果大大高于相应季节的对流风暴的平均 VIL 值，则发生大冰雹的可能性很大。根据美国 Oklahoma 州的统计，5 月份对应于出现大冰雹的垂直累积液态含水量 VIL 的阈值为 55 kg/m^2，6、7 和 8 月份的相应阈值为 65 kg/m^2。在 16 时 55 分，上述超级单体对应的最大 VIL 值超过 70 kg/m^2，这样大的值在 5 月份的江淮一带的对流风暴中是不常见的，因此表明降大冰雹的可能性很大。Amburn 和 Wolf(1997)定义 VIL 与风暴顶高度之比为 VIL 密度。他们的研究表明，如果 VIL 密度超过 4 g·m^{-3}，则风暴几乎肯定会产生直径超过 2 cm 的大冰雹。对于此次个例，16:55，回波顶高为 14 km，垂直累积液态水含量超过 70 kg·m^{-2}，相应的 VIL 密度超过 5 g·m^{-3}。基于上述事实，我们倾向于认为，尽管气象站只观测到了 11 mm 的冰雹，但实际降下的最大冰雹尺寸要远远超过 11 mm，只是没有降在气象站附近，因而没有被观测到。

8.1.3.4　*边界层辐合线*

按照 Wilson 和 Schreiber(1986)，边界层辐合线可以是天气尺度的锋面和干线，也可以是中尺度的由地形或下垫面差异造成的风场辐合线如海陆风造成的海风锋，或是雷暴的出流边界构成的阵风锋。新一代天气雷达由于其灵敏度较传统雷达大大提高，可以在反射率因子和速度图上识别出边界层辐合线。下面我们来检验一下与此次超级单体风暴过程相联系的边界层辐合线的演变。在 27 日下午 15:08，在雷达的东北方向，有数条西北-东南方向的边界层辐合线(图 8.4a)，这似乎与地面风场在该位置附近西风和东南风之间的辐合切变有关(图 7.2d)。15 时 55 分(图 8.4c)，其中的一条边界层辐合线开始加强，此时对流风暴正发展为超级单体风暴。16 时 19 分(图 8.4d)，上述辐合线进一步加强，原来在其附近的其他辐合线消失。该辐合线的加强与超级单体风暴的前侧出流的加强有直接关系。16 时 55 分，超级单体达到其最强盛阶段，由其后侧下沉气流辐散造成的出流边界(阵风锋)清晰可见，上述原已存在并经过超级单体前侧下沉气流辐散进一步加强的辐合线构成其出流边界(阵风锋)的另一支。与图 6.7中的超级单体概念模型相比，此次超级单体风暴的与前侧下沉气流相联系的出流边界远离超级单体风暴，最远处达 50～60 km。在接下来的 1 小时中，这种呈“人”字形的出流边界(阵风锋)一直持续，与超级单体的相对位置基本保持不变，而超级单体的暖湿入流来自“人”字形的两支出流边界之间。

对于这种非降水的边界层辐合线产生回波(我们注意到其反射率因子可以超过 20 dBZ)的原因一直存在争论。主要有两种观点：一种观点认为是由昆虫引起的颗粒散射，另一种观点认为是大气折射指数抖动引起的 Bragg 散射。Wilson 等(1994)利用双波长和双偏振雷达对于这一现象进行仔细研究后认为，在混合层内的晴空回波主要由昆虫的散射造成，而混合层以上的晴空回波主要由大气折射指数抖动引起的 Bragg 散射造成。不久以前，本书作者之一亲眼目睹在一水库堤坝上蜻蜓大量集中的现象。据当地工作人员描述，有时堤坝上的昆虫多得让人睁不开眼睛。因此可以想像昆虫沿着边界层辐合线集中也是完全合理的。

8.1.4 强对流天气预警

从预警的角度看，从 15 时左右开始，就有 50 dBZ 的反射率因子扩展到 −20°C 等温线之上，同时 0°C 高度在 3 km 左右，不是很高，冰雹下降过程中的融化不至于太大，因此可以发布灾害性冰雹预警，并在随后风暴加强过程中更新冰雹预报。在 16 时左右，风暴转化为超级单体，除了冰雹外，还有出现地面大风和龙卷的可能。首先可以发布地面灾害性大风预警。在 16:40 之后，中气旋演变为强中气旋时，发布龙卷预报。在 17:56，出现飑线结构，同时云底之上出现明显辐合，可以再次发布地面大风预报。在整个过程中显然要预报降水，但能否出现暴雨很难确定。系统移动较快，降水持续时间不会太长，但如果雨强很大仍有可能出现暴雨。由于冰雹的存在，使得对雨强的估计变得困难，因此单从雷达回波难以估计是否会出现暴雨。

8.1.5 总结和讨论

利用位于安徽合肥的 S 波段多普勒天气雷达资料对 2002 年 5 月 27 日下午 14 时至 20 时发生在皖北地区的一次典型的超级单体风暴过程进行了详细的分析。此次超级单体风暴的天气背景的主要特征是：槽线位置从低往高向前倾斜，700 hPa 小槽在对流风暴发生期间移过皖北地区，下午 14 时的地面图上显示一个尺度为 150 km 左右的闭合气旋式环流。风向从低到高顺时针方向旋转。

上述风暴于 27 日 13:20 左右起源于皖北的西北部亳州和涡阳之间的一个孤立的多单体风暴，此后雷达回波不断发展加强并向东偏南方向移动。16 时左右，风暴发展为超级单体风暴并保持超级单体特征达 1 小时之久。其间，整个对流层的平均风向为西风略微偏北，而超级单体的移动方向在盛行风向的右侧 30°左右，是典型的右移超级单体风暴。之后，其超级单体特征迅速减弱时，先是转变为多单体风暴，然后变成一条飑线，于 21 时左右进入苏北。

在 16:55，上述超级单体风暴强度达到顶峰。0.5°仰角的反射率因子图的右后侧呈现出典型的钩状回波特征，左前方呈现明显的倒“V”字形结构，最大反射率因子超过 70 dBZ。相应反射率因子垂直剖面图上呈现出宽大的有界弱回波区（穹隆），高大强盛的悬垂回波和与竖直的高反射率因子（65 dBZ 以上）狭长区域相邻的回波墙，最大的回波强度出现在回波墙上部，超过 70 dBZ。径向速度图上出现成熟中气旋的典型特征，中、低层为纯粹的气旋式旋转，中、高层为辐散式气旋旋转，高层为强烈辐散。超级单体南边出现两条明显的出流边界，一条位于钩状回波的西南，一条位于钩状回波的东南。另外，相应的垂直累积液态水含量和密度分别超过 700 $kg \cdot m^{-2}$ 和 5 $g \cdot m^{-3}$。此时的超级单体呈现出特性强烈的雹暴特征，尽管气象站观测到的最大冰雹尺寸只有 11 mm，但上述所有特征都表明该超级单体风暴的实际最大降雹尺寸要远远超过这一数值。

在预报发生强对流风暴潜势时，人们往往使用 $T-\ln P$ 图进行热力不稳定分析。此次超级单体风暴发生当日早上 08 时相邻探空站的 $T-\ln P$ 图上并没有显示出很强的对流不稳定。主要原因是探空的时空分辨率太粗。主要由于大气水汽分布的高时空变率，大气对流稳定度的时空变率很大，因此利用早上 08 时探空曲线的 $T-\ln P$ 图的热力稳定度分析来预报午后发生对流风暴的潜势的有效性是十分有限的。可以利用地基 GPS 测量的水汽总量、自动地面站数据和高分辨率数值天气预报数据构造高时空分辨率的大气垂直温湿廓线，从而增加强对流潜势预报的准确性，这是一个需要进一步研究的问题。

此次超级单体风暴的最强盛阶段出现了强中气旋，按照美国天气局的业务规范（我国目前还没有这方面的业务规范），应发布龙卷预报。而事实上并没有观测到龙卷。观测表明，龙卷超级单体和非龙卷超级单体的钩状回波并没有任何区别，而龙卷和非龙卷超级单体在径向速度特征方面的差别即使有，也是很细微的。这给超级单体龙卷的预报带来很大的挑战。在这方面进行更多的个例研究是很必要的。

最后需要指出的是，对于强对流风暴的详尽研究少不了灾后调查这一环节，包括空中航拍和地面实地考察。目前中国气象局大气探测基地的无人驾驶小飞机具有空中航拍的功能，可以充分加以利用。另外可以聘用一些志愿者为目击报告人，这对于我们判断究竟下了多大的冰雹和是否发生龙卷是非常有帮助的。

8.2　WSR-88D 描述一次超级单体与弓形回波的相互作用

8.2.1　引言

1995 年 4 月 17 日，强对流风暴的爆发发生在 Oklahoma 州（美国）。这次爆发以龙卷超级单体和被称作弓形回波的弓形对流段为特征。在这次事件的晚些时候，在 Oklahoma 州东部，一个弓形回波赶上了一个超级单体风暴。在两个风暴的相互作用发生后，超级单体明显地演化为大的低顶的“强降水”超级单体，该单体具有逗点状的回波形状。这个超级单体的结构和其导致的严重天气在其演化过程中变化很大。

位于 Oklahoma 州 Inola 的 WSR-88D 探测到了这次超级单体-弓形回波相互作用（Wolf，1998）。这个例子的反射率因子和速度图像是从基数据重新生成并使用 WSR-88D 的算法测试和显示系统（WATADS）程序对上述反射率因子和速度图像数据进行了仔细的检验。通常情况下，由于弓形回波的冷池切去超级单体上升气流的下部，超级单体将减弱并被弓形回波所吸收，弓形回波成为主要的强天气的产生者。但在本个例中，WSR-88D 的图像显示了一个完全不同的结果。这次相互作用的明显的结果是弓形回波的迅速减弱和一个大的、低顶的、逗点形状的强降水超级单体的形成，在相互作用之后，该超级单体维持了其特性和强度超过一个小时。雷达图像显示超级单体结构的变化、一个大的中尺度环流的形成和连续产生强天气。

下面我们介绍这次非典型的两个风暴间的相互作用和一个大的、逗点状的强降水超级单体的演变。

8.2.2　风暴发生前的环境和风暴尺度事件

在 1995 年 4 月 17 日的下午和晚上，大气条件有利于强风暴在冷锋前发展，该冷锋正向东移过 Oklahoma州的西部。一个非常不稳定的气团存在于冷锋前的 Oklahoma 州的东半部，对应于表面气块的 CAPE 值至少为 2000 J · kg^{-1}（图 8.9）。

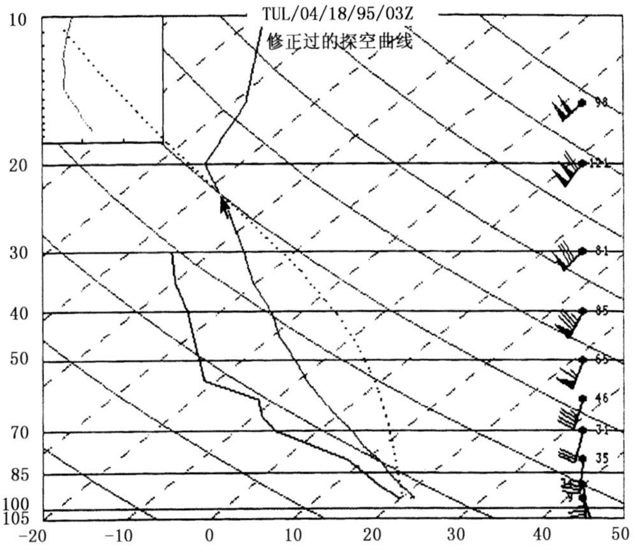

图 8.9　1995 年 4 月 18 日 03 时（UTC）位于 Oklahoma 州 Tulsa 站的探空曲线。
它是根据 00 时的探空和 Eta 模式 0～6h 预报进行修正而得到的

垂直风廓线(图 8.10)显示了大的风速和风向的垂直切变,导致 0～3 km 的风暴相对螺旋度值至少为 250 $m^2 \cdot s^{-2}$,足以使超级单体发展。然而,Inola 站的 WSR-88D 测得的风廓线和 4 月 18 日 00 时(UTC)Norman 站的探空显示:在地面以上 2～3 km 的层,在其中风速随高度减少,这对强旋转的发展是不利的。

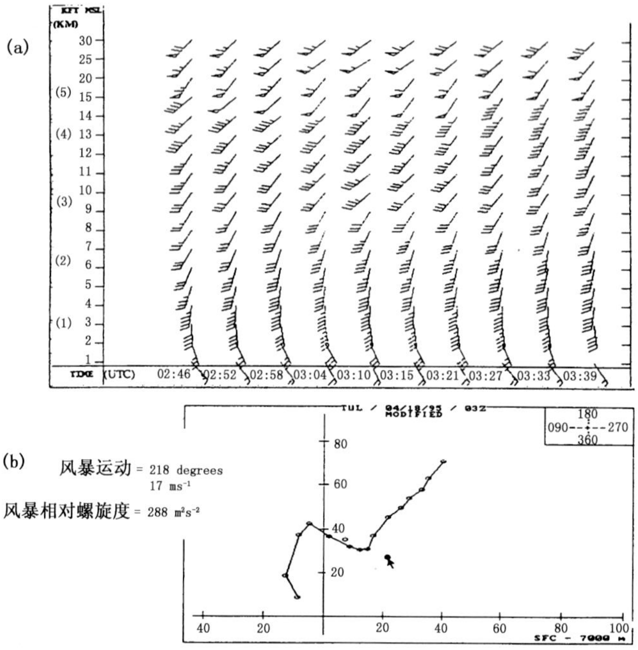

图 8.10 (a)1995 年 4 月 17 日晚间 Inola 站的 WSR-88D VAD 风廓线;
(b)由 WSR-88D VAD 风廓线产生的高空风分析图(hodograph)。超级单体的运动由箭头指示

一个不稳定的气团、大的垂直风切变、一个高空槽和与其相联系的高空急流的移近,以及沿着前进冷锋的辐合等诸因素的结合导致了强风暴事件(图 8.11)。在 4 月 18 日 03 时(UTC)前,一个孤立的、长生命史的超级单体移过 Oklahoma 州的中南部,后面跟着一个向东移动的飑线。我们的讨论集中在 03 时以后事件位于 Oklahoma 州东部的情形。

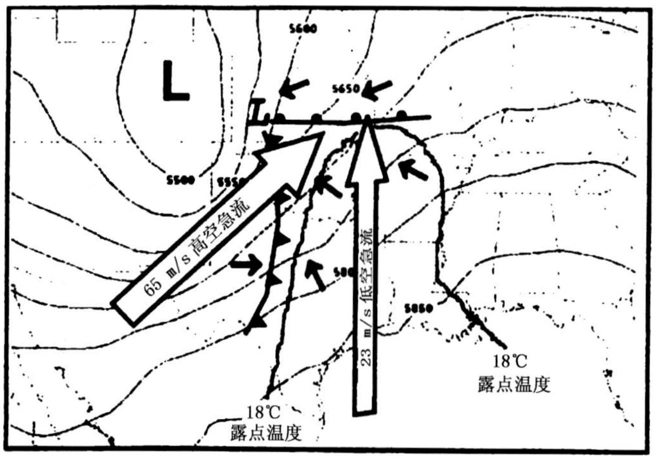

图 8.11 1995 年 4 月 18 日 00 时(UTC)天气形式综合说明图。图中标明高空槽(500 hPa 等高线)和高空急流(65 m/s),以及低空急流(23 m/s)的位置,表面气流(小箭头),表面低压中心和相应的锋,以及有 18℃ 表面露点温度等值线所标明的低层湿度脊

在 03 时(UTC)(图 8.12),该超级单体位于 Okfuskee 县的东部和 Okmulgee 县的南部,在 Tulsa 以南 60 km。当它在半小时内(直到 03:30)向北移过 Okmulgee 县的南部和 Muskogee 县西部的过程中,

这个超级单体产生大到直径 3.5 cm 的冰雹、超过 25 m/s 的表面风速和 3 个短生命的 F0 级龙卷。

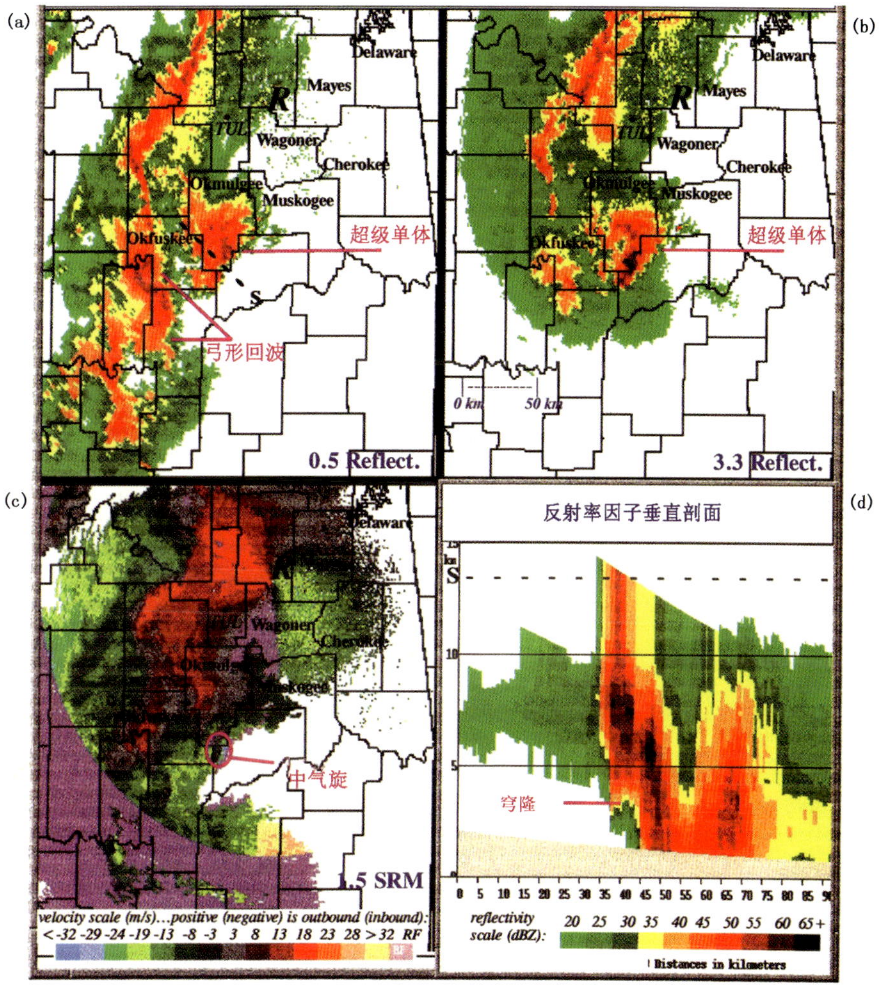

图 8.12　美国 Oklahoma 州 Inoda 站 WSR-88D 雷达探测结果：(a) WSR-88D 0.5°基本反射率因子，(b) 3.3°基本反射率因子，(c) 1.5°风暴相对平均速度，(d) 反射率因子垂直剖面。时间是 1995 年 4 月 18 日 02:57(UTC)。图中，"R"指示 WSR-88D 的位置，"SC"代表超级单体，"BE"代表弓形回波，"MESO"代表中气旋，"BWER"代表有界弱回波区。
"S———"代表垂直剖面的位置，其中"S"为出发点

同时，一条由几个弓形回波段组成的风暴线正稳定地向东移过 Oklahoma 州的中东部。其中一个弓形回波段正在加速向东移动并接近该超级单体。沿着这个弓形回波的路径，有超过 25 m/s 的毁坏性直线风的报道。

8.2.3　风暴相互作用和结果的 WSR-88D 描述

在 03 时 30 分和 04 时之间，WSR-88D 的图像显示该弓形回波的顶端刚好移到超级单体的南面(图 8.13 和图 8.14)。随后，弓形回波的北边部分加速向东北环绕超级单体的东部边缘并迅速减弱(图 8.14)。一个位于超级单体东部的外流边界的出现(图 8.15a)表明该弓形回波的冷池正在截断超级单体低层的东风入流。通常这种相互作用将使超级单体减弱并减少它的强天气潜势，这是由于弓形回波的冷池截断了超级单体的上升气流并在超级单体风暴前面扩散。WSR-88D 的图像表明了一个不同的结果。超级单体的结构发生了重要变化，但在超级单体和弓形回波的相互作用发生以后，该超级单体维持它的身份和强度达一个多小时。

超级单体最明显的变化之一是一个尺度为 15～20 km 中尺度环流的发展，该中尺度环流包围着尺

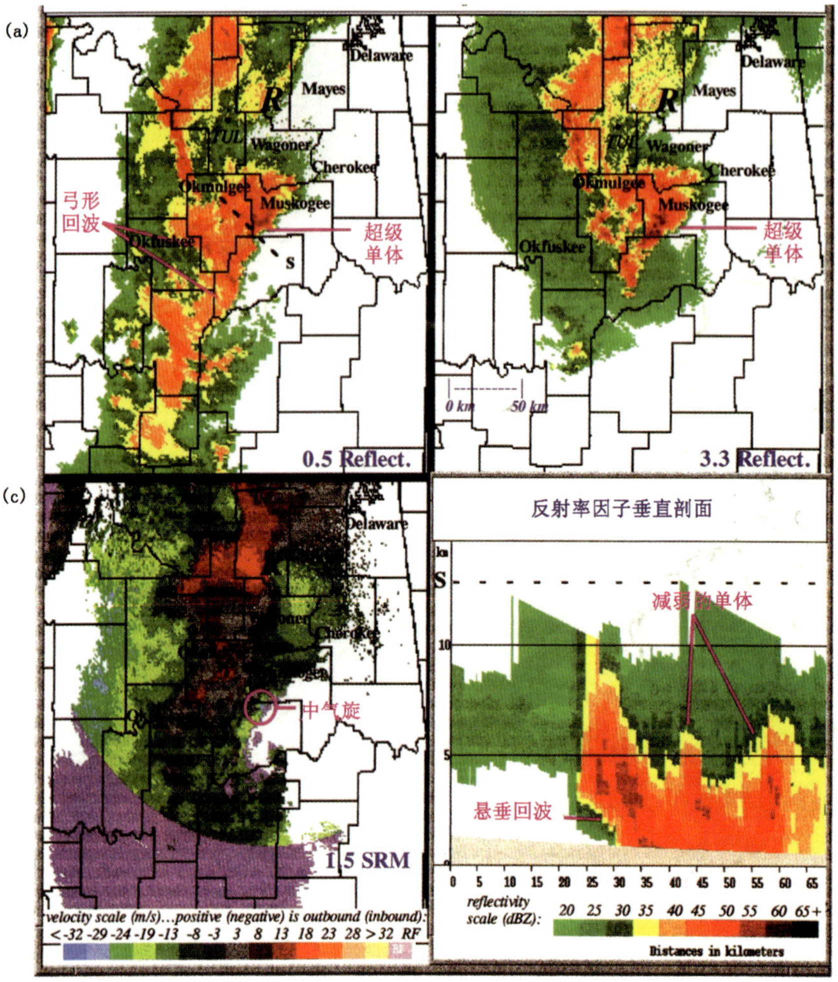

图 8.13　时间为 03:30 其他同图 8.12

度为 5～8 km 的超级单体中气旋(图 8.14c 和图 8.15c)。当这个 4 km 厚的中尺度环流在 03:45 和 04:15 间发展时,更小尺度的中气旋的深度从 9 km 减少到 4 km。这些尺度和厚度值在 4:15 之后仍然保持。WSR-88D 的图像表明该中尺度气旋的发展是迅速经过的弓形回波和与其相联系的强的低层流的结果。这或许是气旋性涡度在一个风速最大轴的气旋性切变一边发展的风暴尺度的例子,相似于与弓形回波相联系的旋转逗点头的发展。在本个例中,超级单体似乎成为旋转的逗点头特征并在弓形回波消散之后继续保持这一特性。反射率因子型的变化支持上述观察。

由 WSR-88D 的图像显示的这个超级单体的反射率因子型在与弓形回波的相互作用发生后有了很大的变化。弓形回波的北边部分与超级单体的合并,以及降水围绕着中尺度环流的重新分布导致了一个具有逗点形回波外形的大的旋转风暴的形成(图 8.13 ～图 8.15)。反射率垂直剖面(图 8.12d ～8.15d)表明在超级单体-弓形回波相互作用后强降水核(大于等于 50 dBZ)厚度的减少、大于 59 dBZ(图 8.18c)的反射率因子值的消散和变得不太明显的悬垂回波。此外,回波顶高度从相互作用前的约 14 km 减少到相互作用后的约 10 km(图 8.18b)。其结果是超级单体的 VIL(垂直积分液态水量)值较大幅度地和持续地减少,从相互作用前的大于 55 kg/m^2 减小到相互作用后的小于 30 kg/m^2(图 8.18a)。

超级单体变化了的结构似乎与地面降冰雹的停止相联系。在超级单体-弓形回波的相互作用发生以后,再也没有降冰雹的报告。图 8.18 中的 VIL 倾向、回波顶高倾向以及最大反射率因子倾向支持这一意见。尽管图 8.18 说明风暴上升速度的减弱,但超级单体维持它的强烈的旋转并且继续产生灾害性风和龙卷。

类似的逗点形回波和中尺度环流的发展已经在其他个例中发现。这种类型的强降水超级单体的演化可以在没有超级单体-弓形回波相互作用的情况下发生,其中一个个例由 Przybylinski 等(1996)提供。

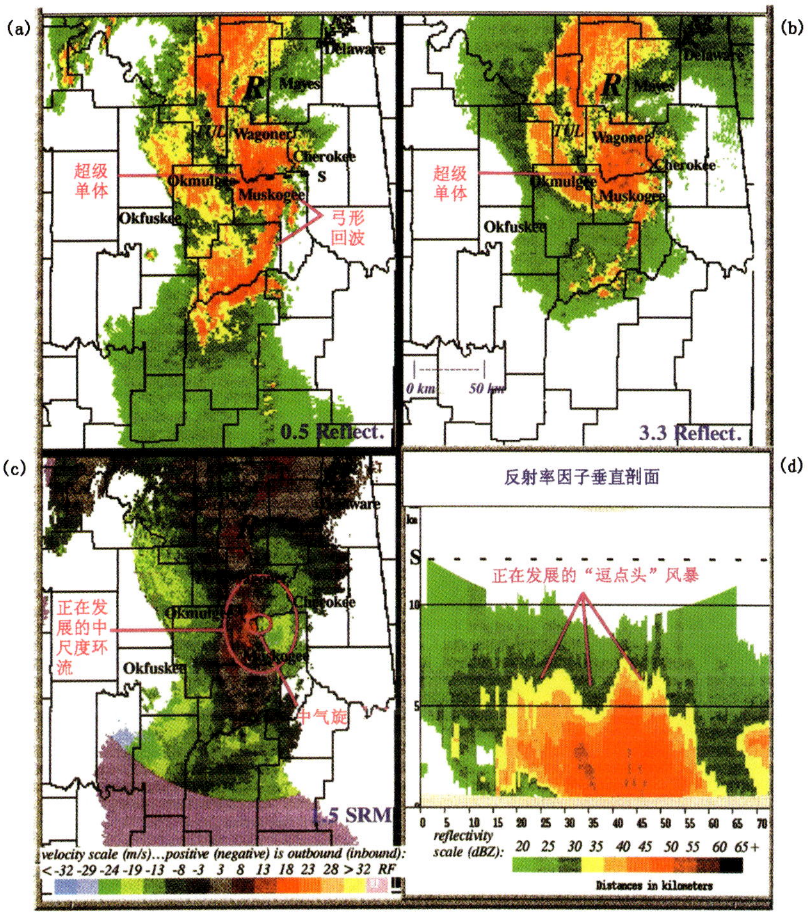

图 8.14　时间为 03:56 其他同图 8.12

对于本文中的个例,WSR-88D 的图像充分地表明弓形回波经过超级单体南边这一事件对大的逗点形的强降水超级单体的形成起了重要作用。

在中尺度环流发展后的 20 分钟期间,WSR-88D 反射率因子图像表明一个后方入流槽口(rear-inflow notch,简写为 RIN)边界在 Muskogee 县的北部的形成,该后方入流槽口边界加速向东北方的中尺度环流的南部边缘移动(图 8.15)。这个边界似乎是后部下沉气流(RFD)的前沿。

当 RIN(后方入流槽口)绕过超级单体风暴的南部边缘时,WSR-88D 图像显示一个龙卷式涡旋特征的形成,其形成地点似乎位于 RIN 边界与超级单体主上升气流的交叉处(图 8.15c)。在这个位于 Wagoner 县南部的地点,一个 F2 级的龙卷在 04:15 左右开始发展。该龙卷毁坏了许多房屋并连根拔起许多树木。当这个大的逗点状超级单体在 04:30 左右向东北方向移过 Cherokee 县的西部时(图 8.16),它产生了另一个 RIN 边界。一个 F1 级龙卷在刚过了 04:30 之后于 Cherokee 县的西北部形成,该地点位于 RIN 北边,在那里 RIN 边界与超级单体的主要上升气流相交。降水在中尺度环流周围的重新分布导致了 04:45 之后 WSR-88D 的反射率因子产品上的不寻常的反射率因子极小值的形成(图 8.17)。这一特征,位于中尺度环流的中心附近,持续了近 20 分钟。在它消散之后,这个强降水超级单体逐渐减弱。

8.2.4　强对流天气的预警

在弓形回波赶上超级单体之前,超级单体是一个经典的超级单体,高反射率因子区域扩展到很高的高度。此时可以预警龙卷、冰雹和地面大风。在超级单体与弓形回波碰撞之后,超级单体迅速演变为一个低顶的强降水超级单体,此时可以预警龙卷和地面大风。降雹的可能性大大变小。

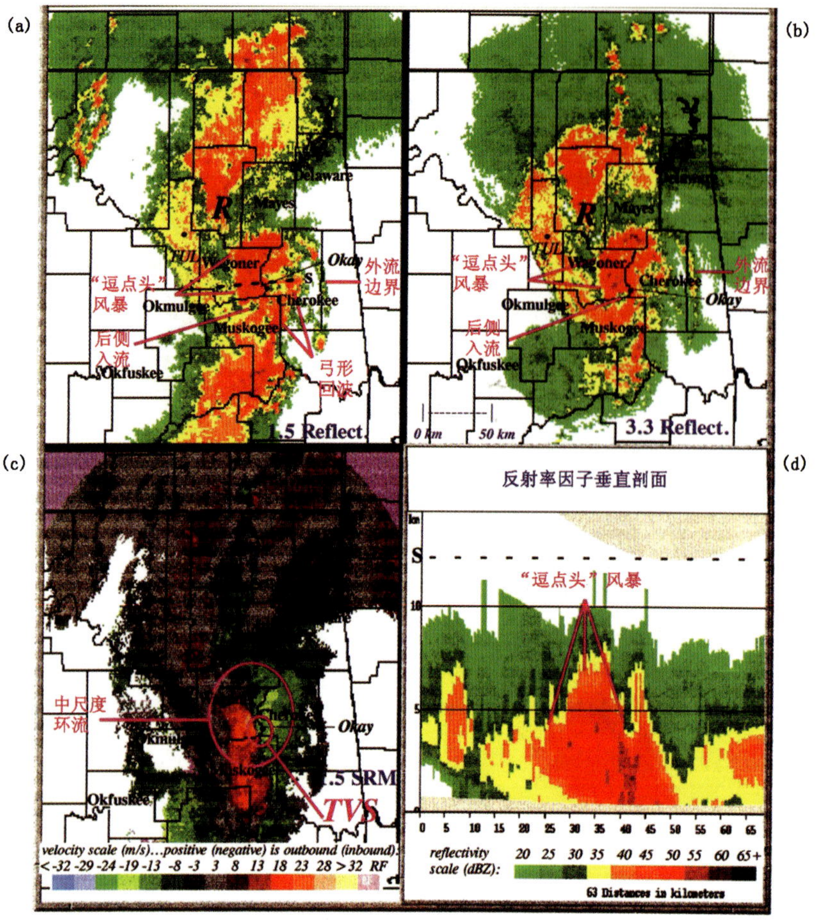

图 8.15 时间为 04:14 其他同图 8.12

8.3 夏威夷 Kona 低压造成的灾害性天气和弓形回波

8.3.1 引言

尽管夏威夷群岛以平和宁静著称，但也时不时地夹杂热带阵性降水，偶而也会产生令人称奇的强烈对流风暴。每年 10 月份到来年 4 月份，温带天气系统向东传播，夏威夷群岛附近出现稳定的信风。在天气尺度扰动中，一种副热带气旋叫作 Kona 低压系统，它能产生危险天气，包括暴雨、雹暴、暴洪、滑坡、大风、大浪、海龙卷。我们在这里主要讨论的是灾害性风暴。

大多数 Kona 低压是由温带气旋形成的，这些温带气旋在低纬通过暖高压的阻塞活动而孤立。偶尔 Kona 低压从对流层中高层冷低压中分离出来，并将其环流扩展到地面。在两种情况下高空冷低压从较高纬度得到涡度。Kona 低压缓慢和稳定地发展，由湿的南和西南气流及降雨飑线导致一系列的天气，此时夏威夷群岛上的大风和洪水能持续一个星期或多个星期。Kona 或群岛西南面的年总降水量的大部分是由少数这种副热带低压造成的。

1995 年 11 月 2～4 日，一个 Kona 低压由锢囚波动气旋发展而成，当它从西北方向移向夏威夷群岛时产生一系列飑线。当这些对流云带之一接近 Kauai 岛时，它便在 Kauai 岛南面的刚安装不久的 WSR-88D 多普勒雷达上呈现出显著的弓形回波结构。在对雷达数据的分析后发布了灾害性对流风暴天气警报。这是由夏威夷火奴鲁鲁天气预报台发布的第一个这样的警报。此警报之后，在 Kauai 东南面的 Nawiliwili 港观测到 40 m/s 大风，对流风暴尺度的阵风掀翻了 Nawiliwili 小船港办公室的房顶，吹倒大树，吹断 Kauai 东

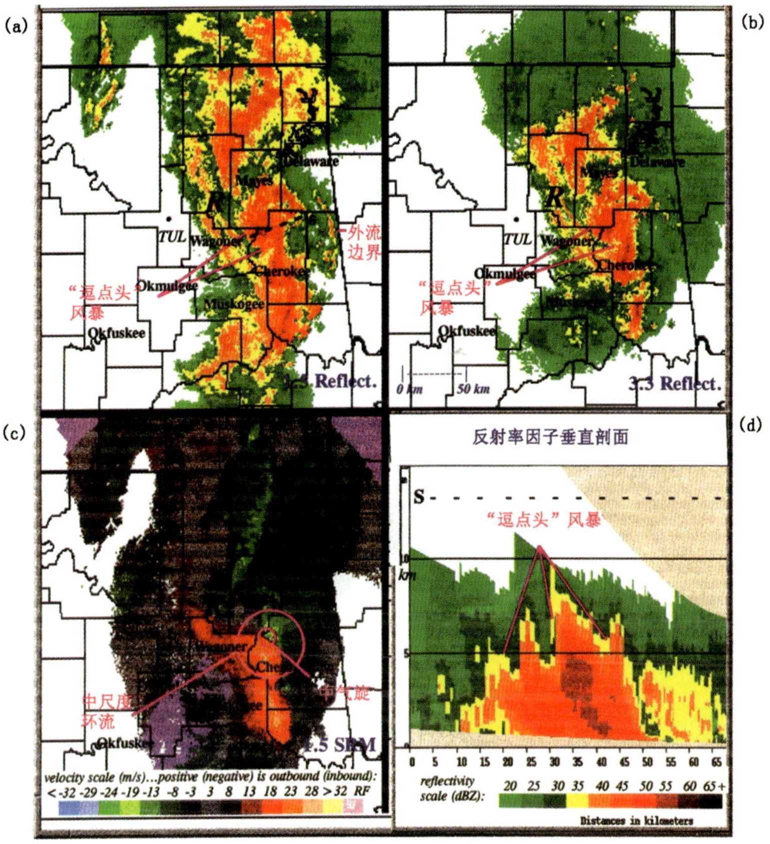

图 8.16 时间为 04:32 其他同图 8.12

部和南部的输电线。在这次个例中,雷达为灾害性风暴警报的发布提供了至关重要的提前时间,并为以后中尺度分析提供了数据。

Fujita(1978)对一个孤立的(或单体型的)弓形回波的理想演化过程进行了描述(图 6.44)。在弓形回波发展最强烈时期,弓形回波中心形成一个矛头,气旋和反气旋旋转出现在弓形回波的两端。沿着线段尾部边缘区域的后方入流槽口通常是最强下击暴流所在地,此槽口是后部入流急流的结果,该急流通过造成部分飑线或向前行进的风暴单体的微差平流,或者经过吸收干的、低 θ_e 空气进入尾部而形成弓形回波。

观测研究和数值模拟用来决定后部入流的动力学性质,并用以决定中纬度地区弓形回波中尺度对流的性质。Johns 和 Hirt (1987) 在洛杉矶山脉东部观测到与弓形回波有关的具毁坏性的广泛传播的大风,弓形回波与强的、移动的低压系统相伴(动力型),或与相当弱的天气尺度特性的天气型相伴(暖季型)。Johns 和 Doswell(1992) 还注意到个别的弓形回波或弓形线段能在多种天气环境中生成。

有关热带飑线的观测和数值模拟研究非常多,大多数的研究是飑线由东向西传播,并且低层存在较强风切变的飑线的移动快于弱风切变的飑线;大多数中纬度飑线的传播是由西向东传播的。这与中纬度及热带地区盛行的中低层风风向相一致。

热带和中纬度地区飑线的生长、强度和动力学性质与周围环境在对流层低层的热力动力学不稳定及水平风的垂直切变有关系。许多对有组织的中尺度对流系统的观测可根据风暴造成的灾害性程度进行分类,而这与 Richardson 数紧密相联。$Ri=B/(0.5U^2)$,B 是风暴环境中的能量,U 是垂直风切变的强度。较大的对流有效位能(CAPE)和较大的切变值相结合与中纬度超级单体风暴及龙卷超级单体风暴相对应;同时典型热带飑线呈现出较小的 CAPE 和切变值。

一个位于热带太平洋上的飑线由西向东传播,并呈现出弓形的雷达反射率因子结构。一个中尺度涡旋逐渐发展加强成为弓形形状,与之有关的 CAPE 值大约是 1500 J · kg^{-1}。环境高空分析图表明在 2 km 处存在 12 m/s 的西风急流,直到 5 km 左右伴随有较小的风向切变。Alfonso 和 Naranjo(1996)在一篇文章里

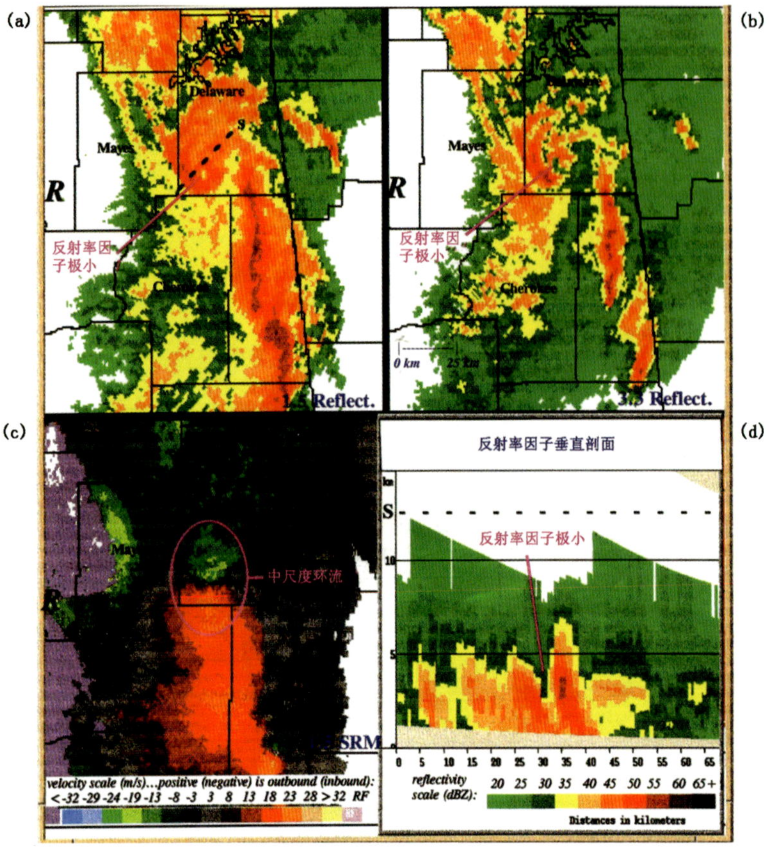

图 8.17　时间为 04:55 其他同图 8.12

描述了一系列弓形回波或 derecho，它们在中纬度低气压系统的斜压环境中生成，影响古巴，证明了中纬度地区现象可以向副热带地区传播。这篇论文为我们提供了一个与 Kona 低压或与副热带低压有关的弓形回波的第一手材料，并且是在远离大陆的海洋区域的环境中。

本节的目的是讨论夏威夷新安装的 WSR-88D 雷达观测数据对太平洋中部灾害性天气预报的可利用性，并在有限的观测数据范围内把与夏威夷弓形回波生成有关的天气尺度和中尺度环境整理成资料和文件（Businger 等，1998）。

8.3.2　天气系统

由于缺乏当地资料，所以精确分析太平洋中部暴雨系统的位置和强度较有困难。图 8.19 是全球谱模式的运行结果，这个模式由航空和卫星海洋资料输入模式后运行出的结果。图 8.20 是地面分析，资料是由美国国家气候数据中心提供的船舶数据资料。来自 Lihue，Kauai 的探空数据由于在弓形回波出现的当天，在释放无线电探空仪的地方出现闪电而丢失，最后一次可用探空资料是 1995 年 11 月 3 日 0000 UTC，而弓形回波形成在 1995 年 11 月 4 日的 0200 UTC。因此，在弓形回波附近，国家环境预测中心的区域谱模式（RSM）结果就被用来推测与弓形回波背景有关的 α 中尺度系统的特征。用在这篇文章里的区域模式结果基于模式的第一层嵌套，分辨率是 25 km。Wang 等（1998）详细描述了 RSM 模拟结果，提供了其他的弓形回波的模拟结果的资料。模拟结果显示在 Kauai 的西部产生了一个降雨的最大值，基本与雷达数据一致。但是，RSM 并不能详细显示弓形回波发展的中尺度的情况。将这些与其他资料（卫星和雷达）基本一致的模式结果在这里粗略地做一展示。

Kona 低压从 1995 年 11 月 2 日的波动性气旋发展而来，当波动性气旋产生时，其西面的高压向东北方向移动，风暴从西风带中分离，并与北面的冷空气分离。1995 年 11 月 0000 UTC，在图 8.19a 250 hPa 图上 170°W 经度上可以看到一个强冷低压。高空一个加强的辐散在岛屿的西北方向能看到。图 8.19a高

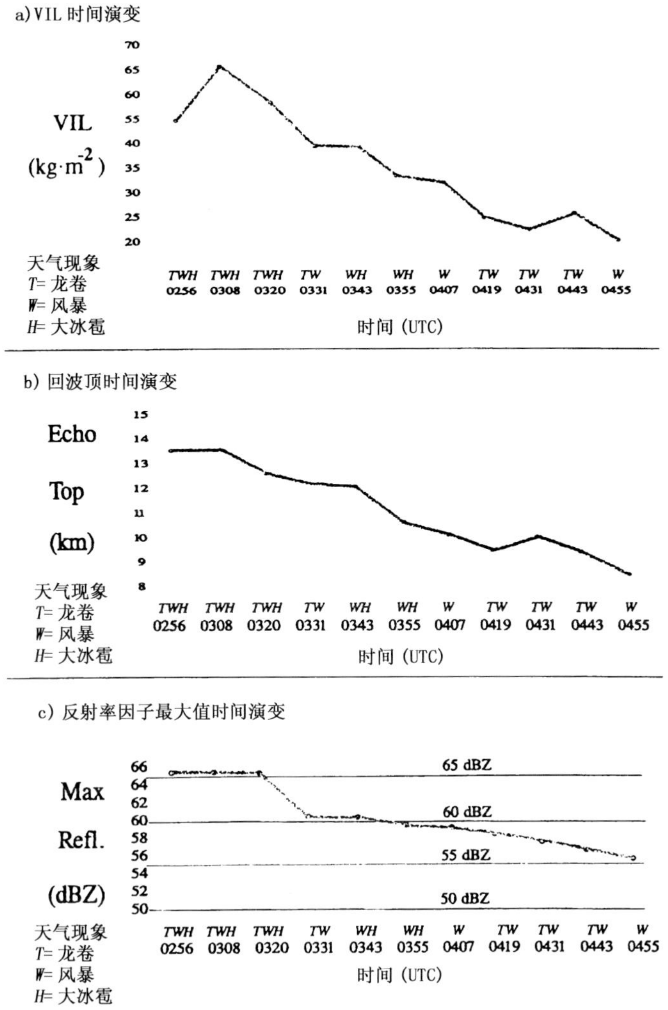

图 8.18　趋势图。(a)VIL；(b)估计的回波顶高；(c)最大反射率因子值。该趋势图覆盖了从 02:58 到 04:54 两个小时的时间。注意超级单体-弓形回波的相互作用发生在 03:30 和 04:00 之间

空槽线的西部一条风速达 70 m/s 的短波急流促使槽向赤道方向移动，并增加夏威夷群岛上空随后 24 小时内的辐散(图 8.19b)。一个下沉区域在 11 月 3 日 0101 UTC GOES-9 水汽图像显示高空冷低压的西部有干空气(图 8.21a)。在 Kona 低压的西南象限，在水汽图上可以看到干湿空气伴随对流云砧交替存在，与对流风暴云砧有关的冷云顶(≤－70℃)在同时刻的红外图像上展示出来(图略)。11 月 3 日 0000 UTC 的海平面气压图上 36°N 和 164°W 附近显示有一个 989 hPa 的气旋中心(图 8.20a)，在低压的东南方向，气流将湿空气带入低压，反之低压的西南方向的气流是向外散开的，中心为 1032 hPa 的反气旋位于 47°N 和 177°E，正在向东北方向移动。

1995 年 11 月 3 日 0000 UTC 来自 Lihue，Kauai 的大气探测是湿而不稳定的(图 8.22)，其抬升指数是－5，CAPE 是 2364 $J \cdot kg^{-1}$。垂直风廓线显示风随高度逆时针旋转和低层水平风相当大的垂直切变。从地表面到 700 hPa 层垂直切变是大约 $5\times10^{-3}s^{-1}$，总里查森数大约是 50。探空中显著缺测的资料是典型的信风逆温，通常是海平面以上 2.0 到 2.5 km 高度上。尽管夏威夷群岛在 11 月 3 日没有观测到灾害性天气，但 Kauai 岛确实有大雨，24 小时总降雨量共达 263 mm。

截至到 1995 年 11 月 4 日 0000 UTC，250 hPa 冷低压(图 8.19b)从极地西风带中分离出来，对流层高层加强的辐散出现在 Kauai 和 Oahu 岛的最西北部。700 hPa 上 RSM24 小时对此时刻的预报显示有27 m/s 的急流，Kauai 岛的西部有冷干平流。这些模式结果与高空这个区域急流入口区域有关的动力强迫是一致的(Uccellini 和 Johnson，1979)。11 月 4 日 0001 UTC 的水汽图像上显示一个向上缠绕的系统，这个系统在

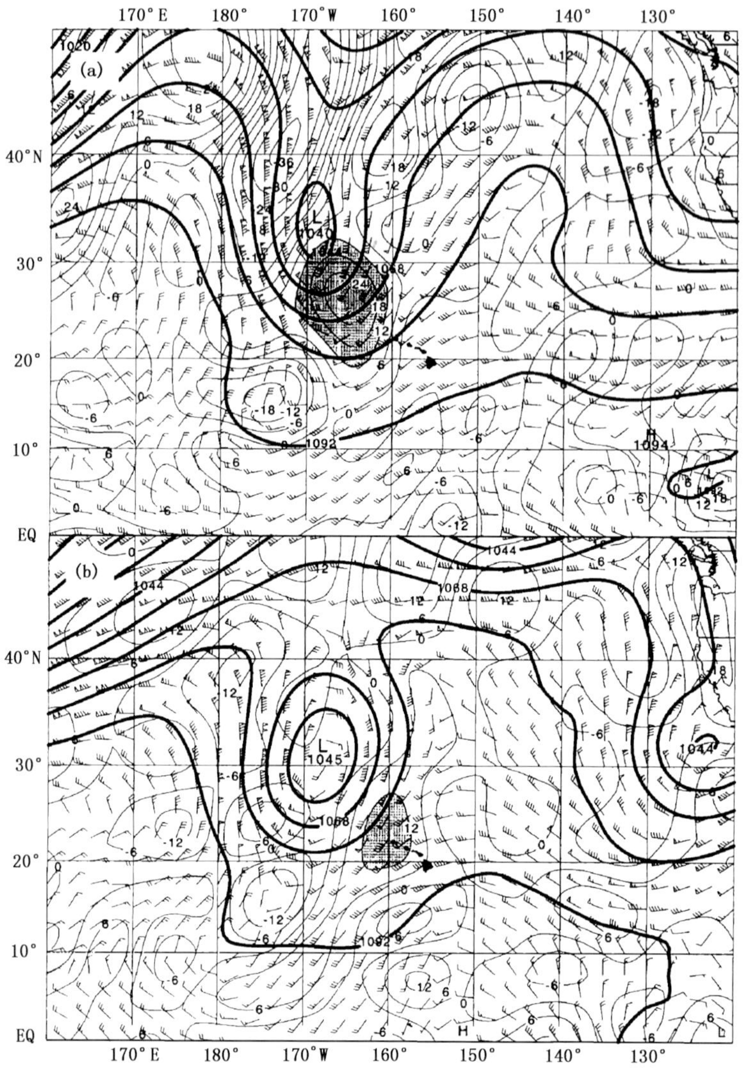

图 8.19　0000 UTC 基于航空模式初值化值的 250 hPa 分析场。(a) 1995 年 11 月 3 日；(b)1995 年 11 月 4 日。该分析场包括高度场(等值线间隔为 12 gpm)，风速(一个长划是 5 m/s，一个短划是 2.5 m/s)，和辐散场(等值线间隔为 $6\times10^{-6}s^{-1}$，值大于 $12\times10^{-6}s^{-1}$)

高空孤立的冷低压中心具有互相缠绕的湿带和干带(图 8.21b)。在 Kona 低压的东南侧一条显著的较干的空气带正向东北方向扩散，扩散到与弓状回波飑线砧状外流气流的西部。模式大气中层 θ_e 的最小值(图 8.23b)与中层较冷较干的空气平流相一致。与正在逼近的 Kona 低压环流相伴的反气旋切变造成直到 300 hPa 通过 RSM 模式大气剖面的西北方的条件对称不稳定(图 8.23b 中的阴影区)，与呈现在这个区域的实际和模式大气中的对流带相一致。

相应的地面分析(图 8.20b)显示地面低压中心在这 24 小时内以循环的路径运动，同时反气旋已经移动到气旋的北面，切断了北方的冷空气源。因此，气旋已经逐渐填塞(中心气压值为 996 hPa)。1995 年 11 月 4 日 0001 UTC GOES-9 水汽图像上较一致的水汽量值层显示低压中心填塞过程(图 8.21b)。然而，此刻这张图和加强的红外图像(省略)显示出岛屿的西部和北部对流带，云顶的温度低于 -70℃ 到 -80℃。

正如前面所提到的，1995 年 11 月 4 日 0000 UTC 和 1200 UTC 来自 Kauai 岛 Lihue 站(弓形回波东面 60 km 处)的无线电探空缺测。这样，用 24 小时 RSM 对 11 月 4 日 0000 UTC 的预报结果来重建暴雨前的环境(图 8.22)。RSM 热力学廓线表明对流层中层在过去的 24 小时期间一直在变干，温度廓线变化不大。湿空气层达到 850 hPa 层以上，地表空气团在上升过程中 850 hPa 附近达到自由对流高度并继续靠浮力上升到对流层顶，CAPE 为 1412 $J\cdot kg^{-1}$。

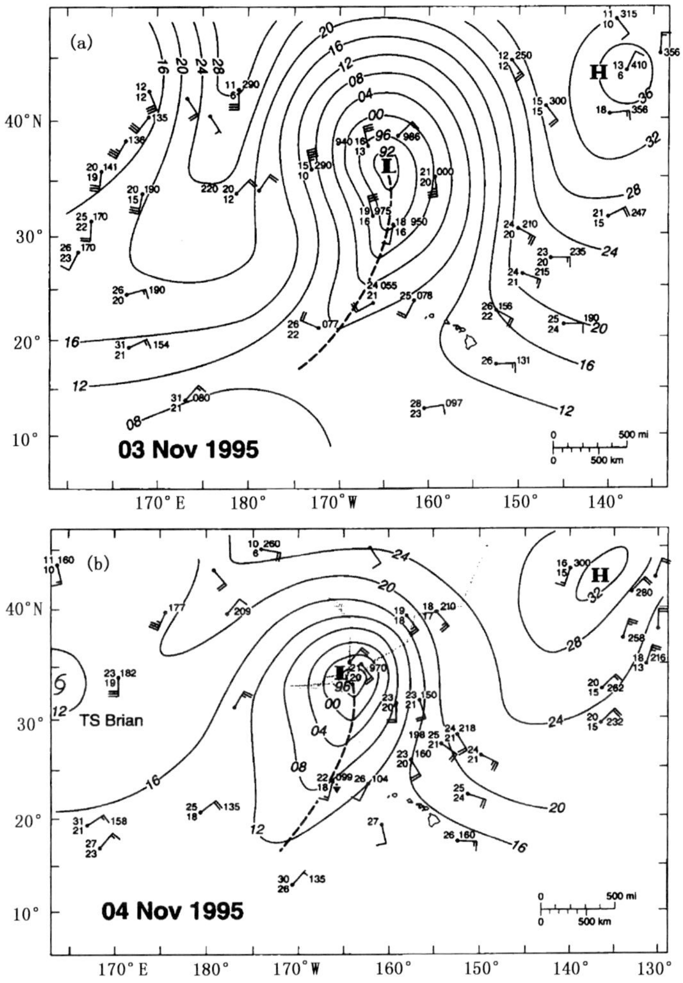

图 8.20　海平面气压分析场。(a)1995 年 11 月 3 日 0000 UTC;(b)1995 年 11 月 4 日 0000 UTC。船舶观测资料在有效时间(valid time)前后 6 小时之内。(b)图中粗灰线为 11 月 2 日 1200 UTC 开始的地面低压 48 小时轨迹线

地面到 700 hPa 层中 RSM 模式风表明此层中的风切变仅仅 5 m/s,且具有最小的风向切变量值。较大的切变发生在西面 700 hPa 风值最大区域(图 8.23a)。30 m/s 的风和地表面到 700 hPa 大于 20 m/s的切变在飑线西北位置 200 km 处(图 8.23)。正如下面雷达速度数据所显示的那样,弓形回波生成的地方的确存在比较显著的风切变。RSM 输出结果中较强的风切变过于偏东,这可能是由于向 RSM 提供初始条件和边界条件的 AVN 初值中在太平洋中部地区缺乏风资料的缘故。在这个例子中 RSM 模式风预报的缺陷强调 WSR-88D 雷达数据对 Hawaii 地区短期天气预报的重要性,在将来的例子中也同样。

RSM 输出结果表明(图 8.22 和图 8.23)最大的干区正在对流层中层形成,这与先前的飑线生成区域有联系,灾害天气发生在温带气旋中。11 月 4 日 0037 UTC NOAA-14 极地轨道卫星上的 AVHRR 观测到了一个飑线。可见光图像显示与飑线有关的穿透性云顶(图 7.24 中的箭头),飑线的西北面观测到晴空干燥的空气(图 8.24 的左上方)。图 8.24 中观测到的对流云分布与图 8.21 中水汽图像(低压中心的西南部干湿空气呈带状交替分布)和 RSM 输出结果(表明干空气平流从西面流进对流层中部区域)一致。

8.3.3　中尺度分析

夏威夷标准时间(HST)11 月 3 日下午,位于 Kauai 岛屿南面的海拔 55 m 高度处的 WSR-88D 雷达观测到正在逼近的 Kona 低压的西南南辐合气流中的对流带。本小节中所用雷达图像来自这次事件发

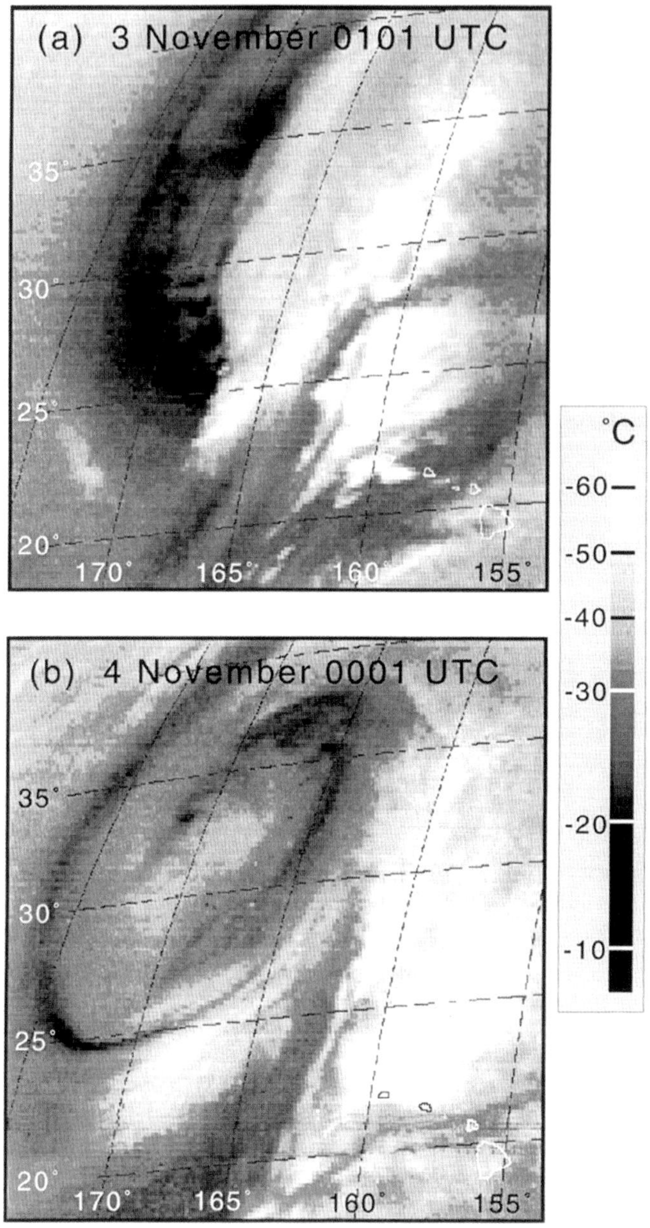

图 8.21　GOES-7 水蒸汽通道(6.7 μm 波长)图像。(a)1995 年 11 月 3 日 0101 UTC；(b)1995 年 11 月 4 日 0001 UTC。图像分辨率为 16 km

生时预报员所用的第三级存档雷达数据。在 AVHRR 图像上看到的飑线(图 8.24)在雷达反射率图像上可看到在以大约 10 m/s 的速度朝着东东北方向传播，几乎与低层气流相平行(图 8.25 和图 8.26)。11 月 4 日 0000 UTC 飑线移近在 Kauai 和 Niihau 之间的海峡上空正在减弱的对流区(图 8.25a)，并与残留的出流边界相作用而生成一个由北到南的弧形的强对流降水区(图 8.25c 中大于 45 dBZ 的区域)。在相应的径向速度图像上有加强的后部入流(图 8.25b 和图 8.25d)。

在 0136 UTC 一个弱的反射率因子缺口出现在弧形的后部(图 8.25c)。到 0240 UTC，这次风暴呈现出典型的弓形回波结构(Fujita，1978)，其具有较陡的前沿反射率因子梯度，一个 26 m/s 的后部入流急流，弓形回波前沿的前方有加强的低层辐合(图 8.26a 和图 8.26b)。当较干较冷的空气平流进入系统的后部，一个显著的后部入流缺口(RIN)生成(Smull 和 Houze，1987；Houze 等，1989)。在一个先前的弓形回波例子中，Przybylinski(1995)指出弓形回波和后部入流缺口的初期有时是由存在一个弱的反射率因子洞来定性的，当弓形线段发展时，弱反射率因子洞发展成一个大的后部入流缺口。在本例子中，

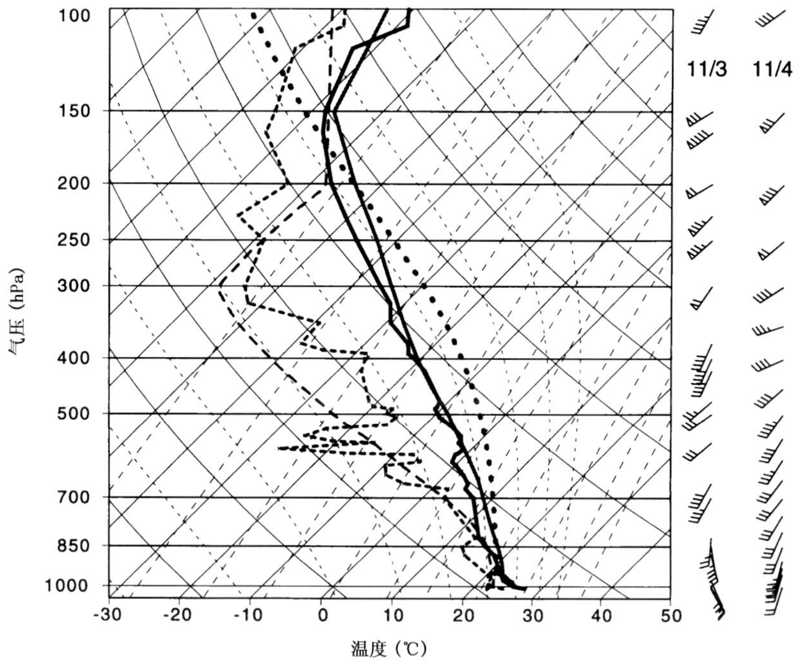

图 8.22 1995 年 11 月 3 日 0000 UTC Kauai 岛 Lihue 站(21°N,161°W)的温度(实线)和露点温度(虚线)廓线(粗黑线)和区域模式 RSM24 小时预报的 1995 年 11 月 4 日 0000 UTC 该站位置处的相应廓线(黑灰线)。点灰线表示 11 月 4 日 0000 UTC 从地表面上升的空气块的温度廓线

两个最初独立的后部入流缺口合并生成一个较大的与前进的弓形回波相联系的后部入流缺口(图 8.26a 和图 8.26c)。

相应径向速度图像(图 8.26b 和图 8.26d)显示一个中气旋特征或逗点头位于 Niihau 岛和 Kauai 岛之间的弓形回波北端。这种特征使得 WSR-88D 的中气旋算法监测到了中气旋,表明该位置上中气旋环流的强度、高度和持续时间值得预报员的注意。在入流急流的南边,呈现出加强的反气旋涡度,这表明在弓形回波南端存在一个 bookend 涡旋。但是,用于中气旋的算法目前并不能用来检测中反气旋。

0240 UTC 在中气旋的南面雷达以最低的仰角(0.5°)在径向风速场上观测到一个局地的下击暴流辐散风特征(图 8.27a)。这种特性在 0257 UTC 雷达数据上重新又出现(图 8.27b),表明该特征是持续一段时间的连贯事件。

0240 UTC 弓形线部分的反射率因子垂直剖面图(图 8.28a)说明风暴云顶已达到 13.5 km 以上。最强的回波位于大约 3.5 km 左右,即冻结层下面。与中纬度大陆地区的对流单体相比较(Houze 等,1989),热带海洋上典型的对流云通常与相对较弱的上升气流相联系。图 8.28b 显示径向速度的垂直剖面图,该图表明一个 26 m/s 急流从系统后部下沉到下击暴流的位置,确认后部入流急流为下击暴流的源。弓形线前部小的径向速度表明这里的气流来自南东南方向,大约与雷达波束垂直。此时弓形回波的前沿正以 24 m/s 的速度向雷达方向传播,前沿部位的剖面上低层辐合大约是 $4\times10^{-3}s^{-1}$。

当弓形回波移近 Kauai 岛时,逗点头部分从弓形线的主体部分断离,沿着 Kauai 岛西部陡峭悬崖向北移动,随后消逝。弓形部分继续沿着 Kauai 岛的南边朝着雷达所在地东移。大约在 0330 UTC 沿 Kauai 的东南岸报告有 40 m/s 的灾害性大风。尽管此时弓形回波有所减弱,由于雷达最低高度角存在地势的障碍,该系统在岛屿附近的发展很难解释。与地形有关的雷达波束障碍影响大约三分之一的监视范围。

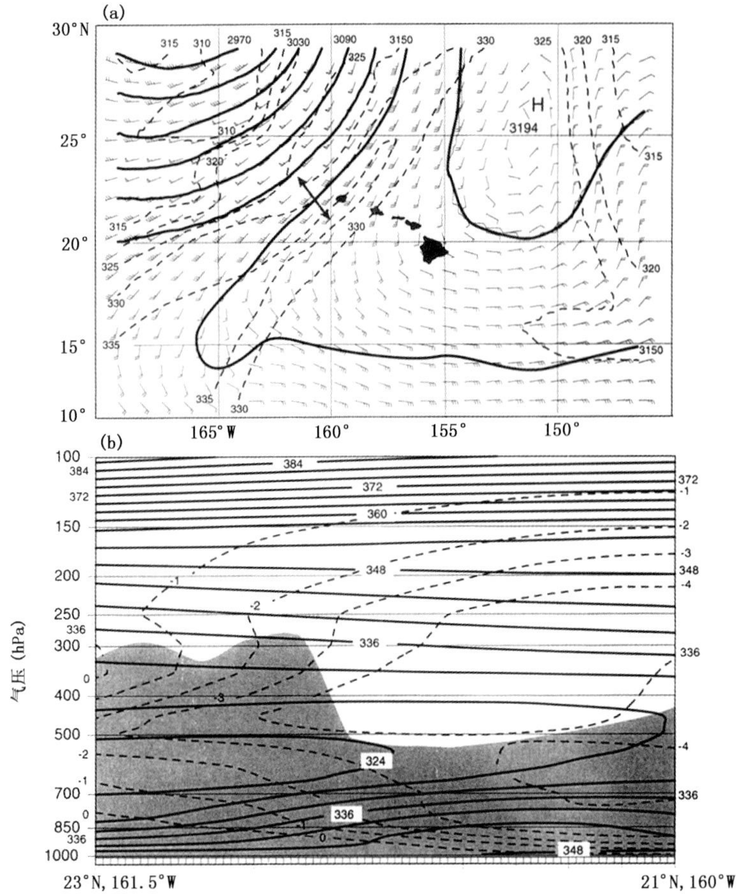

图 8.23 RSM 对 1995 年 11 月 4 日 0000 UTC 的 24 小时预报。(a)700 hPa 高度场(等值线间隔为 30 m)和 θ 值(等值线间隔为 5 K)。图 8.54b 剖面图的位置由灰色箭头所示。(b)θ_e 值(等值线间隔为 4 K)和 ω(等值线间隔为 1 μbar · s^{-1})的垂直剖面图。阴影区为负相当位涡区

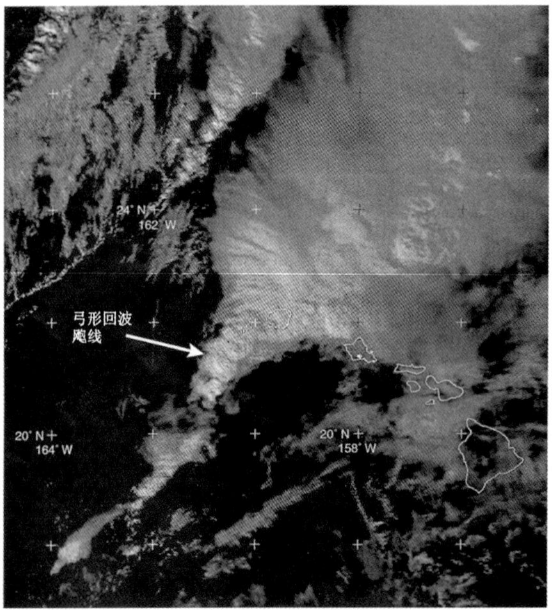

图 8.24 1995 年 11 月 4 日 0037 UTC 的 AVHRR 可见光通道 (0.63 μm)图像。图中可看到弓形回波飑线。箭头所指为造成弓形回波的对流区域

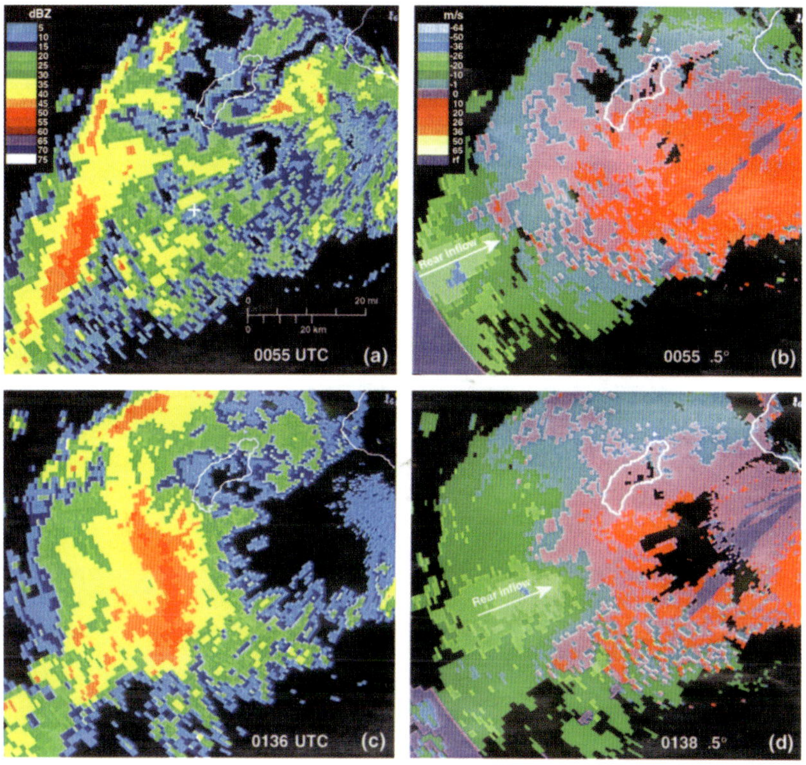

图 8.25　1995 年 11 月 4 日 0055 UTC 和 0136 UTC 时刻的 WSR-88D 反射率因子(a 和 b)和径向风速(b 和 d)。雷达位于 Kauai 岛南部，仰角为 0.5°，分辨率为 1 km(0.54 n mile)。(b)和(d)中的箭头表示后部入流急流(rear inflow jet)区域

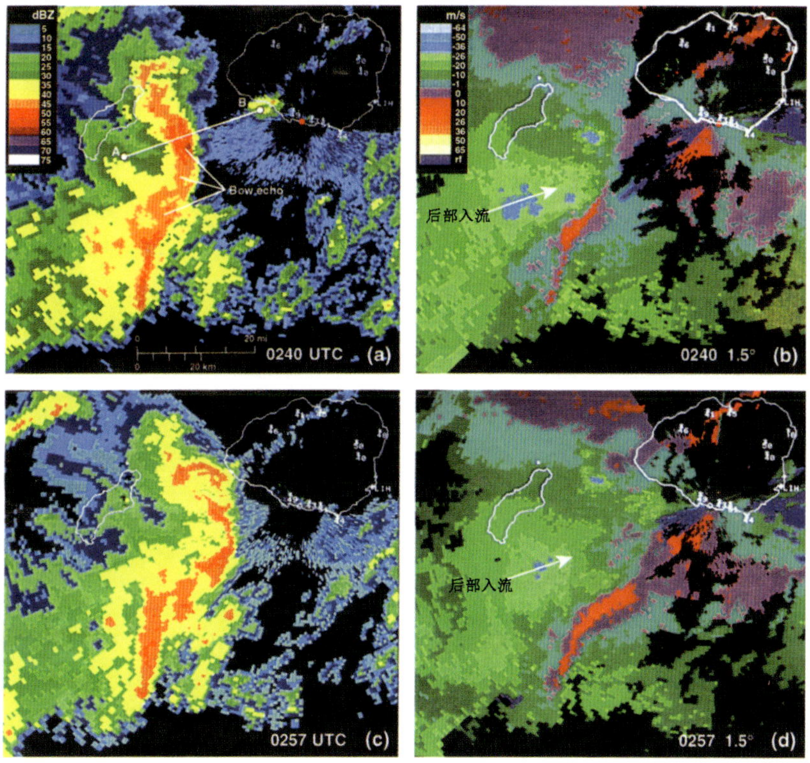

图 8.26　1995 年 11 月 4 日 0240 UTC 和 0257 UTC 时刻的 WSR-88D 反射率因子 (a 和 c)和径向速度(b 和 d)。雷达位于 Kauai 岛南部，仰角为 1.5°，分辨率是 1 km。(a)中 A－B 线表示图 7.28 中距离-高度剖面图的位置。(b)和(d)中的箭头表示后部入流急流的区域

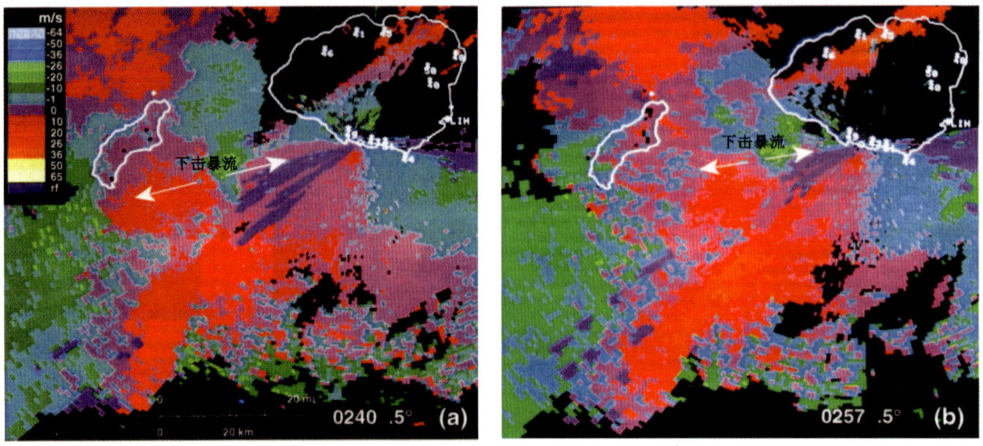

图 8.27　1995 年 11 月 4 日 0240 UTC 和 0257 UTC WSR-88D 径向速度(a 和 b)。雷达位于 Kauai 岛南部，仰角为 0.5°，分辨率为 1 km(0.54n mile)。箭头表示下击暴流的区域

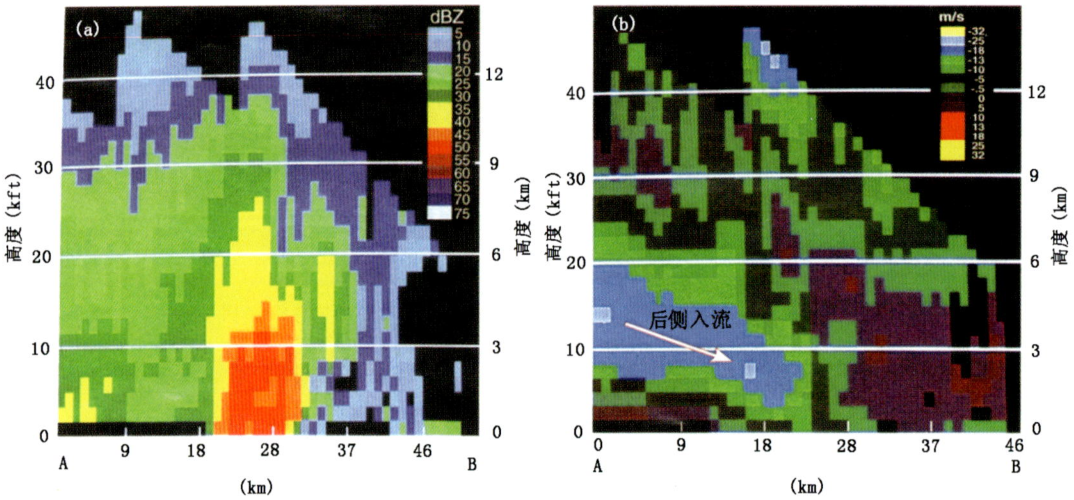

图 8.28　1995 年 11 月 4 日 0240 UTC WSR-88D 距离-高度指示器剖面图(位置如图 7.26a 所示)。(a)反射率因子(dBZ)；(b)径向速度($m \cdot s^{-1}$)。这里描述的径向速度是朝向和远离雷达的，并不精确地平行于剖面图

8.3.4　预报根据

1995 年 11 月 2 日 0700 UTC 公布的洪水潜势展望(FPO)中给出了风暴和大雨可能威胁的第一次公告，这次 FPO 基于夏威夷群岛的西北部的强副热带气旋的存在，预报员将其确认为一个典型的天气尺度系统，是夏威夷群岛雷雨、大洪水和强风的知名制造者。预报大洪水的精确位置和时间是非常困难的，但是在这次大雨和大风事件之前预报员很准确地认识到了在 Kauai 和 Oahu 岛发生洪水的潜在可能性。

在 FPO 公告中用作指导产品的主模式是美国全球谱模式的航空版本 AVN，它表明在 72 小时预报中低压系统很少移动。在随后的模式运行中低压中心的位移和运动基本与 AVN 的结果一致(基本静止)，只是低压中心的强度加强。因此，后来的预报仍维持在 Kauai 和 Oahu 岛发生风暴活动的可能。

在弓形回波事件的这一天，Kauai 东部和西部强阵雨和飑线的发展促使 1995 年 11 月 3 日 1800 UTC 全岛暴洪监视的发布。1995 年 11 月 3 日 2000 UTC 发布一次暴洪警报，因为对流线移到岸上。在 1995 年 11 月 3 日 1900 UTC 和 11 月 4 日 0000 UTC 之间由雷达和卫星观测到的这些对流线在 Kauai 出现，导致暴雨和暴洪，主要是沿着岛的北边和西边。

雷达观测到的弓形回波正在从西面接近 Kauai 岛的南岸(图 7.25 至图 7.23),伴随一个 26 m/s 的后部入流急流向地面下沉,促使灾害风暴警告的发布(这在夏威夷是第一次),具有从 1995 年 11 月 4 日 0300 UTC 到 0400 UTC 的海上特殊时效。稍后警告延伸到 0430 UTC。在大约 0330 UTC,灾害性天气警报被证实,报告中阵风达到 40 m/s。对流尺度的阵风将屋顶掀翻(Lihue 南部),大树吹倒,电缆线吹断。因为 Kauai 多山脉,在海港的南边存在东西向的山脊,地形对气流的加强和 Nawiliwili 港大风的潜在贡献也不可低估。

灾害风暴警报以较长的提前时间发布,并被证实,这类的警报如果没有 WSR-88D 的观测是不可能实现的。尽管这是夏威夷第一次灾害天气的雷达观测资料,以后的对热带夏威夷大气雷达观测证明这不是一次孤立的事件。事实上,自从有了弓形回波的观测以后,已经发布了有关夏威夷群岛的几次灾害性风暴警报,WSR-88D 观测证实了具有超级单体风暴特性的风暴单体及大于 25 m/s 的强直线型大风。在夏威夷的天气中灾害性天气并不是最近才发展的,而是 WSR-88D 为气象学家观测到原先不能观测到的中尺度现象创造了条件。WSR-88D 雷达对夏威夷地区灾害性天气观测的重要影响不可低估。例如,由于夏威夷是旅游胜地,繁忙的空中交通相对于类似本例中的强风切变的反应是非常脆弱的(Fujita 和 Byers,1977)。

8.3.5 结论和总结

在 1995 年 11 月的第一个星期,一个副热带气旋,即 Kona 低压,当它从西北方向接近夏威夷群岛时派生出一系列飑线。当对流带之一移近 Kauai 岛时,它呈现出显著的弓形回波结构,这是由新近安装在位于 Kauai 岛南面的 WSR-88D 雷达观测到的。雷达回波特征的识别使得灾害风暴警报得以发布,这是由夏威夷火奴鲁鲁天气预报台发布的第一个这样的预报。预报以后,在 Kauai 的东南边 Nawiliwili 港观测到 40 m/s 的风,阵风将 Nawiliwili 的小船港办公室的屋顶掀掉,大树吹倒。

冷中心 Kona 低压是副热带波动性气旋发展过程中阻塞后的结果,在低纬由于暖高压的阻塞活动变得逐渐孤立。11 月 3 日高空冷低压的西侧的急流对 11 月 4 日飑线形成有动力贡献。观测数据和模式输出结果表明这些条件包括加强辐散以及高空气旋切变(图 8.19b),700 hPa 急流和最大风值的存在导致中层冷平流、干空气、低层风切变、南风湿气流辐合及近地面不稳定空气的加强。

24 小时区域谱模式预报输出结果,没有正确预报弓形回波附近的环境风切变的量级。RSM 输出结果偏离西部太远,这可能是 AVN 初始条件中太平洋中部缺乏风资料的结果,AVN 初始条件为区域谱模式提供初始条件和边界条件。在此例中区域谱模式风预报的缺点更加强了 WSR-88D 雷达数据在夏威夷短期预报中的作用。

到 11 月 4 日 0240 UTC 一个典型的弓形回波结构在雷达上已经看到(图 8.26),在其前沿有非常强的反射率因子梯度,26 m/s 的后部入流急流,一个显著的后部入流气流缺口,对流线的前部是加强的低层辐合,还有一个弓形线部分。雷达动画表明在弓形回波的北边和南边有旋转方向相反的涡旋,并且雷达算法识别出位于弓形回波北端的中气旋。

与一系列模拟的弓形回波相比(Weisman,1992,1993),这次弓形回波有一个相对短的生命史。雷达观测表明后部入流急流迅速下降到地面,产生对流的冷池减弱了周围的切变,产生近地面短生命周期的、局地的强风。假设小于最理想的垂直切变和不稳定性阻碍了生命期较长的一系列弓形回波的发展。复杂地形对风暴的消失和观测到的风灾害的分布的影响不能被忽略。这些问题是进一步研究的主题。

WSR-88D 数据的可利用性增加了从副热带大气中取样的能力,为预报员提供了思考夏威夷群岛对流现象的新洞察力。被过去稀疏的天气观测网站所忽略的中尺度灾害天气情况在夏威夷群岛数据稀少地区用雷达数据得到补偿。

努力利用从 WSR-88D 雷达,GOES-9 卫星和全球定位系统接收机采集的数据用来提高夏威夷区域预报模式高分辨率非静力平衡版本的初始条件(Wang 等,1998)。随着来自对地静止和极地轨道卫星资料、全球谱模式和区域谱模式数值输出结果,以及 WSR-88D 雷达观测数据的可利用性,预报员用以提高太平洋地区从临近预报到 48 小时时间尺度预报精确度的工具正在得到迅速的改善。

8.4　雷达“三体散射长钉”：一个可用于业务预报的大雹特征

在本节中，我们将讨论三体散射长钉（TBSS：Three-Body Scattering Spike）在S波段CINRAD图像上的形状和特性，并讨论其在大冰雹的预警中的作用。图6.28给出了三体散射的一个例子，该雹暴是发生在美国Oklahoma州一个小城Cashion附近的一个强烈超级单体风暴，该风暴维持了一个中气旋、BWER和偶尔的低层钩状回波或挂件回波。主要伴随的灾害性天气是下击暴流和大冰雹，最大地面瞬时风速达50 m/s，最大冰雹直径7 cm。在本节中，我们主要讨论由我国的S波段新一代天气雷达观测到的三体散射个例。本节部分内容取自廖玉芳等（2003）发表在应用气象学报上的论文。

8.4.1　发生于湖南的两次强对流风暴事件的多普勒天气雷达资料分析

湖南西部崇山峻岭，东部地势平坦，特定的地形地貌形成了湖南春季和初夏（3～6月）多大风和冰雹的特殊气候特点。4～6月湖南处在南北气流频繁交汇地带，多低槽活动，是雷雨大风、冰雹甚至龙卷等强对流天气的多发季节。此期间的大风占全年总次数的58%，3～6月发生冰雹的次数占全年总次数的70%。

在本节中，我们分别对于2002年5月14日、2003年6月3日和2002年4月3日发生在湖南境内的三次强对流天气过程进行分析。

8.4.1.1　事件一：2002年5月14日常德强对流风暴个例

2002年5月14日19:00～21:00，常德的石门、临澧、澧县、津市、桃源5个县市境内分别遭受强对流天气的袭击，造成直接经济损失2000多万元。当日19:11到19:28石门县维新、蒙泉等11个乡镇先后出现冰雹、大风天气，瞬间最大风速达23 m/s，冰雹最大直径20 mm；其后临澧县境内文家乡、太浮镇出现冰雹、大风；19:20到19:40澧县县城附近出现大风天气，瞬间最大风速达26 m/s；其后20:20左右津市李家铺、白衣、灵泉、新州4个乡出现大风，白衣村1妇女被大风卷入湖中淹死，水桶粗的树木被连根拔起。20:20到20:30桃源县境内的泥涡潭乡出现龙卷和大冰雹，冰雹最大直径30 mm，3人被大风卷到半空中摔成重伤。

国产CINRAD-SB型新一代多普勒天气雷达于2002年3月29日在常德安装调试完毕并交付使用。使用该雷达对此次系列强对流天气过程进行了连续跟踪监测。

（1）天气背景分析

当日08时500 hPa图上低槽位于西安、宜昌、重庆到昆明一线，槽后为一致的西北气流，并有强温度槽与之配合。槽前桂林、长沙至南昌一线出现24 m/s以上的西南急流，急流轴呈东北-西南走向。700 hPa低槽经郑州、汉口、长沙到桂林一线，长沙、南昌至衢州一线为16 m/s以上的西南偏西风急流。地面冷空气主体位于鄂西和重庆以西，常德处在相对的暖低压区内。本次系列强对流天气是高空低槽、低层西南急流、地面冷空气和地面暖低压共同作用的结果，强对流天气发生的位置在500 hPa、700 hPa槽线之间，高、低空急流轴的左侧（图8.29）。850 hPa湖南、湖北均在宽广的湿区中；500 hPa干中心在贵州北部，干舌从贵州北部伸向湖南西北部；700 hPa干中心在重庆境内，干舌伸展到湖南西部。常德区域内低层为湿层，对流层中部非常干燥，下湿上干的分布表明具有较强的对流不稳定性。

图8.30为雷暴生成区附近宜昌站5月14日08:00的速度矢端图。可以分析出两个有利于强对流天气发展的因素：一是低层（925 hPa～700 hPa）为暖平流（风向随高度顺转），中高层（700 hPa～100 hPa）为深厚的冷平流（风随高度逆转），低层暖平流、高层冷平流极大地增强了气层的不稳定性；二是低层到高层为强的垂直风切变，低层风切变明显强于中层，速度矢端图的曲率也较大，有利于有组织的强对流风暴的产生和发展。

（2）多普勒雷达资料分析

使用雷达强度回波图来跟踪对流风暴生消路线，表明常德市境内的多处强对流天气主要是由三个对流风暴活动所导致的（图8.31）。

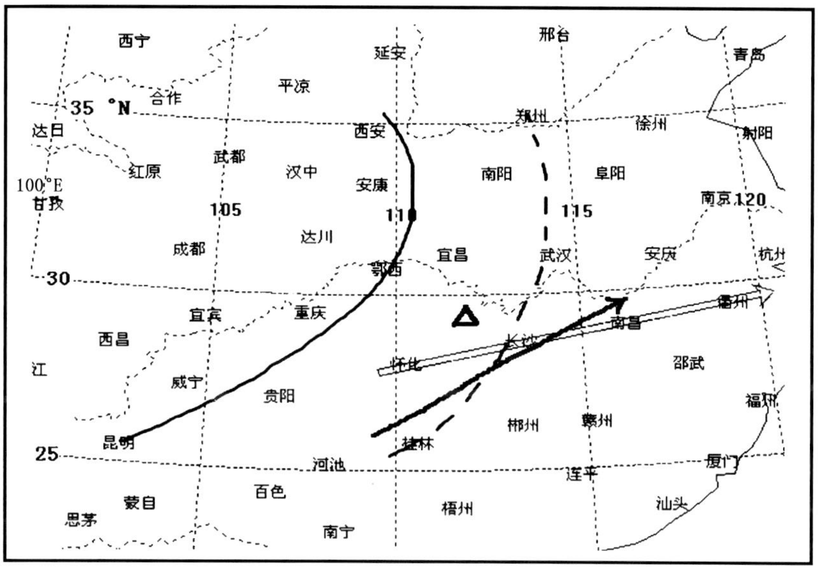

图 8.29 强对流发生前的天气背景。粗实线和虚线分别为 500 hPa 和 700 hPa 槽线;实心和空心箭头分别为 500 hPa 和 700 hPa 急流位置;三角形为强对流天气发生的大致区域

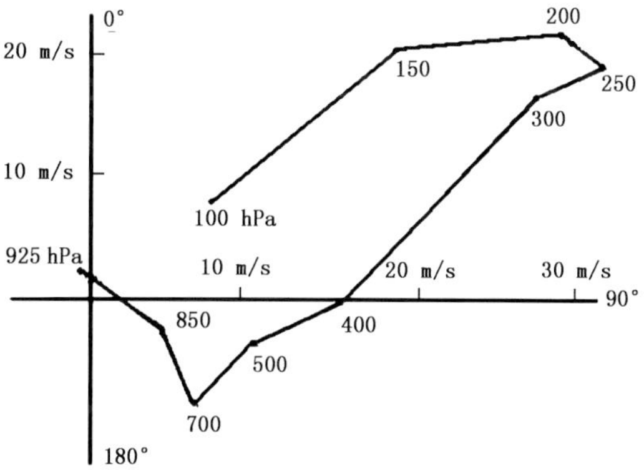

图 8.30 宜昌站 08:00 速度矢端图

风暴一(图 8.32)为影响石门、临澧县的对流风暴。该风暴 17:18 左右在石门县城北偏西 65 km 处生成,随后沿南偏东方向移动,途经石门、临澧、鼎城,在鼎城区境内减弱消亡。生成时风暴核心最大强度为 45 dBZ,18:27 强度达 65 dBZ,回波中出现三体散射现象此时风暴已发展成为超级单体。18:40 风暴核心最大反射率因子达 70 dBZ,19:11 左右该风暴影响石门县城,导致冰雹、大风天气。19 时 23 分三体散射明显减弱,风暴继续影响石门东南部及临澧西北部。

图 8.32 为 19 时 05 分风暴云影响石门县城附近时的多普勒雷达观测资料。图 8.32a 和图 8.32b 分别为 1.5°和 3.4°仰角基反射率因子图,图 8.32c 和图 8.32d 为 1.5°和 6°仰角的基速度图(本文中所用到的多普勒雷达速度产品由于 PUP 色标错误,其方向均为负速度代表离开雷达,正速度朝向雷达)。1.5°仰角反射率因子图(图 8.32a)上超过 65 dBZ 的高反射率因子核的东南部的反射率因子高梯度区为风暴的入流区,在相应的速度图上(图 8.32c)对应一个中气旋(方位 330°,距离 60 km)。风暴高层有明显的辐散(图 8.32d)。3.4°仰角的反射率因子核的值超过 70 dBZ(图 3.32b)。特别值得一提的是,在 1.5°和 3.4°仰角的反射率因子图(图 8.32a 和图 8.32b)和 1.5°仰角的速度图上(图 8.32c)均可见明显的三体散射现象(沿西北方向雷达径向的长钉状突出物),表明此时对流风暴中存在大冰雹。正如 Lemon(1998)所指出的,三体散射的出现是大冰雹存在的充分条件和非必要条件。他进一步指出,三体散射出现后 10

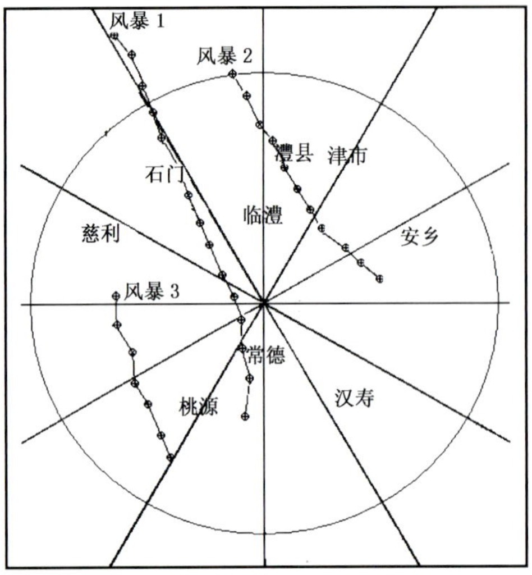

图 8.31　对流风暴生消路径图

(a)　　　　(b)

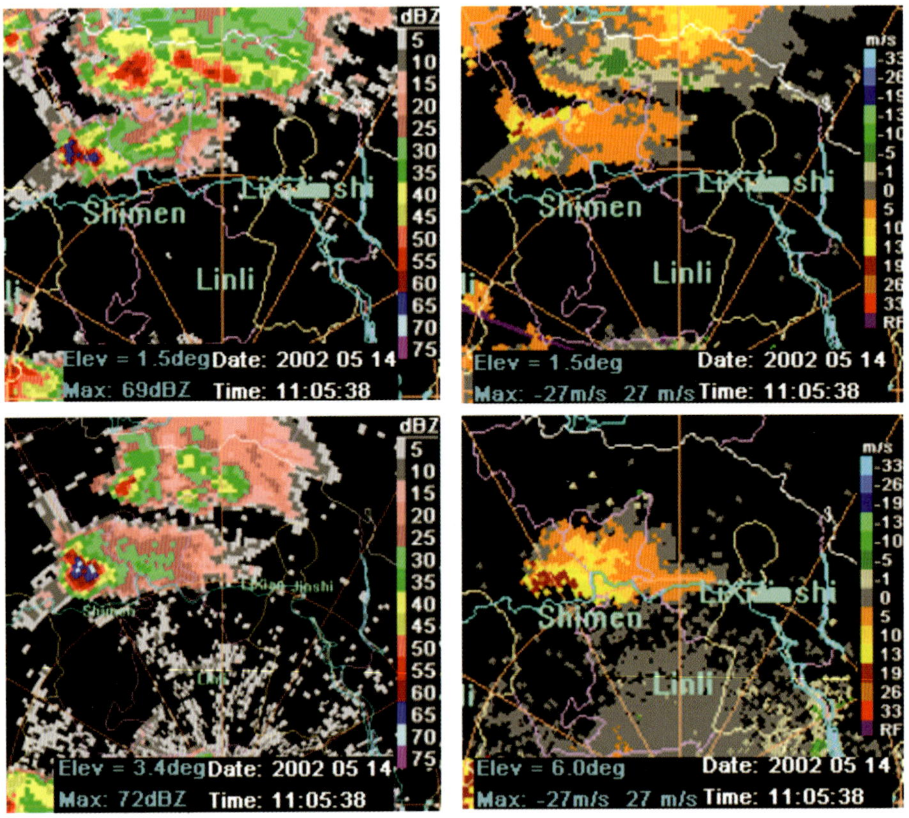

(c)　　　　(d)

图 8.32　2002 年 5 月 14 日 19:05 湖南常德 CINRAD-SB 雷达观测资料。距离圈间距为 50 km,方位角划分线间隔 30°。石门县位于雷达站西北方 58 km 处。(a)和(b)分别为 1.5°和 3.4°仰角基反射率因子图,(c)和(d)为 1.5°和 6°仰角的基速度图(此处暖色代表向着雷达的速度,冷色代表离开雷达的速度)

到 30 分钟往往会产生最大的地面降雹和大风。该风暴首先于 18:27 出现三体散射,可惜的是在该风暴最强盛的 18:45(反射率因子超过 75 dBZ),缺少相应的地面报告。19:11 左右影响石门县城时,气象站报告超过 20 mm 直径的降雹和 23 m/s 的瞬时大风,实际最大降雹尺寸可能超过 20 mm,观测事实与

Lemon 的提法较为一致。沿雷达径向穿过三体散射区的反射率因子垂直剖面图(图略)显示存在明显的弱回波区和悬垂回波,超过 70 dBZ 的强反射率因子核位于 2.8 km 高度。综合各种因素可以判定该风暴已具有超级单体风暴的结构特征。18 分钟以后的 19:23 三体散射特征依然可见,但明显减弱(图 8.33)。

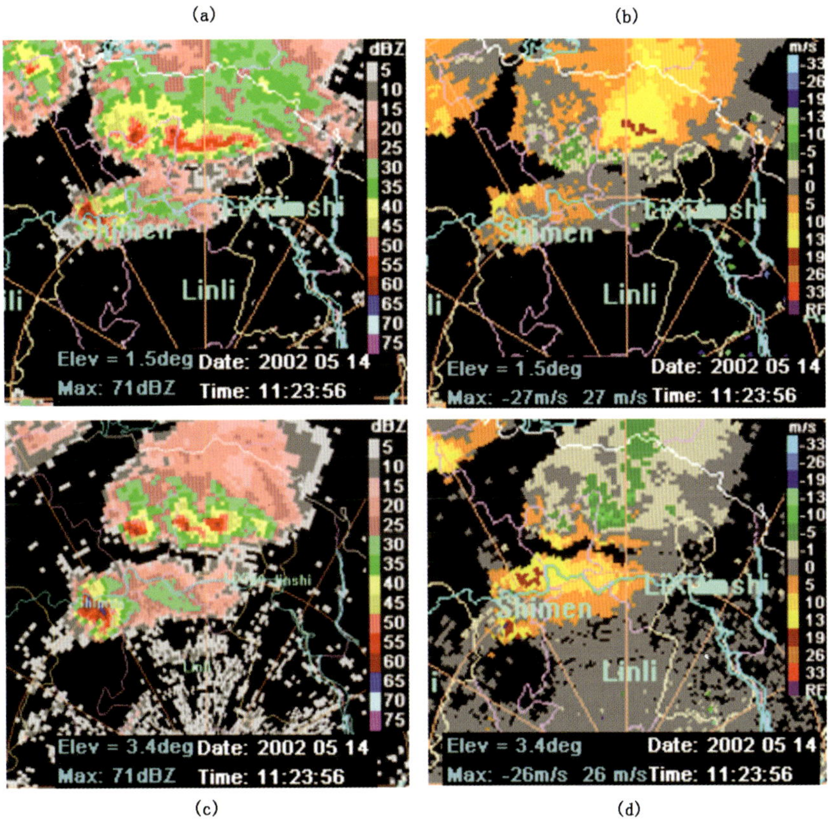

图 8.33　2002 年 5 月 14 日 19 时 23 分湖南常德 CINRAD-SB 雷达观测资料。距离圈间距为 50 km,方位角划分线间隔 30°。澧县县城位于雷达站北方略偏东 55 km 处。(a)和(b)分别为 1.5°和 3.4°仰角基反射率因子图,(c)和(d)为相应仰角的基速度图(此处冷色代表离开雷达速度,暖色为向着雷达速度)

对流风暴二于 16 时 53 分生成在湖北长阳附近,生成时为几个小的单体,在向南偏东方向移动过程中发展合并成带状(飑线),移经澧县、津市、安乡,在安乡县境内减弱消亡,主要影响澧县。初生时回波强度 25 dBZ,为小块状,18 时 52 分中心强度达 60 dBZ,50 dBZ 以上回波区开始合并,并于 19 时 11 分发展成带状飑线,19 时 42 分回波中心带断裂,强度少变,面积减小,向东南移动过程中影响津市境内的几个乡村。

图 8.32 中北边的飑线即为该风暴。此时(19 时 05 分)飑线中部断裂,分为东西两段,东段较为狭长,飑线前沿云底以上有明显的气流辐合,预示着可能有地面大风。18 分钟之后(图 8.33),1.5°仰角上该飑线东段变得更加狭长(图 8.33a)。狭长的高反射率因子区的北边有一个明显的后侧入流缺口,对应风场图上为 13～19 m/s 的强入流气流(图 8.33c)。高层 3.4°仰角的强度回波上有 3 块强的反射率因子核(图 8.33b)。强度垂直剖面图存在明显的弱回波区(略)。与 18 分钟前类似(图 8.32),该飑线前沿低层有较强辐合(图 8.33c),飑线前沿中高层为明显的辐散气流区(图 8.33d)。事实上,该飑线于 19 时 30 分左右影响澧县县城,导致狂风大作,瞬时风速达 26 m/s,气压突升,气温骤降,30 分钟降雨量达 24 mm。

对流风暴三于 18 时 27 分在慈利西南部距慈利县城大约 10 km 处生成,随后向南略偏东方向移向桃源,造成较大灾害。生成时中心强度为 55 dBZ,19:23 中心强度加强到 70 dBZ,并以雷达站为中心沿

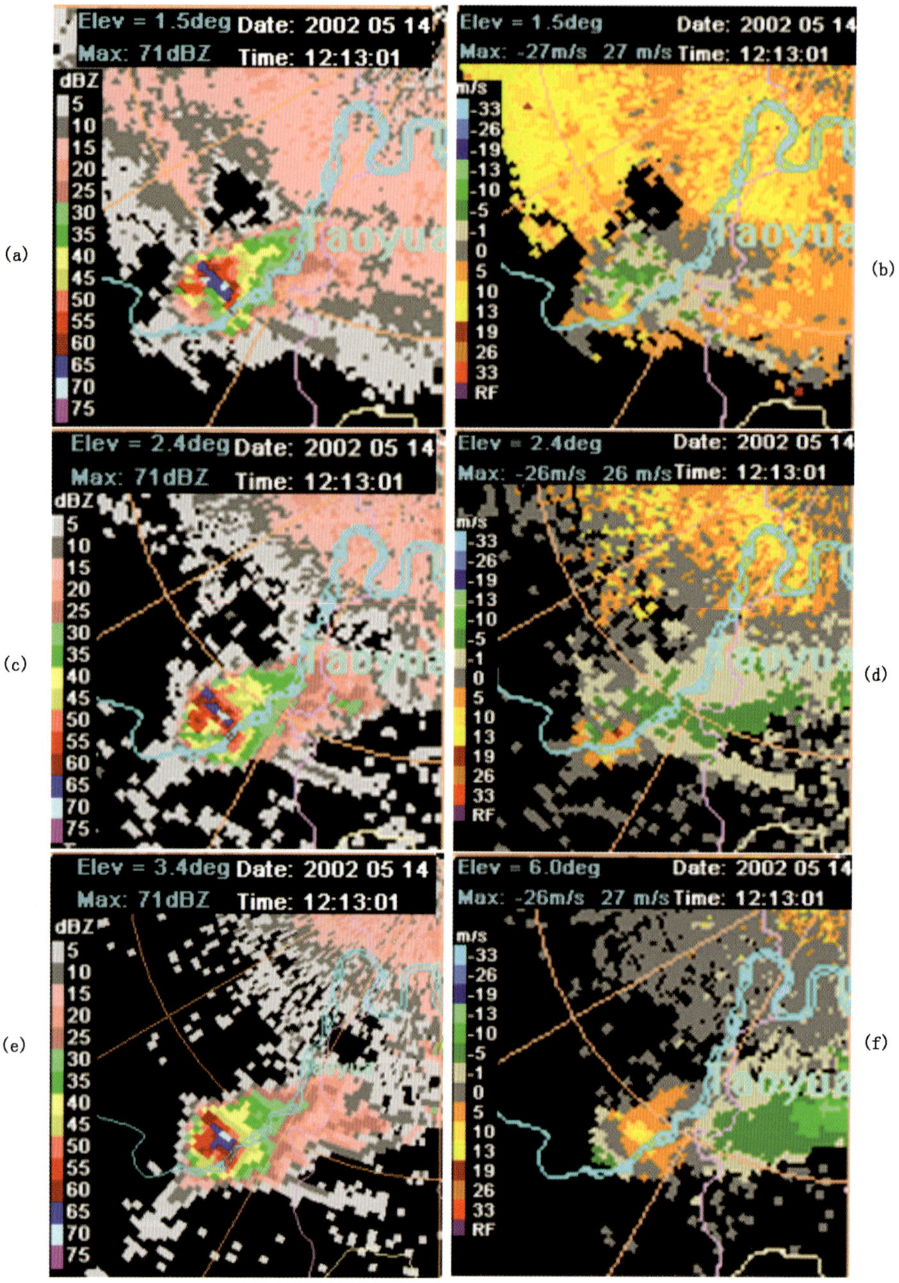

图 8.34　2002 年 5 月 14 日 20 时 13 分湖南常德 CINRAD-SB 雷达观测资料。距离圈间距为 50 km，方位角划分线间隔 30°。桃源县泥涡潭位于雷达站西南方 60 km 处。(a)、(b)和(c)分别为 1.5°、2.4°和 3.4°仰角基反射率因子图，(d)、(e)和(f)为 1.5°、2.4°和 6°仰角的基速度图(此处冷色代表离开雷达速度，暖色为向着雷达速度)

50 km 等距离圈移动，20:13 移近桃源境内的泥涡潭，强度回波及速度场出现三体散射现象和中气旋，表明此时风暴已具有超级单体特征。20 时 31 分三体散射现象结束，强度减弱为 65 dBZ，并继续向东南方向移动减弱消亡。

图 8.34 为 20 时 13 分对流风暴三影响桃源县泥涡潭时多普勒雷达所观测到的资料。1.5°～3.4°三个仰角的反射率因子和相应径向速度图均可见三体散射现象，即从最大反射率因子核心区沿雷达径向向西南方向(220°)伸展的长钉状突出物。三体散射回波假象在 3.4°仰角的反射率因子图上最为突出。低层 1.5°反射率因子图展现一个位于对流风暴右后侧的不太典型的钩状回波(图 8.34a)。若以沅水做参照，比较 1.5°、2.4°和 3.4°仰角的反射率因子图，可以看出低层的弱回波区和中高层的悬垂回波结构。

图 8.35 为沿雷达径向经过三体散射区(220°)的反射率因子垂直剖面。由于采用的是 VCP21 的体扫模式,4.5°以上相邻仰角的间隔较大,所以垂直剖面的分辨率较粗。在该垂直剖面内,反射率因子核强度达 70 dBZ 以上并存在一个明显的穹窿(一般称为有界弱回波区 BWER)和悬垂回波,表明上升气流非常强烈。此外,三体散射造成的回波假象在垂直剖面图上也清晰可见(回波体的左上部)。

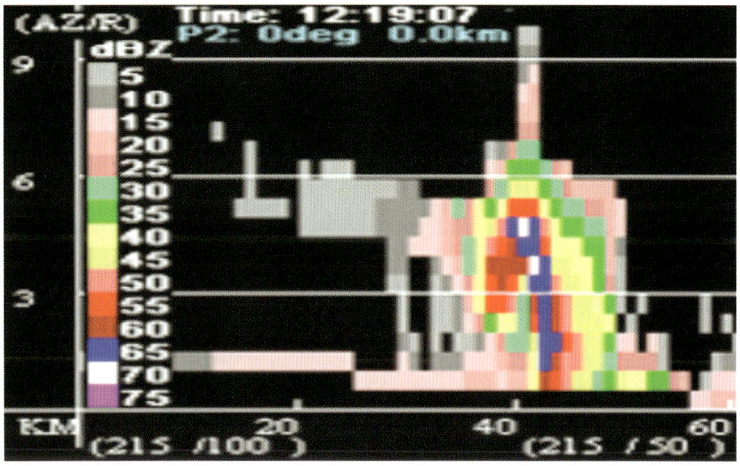

图 8.35　沿图 8.34 中 220°方位的反射率因子剖面

对应低层反射率因子图上风暴的弱回波区,相应径向速度图上存在一个像素到像素的强烈的气旋式切变(方位 220°,距离 56 km),在沿方位角方向不到 1 km 的距离内,径向速度从 −16 m/s 变到 +16 m/s(图 8.34d),相应的气旋式涡度值达到 $4\times10^{-2}\ s^{-1}$。Brown 和 Lemon(1980)最早发现这种小尺度涡旋结构特征并将其命名为龙卷式涡旋特征(TVS),它的出现往往意味着龙卷即将或已经发生。另外,6°仰角的径向速度图上显示了明显的风暴顶辐散(图 8.34f)。

从反射率因子图上的三体散射回波假象、穹窿和悬垂回波结构,和径向速度图上中低层龙卷涡旋特征以及高层风暴顶辐散,可以判定该对流风暴在影响桃源泥涡潭时已发展成龙卷超级单体风暴,几乎具有强烈对流风暴的所有雷达回波特征。这与龙卷、大风和超过 30 mm 直径的大冰雹的地面气象报告是一致的。

8.4.1.2　事件二:湘西北 2003 年 6 月 3 日强对流风暴个例

2003 年 6 月 3 日 17 时 00 分～19 时 30 分,张家界市大部分地区遭受大风冰雹袭击,冰雹最大直径达 10 cm,冰雹铺地厚度约 3 cm,最大风力达 11～12 级。据统计,全市有 25 个乡镇 31.4 万人受灾,农作物受灾面积 16687 hm^2,成灾 10300 hm^2,绝收 4767 hm^2;房屋倒塌 1041 间,损坏房屋 40523 间;慈利三条线道堵塞,其中慈张线交通中断约 3 小时,吹断电线杆 400 多根,损坏高压线路 100 km 之多,4 个乡镇通讯、照明中断。这次灾害全市直接经济损失近 9000 万元,农业直接经济损失 6100 万元。

(1)天气背景

2003 年 6 月 3 日 08 时 500 hPa 徐州、汉口到连平有一低槽,并有一温度槽与高度槽基本重合,槽后为强的西北气流控制;贵阳、芷江到河池为强的干中心,汉中到宜昌与怀化之间为强的露点锋区(干线)。700 hPa 南阳、宜昌到长沙一线有一冷低槽,温度槽与高度槽基本重合,冷平流沿槽底向南渗透;成都、重庆、芷江到贵阳为干中心区,湿舌呈南北向位于南阳、宜昌与汉口之间到长沙一线。850 hPa 南阳、宜昌、芷江到贵阳有一低槽,同时湿舌呈南北向位于南阳、宜昌、芷江到河池。500、700 hPa 低槽槽后偏北气流引导地面弱冷空气从北路扩散南下,6 月 3 日 14 时前锋到达长江北岸。同时宜昌、安化、重庆到奉节有一低压环流形成。靠近湘西北地区的探空站(鄂西站)3 日 08 时探空资料(图略)表明,沙氏指数 $SI=-1.7<0$,对流有效位能 CAPE 值在 600～800 $J\cdot Kg^{-1}$ 左右,自由对流高度 LFC 大约在 3.5 km 高度上,地面附近相对湿度达 94%。

从以上的天气形势背景可以分析出:湘西北地区低层为湿层,而对应的中层为干层,高层位于露点锋之上,为典型的不稳定大气层结,地面弱冷空气入侵低压环流中引起扰动,诱发深对流发展。

图 8.36 的卫星云图(图组)显示出了对流云生成、发展、加强及减弱过程。14 时对应于 500 hPa 露点锋一线有对流云生成,湖北鄂西附近的对流云发展则强一些;16 时前后一条西北-东南向的对流云带形成,发展较为旺盛的鄂西云团在发展并缓慢向南偏东传播过程靠近湘西北地区;18 时对流云带发展到强盛阶段,前部对流云团开始影响到湘西北地区(图中箭头所指),21 时前后对流云带及影响湘西北的对流云团明显减弱,强风暴过程结束。云图的局限性使得我们很难看到对流风暴的内部结构及其演变。

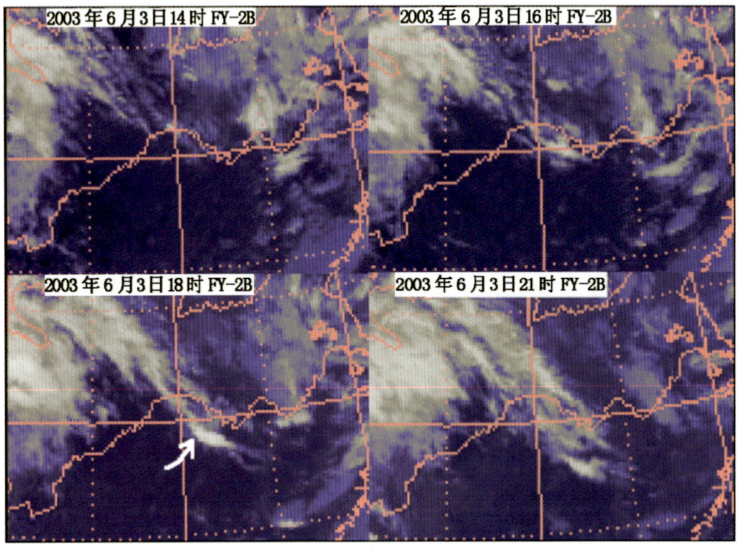

图 8.36　2003 年 6 月 3 日卫星云图显示湘西强风暴云系的演变
时间分别为 14 时(a)、16 时(b)、18 时(c)和 21 时(d)

(2)多普勒天气雷达资料分析

对流风暴 6 月 3 日下午 13 时左右生成于鄂西,然后由高空盛行的西北气流引导向东南偏南方向移动,移动过程中不断加强,于 16 时左右进入湘西北地区。17 时以后,该对流风暴演变为超级单体风暴(图 8.37、图 8.38 和图 8.39),达到最强盛阶段并维持其特征达一个多小时,在湘西北的张家界地区造成严重的雹灾和风害。在超级单体阶段风暴向整层平均风向(西北风)的右侧移动,是典型的右移超级单体风暴。18:30 以后,风暴强度逐渐减弱并继续向东南偏南方向移动,21 时移到岳阳附近,于 22:30 左右完全消散。

图 8.37 所示为 17 时 25 分雷达探测到该风暴在不同仰角上的反射率因子特征,相应的径向速度场显示在图 8.38 中。从图 8.37 中可以看出,4 个仰角上的最大反射率因子都超过 70 dBZ。0.5°仰角反射率因子图上箭头所指处呈现出钩状回波(严格地讲,是一个从回波主体向着西南方向的突出物)和低层入流缺口。很明显低层入流来自南方。钩状回波在 1.5°仰角上十分明显,同时显示出与钩状回波相联系的有界弱回波区 BWER(反射率因子周围高、中间低)。从 0.5°到 3.4°仰角,以箭头为参照,可以看出低层入流附近的反射率因子从低到高向入流一侧(南方)倾斜,展现出低层有界弱回波区、弱回波区和中、高层的强大悬垂回波。因此反射率因子分布呈现出典型的超级单体结构,只是低层入流不在超级单体移动方向的右后侧而在右前侧。在 1.5°、2.4°和 3.4°仰角上都出现了三体散射现象造成的长钉状回波假象,其中 2.4°和 3.4°仰角上的三体散射长钉最明显。三体散射长钉最早于 17:19 出现在 2.4°仰角。另外,我们注意到该超级单体不是孤立的,周围还有若干个对流风暴单体。

图 8.38 给出了与上述反射率因子图像同一时刻的 0.5°(d)、1.5°(c)、3.4°(b)和 6.0°(a)仰角的径向速度图,可识别出一个与超级单体相联系的中气旋。在 0.5°仰角,与反射率因子的钩状回波和低层入流缺口对应的是一个尺度为 3 km 左右辐合性气旋;1.5°仰角的相应位置是一个尺度为 8 km 左右的纯粹气旋,3.4°仰角相应位置是一个尺度为 10 km 左右的辐散式气旋(注意出现了速度模糊),这三个仰角上气旋所具有的旋转速度都在 16 m/s 附近,属于中等强度的中气旋,其垂直结构基本符合成熟阶段中气旋概念模型(图 5.41)。6.0°仰角的径向速度反映了超级单体顶部的流场结构,由于风速太大两侧出现

了明显速度模糊。径向速度相对于西北-东南方向的中心轴线呈对称分布，中轴附近径向速度在−11 m/s左右，两侧在−38 m/s 左右，即轴线南部为气旋式切变，北部为反气旋式切变，这是由上升气流之上的风暴顶的辐散和强烈的西北气流综合作用的结果。上述中气旋最早于 17 时 07 分出现在对流层中层(图略)。

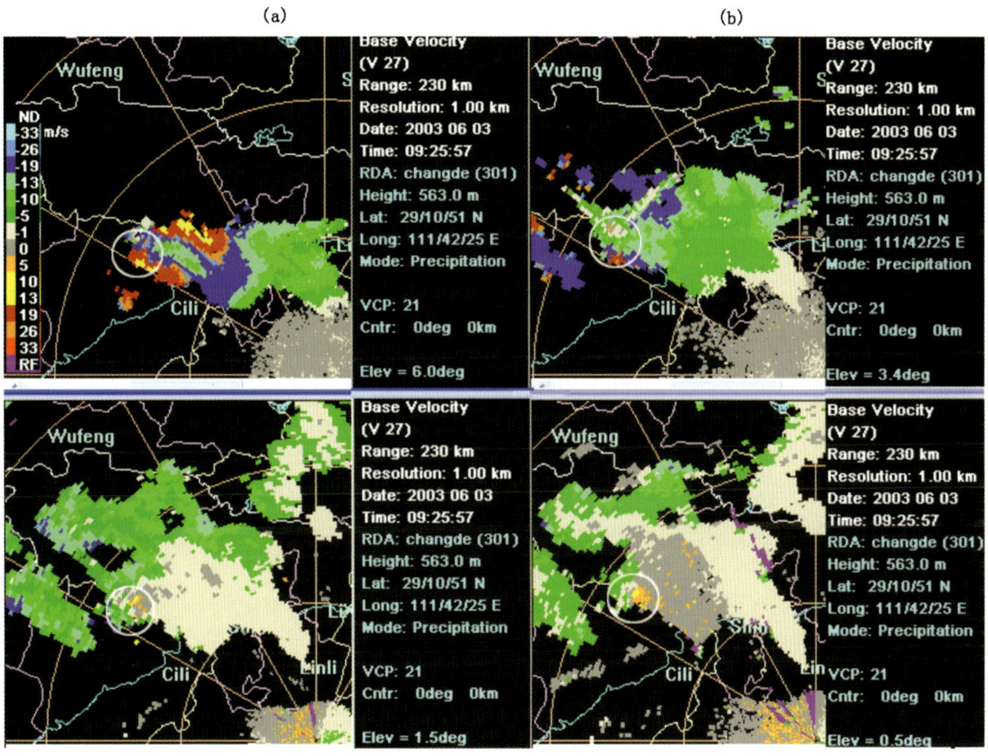

图 8.37　2003 年 6 月 3 日 17 时 25 分不同仰角的反射率因子图

(a) 3.4°;(b) 2.4°;(c) 1.5°;(d) 0.5°

半个小时以后的 17 时 56 分，超级单体的反射率因子(图 8.39)和径向速度(图略)结构基本保持不变。0.5°、1.5°、3.4°和 4.3°四个仰角上的最大反射率因子仍超过 70 dBZ，低层(0.5°和 1.5°仰角)呈现明显的钩状回波和低层入流缺口。垂直分布上展现低层的弱回波区和中高层的强大悬垂回波。三体散射长钉由于仅挨者相邻的对流风暴而被遮蔽。

Lemon(1998)指出，三体散射首次出现后的 30 分钟内有可能出现更大尺寸的降雹并伴随地面的狂风。此次湘西北的超级单体雹暴的演变与 Lemon 的观察相符合。

在这次抗击特大风雹灾害过程中，常德市气象台充分利用多普勒天气雷达产品及各种气象信息资料对张家界地区的特强风暴进行了提前预警。17:00 多普勒天气雷达探测到慈利西北部(距离雷达测站 105 km)有强度为 60 dBZ 的强对流云在发展，便立即向张家界市气象台电话通报了此情况，并指出强风暴云正向南偏东移动，所经之地有强对流天气产生。17:19 探测到了中、高层的三体散射现象后，又再一次发出预警:预报慈利县的西部、永定区东部将有冰雹、大风或龙卷等灾害性天气发生。张家界市气象局领导及市气象台值班人员立即在第一时间向市委、市政府、市防汛办、主管农业的市委副书记、副市长做了汇报，并向各县局进行了紧急通报。张家界市各级党政领导在接到气象部门的汇报后，迅速采取了措施，紧急转移安置人口 1340 人，从而避免了人员伤亡，使灾害损失减少到了最低程度。

8.4.1.3　小结

我们讨论了新一代(多普勒)天气雷达对 2002 年 5 月 14 日、2003 年 6 月 3 日影响湖南西北和北部地区的 2 个对流风暴系列的观测数据分析的情况，两次系列风暴都有超级单体风暴。在 2002 年 5 月 14 日和 2003 年 6 月 3 日个例中的超级单体属于经典超级单体。在两次个例中，出现了明显的三体散射假

(a) (b)

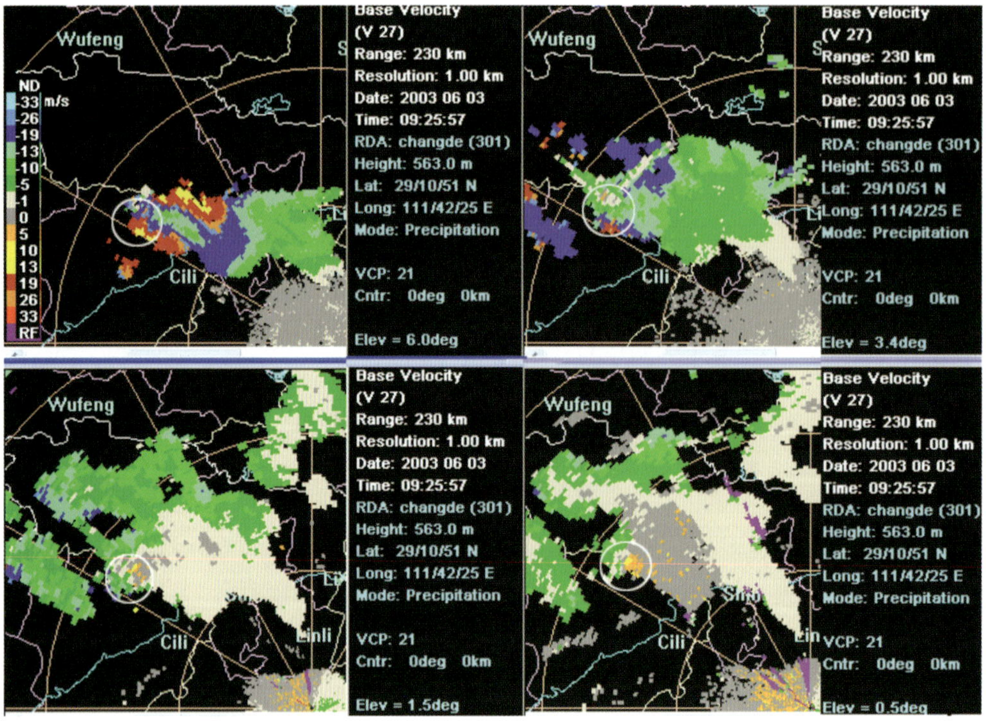

(c) (d)

图 8.38 2003 年 6 月 3 日 17:25 不同仰角的径向速度图

(a) 6.0°;(b) 3.4°;(c) 1.5°;(d) 0.5°

(a) (b)

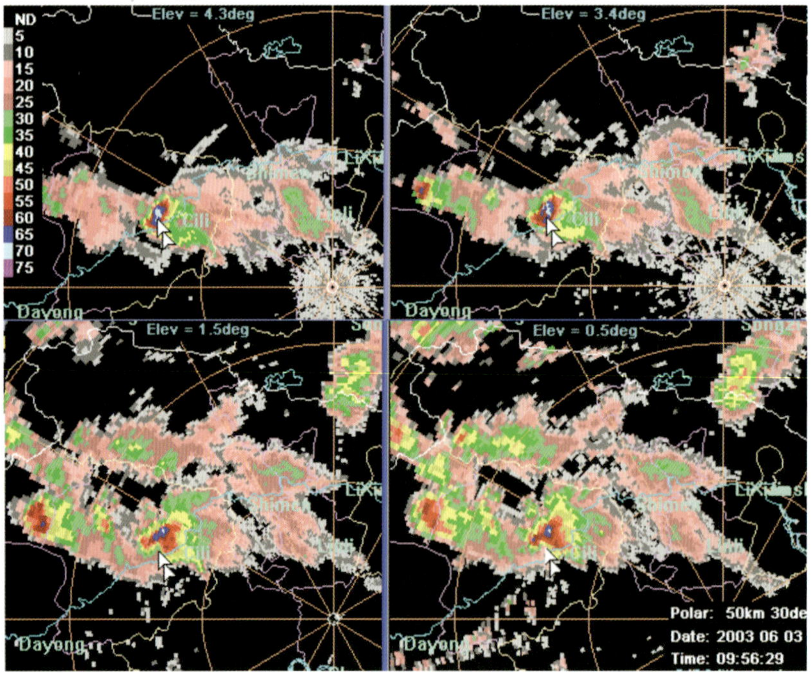

(c) (d)

图 8.39 2003 年 6 月 3 日 17 时 56 分不同仰角的反射率因子图

(a) 4.3°;(b) 3.4°;(c) 1.5°;(d) 0.5°

象回波。三体散射首次出现后的30分钟内有大冰雹降落并伴随狂风，与Lemon(1998)的观察相一致，表明S波段雷达三体散射的出现可以作为大冰雹和灾害性大风预报的重要线索。2002年5月14日常德SB新一代天气雷达探测到的三体散射假象回波是我国S波段天气雷达首次探测到三体散射。2002年5月14日影响桃源县的龙卷超级单体风暴和2003年6月3日影响张家界的超级单体风暴几乎具有强烈对流风暴的所有回波特征：反射率因子图上的钩状回波、悬垂回波、有界弱回波区（穹窿）和三体散射，和径向速度图上的中气旋和风暴顶辐散。

8.4.2　2002年12月19日福建龙岩CINRAD-SA雷达观测到的冬季冰雹过程

2002年12月19日，受冷暖空气共同影响，闽南及粤东出现了冬季少有的雷暴强对流异常天气过程，在15:49～16:38福建省平和、诏安和广东饶平，18:24～18:49广东丰顺出现了明显的降雹过程，其中诏安县秀篆镇出现2 cm左右的冰雹，饶平县北部山区有冰雹出现，其中黄岗镇有2 cm左右的冰雹，丰顺县潘田镇出现了2～3 cm的冰雹，同时测站在18时22分出现飑线：气压升至1011.1 hPa，温度降至18℃，湿度达96%，风向由偏北风突转为西南风。

8.4.2.1　天气背景

从2002年12月中旬初开始，南支系统活跃，孟加拉湾南支槽发展，东亚为宽低槽控制，高空多短波系统活动，不断有小槽东移影响，暖湿气流较强，闽南粤东上空盛行西南气流，温度回升。12月17日西南倒槽强烈发展，温度显著回升。12月19日前后地面有一股冷空气扩散南下，14时锋区位于福鼎、建阳、长汀、寻乌、梧州一带，闽南及粤东处于锋前暖区内，从08时形势可以看出：850 hPa低空在湖南郴州附近有一低涡切变，闽南、粤东处于切变南侧西南层，层高度在600 hPa附近，−20℃层高度则在400 hPa以下，这都是有利于冰雹形成的天气条件。

8.4.2.2　雷达回波特征

此次降雹过程发生在广东饶平、福建的诏安、平和，距福建龙岩雷达站约100 km，持续时间约50分钟。产生此次降雹的风暴单体是从广东丰顺附近发展起来的局地对流单体中分离出来的，在向东北偏东的整个移动过程中风暴基本以单体的形式出现，风暴后期几块对流体合并移入海上逐渐消亡。从组合反射率因子产品可以看出，该风暴维持了近五个小时(15:13～20:02)，强回波中心都在50 dBZ以上，强中心所在的高度都在3.3 km以上，并出现了中气旋，回波顶高（回波顶强度阈值为18.3 dBZ）除发展初期的四个体扫维持在8～11 km外都在11 km以上。此次降雹过程出现在15:49到16:38，持续约50分钟，15:49强中心达60 dBZ，所在的高度由3.6 km上升到5.6 km，回波顶高达11.6 km，在16时13分回波强度增大到68 dBZ，16时38分强回波中心的高度下降到3.0 km。

图8.40所示为15时55分0.5°、1.5°、2.4°和3.5°仰角上的反射率因子。可以看出从低到高反射率因子大值区向东南方向倾斜（注意用来标示相对位置的白色双箭头在4幅图中的位置相同），这种倾斜结构表明风暴为强对流风暴，低层入流来自东南方。在1.5°仰角出现三体散射回波特征，最大反射率因子在60 dBZ以上，该三体散射特征最早出现在15时49分。

16:13（图8.41），上述三体散射特征同时出现在0.5°、1.5°和2.4°度仰角上，并且都十分显著。在三体散射特征最明显的1.5°仰角上，其长度大约25 km（显示阈值为5 dBZ），造成三体散射的反射率因子核心强度超过65 dBZ。自低到高反射率因子大值区仍然有明显的向东南倾斜。此时刻的反射率因子垂直剖面通过反射率因子的核心区自西向东，如图8.44所示。该对流风暴具有一个宽阔的弱回波区和明显的悬垂回波，50 dBZ的反射率因子一直向上扩展到7 km，超过了−20 ℃等温线的高度。所有这些都表明该对流风暴是一个强烈的雹暴，具有产生大冰雹的极大潜势。龙岩雷达是一个位于1500 m上山顶上的高山雷达，因此探测不到对流风暴的低层。

16:25（图8.42），在上述三个仰角上的三体散射特征依然十分明显，产生三体散射的反射率因子核心的强度仍然在65 dBZ以上。图8.43给出了16时19分0.5°、1.5°、3.5°和4.3°仰角上的径向速度图。0.5°和1.5°两个仰角上可以识别弱的气旋式涡旋，旋转速度分别为11 m/s和13 m/s，而在3.5°和4.3°仰角的相应位置处表现为气旋式旋转辐散（注意此处出现了速度模糊），因此整个涡旋可以识别为一

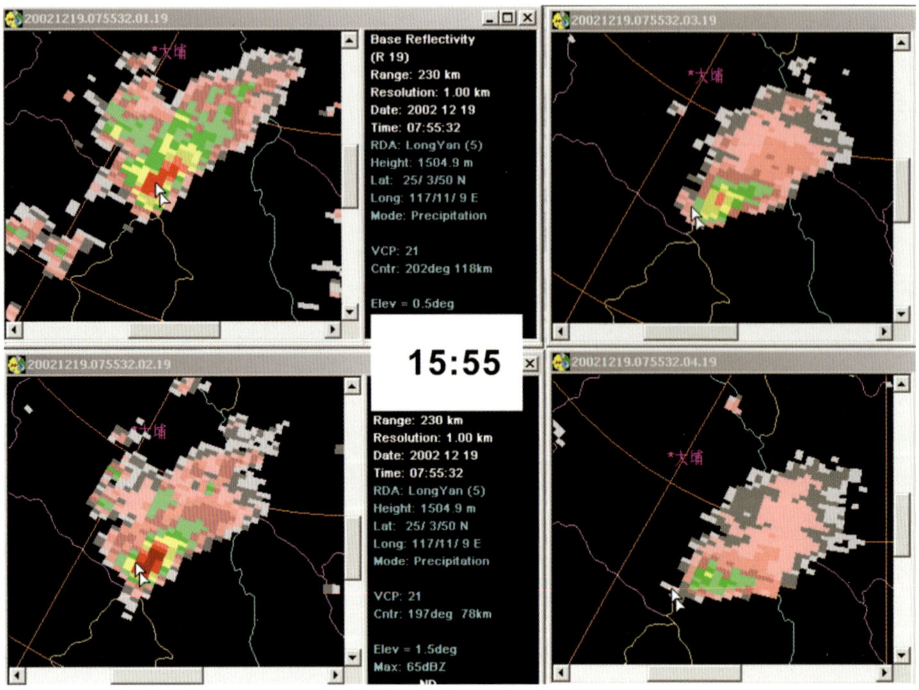

图 8.40　2002 年 12 月 19 日 15:55 龙岩雷达 0.5°、1.5°、2.4°和 3.5°仰角反射率因子

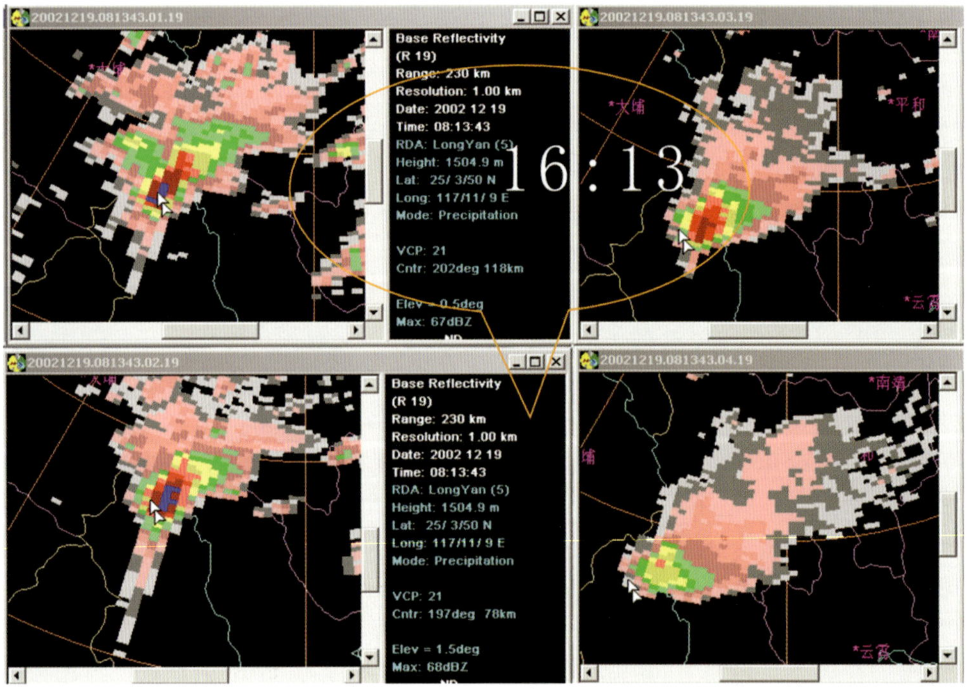

图 8.41　时间为 16:13，其他同图 8.40

个弱中气旋，相应的对流单体为超级单体。事实上，这个超级单体没有表现出有界弱回波区和低层钩状回波的结构。16:38(图 8.45)，三体散射特征消失，但自低到高凡反射率因子大值区依然向东南倾斜，仍然是强对流风暴。

8.4.2.3　预警考虑

如果在 15:49 三体散射特征出现之前对于环境条件和风暴雷达回波结构的考察还不足以发布强冰雹警报，则在三体散射特征出现后应立即发布强冰雹警报同时可以预警地面大风。在观测到弱的中气旋后，地面大风出现的概率进一步加大。

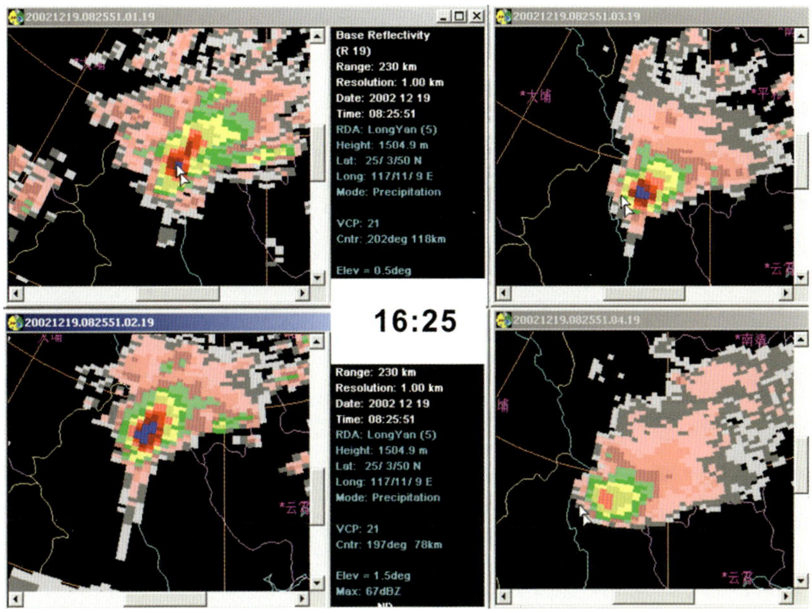

图 8.42　时间为 16:25　其他同图 8.40

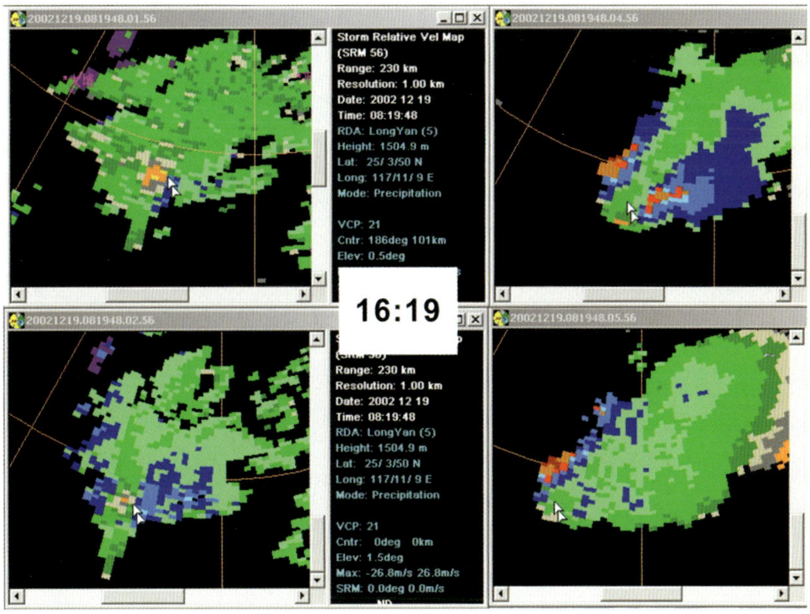

图 8.43　2002 年 12 月 19 日 16:19 龙岩雷达 0.5°、1.5°、3.5°和 4.3°仰角径向速度

8.4.3　小结

S 波段雷达回波上出现三体散射特征是大冰雹存在的充分和非必要条件。如果对于雷达回波特征的仔细分析已经识别其他大冰雹的回波特征，则三体散射特征的出现加强了发布大冰雹警报的信心。如果在三体散射特征出现之前没有发现其他大冰雹的回波特征，则发现三体散射特征后需要立即发布三体散射警报。无论是在美国还是在我国，三体散射是经常发生的，除了上述四个三体散射的例子外，图 8.46 还给出了 2004 年 6 月 26 日下午连云港 CINRAD- SA 雷达观测到的三体散射例子，当时地面发现的最大的冰雹直径为 30 mm。因此，三体散射特征在业务上可以用来预警强烈冰雹事件。

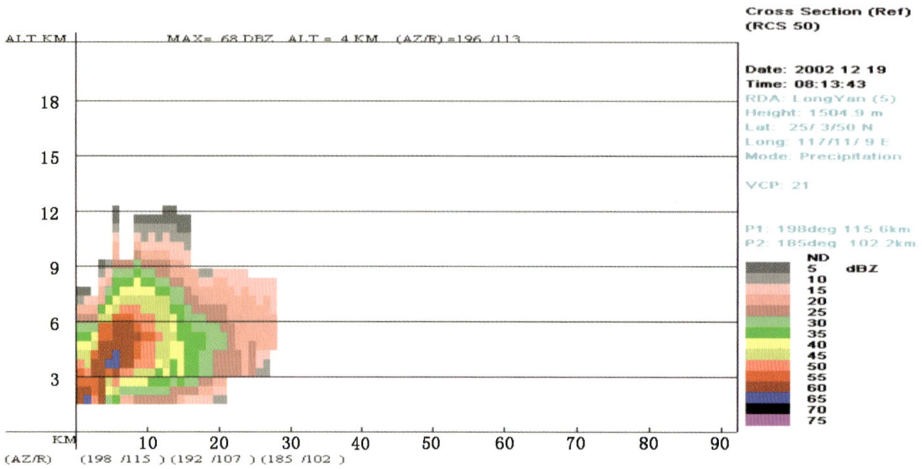

图 8.44　2002 年 12 月 19 日 16:13 龙岩雷达反射率因子垂直剖面

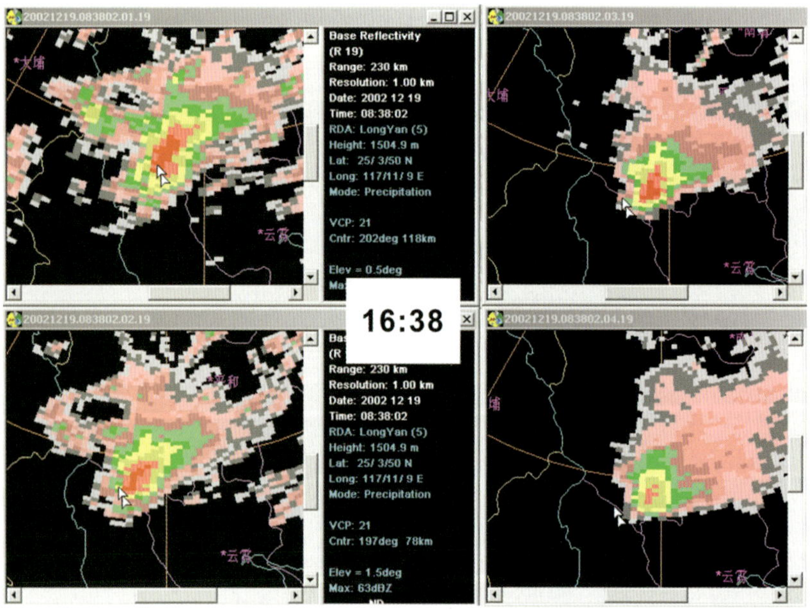

图 8.45　时间为 16:38　其他同图 8.40

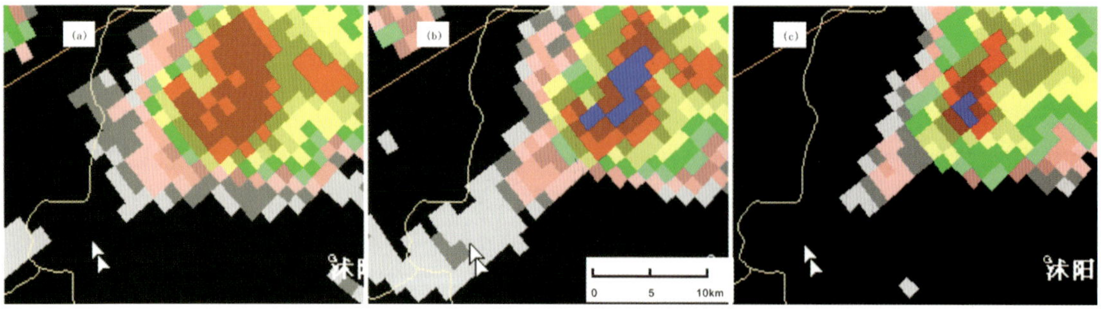

图 8.46　2004 年 6 月 26 日 17:58 连云港雷达 4.3°、5.2 °和 6.3°仰角的反射率因子，
注意明显的三体散射长钉

8.5　一次系列下击暴流事件的多普勒天气雷达分析

8.5.1　引言

我国新一代天气雷达自从1999年开始布网以来，为我国强对流天气的探测和预警能力的提高提供了强有力的手段。我国气象工作者利用新一代天气雷达数据对强对流天气进行了一些个例研究，包括产生冰雹、龙卷和大风的超级单体风暴、多单体风暴和飑线。在对流风暴产生的强烈天气现象中，由风暴的下沉气流导致的地面大风是出现频率最高的。对流风暴的下沉气流的空间分布是极不均匀的，往往在大片的下沉气流中，会有一股或几股较强的下沉气流，Fujita将它们定义为下击暴流。他进一步将下击暴流划分为微下击暴流（尺度小于4 km，持续时间小于10 min）和宏下击暴流（尺度大于10 km，持续时间大于10 min）。美国曾经进行过4次外场试验，包括NIMROD（Northern Illinois Meteorological Research on Downburst）、JAWS（Joint Airport Weather Studies）、FLOWS（FAA/Lincoln Laboratory Operational Weather Studies）以及MIST（Microburst and Severe Thunderstorm），对下击暴流进行了广泛的观测和深入的研究。我国对于下击暴流的观测和研究极少，具有多普勒测速功能的新一代天气雷达的布网为我国开展下击暴流的观测和研究提供了有力的手段。2002年7月16日下午5时左右，位于湖北荆州的C波段新一代天气雷达在我国首次记录到了一次微下击暴流过程（刘火胜，私人通信，2003），持续时间约10 min，靠近地面附近的最大辐散速度为16 m/s。2003年6月6日16～18时，安徽定远县义和及二龙等乡镇发生下击暴流和冰雹天气，冰雹大小不等，大的直径40 mm左右，小的10 mm左右，降水量20 mm左右。此次下击暴流和冰雹天气造成一人死亡，农作物受灾面积达3000多亩*。该下击暴流事件由三轮间隔时间很短的下击暴流构成，首轮下击暴流起始于6月6日16:39，最后一轮下击暴流结束于17:53，整个下击暴流系列的时间跨度为1小时14分钟。在本节中，我们将利用位于合肥的CINRAD-SA型多普勒天气雷达资料对这次下击暴流事件进行详细的分析，这在我国尚无先例。

8.5.2　天气背景

6月5日08时500 hPa图上（图略），横槽（冷温度槽）位于赤峰、北京、大同到东胜一线。6月5日20时，横槽略有下摆，另外在石家庄、郑州到南阳有低槽发展。6月6日08时，低槽东移到华东沿海，高层有弱冷空气南下。700 hPa等压面上（图略），6月5日20时～6日08时有低槽东移。850 hPa等压面上（图略），6月5日20时，槽线位于济南、阜阳、武汉到长沙一线，6月6日08时，槽线东移到射阳、南京到安庆一线。从高低空配置来看，6月6日08时500hPa的高空槽明显超前，700和850 hPa高空槽位置基本重合，落后于500 hPa高空槽，安徽省大量的强对流天气都是在这种前倾槽的形势下产生的。在这种天气形式下，高空槽后干冷平流位于低层槽前暖湿平流之上，形成对流不稳定的形势。

从6月5日到6月6日，南京和安庆的探空显示850、700 hPa的温度露点差逐渐减小，说明其湿度逐渐增大，相应500 hPa的湿度明显下降，说明高层有干冷空气扩散南下。由于中高层湿度条件较差，所以没有造成大面积的强对流，只是在冷空气下摆的过程中在低层形成边界层切变辐合线，在其附近产生了一些孤立的强对流。图8.47给出了6月6日16时安徽省内的地面观测资料。在定远县的西北和北部的地面风为东北风，定远东部为东南风，南部为西风，因此可以判断有一条近似西南—东北向的边界层切变辐合线通过定远，边界层辐合线北边湿度较小（露点－温度差大），南边湿度较大（露点－温度差小）。

图8.48是离定远县最近的探空站南京的6月6日08时的探空曲线。南京位于下击暴流发生地—安徽定远县南部的东南方向约100 km。该时刻南京站的对流有效位能CAPE值约为1800 J·kg^{-1}，表明中等强度的对流（垂直）不稳定。另外，从温度和露点曲线的差值可以看出700 hPa以下的大气比较

* 1亩＝666.7 m^2

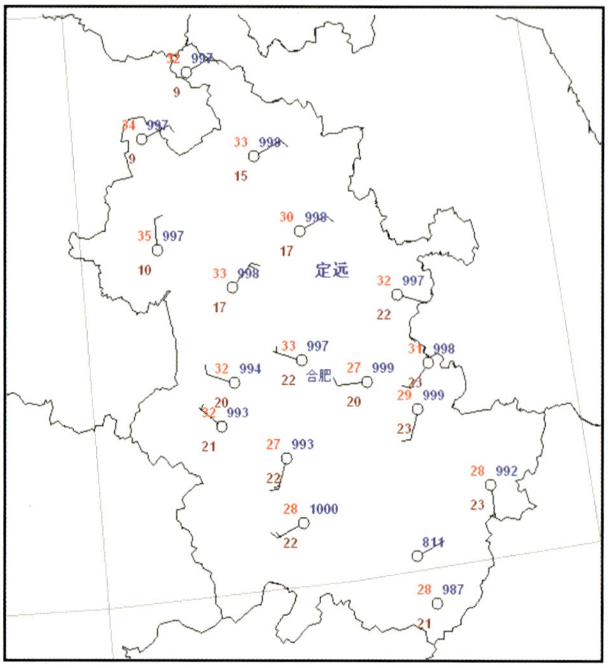

图 8.47　2003 年 6 月 6 日 16 时(北京时)安徽省地面天气观测

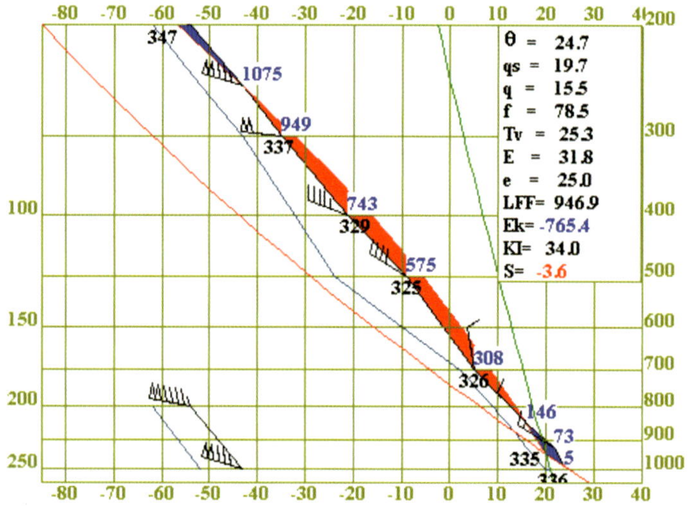

图 8.48　2003 年 6 月 6 日 08 时南京站探空曲线的 $T-\ln P$ 图

湿，700 hPa 以上明显变干，在 500 hPa 附近温度露点差达到最大。相当位温从地面附近的 336 K 向上逐渐减小，到 500 hPa 附近达到最小值 325 K，然后向上逐渐增大，500 hPa 与地面之间的相当位温之差为 −11 K。这表明大气低层暖湿和中层干冷的垂直热力分布特征。下面看一下风的垂直分布。08 时南京地面为西南风(图略)，在边界层顶附近转为西北风。在 700 hPa 附近为北风，到了 500 hPa 以上又转为西北风。0～6 km 间的垂直风切变大小为 16 m/s，而 0～3 km 间的垂直风切变不到 5 m/s。即低层垂直风切变较弱，0～6 km 之间的垂直风切变主要集中在 3～6 km 之间。

8.5.3　多普勒雷达资料分析

2003 年 6 月 6 日 15 时左右，雷达反射率因子图(图略)显示穿过安徽定远县有一条西南-东北走向的反射率因子为 10～20 dBZ 的窄带回波，对应于上一节中提到的定远县境内的地面风的辐合切变线。另外，还有一条位于长丰县境内的西北-东南走向的短一些的窄带回波(图 8.49 所示为 1 小时以后情况，但窄带回波的位置变化不大)。在两条窄带回波位于定远、长丰和合肥市肥东县三县交界处附近的交点处,有一个孤立的雷暴正开始发展,该雷暴一直持续到 15:50。该雷暴消亡后不久,在距离该雷暴消亡处不远的定远县南部和肥东交界处附近,另一个雷暴在 16:02 前后生成(图 8.49 中圆圈),反射率因子核心位于 5.5 km 的高空,强度超过 30 dBZ。正是这个雷暴在随后的发展中演变为多单体强风暴,产生了三轮下击暴流和大冰雹。

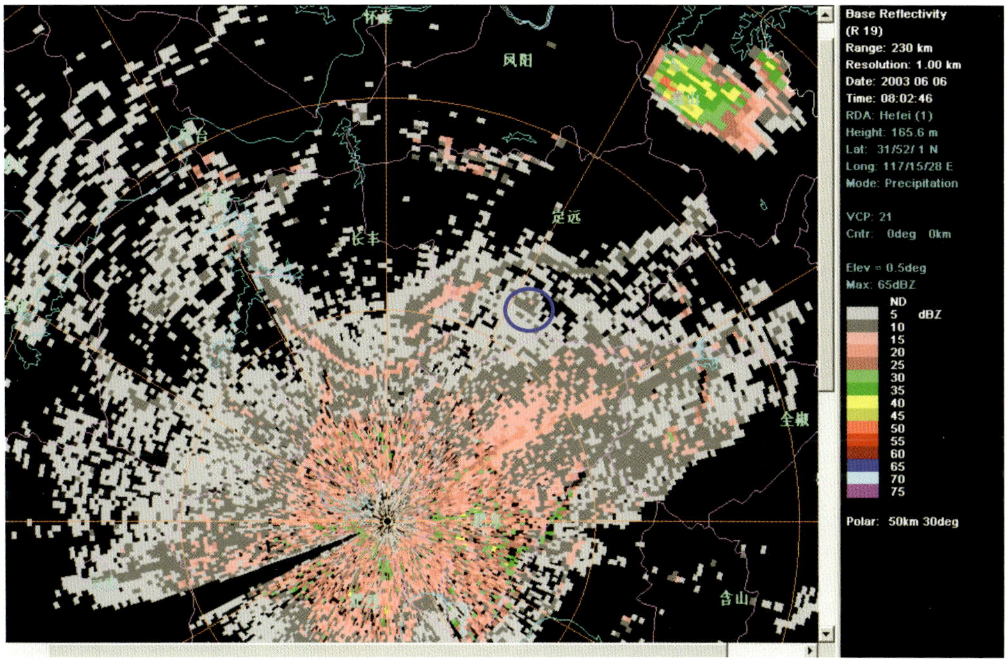

图 8.49　2003 年 6 月 6 日 16:02 合肥多普勒天气雷达 0.5°仰角反射率因子图
圆圈内为新生的雷暴

在 16:14,上述雷暴的强度加强到超过 40 dBZ(图 8.51a),16:21,其反射率因子核心强度超过 55 dBZ(图略)。反射率因子的垂直剖面显示(图 8.52),16:21 时反射率因子核心位于 7 km 左右高度,随后反射率因子核心不断下降,16:33 时的高度在 3 km 左右,强度超过 60 dBZ。此时该雷暴 3.4°仰角上的反射率因子呈现出彗星一样的形状,头位于西北方,尾位于东南方(图 8.51)。这种形状是由中高空的西北气流造成的,低层的风暴入流来自西南方。反射率因子大值区位于回波的西北,靠近入流一侧。

注意 16:33 的径向速度图,如图 8.50 的第一行所示,左边为 0.5°仰角,右边为 2.4°仰角。雷达位于图像的左下角。值得注意的是,2.4°仰角径向速度场出现明显的辐合特征(辐合中心如箭头所示,高度 2.8 km 左右),同时 1.5°、3.4°和 4.3°仰角也出现辐合特征(图略),辐合区垂直范围从 1.5 到 5.5 km。而此时 0.5°仰角与上述辐合中心对应位置(箭头所指)还未出现明显的辐散。在接下来的体扫(16:39),0.5°仰角径向速度图出现明显的辐散特征(箭头所指位置),最大辐散速度为 16 m/s,水平尺度 3~4 km,距地面高度 500～600 m,表明强下沉气流(下击暴流)应该已经到达地面。同时上述反射率因子核心进一步下降到 1.5 km 高度附近(图 8.52)。

上述观测事实表明,在下击暴流到达地面之前,可以观察到反射率因子核心的持续下降,并伴随着云底以上的向着反射率因子核心的辐合特征,这为下击暴流的预警提供了非常重要的线索。

上述下击暴流发生前出现的反射率因子核心的持续下降和云底以上的辐合特征是一个普遍现象吗?我国这方面的观测个例极少,而美国有大量下击暴流的雷达观测个例。Roberts 和 Wilson(1989)在研究了发生在 Colorado 州的 31 个微下击暴流事件后得出结论指出,在孤立的雷暴产生的微下击暴流发生之前,往往有反射率因子的持续下降和云底以上的辐合,利用这一事实可以提前数分钟做出下击暴流预警。基于上述 Roberts 和 Wilson 的观测结论,Eilts 等(1996a;1996b)开发了适用于美国新一代天气雷达 WSR-88D 下击暴流预警算法软件,作为美国强风暴实验室 NSSL 的强对流天气预警决策支持系统

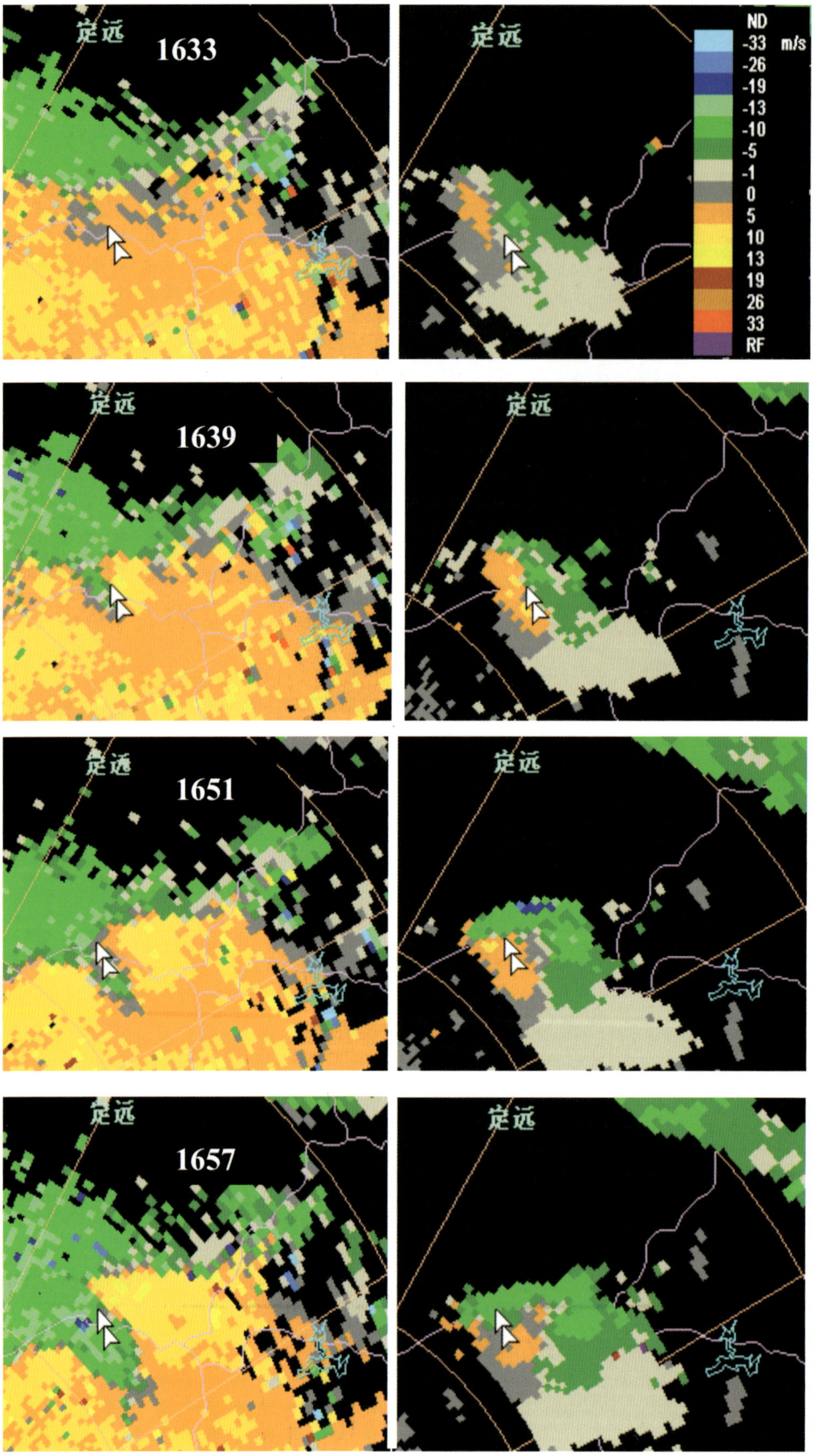

图 8.50　2003 年 6 月 6 日下午下击暴流发生前后 0.5°和 2.4°仰角雷达径向速度随时间的演变

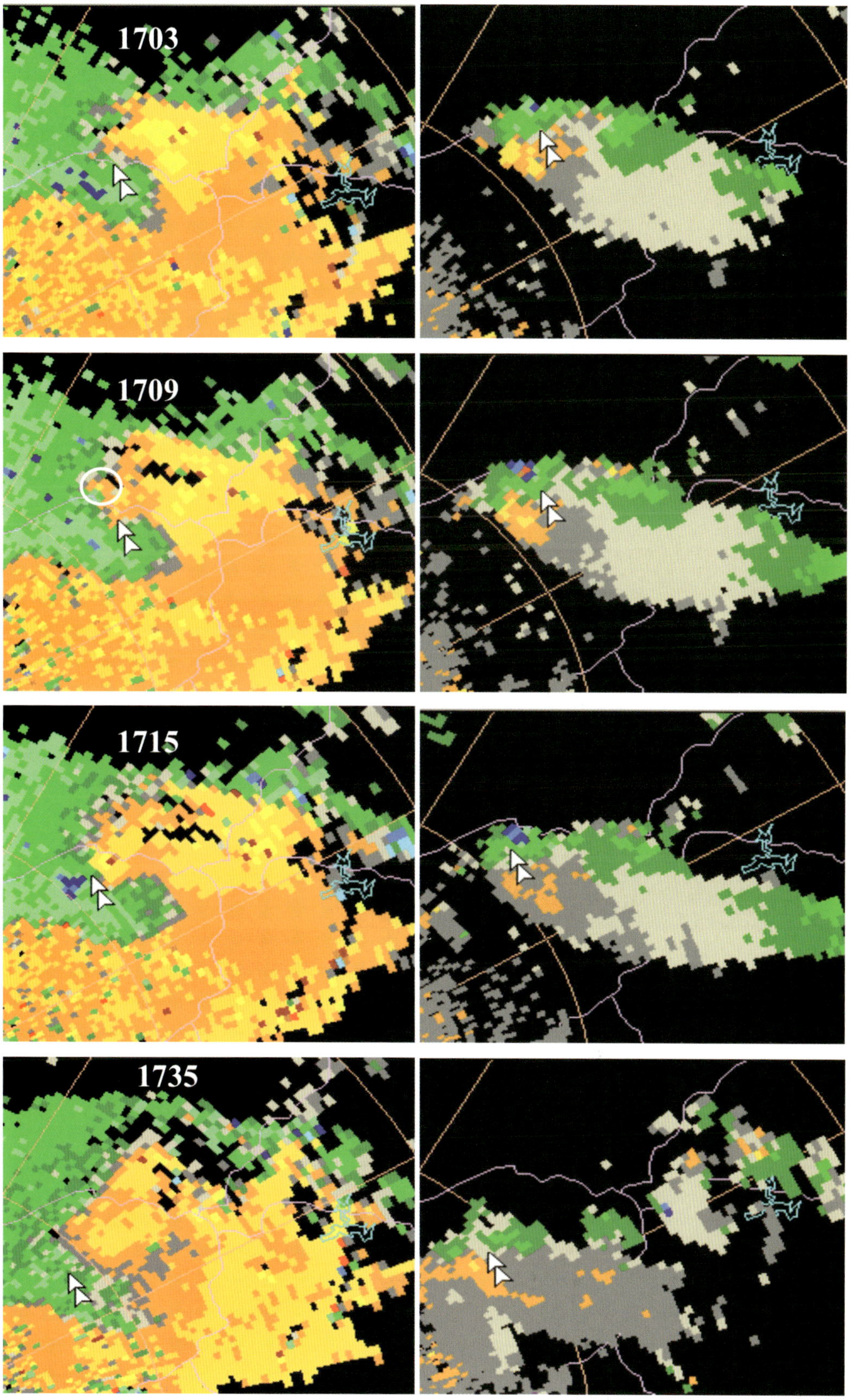

图 8.50 （续）

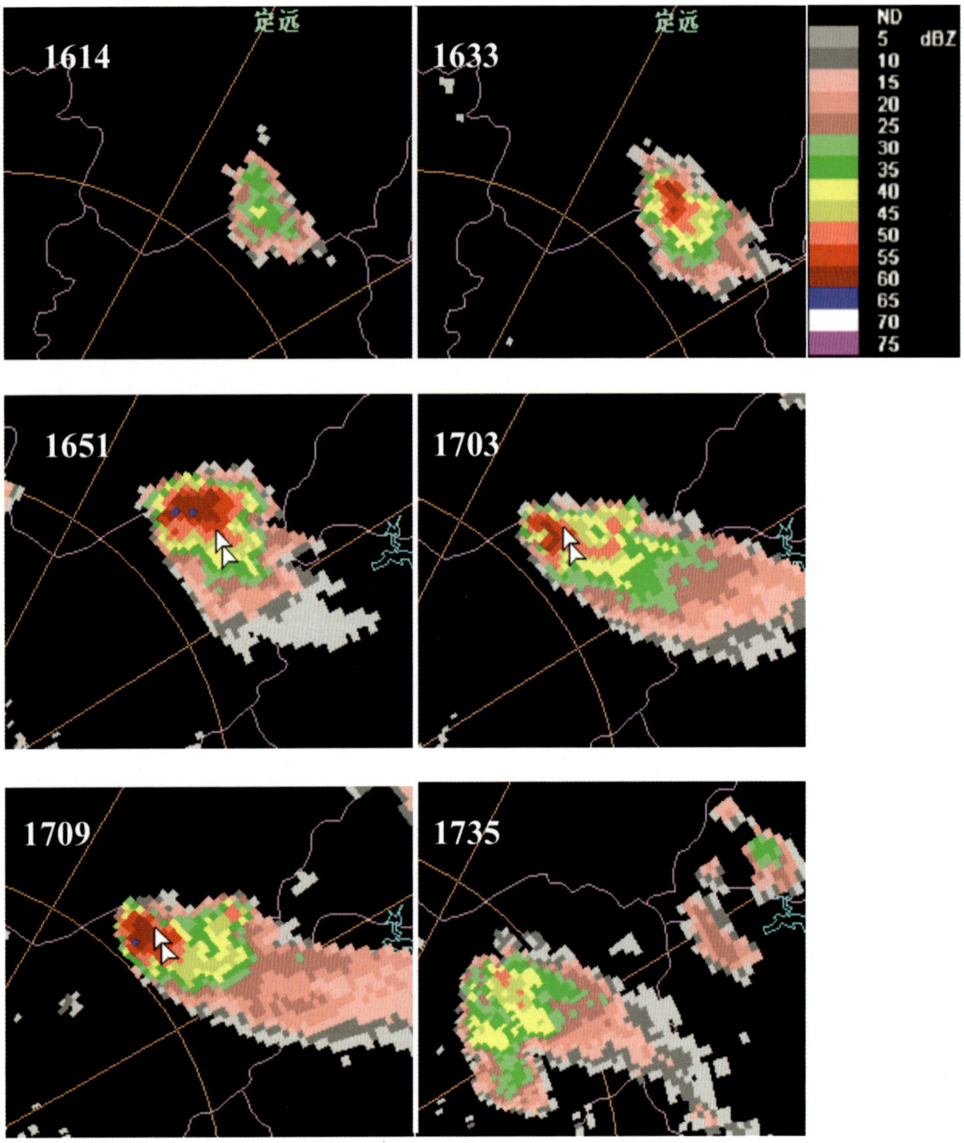

图 8.51　产生下击暴流的多单体风暴 3.4°仰角反射率因子随时间的演变

WDSS 的一个部分。

对于本个例，下击暴流出现在 16:39，而反射率因子核心的持续下降和云底以上的辐合特征的雷达观测事实在 16:33 已经非常清楚，因此可以提前 6 分钟(一个体扫)做出下击暴流预警。

16:45(图略)，低层辐散正负速度中心间距增大到 8 km 左右，强度不变，表明下沉气流触地后向四面扩散，尺度逐渐增大。2.4°仰角径向速度场除了继续显示出辐合的特征之外，还有气旋式的旋转。下击暴流发生旋转是一个相当普遍的现象，既有气旋式旋转，也有反气旋式旋转，气旋式旋转的占多数。关于旋转的起源及其对下击暴流的影响将在下一节讨论。16:51(图 8.50)，下击暴流造成的低层辐散(0.5°仰角)的速度最大值的区域有所减小，表明首轮下击暴流趋于结束。注意到 2.4°仰角径向速度场仍有明显辐合，同时气旋式旋转特征比上个体扫时更明显。现在回过头来检验一下反射率因子垂直剖面的演变(图 8.52)。16:39，当上述第一个对流单体的反射率因子核心下降到大气低层时，另一个新的单体正在发展，其核心位于 7 km 左右高度，随后，其反射率因子核心强度很快增强到 65 dBZ 以上，而核心高度不断下降。16:57，其核心高度下降到 2 km 高度以下。随着第二个单体反射率因子核心下降到大气低层，下击暴流加强，16:57 低层最大辐散速度由 14 m/s 增加到 22 m/s(图 8.50)，第二轮下击暴流开始，下击暴流水平尺度约为 9 km。17:03(图 8.50)，低层最大辐散速度仍为 22 m/s，正、负速度极大值

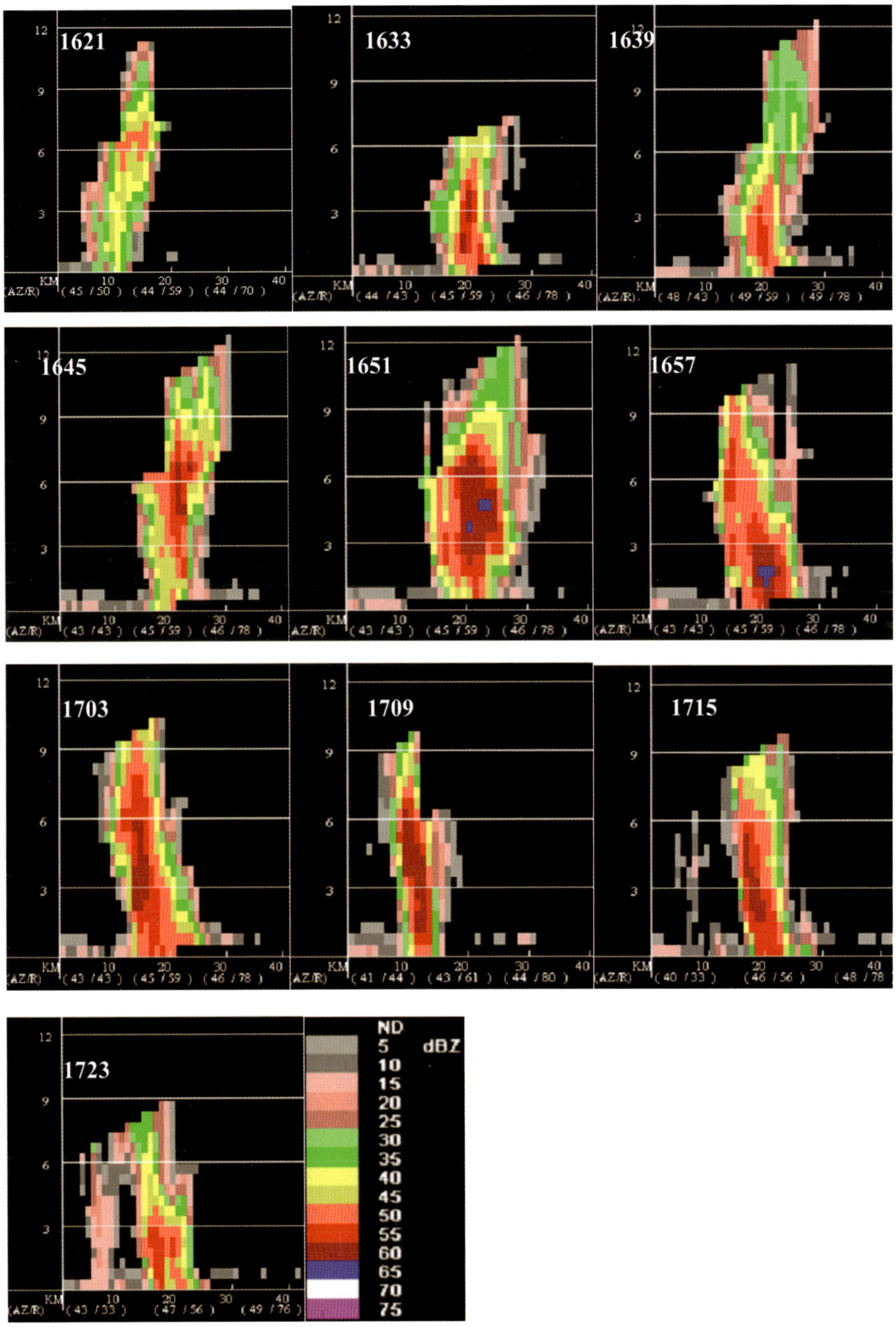

图 8.52　穿过产生下击暴流的多单体风暴反射率因子核心的垂直剖面随时间的演变

间的距离，也就是下击暴流的水平尺度，增大到 15 km 左右。17:09（图 8.50），下击暴流造成的辐散气流强度减少到 16 m/s，同时在这个宏下击暴流的区域内，还包含有一个尺度在 1～2 km 微下击暴流，其位置如圆圈所示，相应的最大低层辐散速度为 16 m/s。在 16:57 第二个单体反射率因子核心下降到大气低层的同时（图 8.52），第三个单体正在发展，此时其反射率因子核心位于 6 km 高度。随后，该反射率因子核心逐渐下降，在 17:15 下降到 3 km 以下（图 8.52）。相应地，17:15 左右，出现了新一轮的强下沉气流爆发，即第三轮下击暴流。其造成的低层辐散，叠加在上一轮下击暴流造成的正在减弱的辐散场上，使低层辐散突然加强，最大辐散速度又达到 22 m/s，最大正、负速度中心间的距离为 6～7 km（图 8.50）。

随后，低层辐散逐渐减弱，直到 17:53 完全消散。

因此，整个系列下击暴流过程由在时间上一个接一个的先后三轮下击暴流构成，对应于产生下击暴流的多单体风暴中相继三个对流单体反射率因子核心的下降，总共的时间跨度为 1 小时 14 分钟，平均每个下击暴流持续 25 分钟。在产生下击暴流，造成地面大风的同时，该多单体风暴还产生了直径达 40 mm 的大冰雹。16:51 时反射率因子的垂直剖面显示(图 8.52)一个明显的弱回波区(WER)和高大的悬垂回波结构，50 dBZ 的反射率因子区一直延伸到接近 8 km 高度，越过了 -20°C 等温线的高度(7.2 km)，且反射率因子核心强度超过 65 dBZ，这些特征预示地面很快会出现直径超过 20 mm 的大冰雹。

图 8.51 给出了下击暴流发生前后 3.4°仰角反射率因子的演变情况。从 16:33 往后，反射率因子呈现出彗星一样的形状，头位于西北方，尾位于东南方。这种形状是由中高空的西北气流造成的。反射率因子大值区位于头部，也是低层入流和主要上升气流所在的区域，上升气流在到达对流层顶附近后，向四面八方辐散，在下风向形成长长的云砧。在 17:09 左右，5 dBZ 以上反射率因子所覆盖的区域达到最大，纵向尺度超过 100 km，横向尺度超过 30 km。从 16:14 到 17:15，风暴中心只向南方移动了不到 10 km。风暴移动是风暴单体沿风暴承载层的平均风的平流和由新单体不断生成造成的传播运动的合成。上述多单体风暴的平流方向是东南方向(风暴承载层的平均风为西北风，风速 20 m/s 左右)，而整个风暴非常缓慢地向南移动(2～3 m/s)，可以判断新生单体是在风暴的西方不断生成，导致风暴向西方向的传播，传播与平流的合成，就形成了风暴整体向南的缓慢移动。17:15 以后，风暴移向西南方向，移动速度大大加快。这是由于风暴顶迅速降低，导致风暴承载层的平均风大大降低，而新生单体的位置由风暴西方变到西南方，即风暴变为向西南传播，而风暴单体的平流由于变得很弱，最终的风暴移动主要受风暴传播的支配，因此较快地移向西南。

8.5.4　下击暴流强迫机制的讨论

考虑到下击暴流的水平和垂直尺度，采用如下形式的经过简化的垂直运动方程：

$$\frac{\mathrm{d}w}{\mathrm{d}t}=-\underset{(a)}{\frac{1}{p}\frac{\partial p}{\partial z}}+g\Big(\underset{(b)}{\frac{\Delta T_v}{t_{ve}}}-\underset{(c)}{m_r}-\underset{(d)}{m_i}\Big)$$

其中，w 为垂直速度，ρ 为空气密度，p 为气压，Δ_{Tv} 为气块与环境空气的虚温之差，T_{ve} 为环境空气的虚温，m_r 和 m_i 分别是雨水和冰的混合比。上式等号右边第一项(a)代表垂直气压梯度力，第二项(b)代表浮力，第三项(c)和第四项(d)分别代表液态降水和固态降水的向下拖曳作用。

在下击暴流产生之前，风暴中没有明显的旋转，很难推断垂直气压梯度力在下击暴流生成中的作用。多数研究人员认为其作用与后面几项相比是次要的。上节中的分析表明每一轮下击暴流的爆发都以风暴反射率因子核心的下降为前兆，因此可以推断降水(包括冰雹和雨滴)的拖曳作用(c)和(d)项可能是下击暴流产生的主要初始动力。如前所述，本个例中地面出现直径超过 40mm 的冰雹，考虑到下降过程中的融化，其在空中尺寸更大。冰雹的下落速度大，其个体的向下拖曳作用远远大于雨滴，但总体作用取决于冰雹的数密度和降雹范围。有观测事实表明大冰雹往往伴随地面大风。有可能大冰雹的出现是本个例中下击暴流发动的关键因子之一，更确定的结论需要更多的观测个例和适当的数值模拟手段加以确定。

本个例中环境空气的温度露点差在 5～7 km 之间最大(空气最干)，上一节的分析表明在 1.5～5 km 之间有明显的向着反射率因子核心的气流辐合，表明很可能有环境空气被夹卷进风暴内部。当相对干的环境空气被夹卷进近乎饱和的风暴内部时，会引起降水粒子的蒸发或升华，另外雪花和冰雹在通过 0°C 附近的融化层时的融化过程，使得风暴中气块温度降低而形成负的浮力(第二项(b))，这种负的浮力会使由降水拖曳作用发动的下沉气流加速下降。在气块下降过程中这种负的浮力能否保持住是下沉气流能否以较大速度到达地面的关键。

气块在下降过程中温度会升高，同时环境温度随高度降低也会升高。若气块温度升高幅度超过环境温度的升高，则维持下降的负的浮力就会减弱甚至消失。如果气块在下降过程中温度的升高幅度不超过环境温度的升高幅度，则负的浮力得以保持或加强。Proctor(1989)指出对于由冰雹和雨滴的拖曳作用发动的下击暴流，其起始高度大约在0°C等温线(融化层)附近。从探空曲线估计，6月6日08时和20时南京站0°C等温线的高度都在4.0 km左右，假定定远县下击暴流发生前夕16时左右的0°C等温线也在4.0 km左右的高度，而16时定远地面气温为33°C，因此0°C层以下的温度平均递减率为6.5°C/km，超过标准大气对流层的平均温度递减率(6.5°C/km)，更接近干绝热递减率(9.8°C/km)。下击暴流的下降路径通常在湿绝热和干绝热路径之间，从上述分析推断，此次下击暴流下降过程中温度的升高大致与环境温度的随高度下降而上升的幅度相当，原有的负浮力能够维持，从而保证下击暴流以较大速度冲向地面。此次系列下击暴流时间中，三轮下击暴流一轮比一轮强，而产生下击暴流的相应对流单体的强度是第二轮下击暴流对应的单体强度最大，因此单体强度与相应下击暴流强度之间并没有直接的正相关关系。下击暴流一轮比一轮强的可能原因在于当首轮下击暴流发生后，由于雨滴在下沉气流中的蒸发，当第二轮下沉气流沿着同样路径下沉时，更趋向于沿着湿绝热递减率下降，下降过程中增温幅度减少，降到地面附近时与环境温度的差值增大，负浮力加大，导致下沉气流速度加大。在第一轮下击暴流爆发到第三轮下击暴流开始，对流风暴的位置由于平流和传播作用相互抵消因而稳定少动，上述效应使得下击暴流一轮比一轮强。

在上节中提到，在地面附近出现辐散的同时，中低层出现气旋式旋转。旋转出现的原因可能是中层辐合使得原有的不太强的垂直涡度向辐合中心集中而加强，这与浴缸中的水流在下漏孔附近旋转加强的道理类似。风暴中原有的垂直涡度部分地可以来源于垂直风切变形成的水平涡度在风暴上升气流的扭曲作用下而产生。关于旋转对于下击暴流强度的影响，Roberts和Wilson(1989)认为，旋转会在地面附近造成气压下降，从而形成向下的气压梯度力扰动，使得下击暴流加强。Parson和Weisman(1993)的数值模拟表明旋转对下击暴流没有明显加强。而Proctor (1989)的数值模拟显示旋转会使下击暴流强度减弱，他指出旋转造成的最大气压下降不是出现在地面附近，而是出现在云底附近，从而在云底和地面之间形成一个向上的气压梯度力扰动，导致下击暴流的减弱。因此，有关旋转对于下击暴流强度影响的问题需要进一步的研究。

8.5.5 小结

在本文中，利用合肥CINRAD-SA型新一代天气雷达资料对2003年6月6日发生在安徽定远县和肥东县交界处的一次伴随强降冰雹的系列下击暴流事件进行了详细的分析，这在我国尚属首次。该强对流事件的天气背景以前倾槽为特征，对流有效位能的大小属于中等，中层对流层较干，低层较湿，3 km以下风的垂直切变很弱，0～6 km间的垂直风切变为16 m/s。本次系列下击暴流事件实际上是由三轮一个接着一个的下击暴流所构成的。

产生此次下击暴流的雷暴是一个强烈多单体风暴。该风暴在6月6日16:08在一条边界层辐合线附近生成，距雷达约65 km。随后风暴迅速加强，在16:39低层出现辐散，表明首轮下击暴流达到地面。在出现低层辐散的同时，在中低层出现旋转。在下击暴流触地前6分钟(16:33)，云底以上出现明显辐合，最强的辐合位于3～4 km高度附近。检验下击暴流触地前的2～3个体扫的垂直剖面发现反射率因子核心逐渐降低。因此，反射率因子核心的逐渐降低并伴随云底以上的速度辐合的多普勒雷达回波特征可以用来提前数分钟预警下击暴流的发生。

首轮下击暴流是由多单体风暴中首先发展起来的第一个单体发动的，随着第一个单体的反射率因子核心降至地面附近，第一轮下沉气流触地产生首轮下击暴流，同时第二个单体变得强大，其反射率因子核心逐渐下降，当降至地面附近时，爆发新一轮下击暴流，即第二轮下击暴流。同时，第三个单体变得强大，其反射率因子核心开始下降。随着第三个单体的反射率因子降至地面附近，第三轮下击暴流爆发，地面辐散气流再次加强，0.5°仰角上最大的(距地面500～600 m)辐散速度场的正、负速度差值达到44 m/s(此时正、负速度最大值间的距离为6～7 km)。其间，云底以上的辐合和气旋式旋转一直持续。三次前后相接的系列下击暴流总共的时间跨度为1小时14分钟，平均每个下击暴流持续25分钟，前两个的持续时间每个为20分钟左右，最后一个为35分钟左右。产生下击暴流的多单体风暴在演变过程中出现的最大反射率因子超过 65 dBZ,成熟阶段出现低层弱回波区(WER)和中高层悬垂回波的强对流风暴结构,表明该对流风暴同时具有强烈雹暴特征。此次下击暴流是一个湿的宏下击暴流,其中还含有尺度为 1～2 km 的微下击暴流,其演变的特征与典型湿的微下击暴流类似。分析表明,本次下击暴流是由冰雹和雨滴的向下拖曳作用所发动,风暴周边环境中相对干空气的卷入导致降水粒子的蒸发和升华、以及冰雹和雪花的融化等因素造成风暴内气块的温度降低形成的负浮力使下击暴流加速下降,而低层环境大气较大的温度垂直递减率使得以上形成的下击暴流在下降过程中保持其强度,最终以较大速度达到地面附近,形成地面附近的强烈辐散气流。

8.6 WSR-88D 雷达对强降水事件的降水估计

8.6.1 引言

对极端降水事件的分析来讲,雷达降水估计是极有价值的。雷达最大的优点之一是能够监视产生极端降水事件的风暴,其尺度从单个的超级单体风暴到可在大范围区域产生洪水的登陆的热带气旋。同样引人注目的问题是用雷达测量降水的范围。在这一节中,我们讨论利用新一代天气雷达 WSR-88D 测量致洪风暴产生的降水的几个主要问题(Baeck,1998)。

基于反射率因子的观测,雷达降水估计主要有两类误差。第一类误差源来自于与地面降水有关的雷达反射率因子的测量。在实际应用中,这能造成几种误差类型,包括远距离雷达波束的不完全填充和雷达波束从降水区顶上穿过。在一个风暴系统内部的低层增长可以时常在小范围地区导致大量的降水,而这种低层增长若离雷达较远,往往由于雷达波束从其上面穿过而导致降水的过低估计。第二类主要误差源是在将反射率因子转换为降水率时引入的。滴谱分布,这一在反射率因子-降水关系中的一个重要因素,随降水强度的变化而有显著的不同。正如以下将看到的,当雷达波束在亮带中取样时,强降水事件的一个极端重要的误差源是反射率因子的加强。而冰雹的存在引入了附加的复杂性。

首先进行的雷达降水估计的气候学分析为 WSR-88D 在强降水测量中主要误差源估计提供了一个背景。这些分析使我们对距离依赖效应和对雷达降水估计来说非常重要的 *Z-R* 关系有了深刻的领悟。对于美国南部平原 1994 年和 1995 年暖季(4 月到 9 月)的重大降水事件的 WSR-88D 反射率因子数据,给出了反射率因子值超出一个特定阈值的依赖于距离的发生频率。这种分析由对 3 年的 WSR-88D 每小时数字降水产品(HPD)估计和雷达-雨量计的相互比较的气候评估所补充。对 1978－1992 年期间,给出了在大尺度格点(40 km×40 km)人工数字化雷达(MDR)数据与基于地面雨量计的降水量测量数据间比较的气候分析。这个分析提供了对与冰雹相关的具有高反射率因子值情况下雷达降水估计的洞察。

接下来,通过考察五个个例,对在气候分析中被评估的强降水风暴的降水的雷达估计的关键问题进行阐明。这些个例研究包括:1)在 Virginia 州的 Blue Ridge 区域由地形加强的 Rapidan 风暴,它在 1995 年 6 月 27 日的 6 个小时内产生了大于 600 mm 的降水;2)1994 年 10 月 16～17 日 Texas 州东南部的风暴,它在 6 个小时内产生了大约 750 mm 的降水;3)1995 年 5 月 5 日的 Dallas 雹暴,它在很短的时间内具有异常高的降水率,其导致的洪水在几个小时内造成 16 人死亡;4)1996 年 7 月 17 日的 Chicago 风暴,该风暴在 Aurora 镇产生的 24 小时降水 425 mm 打破了 Illinois 州 24 小时最高降水记录;5)1996 年 9 月飓风 Fran 在 North Carolina 州和 Virginia 州产生了前所未有的洪水。

8.6.2 数据

这次研究所用数据的主要来源是 WSR-88D 雷达的体积扫描反射率因子的存贮数据。反射率因子观测是在典型的空间分辨率为 1 km×1 km 和 6 min 时间间隔所获取的。反射率因子数据集已经在 1994 年和 1995 年的暖季(4 月到 9 月)从 Oklahoma 州的 Twin Lakes 重大降水事件中收集。这个数据集包含 3700 个反射率因子体积扫描。对引言中所讨论的每一个个例相应数据集都已装配。

体积扫描观测数据由1994－1996年3年间的HDP(1小时数字化降水)产品所补充。这些数据包括WSR-88D雷达在4 km × 4 km格点上每小时降水累计估计量;把它们用来做气候分析。在3年时间内,种种算法和参数发生变化。这些变化中的几个(特别是,双扫描最大化的取消)在降水量估计方面导致了戏剧性的变化,正如以下所描写的。

用在这项研究中的第三种雷达数据集是MDR(手工数字化雷达)数据。这些数据是由美国国家天气局的业务雷达网所获得并覆盖整个美国大陆地区。MDR数据用于1978年3月到1992年7月时期大约40 km×40 km的网格尺度。这个数据包含每个半小时(如1:30,2:30,3:30)的最大瞬时反射率因子值。对气候分析和个例研究,雷达降水估计由雨量器直接测得的降水所补充。另外,水位测量数据也用在个例研究中以提供与流域平均的雷达累积降水估计的比较。

8.6.3　气候学分析

通过对每小时降水量产品和体积扫描反射率因子观测的气候学分析,我们已经研究了雷达取样特性对雷达降水估计的影响。这一节中给出的分析证明了以下各项的气候意义:1)亮带污染;2)仰角选择;3)雷达校准;4)冰雹;5)WSR-88D对降水的定量化估算的*Z-R*关系。在第四部分中,我们通过对极端降水事件的个例研究探讨了同样的问题。用来说明WSR-88D降水估计的气候学特性的量是条件平均降雨量、降水概率和每小时平均降雨量。条件平均降雨量是在一个有非零的降雨量的库(库的尺寸是4 km×4 km)里的平均降雨量(即有降水时才统计)。降雨量概率是在整个过程中正降雨量持续的分时数(即降雨量持续时间与整个过程时间的比值),平均每小时的降雨量是整个时期的平均降雨量(包括零降雨量的小时数)。

图8.53a总结了上述两个雷达站的1994年和1995年暖季(4月到9月)的WSR-88D HDP产品导出的条件平均降雨量、降雨量概率和平均降雨量。图中给出的结果是方位角的平均,并且作为与雷达距离的函数来显示。图8.53b总结了1996年暖季的同样的各量。

在1994－1995年暖季和1996年暖季之间降雨量估计依赖于距离的行为显著不同。对于1994－1995暖季在大约距雷达100 km处有降雨量统计峰值,更远的距离则降低。在1996年时期,100 km处的峰值已经消失,100 km到160 km降雨量逐渐地增加。

降雨量估计中的戏剧性的变化主要是由于1996年2月对WSR-88D降雨处理过程子系统(PPS)中一个参数所做的改变造成的。这次变化消除了PPS算法中的双扫描最大化部分。双扫描最大化是在全球大气研究计划大西洋热带试验中引进的,它可用来减轻随着距离增大而衰减的问题。正如PPS算法中所做的,双扫描最大化对超出一定距离以外的回波将从最低的两个仰角扫描中挑选最大反射率因子值。在1994－1995年期间,指定的距离是50 km。在1996年2月,这个参数变化到230 km,这是降雨量处理的最大范围,从而有效地消除了双扫描最大化。

双扫描最大化的作用和更一般的依赖于距离的WSR-88D取样可通过对体积扫描反射率因子值观测进行气候学分析而得到最好的检验。图8.54显示了来自位于Oklahoma州Twin Lake的WSR-88D的四个最低仰角扫描中的每一个仰角扫描中大于依赖于距离的30 dBZ以上的反射率因子值出现的频率。正如前面所分析的,频率是对360°方位角的平均值,并且是(距雷达)距离的函数。分析是对1994年和1995年暖季3700个体积扫描进行的。数据集由位于Twin Lake的WSR-88D覆盖范围内有显著降雨的时间段组成。所有的四个仰角扫描显示了一个显著的频率峰值,这是由于它们与亮带的气候高度相交。第二个仰角扫描(一般为1.5°)在大约100 km处与亮带相交。在75～125 km范围内第二个仰角扫描大于30 dBZ的反射率因子值的频率显著地高于低仰角时的相应值。因此在75～125 km范围内,双扫描最大化通常会选择第二个仰角(1.5°),该仰角扫描具有由亮带污染导致的高反射率因子值。升高的反射率因子值被转换成如图8.53a所显示的在这一范围内(75～125 km)加强的降雨量。

图8.53b所显示的结果表明1996年100 km到160 km范围内平均降雨量增加,这并没有反映Oklahoma降雨量的气候变化。图8.53a中与亮带相交的第二个仰角扫描有关的100 km处的峰值在图8.53b中简单地移到160 km处,在这里第一个仰角扫描(0.5°)与亮带相交(正如图8.54所显示的)。当

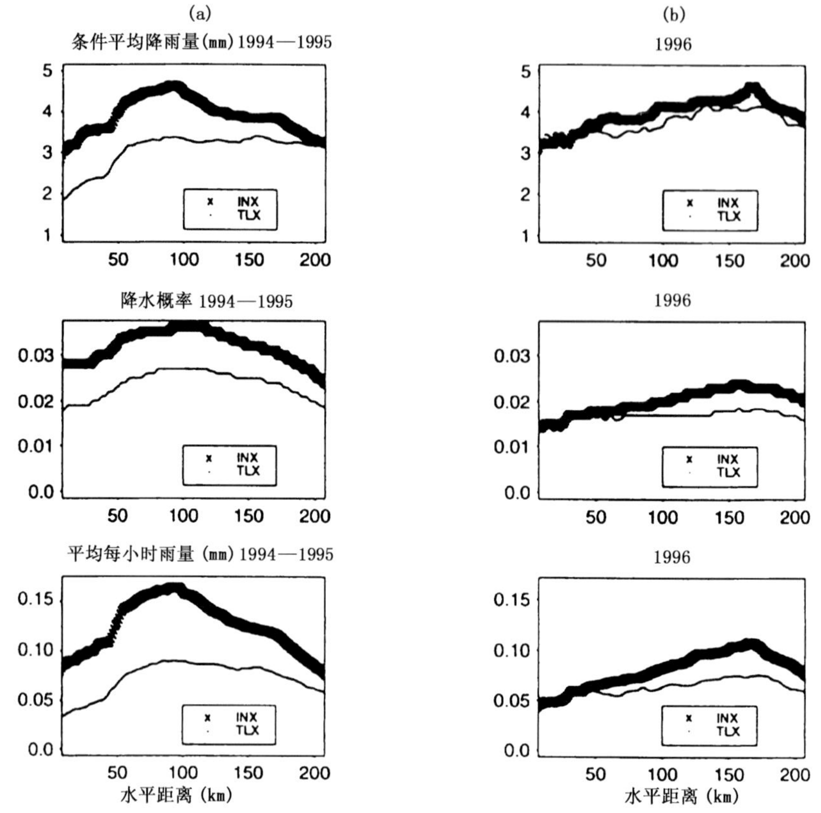

图 8.53　位于 Oklahoma 州的 Tulsa 雷达站(INX)和 Twin Lake 雷达站(TLX)的 WSR-88D 雷达从 HDP 产品得到的暖季(4～9 月)条件平均降雨量、降雨概率和平均雨量与距雷达距离的关系。(a)1994—1995；(b)1996

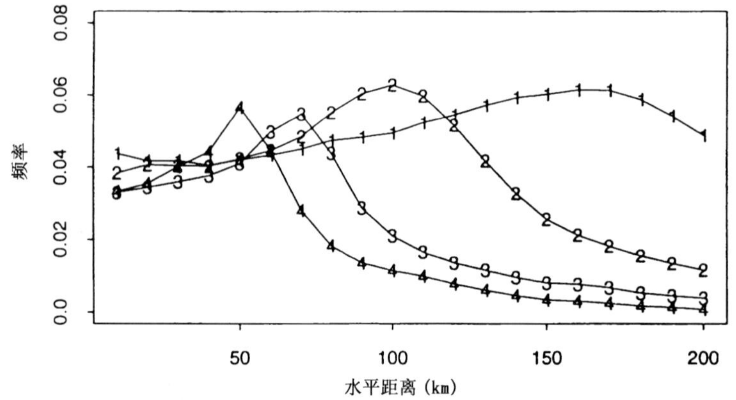

图 8.54　TLX 站 WSR-88D 最低四个仰角扫描的大于 30 dBZ 的反射率因子值的发生频率

对应混合扫描第四个、第三个和第二个仰角扫描的距离增量分别为 0～20 km、20～35 km 和 35～50 km 时，图 8.54 意味着它们是在亮带下面取样。图 8.53b 中依赖于距离的曲线型反映了由于波束高度和宽度的增加而逐渐的增加。

图 8.53 中最后值得注意的一点是 Twin Lake 和 Tulsa 之间雷达降雨量估计的比较。经过在两个雷达的交叉区域雷达观测的相互比较，可推断在 1994 年两个雷达之间存在明显的校准差异。图 8.53b 中显示的 1996 年结果表明校准差异已经显著地减少。

雷达雨量估计的另一个严重问题是雷达取样体积中冰雹的存在。Austin(1987)和其他人已经指出需要对反射率因子值封顶以避免由于冰雹污染造成对降雨量的过高估计。PPS 算法利用一个站点可调参数给出反射率因子上限值，其典型的取值范围从 51 dBZ（干旱半干旱地区）到 55 dBZ(热带海洋)，平均值是 53 dBZ。

为了估计反射率因子上限值的气候学显著性，对 1978－1992 年期间雨量器数据和 MDR 反射率因子值数据之间进行分析。这分析连接 MDR 数据与来自放置在 MDR 库内的雨量计所测雨量。对在 1600 km^2 的库内的每半小时时刻的最大反射率因子值和库内一点上降雨的每小时累计量进行比较。这些数据呈现在六个称作 VIP 层的层次上，对应表 8.1 中的反射率因子阈值。相应的降雨率阈值是用 Marshall-Palmer *Z-R* 参数来估算。这项分析对在南部平原的 71 个格点一雨量计对进行。

表 8.1 MDR VIP 级别、反射率因子阈值和 Marshall-Palmer 降雨率

VIP 级别	反射率因子(dBZ)	降雨率(mm/h)
1	24.5	1.2
2	38.5	9.1
3	43.5	21.1
4	49.0	42.2
5	55.0	101.6
6	56.5	126.6

图 8.55 说明了每小时非零雨量器累计与 MDR VIP 级别上分位数的关系。例如，分位数为 0.90 表示在一个小时的累积雨量是由只有 10％的时间下雨形成的(另外 90％的时间不下雨)。每一个分位数随着 VIP 的增长而增长。此项分析最显著的特征是与 VIP 6 相联系的高的降雨量值。VIP 6 有一个 56.6 dBZ 的反射率因子阈值，表明冰雹的存在，但分数位为 0.99 的情形下降水率并没有饱和，仍有继续增加的可能，为了防止冰雹污染而设置的 51 到 55 dBZ 的上限会使得降水算法低估峰值降水率。这项分析表明产生冰雹的风暴有发生极值累计降雨量的显著概率。冰雹的存在和需要一个反射率因子上限以限制冰雹污染的事实对在产生冰雹的风暴中估计强降雨的能力是一个限制。

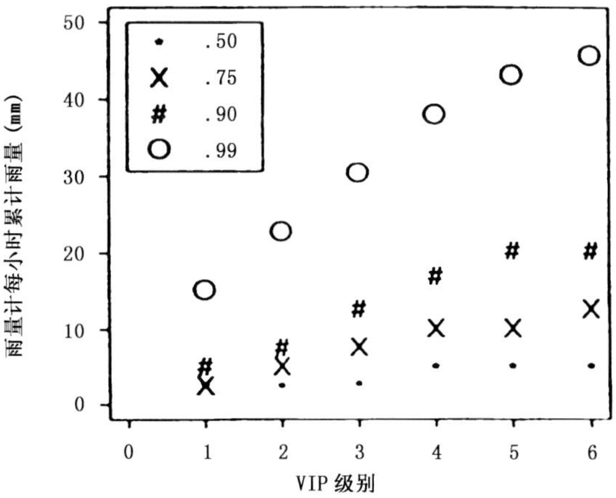

图 8.55　对南部平原 71 个库-雨量计对 MDR VIP 级别与每小时雨量计数据的比较

雨量计所测降水分布的中和上分位数取决于 VIP 级别

8.6.4　个例研究

已经研究了美国不同地区的众多的极端降雨事件。对每一个事件来说，雷达取样特性在评估 WSR-88D 降雨量算法的表现中起了非常重要的作用。下面讨论五个这样的个例，并在表 8.2 中列出它们的位置和风暴类型。这五个个例反映了众多的风暴类型，强降雨的空间和时间的分布在这些风暴之间有很大的不同。

表 8.2　极端降雨个例研究

风暴	日期(年、月、日)	风暴类型
1：Rapidan 风暴，Rapidan 河	1995.6.27	地形
2:Dallas 雹暴,Whiterock 河	1995.5.5～6	超级单体风暴
3:东南 Texas 风暴 (a) Kickapoo 河 (b) Spring 河	1994.10.16～17	温带气旋
4:Chicago 风暴，Blackberry 河	1996.7.17～18	MCS
5:飓风 Fran,Tar 河	1995.9.5～6	飓风

表 8.3　风暴特性

风暴	雨量(mm)	离雷达距离(km)	雨量计-雷达偏差系数	径流(mm)	峰值流量($m^3 \cdot s^{-1} \cdot km^{-2}$)	流域面积(km^2)
1：	344	90	2.5	296	10.2	295
2：	70	<30	1.2	68	3.9	176
3a：	933	150	5.5	933	16.3	155
3b：	485	100	2	385	2.1	1036
4：	236	<30	1.8	121	0.9	179
5：	270	<30	1.5	212	1.2	495

表 8.3 通过流域平均降雨量和流量分析总结了在每个极端降水事件中经历了大洪水的排水流域的水文学。每个个例研究都从 WSR-88D 体积扫描反射率因子观测的分析发展而来。对于 Texas 州东南部事件,对 Kickapoo 河和 Spring 河进行了单独的分析。流域平均风暴总雨量(第二列)由 WSR-88D 反射率因子观测值利用 PPS 算法 $Z=300R^{1.4}$、55 dBZ 反射率因子上限和基于雨量计观测的偏差调整(第四列)因子估算得到。距离值(第三列)表示从雷达到排水流域质心的距离。径流量(第五列)由美国地质勘查流量观测通过积分洪水期的容积式水通量($m^3 \cdot s^{-1}$)除以流域面积(第七列)估算得到的,然后转换成毫米。总径流量对流域平均风暴总降雨量提供了一个低限,峰值流量表述为一个归一化流量(即峰值流量 $m^3 \cdot s^1$ 除以流域面积 km^2),从而允许对穿过不同尺度流域的流量进行比较。

8.6.4.1　Rapidan 风暴

在 1995 年 7 月 27 日的上午和下午,一个小的风暴系统(图 8.56)在 Virginia 州的 Blue Ridge 的东面迎风坡降下了灾害性的降雨。在 Rapidan 河 295 km^2 的排水区出现的峰值流量为 3000 $m^3 \cdot s^{-1}$,这是 Mississippi 河东面同样大小的流域上出现的最大值。这个区域的滑坡和泥石流的受影响程度也记录在案。

图 8.57 给出了 Rapidan 河流域风暴总降雨量的估计。图 8.57a 表示风暴总降水量的等值线图,它是由累加 WSR-88D HDP 产品值而得到的。图 8.57b 是从 WSR-88D 体积扫描反射率因子观测(用具有 55 dBZ 反射率因子上限的 PPS 算法)和雨量计观测导出的。在风暴区域没有来自联邦、州或当地政府的雨量计网,雨量计观测由美国地质勘探局通过当地居民的帐篷而获得的。基于 WSR-88D 降雨量估测和雨量计观测之间的对比,估计雷达降雨量估测只有实际雨量的三分之一。这个偏差值被用来调整图 8.57b中显示的降雨量估计。

图 8.58 表明两个风暴特性的时间序列:1)风暴团的垂直中心,即风暴质心高度;2)云中最大的反射率因子值。对大多数风暴的生命周期而言,质心高度明显低于 4.0 km 的 0°C 层(注意图 8.56 中的垂直剖面)。Rapidan 风暴低的回波质心(缩写为 LEC)结构在产生暴洪的风暴结构中具有一定的代表性

（例如中国梅雨期暴雨云团）。

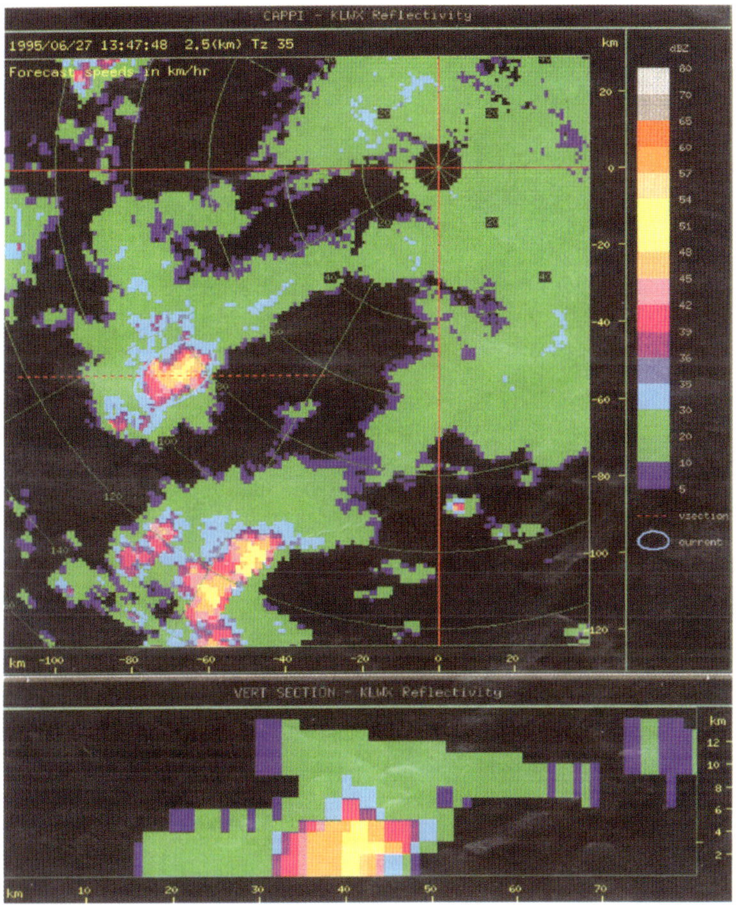

(a)

(b)

图 8.56　来自 Virginia 州 Sterling 站的 WSR-88D 定高平面位置显示（CAPPI）反射率因子产品。水平分辨率为 1 km×1 km，高度为 2.5 km，时间是 1347 UTC。图中显示两个风暴系统（上图）。通过 Rapidan 流域的垂直剖面（下图）的位置由上图中的红虚线标明

Rapidan 风暴的最大反射率因子值超过 62 dBZ。在风暴生命周期的大部分时间中最大的反射率因子值超过 53 dBZ，这个值用作反射率因子上限值以导出图 8.57a 中显示降雨量产品。在具有最强降雨时期，从 1500 UTC 到 1800 UTC 期间，最大的反射率因子值保持在 55 dBZ 附近。追踪分析表明低层在 53 和 55 dBZ 之间的反射率因子值很可能发生在未出现冰雹的时候。53 dBZ 上限值（用于图 8.57a 中显示的结果）和 55 dBZ 的上限值（用于图 8.57b 中显示的结果）之间的差异是图 8.57a 和图 8.57b 中风暴总降水量估计差异的来源之一。降雨量估计中的差异也可归结为用来产生图 8.57b 中风暴总降雨量的由雨量计导出的偏差调整和用来生成这两种产品的空间平均的差异。图 8.57a 是由 4 km×4 km 格点构成的，而图 8.57b 是由 1 km×1 km 格点构成的。

由 WSR-88D 降雨量算法造成的对降雨量的偏低估计有三个来源，前两个与风暴的 LEC 结构有关。从波束顶部到波束底部低层降雨量的增长可由雷达取样，但从波束底部到地面雷达没有取样，这样可以造成对降雨量的偏低估计。0.5°仰角的波束在 Rapidan 流域高出地面大约 1.4 km，波束顶部在 2 km，波束底部在 0.8 km。造成偏低估计的第二个原因来自不合适的 Z-R 参数。强降雨的滴谱明显地不同于产生标准的 WSR-88D 降雨参数的滴谱。最后一个造成业务 WSR-88D 降雨量估计偏低的原因在于使用一个 53 dBZ 反射率因子上限以防止冰雹的污染。如图 8.55 所描述的，大的降雨量发生在不存在冰雹，并且反射率因子值在 53 和 55 dBZ 之间。

8.6.4.2　Dallas 雹暴

在 1995 年 5 月 5 日夜晚，一个雹暴（图 8.59）途径 Texas 州的 Dallas 城，它产生垒球大小的冰雹和

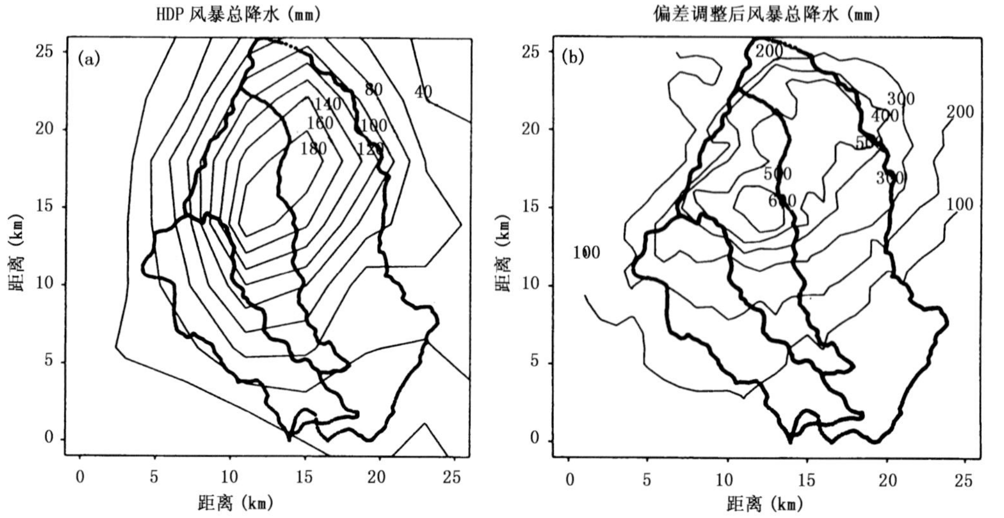

图 8.57　对 Rapidan 流域的风暴总降水估计：(a)来自 WSR-88D 的 4 km×4 km 的降水产品(HDP)，其限制冰雹污染的阈值为 53 dBZ；(b)来自 WSR-88D 1 km×1 km 分辨率的反射率因子产品，经过利用雨量计的偏差校准，其限制冰雹污染的阈值为 55 dBZ

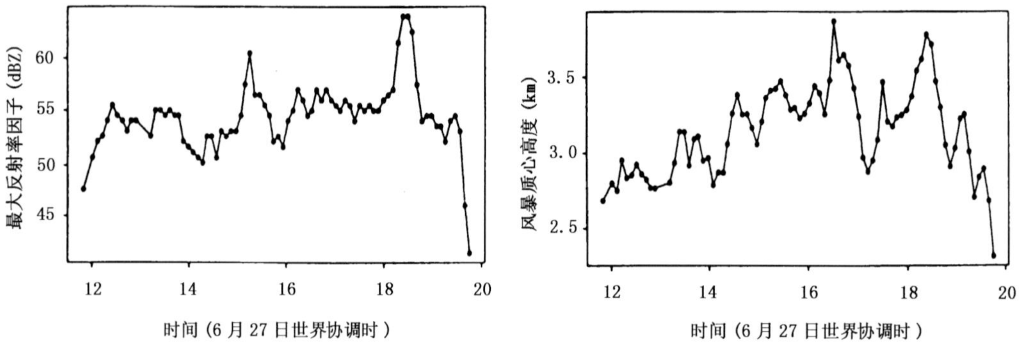

图 8.58　云中最大反射率因子(a)和 Rapidan 风暴质心高度(b)的时间序列

暴洪，并在不到 60 分钟的时间里 Dallas 东部有 16 人丧生。暴洪和冰雹造成的总灾害使得 Dallas 城出现在历史上第一次遭受的损失达 10 亿美元。美国国家天气局(NWS)灾害调查所将这次史无前例的洪水的原因归于都市环境内的极端降雨率。风暴总降雨量少于 125 mm。

造成多半财产和生命损失的风暴是一个超级单体风暴(图 8.59)，当飑线(弓形回波)赶上并与超级单体合并时(图 8.60)，Dallas 区域发生超级降雨率。图 8.60 给出了超级单体与弓形回波合并的过程的低层反射率因子图像。当超级单体与弓形回波合并时弓形回波得到加强，超级单体成为弓形回波(飑线)的一部分并保持其特征不变。弓形回波前沿有很强的反射率因子梯度，后侧有明显的弱回波通道，表明有强的后侧入流。0.5°仰角的径向速度图(图 8.61)的确显示与弱回波通道相联系的后侧入流，超级单体向后侧下沉气流的出流构成后侧入流的一部分，这个后侧下沉气流出流与超级单体的低层入流构成中气旋。

图 8.62 通过风暴中 6 分钟时间序列的回波质心高度和最大反射率因子值总结了超级单体的生命史。图 8.62 也显示了降雹出现的次数和大小。雹暴的反射率因子值的峰值为 76 dBZ，在其生命史大部分时间内超过 65 dBZ。质心高度的峰值高于 5.5 km。在质心高度衰退周期之后地面观测报告出现直径为 10 cm 的冰雹。Dallas 雹暴和 Rapidan 风暴的垂直剖面之间的对比是引人注目的。与 Rapidan 风暴的 LEC 结构相比较，Dallas 风暴在 10 km 高度上的反射率因子值超过了 65 dBZ。

图 8.63 给出了这一区域的风暴总降水估计，该值是利用 WSR-88D 体积扫描反射率因子值观测数据经过 NWS(国家天气局)算法得到的。算法中反射率因子上限取为 55 dBZ。最显著的特征就是与超

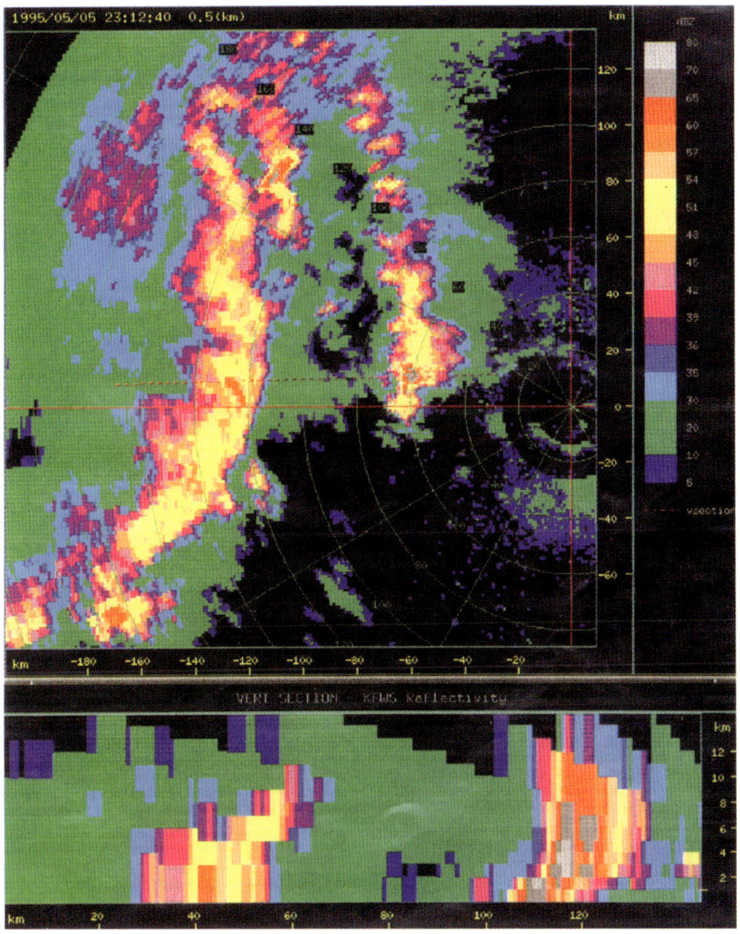

图 8.59 1995 年 5 月 5 日 23:12 位于 Dallas 城的 Fort Worth 站 WSR-88D 的反射率因子产品。上图为 1 km×1 km 水平分辨率,0.5 km 高度上的 CAPPI。下图为对应于上图红虚线位置的垂直剖面。两个风暴都位于 Fort Worth 西边

级单体轨迹有关的强降雨带既长又宽。图 8.64a 显示从 Dallas 都市区域中尺度网获得的降雨量估计(这个区域即图 8.63 中的方框范围)。较高的风暴总降雨量估计由 Fort Worth 区域获得,在那里冰雹造成的灾害占主导地位,而暴洪却不是主要的问题。Dallas 区域雷达降雨量估计值不足中尺度网降雨计量器观测的 70%。图 8.64b 显示了在 0200 UTC(2100 CDT)时刻之前的 15 分钟内降雨量累计值。15 分钟内降雨量累计的峰值超过 60 mm。

对 Dallas 风暴的降雨量估计来说,冰雹是一个明显的主导问题。这个风暴的反射率因子值超过了一个具有显著时空特征的风暴的反射率因子上限值(为防止冰雹污染)。Dallas 雹暴总降雨量估计基本上反映了风暴运动和风暴 55 dBZ 区域的边界。在降雨量估计上几乎没有附加的信息。显示于图 8.62 中的 WSR-88D 观测到的风暴特征提供了 Dallas 经历的强降雨量的更直接线索。在大约 0100 UTC(2000 CDT)时刻飑线与超级单体合并。极大的降雨率发生在风暴质心下降的时候。三维风暴特征的发展对雹暴极大降雨率的发生提供了重要的线索。

8.6.4.3 Texas 州东南部风暴

灾害性的降雨和暴洪发生在 1994 年 10 月 16~17 日 Texas 州的东南部,造成 22 人丧生,10 亿美元的损失,主要的生态学损害来自石油和煤气管道的泄漏。

两个风暴系统导致洪水的发生。图 8.65 显示了一个在 Spring 河流域 8 个小时内产生近 500 mm 降雨量的风暴系统的定常高度平面位置显示(CAPPI)和相应的垂直剖面。这个风暴显示了类似 Dallas 雹暴的强中尺度对流系统典型的表现,包括在 Spring 河流域上空的云-地闪电频率(图 8.65 中白十字标明的云-地闪电的位置),具有冷云顶的大的云罩(在静止气象卫星 GOES 红外图像上),由 WSR-88D 体

积扫描反射率因子观测推出的高的风暴顶。在大约 10 km 的高度反射率因子值超过 57 dBZ。

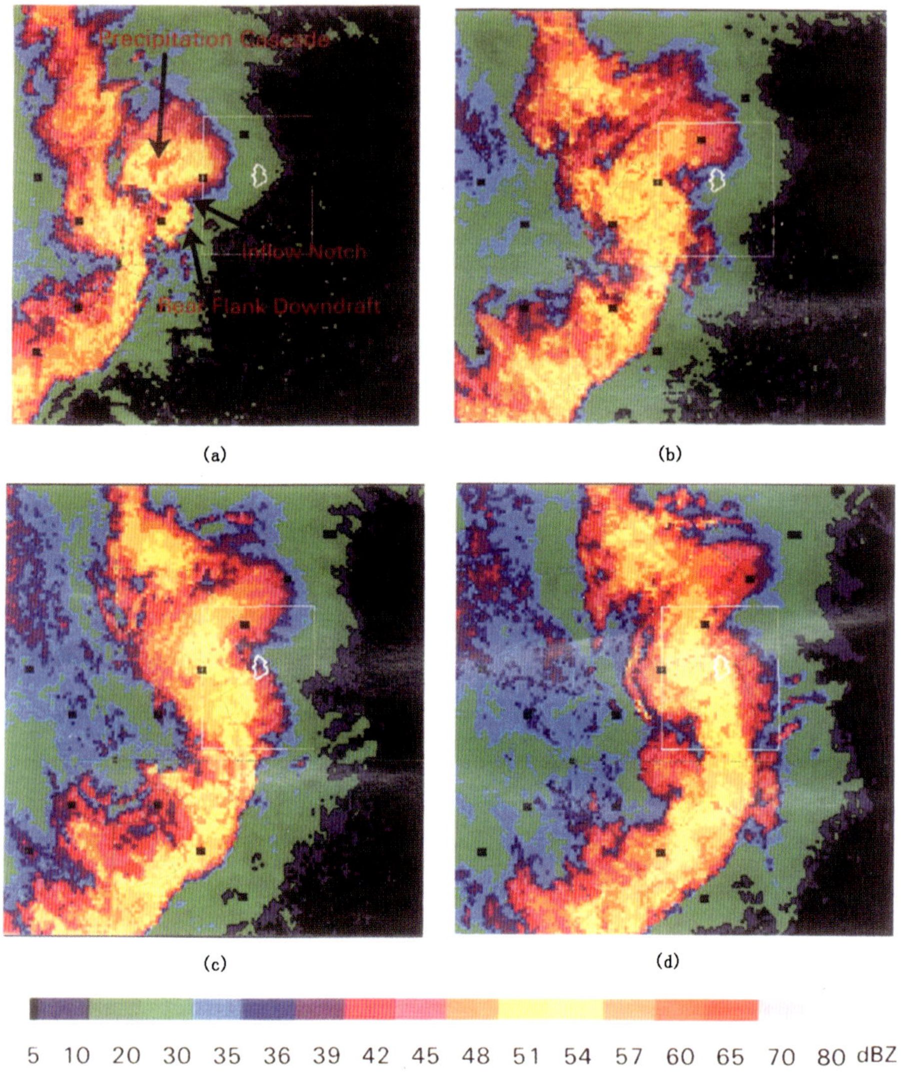

图 8.60　与图 8.59 中的上图相同，只是时间为：(a)5 月 6 日 00:57；(b)01:20；(c)01:32；(d)01:44。白方框内为 Turtle 河流域，白色实线内的区域为 Dallas 城

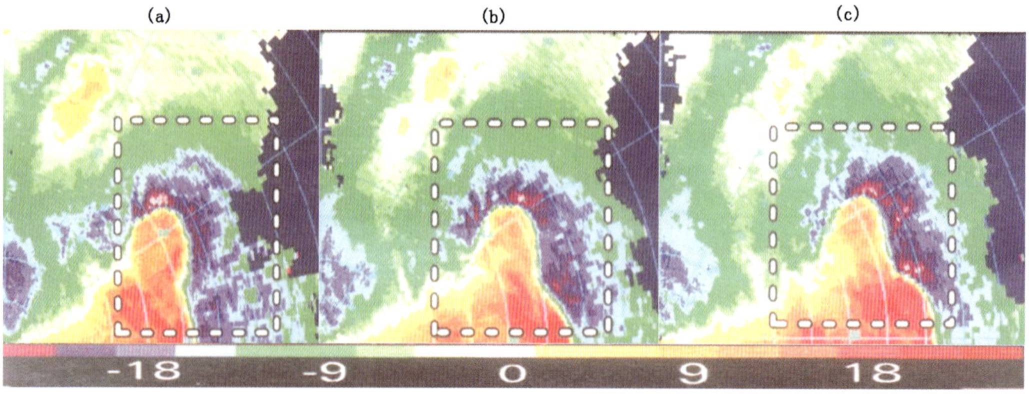

图 8.61　1995 年 5 月 6 日 0.5°仰角的径向速度，时间为：(a)01:36，(b)01:47，(c)01:53。白色方框与图 8.60 中的相同

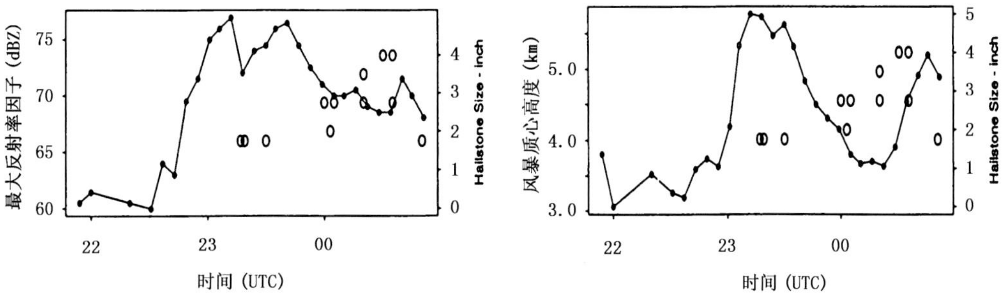

图 8.62　Dallas 超级单体风暴最大反射率因子(a)和风暴质心高度(b)的时间序列
圆圈对应于降雹报告

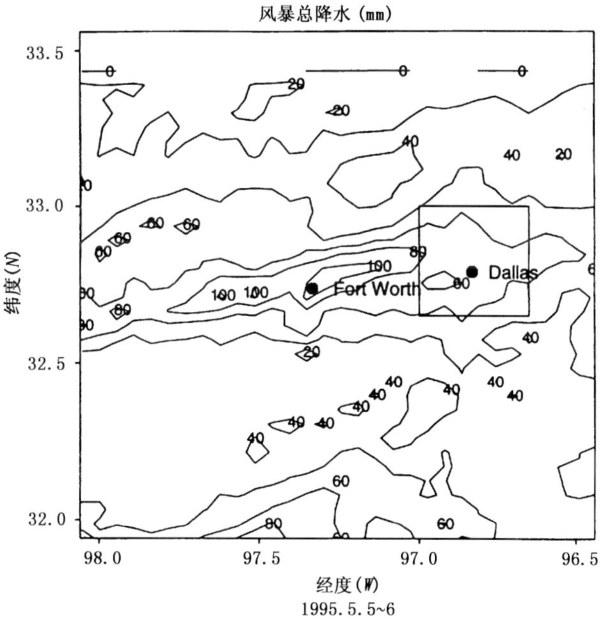

图 8.63　由位于 Fort Worth 的 WSR-88D 体积扫描反射率因子导出的风暴总降水估计

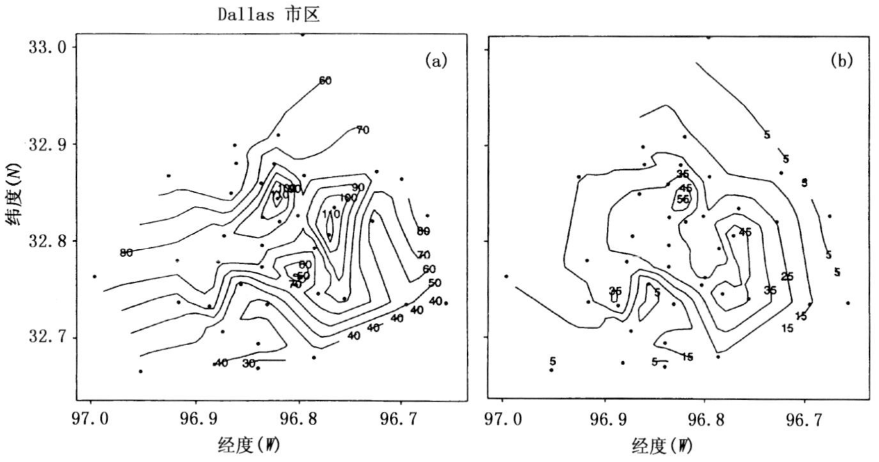

图 8.64　来自 Dallas 雨量计中尺度网的降雨量估计:(a)风暴总降雨(mm);(b)结束于 0200 UTC(2100 CDT)的 15 分钟累积降雨。图中的区域对应于图 8.63 中的小方形区域

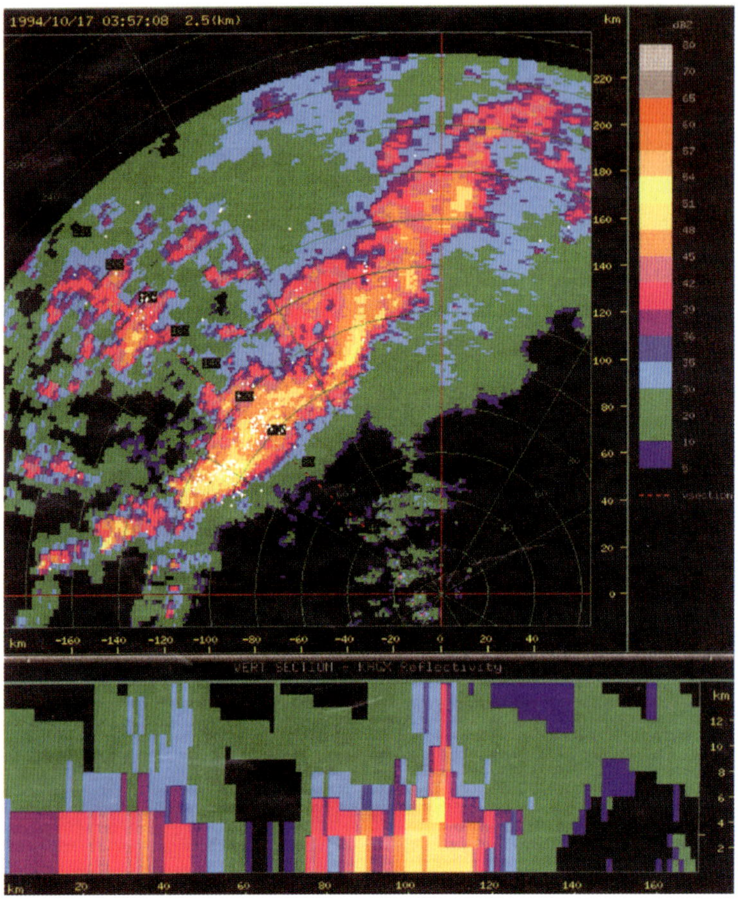

图 8.65　位于 Houston 站 WSR-88D 的反射率因子产品。上图 1994 年 10 月 17 日 0357 UTC 时刻位于 Spring 河流域的 1 km×1 km 水平分辨率，2.5 km 高度上的 CAPPI。下图为对应于上图红虚线位置的垂直剖面。上图中白十字表明结束于 0400 UTC 的 6 分钟期间的闪电位置

Spring 河流域东北方向大约 50 km 处，在 Kickapoo 河盆地和 Livingston 湖的上空，发生了与图 8.66中的风暴相联系的明显的较大的降雨量和洪水。基于对 Liingston 湖的流量和水平衡分析(表 8.3)，可以推断 6 个小时内的降雨量在 750 到 1000 mm 之间。在 Kickapoo 河流域上空和下游的 Livingston 湖产生灾害性洪水的风暴在 Trinity 河流域有相对低的闪电频率，除在 GOES 红外图像中的冷云顶之外，在 WSR-88D 观测中有相对低的反射率因子峰值。距雷达 160 km 的 Kickapoo 河流域的降水回波的垂直分辨率不能充分提供风暴垂直结构的详细信息。但是，垂直剖面结构接近于 Rapidan 风暴的低质心(LEC)结构而不是 Dallas 风暴的垂直剖面。强降雨(在动画雷达图像上清楚可见)时期一个清晰的特性是水汽从墨西哥湾羽状扩散到 Livingston 湖上空降雨区域(图 8.66)。

图 8.67 说明来自 WSR-88D 反射率因子观测及具有 55 dBZ 反射率因子上限值和偏差校正的业务 NWS 降雨量算法风暴的总降雨量图。图 8.67a 显示了坐落在雷达西北方向大约 100 km 处的 Spring 河流域。图 8.67b 显示了从 Kickapoo 河流域到 Livingston 湖地区，Kickapoo 河流域是在雷达北部大约 160 km 处的地方。在这两张图中，风暴总降雨量由于 Kickapoo 河流域风暴总降雨量的极端值太大而用 cm 作单位。

由在 Spring 河流域雨量计观测及 Livingston 湖到 Kickapoo 河区域上的湖水位和径流量的计算得到的偏差校正因子，在 Spring 河流为 2.0，从 Livingston 湖到 Kickapoo 河地区是 5.5。在校正估计中的差异强烈地依赖于风暴特征的对比。对于 Rapidan 风暴的 WSR-88D 降雨量估计的低质心(LEC)问题与 Kickapoo 河流域的风暴分析是特别相关的。雷达波束从 Kickapoo 河流域低层降水成长区以上穿过是造成较大的偏差校正因子的原因。

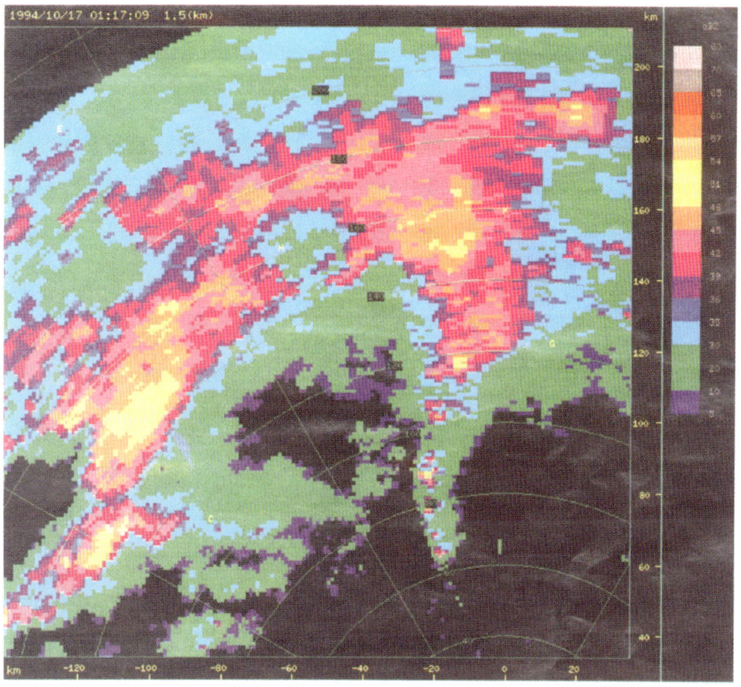

图 8.66　水平分辨率为 1 km×1 km，1.5 km 高度上的 CAPPI。显示在 10 月 17 日 0117UTC 位于 Kickapoo 河区域的风暴系统。Kickapoo 河流域位于雷达北部，由 K，R 和 P 三个字母大致框出

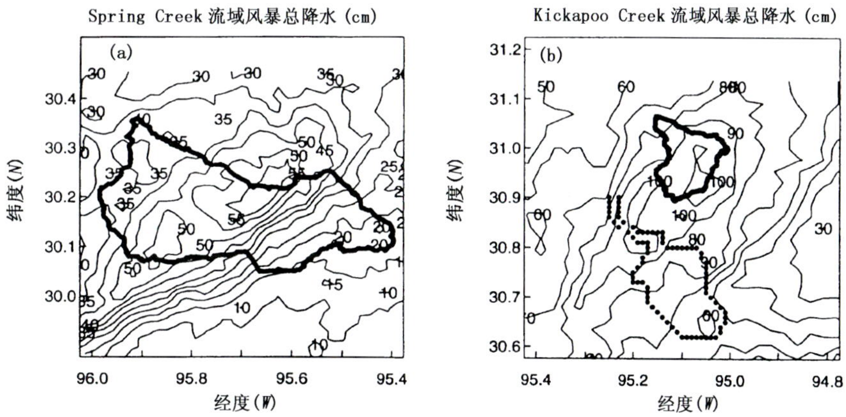

图 8.67　由 WSR-88D 反射率因子观测得到的风暴总降水估计(cm)：(a)Spring 河流域，偏差订正系数 2.0；(b)Kickapoo 河和 Livingston 湖流域，偏差订正系数 5.5

8.6.4.4　Chicago 风暴

1996 年 7 月 18 日 Illinois 州的 Aurora 气象站雨量器观测到 24 小时总降水量为 425 mm，大大超过了历史最高值 150 mm。发生在 Chicago 市郊区西部的有记录的洪水与图 8.66 描述的系列风暴有关。该事件中强降雨产生的一个因素是在同样地区重复发生的一系列风暴。但是，产生特别强降雨和洪水的一个风暴特征是显示在图 8.68 中的垂直剖面图，此图是风暴即将进入 Blackberry 河流域之前的图(表 8.3)。垂直剖面图表明风暴有较高的风暴顶和低层强的增长和在 4.2 km 的 0℃层以下的显著亮带。

在 Iowa 州 Davenport 的 WSR-88D 雷达站观测，产生极大降雨累计值的风暴在较远的区域(大约 150 km)，而该风暴距 Illinois 州 Chicago 的 WSR-88D 雷达的距离不足 50 km。图 8.69 显示两个雷达的风暴总降雨量估计(注意 Aurora 雨量计位于 Blackberry 河流域的边界上)。Chicago WSR-88D 较低估计了最大降雨量大约 40%(在大约 50 km 的距离)。Iowa 州 Davenport 的雷达在 150 km 处明显地与雨

量计观测一致。

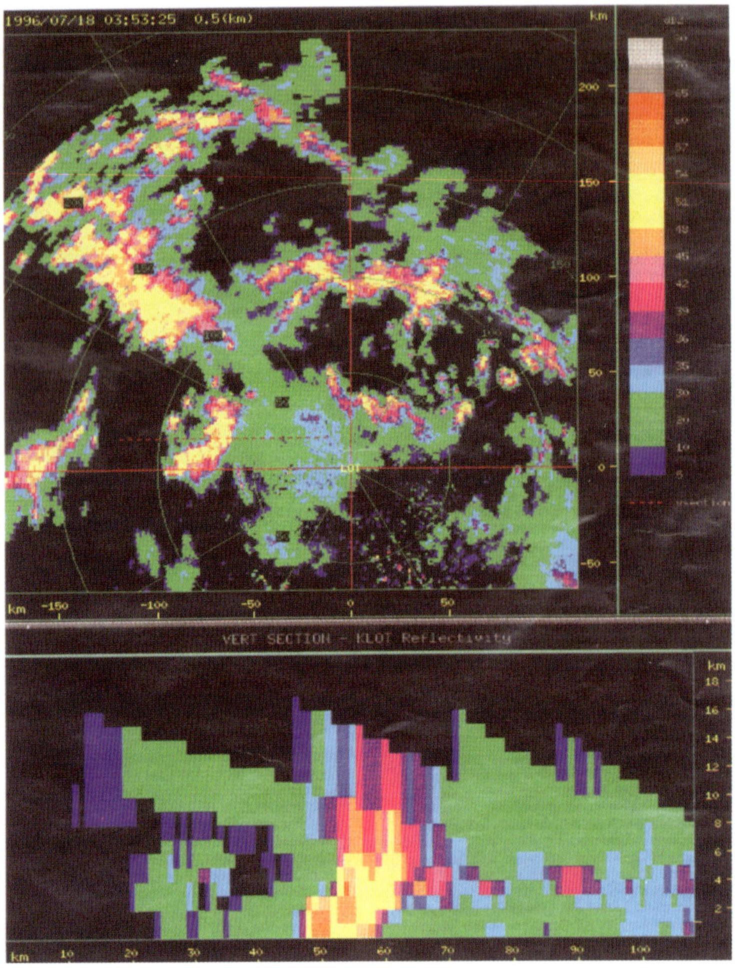

图 8.68　位于 Chicago 站(LOT)的 WSR-88D 的反射率因子产品。上图为 1 km×1 km 水平分辨率，0.5 km 高度上的 CAPPI，显示了 1996 年 7 月 18 日 0353 UTC 位于 Chicago 西部的风暴系统。(b)为对应于(a)红虚线位置的垂直剖面

图 8.68 显示对 Blackberry 河地区两个雷达的流域平均降雨量的时间序列。从 7 月 17 日 1800 CST 直到 7 月 18 日 0200 CST Chicago 和 Davenport 的雷达对降雨量的估计合理地一致。在这期间两个地区的流域平均降雨率都小于 22 mm/h。Davenport 的 WSR-88D 波束在 Blackberry 河流域内与亮带相交,亮带污染导致加强的反射率因子值。Chicago 的 WSR-88D 雷达波束在 Blackberry 河流域内的亮带下面取样。从 0200 到 0400 CST 强降雨时期,Davenport 降雨量估计几乎是 Chicago 降雨量的 3 倍。Davenport 雷达的流域平均降雨率峰值达 100 mm/h。这个时间段可解释图 8.69 中显示的风暴降雨量显著的差值。在这个有显著不同的降雨量估计的时段强降雨直接落在 Chicago 雷达上,湿天线罩在 Chicago WSR-88D 天气雷达降雨量的偏低估计上起了明显的作用。

8.6.4.5　Fran 飓风

Fran 飓风在 North Carolina 州的 Wilmington 登陆,并迅速通过 North Carolina、Virginia 和 West Virginia。风暴在 North Carolina 州和 Virginia 州的 10 到 10000 km^2 集水流域地产生了创记录的洪水。眼壁对流造成了 North Carolina 州最严重的洪水;在 Virginia 州破记录的洪水是与飓风降雨带相联系的地形对流的结果。

图 8.71 显示了 Fran 飓风残留眼经过 North Carolina 北部 Tar 河流域时的 CAPPI 和垂直剖面图。图 8.72 显示了 Tar 河流域平均降雨量 6 分钟的时间序列以及 15 分钟的 Tar 河流量的时间序列。降雨量陡的峰值对应经过 495 km^2 的集水流域的眼壁对流。Tar 河的峰值流量由美国地质勘测局估计为

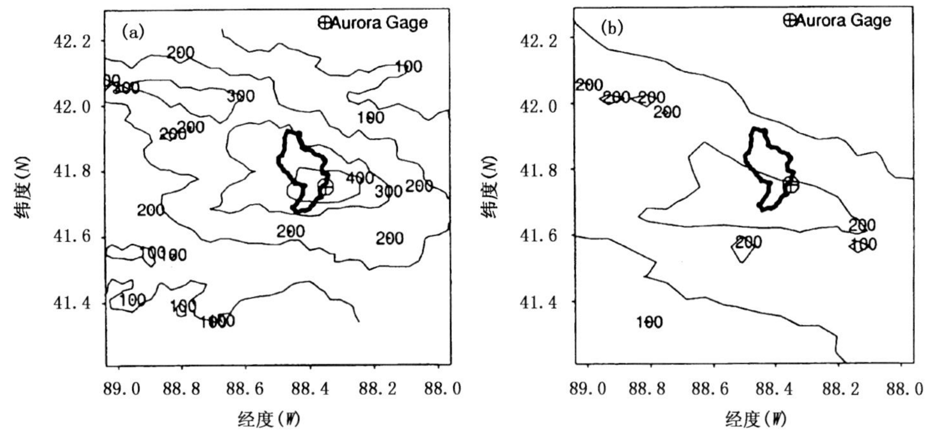

图 8.69　分别从(a)IA 州 Davenport 站(DVN)和(b)Chicago 站(LOT)的 WSR-88D 对 Blackberry 河流域风暴总降水的估计

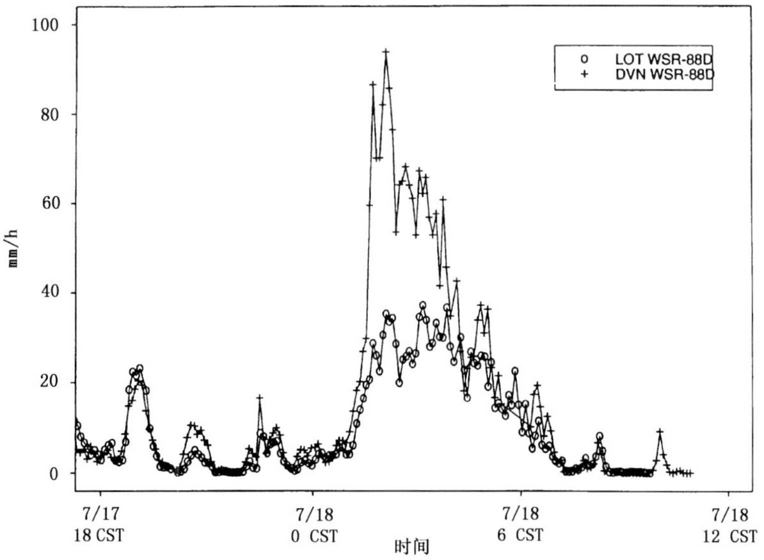

图 8.70　分别从 DVN 和 LOT 的 WER-88D 对 Blackberry 河流域平均雨量估计的 6 分钟时间序列

510 $m^3 \cdot s^{-1}$。来自 Tar 河的洪水总径流(即图 8.72 中流通量的积分)超过 118 mm,这给出了风暴总降雨量的下限。根据 North Carolina 的 Raleigh 站的 WSR-88D 降雨率估计得到总降雨量少于 105 mm。由雷达-雨量器相互比较的估计得到一个 1.5 的偏差因子用在流域平均的降雨量估计中,如图 8.72 所显示。这个值代表相对于雨量器测量值雷达对降雨量的偏低估计。

经过 Tar 河流域的风暴展示了低质心(LEC)结构(图 8.71)。Tar 河流域眼壁对流中的高反射率因子值的垂直范围从登陆到在 Tar 河流域产生创记录的降雨的时刻显著地缩小(图 8.71)。螺旋形的降雨带展现了更为清楚的 LEC 结构。正像 Rapidan 和 Kickapoo 河风暴所显示的,LEC 结构与 WSR-88D 对观测到的强降雨的偏低估计密切相关。

Fran 的残留眼迅速地向西北方向移动,穿过 Virginia 西南部的山区和 West Virginia。在这期间,史无前例的降雨落到 North Fork Shenandoah 河流域,这与风暴的雨带有关。Mount Jackson 的 3000 $m^3 \cdot s^{-1}$的峰值流量,为 100 年来最高记录。并且是距今 56 年前峰值流量的两倍。高位势处的雨量计报告降雨量累计在 300 到 500 mm 之间。谷地雨量器已经累计达到 100 到 250 mm 的量值。WSR-88D 对 North Fork Shenandiah 的雨量估计小于雨量器观测一个量级。几个误差来源可被确认。雨带具有很低的顶,在大约 6 km 处的回波是 30 dBZ,在密集降雨地区雷达波束在风暴顶之上穿过。这个误差在距山区较近的地区被波束障碍所加强。

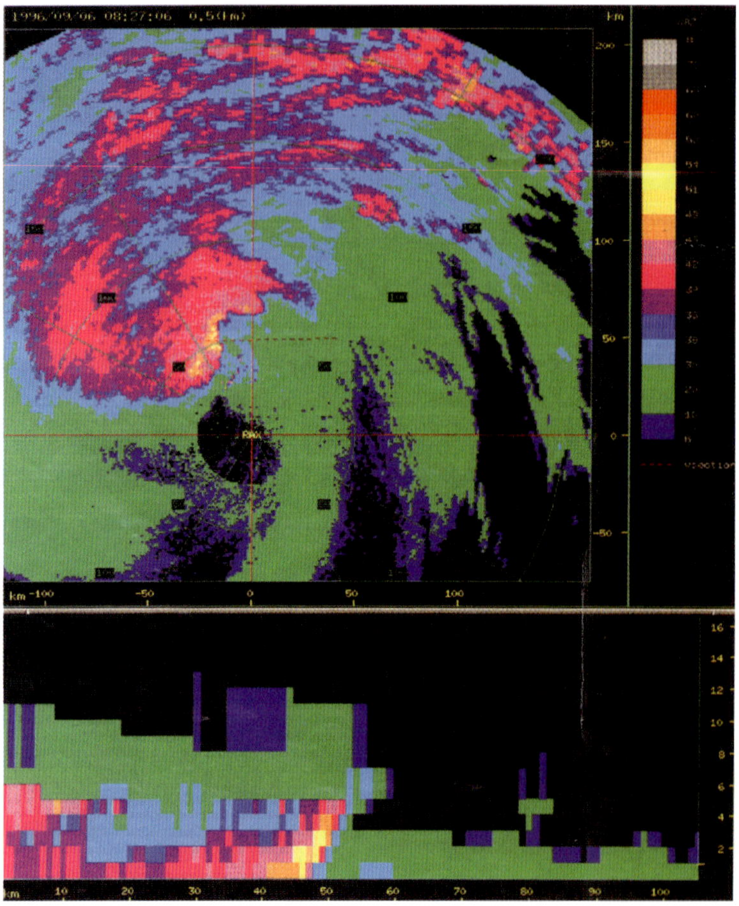

图 8.71　位于 North Calonaina 州 Raleigh 站的 WSR-88D 的反射率因子产品。上图为 1 km×1 km 水平分辨率，0.5 km 高度上的 CAPPI，显示了 1995 年 5 月 6 日 0827 UTC 正移过该站的风暴。(b)为对应于(a)红虚线位置(位于 Tar 河流域)的垂直剖面

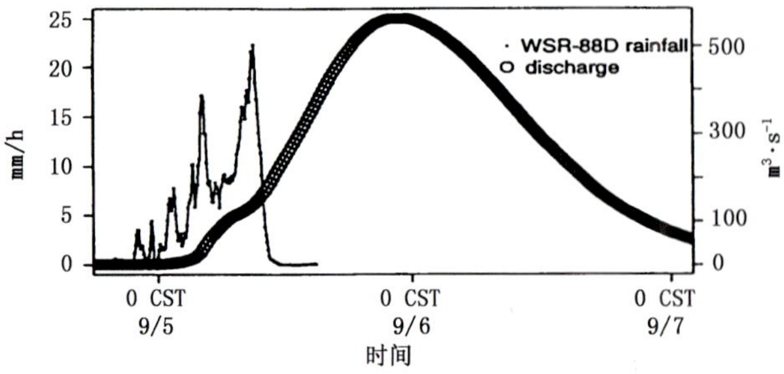

图 8.72　Tar 河流量的时间序列和 6 分钟的由飓风 Fran 产生的流域平均雨量的时间序列

8.6.5　总结和结论

我们讨论了以 WSR-88D 反射率因子数据为基础对致洪风暴的降雨量进行估计中的几个主要问题。对 WSR-88D 体积扫描反射率因子观测和每小时累积降雨量产品进行了气候学分析。以这些气候学分析为背景对五个个例研究的 WSR-88D 降雨量估计进行了评估。对每一个个例进行研究，雷达取样特性在对 WSR-88D 降雨量算法表现的评估中起了重要的作用。

这一节主要的结论可总结如下：

(1) 像 Rapidan 风暴、Texas 州东南部的 Livingston 湖风暴和 Fran 飓风这样的 LEC(低回波质心)风暴，对利用 WSR-88D 天气雷达估算降雨量提出了特殊的挑战。如前面讨论的雷达波束从主要降水区

以上穿过是估算问题中的重要因子。也有可能标准的 *Z-R* 参数不适合这些风暴。LEC 风暴是由于微物理过程导致的，这些微物理过程通常生成与所谓 WSR-88D 雷达的 *Z-R* 关系（$Z=300\ R^{1.4}$）不一致的滴谱分布。

（2）冰雹的存在对于 WSR-88D 对产生暴洪的风暴，如 Dallas 雹暴的降雨量的估计是一个重要的障碍。对来自 MDR 数据的反射率因子的气候学分析表明，强降雨和冰雹时常在相同的时间发生在一个风暴中。也有丰富的经验证明大的冰雹、高反射率因子和相当低的降雨率发生在单一风暴中。对 Dallas 雹暴的分析证明关于风暴发展的信息可提供有用的有关雹暴是否可能产生极端降雨率的业务洞察力。附加的风暴信息对指定 WSR-88D 降雨量算法的反射率因子上限会有好处。

（3）亮带影响在降雨量估计中实质上在所有情况下都起着重要的作用，包括强降雨事件。一个合并进入 WSR-88D 降雨量算法中的重要参数是 0℃等温线的高度。WSR-88D 降雨量估测对亮带取样的敏感性通过对比采用和不采用双扫描最大化情况下的降雨量统计被戏剧性地证明了（见图 8.55）。风暴垂直结构和随着距离的增加 WSR-88D 雷达取样高度的增加之间的相互作用对前面讨论的每一个个例的 WSR-88D 降雨量估计都是一个重要的限制。

（4）几个技术选项对产生极大洪水的风暴的 WSR-88D 降雨量估计的改进方面获得了显著的成效。偏振测量对解决与滴谱变化（还有在 $Z-R$ 参数中合成的变率）有关的问题，以及区别出雨、冰雹、融雪等有关的问题提供可能。雷达数据同化技术的发展，类似于那些用于数值天气预报的数据同化技术，对充分利用偏振测量和解决与垂直风暴结构有关的问题带来了希望。

8.7　一次强烈龙卷过程的新一代天气雷达探测

8.7.1　引言

龙卷是一种强烈的对流天气现象，可造成重大的人员伤亡和财产损失。龙卷分为超级单体龙卷和非超级单体龙卷。超级单体龙卷由超级单体风暴产生。非超级单体龙卷与非超级单体风暴相联系，同时与边界层辐合切变线密切相关。非超级单体龙卷生命史很短，它在多普勒天气雷达速度图上的涡旋特征尺度通常小于 2 km，且产生的灾害大多较轻，一般在 F0～F1 级，个别的也可产生 F2 级的较强灾害。由于非超级单体龙卷的母气旋（微气旋）主要局限于边界层内，使得对其雷达探测和预警非常困难。绝大多数的强烈龙卷都是超级单体龙卷。作为局地对流风暴发展的一种最猛烈的形式，超级单体风暴一直吸引着众多气象学家的注意。对超级单体风暴的研究从 20 世纪 50 年代一直持续至今。在 20 世纪 70 年代早期当多普勒天气雷达刚刚出现不久，人们认为在探测到中气旋的情况下，90％会出现龙卷风。随着多普勒天气雷达观测资料的逐渐增多，特别是美国新一代天气雷达 WSR-88D 的布网，这一比例一直在下降，最终稳定在 20％左右。龙卷警报往往是基于观测到强中气旋，此时发生龙卷风的平均概率为 40％。

我国自 1999 年开始了总数为 158 部新一代（多普勒）天气雷达的布网工作，目前已完成大半。新一代天气雷达的布网大大加强了对龙卷的预警能力。根据估计，每年发生在我国东部地区的龙卷大约 200～300个，其中灾害性的龙卷为 10～15 个。2003 年 7 月 8 日晚上 22:10 和 23:20 左右，安徽省庐江和无为县先后遭受龙卷风袭击，其中发生在无为县的造成生命财产重大损失，无为县两个乡镇 16 人死亡，166 人受伤。从房屋遭到破坏的程度（图 8.73），可大致判定龙卷风的级别为 F2～F3，属于较强龙卷。本节将利用位于合肥的我国第一部新一代天气雷达（SA 型）对这次系列龙卷过程进行详细的分析。8.7.2 节对发生此次系列龙卷过程的天气背景作简要分析；8.7.3 节给出此次龙卷过程雷达回波特别是径向速度特征的详细分析；最后一小节给出讨论和总结。

8.7.2　天气背景

图 8.74 给出了 2003 年 7 月 8 日 08 时（今后如不特殊说明均指北京时）高空 500 hPa 形势场。槽线

图 8.73　2003 年 7 月 8 日 23 时 20～30 分前后发生在安徽无为县的龙卷灾后景象

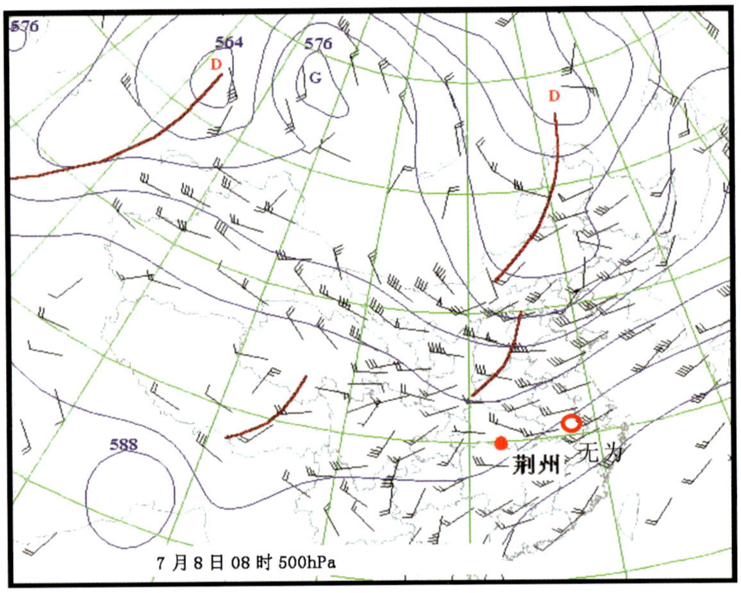

图 8.74　2003 年 7 月 8 日 08 时 500 hPa 形势场

自河北中部向南偏西方向穿过山西和河南交界地区，一直延伸到陕西东南与湖北西北部的交界处。7 月 8 日 20 时，500 hPa 低槽北部东移到渤海，而其中部和南部分别向东移到河南和湖北的中部（图略）。此时 500 和 850 hPa 三层天气图（图略）上的低槽位置几乎完全重合。500 和 700 hPa 槽后为干冷的西北气流、槽前为暖湿的西南气流。850 hPa 槽后槽前湿度有明显差别但温度几乎没有差别。产生龙卷的庐江和无为县上空为槽前的西南风。500 hPa 西南风风速达到 24～32 m/s，700 hPa 为 18～20 m/s，850 hPa 西南风风速为 12～16 m/s。因此，天气尺度的强迫作用是十分明显的。7 月 8 日早晨，位于槽前的湖北荆州地区降了暴雨。7 月 8 日晚上在龙卷发生的庐江和无为一带降了大雨。

从探空曲线（图 8.75）看，离无为、庐江最近的探空站安庆站 7 月 8 日 08 时和 20 时的对流不稳定能量 CAPE 的数值分别为 1962 和 2851 J/kg，表明较强的对流不稳定，特别是在 20 时。不过需要指出，安庆距离庐江约 100 km，距离无为近 150 km，安庆站的探空不一定能代表庐江和无为的实际情况。考虑到处于安庆下风向的庐江和无为的龙卷分别发生在 22:10 和 23:20 左右，上述探空还是具有一定参考价值的。安庆 08 时的风廓线显示低层为西南风，随着高度增加风向顺时针旋转逐渐变为西风，0～6 km 的垂直风切变值约为 12 m/s。20 时垂直风切变明显加大，从低层的南风随高度顺时针地逐渐转为西南风，最后转为西风。0～6 km 的垂直风切变约为 24 m/s，比 08 时增加一倍，其中 0～3 km 的垂直风切变就达 20 m/s。7 月 8 日 20 时安庆站探空所展现的强烈的对流不稳定和垂直风切变是一种非常有利于超级单体龙卷产生的环境。

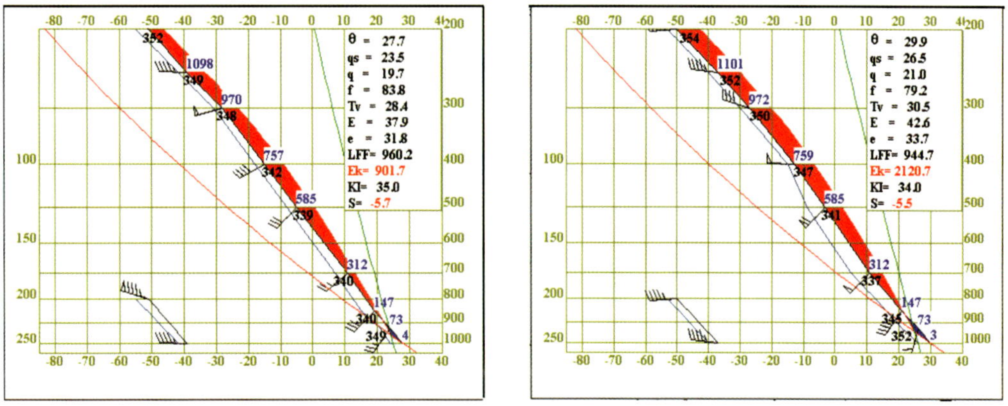

图 8.75　安庆站 2003 年 7 月 8 日 08 时(左)和 20 时(右)的 $T-\ln P$ 图

8.7.3　多普勒天气雷达资料分析

在安徽的卢江和无为于 7 月 8 日夜间先后发生龙卷的当天早上，在紧邻安徽的位于其上游的湖北的荆州和孝感市先后发生了弱龙卷。7 月 8 日凌晨到傍晚，江汉平原的荆州、公安和松滋发生大暴雨和特大暴雨，而龙卷就发生在暴雨雨强相对较弱的 8 日早上 6～7 时之间(图 8.76)。从 8 日 06:10 开始，位于荆州的 CINRAD-CCJ 型新一代天气雷达探测到一个位于一条线状对流前侧入流缺口处(图 8.77a 箭头所指)附近的直径 2～3 km 的 γ 中尺度涡旋(图 8.77b)，最强时构成该 γ 中尺度涡旋的正、负速度极值分别为 11.2 和 −12.3 m/s，接近但尚未达到弱中气旋的标准。该涡旋从 8 日早晨 06:10 持续到 06:55，其间在其附近的公安县埠河镇产生一个弱龙卷，造成 2 人受伤，252 间房屋倒塌。由于涡旋没有达到中气旋标准，对于该龙卷的预报是困难的。

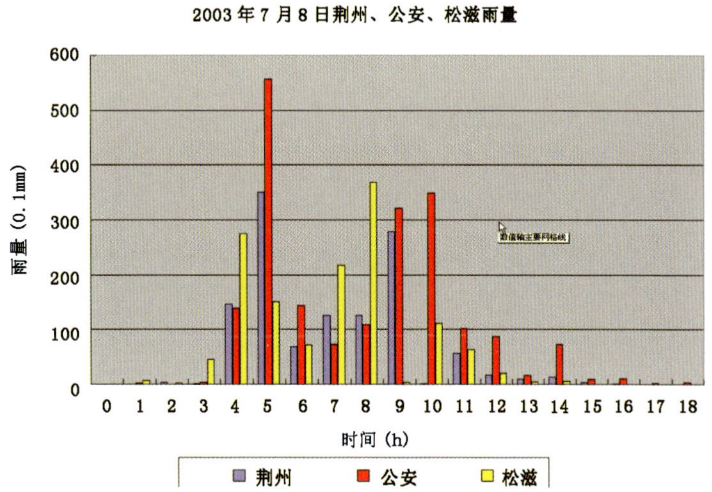

图 8.76　2003 年 7 月 8 日凌晨至傍晚荆州、公安和松滋气象站的逐时雨量

接下来在 8 日上午将近 9 时，在湖北孝感附近又发生一次弱龙卷。在 08:45 位于武汉的 CINRAD-SA 新一代天气雷达的径向速度图上，可以识别一个旋转速度(11.8 m/s)接近弱中气旋标准距雷达约 40 km 左右的一个尺度为几千米的 γ 中尺度涡旋(图 8.78a)，该涡旋导致一个弱龙卷在数分钟后发生。在同时刻的 1.5°仰角的反射率因子图上(图 8.78b)，我们看到在大片的层状云降水区中，有一条南北向的对流雨带，从其中部开始向南分裂为两条雨带，而 γ 中尺度涡旋气旋和随后发生的龙卷位于东边那条对流雨带的南端，反射率因子在 50 dBZ 以上。由于涡旋的强度只在弱中气旋强度附近，事先发出龙卷预报的可能性不大。

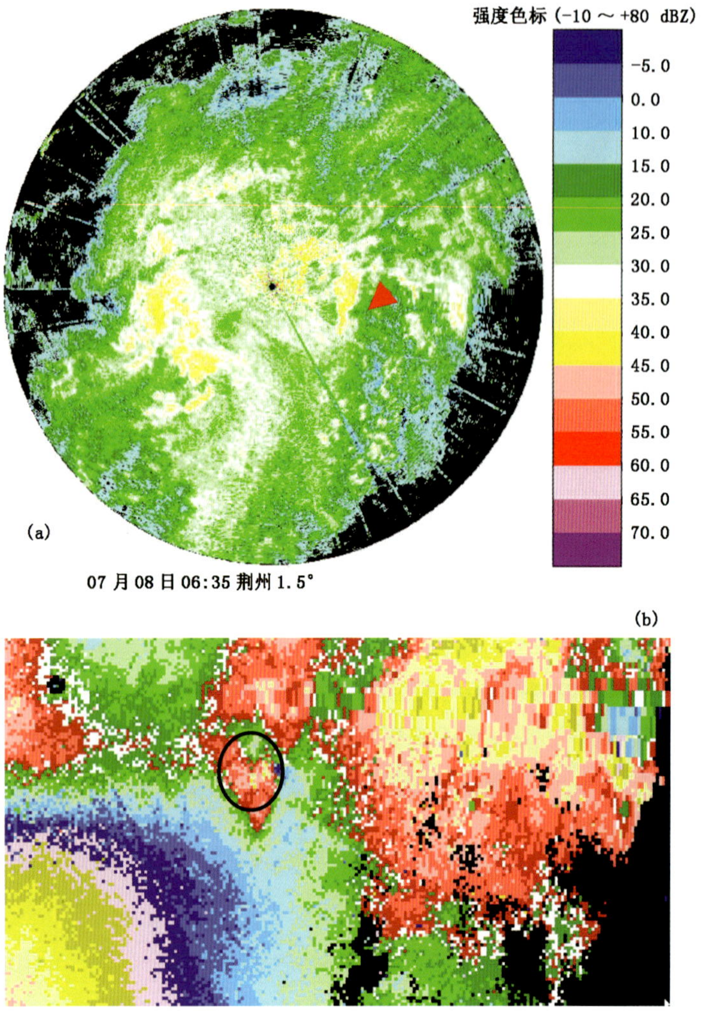

图 8.77　2003 年 7 月 8 日 06:35(北京时)荆州 CINRAD-CCJ 新一代天气雷达 1.5°仰角的反射率因子图(a)和放大的径向速度图(b)。黑色圆圈标示出中气旋的位置，其距雷达的距离(左上角黑色圆点)约为 45 km

下面我们集中讨论 7 月 8 日夜间发生在安徽的龙卷。7 月 8 日 19 时左右，大片的层状和积状云混合降水回波的前沿移到自西北向东南移至安徽省舒城、桐城、庐江和无为一线(图略)。大片层状云降水中夹杂着许多零散的和有组织的对流降水回波。各个对流系统的结构不断发生着变化。21:12 左右，一条南北向的对流线(飑线)形成，自北向南穿过舒城和桐城县直到安庆市(图略)。飑线在随后的向东移动过程中南部逐渐减弱消失，北部增强。21:36 的 2.4°仰角径向速度图上对应飑线前沿出现一条明显的速度辐合线，沿着辐合线出现几个 γ 中尺度涡旋扰动。该辐合线在随后东移过程中保持其强度并略微加强(图 8.80)。

21:57 的 2.4°仰角径向速度图是图 8.80 中第一行最右一幅。此时飑线北部位于安徽省舒城县、桐城县与庐江县的边界附近，辐合线位于飑线的前沿。注意速度图中出现速度模糊，向着雷达运动的冷色区中出现暖色并不代表离开雷达的运动，而代表向着雷达的更大速度(SA 型雷达的测速范围为±27 m/s，当冷色代表的向着雷达的速度超过－27 m/s 时，将会出现暖色，即速度模糊)。辐合线上有 3 个 γ 中尺度涡旋扰动。北边的 γ 中尺度涡旋扰动在 0.5°仰角同样对应一个明显的 γ 中尺度涡旋扰动(箭头所指)，相应的旋转速度(正、负速度对的差值除以 2)为 11 m/s，对应的 0.5°反射率因子(左)也较强，预示着该处可能出现强烈对流天气。2.4°仰角速度图上南端的 γ 中尺度涡旋扰动(圆圈标明的地方)位于飑线南端，在 0.5°仰角也对应一个 γ 中尺度涡旋扰动，不过没有北端的明显。相应 0.5°反射率因子很弱。注意这个位于飑线南端的不起眼的γ中尺度涡旋扰动。

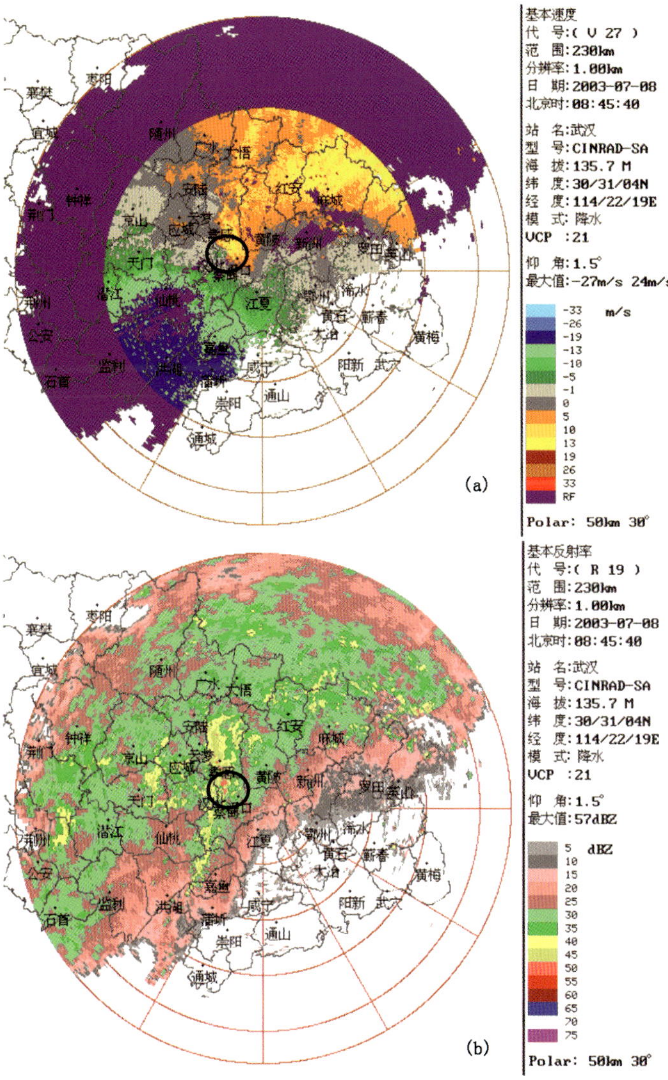

图 8.78　2003 年 7 月 8 日 8:45(北京时)武汉 CINRAD-SA 新一代天气雷达 1.5°仰角的径向速度(a)和反射率因子(b)图像,γ中尺度涡旋位置如黑色圆圈所标示

图 8.80 第二行分别给出了 22:09 的 0.5°仰角反射率因子(a)、0.5°仰角径向速度(b)和 1.5°仰角径向速度(c)。我们注意到,此时飑线南端的已进入庐江县西南部的γ中尺度涡旋扰动(箭头所指)在 0.5°仰角大大加强,其旋转速度为 18 m/s。相应 1.5°仰角(右)的旋转速度为 16 m/s,按照美国天气局的标准,该γ中尺度涡旋扰动可判定为中等强度的中气旋。它对应的反射率因子为飑线南端超过 50 dBZ 的对流单体。恰在此时,该中气旋在庐江县产生了一个约 F1 级龙卷,风速超过 10 级。城关镇庐南主干道两边约 1 km 长,1950 年代栽种的约 70 cm 直径的大树全部被连根拔起(图 8.79),并有房屋倒塌和数 10 人受伤。北端的γ中尺度涡旋扰动此时已进入庐江县西北部,0.5°和 1.5°仰角上的旋转速度分别为 15 m/s和 13 m/s,属于弱中气旋。该中气旋也可能产生强对流天气,但没有相应的记录。18 分钟之后的 22:27,南北两端的γ中尺度涡旋扰动进一步深入庐江县,两个涡旋的强度都大为减弱,相应对流单体的反射率因子也明显减弱,北边的涡旋在 6 分钟后完全消散。

22:09 左右,在飑线的南端又出现一个γ中尺度涡旋,该涡旋在 22:55 变得十分明显,如图 8.80 的最后一行所示。此时上述飑线已演变为一个团状的对流复合体,γ中尺度涡旋位于其南部的尖端附近。与涡旋对应的 0.5°仰角的旋转速度为 14.5 m/s, 1.5°仰角的相应值为 12 m/s,属于弱中气旋。该中气旋此时(22:55)位于庐江县东南,正在向无为县逼近。正是这个中气旋在随后的 20 多分钟内迅速加强,最终在无为县境内产生强烈龙卷。

图 8.79　庐江县龙卷发生后的情形

在 23:12(图 8.81 上)，上述中气旋刚刚进入无为县的西北部，强度大大增强。0.5°仰角上的该中气旋的旋转速度为 22 m/s ，而没有在图中给出的 1.5°仰角上的相应值为 23 m/s，因此属于强中气旋。相应的反射率因子图上与中气旋向着雷达的速度极大值(冷色)相对应的是一个明显的风暴低层入流缺口。风暴移向东北，因此入流缺口位于风暴移动方向的右后侧。入流缺口的左侧成弓状的 45 dBZ 左右反射率因子区域是风暴的后侧下沉气流造成的外流边界(阵风锋)导致的对流。沿反射率因子图上的蓝线位置的垂直剖面如图 8.82a 所示。与中气旋对应的对流单体(图 8.83b)剖面显示了明显的低层弱回波区、中高层悬垂回波以及不太典型的有界弱回波区(穹窿)。这些特征和低层的入流缺口和后侧下沉气流产生的外流边界表明与这个中气旋相联系的对流单体具有经典超级单体风暴反射率因子的许多特征，但没有呈现出低层的钩状回波。因此，可以认为这是一个位于飑线南端的不十分典型的经典超级单体风暴。从反射率因子剖面还可以看到，45 dBZ 以上的强反射率因子区都在 6 km 以下，而－20℃的等温线当时大约在 8 km 左右高度，因此降 2 cm 以上的大冰雹的概率应该是比较低的。事实上，这个超级单体风暴产生了强龙卷并伴有降水，并没有强降雹。通过上 0.5°仰角速度图上中气旋的正、负速度对中心做与雷达径向垂直的剖面，如图 8.82b 所示。在图 8.82b 中，向着纸面的方向为沿雷达径向趋向雷达的方向，离开纸面的方向为沿雷达径向远离雷达的方向。从图中可以清晰地识别出在水平坐标 25 和 35 km 距离刻度之间的中气旋，其正、负速度对之间的距离(即涡旋的尺度)约为 4 km，涡旋的垂直伸展局限于 4 km 以下的低层大气，中气旋的中心位于地面以上 1.8 km 左右高度。

在 23:12，此时距离无为县龙卷的发生时间 23:20 相差 8 分钟。速度图上的强中气旋，再加上前面提到的非常有利于灾害性龙卷产生的低的抬升凝结高度和低层垂直风切变条件，按照美国天气局的规定，应该立即发布龙卷警报。即可以有 8 分钟的预警提前时间。该强中气旋在 23:20 左右产生了强龙卷，造成当地居民生命财产重大损失，16 人死亡，166 人受伤，大量房屋倒塌(图 8.73)。

23:29 龙卷在持续，中气旋的强度达到最大(图 8.81b)。在 23:12 的 0.5°仰角的反射率因子图上对应中气旋中向着雷达速度极大值的入流缺口在 23:18 就开始填塞，到 23:29 几乎完全填塞。反射率因子的三维结构已不再具有任何超级单体风暴的任何典型特征。这与龙卷往往在超级单体开始崩塌时产生这一概念是一致的。速度图上中气旋中离开雷达的速度极大值区强度增加范围加大，中气旋结构更加对称。图 8.83 给出了 23:29 时中气旋的更高分辨率的速度图。图 8.80 和图 8.81 中的径向速度图的径向分辨率为 1 km(方位角分辨率为 1°)的基本速度图，而雷达基数据中径向速度的分辨率是 250 m(方位角分辨率仍为 1°)。因此，1 km 分辨率速度产品需将 4 个 250 m 距离库上的速度值合成为 1 个速度，其规定是取 4 个距离库的第一个库中的速度值。图 8.83 是 SA 型雷达的“相对风暴速度区”产品，其径向分辨率为 0.5 km，并且从原始的基数据的 250 m 分辨率变为 0.5 km 分辨率时是取两个 250 m 的库中速度绝对值大的那一个值。从图 8.83 可以看出,在中气旋环流之中,还有一个尺度更小的两个紧挨着的像素之间的很强的气旋式切变,称为龙卷式涡旋特征(TVS),是龙卷涡旋在雷达上的反映。图 8.83 给出了一幅非常经典的龙卷超级单体风暴速度图像。

上述龙卷在有人居住的村庄持续了 10 min(23:20～23:30),然后进入无人的荒野之中。由于是深夜和风雨交加,没有人注意到它最终持续了多久。23:45(图 8.81c),中气旋强度有所减弱,变为中等强度中气旋,很有可能龙卷此时还在持续。在该中气旋的西南侧,23:29 开始出现的又一个 γ 中尺度涡旋扰动加强,达到弱中气旋强度。反射率因子显示与龙卷中气旋相联系的整个对流复合体减弱,而该复合体后(西)面一直跟着的另一条飑线在逐渐加强。这个产生强烈龙卷的中气旋自 2003 年 7 月 8 日 22:49 生成,一直持续到 9 日凌晨 00:38,一共维持了 1 小时 49 分。图 8.84 给出了 9 日 00:27 时的 0.5°仰角

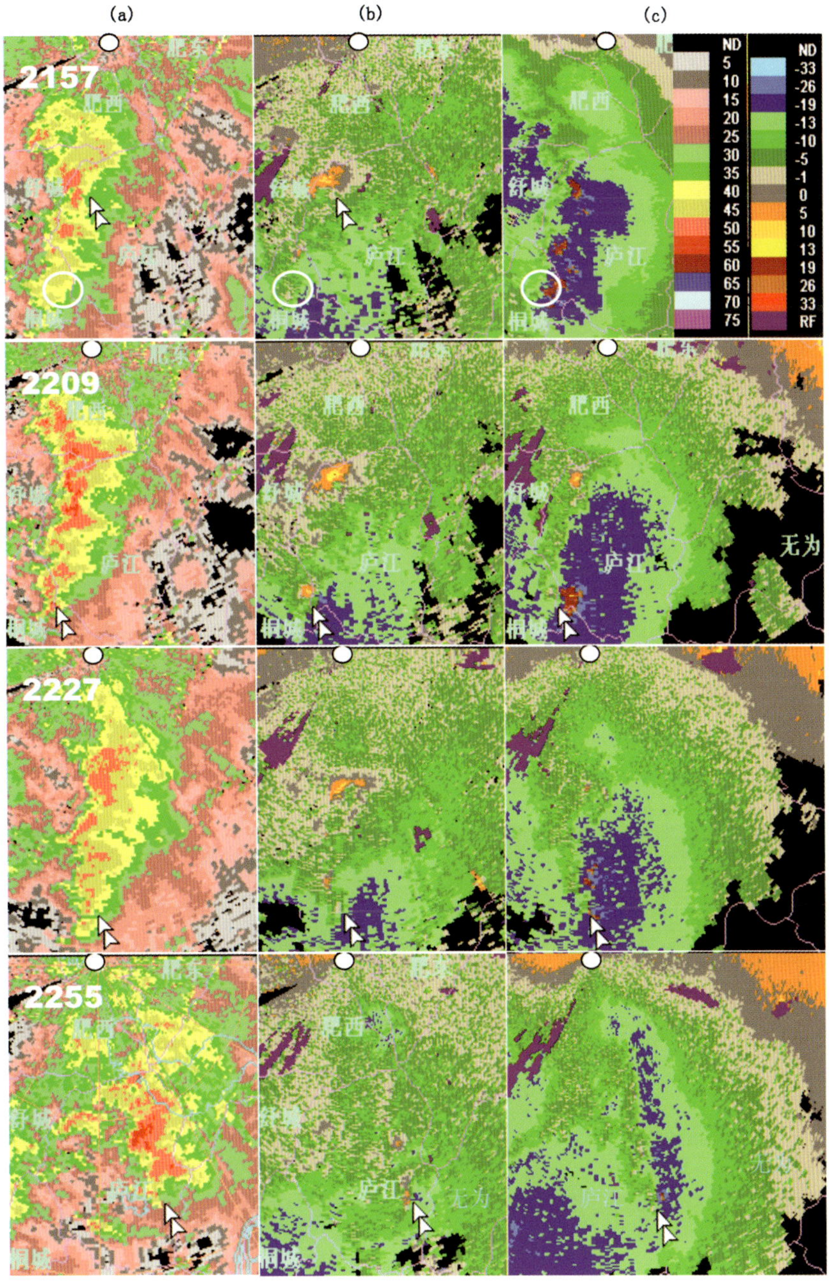

图 8.80 第一行为 2003 年 7 月 8 日 21:57 合肥雷达 0.5°仰角反射率因子 (a)、0.5°(b)和 2.4°(c)仰角径向速度图。第二三四行与第一行类似,只是时间分别为 22:09、22:27 和22:55,并且右图是 1.5°(而不是 2.4°)仰角径向速度图

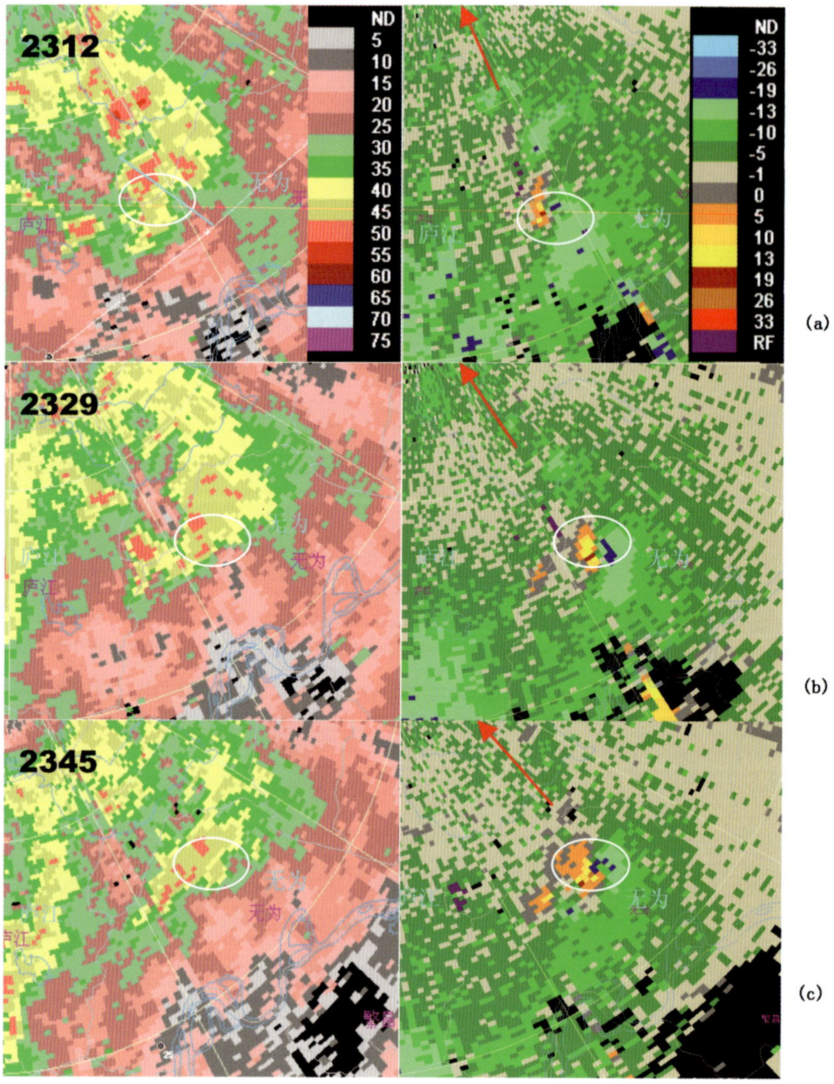

图 8.81　7 月 8 日 23:12、23:29 和 23:45 时刻的雷达 0.5°仰角反射率因子和径向速度图

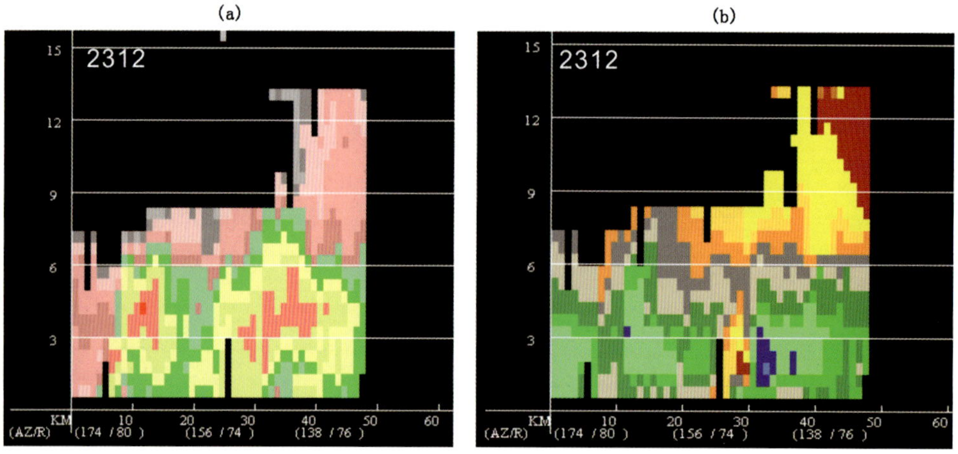

图 8.82　(a)通过图 8.81 左上图中蓝线位置的反射率因子垂直剖面;(b)通过图 8.81 右上图中气旋正、负速度对中心的与雷达径向垂直的径向速度垂直剖面。向着纸面的方向为沿雷达径向趋向雷达的方向,离开纸面的方向为沿雷达径向远离雷达的方向。时间为 2003 年 7 月 8 日 23:12

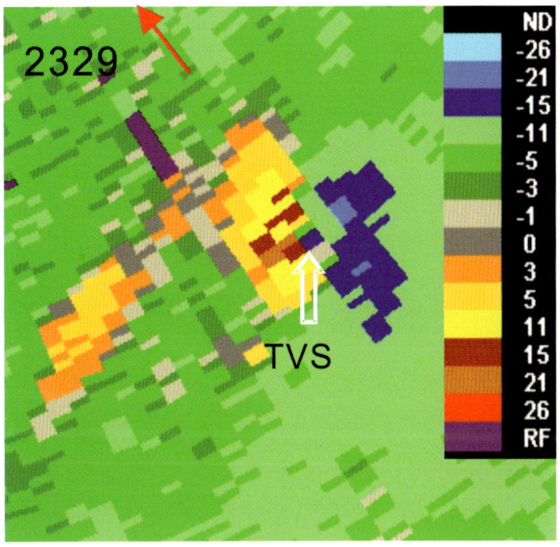

图 8.83　7 月 8 日 23:29 的 0.5°仰角径向分辨率为 0.5 km 的相对风暴速度图

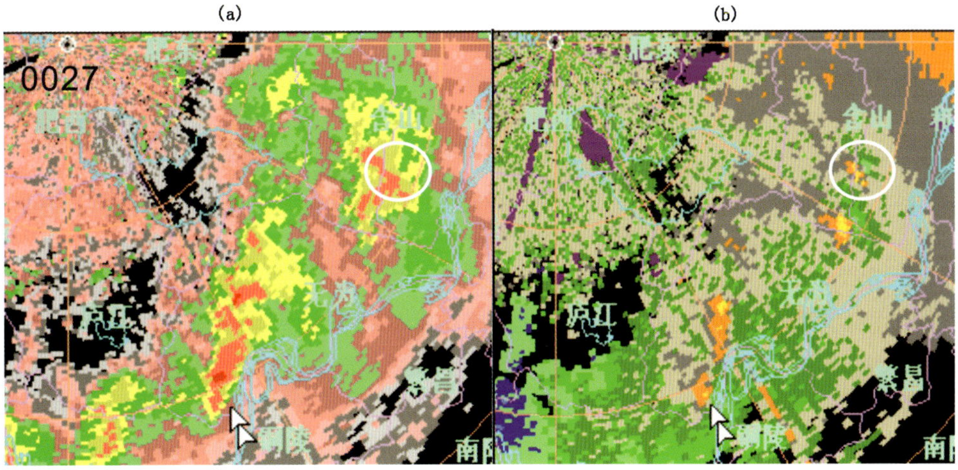

图 8.84　7 月 9 日 00:27 的 0.5°仰角的反射率因子(a)和径向速度(b)图

反射率因子和径向速度图,产生无为县龙卷的中气旋已从无为移入含山县境内,强度为弱中气旋,12 分钟后完全消散。其西南面的中气旋仍然维持,强度处于弱中气旋到中等强度中气旋的过渡区。前面提到的飑线此时已断为数节,其中最强的一节飑线的前沿又出现了两个 γ 中尺度涡旋扰动。尽管没有其他龙卷的记录,也不能否认这些 γ 中尺度涡旋扰动有产生龙卷的可能性。

8.7.4　讨论与总结

对于这次龙卷天气的预报,7 月 8 日 21:30,安徽省气象台值班预报员在雷达反射率因子图上发现巢湖市庐江县附近有较强回波,而且在平均径向速度图上有中尺度辐合区存在,立即通过“可视会商系统”通知巢湖气象台:未来该地区可能出现强对流天气。由于当时正值淮河大洪水,预报员的注意力都放在判断淮河流域是否会继续强降水上面,对后来的雷达径向速度图没有做仔细的分析。因此首先要讨论的问题是,对此次庐江和无为龙卷有无可能事先做出预报。如第二小节所述,安庆站 7 月 8 日 20:00的探空表明大气对流稳定性和垂直风切变的条件非常有利于超级单体龙卷的生成。如果预报员能够及时得到安庆探空资料,就会估计到有产生龙卷的可能,而具体产生龙卷的地点,需要考察中气旋的强弱和是否靠近地面。实际上直到 21:57,产生庐江龙卷的 γ 中尺度涡旋强度还很弱(图 8.80 第一行),在22:09,该涡旋才达到中等中气旋强度(图 8.80 第二行)。但龙卷在 22:10 就发生了。因此对庐江龙卷的提前预警几乎是不可能的。对于前面提到的 7 月 8 日早上发生在湖北荆州和孝感的弱龙卷,由于涡旋强度尚达不到中气旋标准,预警是困难的。对于发生于 23:20 的无为龙卷,23:12 的速度图

(图 8.81第一行)显示了一个强中气旋，并且其中心靠近地面，再考虑到 20 时安庆探空揭示的非常有利于灾害性龙卷生成的环境条件(低的抬升凝结高度和强的低层垂直风切变)，发布龙卷警报的理由是充分的。如果庐江龙卷的消息能及时传到预报台，预报员将会有更大的把握发布无为龙卷警报。即使预报员没有得到安庆探空的资料，单凭速度场上的强中气旋也足以使预报员发布龙卷警报。因此，对于无为的强龙卷，可以提前 8 分钟发出预警。特别需要指出的是，尽管事后经过仔细分析发现造成无为龙卷的对流单体的反射率因子结构有许多经典超级单体特征，但没有钩状回波，属于非典型的经典超级单体。但在实时预报过程中，预报员很难单凭这种不典型的反射率因子结构将其判定为超级单体，必须借助于径向速度图上的强中气旋才能做出龙卷预警。这表明新一代(多普勒)天气雷达网的建立大大提高了对于龙卷的探测和预警能力。

在引论中提到美国天气局对于超级单体的定义是具有中气旋的对流单体。观测发现，达到中气旋标准的 γ 中尺度涡旋对应的对流系统中，只有一部分具有很标准的经典超级单体反射率因子特征，另一部分不具有经典超级单体特征，他们中一部分可归为强降水超级单体或弱降水超级单体。但仍有一部分中气旋对应的对流系统难以归结为上述三种(经典、强降水、弱降水)超级单体的任何一种。在我国，有非常典型的经典的超级单体被观测到。郑媛媛等(2004)根据合肥 SA 雷达资料详细分析了于 2002 年 5 月 27 日发生在安徽北部的一个非常强大的经典超级单体风暴。在我国新一代天气雷达开始布网后，有很多达到中气旋标准的 γ 中尺度涡旋被观测到，确有一部分与观测到的中气旋对应的对流系统不能归结为已知的上述三种超级单体中的任何一种。在 7 月 8 日 19 时至 7 月 9 日 01 时，安徽先后出现了 7.8 个 γ 中尺度涡旋，其中 5 个达到中气旋强度。这 5 个中气旋中，只有产生无为强龙卷的中气旋对应的对流系统可以判定为经典超级单体(尽管不典型)，其他 4 个中气旋对应的对流系统难以被归结为上述三种超级单体中的任何一种。按照美国天气局的规定，这些具有中气旋但不能归结于上述三种超级单体的对流系统仍称为超级单体。在这一点上，一直存在着争议。Weisman 和 Trapp(2003)根据数值模拟的结果指出很多经常出现在飑线前沿的到达中气旋标准的 γ 中尺度涡旋的形成机制与超级单体中气旋有所不同，这些 γ 中尺度涡旋可以产生直线风害，也可以产生龙卷甚至是非常强烈的龙卷。Weisman 和 Trapp 的结果仅仅是初步的，其观点也没有得到雷达气象界的广泛认同，进一步的研究是必要的。此次龙卷的另一个特点是它发生在大范围暴雨的环境中，暴雨对于龙卷的生成有什么影响，值得仔细的研究。多普勒天气雷达是目前唯一能够探测到大气中的 γ 中尺度涡旋的大气探测仪器，不仅为强对流天气的监测和预警提供了强有力的工具，同时与数值模拟一起，构成了研究大气 γ 中尺度涡旋的主要手段。

本节应用合肥新一代天气雷达资料对 2003 年 7 月 8 日夜间发生在安徽庐江和无为县的龙卷过程进行了详细的分析。庐江和无为的龙卷产生在被包裹的大片层状降水区中的有组织对流系统中。其主要天气背景是一个东移的高空低压槽，20 时安庆站探空表明对流有效位能为 2851 J/kg，0～6 km 的垂直风切变约为 24 m/s，比 08 时增加一倍，其中 0～3 km 的垂直风切变就达 20 m/s。风向由低层的南风随高度顺时针变为西南风、西风。这是一个非常有利于超级单体龙卷产生的环境。庐江龙卷生成位置位于一条南北向飑线南端的一个入流缺口旁边，对应的 γ 中尺度涡旋在龙卷发生前的 1 分钟达到中等中气旋强度。产生无为强龙卷的对流系统是由一条飑线演变而，飑线南段逐渐消散，北段逐渐变宽，最终成为一个团状的对流系统，而龙卷产生在该系统南端的一个反射率因子特征不典型的经典超级单体中。与反射率因子特征不典型形成鲜明对照的是，径向速度场上在龙卷发生前 8 分钟呈现一个十分经典的强中气旋，为此次龙卷预警提供了最重要的线索，表明新一代天气雷达的布网大大加强了对龙卷的探测能力。在龙卷持续过程中，径向速度场上强中气旋中出现了一个尺度更小的反映了龙卷环流的龙卷式涡旋特征 TVS。导致无为龙卷的中气旋只局限于 4 km 以下的低层大气，持续了 1 小时 49 分，对应超级单体的高反射率因子区在 6 km 以下，强烈天气只是龙卷，伴随着大雨，没有强冰雹。

参考文献

Amburn S A and Wolf P L. 1997. VIL Density as a Hail Indicator. *Wea. Forecasting*, **12**, 473—478

Andra D L. 1997. The origin and evolution of the WSR-88D mesocyclone recognition nomogram. *Preprints*, 28 th *Conf. on Radar Meteorology*, Austin, TX, Amer. Meteor. Soc., 364—365

Atkins N T and Wakimoto R M 1991. Wet microburst activity over the southeastern United States. *Wea. Forecasting*, **6**, 470—482

Austin P. 1987. Relation between measured radar reflectivity and surface rainfall. *Mon. Wea. Rev.*, **115**, 1053—1070

Baeck M L. 1998. Rain estimation by the WSR-88D for heavy rainfall events. *Wea. Forecasting*, **13**, 416—436

Battan L J. 1973. *Radar Observation of the Atmosphere*. The University of Chicago Press, Chicago

Betts A K. 1984. Boundary layer thermodynamics of a high plains severe storm. *Mon. Wea. Rev.*, **112**, 2199—2211

Brooks E M. 1949. The tornado cyclone. *Weatherwise*, **2**, 32—33

Brooks H E and Doswell III C A. 1993. Extreme winds in high-precipitation supercells. Preprints, 17*th Conf. on Severe Local Storms*, St. Loius, Mo, Amer. Meteor. Soc., 173—177

Brooks H E, Doswell III C A, Wilhelmson R B. 1994a. The role of midtropospheric winds in the evolution and maintainance of low-level mesocyclones. *Mon. Wea. Rev.*, **122**, 126—136

Brooks H E, Doswell III C A and Cooper J. 1994b. On the environments of tornadic and nontornadic mesocyclones. *Wea. Forecasting*, **9**, 606—618

Brown R A and Co-authors. 1973. Twin tornado cyclones within a severe thunderstorm: Single-Doppler radar observations. *Weatherwise*, **26**, 63—71

Brown R A and Lemon L R. 1976. Single Doppler radar vortex recognition: Part II — Tornadic vortex signatures, Preprints, 17*th Conf. on Radar Metror.*, Boston, Amer. Meteor. Soc., 104—109

Browning K A. 1978. The structure and mechanisms of hailstorms. *Amer. Meter. Soc. Monograph*, **38**.

Browning K A. 1965. The evolution of tornadic storms. *J. Atmos. Sci.*, **22**, 664—668

Browning K A. 1967. The growth environment of hailstones. *Met. Mag.*, **96**, 202—211

Browning K A. 1964. Airflow and precipitation trajectories within severe local storms which travel to the right of the winds. *J. Atmos. Sci.*, **21**, 634—639

Browning K A and F H Ludlam. 1962. Airflow in convective storms. *Quart. J. R. Met. Soc.*, **88**, 117—135

Browning K A and Foote G B. 1976. Airflow and hail growth in supercell storms and some implications for hail suppression. *Quart. J. Roy. Meteor. Soc.*, **102**, 499—533

Burgess D W and Co-authors. 1977. Evolution of a tornadic thunderstorm. Preprints, 10*th Conf. on Severe Local Storms*, 1977, Omaha, NE, Amer. Meteor. Soc., 84—89

Burgess D W and Lemon L R. 1990. Severe thunderstorm detection by radar. *Radar in Meteorology*, D. Atlas, Ed., Amer. Meteor. Soc., 619—647

Burgess D W, Wood V T and Brown. 1982. Mesocyclone evolution statistics, Preprints, 12 *Conf. Severe Local Storms*, San Antonio, Amer. Meteor. Soc., 422—424

Businger S et al. 1998. A bow echo and severe weather associated with a Kona Low in Hawaii. *Wea. Forecasting*, **13**, 576—591

Byers H R and R R Braham Jr. 1949. The Thunderstorm. U. S. Government Printing Office, Washington, D. C., 287pp.

Bluestein H B. 1985. The formation of a "landspout" in a "broken-line" squall line in Oklahoma. Preprints, 14*th Conf. on Severe Local Storms*, Indianapolis, IN, Amer. Meteor. Soc., 447—450

Brandes E A, Davies-Jones R P and B C Johnson. 1988. Streamwise vorticity effects on supercell morphology and persistence. *J. Atmos. Sci.*, **45**, 947—963

Browning K A. 1964. Airflow and precipitation trajectories within severe local storms which travel to the right of the winds. *J. Atmos. Sci.*, **21**, 634—639

Browning K A and Donaldson R J. 1963. Airflow and structure of a tornadic storm. *J. Atmos. Sci.*, **20**, 533—545

Browning K A. 1965. The evolution of tornadic storms. *J. Atmos. Sci.*, **22**, 664—668

Browning K A. 1967. The growth environment of hailstones. *Met. Mag.*, **96**, 202—211

Browning K A 1978. The structure and mechanisms of hailstorms. *Amer. Meter. Soc. Monograph*, **38**, AMS, Boston

Burgess D W ,Wood V T and R A Brown. 1982. Mesocyclone evolution statistics. Preprints, 12 *Conf. Severe Local Storms*,San Antonio, Amer. Meteor. Soc., 422—424

Chisholm A J and Renick J H. 1972. The kinematics of multicell and supercell Alberta hailstorms, Alberta Hail Studies, 1972. *Research Council of Alberta Hail Studies Rep.* No. 72—2, 24—31

Chisholm A J. 1973. Albert hailstorms, Part I: Radar case studies and airflow models, *Met. Mon.*, **14**(36), 1—36, Boston, Amer. Met. Soc.

Collier C G. 1989. *Applications of Weather Radar Systems*—A guide to uses of radar data in meteorology and hydrology, Ellis Horwood Limited, 294pp

CrumT D et al. 1993. The WSR-88D and the WSR-88D Operational Support Facility. *Bull. Amer. Metecr. Soc.*,**74**, 1669—1688

Chisholm A J. 1973. Albert hailstorms, Part I: Radar case studies and airflow models. *Met. Mon.*, **14**(36), 1—36, Boston, Amer. Met. Soc

Cooley J R. 1978. Cold air funnel clouds. *Mon. Wea. Rev.*, **106**, 1368—1372

Corfidi S F. 1998. Forecasting MCS mode and motion. Preprints, 19*th Conf. on Severe Local Storms*, Minneapolis, MN, Amer. Meteor. Soc., 447—450

Corfidi S F, Merrit J H and Fritsch J M. 1996. Predicting the movement of mesoscale convective complexes. *Wea. Forecasting*, **11**, 41—46

Crum T D et al. 1998. An Update on the NEXRAD Program and Future WSR-88D Suppoort to Operations. *Wea. Forecasting*, **13**, 253—261

Davies-Jones R P. 1984. Streamwise vorticity:the origin of updraft rotation in supercell storms. *J. Atmos. Sci.*, **41**, 2991—3006

Donaldson R J. 1970. Vortex signature recognition by a Doppler radar. *J. Appl. Meteor.*, **9**, 661—670

Doswell C A III and Burgess D W. 1993. Tornadoes and tornadic storms: A review of conceptual models. The Tornado: Its Structure, Dynamics, Prediction, and Hazards (C. Church et al., Eds.), *Geophys. Monogr.* **79**, Amer. Geophys. Union, 161—172

Doswell C A. III. 1987. The distinction between large-scale and mesoscale contribution to severe convection: A case study example. *Wea. Forecasting*, **2**, 3—16

Doswell C A. Brooks III H E and Maddox R A. 1996. Flash flood fortecasting: An ingredients-based methodology. *Wea. Forecasting*, **11**, 560—581

Doswell C A. III Johns R H and Weiss S J. 1993. Tornado forecasting: A review. The Tornado: Its Structure, Dynamics, Prediction, and Hazards (C. Church et al., Eds.), *Geophys. Monogr.* **79**, Amer. Geophys. Union, 557—571

Doswell C A III. 2001. Severe convective storms. *Meteor. Monogr.*, **69**, AMS, Boston, 561pp

Doviak R J and Zrnic D S. 1993. *Doppler Radar and Weather Observations*, Academic Press, Inc., 562pp

Droegemeier K K and Wilhelmson R B. 1987. Numerical simulation of thunderstorm outflow dynamics. *J. Atmos. Sci.*, **44**, 1180—1210

Droegemeier K K and Wilhelmson R B. 1985. Three-dimensional numerical modeling of convection produced by interacting thunderstorm outflows. Part I: Control simulation and low-level moisture variations. *J. Atmos. Sci.*, **42**, 2381—2403

Davis R S. 2001. Flash flood forecast and detection methods. Severe convective storms (C. A. Doswell, Eds.), *Meteor.*

Monogr., **69**, AMS, Boston, 481—525

Davies-Jones R P. 1986. *Tornado Dynamics. Thunderstorm Morphology and Dynamics*, 2d ed., E. Kessler, Ed., University of Oklahoma Press, 197—236

Doswell C A III. 1987. The distinction between large-scale and mesoscale contribution to severe convection: A case study example. *Wea. Forecasting*, **2**, 3—16

Eilts M D et al. 1996a. Damaging downburst prediction and detection algorithm for the WSR-88D. Preprints, *18th Conf. on Severe Local Storms*, San Francisco, CA, Amer. Meteor. Soc., 541—544

Eilts M D et al. 1996b. Severe weather warning decision support system. Preprints, *18th Conf. on Severe Local Storms*, San Francisco, CA, Amer. Meteor. Soc., 536—540

Fovell R G and Ogura Y. 1988. Numerical simulation of a midlatitude squall line in two dimensions. *J. Atmos. Sci.*, **45**, 3846—3879

Fujita T T. 1963. Analytical meso-meteorology: A review. Severe Local Storms. *Meteor. Monogr.* **27**, AMS, Boston, 77—125

Fujita T T. 1973. Proposed mechanism of tornado formation from rotating thunderstorms. Preprints, *Eighth Conf. on Severe Local Storms*, Denver, CO, Amer. Meteor. Soc., 191—196

Fujita T T . 1958. Mesoanalysis of the Illinois tornadoes of 9 April 1953. *J. Meteor.*, **15**, 288—296

Fujita T T. 1978. Manual of downburst identification for Project NIMROD. SMRP *Research Paper* 156, University of Chicago, 104pp

Fujita T T. 1981. Tornadoes and downbursts in the context of generalized planetary scales. *J. Atmos. Sci.*, **38**, 1511—1534

Fujita T T. 1992. The mystery of severe storms. WRL Research Paper 239, University of Chicago, 298pp

Fujita T T and Byers H R. 1977. Spearhead echo and downbursts in the crash of an airliner. *Mon. Wea. Rev.*, **105**:129—146.

Fujita T T and Wakimoto R M. 1981. Five scales of airflow associated with a series of downbursts of 16 July 1980. *Mon. Wea. Rev.*, **109**,1438—1456

Fujita T T . 1985. The downburst. SMRP Research Paper 210, University of Chicago, 122pp

Forsyth D E. 1979. Real time forecasting of echo-centroid motion. M. S. thesis, Department of Meteorology, University of Oklahoma, 79pp. [available from University of Oklahoma, Norman, OK 73019]

Fulton R A and Co-authors. 1998. The WSR-88D rainfall algorithm. *Wea. Forecasting*, **13**, 377—395

Galway J G. 1989. The evolution of severe thunderstorm criteria within the weather service. *Wea. Forecasting*, **4**, 585—592

Gautheraux A S et al. 1998. Display of bird movements on the WSR-88D:Patterns and quantification. *Wea. Forecasting*, **13**, 453—464

Grum T D et al. 1998. An update on the NEXRAD program and future WSR-88D support to operations. *Wea. Forecasting*, **13**, 253—261

Golden J H and Purcell D. 1978. Life cycle of the Union City, Oklahoma tornado and comparison with waterspouts. *Mon. Wea. Rev.*, **106**, 3—11

Haman K. 1973. On the updraft-downdraft interaction in convective clouds. *Acta Geophys. Polonica*, **31**, 216—233.

Hart J A and Korotky W D. 1991. The SHARP workstation v1. 50, A Skew T/Hodograph Analysis and Research Program for the IBM and Compatible PC. User's Manual. NOAA/NWS, 62pp

Heymsfield A J, Johnson P N and Dye J E. 1978. Observations of moist adiabatic ascent in northeast Colorado cumulus congestus clouds. *J. Atmos. Sci.*, **35**, 1689—1703.

Houze R A Jr. 1997. Structure and dynamics of a tropical squall-line system. *Mon. Wea. Rev.*, **105**, 1540—1567

Houze R. A et al. 1989. Interpretation of Doppler weather radar displays of midlatitude mesoscale convective systems. *Bull. Amer. Meteor. Soc.*, **70**, 608—619

Hudlow M. 1988. Technological developments in real-time operational hydrologic forecasting in the United States. *J.*

Hydrol., **102**, 69—92

Johns R H. 1983. Meteorological conditions associated with bow echo development in convective storms. *Wea. Forecasting*, **8**, 294—299

Johns R H and Hirt W D. 1987. Derechos: Widespread convectively induced windstorms. *Wea. Forecasting*, **2**, 32—49

Johns R H and Doswell III C A. 1992. Severe local storms forecasting. *Wea. Forecasting*, **7**, 588—612

Johns R H and Doswell III C A. 1992. Severe local storms forecasting. *Wea. Forecasting*, **7**, 588—612

Johnson J T et al. 1998. The storm cell identification and tracking algorithm: an enhanced WSR-88D algorithm. *Wea. Forecasting*, **13**, 263—276

Joss J and Waldvogel A. 1990. Precipitation measurement and hydrology. *Radar in Meteorology*, D. Atlas, Ed., Amer. Meteor. Soc., 577—606

Kingsmill D E and Wakimoto R M. 1991. Kinematic, dynamic, and thermodynamic analysis of a weakly sheared severe thunderstorm over northern Alabama. *Mon. Wea. Rev.*, 262—297

Klemp J B. 1987. Dynamics of tornadic thundertorms. *Ann. Rev. Fluid Mech.*, **19**, 369—402

Klemp J B and Rotunno R. 1983. A study of the tornadic region within a supercell thunderstorm. *J. Atmos. Sci.*, **40**, 359—377

Klemp J B, Wilhelmson R B and Ray R S. 1981. Observed and numerically simulated structure of a mature supercell thundersorm. *J. Atmos. Sci.*, **38**, 1558—1580

Knupp K R. 1987. Downdrafts within high plains cumulonimbi. Part I: General kinematic structure. *J. Atmos. Sci.*, **44**, 987—1008

Knupp K R. 1988. Downdrafts within high plains cumulonimbi. Part II: Dynamics and thermodynamics. *J. Atmos. Sci.*, **45**, 3965—3982

Knupp K R and W R Cotton. 1985. Convective cloud downdraft structure: An interpretive survey. *Rev. Geophys.*, **23**, 183—215

Kessinger C J and Brandes E A. 1995. A comparison of the NEXDRAD and NSSL hail detection algorithms. Final report to the FAA, 52pp [available from C. J. Kessinger, NCAR, P. O. Box 3000, Boulder, CO80307.]

Klazura G E and Imy D A. 1993. A description of the initial set of analysis products available from the NEXRAD WSR-88D system. *Bull. Amer. Meteor. Soc.*, **74**, 1293—1311

Klimowski B A, Hjelmfelt M R and Bunkers M J. 2004. Radar observation of the early evolution of bow echoes. *Wea. Forecasting*, **19**, 727—734

Knup K R, Clymer R L and Geerts B. 1996. Preliminary classification and observational characteristics of tornadic storms over northern Alabama. Preprints, 18*th Conf. on Severe Local Storms*, San Francisco, CA, Amer. Meteor. Soc., 447—450

Lemon L R and Doswell C A III. 1979. Severe thunderstorm evolution and mesocyclone structure as related to tornadogenesis. *Mon. Wea. Rev.*, **107**, 1184—1197

Lemon L R. 1977. Severe thunderstorm evolution: its use in a new technique for radar warnings. Preprints, 10*th Conf. on Severe Local Storms*, Boston, Amer. Meteor. Soc., 77—80

Lemon L R. 1980. Severe thunderstorm radar identification techniques and warning criteria. NOAA Tech. Memo. NWS NSSFC-3, Kansas City, National Severe Storms Forecast Center, 60 pp

Lemon L R. 1998. The radar "three-body scatter spike": An operational large-hail signature. *Wea. Forecasting*, **13**, 327—340

Lemon L R and Parler S. 1996. The Lahoma storm deep convergence zone: its characteristics and role in storm dynamics and severity. Preprints, 18 *Conference on Severe Local Storms*. San Francisco, CA., Amer. Meteor. Soc., 70—75

Lee B D and Wilhelmson R B. 1997a. The numerical simulation of non-supercell tornadogenesis. Part I: Initiation and evolution of pre-tornadic misocyclone circulations along a dry outflow boundary. *J. Atmos. Sci.*, **54**, 32—60

Lee B D and Wilhelmson R B. 1997b. The numerical simulation of non-supercell tornadogenesis. Part II: Evolution of a family of tornadoes along a weak outflow boundary. *J. Atmos. Sci.*, **54**, 2387—2415

Lin Y and Co-author. 1997. Assimilation of hourly precipitation data to improve the water cycle components of the NCEP's Eta Model. Preprints, *13th Conf. on Hydrology*, Long Beach, CA, Amer. Meteor. Soc., 52—53

Malkus J S. 1955. On the formation and structure of downdrafts in cumulus clouds. *J. Meteor.*, **12**, 350—354

Markowski P M ET AL. 2002. Direct surface thermodynamic observations within the Rear-Flank Downdrafts of nontornadic and tornadic supercells. *Mon. Wea. Rev.*, **130**, 1692—1721

Marwitz J D. 1972. The structure and motion of severe hailstorms. *J. Appl. Met.*, **11**, 166—201

McCarthy J J, Wilson W and Fujita T T. 1982. The joint airport weather studies project. *Bull. Amer. Meteor. Soc.*, **63**: 15—22

McDonald J R. 2001. Theodore Fujita: His contribution to tornado knowledge through damage documentation and the Fujita Scale. *Bull. Amer. Met. Soc.*, **82**, 63—96.

Marwitz J D. 1972. The structure and motion of severe hailstorms. *J. Appl. Met.*, **11**, 166—201

Markowski P M , Rasmussen N E and Straka J M. 1998. The occurrence of tornadoes in supercells interacting with boundaries during VORTEX-95. *Wea. Forecasting*, **13**, 852—859

Miller L J, Tuttle J D and Knight C A. 1988. Airflow and hail growth in a severe northern High Plains supercell. *J. Atmos. Sci.*, **45**, 736—762

Mitchell E D and Co-author. 1998. The NSSL tornado detection algorithm. *Wea. Forecasting*, **13**, 352—366

Naglic S J et al. 1994. WSR-88D observations of the 27 March 1994 severe weather outbreak over the Carolinas, Postsprints of the first WSR-88D users' conference, 277—285

Nelson S P. 1983. The influence of storm flow structure on hail growth. *J. Atmos. Sci.*, **40**, 1965—1983

Paluch L R. 1979. The entrainment mechanism in Colorado cumuli. *J. Atmos. Sci.*, **36**, 2467—2478

Parsons D B and Weisman M L. 1993. A numerical study of a rotating downburst. *J. Atmos. Sci.*, **50**, 2369—2385

Pence K J and Co-authors. 1998. The central Alabama tornadoes of 6 March 1996. Preprints. *19th Conf. on Severe Local Storms*, Minneapolis, Mn, Amer. Meteor. Soc., 147—154

Polger P D et al. 1994. National Weather Service Warning Performance based on the WSR-88D. *Bull. Ame. Mmeteor. Soc.*, **75**, 203—214

Proctor F H. 1988. Numerical simulation of an isolated microburst. Part I: Dynamics and structure. *J. Amtos. Sci.*, **45**, 3137—3160

Proctor F H. 1989. Numerical simulations of an isolated microburst. Part II: Sensitivity experiments. *J. Atmos. Sci.*, **46**, 2143—2165

Prost R L and Gerard A E. 1997. "Bookend vortex" - Induced tornadoes along the Natchez Trace. *Wea. Forecasting*, **12**, 572—580

Przybylinski R W and Co-authors. 1996. Storm reflectivity and mesocyclone evolution associated with the 15 April 1994 derecho. Part I: Storm evolution over Missouri and Illinois. Preprints, 18 *Conference on Severe Local Storms*. San Francisco CA. Amer. Meteor. Soc., 509—515

Przybylinski R W. 1995. The bow echo: Observations, numerical simulations, and severe weather detection methods. *Wea. Forecasting*, **10**, 203—218

Przybylinski R W and DeCaire D M. 1985. Radar signatures associated with the derecho, a type of mesoscale convective system. Preprints, *14th Conf. on Severe Local Storms*, Indianapolis, IN, Amer. Mereor. Soc., 228—231

Przybylinski R W and Gery W J. 1983. The reliability of the bow echo as an important severe weather signature. Preprints, *13th Conf. on Severe Local Storms*, Tulsa, OK, Amer. Meteor. Soc., 270—273

Petrocchi P J. 1982. Automatic detection of hail by radar. AFGL-TR-82-0277. Environmental Research Paper 796, Air Force Geophysics Laboratory, Hanscom AFB, MA, 33pp [available from Air Force Geophysics Laboratory, Hanscom AFB, MA 01731]

Rasmuseen E N and Straka J M. 1998. Tornadogenesis: a review and a new conceptual model. *Mon. Wea. Rev.*, **123**, 778—796

Ray P S and Coauthors. 1975. Dual-Doppler observation of a tornadic storm. *J. Appl. Meteor.*, **14**, 1521—1530

Raymond D J Solomon R and Blyth A M. 1991. Mass flux in New Mexico mountain thunderstorms from radar and aircraft measurements. *Quart. J. Roy. Meteor. Soc.*, **117**, 587—621

Rinehart R E, Borho A and Curtiss C. 1995. Microburst rotation: Simulation and observations. *J. Appl. Meteor.*, **34**, 1267—1284

Roberts R D and Wilson J W. 1989. A proposed microburst nowcasting procedure using single-Doppler radar. *J. Appl. Meteor.*, **28**, 285—303

Rotunno R and Klemp J B. 1982. The influence of the shear-induced pressure gradient on thunderstorm motion. *Mon. Wea. Rev.*, **110**, 136—151

Rotunno R and Klemp J B. 1985. On the rotation and propagation of simulated supercell thunderstorms. *J. Atmos. Sci.*, **42**, 271 —292

Rotunno R and Weisman M L. 1988. A theory for strong, long-lived squall lines. *J. Atmos. Sci.*, **45**, 463—485

Ryzhkov A and Zrnic D. 1995. Precipitation and attenuation measurements at a 10-cm wavelength. *J. Appl. Meteor.*, **34**, 2121—2134

Sauvageot H. 1992. *Radar Meteorology*, Artech House, 365pp

Schlesinger R E. 1978. A three-dimensional numerical model of an isolated thunderstorm: Part I, Comparative experiments for variable ambient wind shear. *J. Atmos. Sci.*, **35**, 690—713

Schmocker G K and Co-authers. 1996. Forecasting the initial onset of damaging downburst winds associated with a mesoscale convective system (MCS) using the midaltitude radial convergence (MARC) signature. Preprints, 15th *Conf. on Weather Analysis and Forecasting*, Norfolk, VA, Amer. Meteor. Soc., 306—311

Scott J D and Rutledge S A. 1995. Doppler radar observations of an asymmetric mesoscale convective system and associated vortex couplet. *Mon. Wea. Rev.*, **123**, 3437—3457

Serafin R J, Wilson J W, J McCarthy and Fujita T T. 2000. Progress in understanding windshear and implications on aviation. *Storms*, R. Pielke Sr. and R. Pielke, Jr., Eds., Vol. 2, Rouledge, 237—251

Smull B F and Houze R A Jr. 1985. A mid-latitude squall line with a trailing region of stratiform rain: Radar and satellite observations. *Mon. Wea. Rev.*, **113**,117—133

Smull B F and Houze R A Jr. 1987. Rear inflow in squall line with trailing stratiform precipitation. *Mon. Wea. Rev.*, **115**, 2869—2889

Srivastava R C. 1985. A simple model of evaporatively driven downdrafts: Application to microburst downdraft. *J. Atmos. Sci.*, **44**, 1752—1773

Srivastava R C. 1987. A model of intense downdrafts driven by melting and evaporation of precipitation. *J. Atmos. Sci.*, **46**, 601—620

Stout G E and Huff F A. 1953. Radar records Illinois tornado genesis. *Bull. Amer. Meteor. Soc.*, **34**, 281—284

Seo D -J and Co-authors. 1996. Final report. Interagency Memorandum of Understanding among the NEXRAD Program, WSR-88D Operational Support Facility, and the NWS/OH Hydrologic Research Laboratory, 64pp.

Stout G E and Huff F A. 1953. Radar records Illinois tornado genesis. *Bull. Amer. Meteor. Soc.*, **34**, 281—284

Stumpf G J and Co-authors. 1998. The NSSL mesocyclone detection algorithm for the WSR-88D. *Wea. Forecasting*, **13**, 304—326

Wakimoto. 1985. Forecasting dry microburst activity over the high plains. *Mon. Wea. Rev.*, **113**, 1131—1143

Trapp R J , Stumpf G J and Manross K L. 2005. A reassessment of the percentage of tornadic mesocyclones. *Wea. Forecasting*, **20**, 680—687

Wakimoto and Bringi V N. 1988. Dual-polarization observations of microbursts associated with intense convection: The 20 July storm during the MISTBZ project. *Mon. Wea. Rev.*, **116**, 1521—1539

Wakimoto R M. 1983. The West Bend, Wisconsin storm of 4 April 1981: A problem in operational meteorology. *J. Climate. Appl. Meteor.*, **22**, 181—189

Wakimoto R M and Wilson J W. 1989. Non-supercell tornadoes. *Mon. Wea. Rev.*,**117**, 1130—1140

Wakimoto R M and Coauthors. 1994. Kinematic, thermodynamic, and visual structure of low-reflectivity microburst.

Mon. Wea. Rev., **122**, 72—92

Walawender B P. 1994. The september 21, 1993 northeast Kansas supercell: A study of storm evolution, Postsprints of the first WSR-88D users' conference., 323—337

Weckwerth T M, Wilson J W and Wakimoto R M. 1996. Thermodynamic variability within the boundary layer due to horizontal convective rolls. *Mon. Wea. Rev.*, **124**, 769—784

Weisman M L. 1992. The role of convectively generated rear-inflow jets in the evolution of long-lived mesoconvective systems. *J. Atmos. Sci.*, **49**, 1826—1847

Weisman M L. 1993. The genesis of severe, long-lived bow-echoes. *J. Atmos. Sci.*, **50**, 645—670

Weisman M L and Davis C. 1998. Mechanisms for the generation of mesoscale vortices within quasi—linear convective systems. *J. Atmos. Sci.*, **55**, 2603—2622

Weisman M L and Klemp J B. 1982. The dependence of numerically simulated convective storms on vertical wind shear and buoyancy. *Mon. Wea. Rev.*, **110**, 504—520

Weisman M L and Klemp J B. 1984. The structure and classification of numerically simulated convective storms in directional varying wind shears. *Mon. Wea. Rev.*, **112**, 2479—2498

Weisman M L. 2001. Bow echoes: A contribute to T. T. Fujita. *Bull. Amer. Meteor. Soc.*, **82**, 97 116

Weisman M L and Trapp R J. 2003. Low-level mosovortices within squall lines and bow echoes. Part I: Overview and dependence on environmental shear. *Mon. Wea. Rev.*, **131**, 2779—2803

Wicker L J and Wilelmson R B. 1995. Simulation and analysis of tornado development and decay within a three-dimensional supercell thunderstorm. *J. Atmos. Sci.*, **52**, 2675—2703

Wilson J W and Coauthors. 1994. Boundary layer clear-air radar echoes: origin of echoes and accuracy of derived winds. *J. Atmos. Oceanic Tech.*, **11**, 1184—1205

Wilson J W and Wakimoto R M. 2001. The discovery of the downburst: T. T. Fujita's contribution. *Bull. Amer. Met. Soc.*, **82**, 49—62

Wilson J W and Reum D. 1986. "The hail spike": Reflectivity and velocity signature. Preprints, *23d Conf. on Radar Meteorlogy*, Snowmass, CO, Amer. Meteor. Soc., 62—65

Wilson J W and Reum D. 1988. The flare echo: Reflectivity and velocity signature. *J. Atmos. Oceanic Technol.*, **5**, 197—205

Witt A and Co-authors. 1998. An enhanced hail detection algorithm for the WSR-88D, *Wea. Forecasting*, **13**, 286—303

Witt A and Nelson S. 1984. The relationship between upper-level divergent outflow magnitude as measured by Doppler radar and hailstorm intensity. Preprints, *22nd Radar Meteorology Conf.*, AMS, Boston, 108—111

Wolf P L. 1998. WSR-88D Radar depiction of supercell-bow echo interaction: Unexpected evolution of a large, tornadic, "Comma-shaped" supercell over Eastern Oklahoma. *Wea. Forecasting*, **13**, 492—504

Waldvogel A, Schmid W and Federer B. 1978a. The kinetic energy of hailfalls. Part I: hailstone spectra. *J. Appl. Meteor.*, **17**, 515—520

Waldvogel A, Federer B Schmid W and Mezeix J F. 1978b. The kinetic energy of hailfalls. Part II: Radar and hailpads. *J. Appl. Meteor.*, **17**, 1680—1693

Waldvogel A, Federer B and Grimm P. 1979. Criteria for the detection of hail cells. *J. Appl. Meteor.*, **18**, 1521—1525

Wilks D S. 1995. *Statistical Methods in the Atmosphere Sciences*. Academic Press, 467pp

Wilson J W and Schreiber W E. 1986. Initiation of convective storms at radar-observed boundary-layer convergence lines. *Mon. Wea. Rev.*, **114**, 2516—2536

Zrnic D S. 1987. Three body scattering produces precipitation signature of special diagnostic value. *Radio Sci.*, **22**, 76—86

Zrnic D S, Burgess D W and Hennington L D. 1985. Automatic detection of mesocyclonic shear with Doppler radar. *J. Atmos. Oceanic Technol.*, **2**, 425—438

Zrnic D S. 1996. Weather radar polarimetry—Trends towards operational applications. *Bull. Amer. Meteor. Soc.*, **77**, 1529—1534

安徽四创电子股份有限公司. 2001. 3830雷达技术说明书
葛润生,姜海燕,彭红. 1998. 北京地区雹暴气流结构研究. 应用气象学报. **9**,1～7
葛润生等. 1966. 1964年北京地区降雹过程的雷达分析,气象学报,**36**,213～222
黄美元,王昂生. 1980. 人工防雹导论,北京:科学出版社, pp204
廖玉芳,俞小鼎,郭庆, 2003. 一次强对流系列风暴个例的多普勒雷达资料分析,应用气象学报,**6**, 656～662
刘志澄,李柏,翟武全. 2002. 新一代天气雷达系统环境及运行管理,北京:气象出版社,110～117
美国天气局雷达支持中心. 1996. WSR-88D Operations Course,600 pp
王昂生,洪延超等. 1978. 昔阳冰雹云物理研究,全国人工影响天气会议,南宁
王昂生,徐乃璋. 1985. 强单体雹暴的研究, 大气科学,**9**,260～266
张培昌等. 2001. 雷达气象学,北京:气象出版社,511pp
郑媛媛,俞小鼎,方冲等. 2004. 一次典型超级单体风暴的多普勒天气雷达观测分析,气象学报,**62**,317～328